计算机测试与控制技术

李行善　于劲松　编著

北京航空航天大学出版社

内容简介

“计算机测试与控制技术”综合了传感器、信号调理、微型计算机原理与接口、数字信号处理、控制理论、模式识别等多学科理论与技术，是一门具有较强工程应用背景的专业课程。本书从工程应用的角度研究计算机测试与控制所涉及的理论与方法，使读者全面、系统地了解和掌握计算机测控工程系统的设计与实现方法。本书将计算机测控系统所涉及的共性问题，如计算机接口技术、测控总线技术、常用测控算法、软硬件抗干扰技术、测控系统的设计方法等归纳编写成独立章节进行讲述，便于读者根据实际工程需要有针对性地学习。

本书将计算机测试与控制一般性理论和方法的讲述与大量应用实例相结合，不仅便于读者理解掌握理论知识，也可为解决实际工程应用中的类似问题提供有益的参考。本书可作为自动化等相关专业的本科高年级教材，也可作为相关专业工程技术人员的常用设计参考书。

图书在版编目(CIP)数据

计算机测试与控制技术 / 李行善，于劲松编著. --北京 ：北京航空航天大学出版社，2019.5

ISBN 978-7-5124-3005-1

Ⅰ. ①计… Ⅱ. ①李… ②于… Ⅲ. ①计算机测试②计算机控制 Ⅳ. ①TP306②TP273

中国版本图书馆 CIP 数据核字(2019)第 103527 号

计算机测试与控制技术

李行善　于劲松　编著

责任编辑　张冀青

*

北京航空航天大学出版社出版发行

北京市海淀区学院路 37 号(邮编 100191)　http://www.buaapress.com.cn

发行部电话：(010)82317024　传真：(010)82328026

读者信箱：emsbook@buaacm.com.cn　邮购电话：(010)82316936

涿州市新华印刷有限公司印装　各地书店经销

*

开本：710×1 000　1/16　印张：36.75　字数：783 千字

2019 年 9 月第 1 版　2019 年 9 月第 1 次印刷

ISBN 978-7-5124-3005-1　定价：119.00 元

前　言

随着计算机技术的普及，以计算机为核心的测试与控制系统得到广泛应用。作为自动化专业本科专业必修课，“计算机测试与控制技术”是具有很强工程背景和自动化专业特色的应用技术课程。本书从工程应用的角度，全面论述计算机测控系统开发所涉及的基础理论、设计方法及工程实现，以培养学生应用计算机解决实际测控工程问题的能力。

本书将计算机测控系统所涉及的共性问题，如：测控系统接口技术、测控总线技术、常用测控算法、软硬件抗干扰技术、测控系统的设计方法等归纳编辑成独立章节进行讲述，便于读者根据实际工程需要有针对性地学习。独立编写计算机测试系统、计算机控制系统等相关章节，能使读者从技术层面和系统层面更全面了解计算机测控技术的全貌；对虚拟仪器与自动测试系统等计算机测控新技术进行了全面深入介绍。

计算机测试与控制技术是传感器、信号调理、微型计算机原理与接口、数字信号处理、控制理论等多学科理论与技术的综合，涉及的理论问题较多，但本书的讲解并不侧重研究理论本身，而是根据编者的教学和实际工程实践经历，将计算机测控一般性理论和方法与大量应用实例相结合，着重研究如何应用基础理论解决实际计算机测控系统的工程问题。这不仅便于读者理解掌握理论知识，也可为解决实际工程应用中的类似问题提供有益的参考。

本书共分 8 章。第 1 章绪论，主要介绍计算机测试系统和计算机控制系统的组成、分类以及主要的应用情况。第 2 章微机测控系统常用总线，讲述了测控系统涉及的常用计算机内、外总线。第 3 章测控系统接口技术，讲述测控系统中常用的人机接口、过程通道接口、传感器接口和串行通信接口。第 4 章计算机控制技术，讲述采用计算机实现顺序控制、步进电机控制等开关量控制方法，以及计算机控制系统的模拟化设计方法、标准 PID 控制算法及其改进、PID 控制算法的参数整定。第 5 章基于微型计算机的测试技术，讲述计算机测试系统的组成及功能。采用计算机实现电压、电流、时间、温度、湿度等参数的测量原理及实现方法。第 6 章计算机测控系统常用算法，讲述二进制定点/浮点计算、函数近似计算、标度变换方法、线性化计算、数据平滑算法、测量数据的微分/积分算法、校准与自检等常用算法。第7章虚拟仪器技术与自动测试系统，讲述虚拟仪器的概念、各种仪器总线、测试应用软件开发工具、自动测试系统设计、硬件/软件设计等。第8章计算机测控系统抗干扰设计，讲述抗干扰设计的基本概念、传输通道的抗干扰、接地技术、供电系统抗干扰、印制电路抗干扰及软件的抗干扰设计等。第9章计算机测控系统的设计与实现，讲述了计算机测控系统的设计流程、常用设计方法、测控系统软件结构、总体方案设计、硬件/软件设计及应用实例。

本书在内容取材上立足工程应用，各章均附有大量软、硬件应用实例，以加深读者对正文内容的理解，同时这些应用实例也可供读者解决类似工程问题时作为参考。本书包括以51单片机及通用计算机构成的各类测控系统，这样能够较好地与先修课程及相关课程相互衔接。

全书由北京航空航天大学李行善教授主编和统稿，其中第1、2、3、5、6章由李行善教授编写，第4、7、8、9章由北京航空航天大学于劲松副教授编写。北京航空航天大学青年教师唐荻音博士和刘浩博士承担了大量资料收集、整理和归纳工作，硕士研究生王帅、武耀、杜胜贤、冀欢欢、周毅、王浩然、石昊东、龚梦桐等同学参与了教材录入和内容校对等工作，在此深表谢意。

本书可作为自动化相关专业本科高年级教材，也可作为相关专业工程技术人员常用设计参考书。计算机测试与控制技术涉及的内容广泛且发展迅速，由于编者水平有限，若书中有错误和不妥之处，恳请读者批评指正。在本教材编写过程中，参考、引用了国内外同行专家、学者的论著和教材的相关内容，在此一一表示衷心感谢。多人参与收集、整理参考文献，且时间跨度较长，如有遗漏敬请告知，再版一定补充更正。

作　者
2019年6月

目　录

第 1 章

绪　论

1.1　测试与控制技术的应用与发展

1.1.1　测试与控制技术的应用领域

测试是测量、检测、试验等的总称，测试技术是认识世界和改造世界的重要手段。控制技术的作用可概括为：无需人的直接参与，而迫使某些物理量按照指定的规律变化。测试与控制技术对工农业生产和科学技术的发展具有十分重要的作用。这两项技术不仅在宇宙航行、导弹制导、飞行及火力控制、核技术等新兴领域是必不可少的，而且在钢铁冶金、装备制造及一般工业生产过程中也具有重要意义。

在产品的生产过程中，为了获得高质量和高效率，测试和控制是必不可少的。为了得到高质量的产品，必须使机器按照给定的规程运行。例如，为了炼出所需规格的钢材，除了严格按照配方配料外，还必须严格控制炉温、送风、冶炼时间等。为此，必须对机器的运行状态进行精确的检测，并对其运行过程实施控制，使它按规定的要求运行。又如，要把重达数吨的人造卫星送入数百千米高空的预定轨道并使它保持姿态正确，就必须应用高水平的检测技术。

生产效率与生产过程的自动化程度密切相关，而生产自动化同样也离不开测控技术，特别是由于当今时代的自动化是以电子、计算机技术为核心的柔性自动化与智能化。越是柔性的系统就越需要检测。没有检测，机器和生产系统就不可能按规程自动运行。智能化是指在复杂、变化的环境下自行决策的自动化，决策的基础是对内部因素和外部环境条件的掌握，这同样离不开检测。

科学研究也离不开测量与控制。门捷列夫说过："没有测量就没有科学，至少是没有真正的科学、精确的科学。"许多重大发现和发明都是从测试和仪器仪表的进步开始。比如，哈勃望远镜对天体科学的发展，扫描隧道显微镜对纳米科技的形成，都起了关键作用。

可以这样说，当今任何高新科技的产生和发展都离不开测试与控制。

1.1.2 计算机在测控系统中的应用与发展

当今的时代是信息时代，它以计算机的广泛应用为主要标志。测试与控制技术的发展与计算机技术的发展有着密切的联系，计算机的快速更新换代，促成了以计算机为核心的测控应用技术的出现、不断完善以及应用领域的扩展。下面以计算机控制系统的发展历史为例，说明测控系统的发展与计算机的发展之间的密切关系。

数字计算机应用于控制系统大体经历了以下几个时期：

① 开拓期，约在 1955 年；

② 直接数字控制时期，大约从 1962 年开始；

③ 应用小型计算机时期，大约从 1967 年开始；

④ 应用微型计算机时期，大约从 1972 年开始；

⑤ 数字控制广泛应用期，大约从 1980 年开始；

⑥ 分散控制期，大约从 1990 年开始。

20 世纪 50 年代中期，在世界上第一台电子计算机问世 9 年之后，美国 TRW (Thomson Ramo Woodrige)航空宇航空间技术公司的一些工程师联合其他公司的技术人员成立了一个研究小组，开始了电子计算机用于生产过程控制的可行性研究，所研究的计算机控制系统用于控制一台化学聚合装置，该控制系统于 1959 年 3 月 12 日投入运行，被控制的量包括 26 个流量、72 个温度、3 个压力和 3 个成分参数。TRW 公司的工程师们所完成的开拓性工作，唤起了人们对计算机控制的极大兴趣，针对不同领域的可行性研究和系统开发也随之展开。计算机厂家看到了新的市场，工业设备制造商发现了新的自动化工具。这一切有力地推动了计算机控制技术和计算机本身的进一步发展。

早期的计算机是电子管计算机，其运算速度慢、体积大、可靠性差，而且价格贵。1958 年前后的电子计算机的典型数据是：做一次加法运算需要 1 ms，做一次乘法运算要用 20 ms，平均故障间隔时间(MTBF)为 50～100 h。这样的性能是不能用于实现实时控制功能的，因此，当时的计算机主要用来执行数据处理、操作指导、最优设定值给定等简单的监督控制功能。20 世纪 60 年代初，晶体管计算机取代了电子管计算机，计算机的性能和可靠性有了较大提高。1962 年的一台过程控制计算机的典型数据是：可在 100 μs 内完成两个数的相加，在 1 ms 内完成两个数的相乘，MTBF 大约为 1 000 h。数字计算机在性能和可靠性方面的大幅度提高，促成了直接数字控制(Direct Digital Control，DDC)系统的出现。英国的 ICI(Imperial Chemical Industries)公司于 1962 年推出了一个 DDC 系统，该系统测量 224 个变量，直接控制 129 个阀门。直接数字控制(DDC)的命名是为了强调计算机对过程的控制是直接进行的。DDC 系统充分体现出数字计算机用于工业控制的优越性：① 在系统成本方面，模拟控制系统的成本随控制回路数的增多而线性增长，数字控制系统只是初始成本较高，增加控制回路的附加成本却很少；数字系统可以用操作员通信面板代替模拟系统中大型模拟仪表墙。这就使得，对大型工业设备而言，采用数字控制系统会更加便宜一些。② 灵活性是DDC系统的另一个优点：系统更改可通过编程实现，不像模拟系统那样必须通过更改电路或连接来完成；数字系统中控制回路间交互方便，控制回路参数可随运行条件而改变设置。DDC系统的优点已十分明显，但它在工业系统中大量推广应用却期待更便宜、体积更小、可靠性更高的计算机的问世。

20世纪60年代末期，出现了中、小规模集成电路构成的小型计算机，这就为设计基于小型计算机的过程控制系统提供了基础。这一时期，典型的过程控制计算机的技术数据是：完成一次加法的时间为2 μs，一次乘法的时间是7 μs，中央处理单元的MTBF为20 000 h。小型计算机的应用使得过程控制计算机变成了体积较小的“单元”，不仅可用于大型工程，也可用于较小的项目，解决了较小的工程问题。由于小型计算机的应用，过程计算机的数量已由1970年的5 000台增至1975年的50 000台。在这一时期，价格较高仍是阻碍计算机更广泛应用的主要因素。

1971年微型计算机问世，由于这种类型的计算机具有运算速度快、可靠性高、体积小、价格低等优点，解决了长期制约计算机控制发展的高价格和低可靠性两大瓶颈问题，使计算机控制进入了崭新的发展阶段。

微型计算机的性能随着大规模集成电路技术的发展不断更新，体积进一步缩小，价格迅速下降，使得它在自动化系统中的用途日益扩大，不再局限于作控制用。各种类型的工业控制计算机、标准总线、硬件板卡、组态软件的推出，更为广泛应用数字控制创造了条件。

数字通信和计算机网络技术的发展，为实现分散控制创造了条件，分散控制系统克服了传统集中式控制系统整体可靠性低的缺点。在石化、冶金等企业的一些大型生产过程控制中，分散控制可大大提高整个系统的可靠性和自动化水平。

从计算机上述发展过程可以看出：测试与控制技术发展有赖于计算机技术的发展，而发展测控技术的强烈需求，又会反过来推动计算机技术的进步。

1.2 计算机测试系统的组成和典型应用

计算机测试系统是对那些以计算机为核心，用于完成测量、检测、试验任务的一类系统的总称。有些系统，其功能属“测量”还是“检测”难以区分，则宜称之为“测试系统”。有的系统，仅用“测量”“检测”“试验”称之均不能准确概括其功能，则只能称其为“测试系统”。

1.2.1 计算机测量系统

典型的计算机测量系统的结构如图1－1所示。

当被测物理量为非电(学)量(如压力、温度、流量等)时，需要用相应的传感器将非电量转换成电量，信号调理环节用于对传感器的输出进行模拟信号处理，使其输出

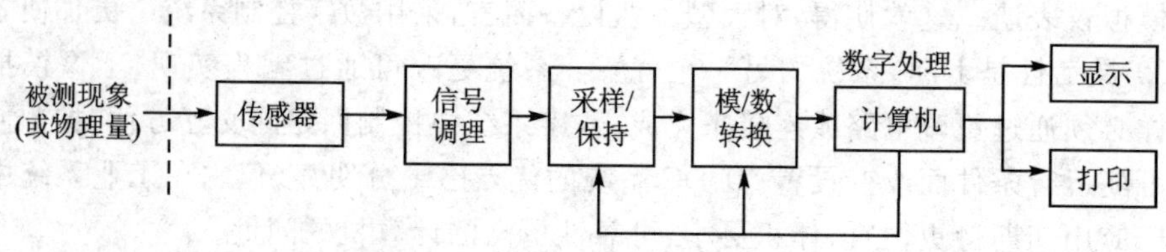

图 1-1 计算机测量系统框图

信号满足后接模/数(A/D)转换器对输入信号的要求。采样/保持环节用来保证在被测信号变化较快时,仍能获得所需的 A/D 转换精度。A/D 转换器将经采样/保持环节来的,与被测物理量成比例的模拟信号(一般为模拟直流电压)转换成对应的数字量送给计算机,经计算机进行数字处理及工程单位转换,然后送给显示单元或打印测量结果。当被测物理量为电量(如电压、电流、电阻、频率等)时,可以不用传感器,直接利用合适的输入电路将被测信号引入到信号调理环节。

1.2.2 智能仪器——微型计算机与测量仪器的有机结合

智能仪器是指以微处理器为基础而设计出的新一代测量仪器,可以说,它是最简单的一类测试系统。对智能仪器的“智能”含义目前尚无明确的定义,大体上是指:① 这类仪器功能较多,使用灵活,配有通用接口,有完善的远地输入和输出能力,能很方便地接入自动测试系统。② 仪器本身具有“初级智能”,即具有自动量程转换、自调零、自校准、自检查、自诊断等功能。③ 这类仪器采用了“智能”元件——微处理器(或微型计算机)。设计这类仪器时采用了新的设计思想,其中最基本的一条就是最大限度地利用微型计算机的智能,以组成低成本、高性能的测量仪器。例如,在传统的数字电压表中,为了实现高精度的电压测量,要求数字电压表的模拟放大部分具有稳定性。为了做到这一点,采用了大量高稳定特性的精密元件(低漂流的运算放大器、高性能的精密电阻等)。而在采用微型计算机的条件下,可以不过高要求模拟放大部分具有良好的稳定性,只要求将其随环境变化的信息告诉微型计算机,利用微型计算机的智能,对数据加以适当处理,同样可以得到较高的测量精度。用一句形象的话讲,只要模拟电路部分对微型计算机来说是“透明的”,即微型计算机能随时“洞察”模拟电路部分的参数变化,就有了利用微型计算机进行修正的基础。因为微型计算机的“智能”特性,数字电压表中的精密模拟元件大大减少,从而降低了成本。这是计算机给测试技术带来革命性变化的一个实例。

图 1-2 给出了数字多用表的结构框图,从图中可大体看出智能仪器的基本结构,其核心部分是微型计算机。该仪器具有一个内部总线,微型计算机通过内部总线与仪器其他部分进行通信,实施对整个过程的管理与控制。电压、电流、频率、有效值测量电路分别经各自的接口接到内部总线上,相应的测量转换(例如,对直流电压进行测量,要施行模拟—数字转换;对频率进行测量,要施行频率—数字转换)都是在微型计算机控制下进行的。微型计算机进一步对所采入的数据进行计算、处理并送到

显示单元显示。这里，四个量的测量共用一台微型计算机，微型计算机的效能得到充分发挥。仪器还配置了 GPIB 接口（GPIB 是程控仪器通用接口总线 General Purpose Interface Bus 的英文缩写，它是国际通用的仪用接口总线，将在本书第 7 章介绍），使它能很方便地接入以 GPIB 总线为基础的自动测试系统。

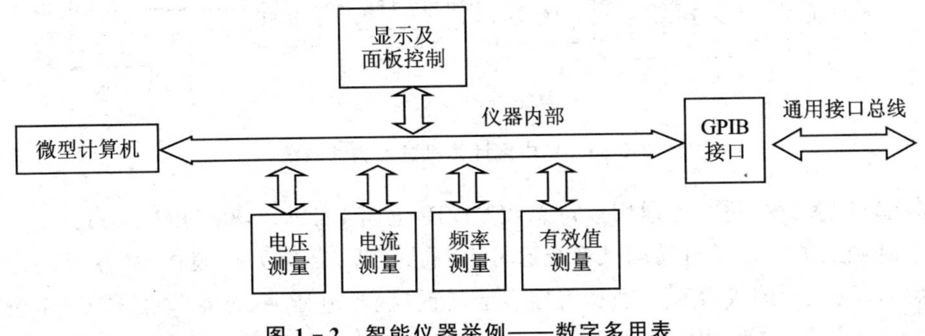

图 1-2 智能仪器举例——数字多用表

1.2.3 计算机过程测试系统

过程测试系统以参数测量为目标，本质上也是一种测量系统，只不过它测量的是被测过程的一系列参数或多种物理量，以研究该过程的特性或对该过程实施控制。过程测试系统具有如下特点：① 多参数测量；② 系统性能必须满足现场测量环境的要求；③ 往往是控制系统或较大型自动化系统的子系统，或大型试验系统的测量前端。

过程测量系统在组成方式上可分为集中型和积木型两大类。集中型测试系统的结构框图如图 1-3 所示。各被测参数经相应传感器及调理电路转换成输入接口要求的形式（例如，模拟形式的直流电压），再经多路转换后与输入接口电路相连，输入接口将该信号转换成计算机要求的数字形式（对于模拟直流电压信号，此输入接口应包含能实现将模拟形式的直流电压转换成数字量的模拟/数字转换器，即 A/D 转换器），计算机执行数据处理算法后，得到与被测量相对应的精确数值，并将它转换成显示、打印所要求的形式，再经输出接口送显示、打印装置，输出测量结果。当被测参数超过规定限度时，该系统能及时发出告警信号。在这类系统中，计算机除完成对整个测量过程的控制和管理外，主要是执行各种数据处理算法。应用于工业环境的这类系统，主要用来对工业过程进行集中监视，在过程参数的测量和记录中代替大量的常规显示和记录仪表。应用于实验室环境（如风洞试验、强度试验）的这类系统，主要用来对试验过程进行高效率、自动化测量和记录。绝大多数这类系统都是针对特定的测试任务而设计生产的，属于专用计算机测试系统。系统中各个部件所处的位置及相互连接都是固定的。因此这类系统也被称为集中型计算机过程测试系统，如图 1-3 所示。

要完成过程测试任务，还可以采用积木式结构组成的自动测试系统。这种积木

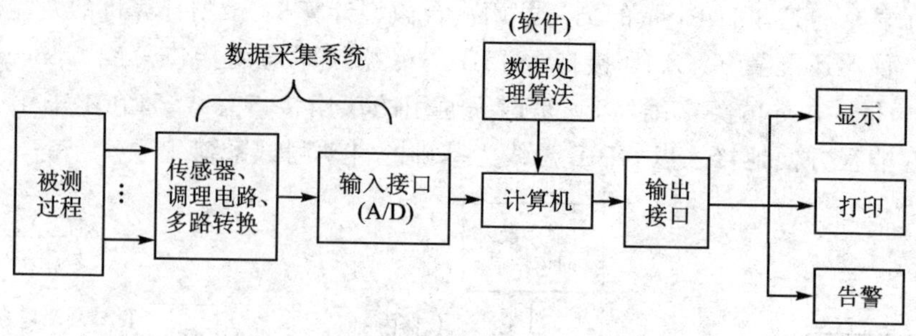

图 1-3　集中型计算机过程测试系统

型系统目前多数是建立在通用接口总线 CPIB(也叫 IEEE-488、IEC-625、HP-IB 总线)基础上的。这类自动测试系统通常由测量仪器(数字万用表、计算器等)、记录仪器(打印机、绘图仪等)、激励及信号给定装置(程控电压源、波形发生器等)和控制仪器(微型计算机等)构成。目前,工业发达国家所生产的先进的电子仪器都带有 CPIB 接口。对于一定的测试任务,可按系统技术要求,选用所需的仪器,利用标准的 CPIB 总线电缆,能很快地将系统连接起来,因而可使系统硬件研制工作量大大减小。在大型的科学研究实验室或试验中心里,测试任务变更频繁,采用积木式结构组建自动测试系统,有利于测试仪器等资源的复用。

图 1-4 是积木式自动测试系统的一个实例。该系统用了数百个电阻应变片来测量被测对象中的应力分布。系统除包含一台计算机外,还有一个电桥、一台数字电压表和打印机。为使一台电桥能与数百个应变片轮流配用,还采用了一个扫描器,它实际上是一个可程控的多路转换开关。计算机、电桥、数字电压表、打印机和扫描器的控制器都通过自身的 CPIB 接口接到 CPIB 总线上。系统中各部分之间的信息(命令或数据)交换都是通过总线进行的。在系统中计算机是核心,它不断向各设备发号施令以组织自动测试。第一步,它发布一条命令启动系统;第二步,使各设备处于初始状态;第三步,向扫描器的控制器发布命令,使扫描器接通指定的应变片;第四步,

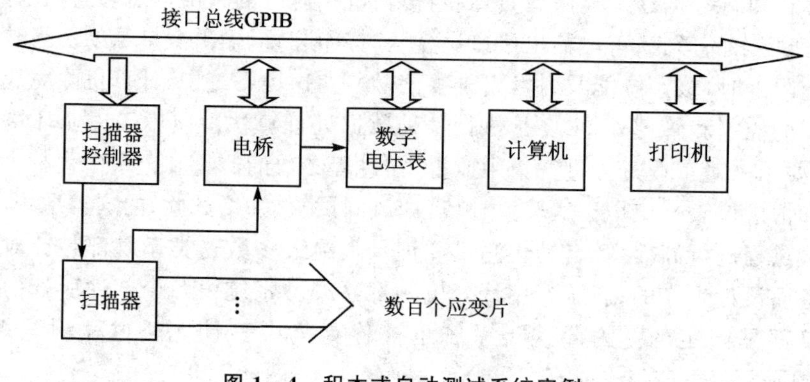

图 1-4　积木式自动测试系统实例

向电桥发布命令，接通与所接应变片相适应的电桥电阻；第五步，向数字电压表发送选择量程的命令；第六步，计算机读取数字电压表的测量结果并进行处理；第七步，计算机将处理完的信息送打印机打印。上述七步完成后，计算机又可以再次重复上述过程，选择另一应变片，再次进行另一点的应力测量。积木型自动测试系统的主要优点是系统组成方便灵活，开发周期短，仪器设备利用率高。其主要缺点是总线的信息传送速度不够快，并且由于“地址”“命令”“数据”都由总线传送，故不适用于高速信息传送与处理的场合。

1.2.4 计算机智能测试系统

智能测试系统是测试技术中最先进、最年轻的研究领域，自 20 世纪 70 年代以来，人们对这类系统的研究与日俱增，并且十分迅速地将其应用于各个领域。这里的“智能”，是指这类系统具有部分人的智能，能局部代替人去完成那些以前要靠人的智能才能完成的任务。智能测试系统不是以精确测量过程诸参数为目的，而是以获得某种决策或判断为主要目标。例如，这是不是要寻找的工件？（识别型智能测试）设备运行是否正常？（诊断型智能测试）

智能测试技术的研究直接受到生产发展的推动。目前生产过程自动化的程度越来越高，过程检测与过程控制技术有了极大的发展。这时，影响实现生产过程全盘自动化的主要矛盾之一就是生产过程中那些要依靠人的智能才能完成的环节。例如，检测工用目测方法分类工件，人眼能在瞬间接收大量的信息，人脑的综合判断能力远超过“电脑”。这一工作对人来说并不困难，但若要一个计算机测试系统来代替这一检测工，问题却不那么简单。装配工用目测及手感来判断装配质量，机修工用听声音来判断机器运转是否正常。这些都引导人们去研制相应的智能测试系统（如听觉智能测试系统、触觉智能测试系统等）。

图 1－5 所示的高速旋转设备实时故障诊断系统是智能测试系统的一个实例。该系统包含两块以 32 位 CPU 为核心的计算机板卡，两者在通用标准总线 VME（VME 总线是并行传送 8 位至 32 位数据的标准总线，见本书第 2 章）上连成多处理机的并行处理结构。

每个计算机板卡通过 A/D 转换器分别采集相应传感器的数据，进行预处理并存储于板内 RAM 中，两板卡之间的数据交换通过共享存储区来实现。由于两块 CPU 板卡均按主—主方式（多个主计算机）并行工作，为了协调两者对总线的使用权，一个总线仲裁器是必需的。多数智能测试系统对实时性是有严格要求的，也就是说，要求以足够快的速度做出判断。对上述故障诊断系统要求在故障出现 1 s 内报出故障的类型、故障发生的位置及故障的原因。而“智能判断”建立在大量的信号处理及模式识别算法的基础上，采用单台微型计算机在速度上难以满足实时要求，图 1－5 所示的多处理机并行处理方案是目前用得很多的。从图中还可以看出，一个典型的智能测试系统主要包括三大部分：信号采集器、智能处理计算机及智能处理软件。智能

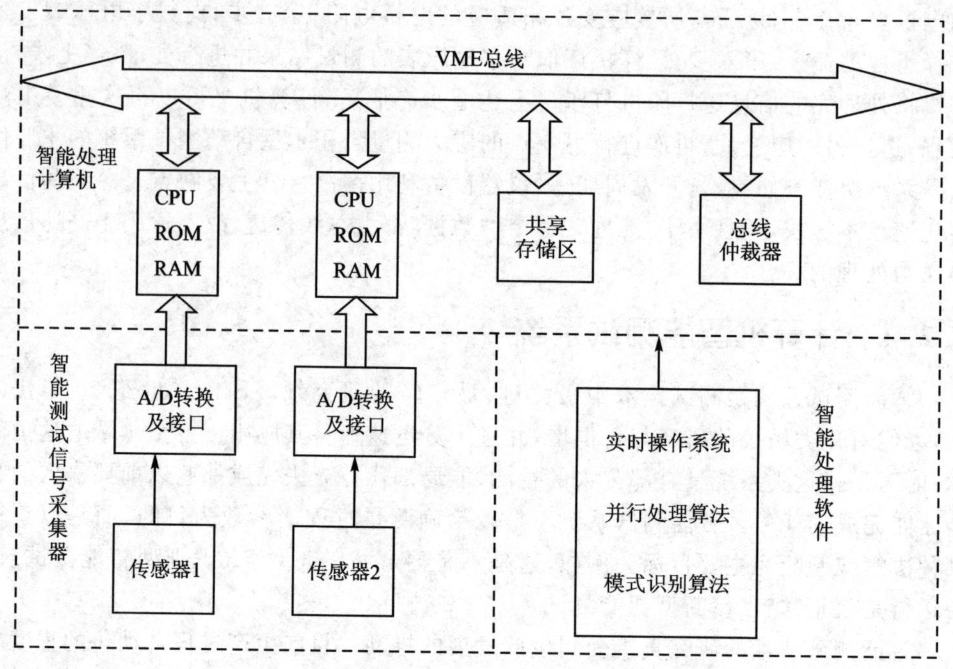

图 1-5　高速旋转设备实时故障诊断系统方框图

处理计算机应能完成各种复杂高速的信号处理任务。智能处理软件主要是实现以模式识别为基础的各种算法。这类算法往往要求合适的操作系统(如实时操作系统)作支持。

工程上的自动测试系统(Automatic Test System,ATS)也是一种智能测试系统,这类系统用于完成对被测设备、装备、系统(如飞机、导弹、机械设备等)或产品、器件(如批量生产的大规模集成电路,电路板等)的功能及性能的自动检测与故障诊断。这类系统通常建立在标准的测控系统或仪器总线(GPIB、VXI、PXI、LXI 等)的基础上,具有高速度、高精度、多功能、多参数和宽测量范围等众多优点。

自动测试系统(ATS)一般由三大部分组成:自动测试设备(Automatic Test Equipment,ATE)、测试程序集(Test Program Set,TPS)和 TPS 开发工具,如图 1-6 所示。

自动测试设备(ATE)是指用来完成测试任务的全部硬件和相应的操作系统软件。ATE 硬件本身可以像便携式设备那样小,也可以是由多个机柜组成、总质量达上千公斤的设备。为适应飞机、舰船或机动前线部队的应用,ATE 往往是一些加固了的商用设备。ATE 的心脏是计算机,该计算机用来控制复杂的测试仪器,如数字多用表、波形分析仪、信号发生器及开关组件等。这些设备在测试软件的控制下协调工作,通常是提供被测对象中的电路或部件所需要的激励,然后在不同的引脚、端口或连接点上测量被测对象的响应,从而确定该被测对象是否具有规范中规定的功能

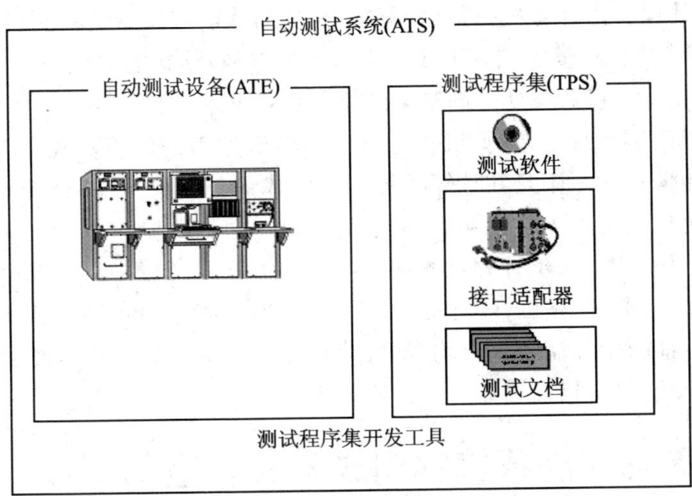

图 1-6　自动测试系统的组成

或性能。ATE 有着自己的操作系统，以实现内部事务的管理(如自测试、自校准等)、跟踪维护要求及测试过程排序，并存储和检索相应的技术手册内容。ATE 的典型特征是它在功能上的灵活性，例如用一台 ATE 可以测试多种不同类型的电子设备。

测试程序集(TPS)是与被测对象及其测试要求密切相关的。典型的测试程序集由三部分组成：① 测试程序软件；② 测试接口适配器，包括接口装置、保持/紧固件及电缆；③ 被测对象测试所需的各种文件。测试软件通常用标准测试语言(如 ATLAS)写成。对有些 ATE，其测试软件是直接由通用计算机语言如 C、Ada 编写的。ATE 中的计算机运行测试软件，控制 ATE 中的激励设备、测量仪器、电源及开关组件等，将激励信号加到需要加入的地方，并且在合适的点测量被测对象的相应信号，然后再由测试软件来分析测量结果并确定可能是故障的事件，进而提示维修人员替换掉或更改某一个或几个部件。由于每个被测对象(Unit Under Test，UUT)有着不同的连接要求和输入/输出端口，因此 UUT 连到 ATE 通常要求有相应的接口设备，称为接口适配器，它完成 UUT 到 ATE 的正确、可靠的连接，并且为 ATE 中的各个信号到 UUT 中的相应 I/O 引脚指定信号路径。

开发测试软件要求一系列的工具，这些工具统称为测试程序集开发工具，有时亦被称为 TPS 软件开发环境，它可包括：① ATE 和 UUT 仿真器；② ATE 和 UUT 描述语言；③ 编程工具，如各种编译器等。不同的自动测试系统，所能提供的测试程序集开发工具有所不同。

由上述可知，随着应用目的的不同，计算机测试系统具有各种不同的形式。但是从本质上看，各类测试系统的工作过程可归结为以下三步：

① 数据采集。将与被测参量相对应的信号采入计算机。在实施采集的过程中，包含着计算机对数据采集过程的控制。

② 数据处理。由计算机执行以测试为目的的算法程序后，得到与被测参量相对应的测量结果（过程测量），或者形成相应的决策与判断（智能测试）。

③ 数据输出。将数据处理的结果送显示装置显示或打印输出。

在计算机测试系统中，计算机实施对整个测试过程的管理和控制，数据的采集、处理、显示、告警等无一不是在计算机控制下完成的。由此可见，以测试为目的的计算机测试系统也具有不少控制功能。

从硬件结构上看，各类计算机测试系统大体上都包括以下组成部分：① 信号采集器及输入接口；② 计算机；③ 输出设备及其接口；④ 控制台（或面板控制键盘）。在上述系统方框图中控制台部分均未画出，对一个实用的测试系统来说，为了使操作者能了解和干预测试过程，控制台是必不可少的。

1.3 计算机控制系统的组成与典型应用

计算机控制系统因其控制方式不同而结构各异，按系统的功能分类，主要类型有下列几种。

1.3.1 程序控制和顺序控制系统

程序控制是使被控制量按照预先规定的时间函数变化，即被控制量是时间的函数。顺序控制可以看作是对程序控制的扩展，顺序控制时的给定量不仅取决于时间，还取决于对以前控制结果的逻辑判断。这类系统的组成框图如图 1－7 所示，其基本思想是将被控制对象的动作次序和各类参数输入计算机，然后计算机执行应用程序，按照次序一步一步地控制对象动作，以达到预期的目的。例如，无人驾驶飞机，按照地面控制信息和机内微型计算机的固定程序飞行。又如机床的计算机控制，预先输入切削量、裕量、进给量、工件尺寸、加工步骤等参数，运行时由计算机控制刀具轨迹，最后加工出成品。

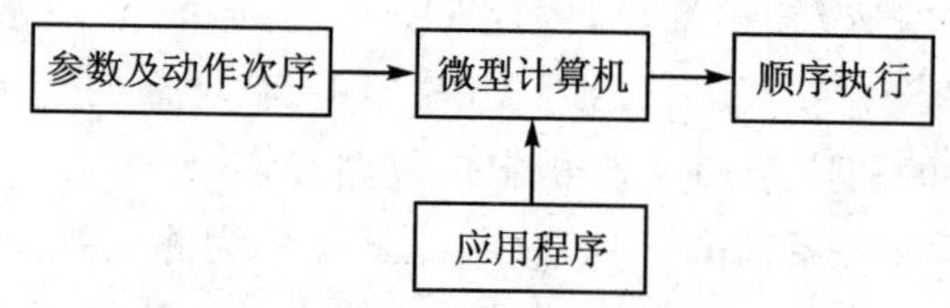

图 1－7 程序/顺序控制系统框图

目前市场上以成品形式出现的各种类型的可编程控制器（Programmable Logic Controller，PLC）很适合用于实现程序或顺序控制。

1.3.2 过程监测与操作指导系统

计算机过程监测与操作指导系统的结构如图 1－8 所示。这类系统的基本功能是对运行过程进行监测并实施操作指导。计算机通过输入通道实时地采集被控对象的运行参数，经过适当的数据处理（如数字滤波、非线性补偿、量程转换等）后，以数字或图形、曲线等形式实时显示，向操作员提供被控对象运行工况的信息，使操作人员能够全面监视被控对象的运行状况。当被控对象的某些参数偏离正常值范围时，计算机发出报警信号，及时提醒操作人员采取措施，以确保运行安全。计算机给出的操作指导信息通常有两种：一种是按照预先建立的数学模型和优化算法，由计算机通过控制台的显示器给出相应的控制命令，控制命令执行与否由操作人员决定；另一种是计算机按照预先存放的针对特定工况的操作规程，并依据被控对象的实际工况及工序执行情况逐条输出操作信息，用以指导操作。

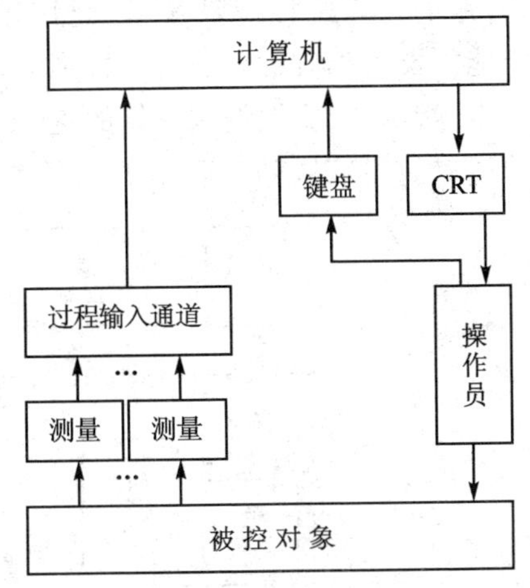

图 1-8　计算机过程监测与操作指导系统

1.3.3　计算机反馈控制系统

计算机反馈控制系统的基本结构框图如图 1-9 所示，本质上是用计算机及控制软件＋模/数(A/D)转换器＋数/模(D/A)转换器来代替模拟形式的反馈控制系统中的模拟控制器。事先将被控对象的状态设定值和数学模型输入计算机，然后，计算机执行应用程序（最基本的是执行实现控制规律的软件），定时、定点地采集被控对象的各项参数，并与设定值相比较，对偏差按控制规律求得调整值，通过执行机构控制被控对象。其最终目的是使偏差接近于“0”。在这里，只要保证数据采集及数据处理的速度能满足被控对象调整的要求，就能达到实时控制的目的。

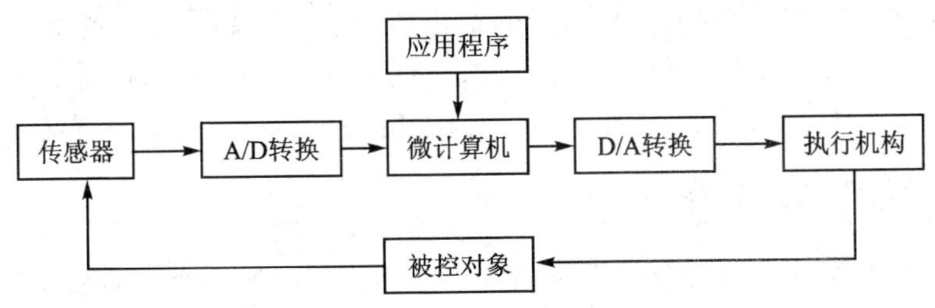

图 1-9　计算机反馈控制系统框图

对于缓慢变化参数（如湿度、压力、流量、液面等）的控制，一般采用单台微型计算机。对于控制规律复杂且要求快速控制的场合（如多轴快速伺服控制），图 1-9 中的计算机可采取多台微型计算机并行工作的形式。这类控制系统是目前最有前途、使用最普遍的计算机控制系统，广泛用于过程监控、直接数字控制(DDC)、自适应控制、智能机器人等方面。直接数字控制系统广泛用于工业过程控制，其组成框图如图 1-10 所示，除反馈控制系统的基本组成部分外，还增加了采样/保持、输出信号调理(功率放大器)以及人-机交互(操作控制台、外存储器、报警装置等)等环节。

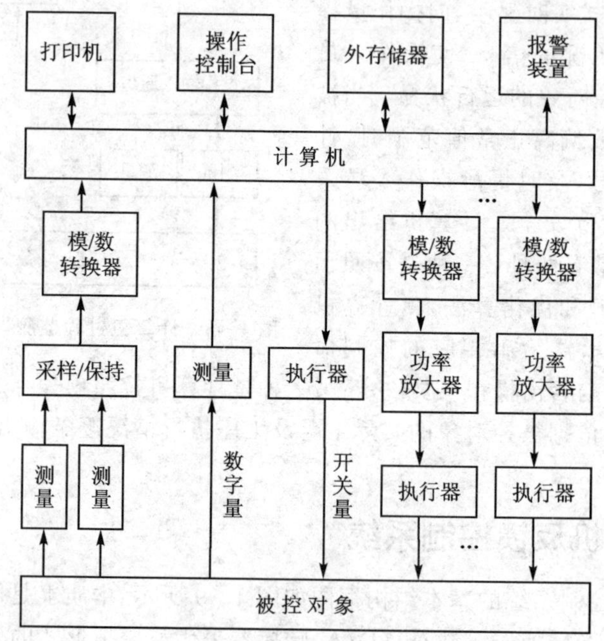

图 1-10　直接数字控制系统框图

1.3.4　计算机监督控制系统

计算机监督控制系统的结构框图如图 1-11 所示。

在监督控制中，监督计算机根据生产过程工艺参数和数字模型给出工艺参数的最佳值，作为模拟控制器或数字控制器的给定值。监督控制的效果取决于数学模型的精确程度。监督计算机工作于离线方式，不直接参与过程控制，而是完成最优工况的计算。但是在有的系统中，计算机在执行监督控制的同时，也兼做直接数字控制。

1.3.5　集散型控制系统

集散型控制系统又称为分散控制系统(Distributed Control System，DCS)，其结构框图如图 1-12 所示。该系统是运用计算机通信技术，由多台计算机通过通信网互相连接而成的控制系统，因而它具有网络分布结构。

DCS 采用分散控制、集中管理、分而自治和综合协调的设计思想，将工业企业的生产过程控制、监督、协调与各项生产经营管理工作融为一体，由 DCS 中各子系统协调有序地进行，从而实现管理、控制一体化。系统功能自上而下分为过程控制级(或

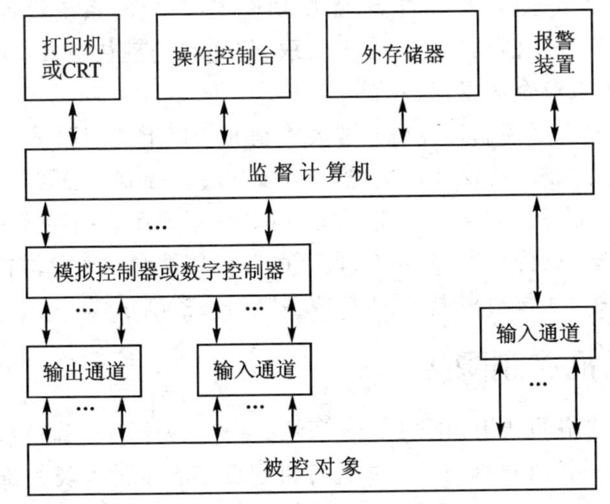

图 1－11 计算机监督控制系统框图

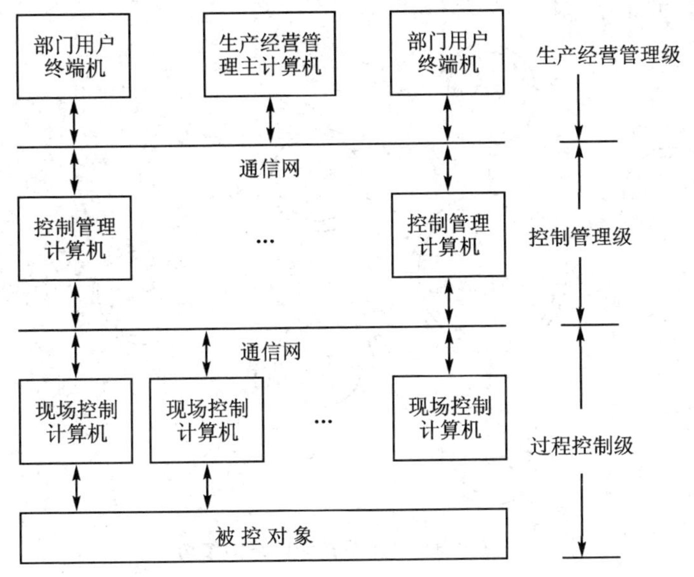

图 1－12 DCS 控制系统框图

装置级)、控制管理级(或车间级)、生产经营管理级(或企业级)等,每级由一台或数台计算机构成,各级之间通过通信网连接。其中过程控制级由若干现场控制计算机(又称现场控制单元/站)对各个生产装置直接进行数据采集和控制,实现数据采集和 DDC 功能;控制管理级对各个现场控制计算机的工作进行监督、协调和优化;生产经营管理级执行对全厂各个生产管理部门监督、协调和综合优化管理,主要包括生产调度、各种计划管理、辅助决策以及生产经营活动数据的统计和综合分析等。

DCS具有整体安全性,可靠性高;系统功能丰富多样;系统设计、安装、维护、扩展方便、灵活;生产经营活动的信息数据获取、传递和处理快捷及时;操作、监视简便等优点,可以实现工业企业管理、控制一体化。

图1-12中的现场控制计算机一般要控制8个以上的回路。20世纪80年代后期,伴随着现场总线技术的发展,集散控制系统的过程控制级已可用现场总线控制系统(Fieldbus Control System,FCS)来代替,FCS采用现场总线连接系统中的控制器、智能化的测量仪表、执行装置等,具有开放性、互操作性和彻底分散性等特点,并且很容易同上层管理级、互联网实现互联,构成多级网络控制系统。

1.3.6 计算机控制网络

计算机控制网络的结构如图1-13所示。由一台中央计算机(CC)和若干台卫星计算机(SC)构成计算机网络。中央计算机配置了齐全的各类外部设备,各个卫星计算机可以共享资源,网络中设备能力以及其他资源可以得到充分利用。各个卫星计算机各自独立地完成自己的测量/控制或信息处理任务,某一卫星计算机的故障不影响其他计算的正常运行。

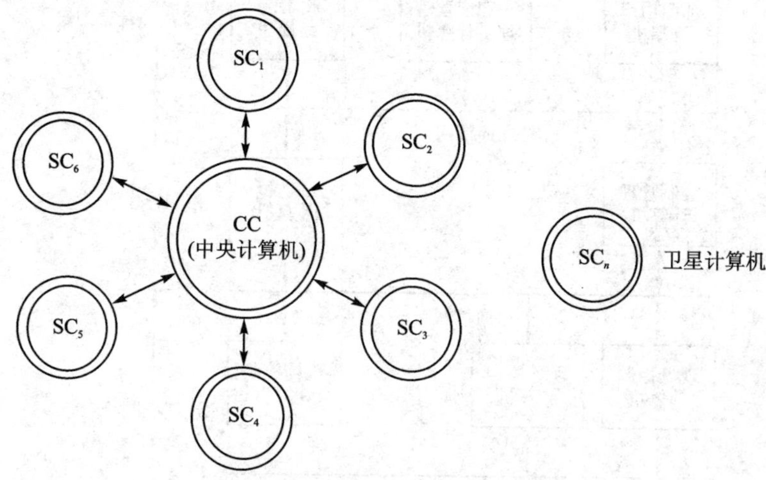

图1-13 计算机控制网络的结构

尽管计算机控制系统具有各种不同的形式,但就其本质而言,其控制过程可归结为以下三步:

① 实时数据采集。实时检测被控制参数并输入计算机。

② 实时决策。对被采集到的表征被控参数的各值进行处理,实施控制算法并决定进一步的控制措施。

③ 实时控制。根据决策,适时地向执行机构发出控制信号。

对计算机控制系统,一般都要求实时,也就是要求系统对被控过程的变化以足够快的速度做出反应。除此之外,就工作步骤而言,计算机控制系统与计算机测试系统是非常相似的。

1.4 计算机测控系统

前两节已经说明，计算机测试系统与计算机控制系统的工作过程极其相似，如果抛开针对不同应用目的而编写的应用程序，以及对具体应用系统提出的特殊要求不谈，两类计算机系统实质上是可以通用的。也就是说，以测试为目的的计算机系统，经过适当的改动也可用作控制；原来用于控制的计算机系统稍加改动，也可成为计算机测试系统。这是因为不管是控制系统还是测试系统都是利用计算机的数据处理和控制功能。那么，就解决测试与控制这两类任务而言，系统硬件及软件究竟应包含哪些部分呢？

1.4.1 测控系统硬件组成

典型的计算机测控系统的硬件组成如图 1－14 所示。按各部分在系统中的作用，该系统可分为主机、输入/输出通道、常规外部设备、接口电路、运行操作台、系统总线等几大部分。

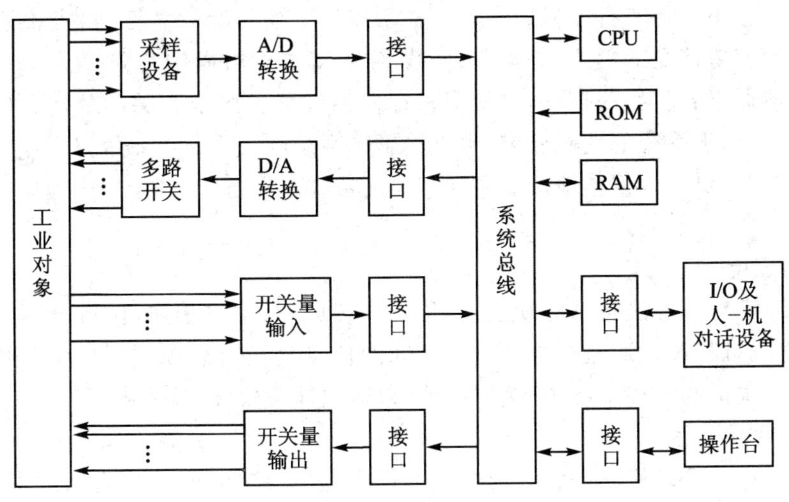

图 1－14 典型测控系统的硬件组成

1. 主 机

CPU 及其内存储器(ROM、RAM)合称为主机。这部分是系统的核心。主机根据输入通道检测得到的各种参数，按照人们预先安排的程序，自动地进行信息处理、分析和计算。如果以控制为目的，最终要做出相应的控制决策或调节；如果以参数测量为目的，最终要得到与被测参数相对应的精确结果。经由输出通道发出控制命令。采用何种计算机做主机，取决于系统任务的复杂程度及要达到的技术指标。目前多数测控系统采用微型计算机作为主机，少数采用小型计算机。

2. 输入/输出通道

过程输入/输出通道，又称过程通道。它是计算机与外部物理世界(如生产过程)建立信息传递与转换的连接渠道。过程通道又可分为模拟量输入通道、模拟量输出通道、开关量输入通道和开关量输出通道。带有模/数转换器的模拟量输入通道用来连接各类以模拟信号为输出的传感器，也可直接用作模拟形式的电压或电流的输入端。模拟量输出通道带有数/模转换器，使计算机能对模拟形式的执行机构或输出设备进行控制。开关量输入通道用来接收外界以“开关”形式表示的信息。例如，在电网实时监控系统中，它可用来监视电网各类断路器的开合状态。在另一些在线检测中，开关量输入可用来表示“超值”“告警”“极性转换”等状态并通知计算机做相应的处理。开关量输入也可用编码的形式向计算机输入信息，这种信息既可以是命令信息(要求计算机执行某种动作)，也可以是单纯的数据信息。开关量输出通道常用来控制开关型执行机构(继电器、步进电机等)，也可用来以编码形式输出信息。

3. 外部设备

按功能可分为三类：输入设备、输出设备和外存储器。

常用的输入设备是键盘。输入设备主要用来输入程序和数据。

常用的输出设备有打印机、记录仪、显示器等。输出设备主要用来把各种信息和数据按人们容易接受的形式，如数字、曲线、字符等提供给操作人员。

外存储器，如硬盘、闪存等，主要用来存储系统的程序及有关的数据。外部设备配置多少，取决于系统的性能要求，也直接影响系统的成本。在系统以微型计算机为主机的情况下，要十分慎重地按照实际需要配备外部设备，否则会极大地影响系统的经济性。

4. 接口电路

过程通道与外部设备都必须通过相应的“接口”与主机相连，接口电路起着媒介作用，它使主机与过程通道及外部设备之间的信息交换得以顺利实现。在组成以微型计算机为主机的测控系统中，接口设计(包括硬件与软件)是关键一环。

5. 运行操作台

运行操作台可以说是一台专用的外部设备，是系统实现人-机对话的主要手段。操作人员通过它可了解系统的运行情况，必要时可通过它修改系统的某些参数，干预系统的运行。操作台至少应配有输入设备(如键盘，供输入命令或数据用)及显示设备(如 CRT，用来显示运行状态)。处于研制过程中的测控系统，通常将原来计算机配置的键盘、显示器作为操作台用。

6. 系统总线

如果接口电路是连接各硬件模块的纽带，则系统总线是连接各硬件模块的基础。选择什么样的系统总线不仅影响系统的性能，还会影响系统的成本及组建速度。如果系统从 CPU 级开始组装，则可以采用自行设计的系统总线，这种针对具体应用而设计的总线导线条数少,成本会降低。如果组装系统是以选购一台工业控制计算机为基础,则可利用该计算机的总线作为系统总线,充分利用计算机的扩展插槽加入自行研制的硬件部分,使组建系统的速度加快。如果想购置由计算机厂商提供的各类OEM 硬件模块来组成系统,则需选取标准的系统总线,如 ISA、PCI、VME 等。这种组建方法也能缩短系统硬件的研制周期。

1.4.2 测控系统软件

软件通常分为两大类,一类是系统软件,另一类是应用软件。应用软件是指那些针对应用目的(测试或控制)而编写的所有程序的总称。应用软件要由系统设计者自行研制,应用软件的开发占软件开发工作量的大部分。就控制系统而言,应用软件是直接执行控制算法,服务控制任务的,而其他的系统程序则是为它服务的。因此,应用软件的优劣将会给系统的精度和效率带来很大的影响。系统软件一般包括操作系统、监控程序、程序设计语言、编译程序及调试查错程序等。如果测控系统采用制造商提供的成品计算机,则可有相应配套的系统软件提供。为更适合应用的目的,可以适当修改或补充已有的系统软件。如果从硬件模块级开始组装系统,往往系统软件也需要自行编制。

软件是人的思维与机器硬件之间的桥梁。尽管软件的运行离不开硬件,但软件的优劣关系到系统的正常运行,以及硬件功能的充分发挥。在实际测控系统的研制中,软件研制周期及所占人力绝不少于硬件研制。

1.5 本书的内容组织

由前述内容可知,"计算机测试与控制"能够覆盖众多的应用学科,除计算机技术外,还包括模拟与数字电路、测试技术、控制工程、信号处理、模式识别等。即使仅从综合应用的角度,要想在一本书中把一些主要问题讲透,也并非易事。在组织本书内容时,作者遵循下述原则:

① 从工程应用角度研究问题。在涉及一些理论问题(如控制算法、信号处理方法等)时,本书不侧重研究这些理论本身(比如讨论各类控制算法的特点,研究新的算法等)而是侧重应用。即以这些理论为基础,研究如何在计算机测控系统中将这些理论付诸实施的问题。

② 共性问题在共用章节中研究。如前所述,计算机测试系统与计算机控制系统有很多共同的地方,对于这些二者都适用的内容,如接口技术、总线技术、常用算法、抗干扰技术、系统设计方法等,作为共同章节对待,并加上"测控系统"这一定语,以表示适用两类系统。另外,用两章(第 4 章和第 5 章)分别讲述在设计和实现计算机控制系统和计算机测试系统时的一些主要技术问题。将"自动测试系统"单独列一章是顺应当前 ATS/ATE 技术,VXI、PXI 总线及虚拟仪器技术的最新进展。

③ 一般方法的讲述与应用实例相结合。本书研究的是计算机在测控系统中的应用,有针对性地引入大量应用实例,一方面可加深读者对所述内容的理解;另一方面,实例中的技术方案,硬件/软件例子本身也可供读者在解决类似问题时参考。

④ 以微型计算机为主要研究对象。这是目前各类测控系统绝大多数都采用微型计算机的缘故。

习题与思考题

1.1 测试与控制技术有哪些主要的应用领域?

1.2 计算机测试系统按功能特点分类主要有哪几种类型?

1.3 简述计算机测量系统的典型结构及它的各个组成环节的作用。

1.4 用框图形式给出集中型和积木型两类计算机过程测试系统的结构,并分别说明这两类系统的应用领域及主要优缺点。

1.5 计算机智能测试系统与计算机过程测试系统的主要区别是什么?

1.6 简述自动测试系统的组成及用途。

1.7 计算机控制系统按功能特点分类主要有哪几种类型?

1.8 给出计算机反馈控制系统的基本结构并说明系统中各组成环节的作用。

1.9 给出集散型控制系统的基本结构并说明这类系统的优缺点。

1.10 用框图形式说明典型的计算机测控系统的硬件组成,并简述计算机测控系统软件的分类及作用。

参考文献

[1] 李行善. 计算机测试与控制. 北京:北京航空航天大学出版社, 1991.

[2] Astrom K J, Wittenmark B. Computer-Controlled Systems Theory and Design. 3rd ed. Prientice Hall, 1997.

[3] 何克忠, 李伟. 计算机控制系统. 北京:清华大学出版社, 1998.

[4] 席爱民. 计算机控制系统. 北京:高等教育出版社,2004.

[5] 张国雄. 测控电路. 2 版. 北京:机械工业出版社,2006.

第 2 章

微机测控系统常用总线

在测控系统的设计与研制过程中，广泛应用微型计算机系统总线。接口电路的设计与开发也离不开总线。因此，本章将首先讲述总线的概念，然后介绍几种常用的微型计算机系统总线，包括 ISA、PC－104、PCI、VME、USB 总线以及部分常用的串行通信总线。一些在组建自动测试系统中常用的 GPIB、VXI、PXI、LXI 总线将在本书的第 7 章中介绍。

2.1 总线概述

2.1.1 总线的作用和分类

自 20 世纪 70 年代中期以来，以系统总线为基础、CPU 为核心、功能插件板（亦称为模板）为构件，以测控软件和数字通信为中枢的各类测控应用系统发展迅速，应用领域也十分广泛。由于应用需求多种多样，测控系统研制者希望在组建计算机系统时具有高度的灵活性，并采用硬件模块化技术，以缩短硬件系统研制周期。为适应这种需求，各计算机制造厂商除了以整机方式提供微机系统外，还大量地以插件板形式向用户提供 OEM（Original Equipment Manufacturer，初始设备制造厂商）产品。这样，用户可以根据自己的需要，选择合适的 OEM 插件，快速组建新的微机应用系统。为使各厂商生产的模块之间能互相兼容，插件与插件之间、系统与系统之间能够正确互连，就必须对连接各插件或各系统的基础——总线，制定出严格的规约，需要对插件板的尺寸、插座连接、电气连接等做出严格的规定，也就是要制定出总线标准。

总线是一组用来实现互连和传输信息的连接线（信号线、电源线等）的集合。这些连接线是系统各插件间（或插件内部各芯片间）、各系统之间的标准信息通路或供电通路。平时，我们所说的总线，实际上指的是总线标准，它规定了若用该总线组建微机系统，则该系统的各个功能部分之间进行连接和传输信息时，应遵守的一些协议和规范，包括总线工作时钟频率、总线信号线定义、总线系统结构、总线仲裁方式及仲裁机构配置、电气规范、机械规范以及实施总线协议的驱动与管理程序等。一般而言，总线标准包含硬件及软件两方面的内容。

通常，总线由四种类型的电气连接构成：① 数据线和地址线；② 控制、时序和中断信号线;③ 电源线和地线;④ 备用线。

按功能及连接对象,可将总线分为:

① 片总线,又称元件级总线,是指用微处理器芯片组成一个单板小系统或一个插件板时所使用的总线。

② 系统总线,又称插件级总线,是指微型计算机系统内用来连接各个插件的总线,是构成微型计算机系统的总线。

③ 通信总线,又称外总线,是指用来实现计算机系统与系统之间,或计算机与外部设备之间通信的一类总线。这类总线往往不是计算机领域专用的,通常是借用通信、仪器或控制等领域已有的标准,直接应用或加以改造而形成的。

④ 局部总线,针对某些专门功能和用途而设计的总线,它一般可视作系统总线的一部分,完成系统总线所不能完成的功能。

采用通用标准总线具有如下优点:简化硬件设计;使系统易于扩充、更新及重新组合;使各厂商生产的插件具有兼容性,可以互相通用,方便用户并缩短硬件系统的研制周期。

2.1.2 系统总线上的数据传输

系统总线是组建测控系统时最常用的一类总线,该总线的最基本的任务就是传送数据,包括传输程序指令、运算处理的数据、设备的控制字和状态字以及设备间的互传数据等,使系统中的各个模块或设备通过总线进行信息交换。保证数据能通过总线高速、可靠的传输,是总线的最基本的任务。

下面说明系统总线上的数据传输过程。

在总线上完成一次数据传送所需的时间称为一个总线周期。一个总线周期可分为四个阶段:

① 申请分配阶段:由需要使用总线的主模块(具有控制总线能力的模块)或外设提出申请,通过总线分配仲裁功能确定将下一周期的总线控制权赋予哪一个主模块。

② 寻址阶段:取得总线控制权的主模块通过总线发出本次访问的模块或设备的地址,以建立数据传输通道。

③ 传输阶段:主模块与其他模块或设备进行数据交换,数据由源模块发出,经数据总线传送到目的模块。

④ 结束阶段:主模块将它发出的有关信息从总线上撤除,交出总线控制权,以便其他模块能够继续使用总线。

若在一个系统中只有一个总线主控模块或设备,那么,该主模块或设备在使用总线时无须申请、分配和撤除。对于包含中断、DMA 传送或多处理器的系统,必须含有总线分配/仲裁模块,用以对总线的使用进行调度。

系统总线上的数据传输是在主模块的控制下进行的,主模块(如 CPU 或 DMA

模块)有控制总线的能力,而从模块没有这种能力,但它可对总线上的地址信号进行译码,并且接受和执行总线主模块的命令。按照主模块和从模块之间的数据传输过程的握手方式,可将总线的数据传输分为同步传输、异步传输、半异步传输和分离式传输。

1. 同步传输

该方式使用"系统时钟"来控制数据传输,主一从模块进行一次数据传输所需的时间(总线周期)是固定的,而且总线上的所有模块都在同一时钟的控制下步调一致地工作,从而实现整个系统工作的同步。同步传输方式简单,系统中的所有模块均由单一时钟信号控制,便于电路设计。早期的一些微机系统,如 IBM - PC/XT 的总线采用的就是同步传输方式。此外,由于主、从模块之间的数据传输不允许插入等待,使得这种方式完成一次传输的时间较短,适合高速数据传输的需要。近期的一些高性能微型计算机中的 PCI 局部总线为同步传输方式,主要是为了实现高速传输。由于在同步传输方式下系统中的各种模块和设备均按同一时钟工作,当系统既含高速设备(或模块)又有低速设备(或模块)时,只能迁就最低速设备慢速运行,致使系统性能降低。这是同步传输的主要缺点。

2. 异步传输

该种传输方式由"请求(Request, REQ)"和"响应(Acknowledge,ACK)"两根用作联络的信号线来协调数据传输过程。异步传输可根据参与传输的设备(或模块)的速度自动调整响应的时间,高速模块可高速传输,低速模块则按低速传输,从而避免了同步传输的上述缺点。

异步传输的特点如下:

① 应答/呼应传输可靠。用 REQ 和 ACK 之间设计好的制约关系:主设备的请求 REQ 信号有效时,由从设备通过 ACK 线来响应;从设备的 ACK 有效时,允许主设备撤销其 REQ(即使其无效);只有 REQ 已撤销,才可最后撤销 ACK;只有在 ACK 无效时,才允许下一个传输周期开始。这样,就在协调速度的同时提高了数据传输的可靠性。

② 数据传输速度自动适应设备速度。同一系统中可容纳不同速度的设备(或模块)。

异步传输的缺点是其传输速度低于同步传输,因为在数据传输中加入了请求、响应、撤销请求、撤销响应 4 个步骤,使传输速度减慢。

3. 半同步传输

总的来说,这是一种同步传输方式,仍用系统时钟来统一控制传输过程。但是,它又不像同步传输那样传输周期固定不变,为适应慢速从模块的数据传输,其传输周期可延长整数倍时钟周期的时间。这一点是通过在总线中增加一条可由从模块控制的 WAIT(或 READY)信号线来实现的。当 WAIT 信号有效(或 READY 信号无效)时,表示从设备未准备好(对写设备而言,这意味着它尚未做好接收数据的准备;

对读设备而言，它尚未将供主设备读取的数据放到数据总线上)，系统用一个状态时钟沿检测 WAIT(或 READY)线，如为有效(或 READY 无效)，系统就自动将传输周期延长一个时钟周期，强制主模块等待。在状态时钟的下一个时钟周期继续进行检测，直至检测到 WAIT 信号无效(或 READY 信号有效)，才不再延长传输周期，从而像异步传输那样实现了按照从设备的速度自动调整传输周期。

采用半同步传输的总线，对快速设备，其工作就像同步方式一样，只由时钟信号单独控制传输；而对慢速设备，它又像异步方式一样，利用 WAIT 或 READY 控制信号自动改变总线的传输周期。这种传输方式兼有同步方式的速度优点及异步方式的可靠性和适应性。IBM－PC/XT 总线提供了一条 READY 信号线，供慢速设备传输数据之用，因此，也可以称其为半同步总线。

4. 分离式传输

在以上三种传输方式中，主模块从发出地址和读/写命令开始，直到数据传输结束，整个传输周期中，系统总线完全由主、从模块占用。当从设备速度很低，或需要随机对外部设备传输数据时，这会降低系统的性能。以主模块读数据为例，实际上，自主模块通过总线向从模块发送完地址和命令到从模块通过总线向主模块提供数据之间，存在着一个时间间隔，这就是从模块执行读命令的时间。在这段时间内，总线上并没有实质性的信息传输，也就是说，这段时间内总线是空闲的。为了充分利用这段空闲时间，可将一个读周期分成两个分离的子周期：在第一个子周期，主模块经总线发送地址、命令及有关信息，待有关从模块接收下来之后，立即与总线断开，以使其他模块能够使用总线。待选中的从模块准备好数据后，启动第二个子周期，由该模块申请总线，获准后，将数据发往总线，由主模块读取。这种传输方式将两个独立的子周期之间的空闲时间提供给系统中的其他主模块使用，从而提高了总线的利用率。分离式传输很适合于有多个主模块的系统。

2.2 ISA 总线和 PC－104 总线

2.2.1 ISA 总线

ISA(Industry Standard Architecture，工业标准体系结构)总线亦称为 AT 总线，是与 IBM－PC/AT 原装机总线意义相近的系统总线，它具有 16 位数据宽度，最高工作频率为 8 MHz，数据传输速率可达 16 MB/s，地址线 24 条，可寻访 16 MB 地址单元。ISA 总线是在 62 线 PC 总线基础上再扩展一个 36 线插槽形成的，分为 62 线和 36 线两段，共计 98 线。其 62 线插槽的引脚排列及定义与 PC 总线兼容。ISA 总线的 98 芯插槽引脚分布如图 2－1 所示。

2.2.1.1 ISA 总线引脚

ISA 总线的 98 根线可分为地址线、数据线、控制/状态线、时钟信号线和电源线

信号	引脚	引脚	信号
GND	B_1	A_1	$\overline{IOCHC}$
RESDRV	B_2	A_2	SD_7
+5 V	B_3	A_3	SD_6
IRQ_9	B_4	A_4	SD_5
−5 V	B_5	A_5	SD_4
DRQ_2	B_6	A_6	SD_3
−12 V	B_7	A_7	SD_2
$\overline{OWS}$	B_8	A_8	SD_1
+12 V	B_9	A_9	SD_0
GND	B_{10}	A_{10}	IO CH RDY
$\overline{SMEMW}$	B_{11}	A_{11}	AEN
$\overline{SMEMR}$	B_{12}	A_{12}	SA_{19}
$\overline{IOW}$	B_{13}	A_{13}	SA_{18}
$\overline{IOR}$	B_{14}	A_{14}	SA_{17}
DAK_3	B_{15}	A_{15}	SA_{16}
DRQ_3	B_{16}	A_{16}	SA_{15}
DAK_1	B_{17}	A_{17}	SA_{14}
DRQ_1	B_{18}	A_{18}	SA_{13}
$\overline{REFRESH}$	B_{19}	A_{19}	SA_{12}
BCLK	B_{20}	A_{20}	SA_{11}
IRQ_7	B_{21}	A_{21}	SA_{10}
IRQ_6	B_{22}	A_{22}	SA_9
IRQ_5	B_{23}	A_{23}	SA_8
IRQ_4	B_{24}	A_{24}	SA_7
IRQ_3	B_{25}	A_{25}	SA_6
DAK_2	B_{26}	A_{26}	SA_5
T/C	B_{27}	A_{27}	SA_4
BALE	B_{28}	A_{28}	SA_3
+5 V	B_{29}	A_{29}	SA_2
OSC	B_{30}	A_{30}	SA_1
GND	B_{31}	A_{31}	SA_0

(a) 62线插槽

信号	引脚	引脚	信号
$\overline{M_{16}}$	D_1	C_1	$\overline{SBHE}$
$\overline{I/O_{16}}$	D_2	C_2	LA_{23}
IRQ_{10}	D_3	C_3	LA_{22}
IRQ_{11}	D_4	C_4	LA_{21}
IRQ_{12}	D_5	C_5	LA_{20}
IRQ_{14}	D_6	C_6	LA_{19}
IRQ_{15}	D_7	C_7	LA_{18}
$\overline{DAK_0}$	D_8	C_8	LA_{17}
DRQ_0	D_9	C_9	$\overline{MEMR}$
$\overline{DAK_5}$	D_{10}	C_{10}	$\overline{MEMW}$
DRQ_5	D_{11}	C_{11}	SD_{08}
$\overline{DAK_6}$	D_{12}	C_{12}	SD_{09}
DRQ_6	D_{13}	C_{13}	SD_{10}
$\overline{DAK_7}$	D_{14}	C_{14}	SD_{11}
DRQ_7	D_{15}	C_{15}	SD_{12}
+5 V	D_{16}	C_{16}	SD_{13}
$\overline{MASTER}$	D_{17}	C_{17}	SD_{14}
GND	D_{18}	C_{18}	SD_{15}

(b) 36线插槽

图 2－1　ISA 总线插槽引脚排列

5 类，分述如下：

(1) 地址线

SA_0～SA_9 和 LA_{17}～LA_{23}。SA_0～SA_{19} 是可锁存的地址信号，LA_{17}～LA_{23} 为非锁存的地址信号，由于没有锁存延时，因而给外设插板提供了一条快捷途径。SA_0～SA_{19} 加上 LA_{17}～LA_{23} 可实现 16 MB 空间寻址（其中，SA_{17}～SA_{19} 和 LA_{17}～LA_{19} 是重复的）。

(2) 数据线

SD_0～SD_7 和 SD_8～SD_{15} 为数据线，其中 SD_0～SD_7 为低八位数据，SD_8～SD_{15} 为高八位数据。

(3) 控制线

- AEN：地址允许信号，输出线，高电平有效。AEN＝1，表明处于 DMA 控制周期；AEN＝0，表明非 DMA 周期。此信号用来在 DMA 期间禁止 I/O 端口的地址译码。
- BALE：允许地址锁存，输出线。该信号由总线控制器 8288 提供，作为 CPU 地址的有效标志，当 BALE 为高电平时，将 $SA_0 \sim SA_{19}$ 接到系统总线，其下降沿用来锁存 $SA_0 \sim SA_{19}$。
- $\overline{IOR}$：I/O 读命令，输出线，低电平有效，用来把选中的 I/O 设备的数据读到数据总线上。在 CPU 启动的 I/O 周期，通过地址线选择 I/O；在 DMA 周期，I/O 设备由 DACK 选择。
- $\overline{IOW}$：I/O 写命令，输出线，低电平有效，用来把数据总线上的数据写入被选中的 I/O 端口。
- $\overline{SMEMR}$ 和 $\overline{SMEMW}$：存储器读/写命令，低电平有效，用于对 $A_0 \sim A_{19}$ 这 20 位地址寻址的 1 MB 内存的读/写操作。
- $\overline{MEMR}$ 和 $\overline{MEMW}$：存储器读/写命令，低电平有效，用于对 24 位地址线全部存储空间实现读/写操作。
- $\overline{MEMCS_{16}}$ 和 $\overline{I/OCS_{16}}$：它们是存储器 16 位片选信号和 I/O 16 位片选信号，分别指明当前数据传送是 16 位存储器周期和 16 位 I/O 周期。
- SBHE：总线高字节允许信号，该信号有效时，表示数据总线上传送的是高位字节数据。
- $IRQ_3 \sim IRQ_7$、$IRQ_9 \sim IRQ_{12}$、$IRQ_{14} \sim IRQ_{15}$ 为外部设备的中断请求输入线，其中 IRQ_9 优先级最高，其次是 $IRQ_{10} \sim IRQ_{12}$、$IRQ_{14} \sim IRQ_{15}$，最低是 $IRQ_3 \sim IRQ_7$。当 IRQ 线从低电平上升到高电平时，就产生一个中断请求。$IRQ_0 \sim IRQ_2$、IRQ_8 和 IRQ_{13} 用于系统板上，其中 IRQ_8 用于实时时钟。
- $DRQ_0 \sim DRQ_3$ 和 $DRQ_5 \sim DRQ_7$：来自外部设备的 DMA 请求输入线，高电平有效，分别连到主片 8237A 和从片 8237A 的 DMA 控制器输入端。DRQ_0 优先级最高，DRQ_7 最低。DRQ_4 用于级联，在总线上不出现。
- $\overline{DACK_0} \sim \overline{DACK_3}$ 和 $\overline{DACK_5} \sim \overline{DACK_7}$：DMA 回答信号，低电平有效。有效时，表示 DMA 请求已被接受，DMA 控制器占用总线，进入 DMA 周期。
- T/C：DMA 终/计数结束，输出线。该信号是一个正脉冲，表明 DMA 传送的数据已达到其程序预置的字节数，用来结束一次 DMA 数据块传送。
- $\overline{MASTER}$：输入信号，低电平有效。它由要求占用总线的具有主控能力的外设卡驱动，并与 DRQ 一起使用。外设的 DRQ 得到确认（$\overline{DACK}$ 有效）后，才使 $\overline{MASTER}$ 有效，从此该设备保持对总线的控制直到 $\overline{MASTER}$ 无效。
- RESET DRV：系统复位信号，输出线，高电平有效。此信号在系统电源接通时为高电平，当所有电平都达到规定后变低，即上电复位时有效。用它来复位和初始化接口和 I/O 设备。

- $\overline{\text{I/OCHCK}}$：I/O 通道检查，输出线，低电平有效。当它为低电平时，表明接口插件的 I/O 通道出现了错误，它将产生一次不可屏蔽中断。
- I/O CHRDY：I/O 通道就绪，输入线，高电平表示就绪。该信号线可供低速 I/O 设备或存储器请求延长总线周期之用。当低速设备被选中，且收到读或写命令时将此线电平拉低，表示尚未就绪，以便在总线周期中加入等待状态 T_W，但最多不能超过 10 个时钟周期。
- $\overline{\text{OWS}}$：零等待状态信号，输入线。该信号用于通知是否需要插入等待周期。该信号为低电平时，无须插入等待周期。

(4) 时钟线

- OSC：晶体振荡器信号，输出线。此信号的周期为 70 ns，占空比为 50%。
- BCLK：输出信号，此信号由 OSC 信号经三分频产生，周期为 210 ns，占空比为 33%。它用于总线周期的定时或产生系统等待状态。

(5) 电源线

ISA 总线的电源线引脚分别安排在 62 线 PC/XT 兼容插槽和 36 线扩展插槽上。

- 62 线插槽上有：+5 V 电源使用 2 个引脚；−5 V 以及 +12 V、−12 V 电源各使用 1 个引脚。
- 36 线插槽上有 1 个 +5 V 的电源引脚。

2.2.1.2 ISA 总线基本操作

ISA 总线有 7 种基本操作，对应 7 种不同的总线周期，分别是：存储器读总线周期、存储器写总线周期、I/O 端口读总线周期、I/O 端口写总线周期、中断响应周期、存储器到 I/O 的 DMA 总线周期和从 I/O 到仪器的 DMA 总线周期。在工控机系统中，存储器的读/写由产品化的主板实现，测控系统的设计者往往在自行开发时遇到基于 ISA 总线的过程通道板卡的问题。为此，掌握 ISA 总线的 I/O 读/写操作是很有必要的。ISA 总线主板采用 Intel 8086 系列 CPU 时，ISA 总线的 I/O 端口读总线周期及 I/O 端口写总线周期的时序如下：

1. ISA 总线的 I/O 端口读总线周期

每执行一次 86 系列 CPU 的 IN 指令，I/O 端口读总线周期便开始。它的目的是从 I/O 地址空间的一个 I/O 端口地址上读取数据。该总线周期至少为 5 个时钟周期。一个特定的 I/O 端口部件可通过使 IOCHRDY 总线信号无效来延长总线周期。在 I/O 端口读总线周期内，86 系列 CPU 把一个 16 位的 I/O 端口地址驱动到低 16 位地址总线上(地址总线的高 4 位无效)。

ISA 总线的 I/O 端口读总线周期的时序如图 2-2 所示。从时序图可以看出，在时钟 T_1 时，ALE 总线信号有效，表明地址总线位 $A_0 \sim A_{15}$ 为一个有效 I/O 端口地址。在时钟 T_2 时，总线控制信号 $\overline{\text{IOR}}$ 有效，表示总线周期是个 I/O 端口读总线周期，并且要求被寻址的端口应该将其数据放在数据总线上。在时钟 T_4 开始时，处理器采集数据总线的数据，并且 $\overline{\text{IOR}}$ 信号无效。总线周期在 T_4 时钟末尾结束。通常 I/O 端口读总线周期是 4 个时钟周期，但处理器逻辑可自动插入一个附加的等待周期 T_W。使 IOCHRDY 信号无效，最多可以使总线周期延长至 10 个时钟周期。

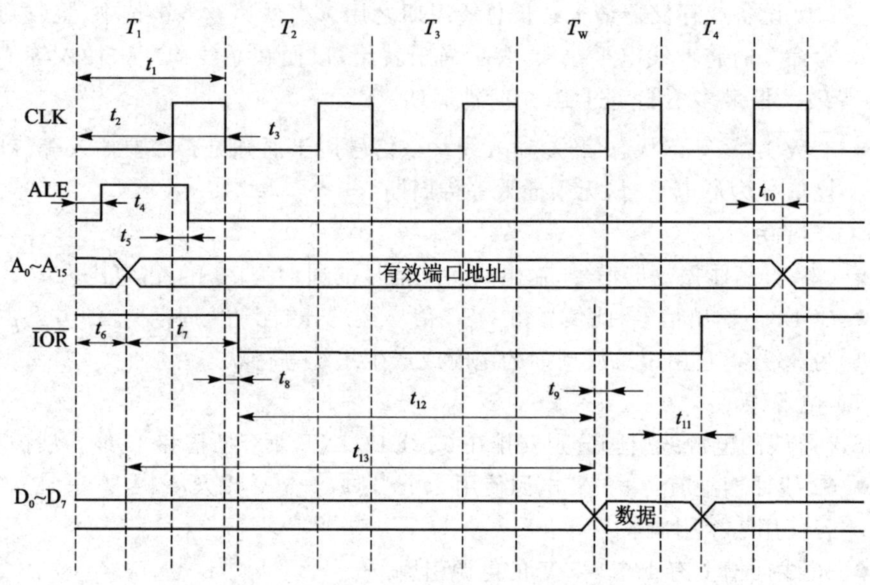

图 2-2　ISA 总线端口读总线周期的时序

2. ISA 总线的 I/O 端口写总线周期

每执行一次 86 系列 CPU 的 OUT 指令，I/O 端口写总线周期便开始。它的目的是往 I/O 地址空间的一个 I/O 端口地址上写数据。该总线周期至少为 5 个时钟周期。一个特定的 I/O 部件可通过使 IOCHRDY 总线信号无效来延长总线周期。在 I/O 端口写总线周期内，86 系列 CPU 把一个 16 位的 I/O 端口地址驱动到低 16 位地址总线上（地址总线的高 4 位无效）。ISA 总线的 I/O 端口写总线周期的时序如图 2-3 所示。

从时序图可以看出，在时钟 T_1 时，ALE 总线信号有效，表明地址总线信号 A_0～A_{15} 为一个有效 I/O 端口地址。在时钟 T_2 时，总线控制信号 $\overline{\text{IOW}}$ 有效，表明总线周期是个 I/O 端口写总线周期，在 T_2 上升沿，CPU 已经将要写入的数据放在数据总线上，要求被寻址的端口准备写入数据总线上的数据。在 T_4 开始时，撤销 $\overline{\text{IOW}}$ 信号，但数据总线上的数据仍然要保持一段时间。总线周期在 T_4 时钟末尾结束。通常 I/O 端口写总线周期是 4 个时钟周期，但处理器逻辑可自动插入一个附加的等待周期 T_W。使 IOCHRDY 无效，最多可以使总线周期延长至 10 个时钟周期。

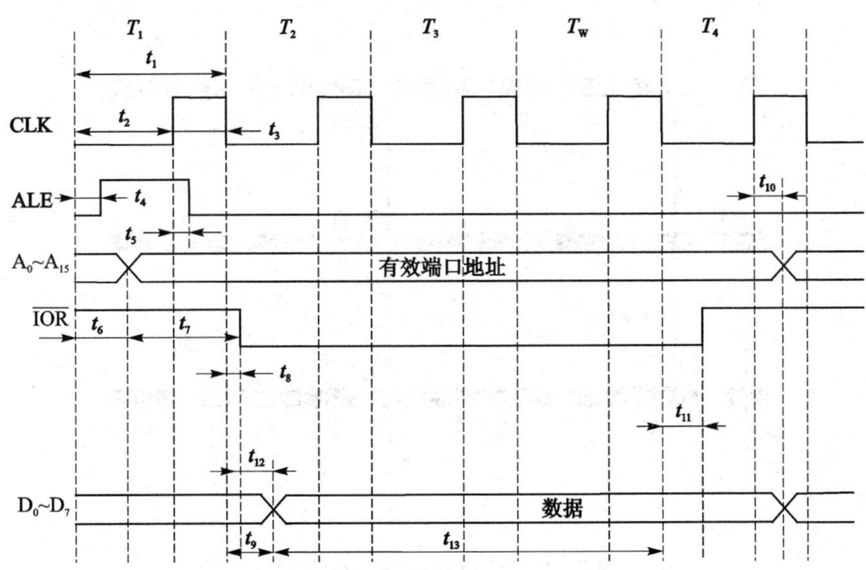

图 2-3　ISA 总线的 I/O 端口写总线周期时序

2.2.2　PC-104 总线

PC-104 是超小型 PC 微机所用的总线标准。这种超小型 PC 微机由于体积小，结构紧凑，在各种工业控制中很受欢迎，并被嵌入到对体积和功耗要求都很高的产品中，例如医疗仪器、便携式仪器、通信装置、商用终端、军用电子设备、机器人等设备中，因而常被称为嵌入式 PC 机。这种 PC 机有两个总线插头，其中 P1 有 64 个引脚，P2 有 40 个引脚，共 104 个引脚(这也是 PC-104 名称的由来)。总线及整机除小型化的结构外，在硬件与软件上与 PC 总线标准完全兼容，实质上是为了更好地满足工业控制或小型化设备的要求而开发出来的 PC 系列小型化机型。使用 PC-104 总线的嵌入式 PC 机的主要特点是：

① 使用超小尺寸的插板，包括 CPU 插板在内，全部功能插板均按 PC-104 标准设计，插板尺寸规定为 90 mm×96 mm，而一般 PC 系列微机总线插板的尺寸要大得多。

② 自堆(叠)总线结构，取消了底板和插槽，利用插板上的堆(叠)装总线插头座，将各插板堆叠连接在一起，如图 2-4 所示。这种结构组装紧凑而灵活。该总线结构有两种插座，图 2-4 中，下面两块板是带“接续堆装”的插座，上面一块板是带“终端堆装”的插座。

③ 总线驱动电流小(6 mA)，功耗低(1～2 W)。为适应小型化要求，各插板都采用 VLSI 器件、门阵列、ASIC 芯片，以及大容量固态盘(一种用半导体存储器件 RAM、ROM、EPROM、EEPROM 等组成的存储系统，其数据组织和数据存取方法和磁盘相同，可像存取磁盘数据那样存取固态盘的数据)。目前使用 PC-104 总线

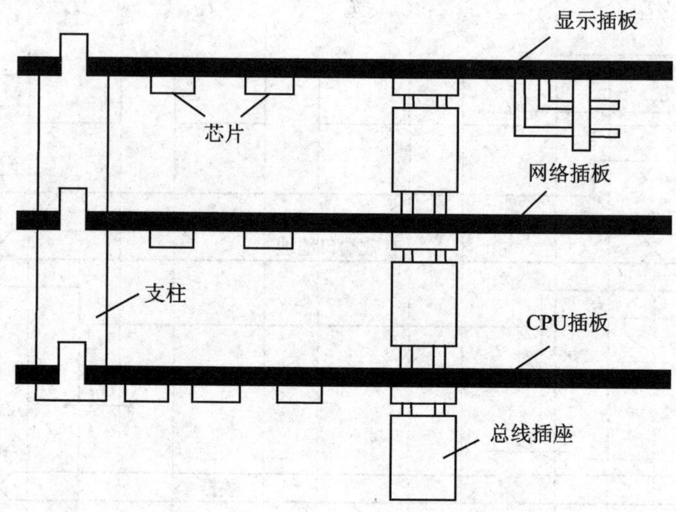

图 2-4　PC-104 总线插板组装图

的嵌入式 PC 机已相当流行，很多厂家生产了系列化的功能模块，可满足不同用户的需要。

2.3　PCI 总线

PCI(Peripheral Component Interconnect，外围部件互联)局部总线是一种高性能、32 位或 64 位地址数据线复用的总线。它的用途是在高度集成的外设控制器、扩展卡和处理器/存储器系统之间提供一种内部的连接机构。PCI 器件和扩展卡是独立于微处理器的，所以对未来的微处理器，PCI 也能应用。而且，PCI 总线能够方便地应用于多处理机系统。独立于微处理器的 PCI 局部总线使 I/O 功能更加优化，能使局部总线与微处理器/存储器子系统同时工作，并满足多种高性能要求。PCI 总线还定义了由 32 位数据地址总线扩充为 64 位总线的方法，使总线宽度加倍，并对 32 位和 64 位 PCI 局部总线外设做到向上和向下兼容。

2.3.1　PCI 总线的特点和主要性能指标

1. PCI 总线的特点

① 传输效率高。最大数据传输速率为 133 MB/s，当数据宽度升级到 64 位时，数据传输速率可达 266 MB/s。它大大缓解了数据 I/O 的瓶颈，使高性能 CPU 的功能得以充分发挥，满足高速设备数据传输的需要。

② 多总线共存。采用 PCI 总线可在一个系统中让多种总线共存，容纳不同速度的设备一起工作。通过 HOST-PCI 桥接组件芯片，可使 CPU 总线和 PCI 总线桥

接;通过 PCI-ISA/EISA 桥接组件芯片,将 PCI 总线与 ISA/EISA 总线桥接,构成一个分层次的多总线系统,如图 2-5 所示。

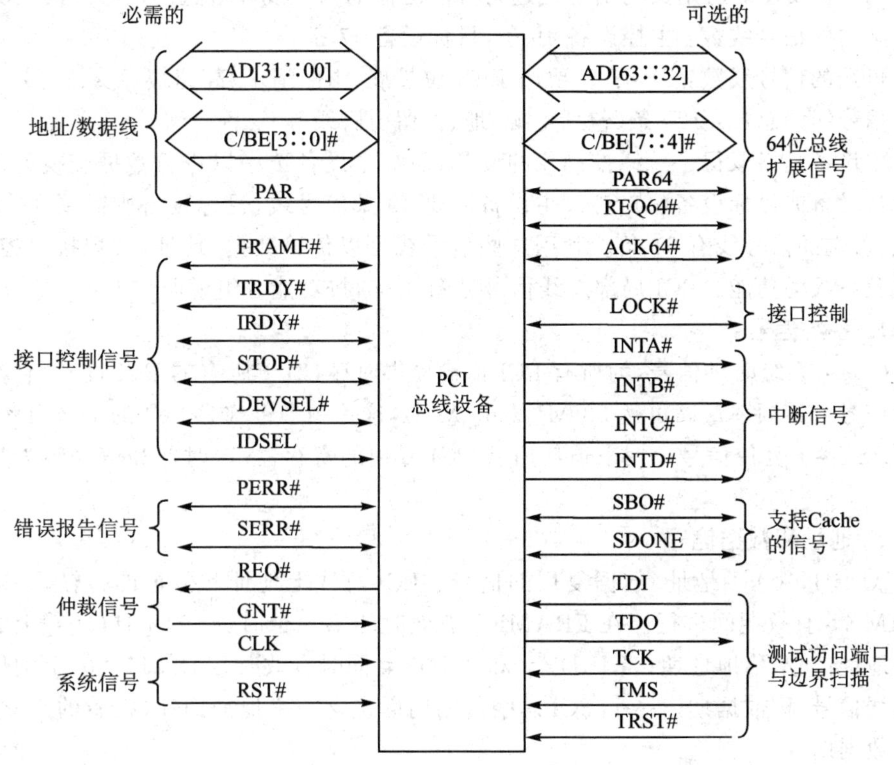

注:“#”号表示该信号是低电平有效。

图 2-5 PCI 局部总线信号

高速设备可从 ISA/EISA 总线上卸下来,移到 PCI 总线上;低速设备仍可挂在 ISA/EISA 总线上,继承原有资源,扩大了系统的兼容性。

③ 独立于 CPU。PCI 总线不依附于某一具体处理器,即 PCI 总线支持多种处理器及将来发展的新处理器,在更改处理器品种时,只需更换相应的桥接组件即可。

④ 自动识别与配置外设,用户使用方便。

⑤ 具有并行操作能力。

2. PCI 总线的主要性能指标

- 总线时钟频率为 33.3 MHz/66.6 MHz。
- 总线宽度为 32 位/64 位。
- 最大数据传输速率为 133 MB/s(266 MB/s)。
- 支持 64 位寻址。
- 适应 5 V 和 3.3 V 电源环境。

2.3.2 PCI 总线信号线

PCI 总线标准所定义的信号线通常分成必需的信号线和可选的信号线两大类。

必需的信号线数：主控设备 49 条，目标设备 47 条。

可选的信号线数：51 条（主要用于 64 位扩展、中断请求、高速缓存支持等）。

信号线的总数：120 条（包括电源、地、保留引脚线等）。

主设备是指取得了总线控制权的设备，而被主设备选中以进行数据交换的设备称为从设备或目标设备（节点）。主设备需要 49 条信号线，目标设备则需要 47 条信号线，可选的信号线有 51 条。利用这些信号线可以传输数据、地址，实现接口控制、仲裁及系统的功能。PCI 局部总线信号见图 2-5，按功能分组说明如下：

1. 系统信号

CLK：系统时钟信号，为所有 PCI 传输提供时序，对于所有的 PCI 设备，它都是输入信号。其频率最高可达 33 MHz/66 MHz，这一频率也称为 PCI 的工作频率。

RST#：复位信号。用来迫使所有 PCI 专用的寄存器、定时器和信号转为初始状态。

2. 地址和数据信号

AD[31∷00]：地址、数据复用的信号。PCI 总线上地址和数据的传输，必须在 FRAME#有效期间进行。在 FRAME#有效时的第一个时钟，AD[31∷00]上的信号为地址信号，称地址期；当 IRDY#和 TRDY#同时有效时，AD[31∷00]上的信号为数据信号，称数据期。一个 PCI 总线传输周期包含一个地址期和（接着的）一个或多个数据期。

① 地址期为一个时钟周期。在地址期，AD[31∷00]线上传输的是一个 32 位地址。对 I/O 空间，仅需 1 个字节地址（8 位）；而对存储器空间和配置空间，则需要双字节地址（16 位）。

② 数据期由多个时钟周期组成。在数据期，AD[31∷0]线上传输的是一个32 位数据，共 4 个字节，其中 AD[07∷00]为最低字节，AD[31∷24]为最高字节。传输数据的宽度是可变的，可以是 1 个字节、2 个字节或 4 个字节，这由字节允许信号来指定。

C/BE[3∷0]#：总线命令和字节允许复用信号。在地址期，这 4 条线上传输的是总线命令（代码）；在数据期，它们传输的是字节允许信号，用来指定在数据期，AD[31∷00]线上 4 个数据字节中哪些字节为有效数据，以进行传输。

PAR：奇偶校验信号。它通过 AD[31∷0]和 C/BE[3∷0]进行奇偶校验。主设备为地址周期和写数据周期驱动 PAR 线，从设备为读数据周期驱动 PAR 线。

3. 接口控制信号

FRAME#：帧周期信号，由主设备驱动。表示一次总线传输的开始和所持续的时间。当 FRAME#有效时，表示总线传输的开始；在其有效期间，先传地址，后传数据；当 FRAME＃撤销时，表示总线传输结束，并在 IRDY＃有效时进行最后一个数据期的数据传送。

IRDY＃：主设备准备好信号。IRDY＃要与 TRDY＃联合使用，当两者同时有效时，数据方能传输，否则，即为未准备好而进入等待周期。在写周期，该信号有效时，表示数据已由主设备提交到 AD[31∷00]线上；在读周期，该信号有效时，表示主设备已做好接收数据的准备。

TRDY＃：从设备（被选中的设备）准备好信号。同样，TRDY＃要与 IRDY＃联合使用，只有两者同时有效，数据才能传输。在写周期，该信号有效时，表示从设备已准备好接收数据；在读周期内，该信号有效时，表示数据已由从设备提交到 AD[31∷00]线上；IRDY＃和 TRDY＃中任何一个无效时，都为未准备好，而进入等待周期。

STOP＃：从设备要求主设备停止当前的数据传送的信号。显然，该信号应由从设备发出。

LOCK＃：锁定信号。当对一个设备进行可能需要多个总线传输周期（中间不能停顿）才能完成的操作时，使用锁定信号 CLK 进行独占性访问。例如，某一设备带有自己的存储器，那么它必须能进行锁定，以便实现对该存储器的完全独占性访问。

IDSEL：初始化设备选择信号。在参数配置读/写传输周期时，用作片选信号。

DEVSEL＃：设备选择信号。该信号由从设备（接收端）在识别出地址时发出，当它有效时，说明总线上某处的某一设备已被选中，并作为当前访问的从设备。

4. 仲裁信号(只用于总线主控制器)

REQ＃：总线占用请求信号。该信号有效表明驱动它的设备要求使用总线。它是一个点到点的信号线，任何主设备都有它自己的 REQ＃信号。

GNT＃：总线占用允许信号。该信号有效，表示申请占用总线的设备的请求已获得批准。这也是一个点到点的信号线，任何主设备都有自己的 GNT＃信号。

5. 错误报告信号

PERR＃：数据奇偶校验错误报告信号。一个设备只有在响应设备选择信号（DEVSEL＃）和完成数据期之后，才能报告一个 PERR＃。对于每个数据接收设备，如果发现数据有错误，就应在数据收到后的两个时钟周期内将 PERR＃激活。由于该信号是持续的三态信号，因此，该信号在释放前必须先驱动为高电平。

SERR＃：系统错误报告信号。用于报告地址奇偶错、特殊命令序列中的数据奇偶错，以及其他可能引起灾难性后果的系统错误。它可由任何设备发出。

6. 中断信号

INTA＃：用于请求中断。

INTB＃：用于请求中断，仅对多功能设备有意义。

INTC＃：用于请求中断，仅对多功能设备有意义。

INTD＃：用于请求中断，仅对多功能设备有意义。

中断在 PCI 总线中是可选项，不一定必须具有；并且中断信号是电平触发，低电平有效，使用漏极开路方式驱动。同时，此类信号的建立和撤销与时钟不同步。对于单功能设备，只有 1 条中断线，并且只能使用 INTA#，其他 3 条中断线没有意义。而多功能设备最多可有 4 条中断线，它们分别是：INTA#、INTB#、INTC#、INTD#，均为 O/D(漏极开路)。

所谓的多功能设备是指将几个相互独立的功能集中在一个设备中。一个多功能设备上的任何功能都可以连接到 4 条中断线的任意一条。也就是说，各功能与中断线之间的连接是任意的，没有附加限制，由配置头区域的中断引脚寄存器来指定。如果一个设备要使用一个中断，就可指定 NITA#；要使用 2 个中断，就可指定 INTA# 和 INTB#，以此类推。对于多功能设备，可以多个功能共用同一条中断线，或者各自占一条中断线，或者是两种情况的组合。但是，对于单功能设备，绝对不能在多于一条中断线上发中断请求，只能用 INTA#。

从 PCI 连接器来的各个中断信号和中断控制器进行连接时，其方法是随意的，可以是线或方式、程控电子开关方式(采用可编程中断路由器)，或者是二者的组合，这就是说，设备驱动程序对中断共享无法事先作出任何假定。

7. 其他可选信号

(1) 高速缓存支持信号

为了使 PCI 存储器能够和 Cache(高速缓存)配合工作，定义了两根信号线：

SBO#：试探返回信号。当该信号有效时，表示命中了一个已修改的行。当该信号无效，而 SDONE 信号有效时，表示有一个“干净”的试探结果。

SDONE：监听完成信号，用来表示当前监听的状态。该信号无效时，表示监听仍在进行；否则，表示监听已经完成。

(2) 64 位总线扩展信号

REQ64#：64 位传输请求。由当前主设备发出，表示主设备要求采用 64 位传输。它与 FRAME# 有相同的时序。

ACK64#：64 位传输认可。由从设备发出，表明从设备将用 64 位传输。它和 DEVSEL# 具有相同的时序。

AD[63∷32]：扩展的 32 位地址和数据复用线，提供 64 位地址和 64 位数据线的高 32 位。

C/BE[7∷4]#：总线命令和字节允许复用信号。在数据期，若 REQ64# 和 ACK64# 同时有效时，该 4 条线上传输的是 4 个扩展字节的字节允许信号。例如，C/BE[4]# 对应第四个字节有效，C/BE[5]# 对应第五个字节有效。在地址期，如果使用了 DAC 命令且 REQ64# 信号有效，则表明 C/BE[7∷4]# 上传输的是总线命令，否则这些位是保留的并且是不确定的。

PAR64：双字节奇偶校验。是 AD[63∷32] 和 C/BE[7∷4] 的校验位，对于主设备，是为了地址和写数据而发 PAR64；对于从设备，是为了读数据而发 PAR64。

(3) 测试访问端口/边界扫描信号

设备测试访问端口(TAP)允许将边界扫描用在测试的设备和安装的板子上。TAP 有 5 个引脚。

TCK：测试时钟，在 TAP 操作期间用来为测试时钟状态信号和测试数据输入/输出设备提供时钟。

TDI：测试数据输入，用于把测试数据和测试命令串行输入到设备。

TDO：测试数据输出，用于把测试数据和测试命令串行输出到设备。

TMS：测试方式选择，用于控制测试访问端口控制器的状态。

TRST#：测试复位，用于初始化测试访问端口控制器。

PCI 总线信号在 PCI 主板插槽引脚上的分配和排列，如表 2-1 所列。

表 2-1 PCI 总线信号在 PCI 主板插槽引脚上的分配和排列

引脚号	5 V 系统环境		3.3 V 系统环境		注 释
	B 面	A 面	B 面	A 面	
1	−12 V	RST#	−12 V	TRST#	32 位连接器开始
2	TCK	+12 V	TCK	+12 V	
3	地	TMS	地	TMS	
4	TDO	TDI	TDO	TDI	
5	+5 V	+5 V	+5 V	+5 V	
6	+5 V	INTA#	+5 V	INTA#	
7	INTB#	INTC#	INTB#	INTC#	
8	INTD#	+5 V	INTD#	+5 V	
9	PRSNT1#	保留	PRSNT1#	保留	
10	保留	+5 V(I/O)	保留	+3.3 V(I/O)	
11	PRSNT2#	保留	PRSNT2#	保留	
12	地	地	CONNECTOR KEY		3.3 V key
13	地	地	CONNECTOR KEY		3.3 V key
14	保留	保留	保留	保留	
15	地	RST#	地	RST#	
16	CLK	+5 V(I/O)	CLK	+3.3 V(I/O)	
17	地	GNT#	地	GNT#	
18	REQ#	地	REQ#	地	
19	+5 V(I/O)	保留	+3.3 V(I/O)	保留	
20	AD[31]	AD[30]	AD[31]	AD[30]	
21	AD[29]	+3.3 V	AD[29]	+3.3 V	
22	地	AD[28]	地	AD[28]	
23	AD[27]	AD[26]	AD[27]	AD[26]	
24	AD[25]	地	AD[25]	地	

续表 2－1

引脚号	5 V 系统环境		3.3 V 系统环境		注　释
	B　面	A　面	B　面	A　面	
25	+3.3 V	AD[24]	+3.3 V	AD[24]	
26	C/BE[3]#	IDSEL	C/BE[3]#	IDSEL	
27	AD[23]	+3.3V	AD[23]	+3.3 V	
28	地	AD[22]	地	AD[22]	
29	AD[21]	AD[20]	AD[21]	AD[20]	
30	AD[19]	地	AD[19]	地	
31	+3.3 V	AD[18]	+3.3 V	AD[18]	
32	AD[17]	AD[16]	AD[17]	AD[16]	
33	C/BE[2]#	+3.3 V	C/BE[2]#	+3.3 V	
34	地	FRAME#	地	FRAME#	
35	IRDY#	地	IRDY#	地	
36	+3.3 V	TRDY#	+3.3 V	TRDY#	
37	DEVSEL#	地	DEVSEL#	地	
38	地	STOP#	地	STOP#	
39	LOCK#	+3.3 V	LOCK#	+3.3 V	
40	PERR#	SDONE	PERR#	SDONE	
41	+3.3V	SBO#	+3.3 V	SBO#	
42	SERR#	地	SERR#	地	
43	+3.3 V	PAR	+3.3 V	PAR	
44	C/BE[1]#	AD[15]	C/BE[1]#	AD[15]	
45	AD[14]	+3.3 V	AD[14]	+3.3 V	
46	地	AD[13]	地	AD[13]	
47	AD[12]	AD[11]	AD[12]	AD[11]	
48	AD[10]	地	AD[10]	地	
49	地	AD[09]	地	AD[09]	
50	CONNECTOR KEY		地	地	5 V　key
51	CONNECTOR KEY		地	地	5 V　key
52	AD[08]	C/BE[0]#	AD[08]	C/BE[0]#	
53	AD[07]	+3.3 V	AD[07]	+3.3 V	
54	+3.3 V	AD[06]	+3.3 V	AD[06]	
55	AD[05]	AD[04]	AD[05]	AD[04]	
56	AD[03]	地	AD[03]	地	
57	地	AD[02]	地	AD[02]	
58	AD[01]	AD[00]	AD[01]	AD[00]	
59	+5 V(I/O)	+5 V(I/O)	+3.3 V(I/O)	+3.3 V(I/O)	
60	ACK64#	REQ64#	ACK64#	REQ64#	

续表 2-1

引脚号	5 V 系统环境		3.3 V 系统环境		注　释
	B　面	A　面	B　面	A　面	
61	+5 V	+5 V	+5 V	+5 V	
62	+5 V	+5 V	+5 V	+5 V	32 位连接器结束
63	保留	地	保留	地	64 位连接器开始
64	地	C/BE[7]#	地	C/BE[7]#	
65	C/BE[6]#	C/BE[5]#	C/BE[6]#	C/BE[5]#	
66	C/BE[4]#	+5 V(I/O)	C/BE[4]#	+3.3 V(I/O)	
67	地	PAR64	地	PAR64	
68	AD[63]	AD[62]	AD[63]	AD[62]	
69	AD[61]	地	AD[61]	地	
70	+5 V(I/O)	AD[60]	+3.3 V(I/O)	AD[60]	
71	AD[59]	AD[58]	AD[59]	AD[58]	
72	AD[57]	地	AD[57]	地	
73	地	AD[56]	地	AD[56]	
74	AD[55]	AD[54]	AD[55]	AD[54]	
75	AD[53]	+5 V(I/O)	AD[53]	+3.3 V(I/O)	
76	地	AD[52]	地	AD[52]	
77	AD[51]	AD[50]	AD[51]	AD[50]	
78	AD[49]	地	AD[49]	地	
79	+5 V(I/O)	AD[48]	+3.3 V(I/O)	AD[48]	
80	AD[47]	AD[46]	AD[47]	AD[46]	
81	AD[45]	地	AD[45]	地	
82	地	AD[44]	地	AD[44]	
83	AD[43]	AD[42]	AD[43]	AD[42]	
84	AD[41]	+5 V(I/O)	AD[41]	+3.3 V(I/O)	
85	地	AD[40]	地	AD[40]	
86	AD[39]	AD[38]	AD[39]	AD[38]	
87	AD[37]	地	AD[37]	地	
88	+5 V(I/O)	AD[36]	+3.3 V(I/O)	AD[36]	
89	AD[35]	AD[34]	AD[35]	AD[34]	
90	AD[33]	地	AD[33]	地	
91	地	AD[32]	地	AD[32]	
92	保留	保留	保留	保留	
93	保留	地	保留	地	
94	地	保留	地	保留	64 位连接器结束

2.3.3 PCI 总线命令

总线命令出现于地址期的 C/BE[3∶∶0]#线上。总线命令的编码及类型说明如表 2-2 所列。

表 2-2 总线命令表

C/BE[3∶∶0]#	命令类型说明
0000	中断响应命令
0001	特殊周期命令
0010	I/O 读(从 I/O 端口地址中读数据)命令
0011	I/O 写(向 I/O 端口地址中写数据)命令
0100	保留
0101	保留
0110	存储器读(从内存空间映像中读数据)命令
0111	存储器写(向内存空间映像中写数据)命令
1000	保留
1001	保留
1010	配置读命令
1011	配置写命令
1100	存储器多行读命令
1101	双地址周期命令
1110	存储器一行读命令
1111	存储器写并无效命令

1. 中断响应命令

中断响应是一条读命令,其作用是读取中断类型号(简称中断号)。中断类型号由系统的中断控制器提供,PCI 总线对中断控制器的寻址采用隐含方式,即以逻辑地址而不使用地址期的地址值。回送的中断号是一个单字节。

图 2-6 说明了一个 X86 的中断响应在 PCI 总线上运行的情况。从图中可以看出,在地址期,尽管 AD[31∶∶00]中不含有效地址,但必须将它们驱动到稳定状态。在中断响应过程中,PAR 信号是有效的,而且被用来进行奇偶校验。接受中断响应命令的设备必须发出相应的 DEVSEL#信号,并且在 TRDY#信号有效时必须返回中断号。PCI 总线中的中断响应是采用单个周期,与传统的 8259A 双周期响应不同,需要进行转换,PCI 中断响应周期和中断共享。另外,中断响应周期可插入等待周期。

2. 特殊周期命令

该命令的作用是为 PCI 提供一个简单的信息广播机制,用来由发送端向一个或多个目标广播消息,报告处理器的状态。

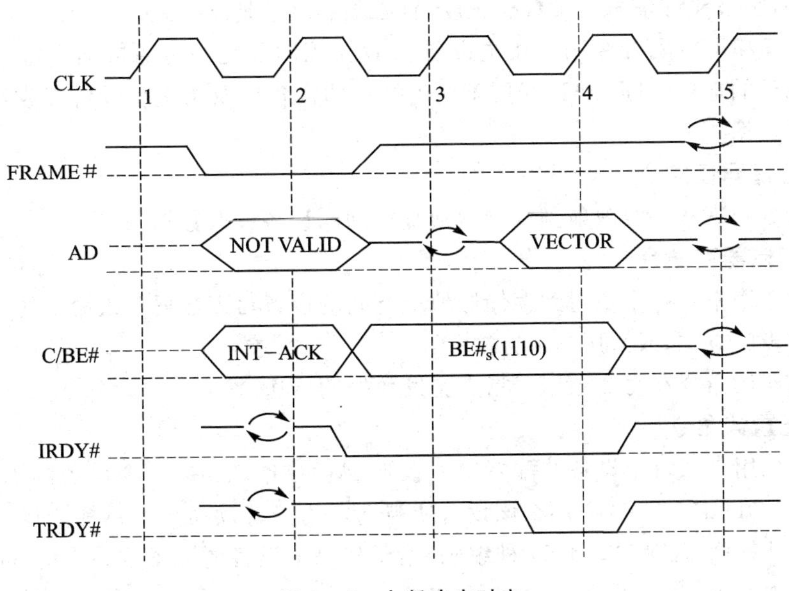

图 2-6　中断响应时序

特殊周期命令不包含目标地址，而是以广播的形式发给所有设备。每个接收设备必须自我确定广播的消息是否适合于它。在特殊周期命令期，不允许 PCI 设备发出 DEVSEL#信号。也就是说，此类对话不需要目标设备的应答。

特殊周期命令也像其他总线命令一样，具有一个地址期和一个数据期。地址期开始于 FRAME#信号的建立，结束于 FRAME#和 IRDY#信号的同时撤销。该命令与其他总线命令的唯一区别是没有目标设备响应信号 DEVSEL#。

在地址期，C/BE[3∷0]#=0001，表示是特殊周期命令，而 AD[31∷00]被驱动为随机值。在数据期，C/BE[3∷0]#要有效，而 AD[31∷00]各位的情况如下：AD[15∷0]含有消息编码，当 AD[15∷0]=0000H 时，为 SHUTDOWN；AD[15∷0]=0001H 时，为 HALT；AD[15∷0]=0002H 时，为 X86 有关消息；AD[15∷0]=0003H～FFFH 时，保留；而 AD[31∷16]含有消息所决定的可选数据字段。

3. I/O 读命令

该命令用来从一个映射到 I/O 地址空间的设备中读取数据。AD[31∷00]上只提供一个字节地址，但全部 32 位必须完全译码；而字节允许信号表示传送数据的多少，必须与字节地址一致。

4. 保留命令

该类命令编码是为将来的用途而保留的。PCI 的任何设备都不能将它们挪作他用，任何设备也不允许对保留命令编码做出响应。如果接口中使用了一条保留命令，通常会由主设备终止操作来结束本次访问。

5. I/O 写命令

该命令用来向一个映射到 I/O 地址空间的设备写入数据。全部 32 位地址必须参加译码,字节允许信号表示数据长度,且必须和字节地址一致。

I/O 读和 I/O 写命令用来在主设备和 I/O 控制器之间传送数据。每个 I/O 设备都有自己的地址空间。AD 线用于指出特定的设备以及指定从设备接收数据或向设备发送数据。

6. 存储器读命令

该命令用来从一个映射到存储器地址空间的设备读取数据。

7. 存储器写命令

该命令用来向一个映射到存储器地址空间的设备写入数据。该命令的实现可采用完全同步的方式,或采用其他方法。

存储器读命令和写命令用于指定突发数据的传送。

8. 配置读命令

该命令用来从每个设备的配置空间读取配置数据。如果一个设备的 IDSEL 引脚有效,且 AD[1∷0]=00,那么该设备便被选定为配置读命令的目标。在一个配置命令的地址期内,AD[7∷2](64 种编码)用于从每个设备的配置空间中的 64 个双字节寄存器中选出一个。AD[31∷11]无意义,AD[10∷8]表示一个多功能设备的哪个功能设备被选中。

9. 配置写命令

该命令用来向每个设备的配置空间写入配置数据。一个设备被选中的条件是:它的 IDSEL 信号有效且 AD[1∷0]=00。其余和配置读命令相同。

两个配置命令使主设备能够读取和更新与 PCI 相连的设备的配置参数。每个 PCI 设备可能包含最多 256 个内部寄存器,用来在系统初始化时配置设备。

10. 存储器多行读命令

该命令的作用是试图在主设备断开连接之前预读取多行 Cache 数据。存储器控制器应保证,只要 FRAME# 有效,就连续不断地以流水方式发存储器请求。该命令用于大块连续数据的传输。

11. 双地址周期(DAC)命令

该命令用来给支持 64 位寻址的设备发送 64 位地址。发送过程需要两个时钟周期。对于只有 32 位寻址能力的设备,不得以任何方式对该命令做出反应,只能把它当作保留命令。

12. 存储器一行读命令

该命令与存储器读命令基本相同,不同之处在于它还表示主设备试图完成多于两个 32 位的 PCI 数据期。此命令也用于大块连续数据的传输。

13. 存储器写并无效命令

该命令在语意上与存储器写命令相同,不同点是它要保证最小的传输量是一个高速缓存(Cache)的行,也就是说,主设备要在一次 PCI 传输中将寻址的 Cache 行的每个字节都写入。如果要传输下一行的所有字节,则允许主设备跨边界写入。该命令同时要求主设备的配置寄存器指出 Cache 行的尺寸。存储器写并无效命令也是保证 Cache 一致性的措施。

2.3.4 PCI 总线上的数据传输过程

1. PCI 总线的传输控制

根据 PCI 总线协议，PCI 总线上所有的数据传输基本上都是由 FRAME＃、IRDY＃和 TRDY＃三条信号线控制的。

当数据有效时，数据源要无条件设置准备好信号 IRDY＃和 TRDY＃（写操作时主设备设置 IRDY＃，读操作时从设备设置 TRDY＃）。接收方也要在适当的时间发出相应的准备好信号。FRAME＃信号有效后的第一个时钟前沿是地址期的开始，此时传送地址信息和总线命令。下一个时钟前沿开始一个或多个数据期，每逢 IRDY＃和 TRDY＃同时有效时，所对应的时钟前沿就使数据在主、从设备之间传送，在此期间，可由主设备或从设备分别利用 IRDY＃和 TRDY＃的无效而插入等待周期。

一旦主设备使 IRDY＃信号有效，就不能改变 FRAME＃和 IRDY＃，直到当前的数据期完成为止。而一个从设备一旦使 TRDY＃信号或 STOP＃信号有效，就不能改变 DEVSEL＃、TRDY＃或 STOP＃，直到当前的数据期完成。也就是说，不管是主设备还是从设备，只要设定了要进行数据传输，就必须进行到底。

到最后一次数据传输时，主设备应撤销 FRAME＃信号，建立 IRDY＃信号，表明主设备已做好了最后一次数据传输的准备，待从设备发出 TRDY＃信号，表明最后一次数据传输完成，此时，FRAME＃和 IRDY＃信号均撤销，总线回到了空闲状态。PCI 总线的传输控制一般遵循如下规则：

① FRAME＃和 IRDY＃定义了总线的忙/闲状态。当其中一个有效时，总线是忙的；两个都无效时，总线处于空闲状态。

② 一旦 FRAME＃信号被置为无效，在同一传输周期就不能重新设置。

③ 除非已设置 IRDY＃信号为有效，一般情况下不能设置 FRAME＃信号无效。即 FRAME＃的撤销，必须以 IRDY＃有效为前提。

④ 一旦主设备设置了 IRDY＃信号，直到当前数据期结束为止，主设备不能改变 IRDY＃信号和 FRAME＃信号的状态。

2. 总线上的读操作

图 2-7 表示了总线上一次读操作的过程。从图中可以看出，一旦 FRAME＃信号有效，地址期就开始，并在时钟 2 的上升沿处稳定有效。在地址期内，AD[31∷00]线上传输一个有效地址，而 C/BE[3∷0]＃线上传输一个总线命令，数据期是从时钟 3 的上升沿处开始的，在此期间，AD[31∷00]线上传送的是数据，而 C/BE＃线上的信息却指出数据线上的哪些字节是有效的（即哪几个字节是当前要传输的），并且，从数据期的开始一直到传输完成，C/BE＃始终保持有效状态。

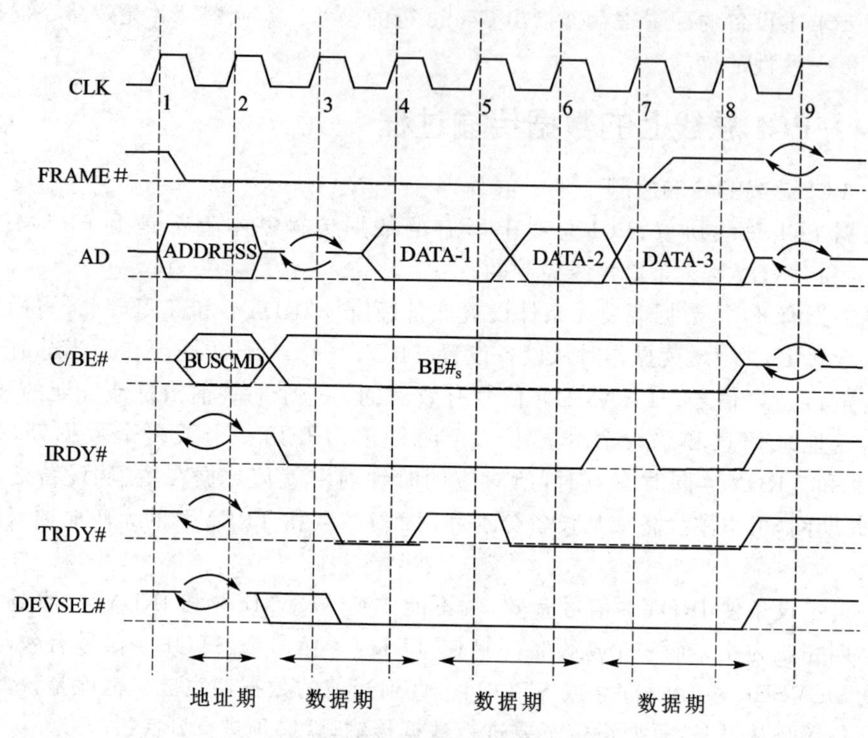

图 2-7 读操作时序

图 2-7 中的 DEVSEL#信号和 TRDY#信号是由被地址期内所发地址选中的从设备提供的，但要保证 TRDY#在 DEVSEL#之后出现。而 IRDY#信号是发起读操作的主设备发出的。数据的真正传输是在 IRDY#和 TRDY#同时有效的时钟前沿进行的，这两个信号之一且无效，就表示需插入等待周期，此时不再进行数据传输。例如在图 2-7 中，时钟 4、6、8 处各进行了一次数据传输，而在时钟 3、5、7 处插入了等待周期。

在读操作中的地址期和数据期之间，AD 线上要有一个交换期，这需要由从设备利用 TRDY#强制实现(也就是 TRDY#的发出必须比地址的稳定有效晚一拍)。但在交换期过后，并且有 DEVSEL#信号时，从设备必须驱动 AD 线。

在时钟 7 处，尽管是最后一个数据期，但主设备由于某种原因不能完成最后一次传输(具体表现是此时 IRDY#无效)，故 FRAME#不能撤销，只有在时钟 8 处，IRDY#变为有效后，FRAME#信号才能撤销。

3. 总线上的写操作

图 2-8 表示总线上一次写操作的过程。

由图 2-8 可知，总线上的写操作与读操作相类似，也是 FRAME#信号的有效，预示着地址周期的开始，且在时钟 2 的上升沿处达到稳定有效。整个数据期也与读操作基本相同，只是在第三个数据期中由从设备连续插入了 3 个等待周期(TRDY#

为无效)。时钟 5 处传输双方均插入了等待周期。

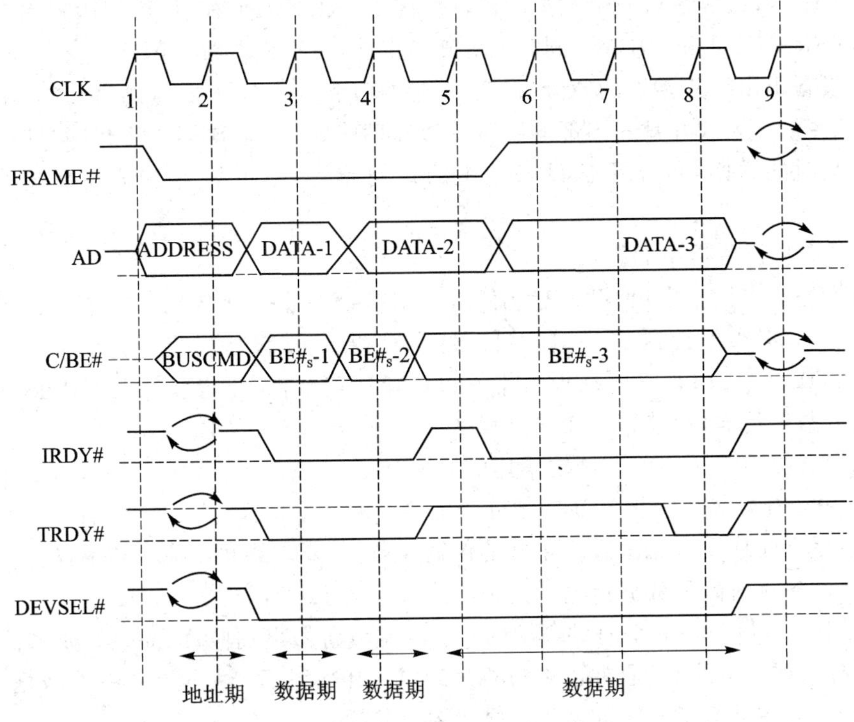

图 2-8 写操作时序

图 2-8 中,当 FRAME# 撤销时,必须要以 IRDY# 有效为前提,表明是最后一个数据期。另外,从图 2-8 中可看出,主设备在时钟 5 处因撤销了 IRDY# 而插入了等待周期,表明要写的数据将延迟发送,但此时,字节使能信号不受等待周期的影响,不得延迟发送。

写操作与读操作的不同点是在写操作中,地址期与数据期之间没有交换周期,这是因为,在写操作中,数据和地址是由同一个设备(主设备)发出的。

需要强调的是:上述的读/写操作均是以多个数据期为例来说明的。如果只有一个数据期时,FRAME# 信号在没有等待周期的情况下,应在地址期(读操作应在交换周期)过后即撤销。

4. 传输的终止过程

主设备和从设备都可以提出终止一次 PCI 总线的传输要求,但是双方均无权单方面实施传输停止工作,需要相互配合,并且传输的最终停止控制要由主设备完成。这是因为传输的结束标志 FRAME# 信号和 IRDY# 信号均已撤销进入总线空闲状态。分两种情况简述如下:

(1) 由主设备提出的终止

主设备是通过撤销 FRAME# 信号并建立 IRDY# 来提出终止请求的。以此告诉从设备,现在已进入了最后的数据期,此后 IRDY# 一直保持有效,直到出现 TRDY#信号,完成最后一个数据的传输。接着 IRDY#便撤销,从而达到完全终止的条件(FRAME#和 IRDY#同时无效),结束传输,进入总线空闲状态。

主设备提出终止传输的原因有二:一是主设备已做完了要做的事;二是主设备的 GNT#信号无效并且其内部的延时计数器已满,从而不得不终止传输,即所谓的超时。超时的原因,可能是从设备产生的访问延迟,也可能是主设备要做的操作太长。

(2) 由从设备提出的终止

从设备向主设备发出 STOP#信号,就是申请终止一次传输。只要 STOP#信号一有效,就必须保持到 FRAME#信号撤销为止。从设备发出 STOP#信号同时又使 TRDY#无效,则表明从设备将不再传输任何数据,主设备在此时不必等待最后一次的数据传输,而使整个操作过程结束。

从设备提出终止当前的传输操作的原因有二:

① 由于死锁,某些非 PCI 资源处于非空闲状态及该设备处于互斥访问的锁定状态,使得当前从设备无法进行正常的传输,不得不要求终止相应的传输操作。也就是说,从设备目前尚无数据传输。通常把这种情况也称为再试。

② 由于从设备在 8 个时钟周期内不能对主设备做出响应,因而只好要求停止传输。此种情况下的终止,通常也称为断开。但断开往往不会发生在第一个数据期,也就是说,一般在进行了一些数据传输之后才会发生。

主设备要能够处理从设备以任何方式提出的终止请求。

2.4 VME 总线

VME(Versa Module Eurocard)总线是 20 世纪 80 年代初 Motorola 公司德国分部联合其他公司开发的微机总线。它以 VERSA 总线(Motorola 公司的总线标准)为基础,按欧洲卡标准,针对 32 位微机而设计,适合多处理器系统。1987 年它被 IEEE 定为标准(ANSI 1014—1987),又被接纳为 IEC 821 国际标准。VME 是一种高性能开放式微机总线,也是目前一些军用计算机和部分工业控制计算机的常用总线,具有如下特点:

① 32 位地址线,寻址 4 GB 范围。

② 32 位数据线,传输速率 40 MB/s。支持 8、16、32 位数据宽度的数据传送。

③ 采用异步传送,数据传送的适应面比较宽。

④ 主从结构,具有多个主设备的仲裁逻辑,支持多处理器的能力强。

⑤ 具有优先级中断、矢量中断的能力。

⑥ 采用标准的针孔式连接器连接系统中的各硬件模块,可靠性高。

2.4.1 VME 总线引脚定义

VME 总线采用 P1 和 P2 两个针孔式连接器，每个连接器分 A、B、C 三列，每列 32 个引脚，共 96 个引脚。该总线标准只定义了 P1 的全部引脚及 P2 的 B 列引脚，A、C 列共有 64 个引脚预留给用户定义。表 2-3 列出了 VME 总线的 P1、P2 的引脚及其编号。

表 2-3 VME 总线的引脚

引脚号	P1-Row A	P1-Row B	P1-Row C	P2-Row B
1	D_{00}	$\overline{BBSY}$	D_{08}	+5 V
2	D_{01}	$\overline{BCLR}$	D_{09}	GND
3	D_{02}	$\overline{ACFAIL}$	D_{10}	RESERVED
4	D_{03}	$\overline{BG_0 IN}$	D_{11}	A_{24}
5	D_{04}	$\overline{BG_0 OUT}$	D_{12}	A_{25}
6	D_{05}	$\overline{BG_1 IN}$	D_{13}	A_{26}
7	D_{06}	$\overline{BG_1 OUT}$	D_{14}	A_{27}
8	D_{07}	$\overline{BG_2 IN}$	D_{15}	A_{28}
9	GND	$\overline{BG_2 OUT}$	GND	A_{29}
10	SYSCLK	$\overline{BG_3 IN}$	$\overline{SYSFAIL}$	A_{30}
11	GND	$\overline{BG_2 OUT}$	$\overline{BERR}$	A_{31}
12	$\overline{DS_1}$	$\overline{BR_0}$	$\overline{SYSRESET}$	GND
13	$\overline{DS_0}$	$\overline{BR_1}$	$\overline{LWORD}$	+5 V
14	$\overline{WRITE}$	$\overline{BR_2}$	AM_5	D_{16}
15	GND	$\overline{BR_2}$	A_{23}	D_{17}
16	$\overline{DTACK}$	AM_0	A_{22}	D_{18}
17	GND	AM_1	A_{21}	D_{19}
18	$\overline{AS}$	AM_2	A_{20}	D_{20}
19	GND	AM_3	A_{19}	D_{21}
20	$\overline{IACK}$	GND	A_{18}	D_{22}
21	$\overline{IACKIN}$	SERCLK	A_{17}	D_{23}
22	$\overline{IASCKOUT}$	$\overline{SERDAT}$	A_{16}	GND
23	AM_4	GND	A_{15}	D_{24}
24	A_{07}	$\overline{IRQ_7}$	A_{14}	D_{25}
25	A_{06}	$\overline{IRQ_6}$	A_{13}	D_{26}
26	A_{05}	$\overline{IRQ_5}$	A_{12}	D_{27}
27	A_{04}	$\overline{IRQ_4}$	A_{11}	D_{28}

续表 2-3

引脚号	P1-Row A	P1-Row B	P1-Row C	P2-Row B
28	A_{03}	$\overline{IRQ_3}$	A_{10}	D_{29}
29	A_{02}	$\overline{IRQ_2}$	A_{09}	D_{30}
30	A_{01}	$\overline{IRQ_1}$	A_{08}	D_{31}
31	−12 V	+5 V STDBY	+12 V	GND
32	+5 V	+5 V	+5 V	+5 V

按功能可将 VME 总线定义的信号线分为 4 组：数据传输线(Date Transfer Bus，DTB)、仲裁总线(DTB Arbitration Bus)、优先级中断总线(Priority Interrupt Bus)和公用总线(Utility Bus)。这 4 组子总线的功能如下：

(1) 数据传输总线

这是一组高速异步并行总线，用于主模块(处理机或 DMA 控制器)与从模块(存储器或 I/O 板中的功能部分)之间传送数据。DTB 的数据传送由主模块启动并控制。此外，数据传输总线也供申请中断的设备和中断管理器之间传送状态/识别信息。

数据传输总线有三类信号线，即寻址线(地址线 $A_{31}\sim A_{01}$、地址修改线 $AM_5\sim AM_0$)、数据线($D_{31}\sim D_{00}$)和 7 条数据传送控制线。这 7 条数据传送控制线分别是 $\overline{AS}$(地址选通)、$\overline{DS_1}$(偶数字节选通)、$\overline{DS_0}$(奇数字节选通)、$\overline{LWORD}$(长字选择)、$\overline{WRITE}$(读、写选择)、$\overline{BERR}$(总线出错)及 $\overline{DTACK}$(数据传送响应)。

数据传送时的地址宽度可以有三种选择：16 位、24 位或 32 位，由主设备通过发送地址修改码 AM 来决定。有三种 AM 码，即短地址、标准地址和扩充地址 AM 码。短地址 AM 码设置地址宽度为 16 位，标准地址 AM 码设置 24 位地址，扩充地址 AM 码则设置地址宽度为 32 位。数据宽度可以是 8 位、16 位或 32 位，系统可使用 8 位、16 位或 32 位微处理器。数据传送时，首先由主控设备驱动地址线，并发出相应的 AM 码，然后从设备根据 AM 码对地址线进行译码，并根据主控设备发出的 $\overline{LWORD}$、$\overline{DS_1}$ 和 $\overline{DS_0}$ 信号读/写指定宽度的数据。若数据已接受(写周期)或数据已放置在总线之上，则由从设备发出 $\overline{DTACK}$ 确认数据传送成功。若传送出错，则发出 $\overline{BERR}$ 信号。数据可按字节、字或长字为单位存取，由 $\overline{DS_1}$ 指定偶字节、$\overline{DS_0}$ 指定奇数字节，两信号同时有效时，则为存取一个字。32 位(长字)传输则通过 $\overline{LWORD}$、$\overline{DS_1}$ 和 $\overline{DS_0}$ 共同有效来确认。$\overline{DS_1}$、$\overline{DS_0}$ 线实际上起着地址线 A_{00} 的作用，因此 VME 总线定义中无 A_{00} 地址线。

由主控设备发出的 AM 码不但规定了地址的宽度，还规定了传送的数据类型(是程序还是数据)、数据传送周期的类型(中断周期或顺序存取周期)以及数据性质(管理类或非特权类)。6 条 AM 码线共有 64 种编码，VME 定义了其中的 14 种。

几种地址修改码及其对应的地址宽度及传送类型如表 2-4 所列。

表 2-4 几种地址修改码及其对应的地址宽度及传送类型

$AM_5 \sim AM_0$	地址宽度及传送类型
2D	短地址、管理
29	短地址、非特权 I/O 存取
3D	标准地址、管理、数据传送
39	标准地址、非特权、数据传送
3E	标准地址、管理、程序传送
3A	标准地址、非特权、程序传送

(2) 仲裁总线

仲裁总线包括 $\overline{BR_3} \sim \overline{BR_0}$(总线请求)、$\overline{BG_3IN} \sim \overline{BG_0IN}$(总线允许输入线)、$\overline{BG_3OUT} \sim \overline{BG_0OUT}$(总线允许输出线)、$\overline{BBSY}$(总线忙)和 $\overline{BCLR}$(总线清除)。VME 总线可支持多处理机系统。用其仲裁总线可防止两个以上的主控模块(设备)同时使用 DTB。当多个主模块通过仲裁总线申请使用 DTB 时,由 VME 总线仲裁系统对这些申请进行安排协调。优先权的决定有三种方式:

① 固定优先权方式,规定使用总线允许线 $\overline{BG_3}$ 的主设备优先级最高,使用 $\overline{BG_0}$ 的最低;

② 轮流优先方式,优先级授予比刚使用过总线的主设备优先级低一级的主设备;

③ 单级仲裁器方式,该方式只响应 $\overline{BR_3}$ 的请求,然后按菊花链结构决定优先级。

(3) 中断总线

它包括 $\overline{IRQ_7} \sim \overline{IRQ_1}$(中断请求,以下简称 $\overline{IRQ_x}$)、$\overline{IACK}$(中断响应)、$\overline{IACKIN}$(中断响应输入)和 $\overline{IACKOUT}$(中断响应输出)。中断总线供 VME 总线系统中申请中断的设备的中断器和中断管理器之间实现中断请求与中断响应操作。

(4) 公用总线

公用总线为系统提供系统时钟以及系统初始化和故障诊断功能。公用总线包括 SYSCLK(系统时钟)、SERCLK(串行时钟)、$\overline{SERDAT}$(串行数据)、$\overline{ACFAIL}$(交流故障)、$\overline{SYSRESET}$(系统复位)、$\overline{SYSFAIL}$(系统故障)。SYSCLK 由系统控制板上的系统时钟驱动器驱动,为系统提供占空比为 50%的 16 MHz 时钟信号,作为系统的时间基准。SERCLK 和 $\overline{SERDAT}$ 用作 VME 串行子总线。$\overline{ACFAIL}$ 反映交流电源是否出现故障,$\overline{SYSRESET}$ 反映系统是否处于复位状态,二者均由系统控制板上的电源监视器监视和控制。当系统电源出现故障时,电源监视器驱动 $\overline{ACFAIL}$ 变低,向系统发出报警信号。当按下复位按钮时,电源监视器驱动 $\overline{SYSRESET}$ 变低,使整个系统进入初始状态。系统进入复位后，总线上所有插件板都进行自检，并将自检结果通过 $\overline{SYSFAIL}$ 线传给系统控制板。$\overline{SYSFAIL}$ 为集电极开路门(OC 门)驱动信号，该信号可由 VME 总线上的任何插件板产生，只有当总线上的所有插板都通过自检后，$\overline{SYSFAIL}$ 才会变成高电平。

(5) 电源线

系统定义的直流电源有+5 V、+12 V、−12 V 和备用+5 V 四种。+5 V 为系统主电源，+12 V 和−12 V 主要用于 RS－232C 接口驱动电路及板内模拟电路。备用+5 V 用来在断电时保存一部分 RAM 中的内容。

2.4.2 VME 总线系统的中断响应过程

VME 总线系统的菊花链中断结构如图 2－9 所示。

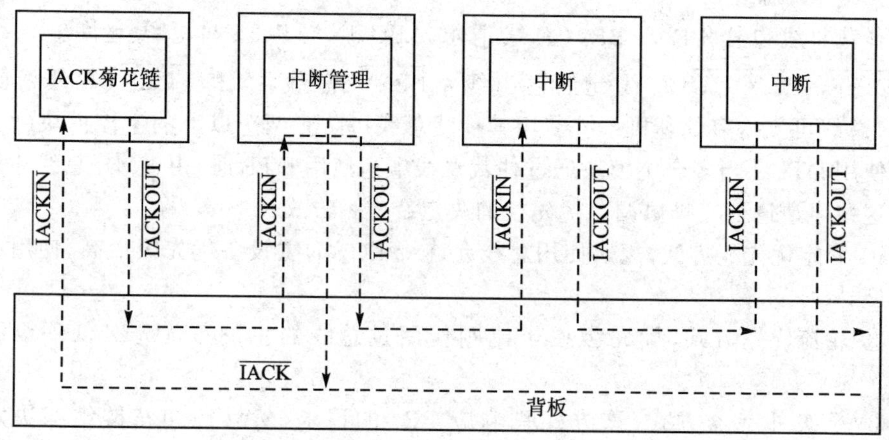

图 2－9 VME 总线系统菊花链中断结构

$\overline{IRQ_x}$(即 $\overline{IRQ_7}$～$\overline{IRQ_1}$)由中断器驱动，每个中断器只允许驱动 1 条 $\overline{IRQ_x}$ 线，但一个插件板上可允许有多个中断器。7 条中断请求线构成 7 级中断系统，其中 $\overline{IRQ_7}$ 优先级最高，$\overline{IRQ_1}$ 最低。中断管理器在 CPU 插件板上，而 CPU 板可插于除 1 号槽以外的任意槽位。中断响应通过菊花链连接，必须从 1 号槽开始传送中断响应信号，所以 VME 系统提供了 1 条中断响应线 $\overline{IACK}$，该线由 CPU 板上的中断管理器驱动，并与处在 1 号槽的系统控制板的 $\overline{IACKIN}$ 相连。

中断系统工作过程如下：当中断管理器在它所监视的 $\overline{IRQ_x}$ 线上(1 条或几条)收到中断请求时，首先通过板内的请求器申请 DTB 使用权，被允许后，则启动中断响应周期。在此周期中，中断管理器驱动 $\overline{IACK}$ 线变低，使 1 号槽的 IACK 菊花链驱动器驱动中断响应菊花链，也就是使驱动器的 $\overline{IACKOUT}$ 线变低，同时中断管理器向地址线 A_{03}～A_{01} 发送一个 3 位码，其对应的十进制值即为此中断响应周期所响应的中断请求级别。例如 A_{03}～A_{01} 为 010 则表示响应 $\overline{IRQ_2}$ 线的中断请求。而中断器则在发出中断请求后即转入监视其 $\overline{\text{IACKIN}}$ 线，当 $\overline{\text{IACKIN}}$ 线出现负脉冲时，比较 $A_{03} \sim A_{01}$ 上的 3 位码是否与自己所使用的中断请求线号码一致。如不一致，则驱动它的 $\overline{\text{IACKOUT}}$ 线为低并继续监视；否则，它就得知自己所提供的中断请求受到响应，于是在数据线上发出 1～4 字节的状态/识别信息，表明由它来响应现行的中断响应周期。中断管理器根据收到的状态/识别信息转去执行响应的中断服务程序，完成后，它将让出对 DTB 的控制权。

2.5 常用串行通信总线

2.5.1 串行通信概述

在微型计算机系统中，CPU 与外部的基本的通信方式有两种：

并行通信——数据的各个位同时传送；

串行通信——数据一位一位地顺序传送。

前面所介绍的几种总线中，数据传送都是以并行方式进行的。并行通信中数据有多少位，就要求有同样数量的传输线。例如 8 位数据，除地线外，需要 8 根传输线；如果数据为 16 位，则要 16 根传输线。而串行通信只要一条传输线。故串行通信能节省传输线，特别是当位数很多、长距离传送时，这一优点更加突出。微型计算机与远处的终端进行通信，或与大的计算中心交换信息，常通过通信线路(电话线或网线)来进行，这时串行传送可以大大减少传输线，从而大大地降低了成本。串行通信的主要缺点是传送速度比并行通信要慢得多。

串行传送是在一根传输线上一位一位地传送，这根线既作数据线又作联络线。也就是说，要在一根传输线上既传送数据信息，又传送联络控制信息，这就是串行传送的第一个特点。那么，怎样正确识别在一根线上串行传送的信息流中，哪一部分是联络信号，哪一部分是数据信号呢？为解决这个问题，就需要对串行通信的数据格式进行约定。因此，串行传送的第二个特点是对它的数据格式有固定的要求(即固定的数据格式)，分异步和同步数据格式，与此相应，就有异步通信和同步通信两种方式。第三个特点是串行通信中，信号的逻辑定义与 TTL 不兼容，因此，需要进行逻辑关系和逻辑电平转换。第四个特点是对串行传送信息的速率进行控制，要求双方约定通信传输的波特率。

2.5.1.1 同步通信和异步通信

1. 同步通信

图 2-10 为同步通信的原理示意图。串行数据传输前，发送和接收移位寄存器必须进行同步初始化，在传输二进制数据串的过程中，发送与接收在时间上必须保持一致。因此，往往使用同一时钟来控制串行数据的发送和接收。图 2-10(a)中发送

端与接收端使用同一时钟(发送端时钟经时钟信号线送到接收端),图 2-10(b)中发送端发送时钟同步信号,经传输线送到接收端的时钟同步器使两个时钟保持同步。通常,发送和接收移位寄存器的初始同步是使用一个同步字符来完成的,该同步字符由发送和接收双方约定为一个(或几个)特定字符,由指定位型组成。当一次串行数据的同步传输开始时,接收器进入接收位串的等待方式,发送寄存器送出的第一个字符应该是双方约定的同步字符,接收器识别出该同步字符,然后与发送器同步,开始接收后续的有效数据信息。因此发送器送出的第一个字节应该是同步字节,如果由于某种原因,第一个字节是非同步字节,则一次同步传输过程失败或要求发送器重新发送同步字节。由此可见,在一次同步的串行数据传输过程中,同步字节用来初始同步发送和接收移位寄存器,且指出传输数据的开始。

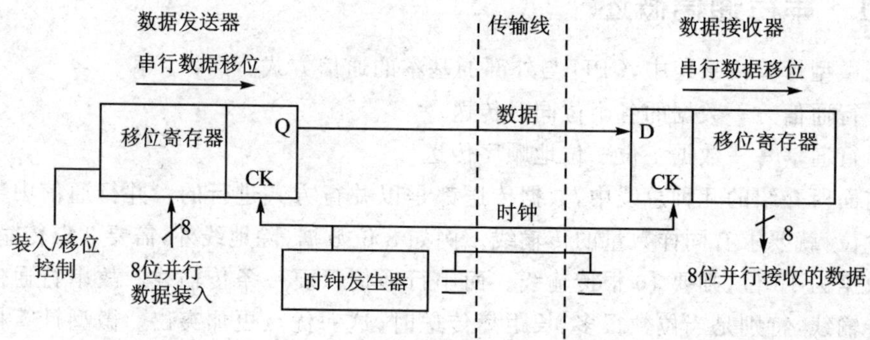

(a) 发送端与接收端使用同一时钟

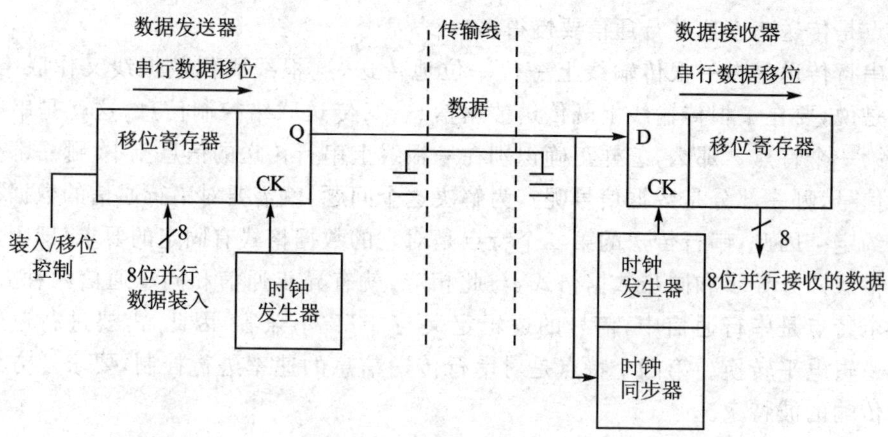

(b) 发送端与接收端使用时钟同步信号

图 2-10　串行同步数据通信

同步通信的实用性完全取决于发送器和接收器保持同步的能力。如果接收器由于某种原因,例如受干扰,在接收的过程中,漏掉了一位,则所有后面接收的字节数据都是不正确的。此外，由于发送和接收移位寄存器必须使用同一个时钟，除发送和接收两根传输线外，还需一根时钟信号线。

与异步通信相比，同步通信的主要优点是数据传送速度快且通信效率高。

2. 异步通信

异步串行通信中，发送器和接收器分别使用自己的时钟，不再共用同一时钟。只要求两个时钟的频率大致相同，能在短时间内保持同步。

异步通信以字符为单位逐个进行，每个字符以一个起始位表示字符传送的开始，后面跟着串行数据位（可以是5位、6位、7位或8位数据）、一位奇偶校验位（也可以省去）和停止位（停止位可以是一位、一位半或两位），如图2－11所示。异步通信中，以下两项规定是最基本的：

① 字符格式。包括字符的编码形式（BCD码还是ASCII码）、奇偶校验形式，以及起始位和停止位的规定。例如用7位ASCII码，字符为7位，加一个奇偶校验位，一个起始位，一个停止位，总共10位。

② 波特率。波特率规定了数据传送的速率。假如要求数据传送的速率是120字符/秒，而每个字符包含10个数据位，则传送的波特率应为

10×120字符/秒＝1 200位/秒＝1 200波特

通常，异步通信的传送速度在50～19 200波特之间。在微型计算机系统中，目前串行数据的输入/输出多使用异步通信方式。

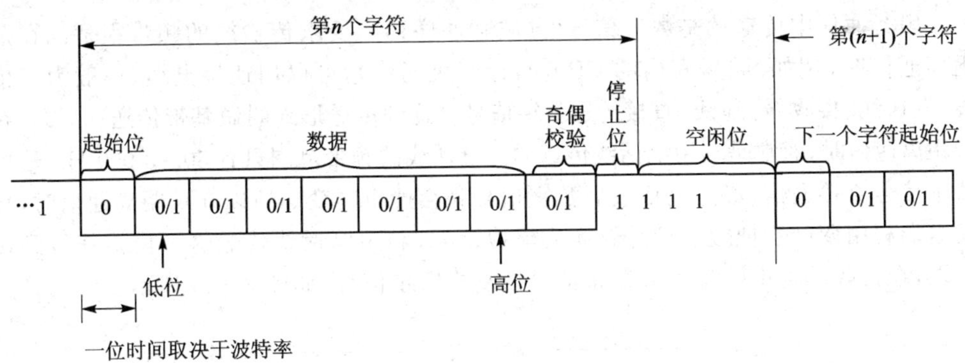

图2－11 异步通信的格式

2.5.1.2 半双工与全双工

在串行通信中，数据在两个站之间是双向传送的，A站可作为发送端，B站可作为接收端，也可以A站作为接收端而B站作为发送端。目前，常用半双工（Half Duplex）和全双工（Full Duplex）两种工作方式：

① 半双工。任何时刻都只能由一个站发送另一站接收的这种工作方式（即要么从A发送到B，或者由B发送到A，但不能A和B同时发送）称为半双工，如图2－12所示。

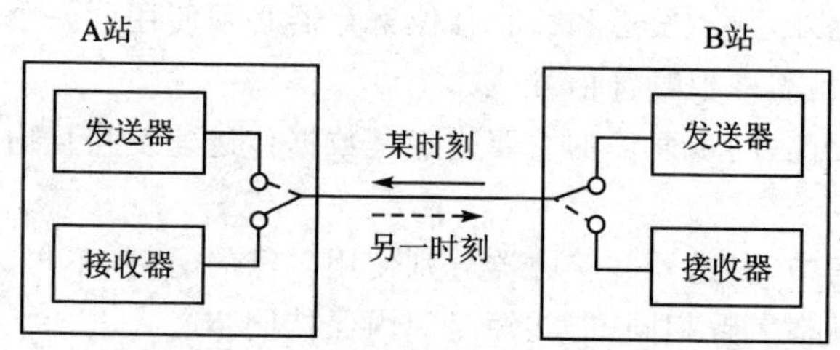

图 2-12　半双工方式示意图

② 全双工。当数据的发送和接收分别由两根不同的传输线传送时，通信双方都能在同一时刻进行发送和接收操作，这样的传送方式称为全双工，如图 2-13 所示。

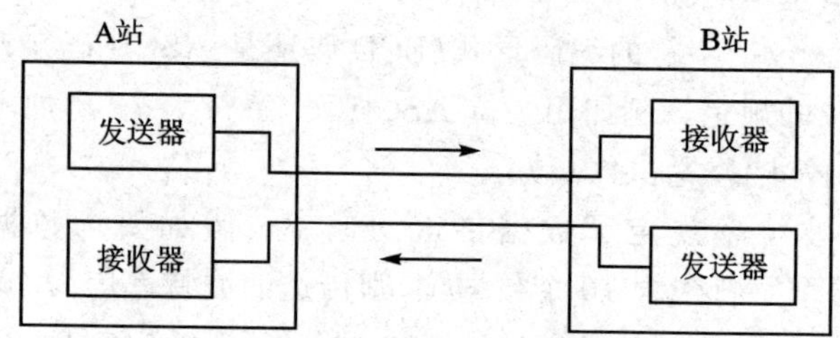

图 2-13　全双工方式示意图

2.5.1.3　调制和解调

串行通信中传输的是数字信号（方波脉冲序列），要求传输线的频带很宽。在短距离通信时（例如，同房间内的 CRT 与计算机通信），可以用连接电缆（一般为三根线：发送线、接收线、地线）直接传送数字信号。这种传送形式叫做基带传送。但是，在长距离通信时，通常是利用电话线传送的。电话线的频带范围只有 30～3 000 Hz，若用数字信号直接通信，经过电话线后数字信号就会严重畸变。所以在长距离通信时，在发送端利用调制器把数字信号转换成模拟信号，利用电话线传送这一模拟信号到接收端，在接收端再由一个解调器将信号恢复成数字信号，如图 2-14 所示。

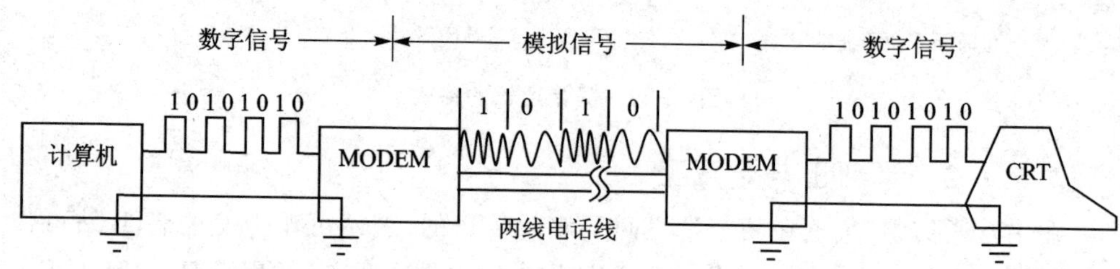

图 2-14　调制与解调示意图

由于串行通信都是双向进行的，一个站既要用调制器也要用解调器。在发送时须用调制器，在接收时又须用解调器，所以把调制器和解调器合装成一个装置，叫做调制解调器，又称 MODEM（MOdulator - DEModulator）。显然，为了实现两站之间的长距离通信，需要一对 MODEM。

调制解调器的种类比较多，有振幅键控（ASK）、频移键控（FSK）和相移键控（PSK）。当波特率小于 300 时，一般采用频移键控（FSK）调制方式，或者称为两态调频。它的基本原理是把“0”和“1”的两种数字信号分别调制成不同频率的两个音频信号，其原理如图 2－15 所示。

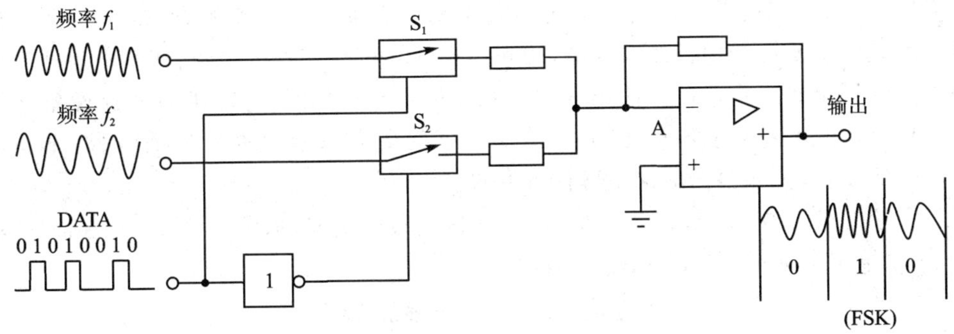

图 2－15　频移键控调制原理图

两个不同频率的模拟信号 f_1 和 f_2，分别经过电子开关 S_1、S_2 送到运算放大器 A 的输入端相加点。电子开关的通/断由外部控制，并且当加高电平时，接通；加低电平时，断开。利用被传输的数字信号（即数据）去控制开关。当数字信号为“1”时，使电子开关 S_1 接通，送出一串频率较高的模拟信号 f_1；当数字信号为“0”时，使电子开关 S_2 接通，送出一串频率较低的模拟信号 f_2。这两个不同频率的信号经运算放大器相加后，在运算放大器的输出端，就得到了调制后的两种频率的音频信号。

2.5.1.4　检错与纠错

串行数据在传输过程中，由于干扰而引起误码是难免的，这直接影响通信系统的可靠性，所以，对通信中差错的控制能力是衡量一个通信系统的重要指标。我们把如何发现传输中的错误，叫检错；发现错误之后，如何消除错误，叫纠错。在基本通信规程中，一般采用奇偶校验或方阵码检错，以反馈重发方式纠错。在高级通信控制规程中一般采用循环冗余码（CRC）检错，以自动纠错方法来纠错。

方阵码检错技术是奇偶校验与“检验和”的综合。例如，7 单位编码的字符后附 1 位奇偶位，以使整个字节的“1”的个数为偶数或者为奇数。若干个字符组成一个数据块，列成方阵，再纵向按位加产生一个单字节的检验字符并附加到数据块末尾。这一检验字符实际是所有字节“异或”的结果，反映了整个数据块的奇偶性。图 2－16 给出一个方阵检验字符的

1101001	0
0100000	1
1010101	0←奇偶位
1111001	1
1100001	1
0000100	1

图 2－16　方阵检验字符生成原理

生成示例。在接收时，数据块读出产生的一个检验字符，和发送来的检验字符进行比较。如果两者不同，就表明有错码，反馈重发。

2.5.2　RS-232C 总线

2.5.2.1　RS-232C 总线引脚信号

RS-232C 串行总线是电子工业学会正式公布的串行总线标准，也是在微型计算机系统中最常用的串行接口标准，用来实现计算机与计算机之间、计算机与外部设备之间的异步或同步通信。使用 RS-232C 作串行通信时，计算机与外部设备之间的直接连接的电缆长度可达 15 m。传输数据的最大速率可达 20K 波特，对不同速度的通信设备，传输数据的速率可任意调整。

完整的 RS-232C 标准串行接口由 25 根信号线组成，采用一种 25 芯的插头座。表 2-5 给出了 RS-232C 总线引脚信号。

表 2-5　RS-232C 总线引脚信号

引脚号	电　路	缩写符	信号方向	说　明
1	AA	—	—	屏蔽(保护)地
2	BA	TXD	从终端到调制解调器	发送数据
3	BB	RXD	从调制解调器到终端	接收数据
4	CA	RTS	从终端到调制解调器	请求发送
5	CB	CTS	从调制解调器到终端	清除发送
6	CC	DSR	从调制解调器到终端	数据设备就绪
7	AB	—	—	信号地
8	CF	DCD	从调制解调器到终端	接收线信号检出(载波检测)
9	—	—	—	保留供测试用
10	—	—	—	保留供测试用
11	—	—	—	未定义
12	SCF	DCD	从调制解调器到终端	辅信道接收线信号检测
13	SCB	CTS	从调制解调器到终端	辅信道清除发送
14	SBA	TXD	从终端到调制解调器	辅信道发送数据
15	DB	—	从调制解调器到终端	发送器信号定时
16	SBB	RXD	从调制解调器到终端	辅信道接收数据
17	DD	—	从调制解调器到终端	接收器信号定时
18	—	—	—	未定义
19	SCA	RTS	从终端到调制解调器	辅信道请求发送
20	CD	DTR	从终端到调制解调器	数据终端就绪
21	CG	—	从调制解调器到终端	信号质量检测

续表 2-5

引脚号	电　路	缩写符	信号方向	说　明
22	CE	—	从调制解调器到终端	振铃指示
23	CH	—	从终端到调制解调器	数据信号速率选择器
	CI	—	从调制解调器到终端	—
24	DA	—	从终端到调制解调器	发送器信号定时
25	—	—	—	—

利用 RS-232C 进行串行通信的典型应用情况是：参与通信的设备一个为数据终端设备(Data Terminal Equipment，DTE)，另一个为数据通信设备(Data Communication Equipment，DCE)。数据终端设备(DTE)与数据通信设备(DCE)分别都带有 RS-232C 接口，如图 2-17 所示。

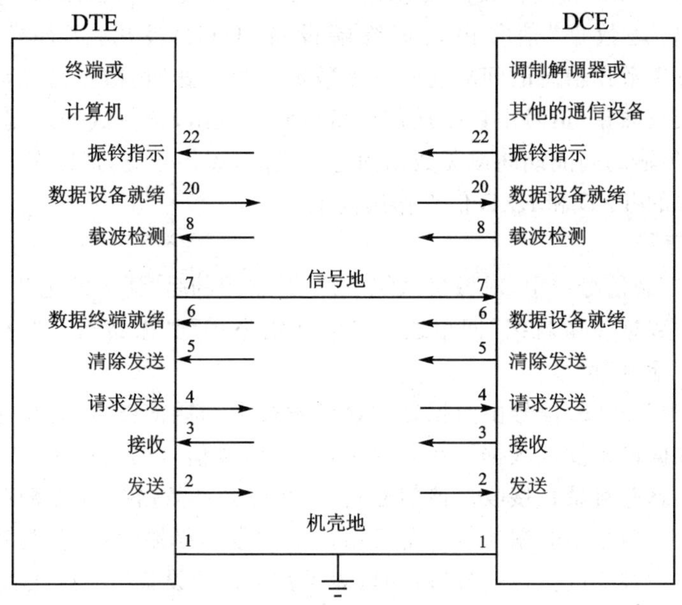

图 2-17　两类设备的 RS-232C 接口

为了保证两设备之间能用一条 RS-232C 总线电缆直接连接，两种设备(DTE 和 DCE)的 RS-232C 接口的各引脚具有相同的名称。但是，从接口角度，两种设备的 RS-232C 接口的同名引脚的信号流向却是相反的。比如，从图 2-17 可以看出，对数据终端设备(DTE)，发送端(引脚 2)是一个输出信号，而对数据通信设备(DCE)，发送端(引脚 2)却是一个输入信号。由此可见，数据通信设备的发送端实质起接收作用，并无“发送”的含义。之所以仍称引脚 2 为“发送”端，是沿用数据终端设备(DTE)的引脚名称，使得 RS-232C 的每一引脚只有唯一的名称。按图 2-17 信号箭头来定义两种设备的信号流向，使得 RS-232C 电缆上每根信号线的信号流向，无论从数据终端设备一侧看，还是从数据通信设备一侧看，都是一致的。这就保证了在用 RS－232C 电缆，以同名引脚直接方式连接终端设备与通信设备时，全部信号都畅通无阻。

作为通信设备之一的调制解调器（MODEM），它的 RS－232C 接口是按 DCE 方式连接的，目前绝大多数微型计算机的 RS－232C 接口都是按 DTE 方式连接的，因此，终端或按终端设备方式（DTE）连接的计算机与调制解调器用 RS－232C 连接时，可以采用“1”对“1”、“2”对“2”等的同名引脚直接连接的方式。

从表 2－5 可看出，RS－232C 的信号线可分为四类：数据信号（4 根）、控制信号（12 根）、定时信号（3 根）和地线（2 根）。下面仅就微机系统常用的一些信号线加以说明。

1. 数据信号

发送数据（TXD）和接收数据（RXD）信号线是一对数据传输线，用来传送串行的位串信息。“发送数据”信号由数据终端设备（DTE）发出，送往数据通信设备（DCE）。在发送数据信息的间隔期间或无数据信息发送时，数据终端设备保持该信号为“1”。“接收数据”信号由数据通信设备（DCE）发出，送往数据终端设备（DTE）。同样，在数据传输的间隔期间或无数据信息传送时，该信号应为“1”态。

辅信道中的 TXD 和 RXD 信号作用同上。

2. 控制信号

在 12 根控制信号线中，对微机系统来说，最常用的是“请求发送”“清除发送”“数据终端就绪”“数据设备就绪”四根线。有时还需要用到“振铃指示”“接收线信号检测”“信号质量检测”信号。

“请求发送”（RTS）信号由数据终端设备发往数据通信设备，它置位时表示终端设备要求向数据设备发送数据。在半双工通信中，该信号的置位条件使数据终端设备处于发送状态并且禁止接收。该信号复位后，才允许数据终端设备转为接收方式。

“清除发送”信号由数据通信设备发出而送往数据终端设备，作为对数据终端设备请求发送的一种响应。该信号置位时，表示数据通信设备已做好接收数据的准备，并以此通知终端设备此时可以发送数据。

“数据终端就绪”信号由数据终端设备发往数据通信设备，表示数据终端设备已处于就绪状态并且指定通道已连接通信设备。

“数据设备就绪”用来表示数据通信设备是否已经准备好。当设备连接到通道时，该信号置位，表示该设备不在测试状态和通信方式，已完成了定时功能。该信号置位表示数据通信设备已准备就绪。

当数据通信设备收到振铃信号时，置位“振铃指示”信号。当数据通信设备收到一个满足一定标准的信号时，发送“接收线信号检出”（载波检出）信号。当无信号或收到一个不满足标准的信号时，“接收线信号检出”信号复位。确信无数据错误发生时，数据通信设备使“信号质量检测”线置位；若出现数据错误，则使该信号复位。“振铃指示”、“接收线信号检出”及“信号质量检测”都是数据通信设备给数据终端设备的通知。

3. 定时信号

数据终端设备使用“发送器信号定时”信号指示出“发送数据”线上每个二进位数据的中心位置，而数据通信设备使用“接收器信号定时”指示出“接收数据”线上的每个二进位数据的中心位置。

4. 地　线

RS－232C 总线有两条地线。一条是屏蔽线，也称保护地、机壳地，它直接连到系统的屏蔽罩上。只有在确保两设备的屏蔽地接在一起是安全的这一前提下，两设备的屏蔽地才能连在一起。另一条地线是信号地，它为所有其他信号提供一个公共参考点，两设备的信号地必须连接起来。

2.5.2.2　RS－232C 的电气特性及机械特性

1. RS－232C 总线信号的电气特性

RS－232C 标准对信号的电气特性、逻辑电平都作了规定。

(1) 在 TXD 和 RXD 数据线上

逻辑 1 (MARK)＝－3～－15 V；

逻辑 0 (SPACE)＝＋3～＋15 V。

(2) 在 RTS、CTS、DSR、DTR、CD 等控制线上

信号有效(接通，ON 状态，正电压)＝＋3～＋15 V；

信号无效(断开，OFF 状态，负电压)＝－3～－15 V。

以上规定说明了 RS－232C 标准对逻辑电平的定义。对于数据(信息码)，逻辑“1”(传号)的电平低于－3 V，逻辑“0”(空号)的电平高于＋3 V。对于控制信号，接通状态(ON)即信号有效的电平高于＋3 V，断开状态(OFF)即信号无效的电平低于－3 V。也就是说，当传输电平的绝对值大于 3 V 时，电路可以有效地检查出来，介于－3～＋3 V 之间的电压无意义，低于－15 V 或高于＋15 V 的电压也被认为无意义。因此，实际工作时，应保证电平在±(5～15)V 之间。

(3) RS－232C 与 TTL 电平转换

很明显，RS－232C 是用正负电压来表示逻辑状态，其逻辑电平与 TTL 所要求的逻辑电平不同。因此，为了能够同计算机接口或与终端的 TTL 器件连接，必须在 RS－232C 与 TTL 电路之间进行电平和逻辑关系的转换。实现这种转换可以采用分立元件，也可以采用集成电路芯片。

目前较广泛地使用集成电路转换器件，如用 MC1488、SN75150 芯片可完成 TTL 电平到 RS－232C 电平的转换，用 MC1489、SN75154 芯片可实现 RS－232C 电平到 TTL 电平的转换。MAX232 芯片可完成 TTL 与 RS－232 双向电平转换，图 2－18 示出了 MC1488 和 MC1489 的内部结构和引脚。

MC1488 的引脚 2，4，5，9，10，12，13 接 TTL 输入。引脚 3，6，8，11 输出端接

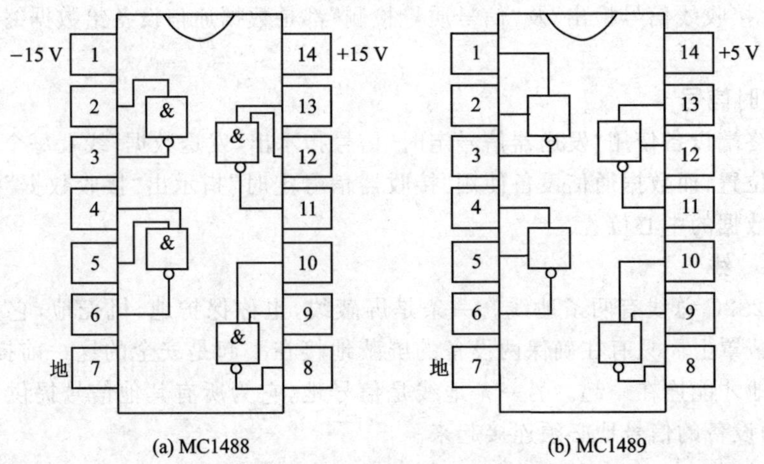

图 2-18　电平转换器 MC1488 和 MC1489 芯片

RS-232C。MC1489 的引脚 1，4，10，13 接 RS-232C 输入，而引脚 3，6，8，11 接 TTL 输出。具体连接方法如图 2-19 所示。图中左边是微机串行接口电路中的主芯片 UART，它是 TTL 器件；右边是 RS-232C 连接器。它的引脚上的电压都应符合 RS-232C 标准的规定。因此，RS-232C 所有的输出、输入信号线都要分别经过 MC1488 和 MC1489 转换器，进行电平转换后才能送到连接器上，或从连接器上送进来。

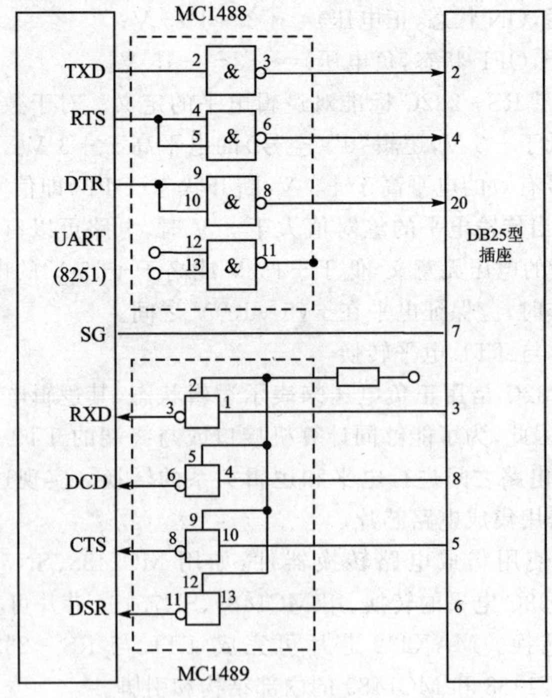

图 2-19　RS-232C 电平转换器连接图

由于 MC1488 要求使用±15 V 电源,不太方便,现在有一种新型电平转换芯片 MAX232,可以实现 TTL 电平与 RS-232C 电平双向转换。MAX232 内部有电压倍增电路和转换电路,仅需+5 V 电源便可工作,使用十分方便。

图 2-20 是 MAX232 的引脚图。图 2-21 是内部逻辑框图,从该图可知,一个 MAX232 芯片可连接两对收/发线。MAX232 把 UASRT 的 TXD 和 RXD 端 TTL/CMOS 电平(0～5 V)转换成 RS-232 的电平(+10～-10 V)。

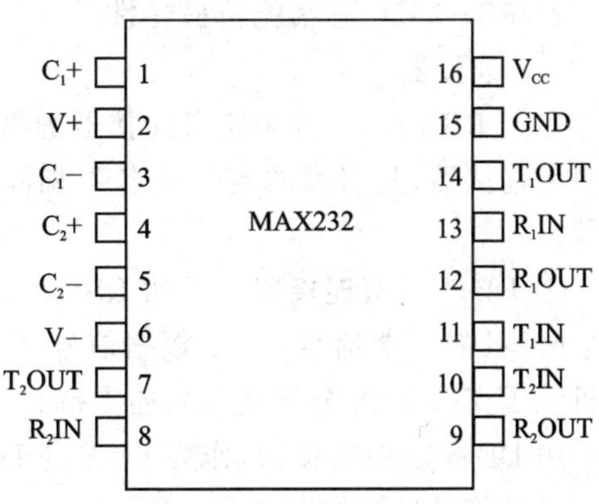

图 2-20　MAX232 引脚图

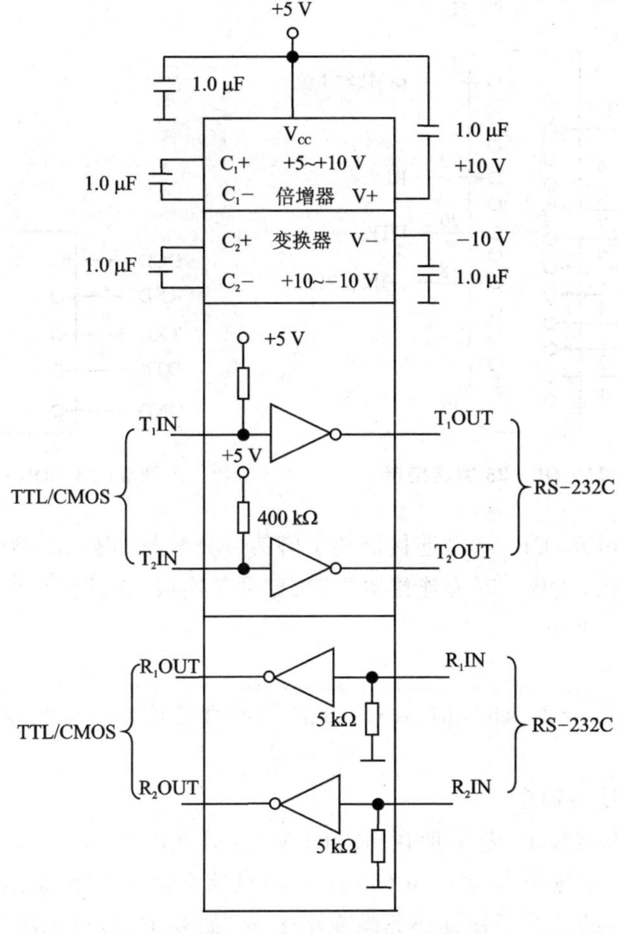

图 2-21　MAX232 内部逻辑框图

2. RS－232C 总线的机械特性

(1) 连接器

由于 RS－232C 并未定义连接器的物理特性，因此，出现了 DB－25 和 DB－9 型的各种连接器，其引脚的定义也各不相同，使用时要特别注意。下面介绍这两种连接器。

① DB－25 型连接器。虽然 RS－232C 标准定义了 25 个信号，但实际进行异步通信时，只需 9 个信号：2 个数据信号、6 个控制信号、1 个信号地线。由于早期 PC 微机除了支持 EIA 电压接口外还支持 20 mA 电流环接口，另需 4 个电流信号，故它们采用 DB－25 型连接器，作为 DTE 与 DCE 之间通信电缆连接。DB－25 型连接器的外形及信号分配如图 2－22 所示。

② DB－9 型连接器。由于 286 以上微机串行口取消了电流环接口，故采用 DB－9 型连接器，作为多功能 I/O 卡或主板上 COM_1 和 COM_2 两个串行口的连接器，其引脚及信号分配如图 2－23 所示。

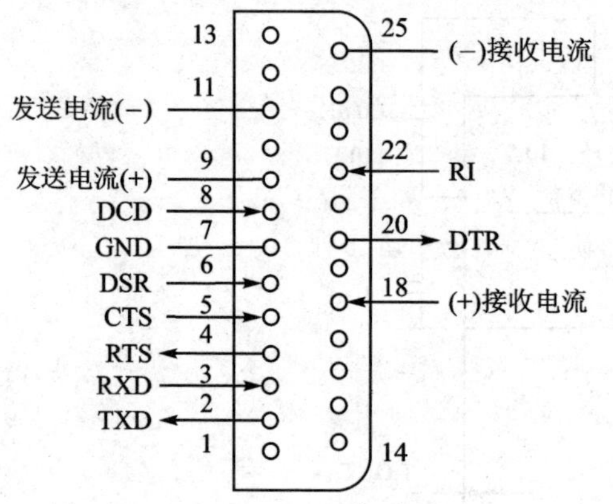

图 2－22 DB－25 型连接器

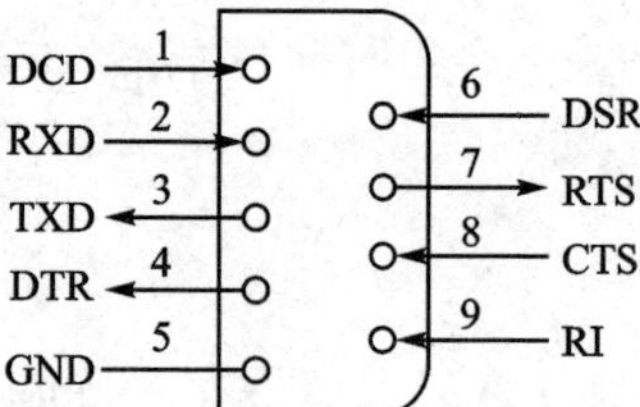

图 2－23 DB－9 型连接器

从图 2－23 可知，DB－9 型连接器的引脚信号分配与 DB－25 型引脚信号完全不同。因此，若与配接 DB－25 型连接器的 DCE 设备连接，必须使用专门的电缆，其对应关系如图 2－24 所示。

(2) 电缆长度

在通信速率低于 20 kb/s 时，RS－232C 所能直接连接的最大物理距离为 15 m (50 ft)。

(3) 最大直接传输距离

RS－232C 标准规定，若不使用 MODEM，在码元畸变小于 4%的情况下，DTE 和 DCE 之间最大传输距离为 15 m(50 ft)。可见这个最大的距离是在码元畸变小于 4%的前提下给出的。为了保证码元畸变小于 4%的要求，接口标准在电气特性中规定，驱动器的负载电容应小于 2 500 pF。例如，采用每 0.3 m(约 1 ft)的电容值为

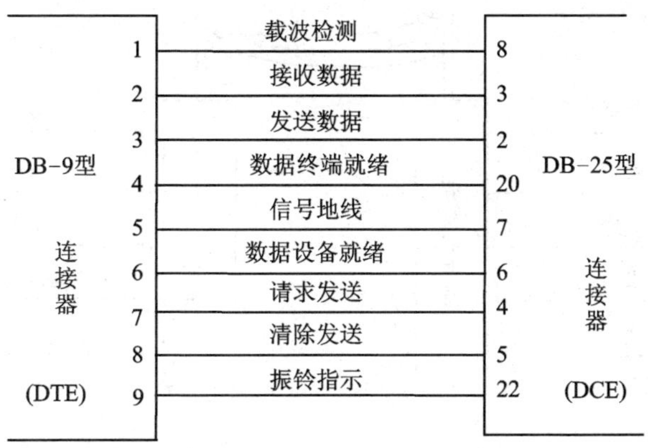

图 2-24 DB-9 型(DTE)与 DB-25 型(DCE)之间的连接

40～50 pF 的普通非屏蔽多芯电缆作传输线，则传输电缆的长度，即传输距离为

$$L=\frac{2\ 500\ \text{pF}}{50\ \text{pF/ft}}=50\ \text{ft}\approx 15.24\ \text{m}$$

然而在实际应用中，码元畸变超过 4%，甚至为 10%～20%，也能正常传输信息，这意味着驱动器的负载电容可以超过 2 500 pF，因而传输距离可大大超过 15 m。这说明了 RS-232C 标准所规定的直接传送最大距离为 15m 是偏于保守的。

2.5.2.3 用 RS-232C 总线连接系统

在用 RS-232C 总线连接系统时，首先要弄清楚被连接设备的 RS-232C 接口是按数据终端设备(DTE)方式连接的，还是按数据通信设备(DCE)方式连接的。因为这两种连接法的接口连线是不相同的。

用 RS-232C 总线来连接系统时，又有近程通信方式和远程通信方式之分。近程通信是指传输距离小于 50 ft(15 m)的通信。这时可以用 RS-232C 电缆直接连接。50 ft 以上的长距离通信，需要采用调制解调器(MODEM)经电话线进行。

图 2-25 为最常用的采用调制解调器的远程通信连接。正如前述，调制解调器的 RS-232C 接口为数据通信设备(DCE)的连接形式，当终端设备或带 DTE 方式的 RS-232C 接口的计算机与调制解调器相连时，可采用同名引脚直连的方式，这种连接既简单又方便。

当计算机与终端用 RS-232C 作近程连接时，有两种不同的情况。对于具有按 DCE(数据通信设备)方式连接的 RS-232C 接口的计算机，可以按同名引脚直连的方式与终端相连，如图 2-26 所示。

遗憾的是，目前 RS-232C 接口采用 DCE 连接方式的计算机较少，因为这种计算机在与调制解调器连接时(两者都是 DCE 连接)，会遇到类似电缆连接中“针对针”或“孔对孔”那样的麻烦。因此，目前多数微型计算机的 RS-232C 接口都采用 DTE 连接。而具有这种 RS-232C 接口的计算机与终端连接时，不能采取同名引脚直接

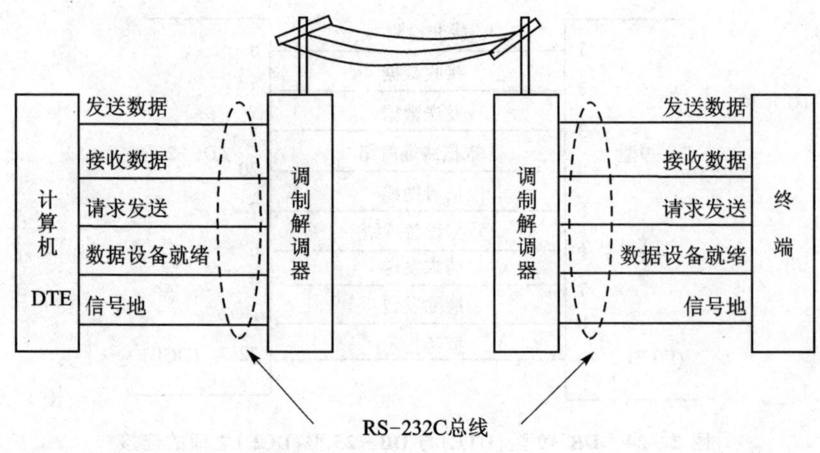

图 2-25 计算机与终端的远程连接

互连的方式，因为，计算机和终端在同一引脚(引脚 2)发送，并在同一引脚(引脚 3)接收，若同名引脚相连，两者的信号处于“顶牛”状态。解决“顶牛”问题的途径是采取交叉连接的方式。

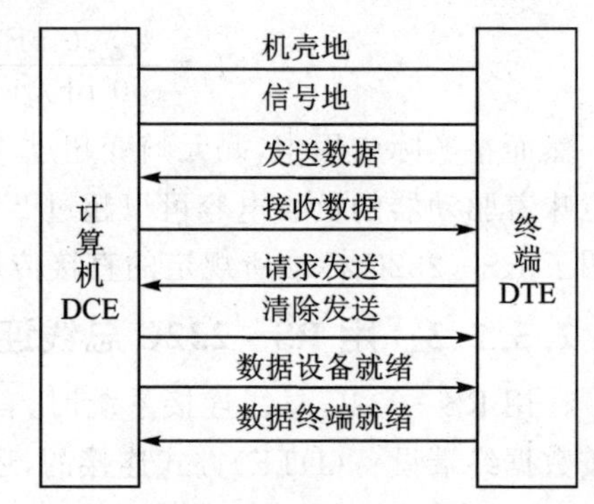

图 2-26 终端与带 DCE 连接的 RS-232C 接口的计算机相连

图 2-27 示出两个 DTE 设备利用 RS-232C 连接的最常用的交叉连线图。图中，“发送数据”线与“接收数据”线是交叉连的，使得两台设备都能正确地发送和接收。“数据终端就绪”与“数据设备就绪”两根线也是交叉连的，使得两设备都能检测出对方是否已经准备好。

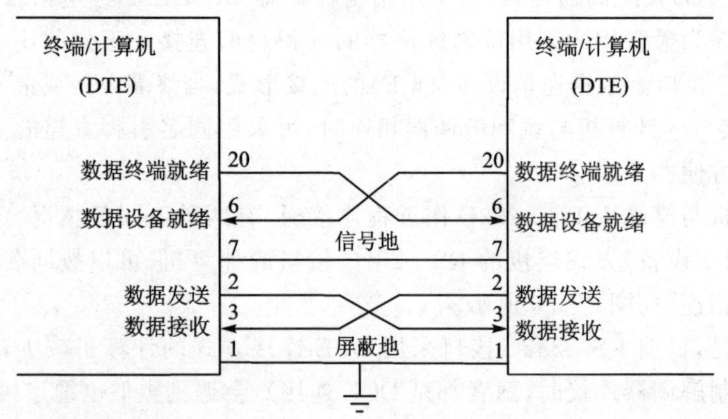

图 2-27 终端/计算机到终端/计算机的 RS-232C 连接

另一种更完整的连接如图 2－28 所示。这里，两个设备都是 DTE 连接，它们的“请求发送”端与自己的“清除发送”端相连，使得当设备向对方请求发送时，随即通知自己的清除发送端，表示对方已经响应。而且“请求发送”线还连往对方的“载波检测”线，这是因为“请求发送”信号的出现在功能上类似于通信通道中的载波检出。在按 DTE 连接的设备中，“数据设备就绪”是一个接收端，它与对方的“数据终端就绪”相连，就能得知对方是否已经准备好。“数据设备就绪”端收到对方“准备好”的信号，类似于通信中收到对方发出的“响铃指示”的情况。因此，可将“响铃指示”与“数据设备就绪”并接在一起。

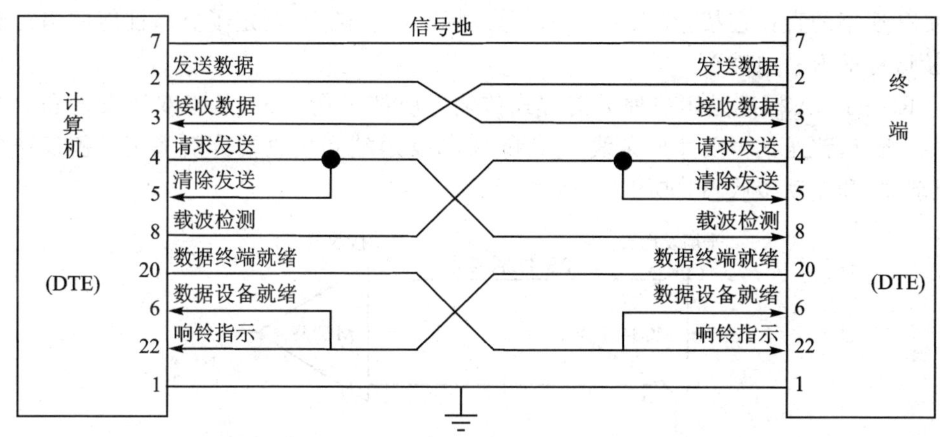

图 2－28　终端/计算机与终端/计算机的更完整接连

两设备近距离通信的最简单形式是只用“发送数据”线与“接收信号”线交叉连接。其余信号线均不用。图 2－29(a)为其余信号线都不连接的方式；图 2－29(b)中，同一设备的“请求发送”被连到自己的“清除发送”及“载波检测”，而它的“数据终端就绪”连到自己的“数据设备就绪”。

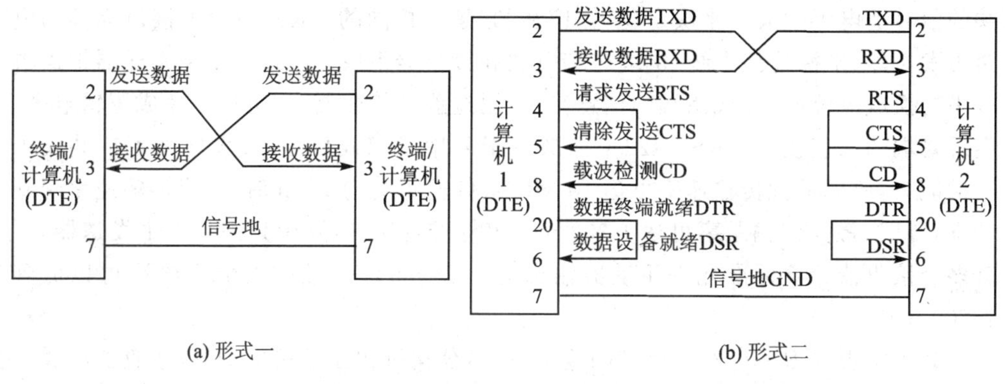

图 2－29　终端/计算机与终端/计算机连接的最简单形式

上述两种最简化的连接方式能与很多通信程序配合工作，但不适用那些需要检测“清除发送”“载波检测”“数据设备就绪”等信号状态的程序。对于这类程序，图 2-29(a)连接会使得程序无法进行下去；而对图 2-29(b)连接，程序虽可运行下去，但并不能真正检测到对方的状态，只是程序受到该连接方式的欺骗而已。

2.5.3 RS-422A 和 RS-485 总线

2.5.3.1 RS-422A 总线简介

RS-232C 总线的直连距离为 15 m，传输速率小于 20 kb/s。为了实现更长距离和更高速率的直接连接，在 RS-232C 总线标准的基础上，制定了更高性能的串行总线接口标准 RS-422A。

RS-422A 标准是用一种平衡方式传输。所谓平衡方式，是指双端发送和双端接收，所以，传送信号要用两条线 AA′和 BB′，发送端和接收端分别采用平衡发送器(驱动器)和差动接收器，如图 2-30 所示。

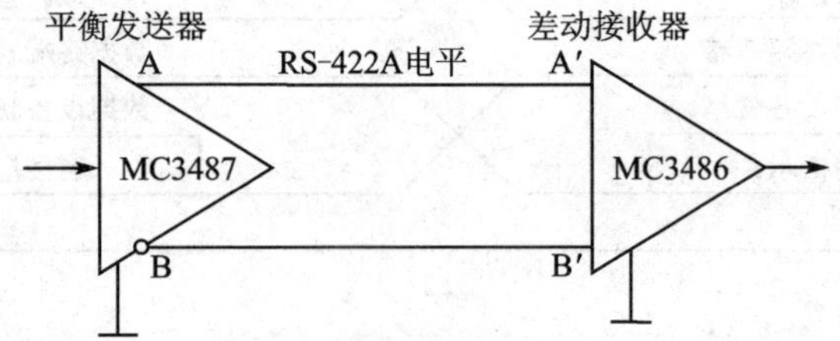

图 2-30 RS-422A 标准传输线连接

这个标准的电气特性对逻辑电平的定义是根据两条传输线之间的电位差值来决定的，当 AA′线的电平比 BB′线的电平高 200 mV 时，表示逻辑 1；当 AA′线的电平比 BB′线的电平低 200 mV 时，表示逻辑 0。很明显，这种方式和 RS-232C 采用单端接收器和单端发送器，只用一条信号线传送信息，并且根据该信号线上的电平相对于公共的信号地电平的大小来决定逻辑“1”和“0”是不相同的。RS-422A 接口标准的电路由发送器、平衡连接电缆、电缆终端负载和接收器组成。它通过平衡发送器把逻辑电平变换成电位差，完成始端的信息传送；通过差动接收器，把电位差变成逻辑电平，实现终端的信息接收。RS-422A 标准由于采用了双线传输，大大增强了抗共模干扰的能力，所以最大传输速率可达 10 Mb/s(传输距离为 15 m 时)。当传输速率降到 90 kb/s 时，最大传输距离可达 1 200 m。该标准规定，电路中只许有 1 个发送器，可有多个接收器。该标准允许驱动器输出为±(2～6) V，接收器输入电平可以低到±200 mV。

为了实现按 RS-422A 标准的连接，许多公司推出了平衡驱动器/接收器集成芯片，如 MC3487/3486、SN75174/75175 等。

若采用 MC3487 和 MC3486 分别作为平衡发送器和差动接收器，传输线采用普通的双绞线，在零 MODEM 方式下传输速率为 8 kb/s 时，传送距离达到了 1.5 km。MC3486 和 MC3487 的接口连接如图 2-31 所示。

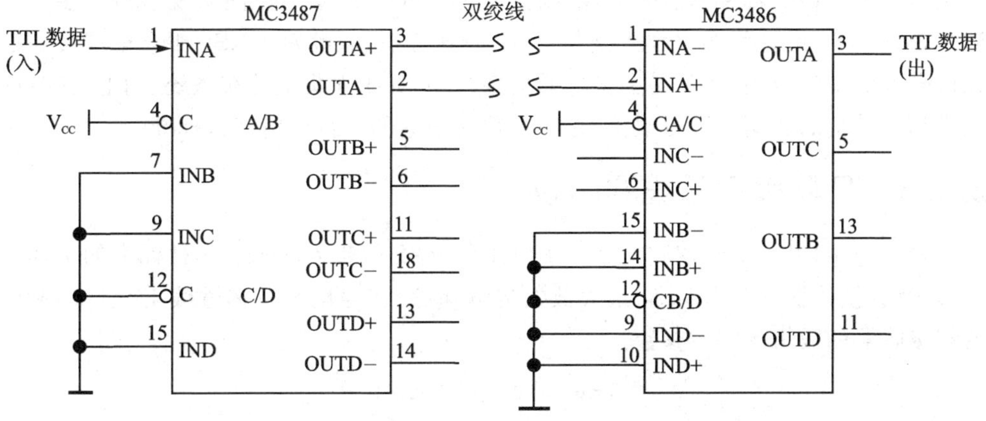

图 2-31　RS-422A 平衡式接口电路图

2.5.3.2　RS-485 总线简介

与 RS-422A 标准一样，RS-485 也是一种采用平衡传输方式的串行接口标准，它和 RS-422A 兼容，并且扩展了 RS-422A 的功能。两者的主要差别是，RS-422A 标准只许电路中有一个发送器，而 RS-485 标准允许在电路中可有多个发送器，因此，它是一种多发送器的标准。RS-485 允许一个发送器驱动多个负载设备，负载设备可以是发送器(T)、接收器(R)或收发器组合单元(D)。RS-485 的共线电路结构是在一对平衡传输线的两端都配置终端电阻，其发送器、接收器、组合收发器可挂在平衡传输线上的任何位置，实现在数据传输中多个驱动器和接收器共用同一传输线的多点应用，其配置如图 2-32 所示。

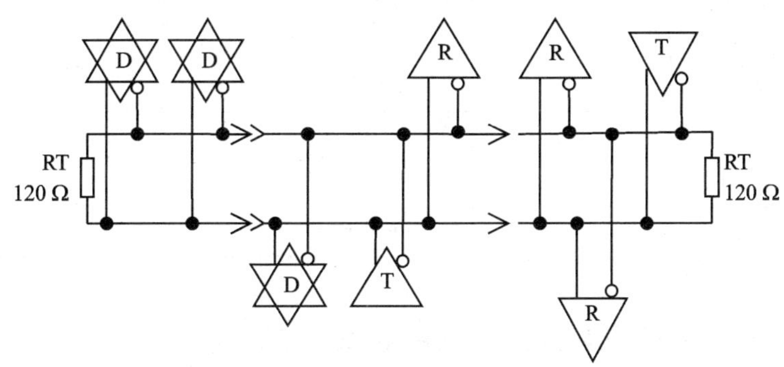

图 2-32　典型的 RS-485 共线配置

RS-485 标准的特点是：① 由于 RS-485 标准采用差动发送/接收，所以，共模抑制比高，抗干扰能力强。② 传输速率高，它允许的最大传输速率可达 10 Mb/s(传输距离 15m 时)。传输信号的摆幅小(200 mV)。③ 传输距离远(指无 MODEM 的直接传输),采用双绞线,在不用 MODEM 的情况下,100 kb/s 的传输速率时,可传输的距离为 1.2 km,若传输速率下降,则传输距离可以更远。④ 能实现多点对多点的通信,RS-485 允许平衡电缆上连接 32 个发送器/接收器对。RS-485 标准目前已在许多方面得到应用,尤其是在多点通信系统中,如工业集散分布系统、商业 POS 收款机和考勤机的联网中用得很多,是一个很有前途的串行通信接口标准。

2.5.4 几种串行总线的比较

表 2-6 列出了 RS-232C、RS-423、RS-422A 和 RS-485 几种标准的工作方式,以及直接传输的最大距离、最大数据传输速率、信号电平及传输线上允许的驱动器和接收器的数目等特性参数。

表 2-6 几种串行总线的比较

标准名称	RS-232C	RS-423	RS-422A	RS-485
工作模式	单端发单端收	单端发双端收	双端发双端收	双端发双端收
在传输线上允许的驱动器和接收器数目	1 个驱动器 1 个接收器	1 个驱动器 10 个接收器	1 个驱动器 10 个接收器	32 个驱动器 32 个接收器
最大电缆长度/m	15	1 200(1 kb/s)	1 200(90 kb/s)	1 200(100 kb/s)
最大数据传输速率	20 kb/s	100 kb/s(12 m)	10 Mb/s(12 m)	10 Mb/s(15 m)
驱动器输出/V (最大电压值)	±25	±6	±6	−7～+12
驱动器输出/V (信号电平)	±5(带负载) ±15(未带负载)	±3.6(带负载) ±6(未带负载)	±2(带负载) ±6(未带负载)	±1.5(带负载) ±5(未带负载)
驱动器负载阻抗	3～7 kΩ	450 Ω	100 Ω	54 Ω
驱动器电源开路电流(高阻状态)	V_{max}/300 Ω (开路)	±100 μA (开路)	±100 μA (开路)	±100 μA (开路)
接收器输入电压范围/V	±15	±10	±12	−7～+12
接收器输入灵敏度	±3 V	±200 mV	±200 mV	±200 mV
接收器输入阻抗/kΩ	2～7	4(最小值)	4(最小值)	12(最小值)

2.6 USB 和 IEEE 1394 通用串行总线

2.6.1 USB 总线

USB(Universal Serial Bus,通用串行总线)是一种能实现外设与计算机方便快捷连接(即插即用)的串行总线标准。

USB 规范的最早版本是在 1994 年 11 月公布的。1996 年 1 月推出了标准版本 USB 1.0,目标是为中低速的外围设备提供双向、低成本的总线,数据传输速率最高为 12 Mb/s。在 USB 1.0 版本的基础上,经修订和补充,于 1998 年 9 月推出了 USB 1.1 标准,该标准达到了如下的设计目的:

① 提供方便的即插即用(Plug&Play)的连接方式;

② 低成本,速率为 12 Mb/s 或以下;

③ 支持实时声音和影像数据传送;

④ 通信协议有弹性,可以同时混合多款传送模式;

⑤ 可配合不同计算机组合;

⑥ 可用于多种不同类型的外设产品;

⑦ 可支持未来新制式;

⑧ 可嵌入在产品之内使用。

随着微机系统及其外设性能和功能的增强,需处理的数据量越来越大,2000 年 4 月又推出了新的 USB 规范 USB 2.0。在新版本中,增加了一种 480 Mb/s 的数据传输速率,以满足日益复杂的高级外设与 PC 机之间的高性能连接需求。USB 2.0 在保留原有 USB 规范的基础上提供了更高的带宽,并且与现有的外设保持完全兼容。USB 2.0 是 USB 1.1 的延伸,它将数据的吞吐量由原本最高 12 Mb/s(1.5 MB/s)增高 40 倍至 480 Mb/s(60 MB/s)。USB 2.0 可以同时兼容 USB 1.1。

USB 3.0 是 2008 年 11 月发布的。USB 3.0 定义了一个新的双总线架构,带有两个并行操作的总线实体。USB 3.0 将一对导线用于 USB 2.0 通信,而将另外一对导线用来支持新的 5 Gbit/s 的超高速总线通信。超高速传输提供了速率超过 USB 2.0 高速模式 10 倍以上的通信方式。而且不同于 USB 2.0,超高速模式在每个传递方向上都有一对数据线,可同时在来去两个方向上传输数据。USB 3.0 还制定了为进一步实现省电及更有效传输的协议。

USB 3.0 能兼容 USB 2.0,它是对 USB 2.0 的有力补充而不是替代。它的低速、全速、高速设备传输依旧遵循 USB 2.0 协议。USB 2.0 电缆也匹配 USB 3.0 插槽。

2.6.1.1 USB的基本性能

USB 总线具有以下的基本性能:

① USB 接口支持即插即用和热插拔,具有强大的可扩展性,为外围设备提供了低成本的标准数据传输形式。用 USB 总线连接设备时,不需要开启 PC 机箱去增加一个新的外围设备卡,只需通过 PC 即插即用 BIOS 和芯片组中的设备软件,就能自动地将外设安装连上 PC。USB 可智能地识别 USB 链上外设的动态插入或拆除,具有自动配置和重新配置外设的能力,且不必关闭 PC 主机电源,连接机外设备既快捷又方便。因此,所有使用 PS/2、串行、并行传统接口的外围设备均可采用 USB 接口

形式。

② 每个USB系统中有一个主机，采用“级联”方式，USB总线可连接多个外部设备。每个USB设备用一个USB插头连接到上一个USB设备的USB插座上，而其本身又提供一个或多个USB插座供下一个或多个USB设备连接使用。这种多重连接是通过集线器Hub来实现的，整个USB网络中最多可连接127个设备，并支持多个设备同时操作。

③ USB 1.0/1.1标准对低速设备，传输速率可达1.5 Mb/s；对高速设备，传输速率最高可达12 Mb/s。USB 2.0标准对高速设备可支持高达480 Mb/s的数据传输速率，它主要适用于高画质的摄像头、高分辨率扫描仪以及大容量的便携存储器之类的高性能外部设备。而且，USB 2.0也向下兼容低版本的USB 1.0/1.1软件和设备，因此，用户就避免了由于兼容性而引起的问题。

④适用于宽带范围在几千位/秒(kb/s)至几百兆位/秒(Mb/s)的设备。USB总线既可以连接键盘、鼠标、摄像头、游戏设备、虚拟现实外设这样的低速设备，也可以连接电话、声频、麦克风、压缩视频这样的全速设备，还可以连接视频、存储器、图像这样的高速设备。此外，USB总线还允许将复合设备(即具有多种功能的外设)连接到PC机。

⑤ 低成本的电缆和连接器。USB通过一根4芯的电缆传送信号和提供电源，电缆长度可变，可长达5 m。USB用统一的4针插头取代机箱后部繁多的串行口、并行口、键盘接口等插头。

⑥ USB具有错误检测和处理机制去识别设备的错误，并允许使用硬件或软件的方法对错误进行处理，硬件错误处理包括对传输错误的报告和重发。

⑦ 较低的协议开销带来了高的总线性能，且适合于低成本外设的开发。

⑧ 支持主机与设备之间的多数据流和多信息流传输，且支持同步和异步传输类型。

2.6.1.2 USB系统的拓扑结构

一个USB系统由三个基本部分组成：USB主机、USB设备和USB互连。从图2-33的USB系统通信模型中可以看到，主机和设备被列在两个不同的纵向层中。每个执行区通过互连方式进行通信。主机和设备在每个水平面之间都有逻辑的主机—设备接口。主机与设备之间的实际通信流在图中是用黑心箭头表示的。主机和设备之间的所有通信(图中用灰色箭头表示的)最终是通过物理USB线实现的。

从图2-33可以看出，主机到设备的连接需要经过多个层和多个实体之间的交互作用。USB总线接口层提供了在USB数据线上数据的底层传输。在该层中，它是由物理连接、信令环境、信息包传输机制所构成的，主机与设备间在该底层中进行实际的数据传输。USB设备层是对设备执行一般USB操作时USB系统软件所看到的视图，它理解实际的USB通信机制和USB功能设备所要求的传输特性。这一层由主机方的USB系统软件和设备方的USB设备逻辑视图所组成。USB系统软

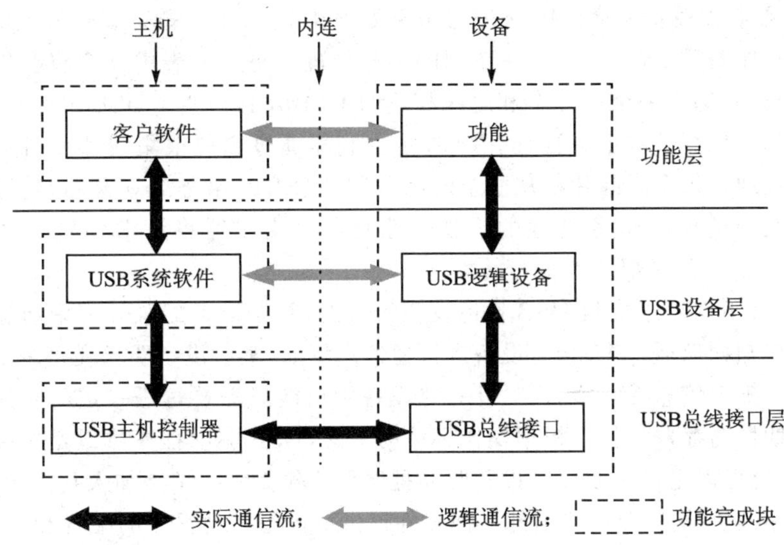

图 2-33 USB 系统的结构

件是把一个逻辑设备看作一个端点的集合,并组成一个给定的功能接口。功能层是一个与给定的设备相匹配的客户软件层。它通过客户软件和给定的设备接口之间的关系为主机提供附加能力,并配有相应的设备驱动程序去操控一个特定的设备。USB 客户驱动程序把它们的 USB 设备看作是一个给定的接口,USB 系统软件必须向 USB 客户程序报告接口的类型和其他设备描述符。USB 设备层和功能层的每一层内都可进行逻辑通信,然而实际是使用 USB 总线接口层来完成数据传输的。

1. USB 主机

USB 主机在逻辑上是由客户软件、USB 系统软件和 USB 主控制器三个部分组成的。每个 USB 系统只有一个主机。主控制器是主机上的 USB 总线接口,它允许 USB 设备连到主机的硬件和软件上。大多数现代的计算机主机板上都提供有一个 USB 主控制器,旧型号的 PC 机没有配备 USB 主控制器,它能使用一个带有 USB 主控制器的 PCI 总线卡实现升级。USB 主控制器与 Compaq 公司的开放主控制器接口 OHCI (Open Host Controller Interface)和 Intel 公司的通用主控制器接口 UHCI (Universal Host Controller Interface)的标准相兼容。这两种类型的主控制器有相同的接口能力,并且 USB 设备能与这两种类型的主控制器配合工作,使 UHCI 的硬件更简单、更经济。但是它需要一个更复杂的设备驱动器,这又给中央处理器增加了更大负担。主控制器有一个根集线器(Root Hub)。这个根集线器直接连到主控制器的 USB Hub 上,它提供了 USB 线上的连接点。

USB 系统软件是管理主控制器与 USB 设备之间数据传输通信的一组软件,它与 USB 设备软件或客户软件相互独立。USB 系统软件包括主控制器驱动程序(HCD)、USB 驱动程序(USBD)和主机软件。

① 主控制器驱动程序(HCD)安排事务处理在 USB 上广播。事务处理由主控制器驱动器程序安排,方法是建立一系列的事务处理。每个列表由几个将要进行的事务处理组成,它们由一个或几个和总线相连的 USB 设备产生。USB 主控制器以 ms 级的时间间隔执行这些事务处理。USB 主控制器通过它的根集线器或者集线器初始化事务处理。每个时间片都从一个时间片起始(SOF)事务处理开始,随后是包含在当前列表中的所有事务处理的广播。控制器的集线器将请求的事务处理按照 USB 通信所需要的低层协议进行转换。

② USB 驱动程序检测 USB 目标设备的特性,并在设备配置过程中通过分析设备描述符得知如何通过 USB 与设备进行通信。例如,某些设备要求在每一个时间段中都有一个确定信息吞吐量,而另外一些设备则可能只需要每隔一定的时间段才进行一次周期性的存取工作。根据操作环境的不同,USB 驱动程序可以是捆绑在操作系统中的,也可以是以可装载的设备驱动程序形式作为一个扩展加入到操作系统中。

③ 主机软件是一个可选组件。该软件提供对设备驱动程序的配置和装载机制。在操作系统的支持下,设备驱动程序使用提供的接口来代替对 USB 驱动程序(USBD)的直接访问。

客户软件是主机中面向客户的软件,客户通过它与 USB 设备通信。USB 主机通过主控制器与 USB 设备相互作用,执行很多关键的功能,如负责检测 USB 设备的连接和拆除、设备配置、带宽分配,管理主控客户程序和 USB 设备之间的控制流和数据流,收集状态和事务处理的统计信息,控制电气接口和向 USB 设备提供电源 。

USB 上的所有通信均由主机端的软件控制。主机硬件中的 USB 主控制器初始化 USB 系统上的事务处理,根集线器则为 USB 设备提供连接点(或端口)。主机实施对 USB 全部访问的控制,只有在主机允许访问时,USB 设备才能获得对总线的访问。此外,主机还负责监控 USB 系统的拓扑结构的变化。

2. USB 设备

USB 设备分为集线器(Hub)设备和功能(Function)设备两大类。集线器设备为主机提供附加的连接点,功能设备则为主机提供附加的功能。USB 设备能够以高速、低速、全速三种方式中的一种方式运行。

(1) 高速设备

高速设备只能以高速率传输事务。对低速和全速设备的访问通过高速分裂事务传输到高速集线器上,高速集线器将这个分裂事务转换成低速或全速事务,并且把它们送到目标设备。

(2) 全速设备

全速设备可以处理在 USB 总线上广播的所有事务,并可以作为全功能设备使用。这些设备以最大 12 MB/s 的速率发送和接收串行数据。

(3) 低速设备

低速设备不仅传输速率受到限制,而且支持的性能也受到限制。低速设备仅仅能够传输带有前同步码的数据包(即带有前导包)。在处理全速事务时,低速集线器端口是禁用的,阻止全速总线上的数据流被送到低速电缆上。带有前同步码的数据包规定下面的事务以低速广播。当探测到带有前同步码的数据包时,集线器打开它的低速端口,允许低速设备使用总线。

3. USB 互连

USB 互连指的是 USB 设备与主机的连接和通信方式,它包括总线拓扑结构、内层关系、数据流模型和 USB 调度表。

USB 总线用来连接各 USB 设备和 USB 主机,用 USB 总线连接而成的系统常具有层叠的星形拓扑结构,集线器是每个星的中心,每根线段表示一个点到点的连接,可以是主机与一个集线器或功能设备之间的连接,也可以是一个集线器与另一个集线器或功能设备之间的连接。USB 总线系统拓扑结构如图 2-34 所示。

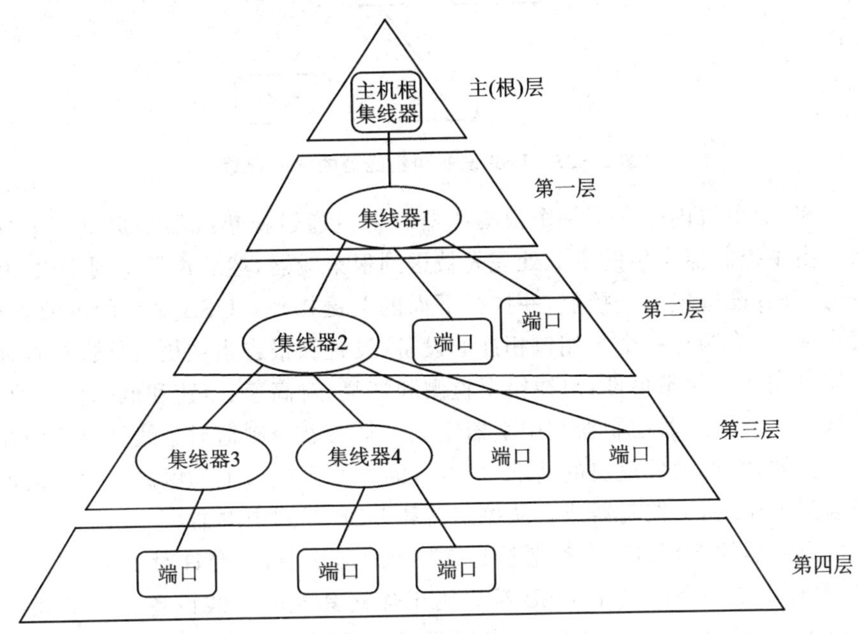

图 2-34 USB 总线系统拓扑结构

由于对集线器和电缆传输时间的定时限制,USB 系统的拓扑结构(包括根层在内)最多只能有 7 层(图 2-34 中所示为 4 层的结构)。在主机和任一设备之间的通信路径中,最多支持 5 个非根集线器,复合设备(Compound Device)要占据两层,例如,集线器 4 和它下连的两个端口。但复合设备不能连到最底层,最底层只能连接功能设备。

4. USB 集线器和 USB 系统

USB 采用了一个层次化的新结构,用集线器(Hub)为 USB 设备提供连接点。主控制器中包含了根集线器,它是系统中所有 USB 端口的起点。根集线器提供了一定数量的USB端口，用于连接USB设备和附加的集线器。总线上的USB设备在物理上是通过层叠的星形拓扑结构连到主机上的，具有如图2－35所示的树形配置。

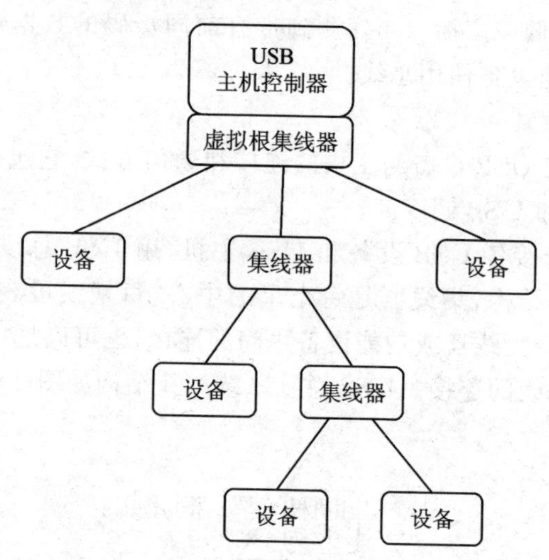

图2－35　USB设备和集线器的树形配置

在USB的主机内嵌入了一个根集线器。主机通过根集线器来提供一个或多个连接点。由主控制器产生的事务处理先被送到根集线器，然后再发送到USB上。根集线器为USB设备提供连接点，并执行下面的关键操作：USB端口的电源管理；激活和禁止端口；检测每一个与端口相连的设备；设置和报告当主机软件进行查询时与每一个端口相连的状态事件；总线错误检测和恢复；对高速、全速和低速设备的支持。根集线器由一个集线器控制器和中继器组成。集线器控制器对集线器自身的存取做出反应。例如，主机软件提出的请求，加上或断开某个端口上的电源。中继器把事务处理传输到USB和主控制器或者从控制器和USB传到中继器。

在根集线器的下层，USB系统还支持附加的集线器，它允许对USB系统进行扩展，附加器提供了一个或多个USB端口用于连接其他的总线设备。USB集线器可以被集成到一个设备内部，如键盘和显示器(称为复合设备)，或者作为一个单独的设备实现，此外，集线器可以由总线供电，即从总线本身处获得电源，但不要为与USB相连的所有设备供电。由于总线供电的集线器受到总线提供的功率的限制，所以最多只能支持连接4个USB端。

集线器(Hub)是USB系统中作为即插即用结构的关键部件，它提供了USB设备和主机之间的电气接口。Hub连接器的连接点称为端口。每个Hub能将单个连接点转换成多个连接点，以支持多个Hub的连接。Hub只有一个上游端口，用于与主机相连。其余点为下游端口，每个下游端口允许连接一个Hub或功能设备。各下游端口可以单独被激活，以连接高速、全速或低速设备。Hub可以检测每个下游端口的连接或卸除。

USB 2.0 Hub 由三部分组成：Hub 控制器(Hub Controller)、Hub 中继器(Hub Repeater)和事务转换器(Transaction Translator)。Hub 控制器提供与主机的通信，主机可以使用 Hub 的专用状态和控制命令来配置一个 Hub，并监视和控制其端口。Hub 中继器是上游端口和下游端口之间的一个协议控制开关，它也对复位和挂起/恢复信令提供硬件支持。Hub 事务转换器提供一种机制，在 Hub 连接的是全速/低速设备的情况下，该机制支持主机与 Hub 之间以高速传输所有设备的数据。在高速系统中，Hub 还具有管理协调通信速度的作用，它可以将全速/低速信令环境与高速信令环境区分开。即一个以高速运行的 USB 2.0 Hub 不仅能支持高速设备的连接，也能接受 USB 1.1 Hub 的连接，并且允许它与其他的全速/低速设备一起以全速/低速运行。

功能是指能够通过总线发送和接收 USB 数据，并且可实现某种功能的 USB 设备。例如，外接存储装置，光学操纵杆或扬声器等。在自动测试领域中，USB 设备还能是一个测试仪器卡或在一个 ATS(自动测试系统)中的外设接口卡。一个独立的外设能通过 USB 电缆连到 Hub 端口上。有些设备可以实现多种功能并嵌入到一个集线器中，这种设备被称作复合设备。例如，键盘和鼠标可以被组合到一个单独的封装内。在这个封装内部，各个功能被固定地连到一个 Hub 上。当多个功能与一个 Hub 组合在单个封装中时，它就被称作复合设备。在复合设备内，Hub 与所连的每个功能都分配有自己的设备地址。功能在使用前必须由主机配置，此类配置包括分配 USB 带宽和选择功能指定的配置选项。

USB 设备包含一些设备描述符，用以指出给定设备的属性和特征。设备描述符向主机软件提供一系列 USB 设备的特征和能力，用于配置设备和定位 USB 的驱动程序。USB 设备驱动程序也可以用设备描述符来确定需要的附加信息，保证以正确的形式对设备进行访问。这项机制被称为设备构架，软件必须理解这个机制，因为软件用它来正确地配置和访问设备。

USB 设备既可以作为全速设备实现，也可以作为低速设备实现。

一台高速设备可以看到 USB 上通信的所有事务处理，并可以作为全特性设备来实现。这些设备接收并发送串行数据，最高传输速率为 12 Mb/s。

一台低速设备不仅在吞吐量上有限制(1.5 Mb/s)，而且在功能支持上也有相应的限制。低速设备仅能看到后接前导包的 USB 事务处理。在全速事务处理的过程中，低速集线器端口保持非激活状态，它可以防止全速总线的通信通过低速数据线传送，前导包会通知后随的事务处理将以低速传输。集线器在检测到一个前导包后，将激活低速端口，仅允许低速设备看到低速总线活动。图 2-36 示出了低速和全速事务到达设备的情况。

① USB 1.X 系统　USB 1.X 系统仅仅能够支持低速(1.5 Mb/s)和全速(12 Mb/s)两种速率的事务，如图 2-36 所示。主机传送低速或全速事务依赖于设备访问的速度。

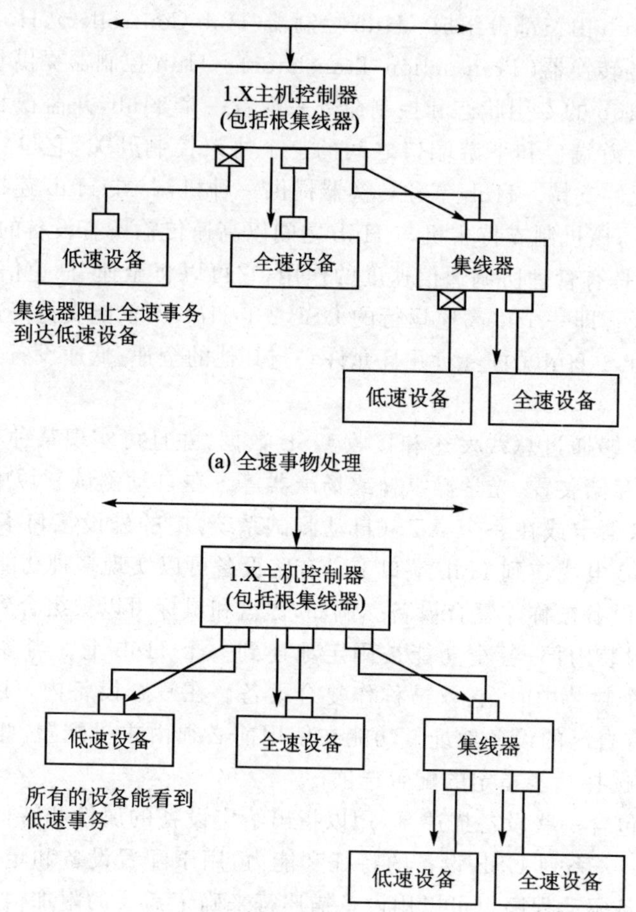

图 2-36　仅支持低速和全速设备的 USB 1.X 系统

② USB 2.0 系统　基于 USB 2.0 的系统可以支持高速、全速和低速设备，最高数据传输速率可达 480 Mb/s。这可以兼容 1.X 系统，同时显著提高了 USB 性能，也因此增加了可以被 USB 支持的外设的数量。

USB 2.0 系统可以兼容 1.X 设备，并且与之具有许多共同特点：

- 使用相同的连接器；
- 高速设备使用全速电缆；
- 使用相同的通信模式(令牌/数据/握手应答)；
- 使用相同的设备连接识别；
- 使用相同的设备配置模式。

USB 2.0 的 480 Mb/s 传输速率是 USB 1.X 的 12 Mb/s 传输速率的 40 倍。这样高的速率允许更多的 USB 设备连接到同一根总线。另外，在高速系统中 1.X 的全速和低速设备都没有明显影响到高速设备的性能。图 2-37 描述了 USB 2.0 系统设备连接到不同端口的情况。

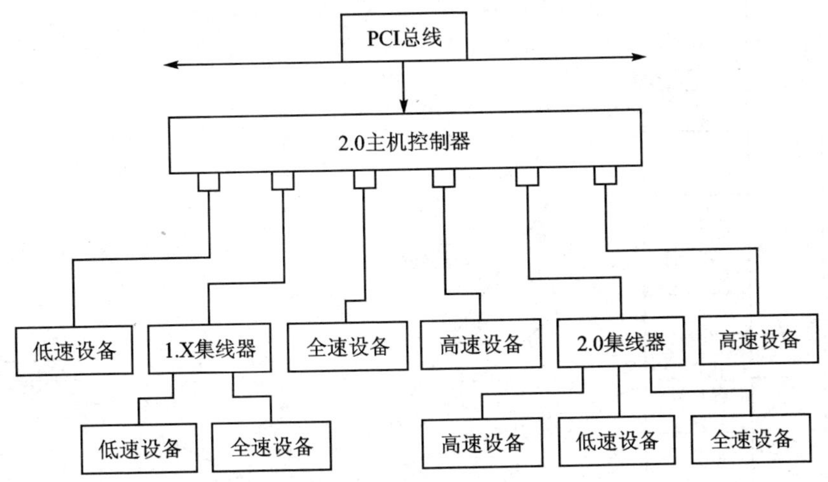

图 2－37　连接着低速、全速和高速设备的 USB 2.0 系统

2.6.1.3　USB 通信模式

和连接到普通总线的设备不同，USB 设备不直接消耗系统资源，因为 USB 设备没有被映射到内存或者输入/输出地址空间，它们也不使用中断请求线和 DMA 通道。此外，所有的事务由主机系统生成。USB 所要求的所有资源就是 USB 系统软件使用的内存和被 USB 主机控制器占用的内存或者输入/输出地址空间和中断请求线。这就排除了使用标准外设时遇到的麻烦：要求大量的输入/输出地址空间和大量的中断线。

1. 通信流程

图 2－38 描述了 USB 系统基本的通信流程和使用的系统资源。当 USB 客户端调用 USB 系统软件要求一个传输时，就要初始化这个传输。USB 客户端驱动程序要提供一个内存缓冲区，用来存放发送到或来自于目标设备的数据。在 USB 设备配置时，通过建立 USB 设备内部指定寄存器和客户端程序间的通信管道，建立传输通道。USB 系统软件根据设备对总线带宽的要求和 USB 协议机制将客户端的要求分解为独立的事务。

这些要求被送到主机控制器的驱动程序，然后主机控制器驱动程序调度要在 USB 上执行的事务队列。主机控制器根据主机控制器驱动程序创建的描述符中的内容执行这些事务。它知道在 USB 上完成这些事务所要的所有必要信息。传输描述符中的主要信息包括：

- 目标 USB 设备的地址；
- 目标设备的速度；
- 所要执行的传输类型；

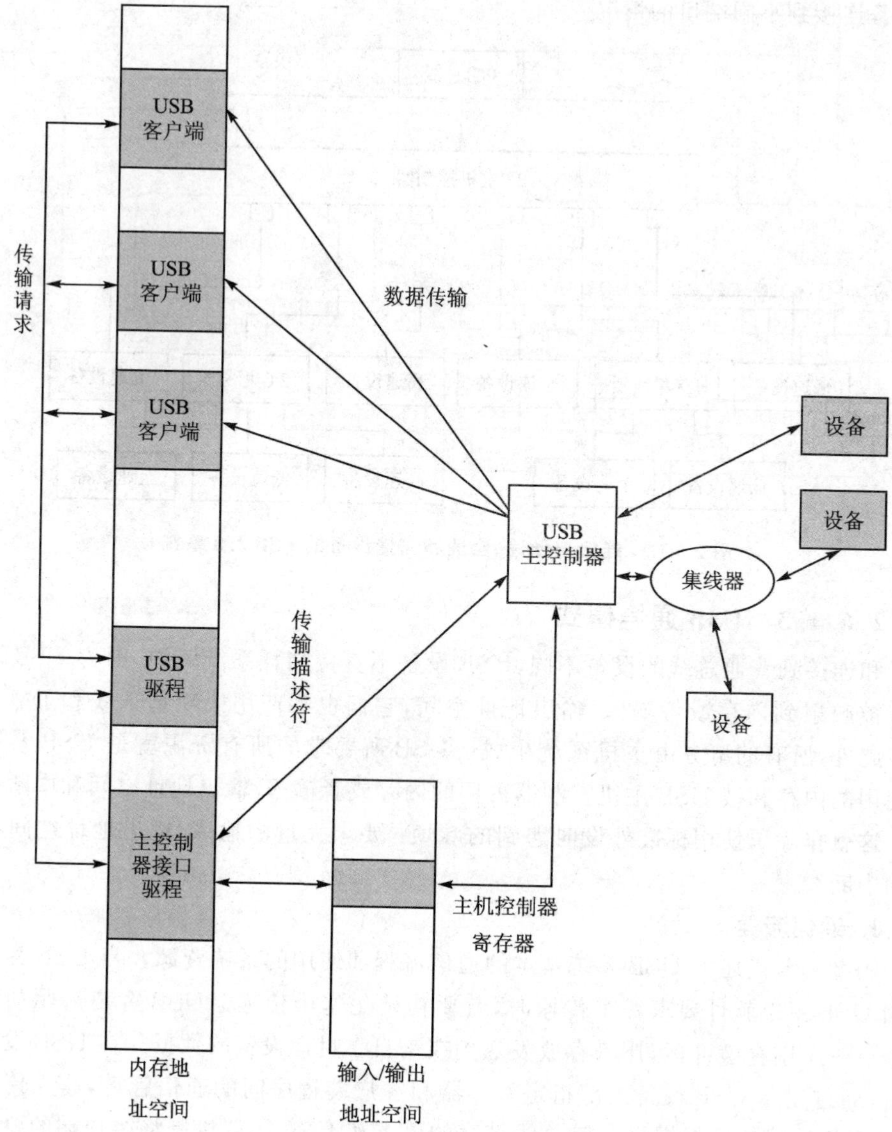

图 2-38　USB 通信模型

- 数据包的大小；
- 客户端内存缓冲区的位置。

主机控制器可以有一些映射到处理器输入/输出或内存地址空间的寄存器。这些寄存器控制主机控制器的操作。必须在这些寄存器中放入主机控制器驱动程序产生的数据值来保证所期望的操作。例如：某一寄存器放的是一个地址指针，具体指定了传输描述符的内存地址。

主机控制器取得主机控制器驱动程序创建的描述符。每个描述符定义了一个特定的事务，满足客户端的传输需求。主机控制器生成由每个描述符所规定的事务。每个事务的结果是传输数据，数据或者是从客户端缓冲区到 USB 外设的，或者是从外设到数据缓冲区的，这取决于传输的方向。当所有传输完成时，USB 系统软件通知客户端驱动程序。

2. 数据传输类型

USB 传输类型实质是 USB 数据流类型。通过 USB 总线，能在两个方向进行数据通信并且可使用 4 种不同的数据传送类型。从主控机向一个 USB 设备流动的数据被称为数据下游或输出传送。另一数据流动方向被称为数据上游或输入传送。USB 通过管道在主机存储器缓冲区和 USB 设备端点之间传送数据。为了更好地匹配客户软件和功能的服务请求，USB 协议定义了四种基本的数据传输类型，即控制传输、批量传输、中断传输和同步传输。每种传输类型都确定了通信流的多种特性，包括 USB 所用的数据格式、通信流方向、包规模限制、总线访问限制、延迟时间限制、请求的数据序列、错误处理等。根据 USB 设备的类型，可选用以下 4 种不同的数据传输形式：

(1) 控制传输

控制(Control)传输类型是由主机软件发动的请求/响应通信，用于访问一个设备的不同部分以请求和发送可靠的短数据包。它被用来发布命令、配置设备和获取状态。控制信号流的作用是：当 USB 设备接入系统时，在 USB 系统软件与设备之间建立起控制信号流来发送控制信号，这种数据不允许出错或丢失。

控制传输是双向的，该传输有 2～3 个阶段：Setup 阶段、Data 阶段(可有可无)和 Status 阶段。在 Setup 阶段，主机送命令给设备；在 Data 阶段，传输的是 Setup 阶段所设定的数据；在 Status 阶段，设备返回握手信号给主机。

USB 协议规定每一个 USB 设备必须要用端点 0 来完成控制传送，它用在当 USB 设备第一次被 USB 主机检测到时和 USB 主机交换信息，提供设备配置、对外设设定、传送状态这类双向通信。传输过程中若发生错误，则需重传。

控制传输主要是作配置设备用的，也可以作设备的其他特殊用途。例如，对数码相机设备，可以传送暂停、继续、停止等控制信号。

(2) 批量传输

批量(Bulk)传输可以是单向的，也可以是双向的。它用于传送大批数据，这种数据的时间性要求不强，但须确保数据的正确性。若在传输过程中出现错误，则重新传送。其典型应用是扫描仪、打印机等。

(3) 中断传输

中断(Interrupt)传输是单向的，且仅输入到主机，它用于不固定的、少量的数据传送。当设备需要主机为其服务时，向主机发送此类信息以通知主机，像键盘、鼠标之类的输入设备就采用这种方式。USB 的中断是 Polling(查询)类型。主机要频繁地请求端点输入。USB 设备在全速情况下，其端点 Polling 周期为 1～255 ms；对于低速情况，Polling 周期为 10～255 ms。因此，最快的 Polling 频率是 1 kHz。在信息的传输过程中，如果出现错误，则需要在下一个 Polling 中重传。

(4) 同步传输

同步传输亦称等时(Isochronous)传输，此传输可以单向也可以双向，用于传送连续性、实时的数据。同步传输的特点是要求传输速率固定，时间性强，忽略传送错误，即传输中数据出错也不重传。因为这样会影响传输速率。传送的最大数据包是 1 024 B/ms。视频设备、数字声音设备和数字相机采用这种方式。

以上 4 种传输类型的实际传输过程如下：

① 控制传输：总线空闲状态→主机发设置(Setup)标志→主机传送数据→端点返回成功信息→总线空闲状态。

② 批量传输：当端点处于可用状态，并且主机接收数据时，总线空闲状态→发送 IN 标志以示允许输入→端点发送数据→主机通知端点已成功收到→总线空闲状态。当端点处于可用状态，并且主机发送数据时，总线空闲状态→发送 OUT 标志以示将要输出→主机发送数据→端点返回成功信息→总线空闲状态。当端点处于暂不可用或外设出错状态时，总线空闲状态→发送 IN(或 OUT)标志以示允许输入(或输出)→端点(主机)发送数据→端点请求重发或外设出错→总线空闲状态。

③ 中断传输：当端点处于可用状态时，总线空闲状态→主机发送 IN 标志以示允许输入→端点发送数据→端点返回成功信息→总线空闲状态。

当端点处于暂不可用或外设出错状态时，总线空闲状态→主机发送 IN 标志以示允许输入→端点请求重发或外设出错→总线空闲状态。

④ 同步传输：总线空闲状态→主机发送 IN(或 OUT)标志以示允许输入(或输出)→端点(主机)发送数据→总线空闲状态。

3. USB 交换的包格式

通过 USB 总线的传输包含一个或多个交换(Transaction)，而交换又是由所谓“包”组成的，包是组成 USB 交换的基本单元。USB 总线上的每一次交换至少需要 3 个包才能完成。USB 设备之间的传输总是首先由主机发出标志(令牌)包开始。标志包中有设备地址码、端点号、传输方向和传输类型等信息。其次是数据源向数据目的地发送数据包或者发送无数据传送指示信息。在一次交换中，数据包可以携带的数据最多为 1 023 B。最后是数据接收方给数据发送方回送一个握手包，提供数据是否正常发送出的反馈信息，如果有错误，则需要重发。除了等时(同步)传输之外，其他传输类型都需要握手包。可见，包就是用来产生所有的 USB 交换的机制，也是 USB 数据传输的基本方式。这种方式与传统的专线专用方式不同，在这种方式下，几个不同目标的包可以组合在一起，共享总线，且不占用 IRQ 线，也不需要占用 I/O 地址空间，从而节约了系统资源，提高了性能，又减少了开销。包的类型如表 2-7 所列。

表 2-7 中包的分类编码由 PID(包识别码)表示。8 位 PID 中只有高 4 位是包

的分类编码，而低 4 位作校验用，其含义如图 2－39 所示。

表 2－7　包的类型

Packet 类型	PID 名称	PID_3	PID_2	PID_1	PID_0
Token	OUT	0	0	0	1
Token	IN	1	0	0	1
Token	SOF	0	1	0	1
Token	SETUP	1	1	0	1
Data	$DATA_0$	0	0	1	1
Data	$DATA_1$	1	0	1	1
Handshake	ACK	0	0	1	0
Handshake	NAK	1	0	1	0
Handshake	STALL	1	1	1	0
Special	PRE	1	1	0	0

PID_0	PID_1	PID_2	PID_3	PID_0	PID_1	PID_2	PID_3

图 2－39　PID 域的格式

从表 2－7 可以看出，通过 PID 可以识别和确认各种包的不同类型。例如令牌包中有 OUT、IN、SETUP 和 SOF 四种类型。若为 OUT 类型，那么通过令牌包的设备地址域和端点域（见图 2－40）就可以确认接收数据包的端点；若为 IN 类型，则这两个域可以确认发送数据包的端点。

包的种类及格式如下：

（1）令牌包

USB 总线是一种基于标志的总线协议，所以，所有的交换都以令牌（Token）包为首部。令牌包定义了要传输的交换的类型，包含包的类型域（PID）、地址线（ADDR）、端点域（ENDP）和检查（CRC）域，其格式如图 2－40 所示。

8位	8位	7位	4位	5位
SYNC	PID	ADDR	ENDP	CRC

图 2－40　令牌包格式

SYNC：所有包的开始都是同步（SYNC）域，输入电路利用它来同步，以便有效数据到来时能够识别，长度为 8 位。

PID：包类型域，令牌包有 4 种类型，它们是 OUT、IN、SETUP 和 SOF。

ADDR：设备地址域，确定包的传输目的地。7 位长度，可有 128 个地址。

ENDP：端点域，确定包要传输到设备的哪个端点。4 位长度，一个设备可有 16 个端点号。

CRC：检查域，5 位长度，用于 ADDR 域和 ENDP 域的校验。

下面分别讨论令牌包中的 4 种类型。

1）帧开始包

在讨论帧开始包(SOF)之前，先介绍有关帧的概念。USB 的总线时间被划分为帧，一个帧周期可以描述为：在主机发送帧开始标志(即帧启动标志)后，总线处于工作状态，主机将发送和接收几个交换，交换完毕，然后进入帧结束间隔区，此时总线处于空闲状态，等待下一个帧启动标志的到来，再开始下一帧。一帧的持续时间为 1 ms，每一帧都有单独的编号。

SOF 包告诉目标设备一帧的开始。它由主机在一帧的开始广播到所有的全速设备，并每隔(1.00+0.05)ms 广播一次。由于低速设备不支持等时传输，所以它们不会收到 SOF 包的广播。SOF 包只能包含在标志包中，数据包和握手包是不能与 SOF 包放在一起的。帧开始包的格式如图 2－41 所示，其中包括 11 位的帧号。

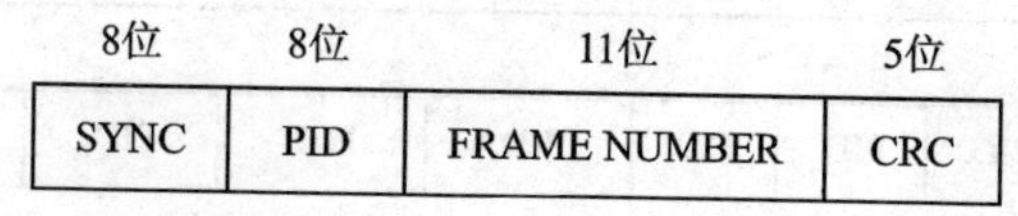

图 2－41　帧开始包格式

2）接收包

当系统软件要从设备中读取信息时，便使用接收包(IN)，此时，包的类型定义为 IN 类型。接受标志包包括 PID 类型域、类型检查域、USB 设备地址、端点号和 5 位 CRC 字节。

接受交换中，有 4 种 USB 传输类型，即中断传输、批传输、控制传输、等时传输。一个接受交换以根 Hub 广播的接收包为开始，接着是由目标设备返回的数据包，除等时传输以外，根 Hub 还会发给目标设备一个握手包，以确定收到了数据。接受交换中所能传输的数据量依传输类型而定。

3）发送包

当系统软件需要将数据传到目标 USB 设备时，便使用发送包(OUT)，此时，包类型定义为 OUT 类型。发送标志包包括 PID 域、类型检查域、USB 目标设备地址、端点号和 5 位 CRC 字节。

发送交换中，只有 3 种传输类型，即批传输、控制传输、等时传输。发送标志包后面跟有一个数据包，在批传输中还跟有一个握手包。数据携带量与传输类型有关。

4）设置包

在控制传输开始时，由主机发送设置包(SETUP)。设置包只用于控制传输的设置。设置包传送主机的一个请求让目标设备完成，根据请求，设置包后面可能有一个或多个接收和发送交换执行，或者只包含一个从端点传向主机的状态。设置交换类似于发送交换，设置包后面跟一个数据 0 包和一个应答包。

(2) 数据包

若主机请求设备发送数据，则送 IN 令牌到设备某一端点，设备将以数据包形式加以响应。若主机请求目标设备接收数据，则送 OUT 令牌到目标设备的某一端点，设备将接收数据包。一个数据包包括 PID 域、数据域和 CRC 域 3 个部分，其格式如图 2－42 所示。通过数据包的 PID 域能确认 $DATA_0$ 和 $DATA_1$ 两种类型的数据包。

(3) 握手包

握手包(Handshake)由设备使用，用于报告数据交换的状态，通过 3 种不同类型的握手包可以传送不同的结果报告。握手包是由数据的接收方(可能是目标设备，也可能是根 Hub)发向数据的发送方的。等时传输时没有握手包。握手包只有一个 PID 域，其格式如图 2－43 所示。另外，从表 2－7 可以看出握手包有 ACK、NAK 和 STALL 三种类型。

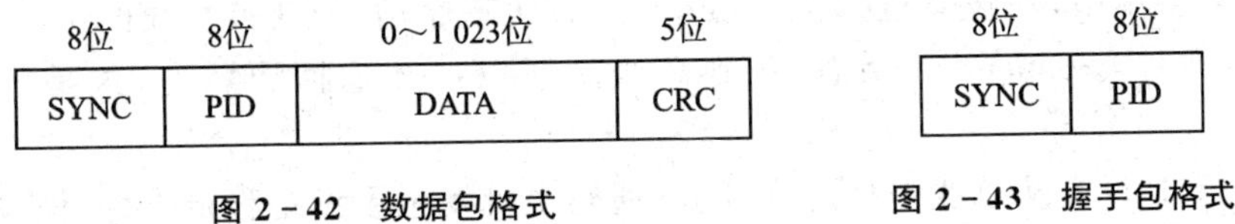

图 2－42 数据包格式　　图 2－43 握手包格式

应答包(ACK)表示接收的数据正确。发送设备会收到一个 ACK。

无应答包(NAK)表示功能设备不能接收来自主机的数据，或者没有任何数据返回给主机。无应答包告诉根 Hub 和主控设备，无法返回数据。

挂起包(STALL)表示功能设备无法完成数据传输，并且需要主机插手来排除故障，以使设备从挂起状态中恢复正常。

(4) 预告包

当主机希望在低速方式下与低速设备通信时，主机将送出预告包作为开始包，然后与低速设备通信。预告包由一个同步序列和一个全速传送的 PID 域组成，PID 之后，主机必须在低速包传送前，延迟 4 个全速字节时间，以便让集线器打开低速端口并准备接收低速信号。低速设备只能支持控制和中断传输，而且在交换中携带的数据限制为 8 个字节。

2.6.1.4 USB 设备的设置与操作

USB 通信中，设备的接入和设置很重要。当 USB 设备插到 USB 总线上或从 USB 总线上移走时，主机通过一个叫总线枚举的过程来确认和管理设备状态的变迁。以下是 USB 设备从插到总线上到设备可用的整个枚举过程。

① 当 USB 设备刚接到 Hub 上，该 Hub 就会通知主机发生了设备接入事件，设备进入了连接(Attached)状态，但此时 Hub 上与该设备相接的端口还未进入激活状

态，即端口仍是关闭的。

② 主机检测 Hub，确认设备的接入事件和接入端口。

③ 主机知道已有新设备接入端口，则将该端口激活，并传送一个重启（Reset）命令。

④ Hub 向端口发送一个持续 100 ms 的重起命令信号，当 Reset 信号结束时，端口已激活，被打开。Hub 提供 100 mA 电流给 USB 设备，USB 设备进入上电（Powered）状态。所有的寄存器和状态重设，并响应默认地址。

⑤ 在 USB 设备收到唯一地址前，可以通过设备的默认地址访问默认管道 Pipe（即端口 0 所对应的 Pipe）。主机通过读取设备的描述器来获得设备默认管道的最大数据传输量。这时设备处于地址默认状态。

⑥ 主机向 USB 设备发出一个唯一的地址，设备进入地址（Addressed）状态。

⑦ 主机读取设备的配置信息。

⑧ 主机以配置信息和 USB 设备的用途，向设备分发一个配置值。设备进入配置（Configured）状态，所有的端点准备就绪后就可以开始工作，设备可以使用。

在第④步中，当设备进入上电（Powered）状态后，若未获得总线的访问权，则进入挂起（暂停）Suspended 状态，直到总线激活以后才返回原状态，这是为节能设计的。

当 USB 设备从总线上移走时，Hub 通知主机发生了设备移走事件，该设备的端口进入禁用状态，关闭端口，主机将更新局部的拓扑逻辑信息。

2.6.1.5 USB 电缆和连接器

USB 总线标准定义了所有 USB 外设连到主机的电缆和连接器类型。

1. USB 2.0 连接器

USB 2.0 连接器允许任何 USB 外设连接到一个集线器端口。端口可以位于计算机的背板，也可以嵌在任何其他的外设上，如显示器、打印机，还可以在独立的集线器设备上。

许多 USB 外设有永久固定的 USB 电缆，有的外设也有可分离的电缆。如果 USB 电缆两端使用同样的连接器，它就可以连接在两个 USB 端口之间。为了防止可分离电缆被同时插到两个 USB 端口，设计了一个单独的连接器来连接外设电缆。这两种连接器分别具有如下特征：

A 系列连接器——连接 USB 端口的外设电缆。A 系列连接器的插孔就相当于一个集线器端口。当 A 系列连接器的插头和外设电缆连接完毕，就允许连接 USB 外部设备。

B 系列连接器——连接可分离外设电缆和 USB 外设。B 系列连接器的插孔在外设上，插头在电缆上。此外，还定义了一种名为“Mini - B”的 B 连接器。

3 种连接器及电缆的外形如图 2 - 44 所示。

每种连接器有 4 个触点：两个触点传送差动数据，两个触点给 USB 设备加电。

图 2-44　USB 2.0 连接器和电缆

请注意：电源触点比数据触点长(电源引脚是 7.41 mm，数据引脚是 6.41 mm)，这样可以保证在数据交换前 USB 设备先获得供电。

连接器的引脚编号及相应的电缆导线的颜色如表 2-8 所列。

表 2-8　USB 2.0 连接器引脚

引脚号	信号名称	电缆导线颜色	引脚号	信号名称	电缆导线颜色
1	电源	红	3	正向数据	绿
2	反相数据	白	4	接地	黑

2. USB 2.0 电缆

USB 规范为适应发送信号定义了两种电缆。低速电缆被定义为适应 1.5 Mb/s 信号，全速电缆在 USB 1.1 规范中同时支持全速和高速传输。低速电缆标准允许对一些低速或低成本外设(如鼠标和键盘)使用比较经济的电缆。USB 规范规定，低速电缆最长不能超过 3 m，最大传播时延不能超过 18 ns(单向)。

USB 设备的全速和高速电缆用双绞线传送差动信号，而且要有内部和外部双保护层，还要有排扰线。在 1～480 MHz 的频率下，电缆上的传播时延不能超过 26 ns。如果电缆不能满足低于 26 ns 的时延，就要减少电缆的长度。支持全速和高速的电缆最长是 5 m。

USB 总线的电缆由 4 根导线组成：一对标准尺寸的双绞信号线和一对标准的电源线。图 2-45 所示为 USB 2.0 电缆。

D+和 D-是差分信号线，时钟同差分数据一起编码、传送，时钟编码方案采用具有位填充的 NRZI(不归零翻转)编码方式，每个包前面的同步字段允许接收器同步它们的位恢复时钟。VBus 和 GND 用来给设备提供电源，VBus 在源端一般为+5 V。该+5 V 可以提供最大 500 mA、最小 100 mA 的电流，能用来驱动外设。

3. USB 3.0 电缆

为支持超高速性能，USB 3.0 增加了发送器和接收器，并调整了电缆和连接器

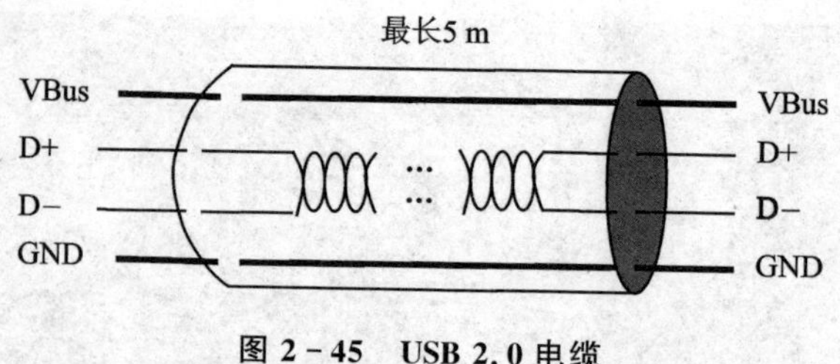

图 2－45　USB 2.0 电缆

以传递超高速信号。对于超高速模式，每个方向上都有专属的一对导线，并且导线的一端为差分发送器，另一端为差分接收器。

USB 3.0 的电缆有 10 根导线，如表 2－9 所列，包括 USB 2.0 的电源线、地线以及未屏蔽的一对信号线，再加上两个带有屏蔽线（用于超高速模式）的已屏蔽导线对。超高速接口在每个方向拥有各自的导线对，每对导线包括自己的加屏线，并且数据可同时在两个方向上传递。超高速导线可以是已屏蔽的双绞线或双芯同轴电缆。已屏蔽双绞线的特征阻抗应为 90 Ω。

表 2－9　USB 3.0 电缆的电源线及信号线

导　线	连接器中的名字	用　途	颜　色
1	PWR（电源线）	V_{BUS} 电源	红色
2	UTP_D－	未屏蔽的双绞线，负极（USB 2.0）	白色
3	UTP_D＋	未屏蔽的双绞线，正极（USB 2.0）	绿色
4	GND_PWRrt	电源接地	黑色
5	SDP1－	已屏蔽的差分对 1，负极（超高速模式）	蓝色
6	SDP1＋	已屏蔽的差分对 1，正极（超高速模式）	黄色
7	SDP1_Drain	SDP1 的加蔽线	—
8	SDP2－	已屏蔽的差分对 2，负极（超高速模式）	紫色
9	SDP2＋	已屏蔽的差分对 2，负极（超高速模式）	橘黄色
10	SDP2_Drain	SDP2 的加蔽线。与连接器上的引脚 7 相连接	—
辫缆	Shield（屏蔽线）	端接到插头的金属外壳上的编织式外部屏蔽绞合线	—

4. USB 3.0 连接器

USB 3.0 连接器拥有 5 个额外的接点，用于 2 个超高速信号对及 2 条加蔽线，它们将接到同一个引脚。图 2－46 给出了此连接器的示意。

5. USB 3.0 与 USB 2.0 的兼容性问题

USB 3.0 可承载 USB 2.0 和超高速模式的数据传输。USB 3.0 电缆和连接器对 USB 2.0 规范反向兼容。USB 2.0 电缆上的插头匹配 USB 3.0 的插座。连接到 USB 3.0 主机或集线器的 USB 2.0 电缆可以传递低速、全速和高速数据。

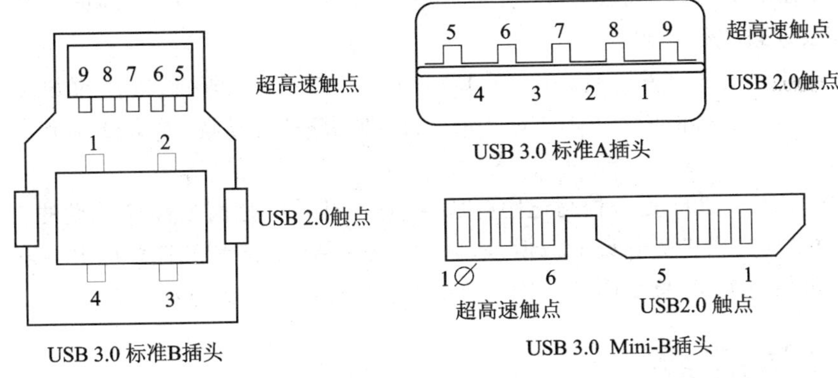

图 2-46 USB 3.0 连接器(带有用于超高速导线的额外接点)

USB 3.0 标准 A 插头匹配 USB 标准 A 插座。可使用 USB 3.0 电缆将 USB 3.0 设备连接到 USB 2.0 主机或集线器上,并使用某一 USB 2.0 速率模式。将 USB 2.0 设备连接到 USB 3.0 主机或集线器要求使用 USB 2.0 电缆,因为 USB 3.0 标准 B 插头和 USB 3.0 Mini-B 插头与 USB 2.0 插座不匹配。

为使用超高速模式,设备与主机间所有的电缆和插座都必须是 USB 3.0 的。

2.6.2 高性能串行总线 IEEE 1394

IEEE 1394 也是一种串行接口标准,它与 USB 同样也是一种连接外部设备的机外总线。1394 是 IEEE 在 APPLE 公司的高速串行总线 Fire wire(火线)基础上重新制定的串行接口标准。该标准定义了数据的传输协议及系统连接,可用较低的成本达到较高的性能,以增强 PC 与不断增长的外部设备的连接能力。IEEE 1394 与 USB 有许多相似之处,其主要性能特点如下:

① 采用"级联"方式连接各个外设。IEEE 1394 不需要集线器(Hub)就可以在一个端口上连接 63 个设备。在设备之间采用了树形或菊花链的结构,其电缆的最大长度是 4.5 m。当采用树形结构时,可达 16 层。因此,从主机到最远末端的外设电缆总长可达 72 m。电缆不需要终端器(Terminator)。

② 能够向被连接的设备提供电源。IEEE 1394 使用 6 芯电缆,其中,2 条线为电源线,4 条线被包装成两对双绞线,用来传输信号。电源的电压范围是 8～40 V 的直流电压,最大电流为 1.5 A。

③ 具有高速数据传输能力。IEEE 1394 的数据传输速率有三挡:100 Mb/s、200 Mb/s、400 Mb/s,特别适合于高速硬盘以及多媒体数据的传输。

④ 可以实时地进行数据传输。IEEE 1394 除了异步传送外,也提供了一种等时同步(Isochronous)传送方式,数据以一系列固定长度的包,等时间间隔地连续发送,端到端既有最大延时的限制又有最小延时的限制;另外,它的总线仲裁除了优先权仲裁方式之外,还有均等仲裁和紧急仲裁方式。这保证了多媒体数据的实时传送。

⑤ 采用点对点(Peer to Peer)结构。任何两个支持 IEEE 1394 的设备可直接连接,不需要通过主机控制。

⑥ 快捷方便的设备连接。IEEE 1394 也支持热插拔(即插即用)的方式做设备连接。当增加或拆除外设时,IEEE 1394 会自动调整拓扑结构,并重设整个外设的网络状态。

总之,IEEE 1394 是一种高速串行总线,它一开始就是面向高速外设的,而 USB 在开始时是面向中低速外设的。但是,USB 2.0 的推出使得 USB 总线也可以连接高速外设,再加上 USB 总线的价格优势,USB 总线有着更广阔的发展前景。

2.7 现场总线

现场总线(Fieldbus)是当今自动化领域技术发展的热点之一,被称为自动化领域的计算机局域网。本节将简述现场总线的概念、特点、发展趋势,并对几种流行的现场总线作简要介绍。

2.7.1 现场总线的概念

什么是现场总线? 有人将它定义为一种应用于生产现场,在微机化测量/控制设备之间实现双向串行数字通信的总线;也有人把它称为开放式、数字化、多点通信的底层控制网络技术。而根据国际电工委员会 IEC 61158 标准的定义,现场总线是指安装在制造或过程区域的现场设备与控制室内的自动控制设备之间的数字式、串行、多点通信的数据总线。

现场总线技术将微处理器置入测量/控制仪表,使这些仪表具有一定的数字计算和通信能力,成为能独立承担某些控制、通信任务的网络节点。它们分别通过普通双绞线、同轴电缆、光纤等多种途径传输信息,形成了以多个测量/控制仪表、计算机等作为节点连成的网络系统。该网络系统按照公开、规范的通信协议,在位于现场的多个微机化测控设备之间,以及现场仪表与用作监控、管理的远程计算机之间,实现数据传输与信息共享,构成适应不同需求的各种自动控制系统。现场总线具有如下技术特征:

1. 现场总线是低带宽的计算机局域网

局域网(Local Area Network,LAN)是 20 世纪 70 年代后期发展起来的计算机网络,是一种高速的通信系统。局域网在较小的区域内将许多数据通信设备相互连接起来,使用户能共享计算机资源。局域网的应用范围很广,从简单的分时服务到复杂的数据库系统、管理信息系统、递阶控制与管理和集成自动化系统等都应用局域网。

局域网主要有如下特点:

① 地理范围窄。通常网络分布在一座大楼内或集中的建筑群内,涉及的距离范

围一般只有几千米。

② 通信速率高，误码率低。一般为基带传输，传输速率为 10～100 Mb/s，误码率为 10^{-9}～10^{-22}，能支持计算机间的高速通信。

③ 可采用多种通信介质。可采用价格比较低的非屏蔽双绞线、同轴电缆，也可用价格较贵的光纤等。

④ 多采用分布式控制和广播式通信，可靠性较高。网络节点的增删比较容易。

局域网由于通信距离短，网络延时少，成本低，信息传输速率快，信道利用率已不是考虑的主要因素，它的底层协议较简单，网络拓扑结构多采用总线形、环形或星形，流量控制、路由选择等问题已大大简化或不存在，网上通信多采用广播方式。

现场总线所担负的是测量/控制一类任务，它要求信息传输的实时性强，可靠性高，且多为短帧传送，传输速率一般在几 kb/s 至 10 Mb/s 之间。除通信速率比局域网低外，现场总线具有上述局域网的一些特点，故可以认为现场总线是低带宽的计算机局域网，在现场总线中大量采用了局域网技术，如网关、网桥等。

2. 现场总线的核心是通信协议

现场总线是用于支持现场设备以实现传感、变送、调节、控制、监督以及设备之间透明通信等功能的通信网络，保证网内设备间相互透明有序地传递信息和正确地理解信息是它的主要任务。现场总线最显著的特征是具有开放、规范的通信协议。

现场总线通信协议是参照国际标准化组织 ISO（International Organization for Standardization）制定的开放系统互连参考模型 OSI（Reference model of Open System Interconnection）并经过简化而建立的。ISO/OSI 参考模型共分为七层，从底层往上依次为物理层、数据链路层、网络层、传输层、会话层、表示层和应用层。不同的现场总线则根据自身的特点和应用需求，对 OSI 七层协议加以简化而形成自己的通信协议。较普通的是采用其中的物理层、数据链路层和应用层，同时考虑现场设备的控制功能和具体应用需求，再增加一个用户层。

对现场总线通信协议的要求如下：

① 通信介质的多样性：支持多种通信介质，以满足不同现场环境的要求。

② 实时性：信息的传输不允许有较大的时延或不确定的时延。

③ 信息的完整性、精确性：要确保通信质量。

④ 可靠性：具备抗各种干扰的能力和完善的检错、纠错能力。

⑤ 互操作性：不同制造商制造的现场仪表可在同一总线上互相通信和操作。

⑥ 数字特征：数据在各设备间以及网络上以 0 或 1 的数字信息串行地进行传输。

3. 现场总线是一种底层控制网络

现场总线是低带宽的底层控制网络，以此为纽带，构建新型的、开放式的自动化系统。它可与因特网（Internet）及企业内联网（Intranet）相连，且位于生产控制和网络结构的底层，因而又被称为底层网（Infranet，亦称基础网）。

现场总线与工厂现场的各种设备直接相连，一方面将现场测量/控制设备互连形成通信网络，实现不同网段、不同现场通信设备间的信息共享；另一方面又将现场运行中的各种信息传送到远离现场的控制室，并进一步实现与操作终端、上层控制/管理网络的连接和信息共享。通过现场总线，能将现场设备的运行参数、工作状态和故障信息等远距离传送到控制室，又可将各种控制、维护、组态命令，乃至现场设备的工作电源等送往各相关的现场设备，建立了生产过程现场级测量/控制设备之间以及现场设备与上级控制/管理层之间的联系。

4. 现场总线是组建现场总线控制系统的基础

20 世纪 60 年代，过程控制的体系结构是以 4～20 mA 模拟信号为基础的，出现了采用模拟式电子仪表与电动单元组合的自动控制系统。到了 20 世纪 70 年代，人们在测量、模拟和逻辑控制领域率先使用了数字计算机，从而产生了集中式数字控制（又称直接数字控制，简称集中控制）。集中控制以一台控制器为中心，通过扩展的 I/O 接口实现各个传感器、执行机构之间的通信。集中控制时，在控制器内部传输的是数字信号，因此克服了模拟仪表控制系统中模拟信号精度低、易受干扰的缺点，提高了系统的抗干扰能力。它的主要缺点是对控制器要求很高，并且一旦控制器瘫痪，会导致整个系统不能工作。集中控制的这一缺点，促成了集散控制系统（Distributed Control System，DCS）的出现。

集散控制系统的核心思想是集中管理、分散控制，即管理与控制相分离，把上位机控制站用于集中监视管理，而把若干台下位机下放到现场实现分布式控制，上位机与下位机间由控制网络实现信息传递。因此，这种分布式的控制系统克服了集中控制对控制器处理能力和可靠性要求高的缺点。但是，它也有自身的缺点。首先，不同的 DCS 制造商为达到垄断经营的目的，而对其控制通信网络采用各自专用的封闭形式，不同制造商的 DCS 之间以及与上层 Intranet、Internet 信息网络之间难以实现网络互连和信息共享。其次，DCS 的控制站仍然是集中的，现场信号的检测、传输和控制还是采用 4～20 mA 的模拟信号，并没有彻底做到分散控制、集中管理。最后，DCS 采用的是普通商业网络的通信协议和网络结构，在解决工业控制系统的可靠性方面没有做出实质性的改进，布线复杂，成本高。因此，总体来讲，DCS 是一种封闭专用的、不具有可互操作性的、不彻底的分布式控制系统。在这种情况下，用户对网络控制系统提出了开放性、低成本的迫切要求。现场总线正是在这种需求背景下产生的，它的出现促成了全分散方式的现场总线控制系统 FCS（Fieldbus Control System）的形成。

图 2－47 给出了集中控制、集散控制和现场总线控制三类控制系统的结构示意。由图 2－47(c)可以看出，现场总线控制系统具有更好的开放性、设备的互操作性和互换性。

现场总线控制系统中，微处理器被置入现场的测量/控制设备之中，使这些设备成为能执行现场总线通信协议的智能自治节点，它们具有数字计算和通信能力。这

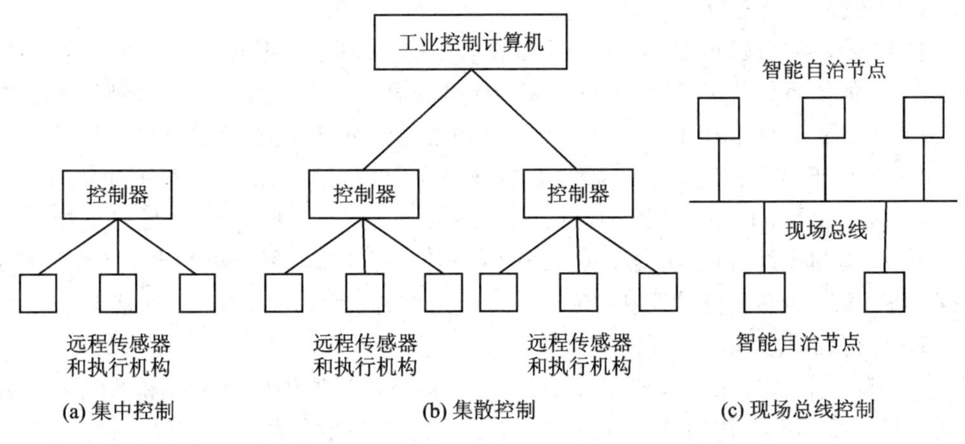

图 2-47 集中控制、集散控制、现场总线控制结构示意图

一方面扩充了设备的控制功能,也为测控信息的远距离传送创造了条件。借助现场总线网段以及与之有通信连接的其他网段,可以实现对被控对象的异地远程自动控制,如操作远在数百公里之外的电气开关等。与传统的测量/控制设备相比,现场总线设备拓宽了测控信息的内容,提供传统仪表所不能提供的诸如现场阀门开关动作次数、故障诊断信息等,便于操作/管理人员更好、更深入地了解生产现场和设备的运行状态。由于现场总线设备遵循公开、规范的技术标准,因而有条件实现设备的互操作性和互换性。用户可以把不同厂家、不同品牌的产品集成在同一系统内,在同样功能的产品之间进行相互替换,使用户在选择系统所需的测量/控制设备时,具有更多的主动权。

现场总线可以采用多种途径传输数字信号,如普通电缆、双绞线、光导纤维、红外线,甚至电力传输线等,因而可因地制宜,就地取材,构成控制网络。一般在两根普通导线制成的双绞线上,可挂接几十台测控设备,与传统的设备间一对一的接线方式相比,可节省大量线缆、槽架、连接件,同时由于所有的连接线都变得简单明了,系统设计、安装、维护的工作量也随之大大减少。另外,现场总线还支持总线供电,即两根导线在为多台测控设备传送数字信号的同时,还为这些设备提供工作电源。由此可见,采用现场总线能节省硬件投资、安装费用以及设备维护方面的开销。

以现场总线技术为基础构造的现场总线控制系统,在系统结构上发生了较大变化,其显著特征是通过网络信号的传送联络,可用单个节点或多个网络节点共同完成所要求的自动化功能。由于现场总线适应了工业控制系统向分散化、网络化、智能化的发展方向,它一经产生便成为全球工业自动化技术的热点之一。

2.7.2 几种流行的现场总线

现场总线技术自 20 世纪 80 年代后期以来,经历了 30 多年的发展,国际上出现了一些具有代表性的现场总线标准和系列产品,较流行的有:

1. 基金会现场总线

基金会现场总线(Foundation Fieldbus,FF)是现场总线基金会推出的现场总线标准。FF 的体系结构参照 ISO/OSI 参考模型的第 1、2、7 层协议,即物理层、数据链路层和应用层,另外增加了用户层。基金会现场总线分低速 H1 总线和 HSE 总线两种。H1 为用于过程控制的低速总线,传输速率为 31.25 kb/s,传输距离分别为 200 m、400 m、1 200 m 和 1 900 m 四种,可挂接 2～32 个节点。物理传输介质可支持双绞线、同轴电缆和光纤,协议符合 IEC 1158 - 2 标准,可支持总线供电和本质安全防爆。高速 HSE 总线的传输速率可为 100 Mb/s 甚至更高,大量使用了以太网技术。

2. 过程现场总线

过程现场总线(Process Field Bus,Profibus)是作为德国国家标准和欧洲国家标准的现场总线标准。该项技术是由西门子公司为主的几十家德国公司、研究所共同推出的。Profibus 有三种类型,即分散化的外围设备 Profibus - DP(Decentralized Periphery)、现场总线报文规范 Profibus - FMS(Fieldbus Message Specification)、过程自动化 Profibus - PA(Process Automation)。它采用 ISO/OSI 参考模型的物理层、数据链路层。分散化的外围设备(DP)型隐去了第 3～7 层,而增加了直接数据连接拟合作为用户接口;现场总线报文规范(FMS)型则只隐去第 3～6 层,采用了应用层。过程自动化(PA)型的数据传输沿用 Profibus - DP 的协议,只是在应用层中增加了描述现场设备行为的行规。其最大传输速率为 12 Mb/s,传输距离分别为 100 m 和 400 m,传输介质可以是双绞线,也可以是光缆,最多可挂接 127 个节点,可支持本质安全。

3. 局部操作网络

局部操作网络(Local Operating Network,LON)是由美国 Echelon 公司于 1990 年正式推出的。它采用 ISO/OSI 参考模型的全部七层协议和面向对象的设计方法,通过网络变量把网络通信设计简化为参数设置,其最大传输速率为 1.5 Mb/s,传输距离为 2 700 m,传输介质可以是双绞线、光纤、同轴电缆、射频、红外线和电力线等,可支持总线供电和本质安全。采用的 LonTalk 协议被封装在 Neuron 芯片中,内含三个 8 位微处理器:一个负责介质访问控制,一个负责网络处理,还有一个负责应用处理。

4. 控制器局域网

控制器局域网(Controller Area Network, CAN)最早是由德国 Bosch 公司推出的,用于汽车内部测量与执行部件之间的数据通信。CAN 结构模型取 ISO/OSI 参考模型的第 1、2、7 层协议,即物理层、数据链路层和应用层。通信速率最高为 1 Mb/s,通信距离最远为 10 000 m。物理传输介质可支持双绞线,最多可挂接 110 个节点,可支持本质安全。CAN 采用短帧报文,抗干扰能力强、可靠性高。由于成本较低,CAN 的应用范围非常广泛,从汽车发动机控制部件、传感器、抗滑系统到工业自动化、建筑物环境控制、机床、电梯控制、医疗设备等领域都得到了应用。

5. 设备网(DeviceNet)

它由罗克韦尔自动化(Rockwell Automation)公司于1994年推出,是一种开放式的通信网络。它将工业设备如光电开关、操作员终端、电动机启动器、变频器和条形码读入器等连接到网络。这种网络虽然是工业控制的最底层网络,通信速率不高,传输数据量也不大,但它采用了数据网络通信的新技术,如遵循通用工业协议(CIP),具有低成本、高效率、高可靠性的特点。DeviceNet遵从ISO/OSI参考模型,它的网络结构分为三层,即物理层、数据链路层和应用层,物理层下面还定义了传输介质。其中物理层和数据链路层采用CAN的协议。传输介质可支持双绞线,最多可挂接64个节点。三种可选数据传输速率是:125 kb/s、250 kb/s和500 kb/s,分别对应的传输距离是500 m、250 m和100 m;支持设备的热插拔,可带电更换网络节点,符合本质安全要求。

6. 控制网(ControlNet)

ControlNet由罗克韦尔自动化公司于1995年推出的,是一种高速、高确定性和可重复性的网络,特别适合于对时间有苛刻要求的复杂应用场合的信息传输。ControlNet将总线上传输的信息分为两类:一类是对时间有苛刻要求的控制信息和I/O数据,它拥有最高的优先权,以保证不受其他信息的干扰,并具有确定性和可重复性;另一类是无时间苛刻要求的信息,如上下载程序、设备组态、诊断信息等。ControlNet采用ISO/OSI参考模型的物理层、数据链路层及应用层,其中应用层采用CIP。ControlNet只支持一种通信速率,即5 Mb/s,支持的传输介质为屏蔽双绞线、同轴电缆或光纤,并支持本质安全。

表2-10为以上几种现场总线性能的对比。

表2-10 几种流行现场总线的对比

特性 \ 类型	FF	Profibus	LonWorks	CAN	DeviceNet	ControlNet
开发公司	Fisher-Rosemount	Siemens	Echelon	Bocsh	Rockwell Automation	Rockwell Automation
OSI网络层次	1,2,7(8)	1,2,7	1～7	1,2,7	1,2,7	1,2,7
通信介质	双绞线、同轴电缆和光纤	双绞线、光纤	双绞线、光纤、同轴电缆、无线和电力线	双绞线	双绞线、同轴电缆和光纤	双绞线、同轴电缆和光纤
介质访问方式	令牌	令牌	可预测P坚持CSMA (Predictive P-Persistent CSMA)	带非破坏性逐位仲裁的载波侦听多址访问(CSMA/NBA)	带非破坏性逐位仲裁的载波侦听多址访问(CSMA/NBA)	隐性令牌

续表 2-10

特性＼类型	FF	Profibus	LonWorks	CAN	DeviceNet	ControlNet
最大通信速率/($kb \cdot s^{-1}$)	31.25(H1) 100 000(HSE)	12 000	1 500	1 000	500	5 000
最大节点数	32	127	2^{48}	110	64	99
优先级	有	有	有	有	有	有
本质安全性	是	是	是	是	是	是
开发工具	有	有	有	有	有	无

2.7.3 现场总线的特点及发展趋势

1. 现场总线的特点

现场总线将智能设备作为网络节点挂接到总线上，将它们连接在一起而形成网络系统，并进一步构成自动化系统，实现测量、控制、参数修改、报警、显示、监控、优化及控制与管理一体化的综合自动化功能。现场总线技术是以智能传感器、控制、计算机、数字通信、网络等为主要内容的一门综合技术。与传统的集散控制系统相比，现场总线控制系统具有如下特点：

① 总线式结构。一对传输线(总线)挂接多台现场设备，双向传输多个数字信号。这种结构与一对一的单向模拟信号传输结构相比，布线简单，安装费用低，维护简便。

② 开放性、互操作性及互换性好。现场总线采用规范的通信协议，是开放式的，对用户透明的网络。在传统的 DCS 中，不同厂家的设备是不能相互访问的。而由于 FCS 采用统一的标准，不同厂家的网络产品可以方便地接入同一网络，在同一控制系统中进行互操作，使不同生产厂家的性能类似的设备可实现相互替换。

③ 彻底的分散控制。现场总线将控制功能下放到作为网络节点的现场智能仪表和设备中，做到彻底的分散控制，提高了系统的灵活性、自治性和安全可靠性。

④ 信息综合、组态灵活。通过数字化传输现场数据，FCS 能获取现场仪表的各种状态、诊断信息，实现实时的系统监控，管理及故障诊断。此外，FCS 引入了功能块的概念，通过统一的组态方法，使系统组态简单灵活，不同现场设备中的功能块可以构成完整的控制回路。

⑤ 多种传输介质和拓扑结构。FCS 由于采用数字通信方式，因此可用多种传输介质进行通信。根据控制系统中节点的空间分布情况，可应用多种网络拓扑结构。

2. 现场总线的发展趋势

在今后很长的一段时间内，现场总线的发展将呈现如下趋势：

① 多种总线共存。现场总线国际标准 IEC 61158 中采用的 8 种类型，以及其他

一些现场总线，如LonWorks、DeviceNet等，将在今后一段时间内共同发展，并相互竞争取长补短。因为每种现场总线背后都有实力雄厚的大公司甚至大集团的支持，他们为了自己的利益会采取一切手段推广自己的产品。虽然用户和市场有统一标准的需要，但短时间内不会实现统一。

② 每种总线都力图拓展其应用领域，以扩张其势力范围。在一定应用领域中已取得良好业绩的总线，往往会进一步根据需要向其他领域发展。如Profibus，在出台了适用于分散设备间通过I/O通信的DP型基础上又开发出PA型，以适用于流程工业和过程自动化系统。

③ 大多数总线都成立了相应的国际组织，力图在制造商和用户中扩大影响，以取得更多方面的支持，同时也想显示出其技术是开放的。如WorldFIP国际用户组织、现场总线基金会、Profibus国际用户组织、P-Net国际用户组织及ControlNet国际用户组织等。

④ 每种总线都以一个或几个大型跨国公司为背景，公司的利益与总线的发展息息相关，如Profibus以德国西门子公司为主要支持，ControlNet以美国罗克韦尔自动化公司为主要背景，WorldFIP以法国Alstom公司为主要后台。

⑤ 大多数设备制造商都不只参加一个总线组织，有些公司甚至参加2～4个总线组织。道理很简单，设备是要挂接在现场总线上的。支持的总线越多，意味着可能用自己厂家生产的设备的机会也就会越多。

⑥ 在激烈的竞争中出现了协调共存的前景。这种现象在欧洲标准制定时就出现过，在制定欧洲标准EN50170时，将德国、法国、丹麦3个标准并列于一卷之中，形成了欧洲的多个总线的标准体系，后又将ControlNet和FF加入欧洲标准的体系。各重要制造商，除了力推自己的总线产品之外，也都力图开发接口技术，将自己的总线产品与其他总线相连接，如施耐德公司已开发的设备能与多种总线相连接。在国际标准中，也出现了协调共存的局面。

⑦ 以太网的引入成为新的热点。以太网在没有任何标准化组织支持的情况下，正在工业自动化的过程控制市场上迅速增长，几乎所有远程I/O接口技术的供货商均提供一个支持传输控制协议/网际协议(Transfer Control Protocol/Internet Protocol，TCP/IP)的以太网接口，如西门子、罗克韦尔自动化、Echelon等公司，他们销售各自的PLC产品，但同时提供与远程I/O和基于PC的控制系统相连接的接口。现场总线基金会已开发出高速以太网FF-HSE，罗克韦尔自动化公司已开发出工业以太网EtherNet/IP，西门子公司也已开发出自己的工业以太网PROFInet，这无疑大大加强了以太网在工控领域的地位。

习题与思考题

2.1　什么是总线？常用的测控系统微机总线有哪几种？

2.2 系统总线上数据传输的过程是怎样的？有哪几种主要的数据传输方式？

2.3 ISA 和 PC-104 总线有哪些主要特点？它们主要应用在哪些领域？

2.4 PCI 总线有哪些主要特点？其主要性能指标如何？

2.5 PCI 总线信号分为哪几类？

2.6 简述 VME 总线的特点及主要应用领域。

2.7 VME 总线信号分为哪几类？

2.8 串行通信中同步通信与异步通信方式的区别是什么？

2.9 利用 RS-232C 串行总线进行通信时常用哪些信号线？用 RS-232C 总线连接系统时要注意哪些问题？

2.10 比较 RS-232C、RS-422A 与 RS-485 的优缺点。

2.11 USB 总线有什么特点？它可用作哪些设备的接口？

2.12 一个 USB 系统由哪几部分组成？各部分都起什么作用？

2.13 USB 总线有哪几种数据传输类型？

2.14 在 USB 交换中包起什么作用？USB 总线上的每一次交换至少需要哪几个包才能完成？

2.15 USB 总线标准定义了哪几种连接器和电缆？

2.16 什么是现场总线？它主要应用于哪些领域？目前流行的现场总线有哪几种？

参考文献

[1] 李行善. 计算机测试与控制. 北京：北京航空航天大学出版社，1991.

[2] 刘乐善，欧阳星明，刘学清. 微型计算机接口技术. 武汉：华中理工大学出版社，2000.

[3] Mind Share，等. USB 系统体系. 2 版. 孟文，译. 北京：中国电力出版社，2003.

[4] Jan Axelson. USB 开发大全. 李鸿鹏，等译. 北京：人民邮电出版社，2011.

[5] 李行善，左毅，孙杰. 自动测试系统集成技术. 北京：电子工业出版社，2004.

[6] 甘永梅，等. 现场总线技术及其应用. 北京：机械工业出版社，2005.

第3章 测控系统接口技术

3.1 接口的作用与分类

接口是指计算机系统中一个部件与另一些部件的相互连接，它是系统各部分之间进行信息交换的桥梁。任何实用的计算机系统，仅有 CPU、存储器等还是不够的，必须依靠各种接口电路才能构成能有效运行的系统。接口技术以研究各种接口电路的硬、软件设计为对象，近年来它已形成专门的应用学科。

在计算机系统中，绝大多数接口都是以 CPU 为连接一方的，这些接口按其功能可分为存储器接口及 I/O(输入/输出)接口两大类。存储器接口实现存储器(ROM、RAM)与 CPU 之间的有效连接，以它为纽带，CPU、ROM、RAM 才能有效地结合，形成一台计算机。在用微处理器芯片组装专用微型计算机时，存储器接口是需要解决的最基本的技术问题之一，也是“微型计算机原理”课中最基本的学习内容之一。I/O 接口实现 CPU 与外部世界的连接，也是接口技术的重点研究对象。按功能的不同，I/O 接口又可细分为：

① 人机对话接口。这类接口主要为操作者与计算机之间的信息交换服务，如键盘输入接口、显示器接口等。

② 过程通道接口。以计算机控制系统为例，为了实现对生产过程的检测与控制，就要将对象的各种测量参数，按所要求的方式采入计算机。计算机经过计算、处理后，将结果以数字量的形式输出，此时也要把该输出变换成适合于对生产过程进行控制的形式。所以，在计算机和生产过程之间，必须设置信息的传递和变换装置，这种装置称为过程输入/输出通道。在过程输入/输出通道与计算机之间起连接作用的接口分别称为传感器接口和控制接口。因为前者为采入外界信息服务，后者以输出控制信号为目的，所以过程通道(包括模拟量输入通道、模拟量输出通道、开关量输入通道和开关量输出通道)及其接口是测控系统的重要组成部分，也是本章的研究重点。

③ 通用外设接口。这类接口实现通用外围设备(如打印机、磁盘机、绘图仪、终端机等)与计算机的连接。这些内容属“微处理器接口技术”等的研究范畴，本书不讨论。

在组成计算机测控系统时，也常采用标准的通用接口总线(如 ISA、PCI、GPIB、VXI、PXI、RS-232C 等)将系统的各个组成部分连接起来，这是十分有效的方法。本书后续的章节将讨论这类问题。各类接口及其分类简要归纳于图 3-1 中。

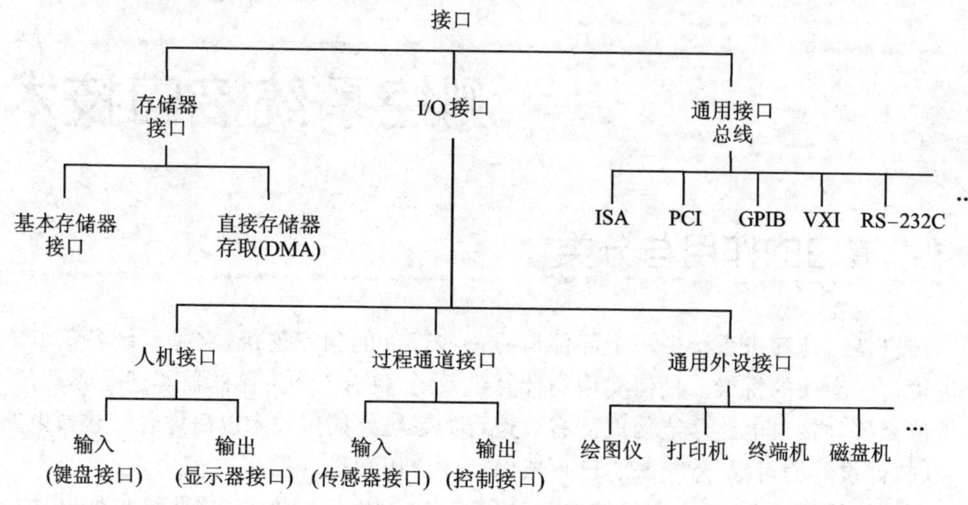

图 3-1　接口分类

3.2　人机接口

人机接口是计算机与人进行交互的通道。它分为输入接口与输出接口两类，分别用于连接输入设备和输出设备，输入设备有键盘、鼠标、触摸屏等；输出设备有各种类型的显示器、打印机等。随着计算机技术的发展，语音、视频、数据手套、立体显示头盔等多媒体技术也加入到人机接口的行列，这些都是未来人机接口的发展方向。

3.2.1　键盘接口

键盘是实现人机交互的最基本的输入设备，它由一组开关以一定的拓扑结构连接而成。键盘矩阵是一种常见的连接方式。键盘接口设计包括硬件和软件两部分，在键盘设计中要解决的问题有：反弹跳(bounce)、判按键按下/抬起、处理多键同时动作、自动重复等。

计算机从键盘读入信息时按下列三步进行：

① 判键入　判断是否有键按下，若有，则进一步译键；若无，则等待键入，或转做别的工作。

② 识键　在有键入的情况下，进一步识别出是哪一个键，并作适当的译码，以便进一步处理。

③ 键义分析　在单义键的情况下，只需根据键码来查表，找出对应的处理子程

序入口，并实行一个程序转移即可。在多义键情况下，则还需作键语分析。按照规定的键语语法，将由键序组合成的输入序列的意义译出而执行之。目前键盘可分为两类：编码键盘和非编码键盘。编码键盘采用硬件逻辑电路识别被按键并能自动给出被按键的编码(如该键对应的 ASCII 码)。而且编码键盘一般都带有去抖动和防串键电路。非编码键盘仅提供按键开关组成的行列矩阵，不具有编码功能，按键的识别及去抖动等功能须用专门的软件实现。

3.2.1.1 线性非编码键盘接口

线性键盘是指每一个按键都使用一根输入线的键盘，而且每根输入线都是相互独立的，并各自接到计算机并行 I/O 口(如 Intel 8255A)的一个位上，如图 3-2 所示。任何一个键按下时，与之相连的输入线即被置 0(接地)，否则就置 1(处于高电平)。这是一种最简单的非编码键盘连接形式。相应的判键入及识键的程序十分简单。

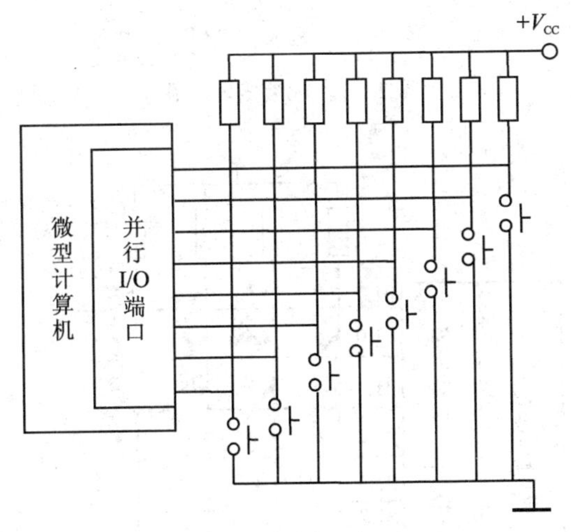

图 3-2 独立连接式无编码键盘

采用这类键盘的优点是相应的接口硬件及软件都很简单；缺点是一个键占用一条输入线，当键数较多时，要占用计算机多个并行输入口。

3.2.1.2 矩阵连接非编码键盘接口

为了减少键盘与计算机接口连接时所需输入线的线数，目前键盘都采用矩阵结构。以 12 个键的键盘为例，其结构如图 3-3 所示。本矩阵有 3 行 4 列，共有 12 个键，但与计算机的连线只有 7 根。如果采用线性连接方式，则需要 12 根连线。一般而言，对 $m \times n$ 的矩阵键盘，只需 $m+n$ 根连线，可连接 $m \times n$ 个键。将矩阵键盘的行、列输入线分别接到微型计算机的并行口，即可方便地构成一个矩阵键盘接口。图 3-4 所示的矩阵键盘与计算机的 I/O 端口的连接，乃是矩阵键盘接口的一个实例。采用矩阵键盘时，判键入及识键都是由键盘接口软件来完成的。实际系统中，键盘上的每一个键都被赋以确定的键功能。所谓键功能，是指按下此键后，该键将传达人的某种意志，要求计算机去做某件事。为此，需要事先定义这些键，并编写出与定义相对应的子程序。一旦操作者按下某一键，计算机就会自动转入相应的子程序去执行该键所指定的操作。识别矩阵键盘已按下的键，常用“键盘扫描法”。下面结合图 3-4 来说明这一方法。

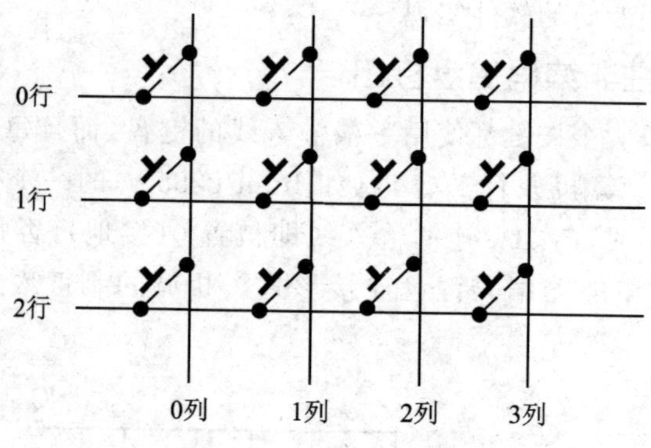

图 3-3　键盘矩阵结构

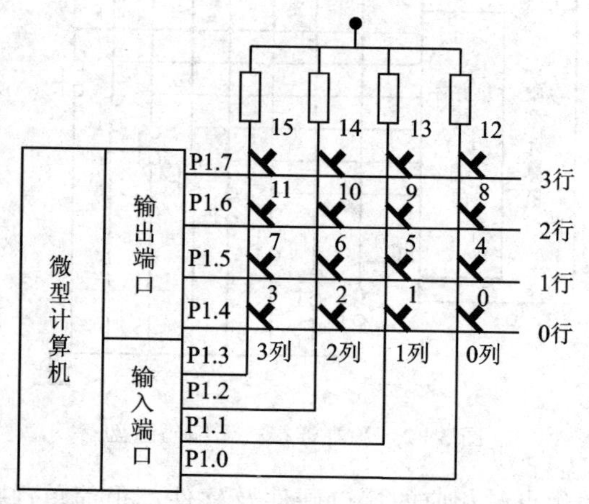

图 3-4　矩阵键盘接口

用“初扫”判键入的方法是：让 P1.4～P1.7 输出都为 0，也就是使全部行线(0，1，2，3 行)均为低电平(接地)，然后从输入端口 P1.0～P1.3 读入全部列线电平。如果全部列线均为高电平，则说明没有键被按下；倘若某列线为“低”，则说明有键被按下，应转入下一步识键，找出是哪一个键。用“细扫”识键的方法是：在输出端口，对每一行线逐一轮流输出低电平(接地)，即令 P1.4～P1.7 依次输出 1110，1101，1011，0111，并同时在输入端口读数。若读到的数为“F”，则表明与该行相交的全部列线均为“高”，说明该行上的诸键无一被按下；若该读数不为“F”，则表明在该行上有键被按下。根据扫描行及读入数中“0”的位置，即可判断该键的准确位置。例如当输出端口送出1101时，从输入端口读到的数为1011，由此可知被按下的键跨接在1行和2列位置，即键6。

【例3-1】图3-5为一个5×4按键的非编码键盘的接口电路。矩阵键盘的行、列线分别连到8255A的$PA_4 \sim PA_0$和$PB_3 \sim PB_0$，采用行扫描法识别是否有键按下并产生相应的键码存入数据区的键码表Keytbl中，通过查找键码表就可得到键定义。

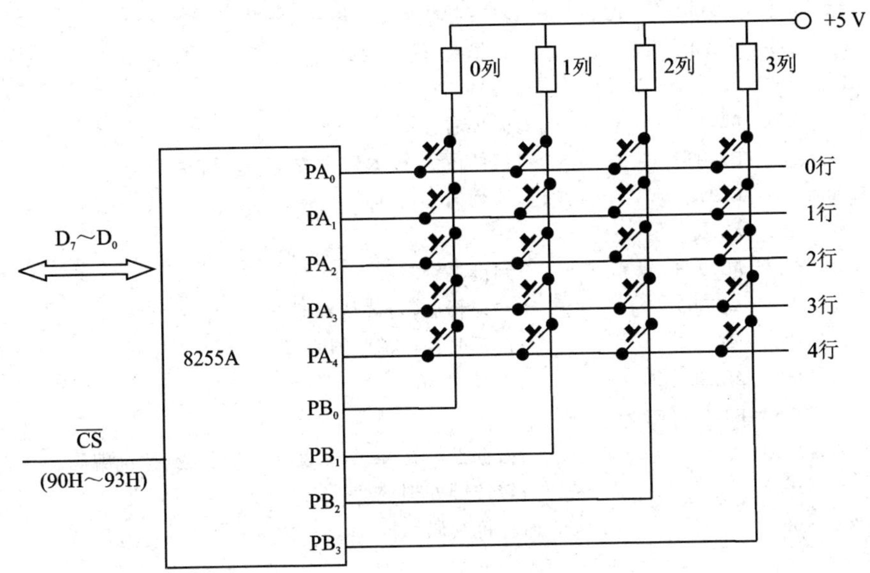

图3-5　5×4键非编码键盘接口

具体的程序如下：

```
        MOV   AL,82H
        OUT   93H,AL            ;设置 8255A 方式 0,A 口输出,B 口输入
        MOV   AL,00H
        OUT   90H,AL            ;使所有行线为低
        IN    AL,91H            ;读列值
        AND   AL,0FH
        CMP   AL,0FH            ;判是否有键按下
        JZ    DISUP             ;无按键,转 DISUP(显示)程序
        CALL  C20ms             ;有按键,调延时 C20 ms 程序,消除抖动
        MOV   BX,0405H          ;行数 5 送 BL,列数 4 送 BH
        MOV   CL,0FFH           ;起始按键(CL)置为 - 1
        MOV   AL,11111110B      ;指向起始扫描行——0 行
KEYDN1: OUT   90H,AL            ;扫描一行
        ROL   AL,1              ;指向下一扫描行
        MOV   AH,AL             ;扫描行位置保存
```

```
        IN   AL,91H               ;读列位
        AND  AL,0FH
        CMP  AL,0FH               ;判本行是否有按键
        JNZ  KEYDN2               ;有按键,转查找本行键号
        ADD  CL,4                 ;键号+4(每行4个键)
        MOV  AL,AH
        DEC  BL                   ;行数-1
        JNZ  KEYDN1               ;没有扫描完,转下一行扫描
        JMP  DISUP                ;扫描完,转 DISUP
KEYDN2: INC  CL                   ;键号+1
        ROR  AL,1                 ;循环右移一位
        JC   KEYDN2               ;最低位为1,本列无按键,返回查找
KEYDN3: IN   AL,91H               ;读列值
        AND  AL,0FH
        CMP  AL,0FH               ;判键是否释放
        JNZ  KEYDN3               ;键未释放,转等待释放
        CALL D20MS                ;调延时程序消除抖动
        MOV  AL,CL                ;键号送 AL
        MOV  BX,OFFSET keytb1
KEYDN4: XLAT                      ;根据键号查 keytb1 表,AL 转码得到按键编码
        …                         ;转按键处理
KEYtb1  DB                        ;按键编码表
```

3.2.1.3 编码键盘

编码键盘带有实现接口主要功能所必需的硬件电路,不仅能自动检测被按下的键,并完成去抖动、防串键等功能,而且能提供与被按键功能对应的键码(如 ASCII 码)送往 CPU。所以,编码键盘接口简单,使用方便。但由于硬件电路比较复杂,因而价格也较高。

通常把能够识别闭合键并产生相应的键码的硬件电路叫做键盘编码器。键盘编码器一般有 3 种类型:静态编码器、扫描编码器和转换编码器。

静态编码器适用于单线键盘,当某键按下时与该键对应的连线上就会出现一个脉冲信号,编码器将此脉冲信号转换成对应的键码提供给 CPU。

图 3-6 为扫描键盘的结构图。电路中时钟发生器产生的脉冲作为一个 7 位计数器的计数脉冲信号,计数器将计数结果的值按 7 位方式同时输出,此 7 位值作为扫描键盘的代码,而且这 7 位值也作为键盘代码发生器 ROM 的输入地址,让 ROM 输出相应键的键值。

当键盘有键按下的时候,键盘给出一个输出信号,该信号经过去抖动后作为键盘代码输入的选通信号;同时该信号也让时钟发生器停振,不再输出脉冲信号,因此计数器就停止计数,其输出数保持不变。由于计数器的输出不变,键盘代码发生器

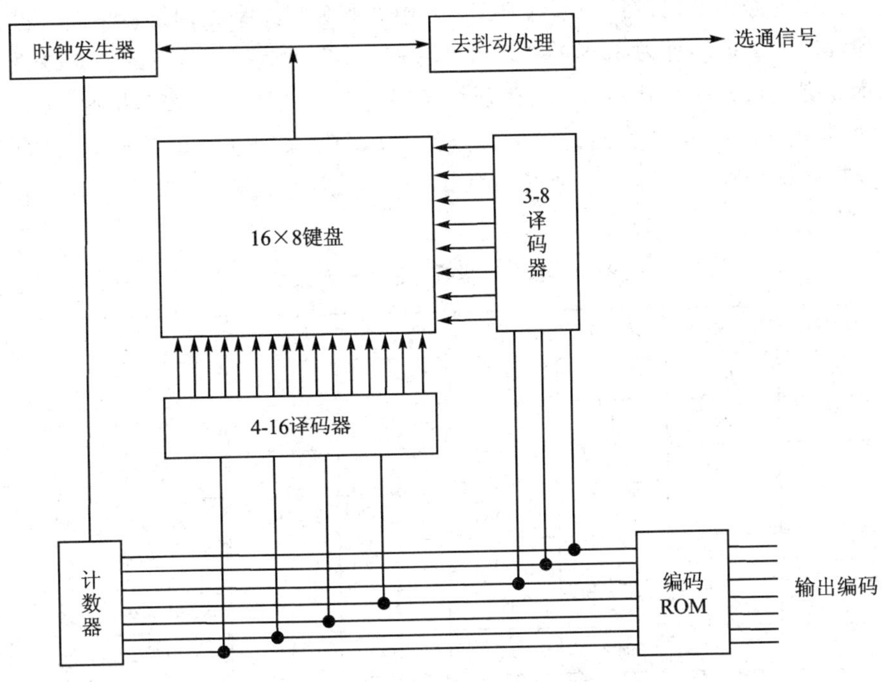

图 3－6　扫描键盘的结构图

ROM 输出的键盘代码值也不变。按键的时间相对来说是很长的，此时，读取键码值有充裕的时间。

很显然，这种键盘对于串键只识别为扫描到的第一个键，因此自动避免了因串键产生多键码的情况发生。

3.2.1.4　PC 机键盘及接口

1. PC 机键盘的特点

PC 机键盘具有如下特点：

① 键盘由单片机、译码器和 16×8 键的开关矩阵组成。

② 采用电容开关按键，即利用按键时的上下动作引起的电容量变化来反映开关的接通或断开。

③ 它是一种由单片机控制扫描、编码的智能化键盘，能自动识别键的按下和释放，自动生成相应的扫描码(即行列位置码)，并以串行方式发往主机，具有编码键盘的绝大部分功能。但是，通常的 PC 机键盘不能直接提供与键功能对应的键值或键码，必须由主机在键处理程序中将键盘提供的扫描码转换成反映键功能的 ASCII 码。因此，PC 机并不是严格意义上的编码键盘。

④ 它是一个与主机箱分开的独立部件，通过一根五芯电缆与主机相连接。

2. 键盘扫描码

每当在键盘上按下或松开一个键时，如果此时键盘中断是允许的，则计算机就会产生一个类型号为 9 的硬件中断,CPU 进入中断服务程序来处理键盘中断。键盘中断处理程序从 I/O 地址为 60H 的并行口读取一个字节的数据。若所读数据的 $D_7=1$,则表示按键已松开(称为断开码)。若所读数据的 $D_7=0$,则表示按键接通(称为接通码)。数据的 $D_6\sim D_0$ 为按键扫描码,键盘上的每个键都对应一个扫描码,键盘处理程序根据扫描码唯一地确定一个键的 ASCII 码。键盘扫描码与按键的对应关系见表 3-1。

表 3-1　键盘扫描码与按键对应关系表

按　键	扫描码	按　键	扫描码	按　键	扫描码	按　键	扫描码
Esc	01	U	16	\	2B	F6	40
1	02	I	17	Z	2C	F7	41
2	03	O	18	X	2D	F8	42
3	04	P	19	C	2E	F9	43
4	05	[	1A	V	2F	F10	44
5	06	]	1B	B	30	NumLock	45
6	07	Enter	1C	N	31	ScrollLock	46
7	08	Ctrl	1D	M	32	Home	47
8	09	A	1E	,	33	↑	48
9	0A	S	1F	.	34	PgUp	49
0	0B	D	20	/	35	—	4A
—	0C	F	21	Shift(R)	36	←	4B
=	0D	G	22	Prtsc	37	↖	4C
Backspace	0E	H	23	Alt	38	→	4D
Tab	0F	J	24	Space	39	+	4E
Q	10	K	25	CapsLock	3A	End	4F
W	11	L	26	F1	3B	↓	50
E	12	;	27	F2	3C	PgDn	51
R	13	'	28	F3	3D	Ins	52
T	14	.	29	F4	3E	Del	53
Y	15	Shift(L)	2A	F5	3F		

3. 键盘接口电路

(1) 接口功能

系统以中断请求方式支持键盘输入按随机方式进行。每当键盘接口收到从键盘送来的一个串行扫描码序列时,即向 CPU 发出一个键盘中断请求。若 CPU 响应该中断请求，则转去执行中断号为 09H 的键盘硬中断服务程序。该程序的主要功能是读取扫描码，并转换成相应的 ASCII 码保存到键盘缓冲区。接口实现以上功能的步骤如下：

① 串行接收键盘送来的扫描码，完成串并转换后保存；

② 收到一个键盘扫描码后，立即产生一个中断请求信号；

③ 保存的扫描码可供 CPU 读取，并通过软件进行相应转换处理。

(2) 接口电路

PC 机通过如图 3-7 所示的插接口与键盘连接，并以串行方式从键盘获得键盘扫描码。

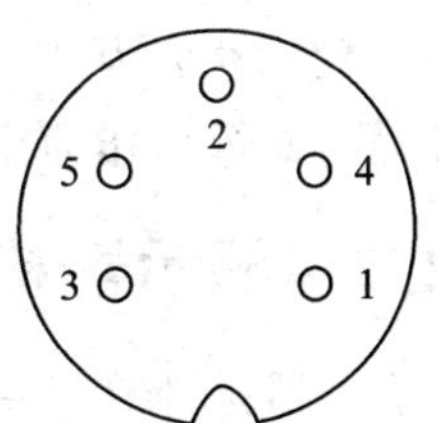

1—CLK双向时钟线；
2—DATA双向数据线；
3—RESET复位线；
4—GND地；
5—+5 V电源

图 3-7 键盘插接口

PC 机键盘使用 8048 单片机作为控制部件，用以完成键盘的扫描、去抖动、生成扫描码、检查卡键，并可缓冲存放 20 个键的扫描码。键盘扫描控制电路如图 3-8 所示。

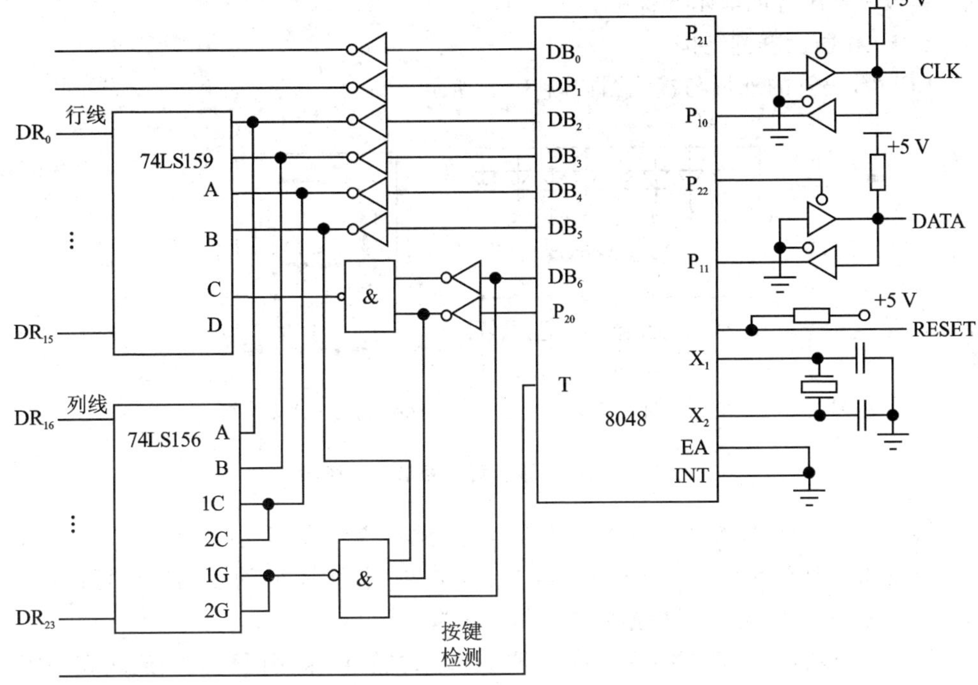

图 3-8 键盘扫描控制电路

与 PC 机键盘接口配用的软件包括硬中断程序和软中断程序两部分：

硬中断程序：中断号为 09H，当按键动作引发 IRQ_1 时，该程序负责把键盘扫描码转换成 ASCII 码，然后存入键盘缓冲区。

软中断程序 INT 16H：ROM BIOS 中的键盘功能调用程序，该调用的功能是从键盘缓冲区取出按键产生的 ASCII 码。

键盘缓冲区为从“40H：1AH”开始的 18 个字。前两个字分别为缓冲区的头尾指针，后 16 个字作为循环队列保存 15 个输入键的 ASCII 码和相应的接通扫描码。

3.2.2 显示器接口

显示器是计算机系统不可缺少的输出设备。计算机系统通常配置 LCD(液晶显示器)作显示器，称为屏幕。计算机系统通过屏幕将处理结果以字符或图形形式显示出来。在一些专用的微机系统中，特别是用在实时控制、过程控制中的微机系统中，或用单板机、单片机组成的控制系统中，往往只需要数字显示功能，这时用七段(或八段)数码管或液晶显示器就够了，这样就可以使系统成本降低、体积减小、功耗减小、可靠性提高。

3.2.2.1 LED 显示器接口技术

LED(Light Emitting Diode)是七段或八段数码管的简称，它广泛用于嵌入式系统与单板机系统等的显示部件中。

1. LED 显示器的结构

LED 数码管的外形与接线图如图 3-9 所示。

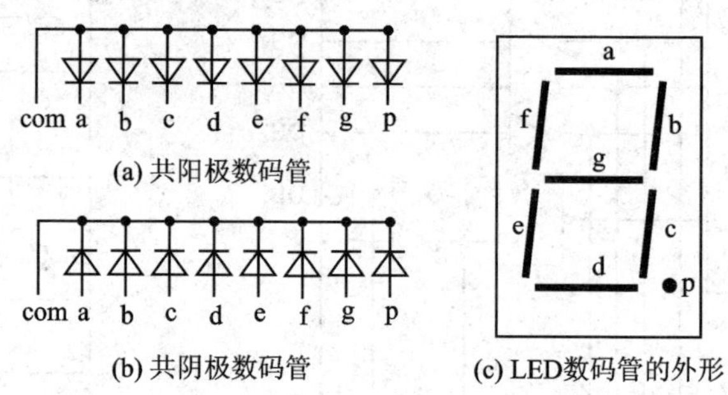

图 3-9　LED 数码管的外形与接线图

从图 3-9 中可以看出，LED 显示器由七段数码管和一个小数点构成。这些数码笔画段和小数点都是发光二极管，当它们点亮时，根据不同的点亮组合可以显示 0～9、A～F 等数码，还可以根据要求在指定位置显示小数点。

从 LED 显示器的内部结构来看，这些发光二极管可采用两种方法连接在一起：共阴极和共阳极。共阴极是指所有二极管的阴极连接在一起作为公共端，在使用时接低电平，各段的阳极端接高电平时点亮；共阳极是指所有二极管的阳极连接在一起作为公共端，在使用时接高电平，各段的阴极端接低电平时点亮。

2. LED 显示器的七段字符编码

如果在电路中将数码管的 a、b、c、d、e、f、g、p 端分别连接数据总线的 D_0、D_1、D_2、D_3、D_4、D_5、D_6、D_7，那么数码管所显示的字符编码如表 3－2 所列。

表 3－2 LED 显示器的七段字符编码

数 码	共阴极编码								共阳极编码							
	D_7	D_6	D_5	D_4	D_3	D_2	D_1	D_0	D_7	D_6	D_5	D_4	D_3	D_2	D_1	D_0
	p	g	f	e	d	c	b	a	p	g	f	e	d	c	b	a
0	0	0	1	1	1	1	1	1	1	1	0	0	0	0	0	0
1	0	0	0	0	0	1	1	0	1	1	1	1	1	0	0	1
2	0	1	0	1	1	0	1	1	1	0	1	0	0	1	0	0
3	0	1	0	0	1	1	1	1	1	0	1	1	0	0	0	0
4	0	1	1	0	0	1	1	0	1	0	0	1	1	0	0	1
5	0	1	1	0	1	1	0	1	1	0	0	1	0	0	1	0
6	0	1	1	1	1	1	0	1	1	1	0	0	0	0	1	0
7	0	0	0	0	0	1	1	1	1	1	1	1	1	0	0	0
8	0	1	1	1	1	1	1	1	1	0	0	0	0	0	0	0
9	0	1	1	0	0	1	1	1	1	0	0	1	1	0	0	0
A	0	1	1	1	0	1	1	1	1	0	0	0	1	0	0	0
B	0	1	1	1	1	1	0	0	1	0	0	0	0	0	1	1
C	0	0	1	1	1	0	0	1	1	1	0	0	0	1	1	0
D	0	1	0	1	1	1	1	0	1	0	1	0	0	0	0	1
E	0	1	1	1	1	0	0	1	1	0	0	0	0	1	1	0
F	0	1	1	1	0	0	0	1	1	0	0	0	1	1	1	0

由于共阴极和共阳极分别接高电平和低电平时点亮，所以共阴极和共阳极的显示字符编码是不一样的。

3. LED 显示器接口

由多个 LED 数码管组成的显示器的接口方法有两种：

（1）动态驱动法

动态驱动法是采用普通的锁存器或并行接口电路来连接数码管显示器，如图 3－10 所示。图中使用的并行接口芯片为 8255A。用 8255A 的 A 口连接所有数码管的 a～g 端，控制数码管显示数字，而用 8255A 的 B 口连接各数码管的阴极端，用以控制由哪个数码管显示数字。要显示的数字编码送到 8255A 的 A 口时，这个数字的编码加到所有数码管上，而哪一个数码管显示这个数字，取决于 8255A 的 B 口的输出使哪一个数码管的共阴极端为低电平。如果要求显示器的所有数码管同时显示数字，则可以利用人的视觉暂留现象，使数码管轮流显示本身应显示的数字，但6个数码管循环显示一遍的时间不能超过人的视觉暂留时间，即1/24 s(41 ms)。如可设定每个数码管轮流显示自己的数字持续5 ms时间，然后熄灭；每个数码管到下一次再重新显示，中间需经过约30 ms，由于人的视觉暂留，感觉到的是6个数字同时显示。

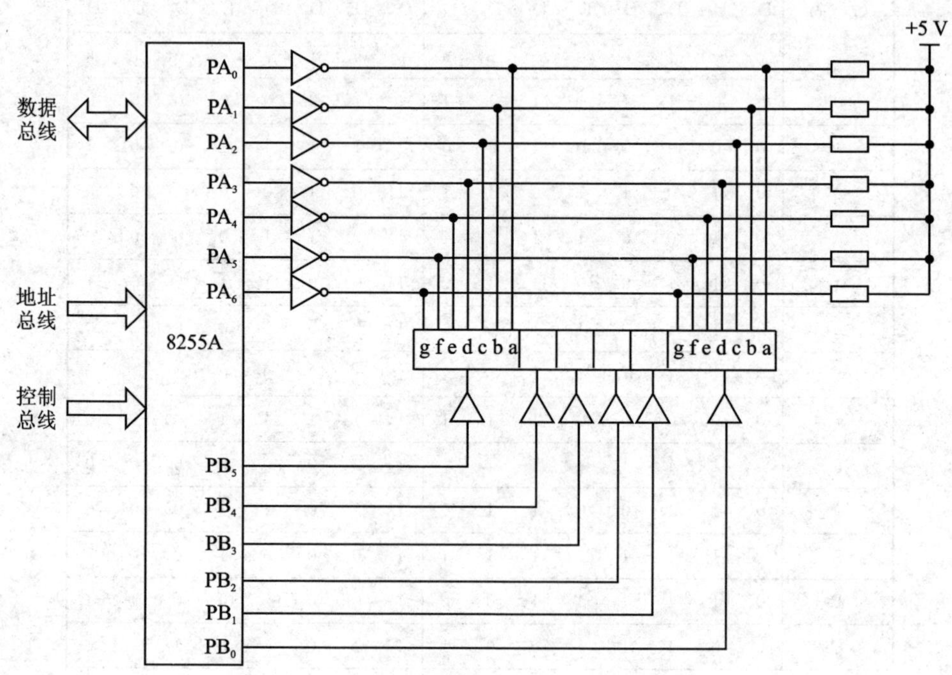

图 3-10　动态驱动 LED 显示器接口

与图 3-10 所示的显示器接口电路配用的显示控制程序如下：

```
        ⋮
DISP:   MOV    SI,OFFSET DISMEM      ;取显示单元地址
        MOV    AH,0DFH               ;数码管选择(最高位数码管)
DISP1:  MOV    AL,0FFH               ;熄灭显示
        OUT    DIGA,AL
        MOV    BX,OFFSET SEGTAB      ;七段代码表首址
        MOV    AL,[SI]               ;取显示数字
        XLAT                         ;转换为七段代码
        OUT    SEGA,AL               ;输出到阳极端
        MOV    AL,AH
        OUT    DIGA,AL               ;选择数码管
        MOV    CX,DELY               ;延时
        LOOP   $
```

```
        CMP   AH,0FEH                 ;所有数码管显示一遍
        JZ    DISP2                   ;是
        INC   SI                      ;否,指向下一个数字
        ROR   AH,1                    ;指向下一个数码管
        JMP   DIAP1
DISP2:  ⋮

DISMEM  DB   6 DUP(0)
SEGTAB  DB   3FH,06H,5BH,4FH,66H,6DH
        DB   7DH,07H,7FH,6FH,77H,7CH
        DB   69H,5EH,79H,71H,00H
        ⋮
SEGA    EQR   50H                     ;8255A 的 A 口地址
DIGA    EQR   51H                     ;8255A 的 B 口地址
DELY    EQR   500                     ;延时常数
        ⋮
```

动态驱动法要求主程序将要显示的数字放入显示存储单元,每个存储单元的低4位放要显示的数字,由显示主程序从显示存储单元一次取出,转换为七段代码,送至数码管的阳极端,同时,选择相应的数码管,循环执行以维持同时显示。这种方法的优点是硬件电路简单,缺点是程序复杂,增加了CPU的负担,且一旦显示程序停止执行,则数码管熄灭(最多有一个数码管显示数字)。

(2) 静态驱动法

静态驱动法是通过硬件线路锁存显示数字,通过专用的带有驱动器的LED译码器将要显示的0~9的数字译为七段代码,并驱动数码管,一种用于控制6个数码管的显示器的接口电路如图3-11所示。

图3-11中用3个74LS273锁存器,每个锁存器保存两位BCD码数据,其输出接至7447译码驱动器的输入端,7447的输出端接至数码管的阳极端,而数码管的阴极端接地。要显示的数据直接送入74LS273锁存即可显示,直至更新74LS273的数据。向显示器输入非BCD码数据时,可熄灭显示器。

```
       ⋮
       MOV   BX,DISMEM
       MOV   DX,LED54
       MOV   CX,3
DISP:  MOV   AL,[BX]
       OUT   DX,AL
       INC   BX
       DEC   DX
       LOOP  DISP
       ⋮
```

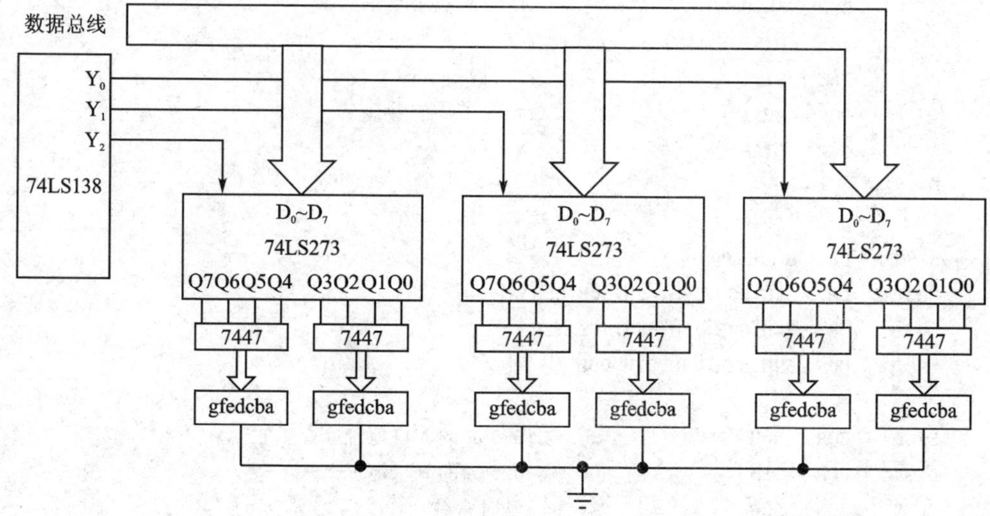

图 3-11　静态驱动 LED 显示器接口

程序中的 DISMEM 为显示数据的存放单元地址，每个单元存放 2 位 BCD 码数据，其中低 4 位存放低位数码管显示的数字，高 4 位存放高位数码管显示的数字。LED54 为最高两位数码管的地址。

静态驱动法的优点是编程简单，CPU 负担轻，缺点是硬件电路较复杂。

3.2.2.2　LCD 显示模块接口技术

LCD 是 Liquid Crystal Display(液晶显示器)的缩写。所谓液晶，是在常温下呈液态，并且光学性质近似于晶体的一大类物质的统称。液晶的分子排列对外界的环境变化(如温度、电磁场的变化)十分敏感。当液晶的分子排列发生变化时，其光学性质也随之改变。LCD 显示器就是利用这一光学性质而制作的。

LCD 分扭曲向列型(TN-LCD)、超扭曲向列型(STN-LCD)和薄膜晶体管(TFT-LCD)等几种。其中，TFT-LCD 已成为 LCD 发展的主要方向，它使 LCD 进入高画质真彩色图像显示的新阶段。

LCD 的工作原理决定了液晶显示具有工作电压低、功耗小、质量轻、厚度薄、适用于大规模集成电路直接驱动以及易于实现全彩色显示的优良特性。目前它被广泛地应用于便携式计算机、数字摄录机、数码相机、移动通信工具等众多领域。

1. LCD 基本类型及特性

LCD 基本上分为双扫描扭曲向列型显示器(DSTN-LCD)和薄膜晶体管型显示器(TFT-LCD)两大类，前者为无源矩阵显示器，后者属有源矩阵显示器。

DSTN(Dual-Layer Super Twist Nematic)是指双扫描扭曲向列，意指通过双扫描方式来扫描扭曲向列型液晶显示屏，以达到显示的目的。DSTN 显示屏上每个像素点的亮度和对比度由于不能独立控制，显示效果欠佳。但它结构简单，功耗较低，价格便宜。

DSTN－LCD 并非真正的彩色显示器，它只能显示一定的颜色深度，与 CRT 的颜色显示特性相差较远，因而被称为“伪彩显”。其工作特点是：扫描屏幕被分成上、下两部分，CPU 同时并行对这两部分进行刷新（双扫描），这样的刷新频率虽然要比单扫描（STN）的要快一倍，但当元件的性能不佳时，难免因上、下两部分刷新不同步而在屏幕中央会出现图像模糊。

DSTN－LCD 屏幕上的像素信息由屏幕左右两侧的晶体管控制一整行像素来显示，每个像素点不能自身发光，属无源像点，其反应速度不快，屏幕刷新后会留下幻影，对比度和亮度也低，图像要比 CRT 显示器暗得多。

由于 DSTN－LCD 的对比度和亮度较差，屏幕观察范围小，色彩不丰富，特别是反应速度慢，所以不适于高速全动图像、视频播放等应用，一般只用于文字、表格和静态图像处理。但是其价格低廉，耗能比 TFT－LCD 小；结构简单可以减小整机体积，因此，DSTN－LCD 目前主要用于工业显示器模块等静态显示为主的应用场合。

TFT（Thin Film Transistor，薄膜晶体管）显示器的每个液晶像素点都是由集成在像素点后面的薄膜晶体管来驱动的，从而可以做到高速度、高亮度、高对比度地显示屏幕信息。TFT－LCD 是目前最好的 LCD 彩色显示设备之一，其效果接近 CRT 显示器，是现代笔记本计算机和台式机上的主流显示设备。

由于彩色显示器中需要的像素点数目是黑白显示器的 4 倍，致使像素大量增加，若仍然采用双扫描形式，则屏幕不能正常工作，必须采用有源驱动方式代替无源扫描方式来激活像素。这样就出现了将薄膜晶体管（TFT）、薄膜二极管或金属-绝缘体-金属（MM）等非线性有源元件集成到显示组件中的有源技术。

由于 TFT－LCD 的每个像素点都由集成在自身上的 TFT 来控制，因此，不但速度，而且对比度和亮度都大大地提高了，分辨率也达到了空前高的程度。TFT－LCD 的优点主要是：屏幕反应速度快，对比度和亮度都高，屏幕观察角度大，色彩丰富，分辨率高，在色彩显示性能方面与 CRT 显示器相当。

在有源矩阵 LCD 中，除了 TFT－LCD 外，还有一种黑矩阵 LCD，也是当前的高品质显示器产品。其原理是将有源矩阵技术与特殊镀膜技术相结合，既可以充分利用 LCD 的有源显示特点，又可以利用特殊镀膜技术，在减少背景光泄漏、增加屏幕黑度、提高对比度的同时，可减少在日常生活中明亮环境下的眩光现象。

LCD 的性能参数与 CRT 有较大区别，主要反映在真彩或伪彩、色度（色彩多少种或多少位）、分辨率、像素点距、刷新频率、防眩防反射及观察屏幕视角等方面。

LCD 的色度层次比较丰富，但 DSTN－LCD 与 TFT－LCD 有较大差别。TFT－LCD 一般有 16 位 64K 种色彩和 24 位 16M 种色彩，因而亮度和对比度高，彩色十分鲜艳。而 DSTN－LCD 只有 256K 种色彩，不但亮度和对比度较差，彩色也不够艳丽明亮。

与 CRT 显示器不同，LCD 的分辨率一般不能任意调整，它是由制造商设置和规定的。分辨率是指屏幕上每行有多少像素点，每列有多少像素点，一般用矩阵行列式来表示，其中每个像素点都能被计算机单独访问。现在LCD的分辨率一般是800点×600行的SV-GA显示模式和1 024点×768行的XGA显示模式。

LCD刷新频率是指显示帧频，亦即每个像素被该频率所刷新的时间，与屏幕扫描速度及避免屏幕闪烁的能力有关。刷新频率过低，可能出现屏幕图像闪烁或抖动。

防眩光与防反射主要是为减轻用户眼睛疲劳而增设的功能。由于LCD屏幕的物理结构特点，屏幕的前景反光、屏幕的背景光与漏光，以及像素自身的对比度和亮度都将对用户的眼睛产生不同程度的反射和眩光。特别是视角改变时，表现更明显。在防眩光与防反射功能方面DSTN-LCD较差，TFT-LCD较好，黑矩阵LCD最好。

观察屏幕视角是指操作员可以从不同的方向清晰地观察屏幕上所有内容的角度，这与LCD是DSTN还是TFT有很大的关系。因为前者是靠屏幕两边的晶体管扫描屏幕发光，后者是靠自身每个像素后面的晶体管发光，其对比度和亮度的差别，决定了它们观察屏幕的视角有较大区别。DSTN-LCD一般只有90°，TFT-LCD则有160°。

2. LCD的显示原理

DSTN-LCD是扭曲向列型液晶显示器(TN-LCD)的一种，扭曲向列型液晶显示器的基本显示原理如下：

向列型LCD的结构特点是将向列型液晶夹在两片玻璃中间，玻璃的表面上镀有一层透明且导电的薄膜用作电极，然后在有薄膜的玻璃上镀一层表面配向剂，以使液晶能沿一个特定的平行于玻璃表面的方向扭曲。液晶的自然状态具有90°的扭曲，利用电场可使液晶旋转，液晶的折射系数随液晶的方向改变而变化，其结果是光经过扭曲向列型液晶后偏极性发生变化，选择适当的厚度可使光的偏极性旋转从180°～270°，这表示可利用两个平行偏光片使得光线完全不能通过。而施加足够大的电压又可以使得液晶方向和电场方向平行，光线就可以通过第二个偏光片。这说明显示器的“亮”或“灭”是可以通过施加不同的电压来控制的。由于只能控制显示器的“亮”与“灭”，因此，要想利用扫描扭曲向列型液晶显示器(STN-LCD)显示出不同的灰度等级，需要由控制电路采用类似与PWM(脉冲宽度)的控制方式来表现出不同的灰度等级。而CSTN彩色液晶之所以可以显示彩色，那是因为在STN液晶显示器上加了一个彩色滤光片，并将单色显示矩阵中的每一个像素分成三个子像素，分别通过彩色滤光片显示红、绿、蓝三原色，就可以显示出色彩了。STN型液晶属于反射式LCD器件，它的优点是功耗低，但在比较暗的环境中显示效果差，应配备外部照明光源。

TFT(薄膜晶体管)液晶显示技术采用了“主动式矩阵”方式来驱动。工艺上是采用薄膜技术做成晶体管驱动电极，利用扫描的方法“主动地”控制任意一个显示点液晶的旋转角度。光源照射时先通过下偏光板向上透出，借助液晶分子传导光线。

对电极施加不同的电压时，液晶分子旋转的角度会发生改变，通过折光和透光来达到显示不同灰度等级的目的。由于 TFT 晶体管具有电容效应，能够保持电位状态，已经透光的液晶分子会一直保持这种状态，直到 TFT 电极下一次驱动改变电压为止。施加在电极上的电压是一个模拟量，使得 TFT 液晶显示器的每一个像素点的灰度分辨率，实际上取决于数字信号的分辨率，这是 TFT 液晶和 STN 液晶显示原理的最大不同。TFT 液晶为每个像素都设有一个半导体开关，其加工工艺类似于大规模集成电路。由于每个像素都可以通过点脉冲直接控制，因而，每个节点都相对独立，并可以进行连续控制，这样的设计不仅提高了显示屏的反应速度，同时可以精确控制显示灰度，所以 TFT 液晶的色彩更逼真，更平滑细腻，层次感更强。

3. 工业中常用的 LCD 显示器及其接口

LCD 显示器广泛应用于众多领域。由于篇幅所限，本书只介绍测控系统中常用的 LCD 显示器模块及相应的接口技术，不讨论用于通用计算机系统的彩色 LCD 显示器接口技术。

工业中常用的 LCD 显示器类型有：黑白字符型、黑白图像型、灰度图像、彩色 STN、TFT 等。通常采用专用的集成电路接口芯片驱动。

字符型 LCD 显示模块分为字段型显示模块和点阵型字符显示模块。

字段型显示模块：除了可以采用 7 段字形显示数字以外，还可以定制一些特定的文字、符号和图形，在电子产品、小家电、测试仪表中用途非常广泛。图 3 - 12 是字段型液晶显示模块的一个实例。

图 3 - 12　字段型液晶显示模块

一种字段型液晶显示模块的驱动电路如图 3 - 13 所示。其中，HT1621 是 128 段的多功能 LCD 驱动芯片，它采用内存映像的工作方式，内存中的每一位对应一个字段；HT1621 与主控制器的连接引脚只有 4 条或 5 条，非常简单；HT1621 有片内系统时钟振荡器、看门狗功能、双频率的蜂鸣器并能工作于省电模式，通过四线的串行接口可以读/写显示内容和发送控制字。这类显示模块显示的内容通常是根据要求定制的。

点阵型字符显示模块：可以显示数字、字母和标点符号，有些模块还可以显示简单的汉字。这类模块通常将控制器、驱动器及液晶屏集成为一体形成一个显示模块，

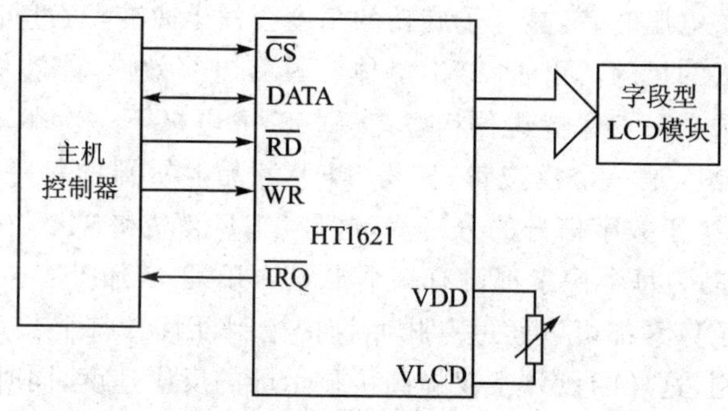

图 3-13　HT1621 字段型液晶显示模块的驱动电路

与计算机的接口通常为并行数据总线接口。图 3-14 是一款 16×2(2 行,每行 16 个字符)点阵型字符液晶显示模块的照片与接口电路图。所显示的数字与字母通常用 5×7 或 8×8 点阵来显示,控制器的内部带有字库,用户也可以通过自定义字库的方式显示少量的汉字或符号。

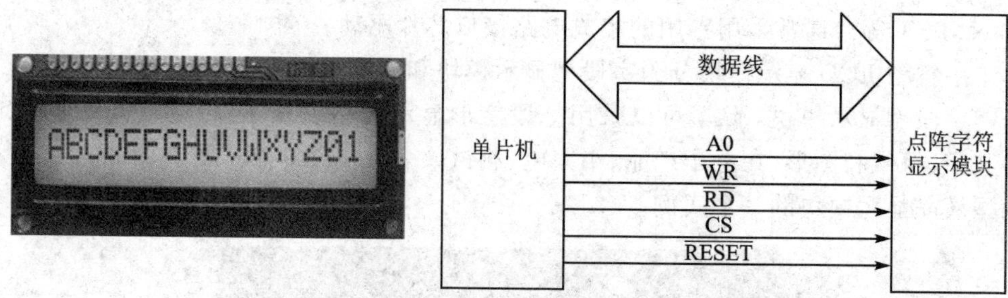

图 3-14　点阵型字符液晶显示模块照片及电路图

图形 LCD 显示模块：点阵单色图形 LCD 模块的外观如图 3-15 所示,它可以显示汉字、图形和图像,有黑白、单色灰度、彩色 CSTN 和真彩 TFT 显示模块多种类型。这类显示模块的接口分带有液晶显示控制器和仅有液晶驱动器两种,带有液晶显示控制器的模块的接口形式通常采用计算机总线结构,接口方法与点阵型字符液晶显示模块的接口电路类似,但控制命令要复杂得多,具体应用时可参考相应产品的使用说明书。

不带显示控制器的液晶模块只带有液晶行列驱动器,这种模块的优点是成本低,并可以通过改善驱动器的性能来改善显示器的性能。其接口电路分 SNT 和 TFT 两类。SNT 类的接口包括黑白、单色灰度、彩色液晶显示器等,其接口的信号定义随驱动芯片的不同略有区别,表 3-3 为 SNT 彩色液晶显示模块的信号定义。由于 SNT 型液晶显示器的像素点只能控制它的亮或灭,因此需要通过传送的数据位来控制相应像素点的亮灭。当数据位为 1 时,该像素点亮,若数据位为 0,则该像素点灭。对于彩色液晶模块,其数据线上的每 3 位表示一个像素点(黑白是 1 位)。例如,一个 320×240 点阵的彩色 CSNT 显示器,每行有 320 个像素,或 960 个按 RGB 排列的彩色点，对应每显示一行要输入 120 字节的数据。为了表现出不同的灰度等级，需要控制像素点的亮/暗时间占空比。这样，SNT 彩色液晶在显示某种颜色时，不可避免地会发生闪动的现象。

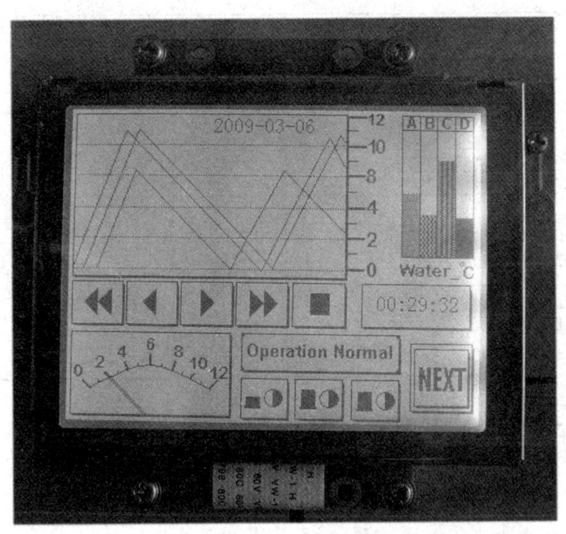

图 3-15 点阵单色图形 LCD 模块

表 3-3 SNT 彩色液晶模块的信号

引 脚	信 号	说 明	引 脚	信 号	说 明
1	M	液晶驱动的交流控制信号	9	D7	数据位 7
2	YD	帧开始脉冲	10	D6	数据位 6
3	LP	行锁存脉冲	11	D5	数据位 5
4	XCK	移位时钟	12	D4	数据位 4
5	DISPOFF	关显示	13	D3	数据位 3
6	VDD	电源+5 V	14	D2	数据位 2
7	VSS	电源地	15	D1	数据位 1
8	VEE	液晶驱动电压-24 V	16	D0	数据位 0

TFT 彩色液晶显示模块的信号定义见表 3-4。这种 TFT 型液晶显示模块的每一个像素分别由红、绿、蓝 3 组数据驱动，共 18 位，可以表示 262 144 种色彩。每个时钟周期由控制器向液晶屏发送一个像素的数据，而 320×240 点阵的液晶屏共有 76 800 个像素。若要达到 20 ms 的刷新速率，显示数据的传送速率应达到 4 MB/s。水平同步与垂直同步信号用于数据的同步。简单地说，当水平同步信号到来时，模块内部的列地址计数器清零，随后的数据由左边第一个像素点开始接收；当垂直同步信号到来时，模块内部的行地址计数器清零，随后的数据由上边第一行开始接收。

TFT 液晶模块的色彩丰富，显示无闪动现象，因此，TFT 显示模块得到了广泛的应用。

表 3-4 TFT 彩色液晶模块的信号

引 脚	信 号	说 明	引 脚	信 号	说 明
1	GND	信号地	20～25	B0～B5	蓝色数据
2	CK	时钟	19,26	GND	信号地
3	Hsync	水平同步	27	ENAB	水平显示位置设置
4	Vsync	垂直同步	28,29	VCC	电源
5,12	GND	信号地	30	R/L	左右模式设置
6～11	R0～R5	红色数据	31	U/D	上下模式设置
13～18	G0～G5	绿色数据			

3.2.3 打印机接口

按接口类型，打印机可分为串行打印机和并行打印机两大类。串行打印机采用 RS-232C 或 USB 串行接口标准，由 CPU 向打印机发送串行数据，经输入缓冲器和串-并转换后进行数据或图形的打印。下面仅讨论并行打印机的接口方法。

1. 并行打印机接口标准

并行打印机通常采用 Centronics 并行接口标准，该标准的信号线定义见表 3-5，数据传送时序如图 3-16 所示。

(1) 信号线的定义

Centronics 标准定义了 36 芯插头座，其中数据线 8 根，控制输入线 4 根，状态输出线 5 根，+5 V 电源线 1 根，地线 15 根，另有 3 根未定义。具体引线的名称、引脚号及功能如表 3-5 所列。表中的“入”“出”方向是相对打印机而言的，“入”线为控制信号线，“出”线为状态信号线。控制线和状态线名称上有“非”号的为低电平有效，否则为高电平有效。

表 3-5 Centronics 并行接口标准的信号线

插座 引脚号	信号名称	方向 （打印机）	功能说明
1	$\overline{\text{STROBE}}$	入	数据选通
2	DATA1	入	数据最低位
3	DATA2	入	—
4	DATA3	入	—
5	DATA4	入	—

续表 3-5

插座引脚号	信号名称	方向（打印机）	功能说明
6	DATA5	入	—
7	DATA6	入	—
8	DATA7	入	—
9	DATA8	入	数据最高位
10	$\overline{\text{ACK}}$	出	打印机准备接收数据
11	BUSY	出	打印机忙
12	PE	出	无纸（纸用完）
13	SLCT	出	指示打印机能工作
14	$\overline{\text{AUTOFEEDXT}}$	入	打印一行后自动走纸
16	逻辑地	—	—
17	机架地	—	—
19～30	地	—	双绞线的回线
31	$\overline{\text{INIT}}$	入	初始化命令（复位）
32	$\overline{\text{ERROR}}$	出	无纸、脱机、出错指示
33	地	—	—
35	+5 V	—	通过 4.7 kΩ 电阻接+5 V
36	$\overline{\text{SLCTIN}}$	入	允许打印机工作
15、18、34	不用（未定义）		

(2) 数据传送时序（见图 3-16）

在 Centronics 标准定义的信号线中，最主要的是 8 根并行数据线，2 根握手联络信号线（$\overline{\text{STROBE}}$、$\overline{\text{ACK}}$）和 1 根状态线（BUSY）。

当 CPU 通过接口要求打印机打印数据时，首先查看忙信号 BUSY，当 BUSY＝0（不忙）时，将数据通过数据总线送往接口。当数据在与打印机连接的数据引脚上稳定后，CPU 再发出一个选通脉冲，即 $\overline{\text{STROBE}}$ 有效，将送到打印机数据线上的数据存入打印机内部的数据输入寄存器中，$\overline{\text{STROBE}}$ 的上升沿将打印机的 BUSY 置为高电平（忙），表示打印机正在处理输入数据，暂不能接收新的数据。等到输入数据处理完毕，打印机可接收下一个数据时，便送出 $\overline{\text{ACK}}$ 响应信号，表示打印机准备就绪。同时在 $\overline{\text{ACK}}$ 脉冲的前沿（也可以选择后延）使 BUSY 由“高”变“低”，即撤销忙状态。至此一个数据传送结束。

2. 接口逻辑结构

按照 Centronics 标准和工作时序设计的一个典型打印机接口逻辑框图如

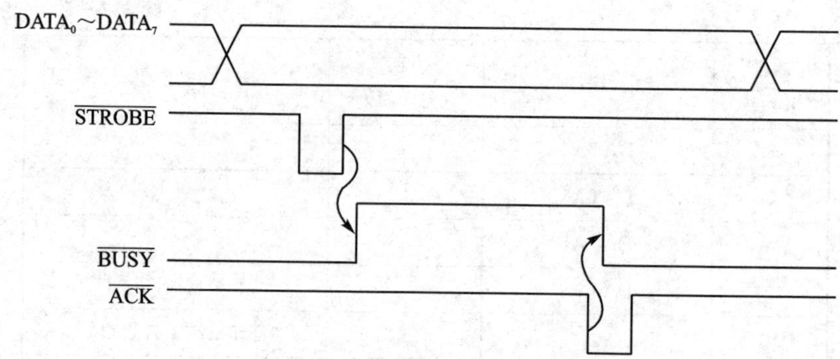

图 3-16　并行打印机接口数据传送时序

图 3-17 所示。它由数据收发器、命令译码器、输入数据缓冲器、输出数据寄存器、控制寄存器、状态寄存器和集电极驱动器等组成。

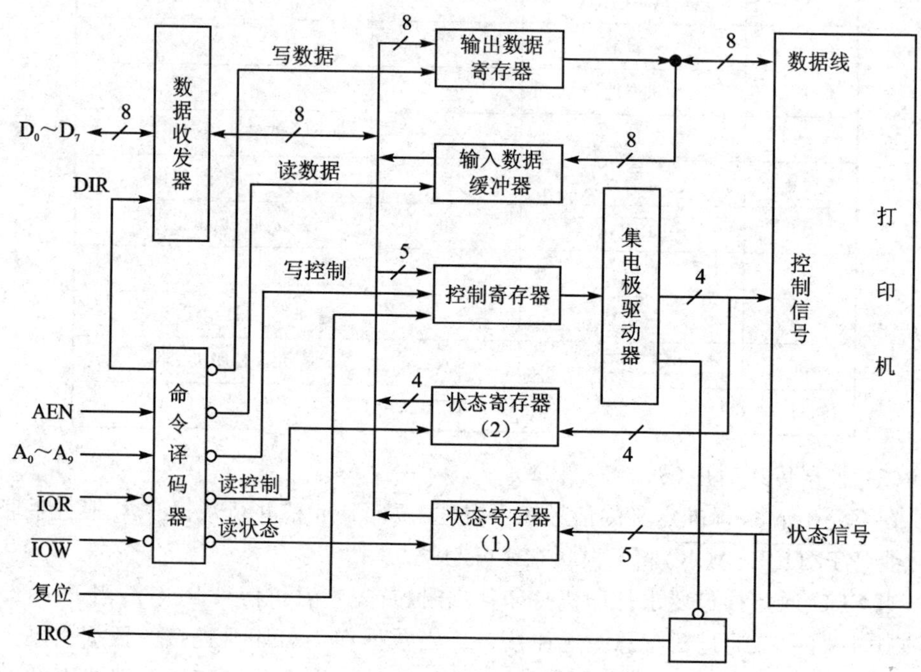

图 3-17　并行打印机接口逻辑框图

当 CPU 执行“IN”或“OUT”指令对接口进行读或写操作时，命令译码电路将产生接口内部的各种控制信号。向打印机发送 8 位数据时，数据经过数据收发器，锁存到输出数据寄存器中，等待写入打印机；若要写入控制信号，则将其锁存到控制寄存器中，经集电极驱动器送往打印机；读打印机状态信号时，读入的 5 位状态信号经状态寄存器(1)送到数据收发器，然后再到主机；若要读出控制信号，则须经状态寄存器(2)先到数据收发器后再进入主机。

接口内部共有 5 个寄存器，这 5 个寄存器占有 3 个端口地址。其中，输入数据缓冲器和输出数据寄存器共用一个端口地址（数据端口）；控制寄存器和状态寄存器(2)共用一个端口地址（控制端口）；状态寄存器(1)用一个端口地址（状态端口）。系统为该并行接口分配了 3 个 I/O 端口地址。CPU 对不同端口的访问将产生 5 种不同的操作，即读数据、写数据、读控制、写控制、读状态。5 种操作分别与 5 个寄存器对应。

3. 接口与打印机的连接

打印机接口与打印机连接示意图如图 3－18 所示。

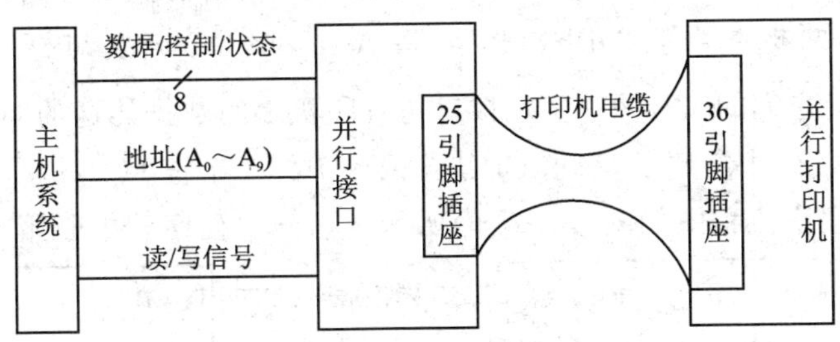

图 3－18　打印机接口与打印机连接示意图

IBM PC 打印机接口板输出端安装有 25 芯连接器，25 个引脚所代表的信号分为数据信号、控制信号和状态信号三类。打印机具有 36 引脚的 Centronics 标准插座。通过 25 芯扁平电缆将接口板与打印机对接起来，实现系统与打印机的信息传送。打印机接口板与打印机之间的信号连接关系如图 3－19 所示。

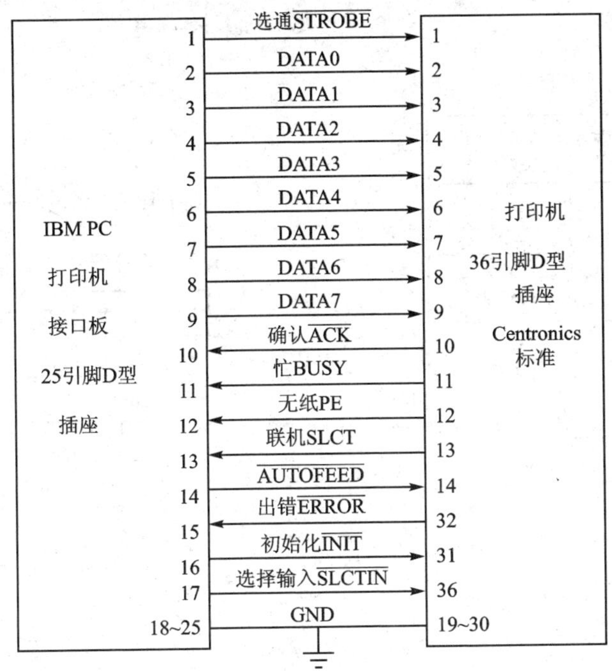

图 3－19　打印机接口板与打印机之间信号连接关系

4. 打印机接口设计举例

实际应用中，对大多数并行打印机接口，只需在硬件上提供一个数据口和有关的握手联络信号，软件上设计相应的控制程序，使各信号之间满足图 3－16 所示的数据传送时序关系，便可控制打印机正常工作。主机与接口之间的信息交换可采用程序查询方式或中断方式。本接口设计例子中，并行接口芯片采用 8255A，用中断方式与主机交换信息。采用 8255A 作为接口芯片可设计出多种中断方式的打印机接口，图 3－20(a)所示为方案之一。该方案以 PA 口作为输出数据寄存器，令其工作在方式 1。PA 口的两根联络线 $\overline{OBF_A}$（PC_7）和 $\overline{ACK_A}$（PC_6）分别与打印机的 $\overline{STB}$ 和 $\overline{ACK}$ 相连，通过它们的应答握手实现接口与打印机之间数据传送的同步。用 $INTR_A$（PC_3）向 CPU 发出中断请求，请求 CPU 输出一个打印字符。

接口驱动程序流程图如图 3－20(b)所示。它分主程序和中断服务程序两部分。

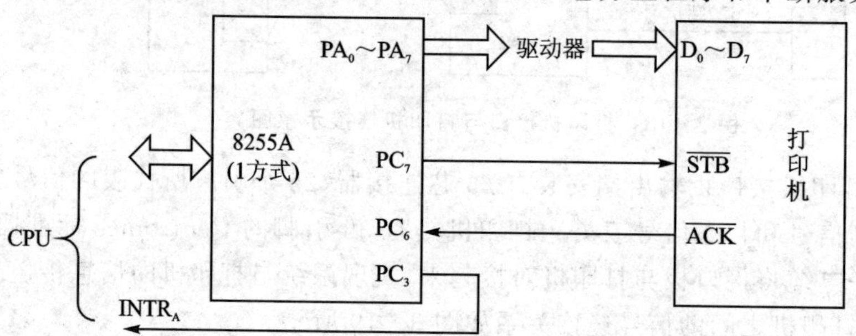

(a) 中断方式打印机接口框图

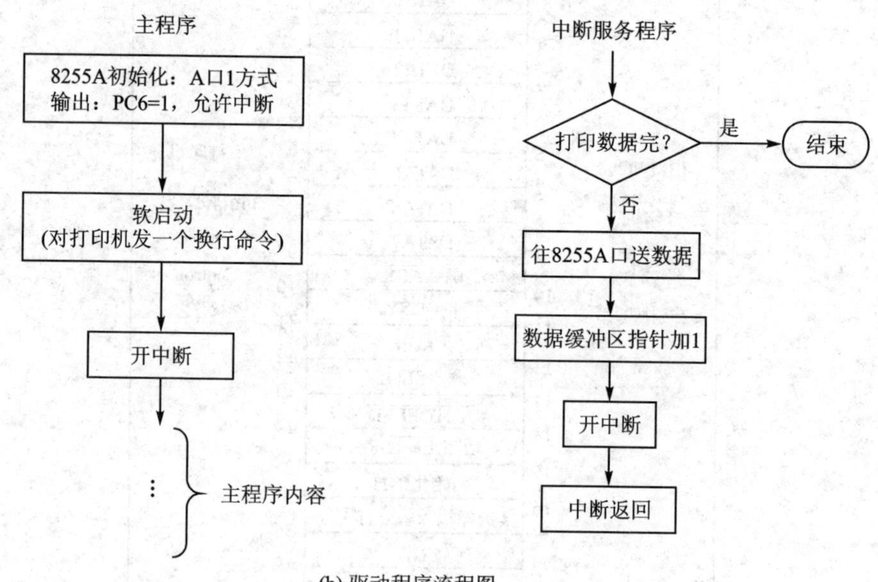

(b) 驱动程序流程图

图 3－20　中断方式打印机接口框图及驱动程序流程图

主程序主要完成 8255A 初始化、软启动和开中断等工作。8255A 初始化除了设置工作方式外，还要使 $PC_6=1$，以便开放 PA 口中断，即允许 8255A 提出中断请求。软启动的方法是向打印机发一个空走一行的换行命令 LF(将其 ASCII 码“0AH”输出到 PA 口)，令其空走一行，以便打印机发出 $\overline{ACK}$ 信号，引发中断请求，使之进入正常的“字符输出—打印”过程。字符的打印输出工作是在中断服务程序中完成的。

3.2.4 鼠标器接口

鼠标器是目前计算机必备的输入设备之一，用于控制屏幕上的光标移动，完成屏幕编辑、菜单选择及图形绘制，是一种常用的人机交互设备。

3.2.4.1 鼠标器分类

鼠标器的类型和型号很多，但都是把鼠标在平面移动时产生的移动距离和方向的信息以脉冲的形式送给计算机，计算机将收到的脉冲转换成屏幕上光标的坐标数据，以达到指示位置的目的，实现对计算机的操作。

根据按键的数目，可将鼠标分为两键鼠标和三键鼠标两种。

按照鼠标的内部结构，可将鼠标分为光电机械式、光电式、轨迹球式和无线遥控式。

光电机械式鼠标是目前最常用的一种鼠标。该类鼠标内部有 3 个滚轴，其中 1 个是空轴，另外 2 个各接 1 个码盘，分别是 X 方向和 Y 方向的滚轴。这 3 个滚轴都与一个可以滚动的橡胶球接触，并随橡胶球滚动一起转动，从而带动 X、Y 方向滚轴上的码盘转动。码盘上均匀地刻有一圈小孔，码盘两侧各有一个发光二极管和光电晶体管。码盘转动时，发光二极管射向光电晶体管的光束会被阻断或导通，从而产生表示位移和移动方向的两组脉冲。

光电式鼠标性能较好，它利用发光二极管与光敏传感器的组合测量位移。该类鼠标需在专用鼠标板上使用。这种鼠标板上印有均匀的网格，发光二极管发出的光照射到鼠标板上时产生强弱变化的反射光，经过透镜聚焦到光敏晶体管上产生电脉冲。由于光电式鼠标内部有测量 X 方向和 Y 方向的两组测量系统，因此可以对光标精确定位。

轨迹球式鼠标的内部和光电机械式鼠标相似，区别是轨迹球安装在鼠标上部，球座固定不动，靠手拨动轨迹球来控制光标在屏幕上移动。

无线遥控式鼠标主要有红外无线型鼠标和电波无线型鼠标。红外无线型鼠标必须对准红外线发射器后才可以自由活动，否则没有反应。电波无线型鼠标则可以不受方向的约束。

此外，按接口的类型，还可以分为 MS 串行鼠标器、PS/2 鼠标器、总线鼠标器和 USB 鼠标器。

3.2.4.2　鼠标器与PC机的接口

1. MS串行鼠标器接口

MS串行鼠标器通过9引脚或25引脚接口和计算机相连，一般连接到主机的COM1或COM2口，采用RS-232C标准通信，串行通信参数为：7位数据位、1位停止位、无奇偶校验位，通信速率为1 200～2 400 b/s。

2. PS/2鼠标器接口

PS/2鼠标器接口实际上也是一种串行接口，只是占用了不同的中断和I/O地址而已。PS/2鼠标器通过一个6引脚的微型DIN接口与计算机相连。由于使用了PS/2端口，可以节省一个串口用于其他外设，所以现在大部分鼠标都采用PS/2接口。

PS/2鼠标器和MS鼠标器的逻辑电平标准不同。MS串行鼠标使用的是RS-232C标准，"1"为－15～－3 V，"0"为＋3～＋15 V，而PS/2鼠标则使用的是TTL电平，"1"为＋5 V，"0"为0 V。所以不能简单地互换。

3. 总线鼠标器的接口

总线鼠标器又叫并行鼠标器。它一般与插在主机系统总线扩展槽中的专用扩展卡连接，采用9针插头。目前这种鼠标器使用不多。

4. USB鼠标器的接口

采用USB接口的鼠标可以在开机状态下直接拔下或插入使用，即可以热插拔。

图3-21所示为MS串行鼠标和PS/2鼠标接口及信号定义。

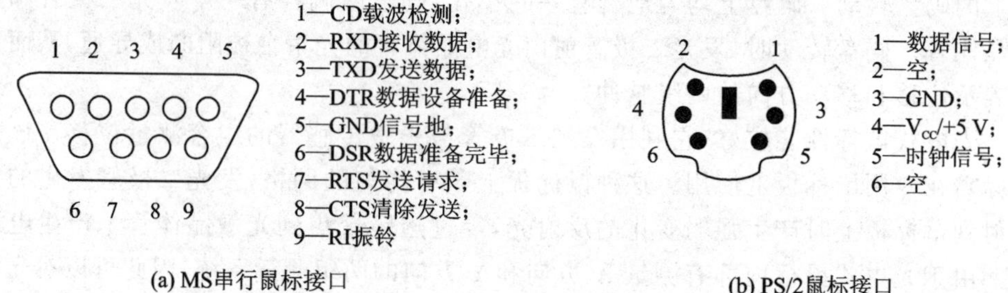

(a) MS串行鼠标接口　(b) PS/2鼠标接口

图3-21　两种鼠标接口及信号

3.2.4.3　PC机鼠标器端口编程

PC机鼠标器端口使用的是与键盘一样的数据传送协议。两者的差别是鼠标端口是单向的，只向PC发送数据，不能像键盘一样接收数据。

程序中所有的鼠标操作都是由INT 33H功能来实现的。其功能号放在AX寄存器中。

PC机的INT 33H的功能号为03H时，表示获取鼠标指针的按键状态和指针位置。返回的信息如下：

BX=按键的状态,位 0(左键,未按为 0,按下为 1);
位 1(右键,未按为 0,按下为 1);
位 2(中键,未按为 0,按下为 1)。

CX=水平(X)坐标,用像素表示。

DX=垂直(Y)坐标,用像素表示。

在 DEBUG 下输入下面程序段:

```
CS:0100      MOV AX,03H
CS:0103      INT 33H
CS:0105      JMP 0100
```

采用 P 命令执行程序,同时按下鼠标不同按键时,观察 BX、CX、DX 返回的信息就可以知道按键情况了。

3.2.5 触摸屏及其接口

3.2.5.1 几种常用的触摸屏的工作原理

工业自动化系统中,许多应用软件都是基于图形界面的。近年来,众多的图形界面采用触摸屏实现人机交互。触摸屏是一种附加在显示器表面的透明介质,通过用户手指触摸该介质来实现对计算机的操作,最终实现对计算机的查询输入。这种方式操作简单、直观,极大地简化了计算机的使用,很受用户的欢迎。下面简要介绍几种常用的触摸屏。

1. 电阻式触摸屏

四线电阻式触摸屏的结构如图 3-22(a)所示,其主要工作部分是一块放置在显示器表面的电阻薄膜层,这是一种多层复合薄膜,由一层玻璃或有机玻璃作为基层,表面涂有一层叫 ITO 的透明导电层,上面再盖有一层外表面经硬化处理、光滑防刮的塑料层,它的内表面也涂有一层导电层(ITO 或镍金),在两层导电层之间有许多细小(小于 0.025 mm)的透明隔离点,将它们隔开绝缘。当手指触摸屏幕时,两层导电层在触摸点位置就形成了一个接触,触摸屏控制器侦测到这个接触,并测量出 X、Y 轴的位置,如图 3-22(b)所示,这就是所有电阻式触摸屏的基本工作原理。

电阻式触摸屏的两层 ITO 工作面必须是完整的,在每个工作面的两条边线上各涂有一条银胶,它的一端加 5 V 电压,另一端为 0 V,这样就能在工作面的一个方向上形成一个均匀、连续的平行电压分布。在侦测到有触摸后,控制器立刻通过 A/D 转换测量接触点的模拟量电压值,根据它和 5 V 的比例公式就能计算触摸点在这个方向上的位置。然后再对另一个方向进行测量,就可以准确得出 X、Y 轴的位置。

电阻式触摸屏的优点是价格比较便宜。由于电阻式触摸屏的工作环境对外界完全隔离,故不怕灰尘、水气和油污,可以用任何物体来接触,比较适合在工业控制领域应用。

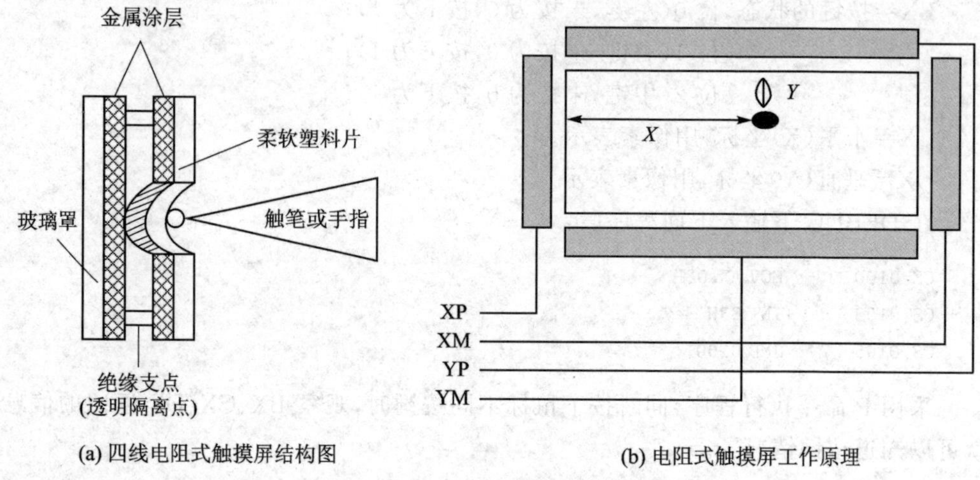

(a) 四线电阻式触摸屏结构图

(b) 电阻式触摸屏工作原理

图 3-22 电阻触摸屏工作原理

2. 红外线触摸屏

使用这类触摸屏时通常要在显示器屏幕的前面安装一个专门的外框，外框里有电路板，在 X、Y 方向有均匀排布的红外发射管和红外接收管，形成一一对应的横竖交叉的红外线矩阵网。当有触摸时，手指或其他物体就会挡住经过该点的横竖红外线，通过控制器就可以判断出触摸点在屏幕的位置。

红外触摸屏可用手指、笔或任何能阻挡光线的物体来触摸。红外触摸屏赖以工作的红外光栅矩阵是在同一个平面上的，因此，红外屏真正感应触摸的工作面距离显示器屏幕是有一定距离的，这在球面显示器上使用时尤其明显。另外，红外触摸屏的分辨率较低，并且对于两个以上的触摸，在判断上存在技术难度。有些产品将坐标的连续多点触摸判断为大物体触摸，并取其中点输出，而对不连续的多点触摸不予判断，用此策略来解决两个以上的触摸的难题。

3. 表面声波触摸屏

表面声波触摸屏的屏体是一块平面、球面或者柱面的玻璃平板，安装在 CRT、LED、LCD 或等离子显示器屏幕的前面。这块玻璃平板只是一块纯粹的强化玻璃，与其他触摸屏技术的区别在于，它的屏幕上没有任何贴膜和覆盖层。在玻璃屏的左上角和右下角各安装了垂直和水平方向的超声波发射换能器，左下角和右上角则固定了两个相应的超声波接收换能器。玻璃屏的四个周边则刻有 45°角的由疏到密间隔非常精密的反射条纹，如图 3-23 所示。以右下角的 X 轴发射换能器为例，来说明其工作原理。发射换能器把控制器通过触摸屏电缆送来的电信号转化为声波能量向左方表面传递，然后由玻璃板下边的一组精密反射条纹把声波能量反射成向上的沿均匀面的声波传递，声波能量经过屏体表面，再由上边的反射条纹聚成向右的直线传播给 X 轴的接收换能器，接收换能器将返回的表面声波能量变为电信号。

当发射换能器发射一个窄脉冲后，声波能量历经不同途径到达接收换能器，走最

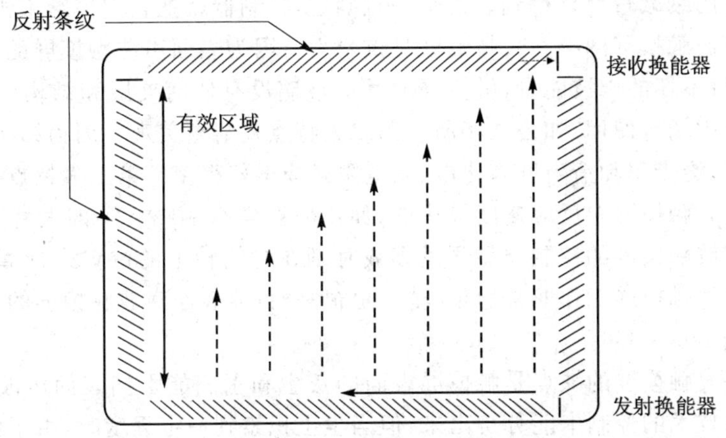

图 3-23 声表面波触摸屏的工作原理

右边的最早到达,走最左边的最晚到达,早到达的和晚到达的这些声波能量叠加成一个较宽的波形信号,如图 3-24 所示。不难看出,接收信号集合了所有在 X 轴方向历经长短不同路径回归的声波能量,它们在 Y 轴走过的路径是相同的,但在 X 轴上,最远的比最近的多走了两倍 X 轴的最大距离。因此,这个波形信号的时间轴反映出各原始波形叠加前的位置,也就是 X 轴坐标。

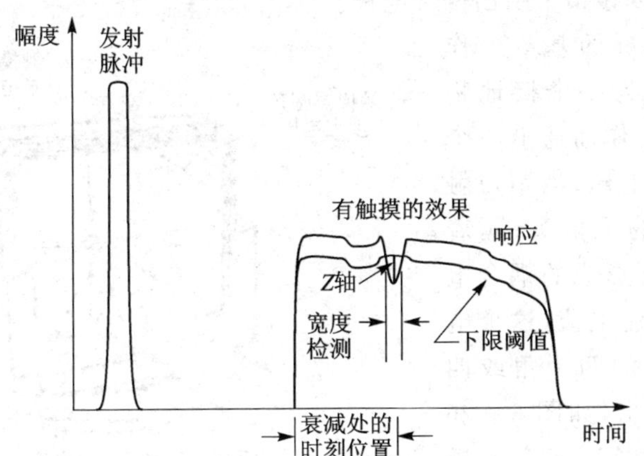

图 3-24 发射信号与接收信号波形

在没有触摸的时候,接收信号的波形与参照波形完全一样。当手指或其他能够吸收或阻挡声波能量的物体触摸屏幕时,X 轴途经手指部位向上走的声波能量被部分吸收,反映在接收波形上即某一时刻位置上的波形有一个衰减缺口(见图 3-24)。

接收波形对应手指挡住部位因信号衰减出现了一个缺口,计算出缺口位置即得触摸坐标。控制器分析到接收信号的衰减并由缺口的位置判定 X 坐标。之后 Y 轴也采用同样的过程判定出触摸点的 Y 坐标。表面声波触摸屏除了能输出 X、Y 坐标外,还输出第三轴 Z 轴坐标,也就是能感知用户触摸力度的大小。其原理是由接收信号衰减处的衰减量计算得到。三轴一旦确定,控制器就把它们传给主机。

表面声波触摸屏的第一大特点就是抗暴力。因为表面声波触摸屏的工作面是一层看不见、打不坏的声波能量,触摸屏的基层玻璃没有任何夹层和结构应力,因此非常适合抗暴力场合使用,如公共场所。第二大特点是清晰美观。因为结构少,只有一层普通玻璃,透光率和清晰度都比电容、电阻触摸屏好得多。第三大特点是反应速度快。它是所有触摸屏中反应速度最快的,使用时感觉很顺畅。第四大特点是性能稳定。表面声波触摸屏的控制器靠测量衰减时刻在时间轴上的位置来计算触摸位置,所以表面声波触摸屏工作非常稳定,精度也很高,目前表面声波触摸屏的精度通常可达 4 096×4 096×256。

表面声波触摸屏的缺点是触摸屏表面的灰尘和水滴能阻挡表面声波的传递,虽然采用智能技术的控制卡能分辨出来,但当尘土积累到一定程度时,由于信号衰减太大,表面声波触摸屏会变得迟钝甚至不能工作。因此,一方面要选用推出防尘型表面声波触摸屏,另一方面建议每年定期清洁触摸屏。

4. 电容式触摸屏

采用电容技术的触摸屏是一块四层的复合玻璃层。玻璃层的内表面和夹层各涂有一层 ITO 导电层,最外层是只有 0.001 5 mm 厚的矽土玻璃保护层。内层 ITO 作为屏蔽层,以保证良好的工作环境,夹层的 ITO 涂层是用来作为检测定位的工作层,在它的四个角或四条边上引出四个电极。

电容式触摸屏的基本工作原理是:假设人为一个接地物(零电势体),给工作面通上一个很低的高频交流电压,当用户触摸屏幕时,靠人的手指头(隔着薄玻璃)与工作面形成的耦合电容来吸走一个交流电流,这个电流分别从触摸屏的四个角或四条边上的电极流出,如图 3-25 所示。理论上流经这四个电极的电流与手指到四角的距离成比例,控制器通过对这四个电流比例的精确计算,得出触摸点的位置。

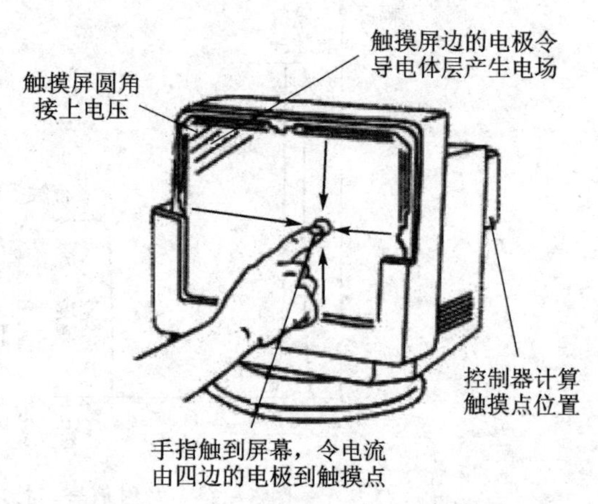

图 3-25　电容式触摸屏的工作原理

电容触摸屏实际就是一套精密的漏电传感器,因此带手套的手触摸是无效的。电容屏和电阻屏都是电原理工作方式,电工作方式对于多点触摸,无论是多少个点,连续的还是不连续的,都是取多点触摸的中心点来判断。

几种触摸屏的特性比较见表 3-6。

表 3-6　几种触摸屏的特性比较

特性＼类型	五线电阻式	四线电阻式	表面声波式	电容式	红外线式	压感式
触摸寿命	>3 500 万次	<100 万次	>5 000 万次	>2 000 万次	等于发光管的寿命	未知
响应时间/ms	10	10～20	10	15～24	15～30	150～250
透光性/%	75	75	92	85	100	100
防刻痕和磨损性	好	对外层 ITO 的损坏敏感	很好	好	很好	很好
触摸分辨率	>4 096×4 096	1 024×1 024	4 096×4 096	1 024×1 024	32×32 或略高	400×400
漂移	无	无	无	有	无	有
价格	中	中	中	中	低	高

选择触摸屏时，要注意工作方式、分辨率、响应时间、价格、软件支持性能和透光性能等几个参数。

红外线式触摸屏分辨率低，价格便宜；电阻式触摸屏分辨率较高，但透光性能差一些；电容式触摸屏分辨率高，透光性能强，但价格最高。电阻式触摸屏和电容式触摸屏一般用于性能要求比较高的应用系统中。红外线式触摸屏由于价格低，广泛用于分辨率和反应速度都要求不高的公众场所的信息咨询系统中。

3.2.5.2　触摸屏接口编程

有的触摸屏接口被放置于显示器内部，有的放在显示器外部或机箱内，一般通过 RS-232C 串行接口实现与主机的通信。触摸屏接口主要完成以下工作：

① 检测并计算触摸点的坐标，经缓冲后送给主机。

② 接收并执行主机命令。如设定相关工作模式及坐标信息处理方式等。

触摸屏供应商一般都提供与触摸屏配用的驱动程序，以进行相关的定义和控制。

红外线式触摸屏多数都连接于主机的 RS-232C 异步串行通信口上。触摸屏与主机之间的所有数据联系，如主机向触摸屏发送命令、触摸屏向主机报告等，都是通过串行通信口来完成的。因此，对触摸屏的编程也就变成了对串行通信口的编程。主机通过串行通信口向触摸屏发送相应的命令码，控制触摸屏的工作状态和工作方式，根据串行通信口接收到的数据识别出触摸屏传送回来的报告，得到所检测到的触摸状态与触摸位置，从而完成输入工作。

对串行通信口的编程有不同的方法，有直接对串行通信口的寄存器进行操作的初级方法，通过 BIOS 中有关串行通信中断调用的中级方法，也有通过驱动函数控制串行通信口的较高级的方法，不直接与硬件端口、寄存器或中断打交道。另外，还可以在应用软件与触摸屏之间增加一层设备驱动软件，由该驱动软件来控制串行通信口，负责主机与触摸屏之间的通信，并向应用软件提供一套与硬件无关的控制功能。应用软件通过这些功能来与触摸屏打交道，避免了应用软件与硬件之间直接接触，也就降低了编程难度，提高了兼容性，这是一种高级的编程方法。

3.3 过程通道接口

测控系统的测控对象往往是一种过程(如工业生产过程、装备运行过程或科学试验过程等)，图 3-26 为典型的微机测控系统的硬件组成框图。由图 3-26 可知，过程通道是微型计算机与被监测(或被控制)过程之间实现信息传递和变换的连接通道，其作用是：① 检测被测(或被控)过程的一些运行状态，测量该过程的各种运行参数并转换成适合微型计算机接收和处理的形式，以便微型计算机进行运算和处理；② 将微型计算机输出的运算结果或控制命令转换成操纵执行机构的控制信号，实现对被控过程的有效控制。

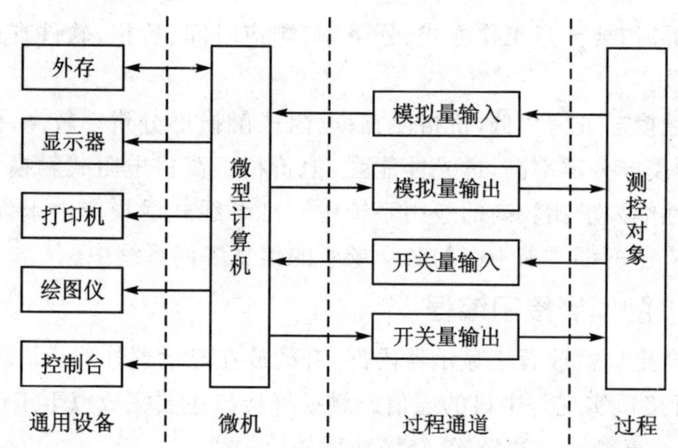

图 3-26 微机测控系统硬件组成框图

过程通道可包括模拟量输入、模拟量输出、开关量输入、开关量输出四部分，相应的接口技术具有各自的特色。关于过程通道的较详细的论述，见本书 5.7 节。

3.3.1 模拟量输入通道

模拟量输入通道的任务是把从测控对象检测得到的模拟信号转换成数字信号经接口送入计算机。

3.3.1.1 模拟量输入通道的一般组成

模拟量输入通道一般由信号调理电路、模拟多路转换器、放大器和模/数转换器组成。为了与计算机联络，还需有相应的接口及控制电路。模拟量输入通道一般组成如图 3-27 所示。

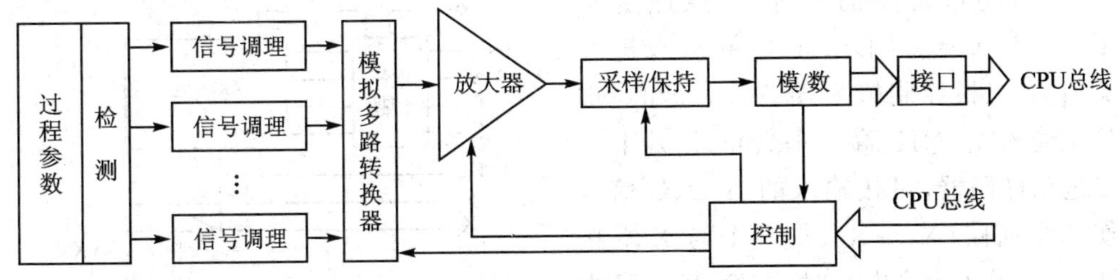

图 3-27 模拟量输入通道一般组成

根据所接传感器的不同,信号调理电路所要完成的任务也不同。可选择的内容包括小信号放大、信号滤波、信号衰减、阻抗匹配、电平变换、非线性补偿、电流/电压转换等。一般情况下,多路模拟信号共用一个模/数转换器,这时就要用模拟多路转换器按一定顺序轮流接通模拟输入信号。当被测信号变化较快时,要求通道也能及时反映,而模/数转换需要一定的时间才能完成。如在转换过程中模拟输入发生显著变化,使得转换得到的数字量不能真正代表发出命令的那一瞬间所要转换的数据电平。为了克服这一缺点,在模/数转换器前面往往接入一个采样/保持器。采样/保持器对变化的模拟信号进行快速"采样",并在数/模转换器进行数/模转换的过程中"保持"该信号。

为使模/数转换达到应有的精度,须将各路传感器来的信号放大到模/数转换器所要求的输入电平值(如满度为 10 V 或 5 V),当所用的传感器很多时,可多路共用一个放大器。如果各路信号要求的放大倍数不同,则可设计一个可编程的放大器,由计算机控制它的闭环增益。

3.3.1.2 模拟多路转换器

1. 模拟多路转换器的工作原理

模拟多路转换器又称模拟多路开关,利用它可将各个输入信号依次或随机地接到公用的放大器或模/数转换器上。理想的多路开关,其开路电阻为无穷大,其接通电阻应为零。此外,还希望它切换速度快、噪声小、寿命长、工作可靠。

模拟多路开关分两类,一类是机械触点式,如干簧继电器、振子式继电器等;另一类是电子式开关,如晶体管、场效应管等。干簧继电器是较理想的触点式开关。其优点是接通电阻小(可小于 0.1 Ω),开路电阻高(可高达 10 GΩ),工作寿命长(可达 10^6~10^7 次),工作频率可达 40 Hz 左右。缺点是有时会有触点吸合不释放现象。干簧继电器适合于小信号中速度(10~400 点/秒)的采样单元使用。电子式开关的优点是开关速度高(工作频率可达 1 000 点/秒),体积小、寿命长;缺点是导通电阻较大(5 Ω~1 kΩ 之间),驱动部分与开关元件部分的隔离不够好,影响小信号测量的精度。

除了高精度小信号转换的应用情况,目前广泛使用集成多路电子开关。CMOS

型单片多路开关 CD4051(MC14501,C511)就是最常用的一种,其原理图如图 3-28 所示。CD4051 是单端八掷开关,它有三根控制输入端 A、B、C 和一根禁止输入端 INH(高电平禁止)。片上有二进制译码器,可按输入的 A、B、C 信号使 8 个通路($X_0 \sim X_7$)的一个与 X 端接通。当 INH 为高电平时,不论 A、B、C 为何值,8 个通路均不通。CD4051 有很宽的数字和模拟信号电平范围,数字信号电平为 3~15 V,模拟信号峰-峰值可为 15 V;当 $V_{DD}-V_{EE}=15$ V,输入范围为 0~15 V 时,其导通电阻为 80 Ω;当 $V_{DD}-V_{EE}=10$ V 时,其断开时的漏电流为±10 pA;静态功耗为 1 μW。

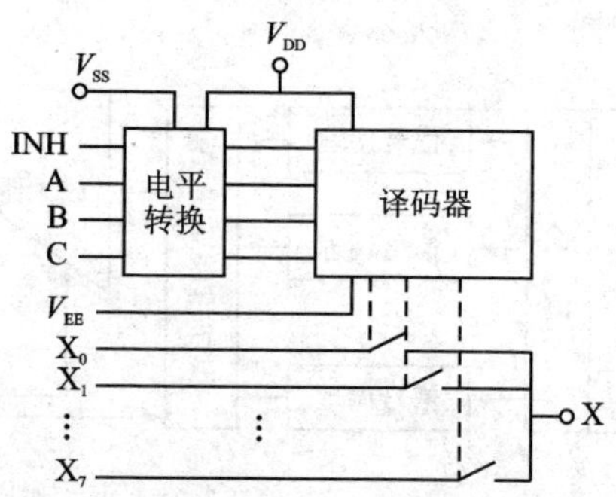

图 3-28　多路开关 CD4501 原理图

为了提高抗共模干扰的能力,可采用差动输入方式。图 3-29 为 16 通道差动输入时 CD4051 的连接实例。若要采用第 8 通道的模拟信号,则可在 CPU 数据总线上输出 1000,经 4D 锁存器,其输出 $Q_3Q_2Q_1Q_0$ 为 1000,所以只有 2 号、3 号的 INH 为低电平,允许选通。又因为 A、B、C 三端均为 0,两片的 X_0 路接通,选中第 8 通道。

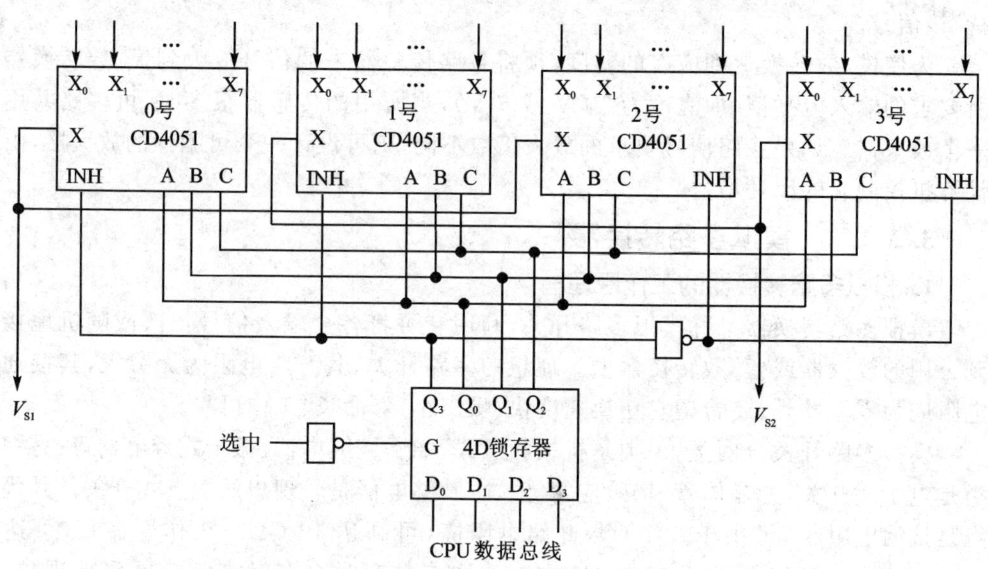

图 3-29　差动输入时 CD4051 的连接实例

2. 模拟多路转换器的性能参数

模拟多路开关的主要参数有:

(1) 漏电流 I_S

漏电流表征了模拟多路开关的截止(即开路)特性,一般漏电流在 1 nA~1 μA

之间，相当于截止电阻 $R_{OFF}\approx1\ k\Omega\sim10\ M\Omega$。若湿度、温度升高，则漏电流会增大。

(2) 接通电流 I_C

模拟多路开关的极限电流为 10～35 mA，实用电流一般以 1 mA 左右为宜。负载电阻通常要求 $R_L\geqslant100\ \Omega$，常用 1～10 kΩ。

(3) 导通电阻 R_{ON}

模拟多路开关的导通电阻在 0.1～1 kΩ 之间。电源电压高，导通电阻小；电源电压低，导通电阻大。在电源电压范围内均可双向导通，通常在电源电压中心处导通电阻较小，R_{ON} 的这种非线性大致在 20%之内。而同一外壳封装中各开关之间相对误差一般在 5%之内。

(4) 开关转换频率及开关时间

最高开关转换频率 $f_{sw}=1\sim10$ MHz，开关时间为 0.1～1 μs，也有更高转换频率和开关速度的模拟开关。

(5) 电源电压

电源电压范围也就是信号电压范围，一般为 3～18 V，高压型可达 5～35 V 或 ±17 V。

(6) 静态功耗

模拟多路开关的静态功耗一般为 μW 级，最大为数 mW。加上开关部分的总允许功耗在 450～500 mW 之内，周围温度超过 60～70 ℃时允许功耗按 −6～−12 mW/℃比率减小。

3. 模拟多路转换器应用举例

AD7501 是一种高电压双电源的 8 选 1 CMOS 多路开关，芯片引脚图如图 3-30 所示。AD7501 芯片内置有 TTL→CMOS 电平移动电路，选通信号 EN 及地址信号 A_0、A_1、A_2 都先进入电平移动电路，然后去控制开关通断，当 EN＝“H”时，由 $A_0A_1A_2$ 的二进制码选择 $S_1\sim S_8$ 之一与 D 端导通；当 EN＝“L”时，禁止导通。

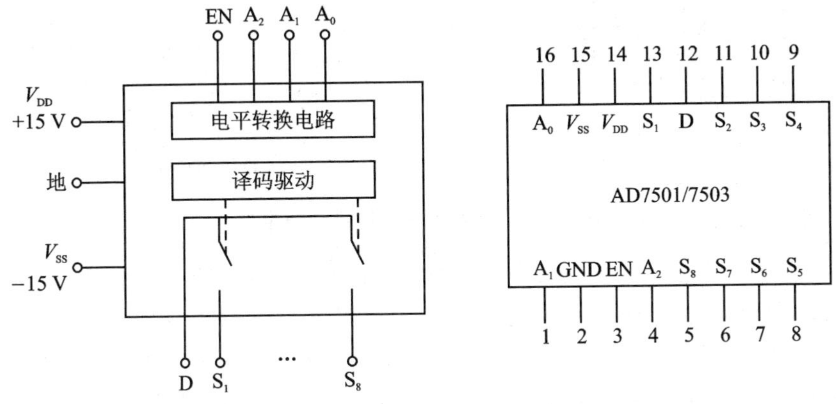

图 3-30 AD7501 引脚图

AD7501 的主要参数为 $R_{ON}=170\ \Omega$，$\Delta R_{ON}\leqslant 4\%R_{ON}$，$R_{ON}$ 线性≤20%。开关时间小于 0.6 μs。开关间击穿电压高，耐压±25 V。$V_{DD}-V_{SS}\leqslant 34$ V。静态功耗 $P_d=30\ \mu$W，10 kHz 开关时耗电 2.5 mW；允许功耗 450 mW（≤75 ℃），75 ℃以上按 −6 mW/℃减小。

图 3-31 是由 4 片 AD7501 芯片构成的信号输入单双端可切换的接口电路。图中 U1～U4（4 片 AD7501）提供了 32 条通路（CH_0～CH_{31}）。微机 CPU 输出一字节控制字存入 D 寄存器（74LS273），其中 D_0、D_1 和 D_2 位分别作为模拟多路开关 AD7501 的地址线 A_0、A_1 和 A_2，D_3～D_6 位分别作为 U1～U4 的控制信号 EN。

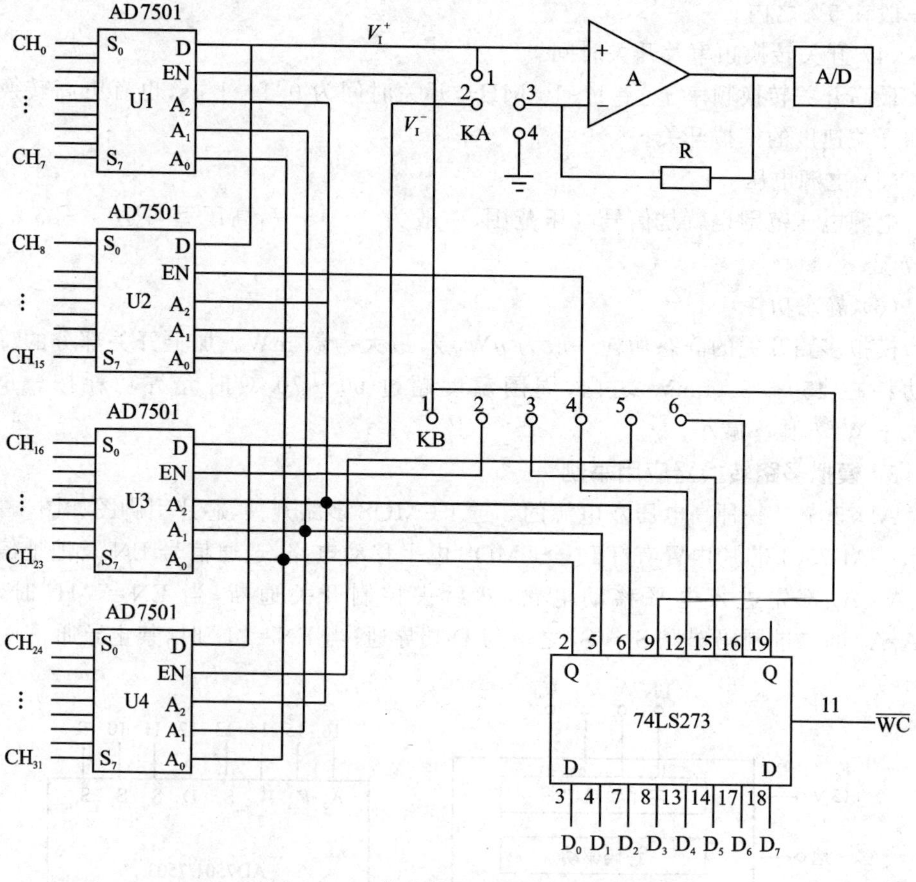

图 3-31　输入单双端口可切换电路

如果选择单端输入，可把短接柱 KA 的 1—2、3—4 短接，再把短接柱 KB 的 2—3、5—6 短接，则该电路可提供 32 路输入信号的通路（CH_0～CH_{31}）。

如果选择双端输入，每个信号将占两个端子开关，电路可提供 16 路输入信号通路，其中 CH_0～CH_{15} 为信号正端 V_I^+，CH_{16}～CH_{31} 为信号负端 V_I^-。为此，可把短接柱 KA 的 2—3 短接，再把短接柱 KB 的 1—2、4—5 短接。这时，D_3 作为 U1 和 U3

的控制信号 EN，而 D_4 作为 U2 和 U4 的控制信号 EN。双端输入方式虽然信号输入数减少了一半，却能有效地抑制共模干扰。

3.3.1.3 采样/保持器

1. 采样/保持器的工作原理

应用采样/保持器，可以提高模拟输入信号的允许工作频率。采样/保持器的原理图如图 3－32 所示，主要由模拟开关 K、存储电容 C 及缓冲放大器组成。当控制信号使开关 K 闭合时(采样阶段)输入信号通过电阻 R(这个电阻通常为前一级运算放大器的输出电阻与模拟开关导通电阻之和)向电容充电。通常，要求充电时间越短越好，以使电容电压迅速达到输入电压值。当控制信号使 K 断开时，进入保持阶段，电容上保持着在开关断开瞬间的输入电压值。

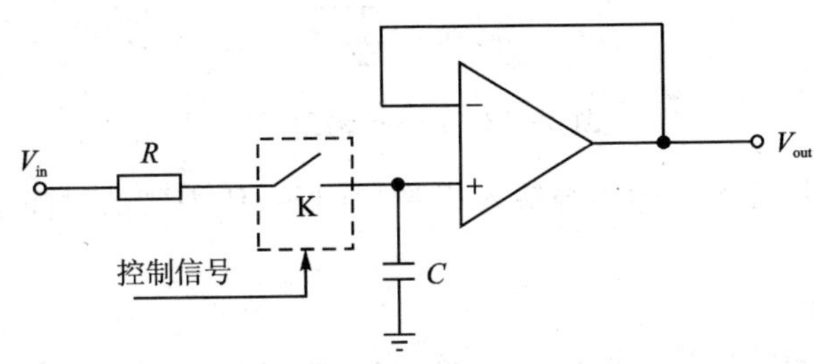

图 3－32 采样/保持器原理图

采样/保持器具有多个特性参数。其中捕获时间与电压下降率两项指标对使用者来说更为重要。捕获时间定义为跟随输入信号到达所规定的百分比误差之内所需要的最小时间。捕获时间主要是电容器充电时间常数、放大器摆率及建立时间的函数。电压下降率定义为在保持阶段存储电容的放电速度。它是电容的容量 C、漏电阻、缓冲放大器的输入电阻及开关 K 的断开电阻的函数。

图 3－33 是集成采样保持器 LF398 的原理图。保持电容 C_H 的选择取决于保持时间的长短。逻辑控制输入端用于控制采样或保持。逻辑电平基准输入端 L. R 能使控制信号与各种逻辑电平兼容，L. R 接地时，控制电平与 TTL 兼容。OFFSET 端用于零位调整。当选用 C_H＝0.01 μF 时，信号达 0.01%精度的捕获时间为 25 μs，电压下降率为 3 mV/s。如模/数转换器的转换时间为 100 μs，则在转换时间内，保持器电压下降 0.3 μV，可见保持精度是比较高的。

2. 采样/保持器的性能参数

采样/保持器的主要性能参数如下：

(1) 采样时间(捕获时间)

采样/保持器不可能是理想的器件，当它置于采样状态时，输出跟踪输入需要一定的时间。采样时间是指在采样命令发出后，采样/保持器的输出从所保持的值到达当前输入信号的值所需的时间。一般将采样/保持器输出跟踪一个跳变 10 V 的输入

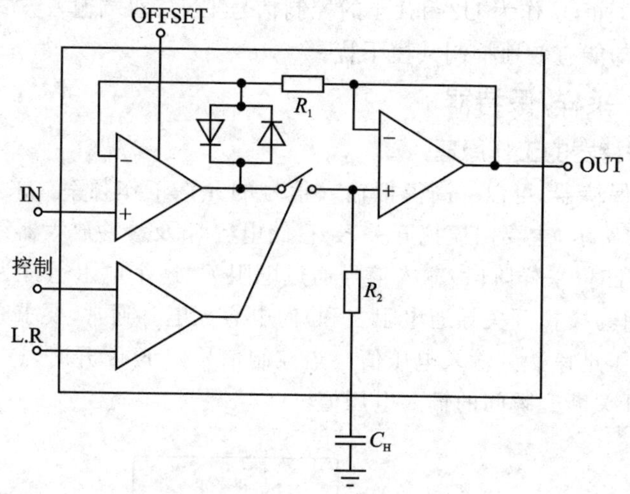

图 3-33 LF398 的原理图

模拟电压时，从采样开始到输出与输入相差 0.01%，所需要的时间定义为采样时间，如图 3-34 所示。

(2) 直流偏移

直流偏移是指采样/保持器输入端接地时，输出与输入之间的差值，如图 3-34 所示。直流偏移量一般为 mV 级，它可借助于外部元件调整至零。采样/保持器的直流偏移是时间和温度的函数。

(3) 转换速率

转换速率是输出变化的最大速率，以 V/s 为单位，如图 3-34 所示。

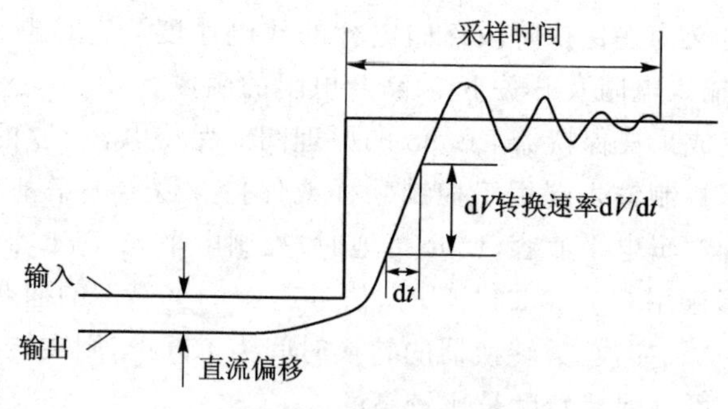

图 3-34 采样/保持器的参数

(4) 孔径时间

孔径时间是指当采样/保持器从采样转入保持时，采样开关完全断开所需要的时间。即进入保持控制后，实际的保持点会滞后于要求的保持点一段时间，一般是 ns 级。这一时间由晶体管开关的动作时间决定，如图 3-35 所示。不同的器件，孔径时间不完全相同，这称为孔径不定性。

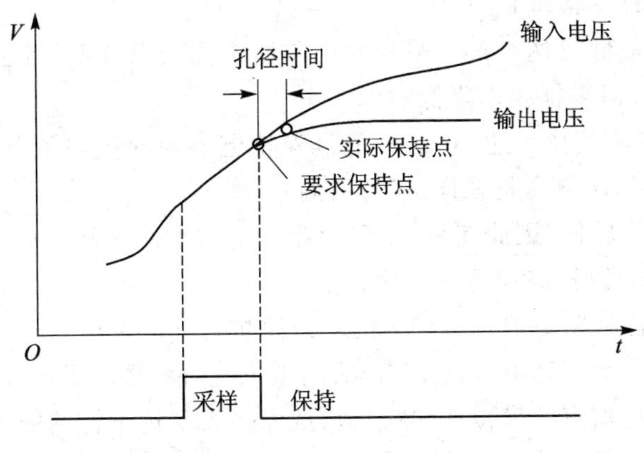

图 3-35　孔径时间示意

(5) 下降率(衰减率)

采样/保持器在进入保持阶段后,输出值并非绝对保持不变,而会有一个微小幅度的下降。下降率为 $\Delta V/\Delta T=I/C_{\mathrm{H}}$,单位为 mV/s。输出下降是由晶体管开关及保持电容的漏电流所造成的。通常保持电容的选择应兼顾到采样时间和下降率。电容一般选取聚苯乙烯、聚丙乙烯或聚四氟乙烯为介质。

采样/保持器的其他参数如输入电压、输入电阻和输出电阻等,在选用时也应予考虑。

3. 采样/保持器应用举例

集成采样/保持器芯片 AD582 由一个高性能的运算放大器、低漏电阻的模拟开关和一个由结型场效应管集成的放大器组成。全部电路集成于一个芯片上,保持电容是外接的,其功能引脚及结构示意图见图 3-36。

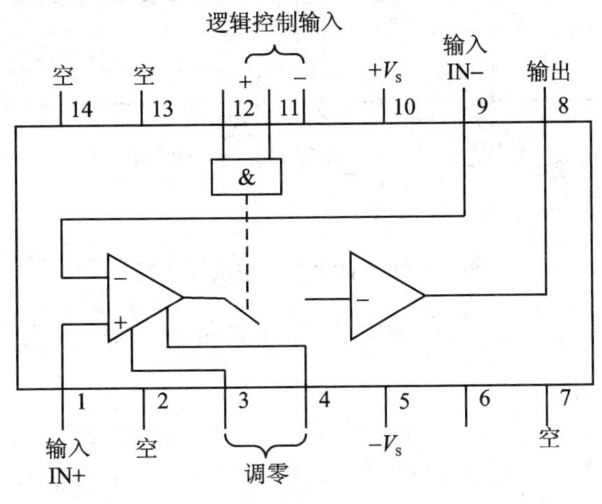

图 3-36　AD582 引脚及结构示意图

AD582 芯片的性能如下：

① 采样时间最低可达 6 μs。采样时间与所选择的保持电容值 C_H 有关，电容越大，采样时间越长，但采样频率降低了。

② 采样/保持电流比可达 10^7。该值是保持电容器充电电流与保持模式时电容漏电流之间的比值，该值也是采样/保持器的质量标志。

③ 电荷转移值较低，因此使采样/保持器产生的偏移误差较小，并且允许采用数值低的保持电容器，以提高捕捉信号的速度。

④ 在采样和保持状态时均有较高的输入阻抗，约 30 MΩ。

⑤ 输入信号电平可达电源值 $\pm V_S$，适用于 12 位模/数转换电路。

⑥ 提供了相互隔离的模拟地、数字地，从而提高了抗干扰的能力。

⑦ 具有差动的逻辑输入端，当负逻辑端(11 引脚)接地，正逻辑端(12 引脚)接低电平时，AD582 处于采样状态，如正逻辑端(12 引脚)接高电平，AD582 则处于保持状态(这一特性恰与 LF398 相反)。在保持状态时，输出将随电源电压变化而变化，因此，电源电压应经过稳压和滤波。

⑧ 具有放大功能(LF398 不具备此功能)，其增益由外接电阻确定。

下面是 AD582 的两种实用电路。图 3－37 是增益为 1、输出反相的连接线路。这个电路中，只需外接保持电容器 C_H、电源的旁路电容和 10 kΩ 调零电位器。

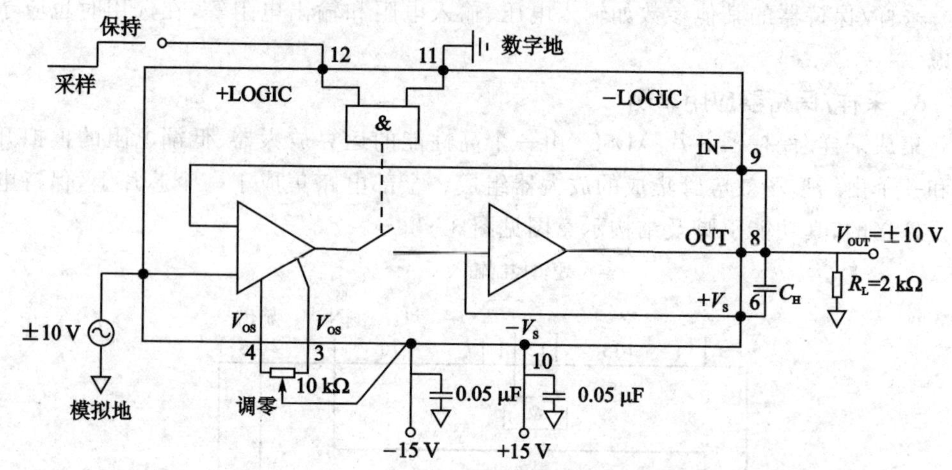

图 3－37　AD582 反相应用电路

图 3－38 是 AD582 同相输出电路，电路增益可由外接电阻来选择，增益 $A=1+R_F/R_I$。

控制采样/保持器的采样/保持信号要与 A/D 转换相配合，该信号既可以由控制电路产生，也可以由 A/D 转换器提供。图 3－39 所示的是采样/保持器 AD582 和 12 位 A/D 转换器 AD574A 之间的连接线路。AD574A 的转换结束信号 $\overline{\text{STS}}$ 直接作为 AD582 的采样/保持信号。这是因为 $\overline{\text{STS}}$ 为低电平表示转换完毕，为高电平表

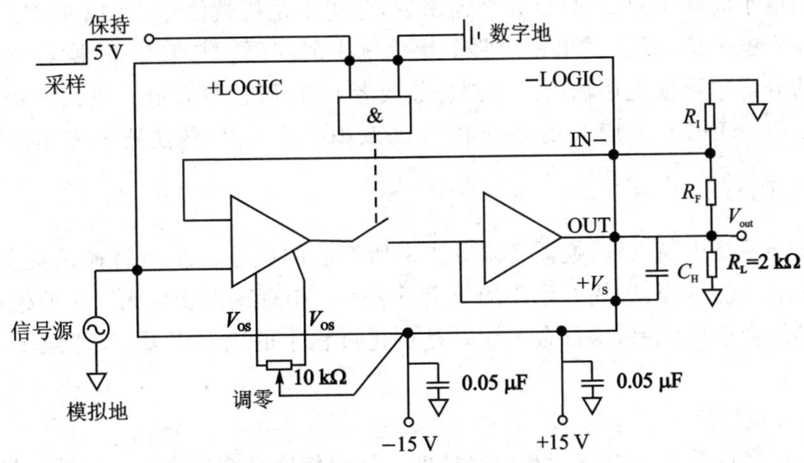

图 3-38 AD582 同相应用电路

示正在转换，恰好满足 AD582 的采样和保持要求。

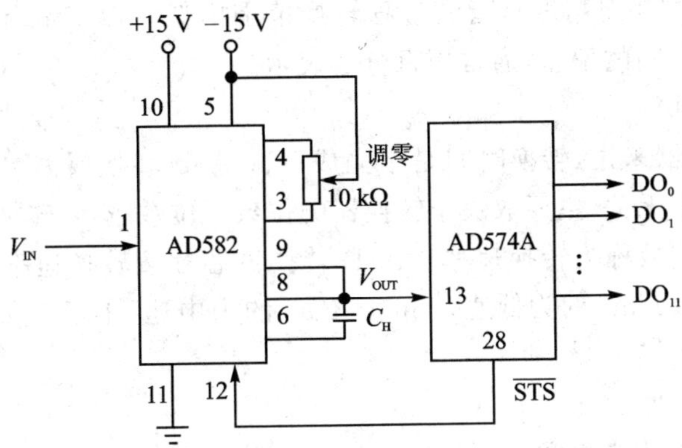

图 3-39 采样/保持器的应用示例

3.3.1.4 模/数转换器接口

模/数(A/D)转换器是微机数据采集或测控系统的模拟量输入通道的核心部件，其作用是将反映现场或过程参数实时变化的模拟形式的物理量转换成计算机能够接收和识别的离散数字量。

1. A/D 转换器的性能指标

无论是选择或评价 A/D 转换器芯片的性能，还是分析或设计 A/D 转换器接口电路，都会涉及有关 A/D 转换器的一些主要技术参数或指标。这些技术指标中，最主要且经常用到的有量化误差与分辨率、转换精度、转换时间和电源灵敏度等。简要说明如下：

(1) 分辨率与量化误差

分辨率是指转换器区分两个输入信号数值的能力，即测量时所能得到的有效数值之间的最小间隔。对于 A/D 转换器来说,分辨率是指数值输出的最低位(LSB)所对应的输入电平值,或者说相邻的两个量化电平的间隔。与 D/A 转换器类似,A/D 转换器的分辨率习惯上用输出二进制位数或者 BCD 码位数表示。如 ADC0809 的分辨率为 8 位,AD574 有 12 位的分辨率,又如双积分式 A/D 转换器 7135 的分辨率为 $4\frac{1}{2}$(BCD 码)。

量化误差是由 A/D 转换器有限分辨率所引起的误差。A/D 转换过程实质上是一个量化取整的过程,即用有限小的数字量表示一个理论上变化无限小的模拟量,二者之间必然会产生误差,这种舍入误差是量化过程中的固有误差,只能减小,不可能完全消除。

(2) 转换精度

转换精度可分为绝对精度和相对精度。绝对精度是指对应于一个数字量的实际输入模拟量与理论输入模拟量之差。这个参数对用户无太大实际意义,手册中也很少列出。

A/D 转换器的相对精度是指满量程转换范围内任一数字量所对应的模拟量的实际值与理论值之间的偏差,通常用百分数表示。

(3) 转换时间

对 A/D 转换器来说,转换时间是指完成一次 A/D 转换所需要的时间。转换时间一般与信号大小无关,主要取决于转换器的位数。位数越多,转换时间越长。

转换时间的倒数称为转换速率。A/D 转换器芯片按转换速率分挡的一般约定是:转换时间大于 1 ms 的为低速,1 ms～1 μs 的为中速,小于 1 μs 的为高速,小于 1 ns 的为超高速。

(4) 电源灵敏度

A/D 转换器的供电电源电压波动时相当于引入一个模拟输入量的变化,从而产生转换误差。电源灵敏度通常用电源电压变化 1%时相当于模拟量变化的百分数表示。例如某 A/D 转换器的电源灵敏度是 0.05%/%ΔU_s,是指该转换器的电源电压发生 1%的波动时,相当于引入了 0.05%的模拟输入值的变化。一般要求电源电压有 3%的变化时所造成的转换误差不应超过±1/2 LSB。

2. 一些常用的 A/D 转换器芯片

表 3-7 列出了部分常用的 A/D 转换器芯片的主要性能参数。

其中 ADC0809 属早期生产的单芯片集成化 A/D 转换器,是廉价、中速芯片。它可以接 8 路模拟量输入。AD574A 属于高精度、高速度的集成芯片,是混合集成的高档逐次逼近式 A/D 转换器。分辨率在 14 位以上的芯片有 AD679 和 ADC1143 等。

有些芯片内部已包含有高精度的参考电压源、时钟电路以及三态缓冲输出锁存器,因而可以直接与各种典型的 8 位或 16 位微机接口,如 AD574A 等都具有这种功能。

表 3-7 部分常用 A/D 转换器芯片性能参数表

芯片型号	分辨率/b	转换时间	输入电压范围/V	转换误差	电源/V	引脚数	数据总线接口
ADC0809	8	100 μs	0～+5	±1 LSB	+5	28	并行
AD574A	12	25 μs	0～+10	≤±1 LSB	+15 或 ±12、+5	28	并行
AD679	14	10 μs	0～+10，±5	≤2 LSB	+5，±12	28	并行
ADC1143	16	≤100 μs	+5，+10，±5，±10	≤0.06%	+5，±15	32	并行
AD7570	10	120 μs	±25	±1/2 LSB	+5，+15	28	并行/串行
MC14433	3½ BCD 码	100 ms	±0.2，±2	±1 LSB	±5	24	并行
ICL7109	12	300 ms	−4～+4	±2 LSB	±5	40	并行
ICL7135	4½ BCD 码	100 ms	−2～+2	±1 LSB	±5	28	并行
MCP3208	12	10 μs	2.7～5.5	±1 LSB	+2.5	16	串行
ADS1210	24	取决于输入时钟	0～5	±1 LSB	+5	18	串行

另外，为适应高速采样的需要并保证采样的准确性，有些高性能集成 A/D 芯片内部已自带采样/保持器，可以直接与被转换的模拟信号相连。目前市场上常见的这类芯片有 AD674A/AD1674、AD678/AD1678 和 AD679/AD1679 等。其中 AD678 和 AD679 既具有 AC 信号处理能力，又具有 DC 信号处理特性，属多种用途 A/D 芯片，广泛用于各种工业测控系统。

尽管大多数 A/D 转换器芯片只提供并行数据输出方式，但为适应串行传送接口的需要，现在已有既可作并行数据输出，也可作串行数据输出的 A/D 芯片，如 AD7570、ADC80 和 ADC84/85 等。而 MCP3208 芯片提供了符合 SPI 总线接口的串行输出，可提供 PDIP、SOIC 两种封装形式，可以方便地应用于嵌入式控制系统。

表 3-7 中还列出了目前市场上广为流行的最典型的 3 类双积分 A/D 转换器芯片。这类双积分式芯片除了具有转换精度高、抗干扰性能好和价格低廉之外，还具有一系列的独特优点，如自动校零、自动极性输出、自动量程控制信号输出和动态字位扫描 BCD 码输出以及使用单基准电源等。在速度要求不高的场合，如温度控制系统，以及称重、测压力等各种高精度测量系统中，它们被广泛采用。

表 3-7 中的 ADS1210 是近年来出现的一种新型 A/D 转换器，它采用总和-增量调制原理，并与现代数字信号处理技术相结合，实现了高精度的 A/D 转换。目前在地震数据采集中已普遍采用总和-增量型 24 位 A/D 转换器，实现了高精度数据采集。

表 3－7 列出的 MCP3208 是 Microsoft Technology 公司推出的一款 12 位 8 通道的 A/D 转换器，它是采用 CMOS 工艺，基于逐次逼近型结构的 A/D 转换器。其重要特点是：采样速度快(可达 10 万次/秒)，低功耗(工作电流 400 μA，静态电流 500 nA)，较宽的工作电压范围(2.7～5.5 V)，线性误差小(±1 LSB)，具有工业级温度范围(－40～85 ℃)，工业标准 SPI 总线接口串行输出。MCP3208 广泛应用于数据采集、多渠道数据记录器、测量器、工业 PC、电机控制、机器人技术、工业自动化、智能传感器等领域。

3. A/D 转换器的选择原则

选用 A/D 转换器芯片要紧密结合实际应用系统的设计要求，抓住主要矛盾。选择时主要考虑以下几点：

(1) 精度和分辨率

精度是测控系统最重要的指标之一。选择 A/D 转换器精度的依据是模拟量输入通道的总误差或综合精度要求。这种综合精度要求既包括 A/D 转换器的转换精度、测量仪器的测量精度、模拟信号预处理电路精度，还包括输出执行机构的跟踪精度等。选取 A/D 转换器分辨率(位数)时，应与其他各个环节所能达到的精度相适应。对一般测控，应用 8～12 位的中分辨率能够满足需要，少数特殊情况下须选用 13 位以上的高分辨率芯片。

(2) 转换速度

A/D 转换器转换速度的选择，主要依据测控对象信号变化的快慢，以及系统有无实时性要求而定。当测量温度、压力、流量等变化缓慢的热工参数时，对 A/D 转换速度无苛刻要求，一般多选用双积分型或跟踪比较型等低速 A/D 转换器。

逐次逼近型 A/D 转换芯片大多属于中速芯片，一般用于信号频率不太高的工业多通道单片机应用系统和声频数字转换系统等。只有在军事、宇航、雷达、数字通信以及视频数字转换系统中才用到价格昂贵的高速或超高速 A/D 转换器。

(3) 采样/保持器的选用

对于快速变化的模拟输入信号，因为对 A/D 转换时间所引起的孔径误差常常提出过高的转换速度要求，这样势必大大提高 A/D 转换器的成本。所以遇到这种情况时经常采用的办法是，利用外加采样/保持器，使得转换速度不太高的 A/D 转换器也能适用于快速信号的采集。

对直流或一些变化非常缓慢的信号，不必加采样/保持器，其他情况则需要加。近期推出的一些高档 A/D 转换器芯片内部已集成了采样/保持器，即使对快速变化的模拟信号，也可以直接接入，使用十分方便。

(4) 基准电压源

基准电压源用于为 A/D 转换器提供一个模拟参考电压，基准电压源本身是否精确直接影响 A/D 转换精度。所以，对于片内不带精密参考电压源的中档 A/D 转换器芯片，使用时一般都要用单独的高精度稳压电源作为基准电源。

(5) 输出要求

不同的 A/D 转换芯片可以适应不同格式数字量输出的要求,有并行或串行数字输出;有二进制数码或 BCD 码输出。数字输出电平大多数都与 TTL 电平兼容,但也有与 CMOS 或 ECL 电路兼容的芯片。尽管大部分 A/D 芯片已有内部时钟电路,但也有芯片须用外部时钟源。

4. A/D 转换器接口设计

集成 A/D 转换芯片都具有如下功能引脚:数据输出、启动转换(输入)、转换结束(输出)。A/D 芯片和 CPU 的接口就是处理上述三种引脚与 CPU 的连接问题。A/D 芯片通常带有片选信号引脚,它的连接方式与其他 I/O 接口芯片相同。对于片内包含多通道转换开关的 A/D 芯片,还要正确地连接通道转换控制信号。连接 A/D 芯片时,要注意以下几个方面:

(1) A/D 数据输出线与 CPU 数据总线的连接

首先要判断 A/D 芯片能否与微处理机总线直接兼容。所谓直接兼容是指该 A/D 芯片的数据输出线可以直接挂在 CPU 的数据总线上。这不仅要求 A/D 芯片的数据输出具有 TTL 电平,更重要的是,要求 A/D 芯片的数据输出寄存器具有可控的三态输出功能。多数 8 位 A/D 芯片都能与微处理机总线直接兼容。10 位以上的 A/D 芯片,为了能方便地与 8 位字长的 CPU 相连,其输出数据寄存器增加了读数控制逻辑,将 10 位以上的数据分时读出。这样,8 位字长的 CPU 可以分两次读取 A/D 转换后的数据。AD574 就是这种能和 8 位 CPU 总线直接兼容的 12 位 A/D 转换器。对于不能与微处理机总线直接兼容的 A/D 芯片,其数据输出端需经三态缓冲器与 CPU 数据总线相连。图 3-40 是一个 10 位 A/D 芯片经三态缓冲器与 8 位 CPU 连接的例子。其中,A/D 转换器的数据的低 8 位($D_0 \sim D_7$)及高 2 位($D_8 \sim D_9$)分别具有各自的端口地址,CPU 按两个口地址先后执行两次 IN 指令,分别读取数据的低 8 位和高 2 位。在执行 IN 指令时,地址译码器的输出以及 CPU 的 $\overline{IOR}$ 线控制相应的三态门接通。

(2) 启动 A/D 转换的方式

A/D 转换电路需要外加启动转换信号才能开始工作,这一信号往往由 CPU 给出。不同的芯片要求不同形式的启动转换信号,一般有脉冲启动信号及电平控制信号两种形式。脉冲启动转换的 A/D 芯片,如 ADC0804、ADC1210 等,只要在自动转换输入引脚加一个符合电路要求的脉冲信号,即可开始转换。通常用 CPU 的 $\overline{IOW}$ 信号,地址译码器的输出信号等直接控制 A/D 转换器的启动转换端。在电平控制转换的 A/D 芯片中(AD570、AD571、AD572 就是这类芯片),当满足启动转换要求的电平加到转换控制端后,A/D 转换开始,但在整个过程中,必须保持这一电压,否则将终止转换。一般要采用 D 触发器或利用并行 I/O 口实现电平控制。

(3) 转换结束信号的应用方式

A/D 转换结束时,A/D 芯片输出一个转换结束标志电平,通知 CPU 读取转换结

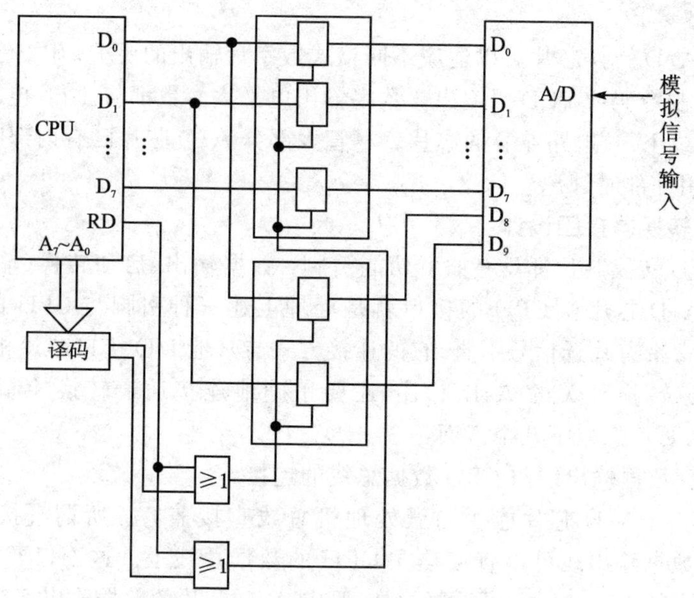

图 3-40　10 位 A/D 转换器与 CPU 连接图

果数据。CPU 从 A/D 转换器读取数据可采用中断方式，也可用查询方式。采用中断方式时，转换结束信号被送到 CPU 的中断申请输入引脚或可允许中断的 I/O 口上，向 CPU 申请中断。CPU 响应中断时，在相应的中断服务程序中读取 A/D 转换结果数据。如果采用查询方式，可将转换结束信号经三态门送到数据总线某一位上，或者将它直接连到并行 I/O 口的某一位。CPU 不断查询这一位，判断是否转换结束。如已结束，则读取 A/D 结果数据。上述两种方法的选择取决于 A/D 转换的速度和用户程序的安排。查询方式占用 CPU 的时间，但处理方法简单，常用于快速 A/D 转换信息收集。对于转换速度较慢的 A/D 器件，宜采用中断方式。

(4) 模拟信号输入端的连接

不少 A/D 转换器芯片既能处理单极性输入模拟电压，又能处理双极性输入模拟电压。这类芯片经常用 V_{IN}(－)、V_{IN}(＋)或 IN(－)、IN(＋)来标注模拟信号输入端。例如 ADC0800 芯片，其两个输入端为 V_{IN}(－)和 V_{IN}(＋)。如果接入的是单极性正向信号，则将 V_{IN}(－)接地，信号加到 V_{IN}(＋)端；若输入的为单极性负向信号，则把 V_{IN}(＋)接地，信号加到 V_{IN}(－)端；如果是差动输入信号，则信号两端分别接到 V_{IN}(－)和 V_{IN}(＋)。

下面以 ADC0804 和 ADC1210 为例说明 A/D 芯片与 CPU 的连接方法。图 3-41 为 ADC0804 与 CPU 的连接图。ADC0804 是 8 位 A/D 转换芯片，其特点是：

① 数据输出寄存器为可控三态输出，$\overline{RD}$ 与 $\overline{CS}$ 端同时有效时数据输出；

② 脉冲信号启动转换，当 $\overline{WR}$ 和 $\overline{CS}$ 端同时为低电平时启动转换；

③ 转换结束时 $\overline{INTR}$ 端输出低电平，读取数据时 $\overline{INTR}$ 变成高电平；

④ 时钟脉冲可由 CPU 提供或由芯片自身产生。

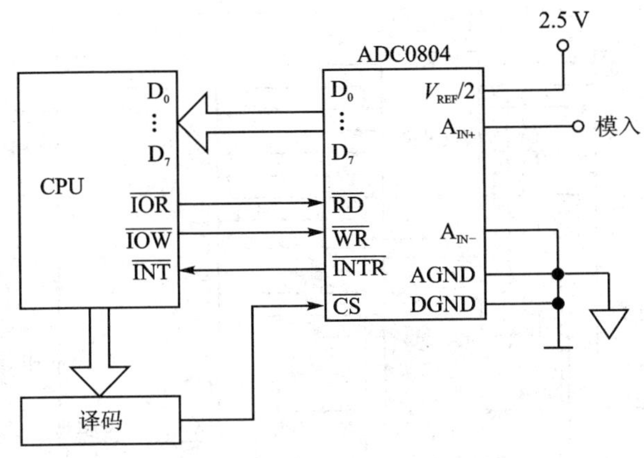

图 3-41 ADC0804 与 CPU 连接图

根据以上特点，将 A/D 芯片的数据输出线直接挂到 CPU 数据总线上，ADC0804 的 $\overline{RD}$、$\overline{WR}$ 分别接 CPU 的 $\overline{IOR}$（由 $\overline{RD}$ 及 $\overline{IORQ}$ 产生）、$\overline{IOW}$（由 $\overline{WR}$ 及 $\overline{IORQ}$ 产生）。ADC0804 转换速度较慢，采用中断方式，转换结束信号 $\overline{INTR}$ 接 CPU 的中断输入端 $\overline{INT}$。若给 ADC0804 分配的地址为 40H，则 CPU 执行输出指令"OUT（40H），A"时，ADC0804 被启动，转换结束时 $\overline{INTR}$ 向 CPU 发出中断请求，CPU 用输入指令"IN A，（40H）"读取已转换的数据。

12 位 A/D 转换器 ADC1210 与 CPU 的连接如图 3-42 所示。ADC1210 的特点是：

① 输出数据寄存器无三态输出功能；

② 脉冲启动转换，$\overline{SC}$ 为启动转换输入端；

③ 转换结束时 $\overline{CC}$ 端输出为低电平；

④ 外接时钟。

与 CPU 接口时，其数据输出线经两个 8 位三态缓冲器接到数据总线，拟用查询方式交换信息，使转换结束信号 $\overline{CC}$ 经一个三态门与数据总线 D_7 相连，启动转换信号由地址译码器输出及 CPU 板中的 $\overline{IOR}$ 信号共同产生。分配给两个三态缓冲器和启动转换信号的地址分别为 50H、51H、52H。

5. A/D 转换器接口设计举例

下面介绍 A/D 转换器芯片 AD574A 与 PC 机接口的一个实例。

AD574 属快速、高精度 A/D 转换芯片，具有 12 位分辨率，最大转换速度下 A/D 的转换时间是 25 μs。片内含有高精度参考电压源、时钟电路和三态输出缓冲器。可直接与各种典型 8 位或 16 位微机相连，完成 A/D 转换功能。

（1）AD574A 的引脚信号与应用特性

AD574A 为 28 引脚双列直插式封装，其引脚排列与信号功能如图 3-43 所示。

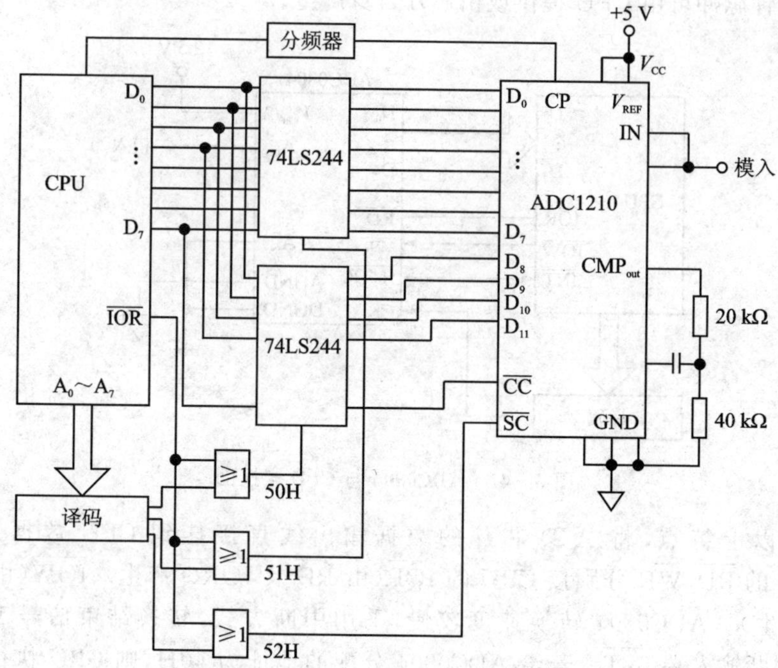

图 3-42　ADC1210 与 CPU 接口

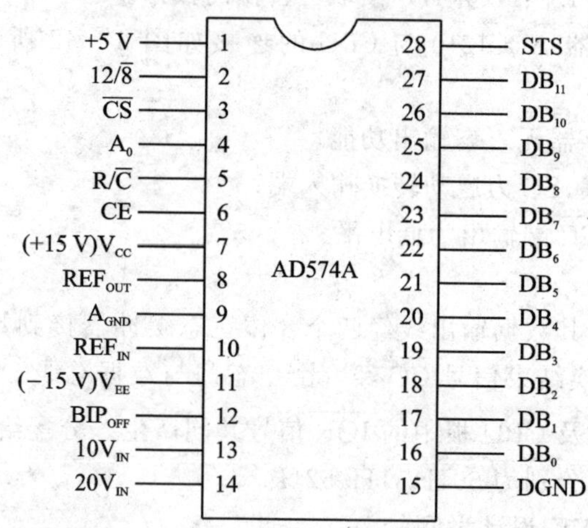

图 3-43　AD574 引脚信号

下面就其主要引脚的控制信号功能与应用特性说明如下：

1）AD574A 的工作状态控制

AD574A 的工作状态由 CE、$\overline{CS}$、$R/\overline{C}$、$12/\overline{8}$ 和 A_0 五个控制信号决定。这些控制信号的组合控制功能见表 3-8。

表 3-8　AD574A 控制信号功能组合表

CE	$\overline{CS}$	R/$\overline{C}$	12/$\overline{8}$	A_0	工作状态
1	0	0	接+5 V	0	启动 12 位转换
1	0	0	接地	1	启动 8 位转换
1	0	1	接+5 V	*	输出数据格式为并行 12 位
1	0	1	接地	0	输出数据是 8 位最高有效位
1	0	1	接地	1	输出数据是 4 位最低有效位

2) AD574A 的单极性和双极性输入特性

AD574A 既可以按单极性也可以按双极性模拟量输入，这是通过改变引脚 8、10 和 12 的外接电路来实现的，如图 3-44 所示。

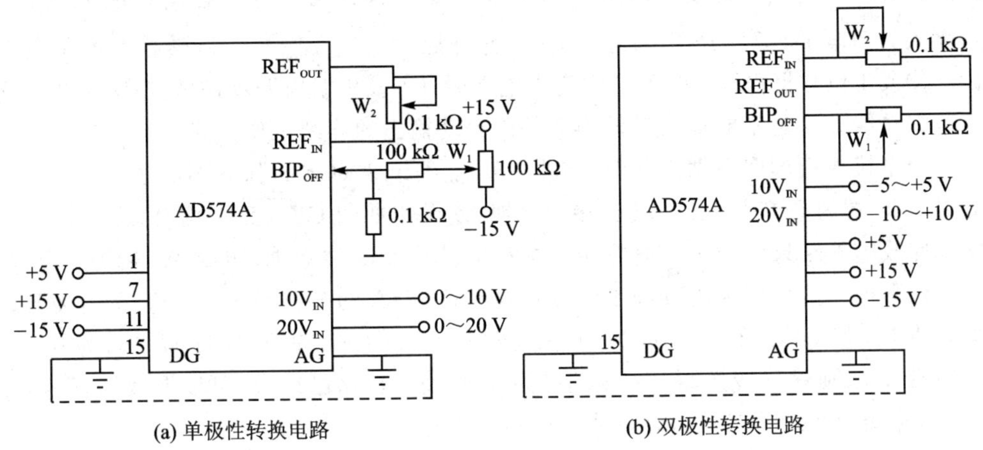

(a) 单极性转换电路　　(b) 双极性转换电路

图 3-44　AD574 的单、双极性输入连接

图 3-44(a)所示为单极性转换电路，此时双极性偏置端 BIPOFF(引脚 12)通过小电阻接模拟地，$10V_{IN}$ 端的输入范围是 0～+10 V，$20V_{IN}$ 端的输入范围是 0～+20 V。W_1 用于零点调整。方法为：调整 W_1，使得模拟输入电压为 1.22 mV(即 0～+10 V，范围是 1/2 LSB)时，输出数字量从 0000 0000 0000 变到 0000 0000 0001。W_2 用于校准满刻度，对于 0～10 V 电压范围，调整 W_2，使得对应输入电压为 9.996 3 V(即模拟电压变化 $1\frac{1}{2}$LSB)时，数字量从 1111 1111 1110 变到 1111 1111 1111。这时零点及满刻度就校准好了。

图 3-44(b)为双极性转换电路。此时，$10V_{IN}$ 接 -5～+5 V，$20V_{IN}$ 接 -10～+10 V，BIP_{OFF} 与 REF_{OUT} 相接。其零点及满度校准的方法为：调整 W_1，使得模拟电压变化 1/2 LSB 时，输出数字量从 0000 0000 0000 变到 0000 0000 0001；调整 W_2，使得模拟电压变化 $1\frac{1}{2}$ LSB 时，输出数字量从 1111 1111 1110 变到1111 1111 1111。

(2) AD574A 在 PC 机语音信号输入通道中的应用

在 PC 机中，来自话筒的语音信号是通过一块专用的扩展卡进行语音信号的采集、预处理和 A/D 转换成数字信号而输入的。使用了一片 AD574A 将语音信号电压转换成数字量，该模拟量输入通道如图 3－45 所示。

来自话筒的输出信号经放大和滤波等预处理后，为 300～3 400 Hz 的语音信号电压 V_{IN} 送采样/保持器 AD582 输入端。

为了便于对 AD582 实施采样保持控制，将 AD574A 的输出状态信号 STS 接至 AD582 的 LOGIN(＋)，这样可使 AD574A 在转换过程期间自动处于保持状态，简化了接口控制电路。

AD574A 以确定的时间进行连续采样和 A/D 转换，这是通过将一采样频率为 8 kHz 的脉冲经与非门接至 $R/\overline{C}$ 来实现的。当启动 AD574A 后，R－S 触发器置为 1，若没有读 8 位或 4 位数据的操作，则 8 kHz 的脉冲经与非门送至 $R/\overline{C}$ 端，此时 A_0 端输入为高电平，于是 $R/\overline{C}$ 端为低电平，允许启动一次 12 位 A/D 转换。由于没有读 8 位或 4 位数据操作，当 $R/\overline{C}$ 端为高电平时，CE、$\overline{CS}$ 端均无效，故转换结果并未读至数据总线。这是不断地启动转换而并不自动输出的连续工作方式。

当微机执行读取数据操作时，与非门暂时关闭，8 kHz 的脉冲不能送至 $R/\overline{C}$ 端，此时 $R/\overline{C}$ 端为高电平，$12/\overline{8}$ 端已接数字地，读操作期间 CE、$\overline{CS}$ 端均有效，于是可稳定地完成转换结果的输出。先令 A_0 端为 0，读取高 8 位数据，再令 A_0 端为 1，读取低 4 位数据。读数据采用查询工作方式，将 AD574A 的 STS 端经一个三态门接至数据总线 D_0，使 CPU 在执行读状态时三态门打开，由 CPU 查询 STS 端是否为 0。若 STS 端非 0，则等待转换；若 STS 端已为 0，则表明转换已结束，可读取数据，先读高 8 位数据，再读低 4 位数据，将读入数据存入内存。

下面是读取 512 次转换结果存入 1 KB 的 BUF 内存缓冲区的程序段。

```
BEGIN: MOV   AX,BUF-SEC          ;DS: BX 指向 BUF
       MOV   DS,AX
       MOV   BX,OFFSET-BUF
       MOV   CX,0                ;字计数器清为 0
       OUT   START,AL            ;启动 ADC 连接转换
        …
LOOP:  IN    AL,RS               ;读 STS 状态
       TEST  AL,01H              ;测 b0 位
       JNZ   LOOP                ;为"1"仍在转换,循环等待
       IN    AL,R8               ;否则,先读高 8 位
       MOV   AH,AL
       IN    AL,R4               ;再读低 4 位
       AND   AL,F0H              ;AX 高 12 位为转换结果
```

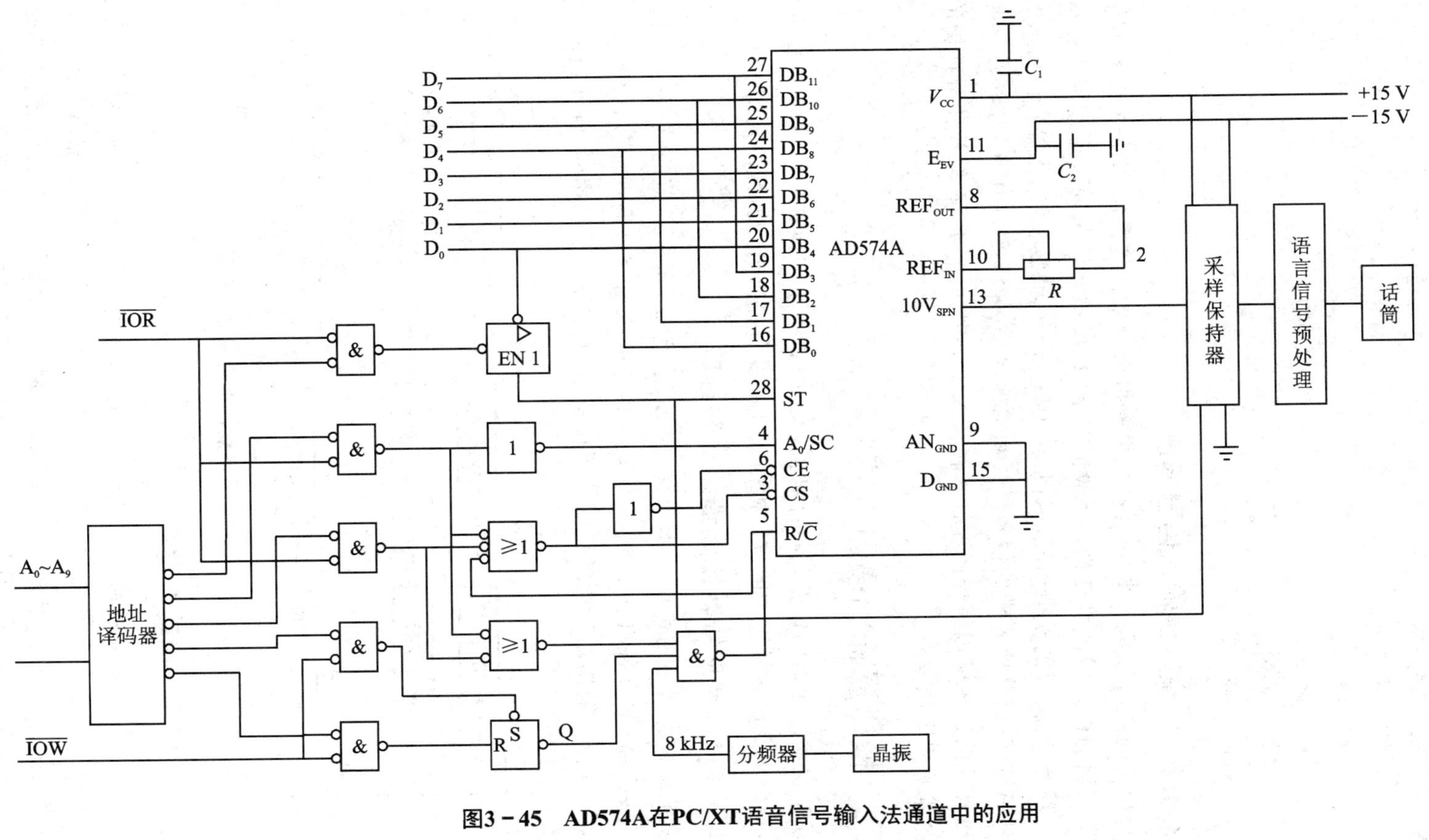

图3－45　AD574A在PC/XT语音信号输入法通道中的应用

```
    MOV    (BX),AX              ;存入缓冲区一个字
    INC    BX                   ;存入指针增2
    INC    BX
    INC    CX                   ;计数值增1
    CMP    CX,512
    JNZ    LOOP
```

3.3.1.5 模拟量输入信号调理

模拟量输入信号是千差万别的，如果模拟信号来自传感器，则信号形式和幅度大小与所采用的传感器密切有关。一般情况下，在模拟量输入通道中需加入相应的信号调理环节，对输入的模拟信号进行加工处理(放大、滤波、线性化等)，使输入的模拟量达到A/D转换器所要求的信号形式和幅值水平(如满度为10 V或5 V)。与传感器密切有关的一些模拟信号调理技术将在3.4节中介绍，滤波、线性化等通用的信号处理技术见本书第6章。

3.3.2 模拟量输出通道

模拟量输出通道的任务是将计算机输出的数字量转换成模拟量输出给外界，通常是，为要求模拟信号驱动的执行机构或外部设备提供与之匹配的输出。

3.3.2.1 模拟量输出通道的一般组成

模拟量输出通道通常由若干个独立的通道组成，每个通道的核心是一个数/模(D/A)转换器，配有各自的D/A接口以及相应的输出信号调理环节，如图3-46所示。由于模拟量输出通道所连接的外部设备或执行机构不尽相同，各通道的输出调理器也不一定相同。

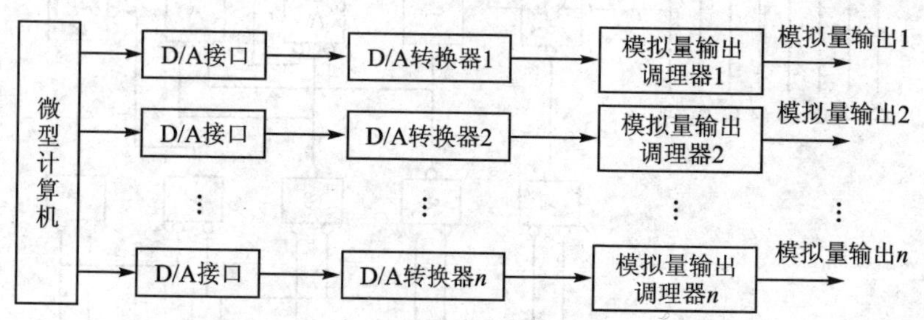

图3-46 模拟量输出通道组成框图

3.3.2.2 数/模转换器接口

D/A转换器是模拟量输出通道的核心部分。进行D/A转换时，须将待转换的数码加在D/A转换器的数据输入端，通过转换，在D/A转换器的输出端建立起相应的电流或电压。但是，并非所有的D/A转换器的数据输入端都能直接挂到微处理器的数据总线上。这是因为在实际应用中，转换得到的模拟信号需要保持一段时间，以

便于测量或用来控制一个对象。然而,CPU 在执行向外设输出数据的指令时,数据在数据总线上存在的时间只有几个时钟周期。因此,对于那些不带输入数据寄存器的 D/A 转换器芯片,其数据输入端须经锁存器与 CPU 的数据总线相连;而对另一类 D/A 芯片,其芯片内部已带有输入数据寄存器,这类芯片的数据输入端可以直接挂到 CPU 的数据总线上。由此可见,D/A 转换器的接口问题是与所选用 D/A 转换器芯片的类型密切有关的。

1. D/A 转换器的性能指标

D/A 转换器的主要性能指标有分辨率、转换精度、转换时间和温度敏感度。

(1) 分辨率

分辨率是指 D/A 转换器的数字量输入为 1 个最低有效位时的对应输出 ΔU 与其最大输出电压 U_m 之比,即

$$分辨率=\frac{\Delta U}{U_m}=\frac{1}{2^n-1}$$

其中 n 为 D/A 转换器的位数。

分辨率通常用 D/A 转换器的位数来表示,可分为 8 位、10 位、12 位、14 位、16 位等。分辨率越高,转换时与 1 个最低有效位的数字输入量对应的模拟输出电压 ΔU 就越小,也就越灵敏。

(2) 转换精度

D/A 转换器的转换精度有绝对精度和相对精度两种定义。绝对精度指的是在输入端加上给定的代码时,在输出端实际测量得到的模拟输出值(电压或电流)与应有的理想输出值之差,它是由 D/A 转换器的增益误差、零点误差、线性误差和噪声等引起的。相对精度指的是满量程值校准以后,任一数字输入对应的模拟输出与它的理论值之差。对于线性 D/A 转换器来说,相对精度就是非线性度。

D/A 转换器的精度常用满量程电压 V_{FS} 的百分数或最低有效位(LSB)的倍数(常为分数形式)给出,有时也用二进制位数的形式给出。如某 D/A 转换器的精度为 ±0.1%,指的是其最大误差为 V_{FS} 的 ±0.1%,当满量程电压为 10 V 时,最大误差为 ±10 mV。一个精度为 $\pm\frac{1}{2}$LSB 的 n 位 D/A 转换器,其最大可能误差为 $\pm\frac{1}{2}\times\frac{1}{2^n}V_{FS}$。"某一 D/A 转换器的精度为 n 位"的意思是其最大可能误差为 $\frac{1}{2^n}V_{FS}$。

精度和分辨率是两个不同的概念。精度反映转换后所得实际结果与理想值的接近程度,而分辨率是指能够对转换结果产生影响的最小输入量。分辨率很高的 D/A 转换器,也可能由于构成转换器的各个部件的精度不够高或稳定性不好等原因,并不一定具有很高的精度。

(3) 转换时间

转换时间亦称建立时间,它是指从 D/A 转换器的输入端加入规定的数字量阶跃

变化开始，到该转换器的模拟输出(电压或电流)达到终值并维持终值变化在规定的范围内$\left(一般为\pm\frac{1}{2}\text{LSB}\right)$所需要的时间。当模拟输出量为电流时(电流型D/A转换器)，转换时间很短，一般在几百 ns 到几 μs 之间；当模拟输出量为电压(电压型D/A转换器)，转换时间主要取决于所用运算放大器的响应时间。

(4) 温度敏感度

该参数反映了D/A转换器受温度变化影响的程度。D/A转换器的一些参数如增益、线性度、零点漂移等都受温度变化的影响，其中受影响最大的参数是增益，常用增益温度系数来表示其受影响的程度。它定义为周围温度每变化1 ℃所引起的满量程模拟值变化的百万分数(即10^{-6}/℃)。对于典型的D/A转换器，增益温度系数可以在$10\times10^{-6}\sim100\times10^{-6}$/℃范围内。

(5) 电源灵敏度

该性能参数反映了转换器对电源电压变化的敏感程度，定义为当电源电压的变化ΔU_S为电源电压U_S的1%时所引起的模拟输出值变化的百分数。典型的要求为0.05%/%ΔU_S，这指的是电源电压变化1%导致D/A转换的模拟输出值出现不大于0.05%的误差。

2. 一些常用的D/A转换器芯片

几种常用的D/A转换器芯片的性能参数如表3-9所列。

表3-9 几种常用的D/A转换器芯片

芯片型号	分辨率/位	转换时间/ns	非线性误差/%	工作电压/V	基准电压/V	功耗/mW	输 出	数据总线接口
DAC0832	8	1 000	0.2～0.05	+5～+15	−10～+10	20	I	并行
AD7520	10	500	0.2～0.05	+5～+15	−25～+25	20	I	并行
AD7521	12	500	0.2～0.05	+5～+15	−25～+25	20	I	并行
DAC1210	12	1 000	0.05	+5～+15	−10～+10	20	I	并行
MAX506	8	6 000	±1 LSB	+5或±5	0～5或±5	25	U	串行
MAX538	12	25 000	±1 LSB	+5	0～3	0.7	U	串行

D/A转换器芯片大致可分为三种类型：① 简单功能结构的D/A转换器；② 微机兼容型D/A转换器；③ 高速D/A转换器。

表3-9中的AD7520、AD7521属于简单功能结构的D/A转换器芯片，它仅具有从数字量到模拟电流量转换的简单功能，芯片内部无输入锁存器和参考电压源。使用这类芯片与微机接口时必须外加数字量输入锁存器、参考电压源和用于将输出模拟电流转换为相应模拟电压的转换电路。表中的DAC0832、DAC1210属微机兼容型，其芯片内部具有数字量输入锁存电路，能满足微机总线的控制要求，可以直接连到系统的数据总线上。由于芯片带有数据寄存器和D/A转换控制电路，CPU可

以直接控制数字量的输入及转换。高速 D/A 转换器芯片除具有很短的转换时间外，而且功能齐全，内部带有参考电压源、输出放大器，可实现模拟电压的单极性/双极性输出。AD561 就是这类高速 D/A 芯片，它具有稳定的内部参考电压源，能直接提供 0～2 mA 的模拟电流输出，接符合输出范围条件的电阻时也能以电压形式输出，这时建立时间为 250 ns，若后接运算放大器 AD509，则建立时间为 600 ns。

3. D/A 转换器的选择原则

选择 D/A 转换器芯片时主要考虑如下几个方面：

(1) 主要性能指标应满足设计任务要求

首先要合理选择分辨率、精度和转换速度以满足设计任务所要求的技术指标。转换器的这些性能指标在器件手册上都能查到，需要注意的是，一般位数越多，精度会越高，转换时间也越长；D/A 转换器的价格随速度和精度的提高而增加。

(2) 恰当地要求数据输入锁存功能

D/A 转换器芯片内部是否带有数据输入锁存缓冲器，将直接影响与微机的接口设计。如果选用上述第一类芯片，还必须外加数字量输入锁存器等，否则只能通过具有输出锁存功能的 I/O 端口给 D/A 转换器送数字量。若是选用第二类或第三类芯片，接口设计就简单多了。究竟选用哪类芯片比较合适，则取决于系统接口设计要求及成本要求。

(3) 输入/输出特性的选择

大多数 D/A 转换器芯片只能接收自然二进制数字代码，当输入数据为 2 的补码或偏移码等双极性数码时，应外加适当的偏置电路。

输入数据格式大多为并行码，而少数芯片内部有移位寄存器，可以接收串行输入码，如 AD7522 和 AD7543 等。

对输入逻辑电平的要求，可以分为两大类：一类是 D/A 转换器使用固定的阈值电平，一般只能与 TTL 或低压 CMOS 电路相连；另一类是通过对“逻辑电平控制”或“阈值电平控制”端加合适的电平，使 D/A 转换器能分别与 TTL、高低压 CMOS 或 PMOS 器件直接连接。

D/A 转换器芯片有电流输出型和电压输出型。目前大多数芯片为电流输出型，若要构成电压输出型，只需在 DAC 的电流输出端外接一个运算放大器，运算放大器的反馈电阻有的也可做在芯片的内部，如 DAC0832。

对于具有电流源性质输出特性的 D/A 转换器，要求输出电流与输入数字之间保持正确的转换关系，只要输出端电压在输出电压允许范围内，转换器的输出电流只取决于输入数字，而与输出端的电压大小无关。对于输出特性为非电流源特性的 D/A 转换器(如 AD7522、DAC1020 等)，无输出电压允许范围指标，电流输出端应保持公共端电位或为虚地，否则将破坏其转换关系。

(4) 参考电压源的配置

上述第 3 类 D/A 芯片内部带有低漂移精密参考电源，不仅能保证很高的转换精度，而且还简化了接口电路。但是，目前大多数 D/A 转换器芯片不带参考电源，使用这类芯片时必须配置合适的外接参考电压源。

4. D/A 转换器接口设计

(1) D/A 转换器接口的任务

由于 CPU 的输出数据在数据总线上出现的时间很短暂，一般只有几个时钟周期，因此，D/A 转换器接口的主要任务就要解决 CPU 与 D/A 转换器之间的数据缓冲问题。此外，当 CPU 的数据总线宽度与 D/A 转换器的分辨率不一致时，需要分两次送数。CPU 向 D/A 转换器传送待转换的数字量时，不必查询 D/A 转换器是否已准备好，只要两次数据传送之间的时间间隔大于 D/A 转换器的转换时间，就能得到正确的结果。因此，CPU 与 D/A 转换器之间的数据传送是一种无条件传送。

(2) D/A 转换器接口的形式

D/A 转换器与 CPU 的接口形式与 D/A 芯片的类型有关，可分别采用：① 直接与 CPU 相连；② 利用外加数据锁存器或数据寄存器与 CPU 相连；③ 利用并行 I/O 接口芯片与 CPU 相连。接口形式①只对微机兼容型 D/A 转换器和高速 D/A 转换器适用；接口形式②、③对简单功能结构的 D/A 转换器、微机兼容型 D/A 转换器和高速 D/A 转换器都适用。但是，上述三种接口形式并非彼此无关或一成不变，例如，当 CPU 的数据总线宽度小于 D/A 转换器的分辨率时，即使 D/A 芯片内部带有数据寄存器，也采用上述第②种接口形式。

(3) D/A 转换器接口的连接

1) 外加数据锁存器的 D/A 转换器接口

对简单功能结构的 D/A 转换器（如 AD7520、DAC0808）须采用这种接口连接，其基本连接如图 3-47 所示。图中的 DAC0808 为 8 位 D/A 芯片，用了一个 8 位锁存器 74LS273 来锁存输入数据。锁存器的锁存信号 CP 由 I/O 允许信号 $\overline{\mathrm{IOW}}$ 与地址译码器输出 $\overline{\mathrm{CS}}$ 线组合提供。在 CP 的上升沿，将锁存器的输入信号（$D_1 \sim D_8$）传送到输出端（$Q_1 \sim Q_8$），CP 变低电平时，Q 端保持 CP 上升沿到来前的状态，以便进行 D/A 转换，并保证在 D/A 转换进行期间维持输入数据不变，以获得正确的转换结果。

10 位以上的这类 D/A 芯片与 8 位数据总线宽度的 CPU 连接时，要使用两个以上的锁存器，图 3-48 为 12 位 D/A 转换器与 CPU 间的接口连接，在此接口电路中，12 位的数据要分成高 4 位和低 8 位两次传送。第一次先将低 8 位数据送到低 8 位锁存器，然后再把高 4 位数据送到高 4 位锁存器。如果只用这两个锁存器，那么在 D/A 转换器的数据输入端首先收到低 8 位数据后，它与原来的高 4 位数据会使 D/A 转换器产生一个错误的输出。这是不允许的。为避免这一错误，必须使 D/A 转换器的数据输入位同时接收信息。为此，在低 8 位用了两个锁存器。第一次传送将低 8 位数据送 8D 锁存器 1 暂存，第二次传送高 4 位数据，并且同时选通 8D 锁存器 2，使 12 位数据同时出现在 D/A 转换器的输入端。

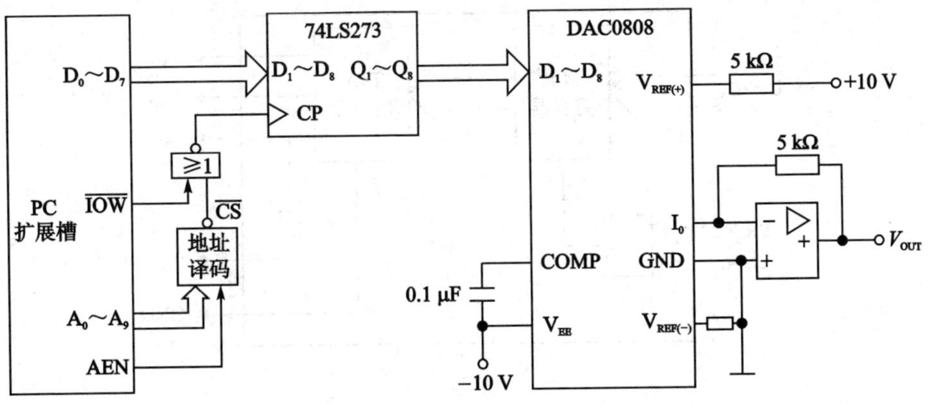

图 3-47 8 位 D/A 转换器与 8 位 CPU 的接口

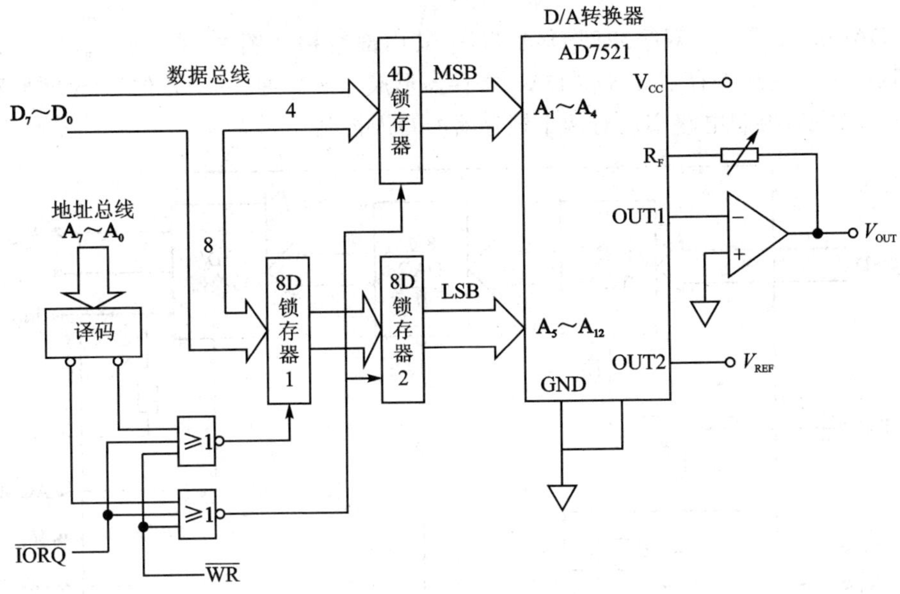

图 3-48 12 位 D/A 转换器与 8 位 CPU 的接口

2）微机总线兼容型 D/A 转换器接口

微机总线兼容型 D/A 转换器芯片内部带有输入数据寄存器，其基本结构如图 3-49 所示。拥有一个数据寄存器的叫单缓冲型，带有两个数据寄存器的叫双缓冲型。微机总线兼容型 D/A 转换器芯片的数据输入线可直接挂在 CPU 的数据总线上，将这类 D/A 芯片与 CPU 接口时，只需正确地连接好相应的控制线就行了。D/A 转换器的数据输入可直接接到 CPU 的数据总线上，$\overline{WR}$ 由 CPU 的 I/O 输出指令控制，D/A 转换器的片选信号 $\overline{CS}$ 由地址译码器输出控制。下面以常用的 DAC0832 为例来说明这类 D/A 转换器芯片的接口设计问题。

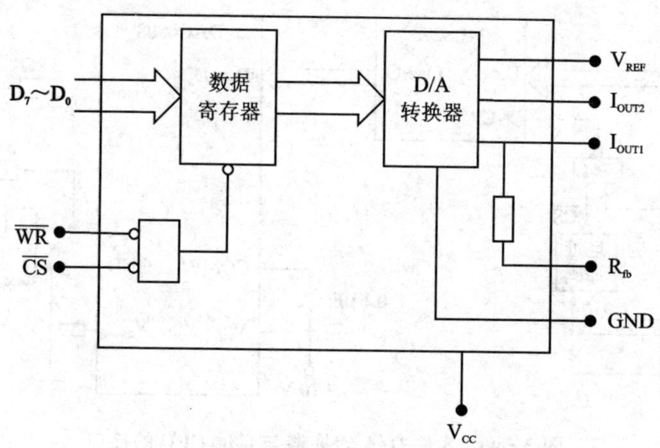

图 3-49 微机总线兼容型 D/A 转换器结构

DAC0832 是一种双缓冲型 D/A 芯片，其内部结构如图 3-50 所示。它由 3 部分组成：8 位输入寄存器和 8 位 DAC 寄存器形成二次缓冲；一个 8 位 D/A 转换器实现数/模转换；控制电路实现对两个锁存器的写入控制。

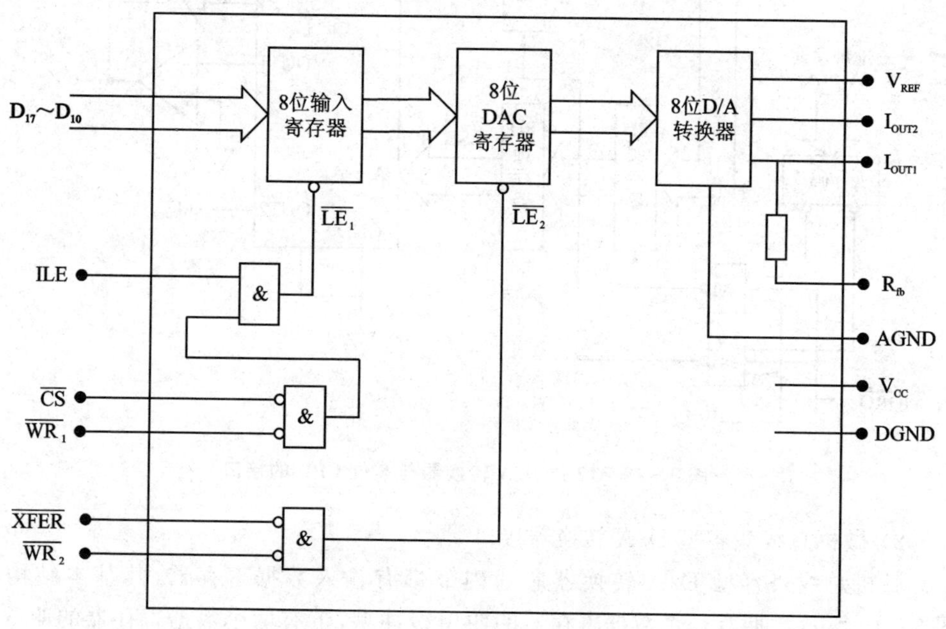

图 3-50 DAC0832 内部结构

采用二次缓冲的好处在于，当一个数字量送入转换器进行转换输出的同时，能输入下一个数字量，从而提高了总的转换速度。而且，当使用多个 D/A 芯片并且要求各芯片能同时输出时，芯片的双缓冲功能会带来方便。这时，计算机可以先依次送数据到各芯片的输入寄存器，待各芯片的输入寄存器都收到数据后，再向各芯片的

DAC 寄存器的选通端 $\overline{XFER}$ 同时发选通信号。于是各芯片的数据同时被送入 DAC 寄存器进行转换并输出，达到各路 D/A 转换同时输出的目的。下面对 DAC0832 的一些控制信号做简要说明。

ILE——允许输入锁存。高电平时允许数据进入输入寄存器。当采用多片 D/A 转换器时，利用此引脚可控制 D/A 转换的数据刷新。

$\overline{CS}$——片选信号。一般与地址译码器的输出相连。

$\overline{WR_1}$——写信号 1。用来控制数据写入输入寄存器。$\overline{WR_1}$ 一般与 CPU 板的 $\overline{IOW}$ 相连（或者用 CPU 的 $\overline{WR}$ 及 $\overline{IORQ}$ 经一个或门与 $\overline{WR_1}$ 相连）。

$\overline{XFER}$——传送允许。

$\overline{WR_2}$——写信号 2。只有当 $\overline{XFER}=0$ 且 $\overline{WR_2}=0$ 时，输入寄存器的数据才能送到 DAC 寄存器进行 D/A 转换。在要求多片 D/A 芯片同时转换输出时，$\overline{XFER}$ 引脚用来控制同时转换。$\overline{WR_2}$ 引脚用来选择参加这一同时转换的芯片。

DAC0832 作单缓冲应用时，可将 $\overline{WR_2}$、$\overline{XFER}$ 接地，ILE 接 +5 V，$\overline{CS}$、$\overline{WR_1}$ 的接法与单缓冲型 D/A 芯片相同。

R_{fb}——内部反馈电阻引脚，用来外接 D/A 转换器输出增益调整电位器。

V_{REF}——D/A 转换器的基准电压引脚，其电压值可在 −10～+10 V 之间选定。

I_{OUT1}——D/A 转换器输出电流 1 引脚。当输入数字为全“1”时，其电流值为 $\frac{255}{256}\frac{V_{REF}}{R_{fb}}$；当输入数字为全“0”时，其电流值为 0。

I_{OUT2}——D/A 转换器输出电流 2 引脚，满足 $I_{OUT1}+I_{OUT2}=$ 常数。

DAC0832 与 CPU 接口时一般有三种工作方式：单缓冲方式、双缓冲方式和直通方式。下面以它与 PC 机的接口为例来说明。

① 单缓冲工作方式。

不需要多个模拟量同时输出时，可采用此种方式。此时两个寄存器一个工作于直通状态，一个工作于受控锁存器状态，输入数据只经过一级缓冲送入 D/A 转换电路。这种方式只需执行一次写操作，即可完成 D/A 转换。

工作时一般将 $\overline{XFER}$ 和 $\overline{WR_2}$ 端接数字地，使 DAC 寄存器处于直通状态。输入寄存器受微处理器控制，接口如图 3-51 所示。

在这种方式下，输入寄存器工作于受控状态，DAC 寄存器工作于直通状态。设 DAC0832 端口地址为 PORT，执行下面一条输出指令就可以启动 D/A 转换，在其输出端得到模拟电压输出。

```
MOV   AL,Data         ;取数字量
OUT   PORT,AL         ;启动 D/A 转换
```

② 双缓冲工作方式。

此种工作方式下数据要经过两级锁存即经过双重缓冲后再送入 D/A 转换电路，

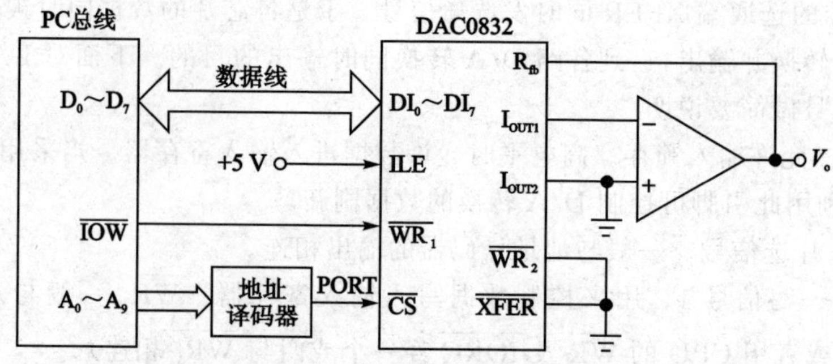

图 3-51　DAC0832 单缓冲方式接口框图

两个寄存器要分别控制，因此应占用两个不同的端口地址。

这种方式可在 D/A 转换的同时，进行下一个数据的输入，可提高转换速度。更重要的是，这种方式特别适用于要求同时输出多个模拟量的场合。此时，要用多片 DAC0832 组成模拟输出系统，每片对应一个模拟量。接口如图 3-52 所示。

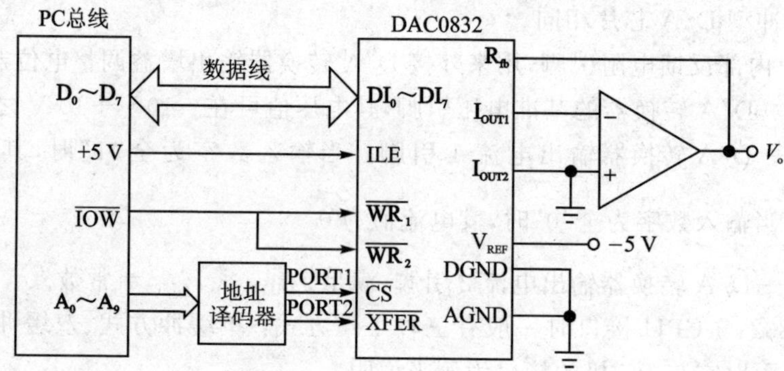

图 3-52　DAC0832 双缓冲方式接口框图

在这种方式下，需执行两条输出指令才能启动 D/A 转换器。设 DAC0832 输入寄存器口地址为 PORT，DAC 寄存器口地址为 PORT+1，则下面几条指令可完成数字量到模拟量的转换。

```
MOV   DX,PORT
OUT   DX,AL              ;打开输入寄存器,数据装入并锁存
INC   DX
OUT   DX,AL              ;打开 DAC 寄存器,数据通过,送去 D/A 转换
```

第一条输出指令打开 DAC0832 的输入寄存器，把 AL 中的数据送入输入寄存器并锁存起来。第二条输出指令打开 DAC0832 的 DAC 寄存器，使输入寄存器的数据通过 DAC 寄存器送到 D/A 转换器中进行转换。此时 AL 中数值与转换结果无关，这条指令执行时实际上并无 CPU 的数据输出给 DAC 寄存器，只利用执行指令时出现的 I/O 写信号，打开 DAC 寄存器。

前面提到双缓冲方式特别适合有多个模拟量同时输入的场合，此时需要采用多片 D/A 转换器芯片，每片控制一个模拟量的输出，如图 3－53 所示。

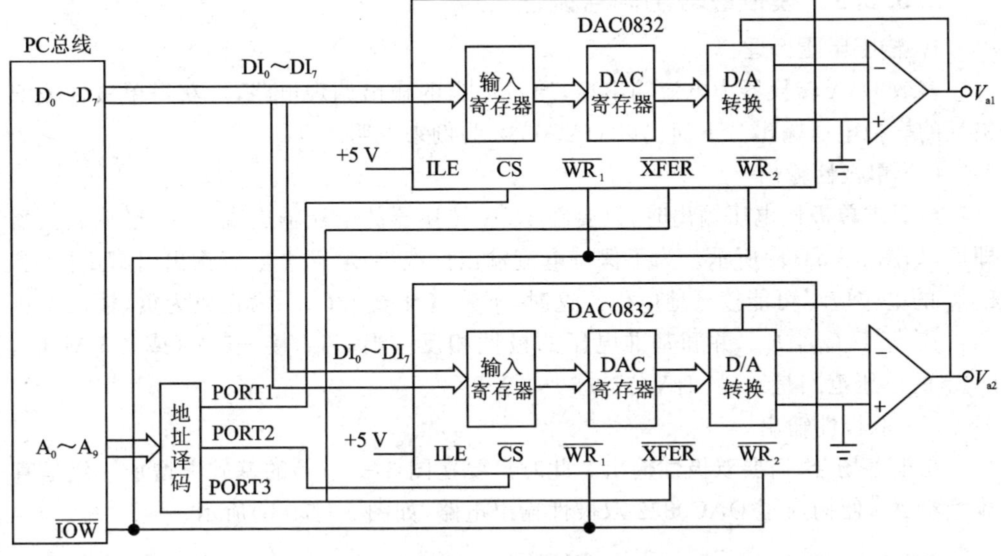

图 3－53　PC 机与两片 DAC0832 的接口框图

在图中，两个 DAC0832 芯片的输入寄存器分别占用一个口地址，便于分别写入各自的数据。两片芯片的 DAC 寄存器共用一个地址，以确保可以同时打开，让数据同时送入两个 D/A 转换器，以便同时开始转换，使两个模拟量同步输出。

设两片 DAC0832 的输入寄存器口地址分别为 280H 和 281H，两片 DAC0832 的 DAC 寄存器的端口地址均为 282H，下面程序段可将内存 DATA 和 DATA＋1 两个单元的数据同时转换成模拟量。

```
MOV   BX,DATA        ;数据单元地址送 BX
MOV   DX,280H        ;第一片 DAC0832 输入寄存器地址送 DX
MOV   AL,[BX]        ;第一个数据取入 AL
OUT   DX,AL          ;数据输出到第一片 DAC0832 输入寄存器
INC   BX             ;BX 指向下一个地址单元
INC   DX             ;DX 指向第二片 DAC0832 输入寄存器
MOV   AL,[BX]        ;取第二个数据到 AL
OUT   DX,AL          ;将第二个数据输出到第二片 DAC0832 输入寄存器
INC   DX             ;DX 为两片 DAC0832 的 DAC 寄存器地址
OUT   DX,AL          ;同时打开两片 DAC0832 的 DAC 寄存器,数据同时开始转换
```

③ 直通工作方式。

此时两个寄存器均处于直通状态，因此要将 $\overline{CS}$、$\overline{WR_1}$ 和 $\overline{WR_2}$ 端都接数字地，ILE 接高电平，使 LE_1、LE_2 均为高电平，致使两个锁存寄存器同时处于放行直通状

态，数据直线送入 D/A 转换电路进行 D/A 转换。这种方式可用于一些不采用微机的控制系统中，或其他不需 DAC0832 缓冲数据的情况。

3.3.2.3 模拟量输出信号调理

1. 输出电压调理

多数 D/A 转换器为电流输出型，通过适当的输出调理电路，可获得单极性或双极性的模拟电压输出。下面仍以 DAC0832 为例来说明。

(1) 单极性输出

当要求单极性电压输出时，只要在 D/A 转换器的电流输出端，接一运算放大器即可，如图 3-54(a)所示。为了保持电流输出的线性度，两个电流输出引脚 I_{OUT1} 和 I_{OUT2} 的电位应尽可能接近地电位。这时，不管基准电压 U_{REF} 为正或为负，输出电压 U_{OUT} 总等于 $I_{OUT1}R_{fb}$，并和基准电压的极性相反。当 U_{REF} 接+5 V(或-5 V)时，U_{OUT} 的电压范围是 0～-5 V(或 0～+5 V)。

(2) 双极性输出

在很多场合，需要双极性输出。此时只要在图 3-54(a)的基础上增加一级运算放大器 A_2，便构成了 DAC0832 双极性输出电路，如图 3-54(b)所示。

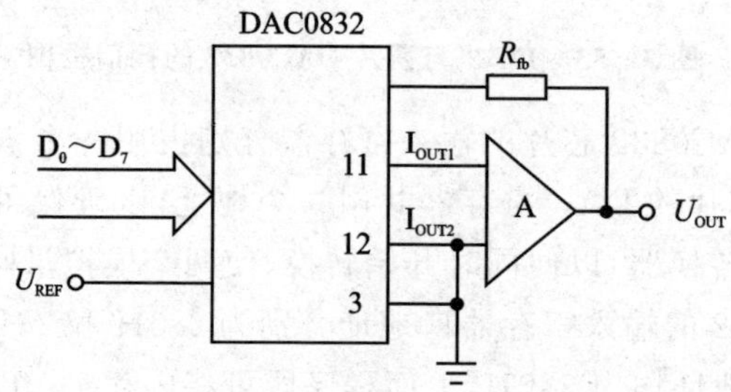

(a) 单极性电压输出

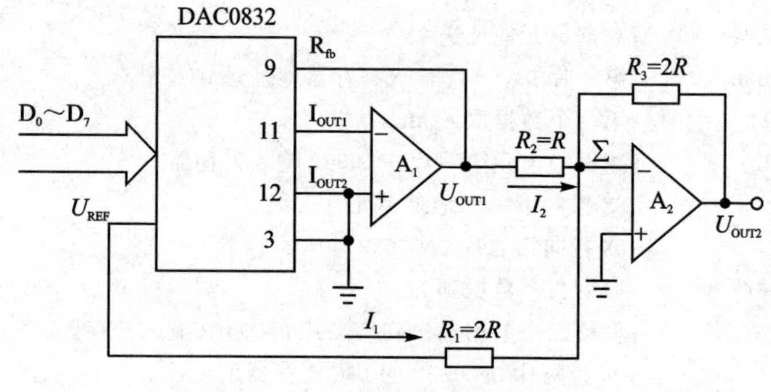

(b) 双极性电压输出

图 3-54 DAC0832 的输出电压调理

图中运算放大器 A_2 的作用是把运算放大器 A_1 的单极性输出转变成双极性输出。A_2 的反向输入端经电阻 R_1 与参考电压 U_{REF} 相连，U_{REF} 经电阻 R_1 向 A_2 提供

一个电流 I_1。运放 A_1 的输出 U_{OUT1} 经电阻 R_2 向 A_2 提供一个电流 I_2。由于 U_{OUT1} 与 U_{REF} 的极性相反，所以 I_1、I_2 的方向相反，而运算放大器 A_2 实际上是一个反相加法器，即

$$U_{OUT2}=-\left(\frac{R_3}{R_2}U_{OUT1}+\frac{R_3}{R_1}U_{REF}\right) \tag{3-1}$$

又由于 R_1 和 R_2 的比值为 2:1，所以，U_{REF} 产生的偏流为 A_1 输出电流的 1/2，由式(3-1)得

$$U_{OUT2}=-\left(\frac{2R}{R}U_{OUT1}+\frac{2R}{2R}U_{REF}\right)=-(2U_{OUT1}+U_{REF}) \tag{3-2}$$

这样，恰恰使 A_2 的输出特性在 A_1 输出的基础上位移了二分之一。

例如，设 $U_{REF}=+5$ V，则当 $U_{OUT1}=0$ V 时，$U_{OUT2}=-5$ V；$U_{OUT1}=-2.5$ V 时，$U_{OUT2}=0$ V；$U_{OUT1}=-5$ V 时，$U_{OUT2}=+5$ V。

双极性的数/模转换器，一般选用偏移二进制编码。用这种编码实现双极性 D/A 转换最容易，而且和计算机的输出兼容。因为一般计算机都采用 2 的补码，只需将 2 的补码的最高位取反，就能得到偏移二进制码。表 3-10 列出了常用的几种双极性编码。

表 3-10　常用的双极性编码

数	二进制编码	2 的补码	偏移二进制
+7	0111	0111	1111
+6	0110	0110	1110
+5	0101	0101	1101
+4	0100	0100	1100
+3	0011	0011	1011
+2	0010	0010	1010
+1	0001	0001	1001
+0	0000	0000	1000
−0	1000	(0000)	(1000)
−1	1001	1111	0111
−2	1010	1110	0110
−3	1011	1101	0101
−4	1100	1100	0100
−5	1101	1011	0011
−6	1110	1010	0010
−7	1111	1001	0001

由表 3-10 可知，用偏移二进制表示正负数时，数 0 对应着最高位码值(1000)，而全零码 0000 代表负的最大数。因此，用偏移二进制表示的正负数，可以用单极性的 D/A 转换器转换成单极性的模拟量，这个模拟量中包含着一个常值的平移量，其数值等于最高位的模拟转换值，这是因为在偏移二进制中，数“0”是用 1000 来表示的。由此可见，只要在 D/A 转换器后面加进模拟量平移处理，即在模拟量中叠加一个数值与最高位模拟等效值相等而极性相反的固定电压，即可实现双极性工作。图 3-54(b)中的第二级运算放大器就是为此目的而设计的。

2. 模拟量输出保持器

在计算机测控系统中，有时可采用多个模拟量输出通道共用一个 D/A 转换器的方案，如图 3-55 所示。从公用的 D/A 转换器输出的模拟信号，通过多路模拟开关分送给不同通道的执行机构。每一个通道上的采样/保持器(S/H)的作用是：将计算机送出来的该通道的离散模拟控制信号保持到该通道的下一个采样输出时刻，以保证该通道上的模拟执行机构得以正常运转。这种能将 D/A 转换器输出的离散模拟信号，转变成执行机构能够接受的连续信号的装置，称为模拟输出保持器，简称保持器。能把上一采样时刻的输出值保持到下一采样输出时刻的保持器，称为零阶保持器。

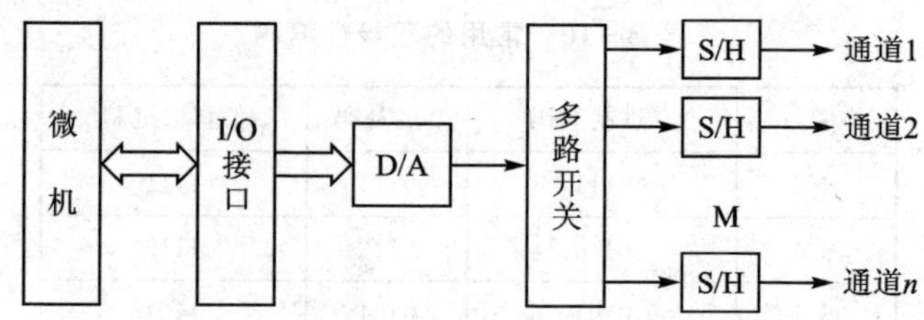

图 3-55　多个通道共用一个 D/A 转换器的方案

常用的零阶保持器有两种：一种是用步进电机作存储器，由它带动多圈电位器作恒流输出。因为步进电机在停转后能保持角位移不改变。这是一种机电式保持方案，可以长时间地保持模拟量，因此有较高的可靠性，在工业生产控制中应用较多。另一种是和模拟量输入保持器一样，采用电容和场效应管组成的模拟存储器。这种方案的存储原理如图 3-56 所示。由图可见，D/A 转换器输出的模拟量，通过开关 K 接到存储电容器上，用高输入阻抗的场效应管作源极输出。图中开关在系统工作时是闭合的。而当 K 断开时，由于场效应管有很高的输入阻抗，使电容器上的电压 U_C 能较长时间内保持基本不变，使 D/A 转换的模拟电压达到不变的目的。这种保持方案的优点是电路结构简单、造价低、稳定性高等，因此逐渐被采用。

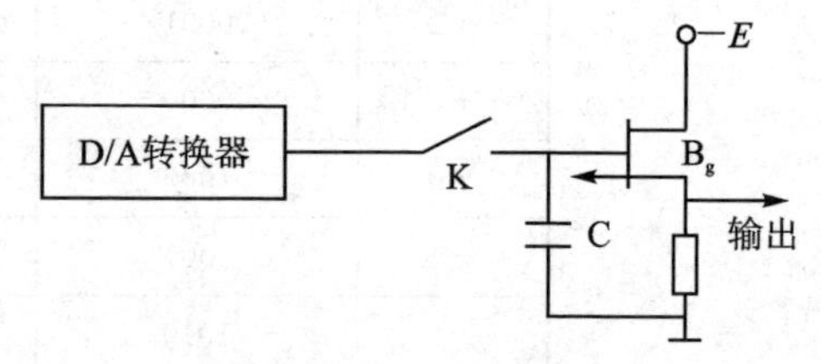

图 3-56　简单的零阶保持器

3. 模拟量输出的功率驱动问题

在一些测控系统中,部分模拟量输出通道是用来驱动执行机构(如伺服电机)的,这类模拟输出通道的信号调理环节的主要任务就是实现功率放大,提供足够的驱动功率以控制所连接的执行机构。图 3-57 为一种采用单片机控制 DAC0832 双极性输出,后接 PWM(脉冲宽度调制)功率放大器的接口电路。图中 DAC0832 与 ADOP-07 运算放大器共同完成双极性的 D/A 转换,将 00H～FFH 转换成 -2.0～+2.0 V 的模拟电压 U_1,该电压经过后接的 PWM 功率放大器去驱动伺服电机,单片机通过给出不同的控制数据产生不同的控制电压 U_1 去控制 PWM 功率放大器工作,使伺服电机实现正转、反转或停止。

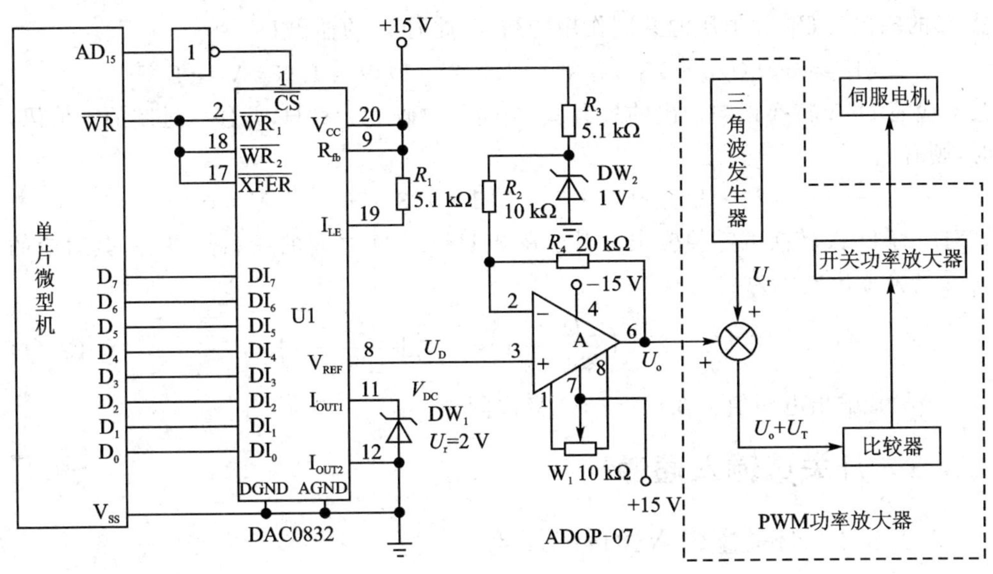

图 3-57 D/A 转换器后接功率放大器的例子

图 3-57 中 DAC0832 的连接于通常的使用方法不同。在通常的使用方法中,DAC0832 是以电流开关方式进行 D/A 转换的。其转换结果以电流形式在 I_{OUT1}、I_{OUT2} 端输出,然后再接到一个运算放大器的两个输入端,运算放大器的输出接到反馈电阻端 R_{fb},这样经过一个运算放大器将 DAC0832 的输出电流 I_{OUT1}、I_{OUT2} 转换成电压信号输出(如图 3-51 所示)。

而在图 3-57 接口电路中,DAC0832 是以电压开关方式进行 D/A 转换的,以这种方式工作时,D/A 转换器的参考电压(该参考电压由 +15 V 经 DAC0832 内部的反馈电阻与标准稳压管 DW1 串接而产生)必须接在 I_{OUT1} 和 I_{OUT2} 两端,并且必须使 I_{OUT2} 端接地,I_{OUT1} 端接参考电压正端。DAC0832 的 D/A 转换结果以电压形式在芯片的 V_{REF} 端输出。

运算放大器 A 的放大倍数为 $R_4/R_2=2$,其同相输入端接 DAC0832 的 V_{REF} 端,其输出的模拟电压用 U_D 表示，接在 I_{OUT1} 和 I_{OUT2} 两端的参考电压用 U_r 表示，则 U_D 为

$$U_D = U_r \cdot D/256 = 2\ \text{V} \cdot D/256 \tag{3-3}$$

其中 D 是单片机送入 DAC0832 的数据。

运算放大器 A 的反相输入端接了一个 $U_{dw}=1$ V 的恒压源（由 R_5 和 DW_2 组成），由于运算放大器 A 的放大倍数等于 2，该恒压源会在 A 的输出端产生 −2 V 的偏移。于是，当 DAC0832 的输入数据 D=00H 时，$U_D=0$，运算放大器 A 的输出电压由 $U_{dw}=1$ V 引起，得到 $U_o=-2$ V，此值对应着 D/A 转换负向输出的最大值；当输入数码 D=FFH 时，$U_D=2\ \text{V}\times255/256=1.992$ V，这时 U_D 为非零值，运算放大器 A 的输出是 U_D 和恒压源共同作用的结果，此时 A 的输出 U_o 为

$$U_o = 2\times(U_D - U_{dw}) = 2\times(1.992-1)\ \text{V} = 1.984\ \text{V} \approx 2\ \text{V}$$

其对应着 D/A 转换正向输出的最大值；当输入数码 D=80H（偏移二进制的 0 值码）时，则有

$$U_o = 2\times(U_D - U_{dw}) = 2\times(2\times128/256-1)\ \text{V} = 0\ \text{V}$$

其对应着 D/A 转换的零值输出。对于在 00H～FFH 之间的任意数码 D，其对应的 D/A 转换输出电压为

$$U_o = 2\times\left(\frac{2D}{256}-1\right) = 2\times\left(\frac{D}{128}-1\right) \tag{3-4}$$

该模拟输出电压值将在 −2～+2 V 之间。

3.3.3 开关量输入通道

3.3.3.1 开关量输入通道的作用

开关量输入通道的任务是将那些用开关状态表示的被控对象信息传递给计算机。在工业过程中大量存在着这类形式的信息，如工件是否到位，阀门的“开启”或“关闭”，电动机的“启动”和“停止”，继电器的“吸合”及“释放”等都是可以用“1”或“0”表示的“开”“关”信息。开关量输入信号一般是指生产现场的各种开关、触点的通、断状态，或者是逻辑电平的高、低状态，各种数字装置输出的数码或数字式测量仪表的输出等。这些量都是通过开关量输入通道进入计算机的。开关量输入通道的基本功能如下：

① 对与计算机连接的生产过程或生产设备中发生的事件，进行固定周期的巡回检测以便随时发现问题，及时进行处理；

② 根据需要选择被测控点，随时把开关状态或数字装置的输出引入计算机；

③ 对生产过程中被控设备或被控点的状态进行记录；

④ 一旦被控设备或被控点发生异常情况，便能够产生中断信号送入计算机，及时进行故障处理，保证生产的正常进行。

3.3.3.2 开关量输入的信号调理

开关量输入信号的一种常见的信号调理问题是电平转换。微型计算机及其附加芯片通常采用 TTL 电平，与计算机相连的其他功能单元具有各自的工作电平，特别是工业过程自动化设备中的一些装置的逻辑电平往往不是 TTL 电平，相应调理电路的任务就是实现这些功能单元的逻辑电平与计算机要求的 TTL 电平之间的转换。测控对象（如被监测的工业过程）中以触点通、断形式表示的开关量，也要转换成计算机所要求的高、低电平表示的逻辑量，这些电平转换任务也须通过开关量输入通道的调理电路来完成。电隔离是开关量输入信号常采用的另一类信号调理技术，用以抑制由于被检测过程与计算机系统“共地”而引入的干扰。

1. 电平转换

常见的开关量输入信号电平转换有：

①采用晶体管电路实现正/负高电平到 TTL 电平的转换。图 3-58(a)为正的高电平变换为 TTL 电平的例子，其中晶体管 T_2 的电流放大倍数 $\beta \geqslant 20$，最多可后接 15 个 TTL 门电路。图 3-58(b)为负的高电平转换为 TTL 电平的例子，其中 T_1 为 PNP 型晶体管，输入信号为负的高电平时，T_1 饱和导通；输入信号为负的低电平（接近 0 V）时，T_1 截止。为使 T_1 导通时输入到 TTL 电路的电压为高电平，截止时为低电平，在晶体管与 TTL 电路之间插入稳压管 DW，进行电平转换，为 TTL 提供合适的输入电平。DW 应选用稳压值在 4～12 V 之间的稳压管，该电路可接 5 个以下的 TTL 逻辑门。

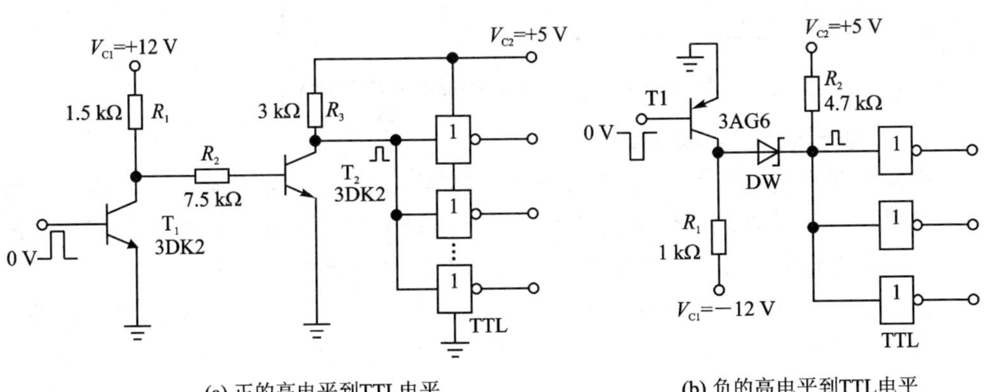

图 3-58 高电平到 TTL 电平转换

② 采用专门的集成电路实现电平转换。常见的是 CMOS 电路与 TTL 电路之间的电平转换。图 3-59 为采用带缓冲的 CC4009/10 和 CC4049/50 集成电路芯片实现电平转换的电路。图 3-59(a)为使用 CC4009/10 实现电平转换的电路，图 3-59(b)为使用 CC4049/50 芯片实现电平转换的电路。其中 CC4009 和 CC4049 为反相电平转换/缓冲驱动器，CC4010 和 CC4050 为同相电平转换/缓冲驱动器。CC4009/10 要

求两组电源供电，而CC4049/50只需一组5 V电源，故常用CC4049/50。

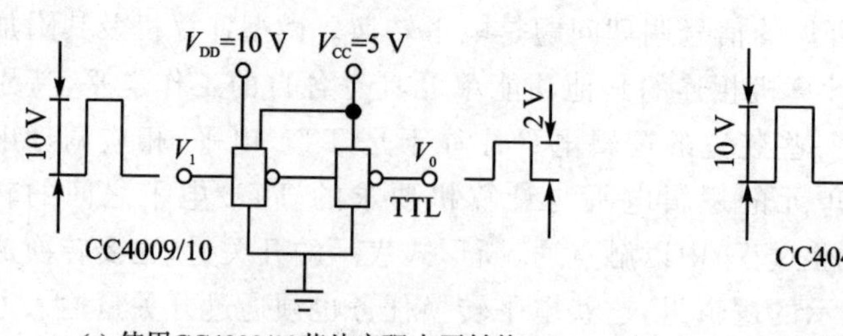

(a) 使用CC4009/10芯片实现电平转换

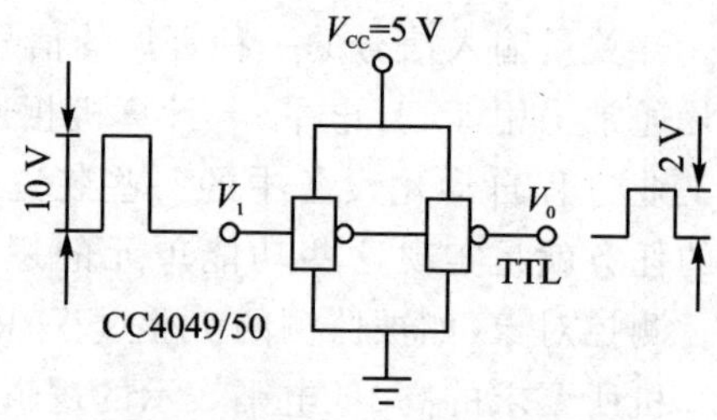

(b) 使用CC4049/50芯片实现电平转换

图 3-59　CMOS与TTL电平转换举例

③ 借助继电器实现电平转换。这种方式可同时实现电隔离，但只适用于慢变的开关信号。图3-60为将220 V交流电路中的通、断信号转换成TTL高、低电平信号的一个例子。开关合上时，继电器吸合，在计算机输入端得到TTL低电平。

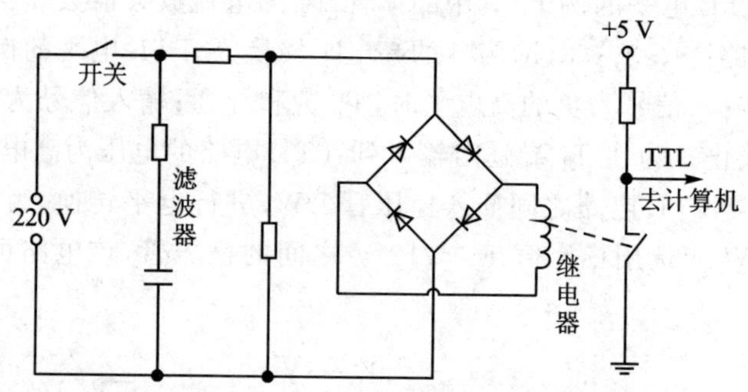

图 3-60　借助继电器实现电平转换的例子

2. 采用光耦合器的电隔离

光耦合器也叫光隔离器，它由封装在一起的一只发光二极管和一只光敏二极管组成。封装在一起的目的在于使光敏二极管能最大限度地吸收发光二极管发出的光。两只二极管实现光耦合而电隔离。为了提高驱动能力，芯片的输出级加了一只晶体管(见图3-61)。光耦合器常用于高电源电压场合或者于大系统的接地线隔离。光耦合器的内装晶体管可接成共集电极形式，也可接成共发射极形式。它的主要性能指标是电流放大倍数($\beta=I_0/I_1$)。β是电流的函数，一般β=0.05～0.50。光耦合器的频率在1 MHz以内，能隔离1～3 kV的电压。由于光耦合器性价比高，原来很多用继电器隔离的场合，现已用光耦合器来代替。光耦合器的主要使用方法如图3-62所示。

工业环境下干扰严重，计算机的输入、输出通道采用光耦合器实现计算机系统与外部环境的电隔离，能大大提高系统的抗干扰能力。图3-63是使用光耦合器实现的无公共地线的电隔离系统。该系统中，检测装置及A/D转换器等安放在工作现场，与监测对象在一起。控制A/D转换设备工作的各种命令，经过两次电—光—电

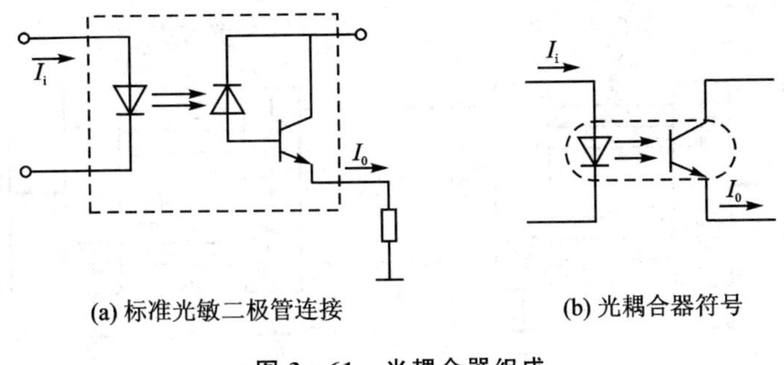

(a) 标准光敏二极管连接　　(b) 光耦合器符号

图 3-61　光耦合器组成

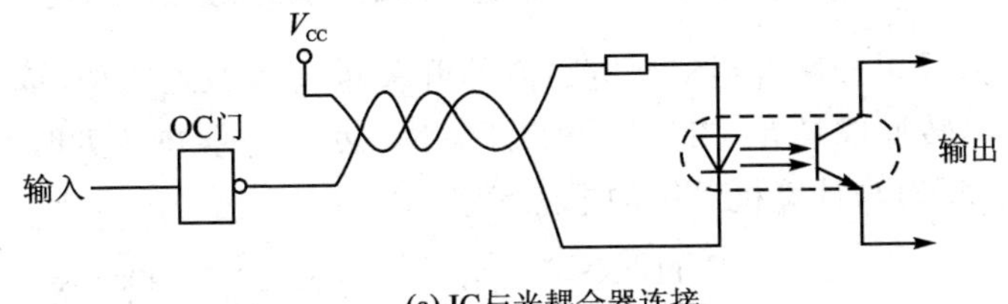

(a) IC与光耦合器连接

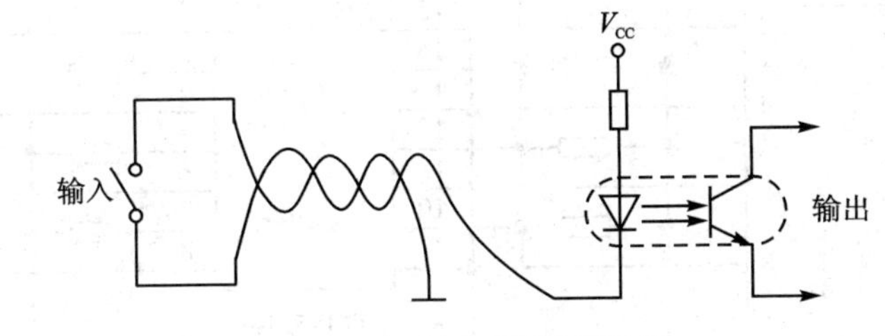

(b) 触点与光耦合器连接

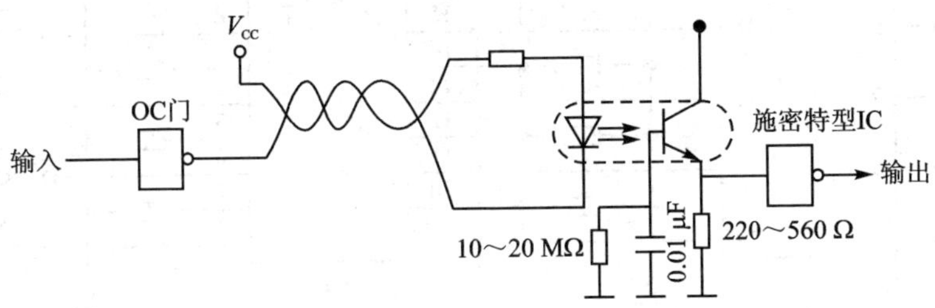

(c) 强抗干扰能力的光耦合器连接

图 3-62　光耦合器的使用方法

变换由主机的 I/O 接口传送到 A/D 转换设备。同样，A/D 转换结束信号及转换得到的结果也经过两次电—光—电变换送到主机。整个系统共有三条不同的地线：主机和 I/O 接口等共用"计算机地"；传输长线单独使用一个"浮地"；A/D 转换设备和监测对象共用一个"监测现场地"。由于去掉了公共地线，使得工作现场的强干扰(特别是共模干扰)及传输线引入的干扰都难以进入计算机，极大地提高了系统的抗干扰性能。

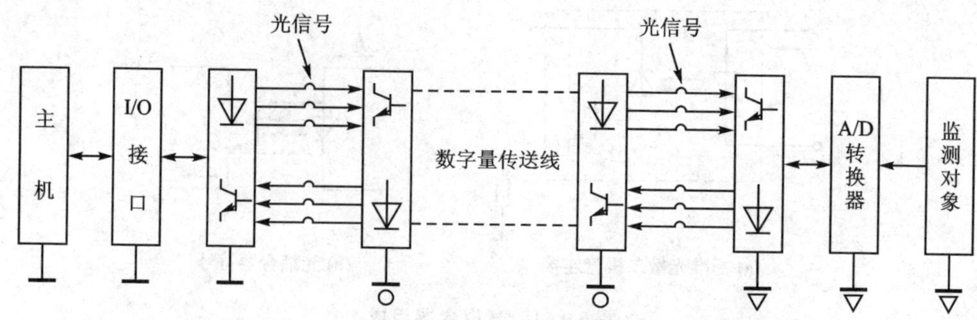

图 3-63 利用光耦合器实现监测对象与主机系统的电隔离

图 3-64 为采用光耦合器实现电隔离的开关量输入通道实例，该电路将 8 个开关触点($S_0 \sim S_7$)转换成具有 TTL 电平的开关量($D_0 \sim D_7$)，并且实现了开关触点(通常在被监测的现场)与计算机系统的电隔离。

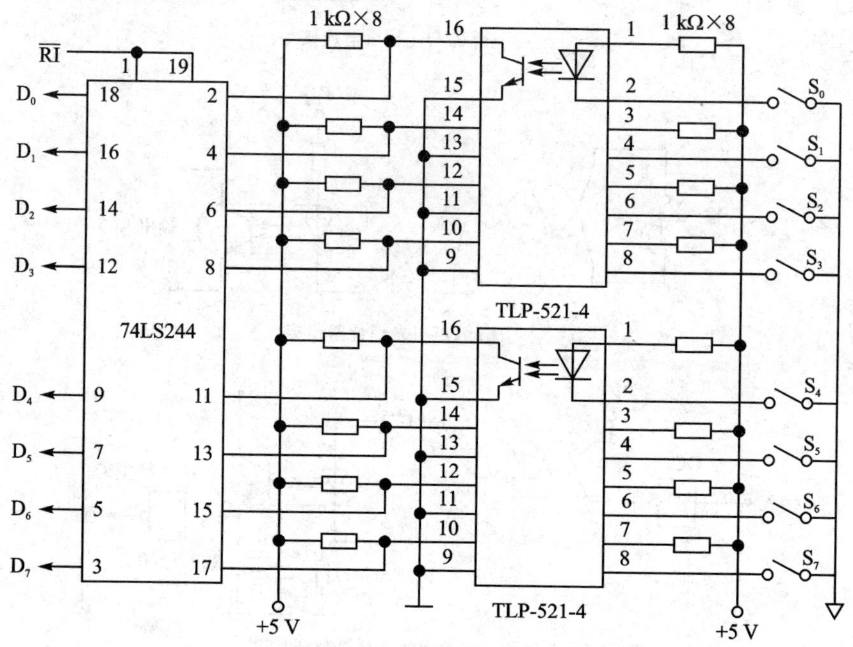

图 3-64 开关量输入通道实例

3.3.4 开关量输出通道

开关量输出通道的基本任务是提供开关形式的输出信号控制相应的对象。这种开关功能可能是控制某一电源的接入或断开，也可能是控制生产现场某一开关的动作，如接通或断开报警开关。开关量输出通道是对生产过程实施控制和保护的重要装置之一，也是计算机测控系统的一种重要的过程通道。

3.3.4.1 开关量输出的信号调理

开关量输出信号调理的基本问题是电平转换、电隔离和功率驱动，其中最核心的问题是提供被控对象所要求的电压和电流，即提供所要求的驱动功率。

1. 采用继电器的开关量输出电路

计算机输出的 TTL 信号与继电器连接时往往要经过一个驱动级，以提供继电器工作所需的电流，如图 3-65(a)所示。图 3-65(b)为一种驱动级的具体电路。其中两只晶体管的电流放大倍数 β_1、β_2 的选择原则是当输入为 TTL 高电平时，末级晶体管的电流足以驱动继电器触点吸合。应恰当地选择输入级参数 R_1 和 β_1，以确保输入级吸收的电流不超过 TTL 电流的扇出能力为原则。输出开关量可以是触点通、断，也可以是高、低电平。继电器的开关量输出电路仅适用于开关频率较低的场合。

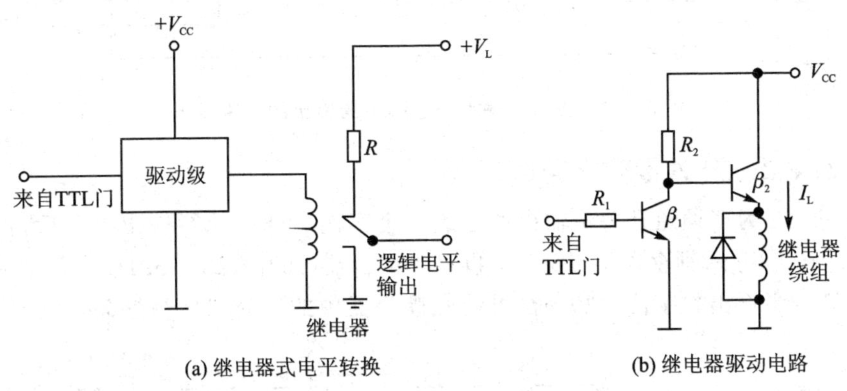

(a) 继电器式电平转换　　(b) 继电器驱动电路

图 3-65　采用继电器的开关量输出

2. 采用光耦合器的开关量输出电路

采用光耦合器能很方便地完成电平转换并实现计算机系统与被控对象之间的电隔离。在功率驱动方面，当负载功率较小且要求切换速度较高时，可以采用电子开关输出；当要求的控制功率较大且切换速度较低时，可采用继电器触点输出。图 3-66 是这类开关量输出的一个例子。

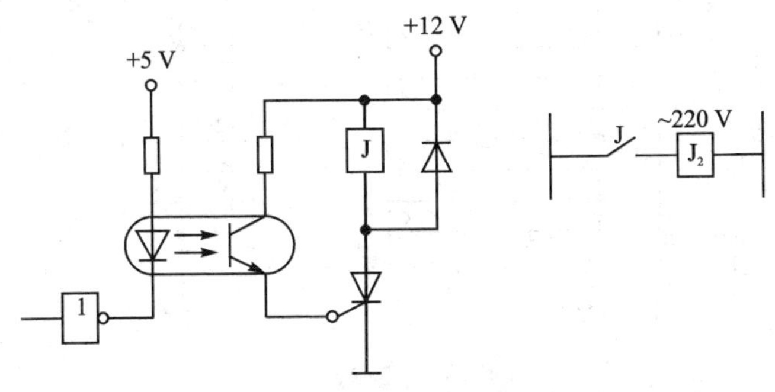

图 3-66　光耦合隔离继电器触点输出的开关量

图 3－67 为用光耦合器控制一个固态继电器，进而控制大功率负载的电路，该电路适用于开关频率较高的场合。固态继电器有交流、直流两种，前者的功率器件通常是晶闸管(SCR)，后者的功率器件通常用大功率晶体管。图 3－67 中，来自计算机的开关量信号经光耦合器送到触发电路，使双向晶闸管导通从而接通负载 R_L。过零控制及触发电路用于保证触发电路在有输入信号和交流电压过零时动作，以减少所产生的电磁干扰。

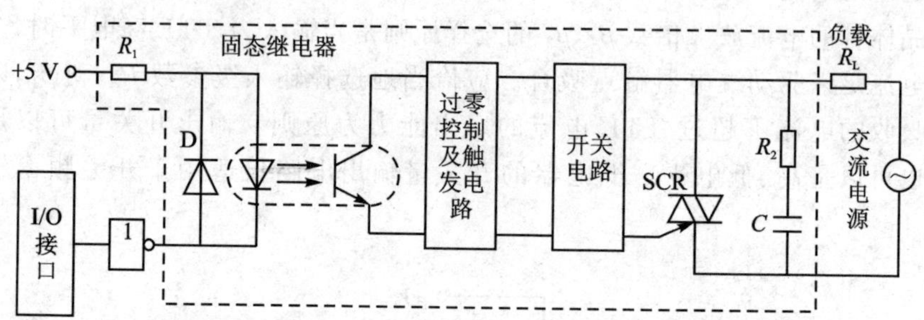

图 3－67　光耦合输入固态继电器输出的电路实例

3.3.4.2　开关量输出通道举例

图 3－68 为多通道开关量输出通道的一个实例。CPU 执行输出指令后，把数字信号(D_0～D_7)存入锁存器 74LS273，再经光耦合器(两片 TLP－521－4)驱动继电器或指示灯。当输出数字位为“0”时，可使光耦合器中的发光二极管燃亮，使光敏三极

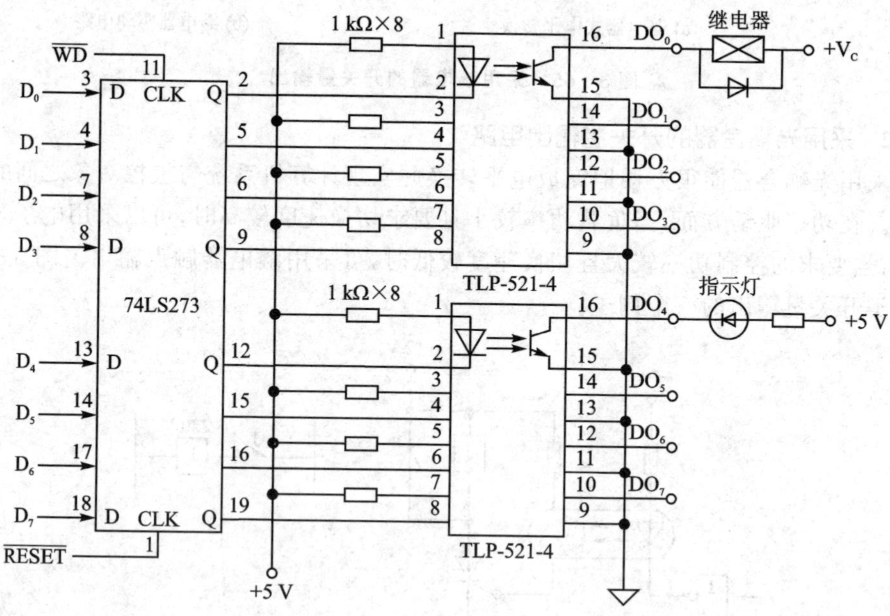

图 3－68　开关量输出通道实例

管导通，继电器工作或指示灯亮；反之，当数字位为“1”时，发光二极管熄灭，光敏三极管截止，继电器不工作或指示灯灭。

测控系统中，有一些开关量输出通道是用于控制特定的执行装置的，如控制步进电机、伺服电机、阀门等，这类输出通道的接口设计与控制方案结合紧密，与这类开关量输出通道的接口电路设计问题将在第四章的相关章节中介绍。

3.4 传感器接口

测控系统中，大多数传感器的满量程输出都是幅值较小的电压、电流或电阻变化，有些传感器的输出为电荷变化或脉冲频率变化，这些传感器的输出信号必须经过适当的信号调理，转换成它们所属过程通道要求的信号形式和信号幅度，然后再输入计算机。因此，传感器接口的基本任务就是实现对所连接的传感器输出的信号调理。

3.4.1 信号调理放大器

3.4.1.1 集成运算放大器主要性能指标

传感器调理电路中，运算放大器是最常用的。表 3－11 列出了用于信号调理的运算放大器的主要性能指标。一些精密的集成运算放大器的失调电压可低于 10 μV，温度漂移在 0.1 μV/℃以下。

表 3－11 用于信号调理的放大器的一般特性

指 标	参数值
输入失调电压/μV	<100
输入失调电压漂移/(μV·$℃^{-1}$)	<1
输入偏流/nA	<2
输入失调电流/nA	<2
直流开环增益	>1 000 000
单位增益带宽乘积 f_u	500 kHz～5 MHz
在信号频率上的开环增益	应经常检查
1/f(0.1～10 Hz)噪声/μV	<1
宽带噪声$\Big/\left(\mathrm{nV}\cdot\mathrm{Hz}^{-\frac{1}{2}}\right)$	<10
CMR、PSR/dB	>100
工作	单电源
功耗	低

值得注意的是，在选择运算放大器时，不能只考虑直流开环增益、失调电压、电源抑制(PSR)和共模抑制(CMR)等指标，放大器的交流性能，甚至“低”频性能也很重要，也需要同时考虑。通常，开环增益、PSR、CMR 都具有相当低的转折频率，因此，

有些被认为很低的信号频率实际有可能已高于转折频率，从而使误差增大到超过由直流参数决定的值。例如，一个直流开环增益为 10^7，单位增益带宽乘积为 1 MHz 的放大器，其转折频率为 0.1 Hz。因此必须考虑实际信号频率下的开环增益。单位增益带宽乘积 f_u、信号频率 f_S 和信号频率时的开环增益 A_S 之间的关系如下：

$$A_S=\frac{f_u}{f_S} \tag{3-5}$$

由式(3－5)可知，上例放大器在 100 kHz 处的开环增益为 10，在 10 Hz 处则为 10^5。

在实际工作频率下，开环增益的降低可能会带来失真。在电源频率及其谐波频率下，CMR 或 PSR 的降低也可能引入误差。失调电压和噪声指标对信号的信噪比有较大的影响。通常优先选用能在单电源供电下工作的精密放大器，特定工作环境(如电池供电)下，低功耗会成为重要的选择依据。

3.4.1.2　几种基本的模拟运算电路

下面给出几种有用的电路，在大多数电路中，运算放大器被用在闭环结构之中，运算放大器外部的反馈网络减少了增益，却提供了其他有用的特性。

1. 反相放大器

图 3－69(a)为基本反相放大器电路，此种电路的用途广泛。其增益计算公式为

$$A=\frac{V_o}{V_i}=-\frac{R_f}{R_i} \tag{3-6}$$

该电路将输入信号反相，R_f 引入的负反馈使反相放大器具有很多优点，如增加了带宽，降低了输出阻抗。

2. 同相放大器

同相放大器电路如图 3－69(b)所示，其增益计算公式为

$$A=\frac{V_o}{V_i}=1+\frac{R_f}{R_i} \tag{3-7}$$

同相放大器中，电路增益为正，并且总是大于 1，其输入阻抗非常大，接近无穷大。

3. 单位增益放大器

在同相放大器中，如果使 R_i 等于无穷大，R_f 等于零，电路就变成图 3－69(c)所示的电路，输入电压 V_i 加在同相输入端，由于理想运算放大器工作在线性范围时，两个输入端的电压相等，反相输入端的电压必定也是 V_i。而反相输入端又直接连接到 V_o，因此有 $V_o=V_i$，也就是输出电压跟随输入电压。由于具有这一显著特点，单位增益放大器亦被称为电压跟随器。单位增益放大器具有输入阻抗高、输出阻抗低的优点，常被用作缓冲放大器或阻抗变换器。

4. 差动放大器

差动放大器是另一种很重要的运算放大器电路，它是反相和同相两种结构的组合。图 3-69(d)为单运算放大器构成的差动放大器(简称单运算差动放大器)。由于对理想的运算放大器，任何一端都无电流流入，因此，从差动放大器同相输入端的电压 V_2 来的电流流经 R_1 再通过 R'_2 到地。由于 $R'_2=R_2$，于是运算放大器同相输入端的电压可按分压器原理算出：

$$V_i=\frac{R_2V_2}{R_1+R_2} \tag{3-8}$$

由于在线性范围工作的理想运算放大器，其两个输入端之间的电压差为零，因此，反相输入端的电压也是 V_i。当差动放大器反相输入端的电压为 V_1 时，可得到：

$$\frac{V_1-V_i}{R_1}=\frac{V_i-V_o}{R_2} \tag{3-9}$$

将式(3-8)代入式(3-9)得到：

$$V_o=\frac{(V_2-V_1)R_2}{R_1} \tag{3-10}$$

式(3-10)即为计算差动放大器增益的公式。

当两个输入端连在一起并用同一个电压源驱动时，共模电压(CMV)为 $V_1=V_2$，于是 $V_o=0$。这说明，理想的差动放大器的共模增益(CMG)为零。如果 $V_1\neq V_2$，则差动放大器的差动增益(DG)等于 R_2/R_1。由于运算放大器并不能做到完全理想，实际的差动放大器也不能完全抑制掉共模电压的影响，差动放大器抑制共模电压能力的定量量度值称为共模抑制比(CMRR)。其定义如下：

$$\text{CMRR}=\frac{\text{DG}}{\text{CMG}} \tag{3-11}$$

差动放大器 CMRR 允许值应根据实际应用要求确定。对某些应用场合，CMRR 大于 100 也就可以了，而在高 Q 值的生物电位放大器中，CMRR 可高达 10 000 以上。在工业测控系统中，差动放大器常用于抑制信号中 50 Hz 的工频噪声。

5. 仪表放大器

单运放差动放大器的输入阻抗很低，不适于要求高输入阻抗的应用场合。解决此问题的办法之一是使用图 3-69(e)所示的仪表放大器，这类放大器是由基本差动放大器演变得来的。将单运放差动放大器的每个输入端连接一个同相放大器，两个同相放大器的 R_i 连接在一起，省去了对地的连接，便构成了基本的仪表放大器。

计算该仪表放大器的共模增益 CMG 时，令两个输入电压相等，即 $V_3=V_4$。由于理想的运算放大器在线性范围工作时，其两个输入端之间的电压差为零，故输入级的两个运算放大器的反相输入端的电压都为 V_3，致使 R_3 两端加上了相等的电压，因此没有电流流过 R_3。又由于理想的运算放大器的输入端无电流流过，这就使得流过 R_4 的电流也等于零。其结果使得输入级的两个运算放大器的输出均为 V_3，这就使

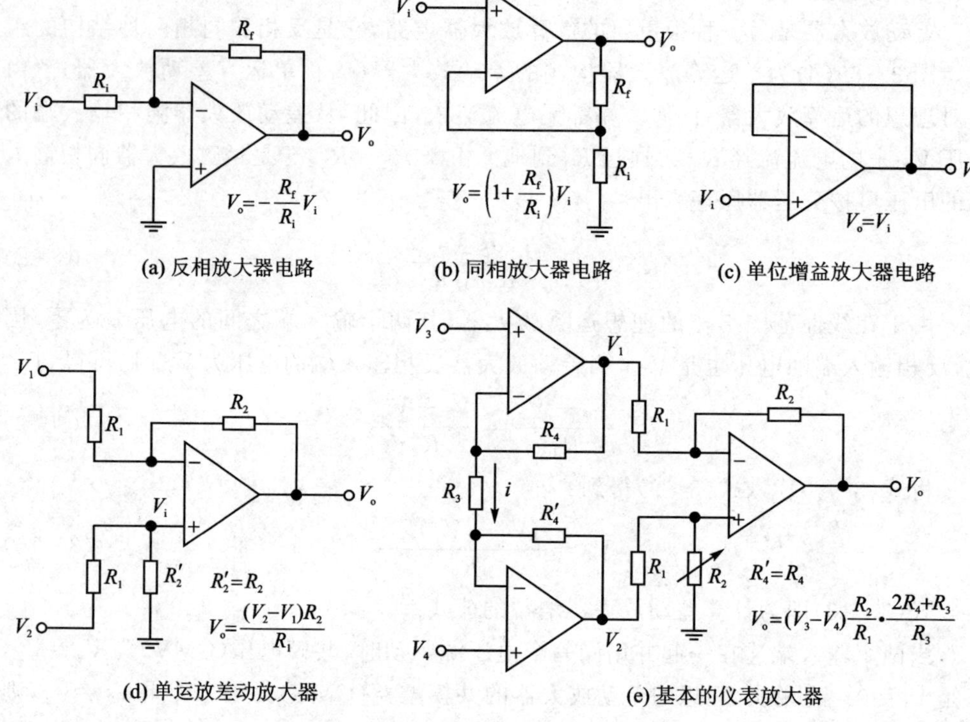

图 3-69　几种基本的模拟运算电路

得后接差动放大器的两个输入端接入了完全相等的电压，对应的输出为零。由此可知，理想的仪表放大器的共模增益 CMG 等于零。

为计算差动增益，假定 $V_3 \neq V_4$，于是在 R_3 上有一个数值为 $V_3 - V_4$ 的电压降，便产生了流过 R_3 的电流 i，此同样大小的电流也流经两个 R_4（因为 $R_4' = R_4$）。计算公式如下：

由仪表放大器的输入级得到

$$V_3 - V_4 = iR_3 \tag{3-12}$$

该输入级的输出电压为

$$V_1 - V_2 = i(R_4 + R_3 + R_4) \tag{3-13}$$

由式(3-12)及式(3-13)得到此输入级的差动增益为

$$\mathrm{DG}_1 = \frac{V_1 - V_2}{V_3 - V_4} = \frac{2R_4 + R_3}{R_3} \tag{3-14a}$$

考虑到差动放大器的差动增益为 R_2/R_1，仪表放大器的差动增益为

$$\mathrm{DG} = \frac{R_2}{R_1}\ \frac{2R_4 + R_3}{R_3} \tag{3-14b}$$

上述仪表放大器具有高输入阻抗、高共模抑制比(CMRR)的特点，其差动增益(DG)可通过改变 R_3 来调整。

3.4.1.3 模拟运算电路应用举例

模拟运算电路的一个应用例子是心电图(ECG)放大器,心电图信号要求所接的放大器具有高的输入阻抗和高的抗干扰性能。图 3-70 是一个心电图放大器。它包含运算放大器 A_1、A_2、A_3 组成的仪表放大器级和 A_4 组成的同相放大器两部分。仪表放大器提供高的输入阻抗及高的 CMRR,适当调整 120 kΩ 电位器,可使 CMRR 达到最大。由于电极可能产生约 0.2 V 的失调电压,故有意识地将仪表放大器的增益设计得低一些,按所给出的电路参数,用式(3-14b)可计算出其 DG=40。仪表放大器的输入端没有使用耦合电容器,因为它们会阻断两个运算放大器的偏置电流。1 μF 耦合电容器与 3.3 MΩ 电阻组成一个高通滤波器,该滤波器的通带下限频率为 0.05 Hz(可通过 0.05 Hz 以上频率的信号)。10 nF 电容器及 150 kΩ 电阻形成一个低通滤波器,其通带上限频率为 100 Hz。反相输入端的 3.3 MΩ 电阻用于平衡偏置阻抗。当输入饱和时,可将 S 瞬间闭合,使 1 μF 电容器充电。平常工作时,S 保持断开。本心电图放大器电路使用通用的 741 运算放大器就能很好地工作,当要求流经电极的电流保持很小时,则需使用低偏置电流的运算放大器。

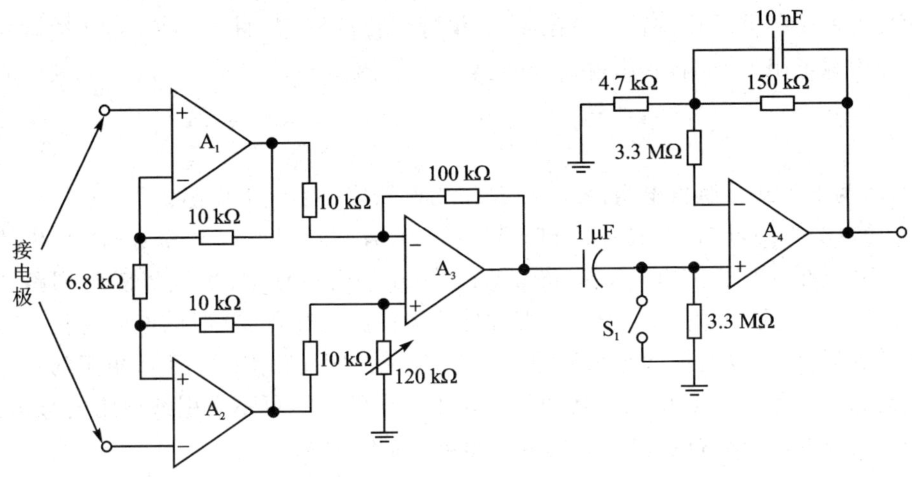

图 3-70 心电图放大器

3.4.2 传感器接口的分类

测控系统中应用的传感器门类繁多,本书在讨论传感器接口问题时,不按测量参数的类型来分别讨论其接口问题(如温度传感器接口、压力传感器接口等),而是按传感器所用的调理电路结构或输出信号类型来讨论其接口问题,因为这是影响接口设计的最核心的部分。下面几节将分别讨论电阻式、变电抗式、数字式传感器以及有源传感器的接口问题。

3.4.3 电阻式传感器接口

电阻式传感器是应用最多的一类传感器，这类传感器通过电阻变化来反映被测物理参数变化。常用电阻式传感器电路可分为分压式和惠斯顿电桥式两大类。

电阻式传感器的电阻随被测参数变化所遵循的方程为 $R=R_0 f(x)$，其中 $x=R/R_0$ 称为电阻比，R_0 为初始电阻。若 $f(0)=1$，对于线性传感器，有

$$R=R_0(1+x) \tag{3-15}$$

x 的数值范围与传感器的类型和被测参数的变化范围密切相关。对于线性电位器，x 从 0 变化到 -1；对于导电聚合物，x 可能达到 10；对于应变计，x 可能小到 10^{-5}。电阻式温度检测器和测量用热敏电阻具有中等大小的 x 值。对于某些特殊的被测对象，其传感器电阻比 x 可能比光敏电阻和电阻式温度计的 x 值大 1 000 倍，但也可能仅为磁敏电阻、气体传感器和液体导电率传感器的 1/100。开关型正温度系数热敏电阻在温度高于转换温度时，其电阻的增大将超过 1 000 倍。

某些传感器要求特殊的调理电路。热敏电阻通常要求线性化，应变计需要消除干扰。为了使传感器输出的动态范围与所用的 A/D 转换器的输入范围相匹配，对输出幅度低的传感器需要进行高增益放大；供远程传感器用的信号调理器必须做到不受连接引线电阻的影响，否则就需要对其进行补偿。例如，图 3-71(a)中测得的电压为

$$V=I(R+R_{W1}+R_{W2}) \tag{3-16}$$

式中，R 为电阻式传感器电阻；R_{W1} 和 R_{W2} 为两条连接引线的电阻。

由式(3-16)可知，当 $R=0\ \Omega$ 时，$V(0)\neq 0$，有零点误差。由表 3-12 提供的数据，长 10 m 的 20 号 AWG(American Wire Gauge，美国线规)引线将使 R 回路增加 0.333 mΩ 的电阻，这相当于 Pt100 温度传感器在温度升高 1℃时的电阻变化。对于这类零点误差，可以通过调零来消除。然而，环境温度变化引起的引线电阻的变化是无法消除的。图 3-71(b)所示 4 引线电路中测得的电压可不受引线电阻的影响，条件是电流源的输出阻抗和电压表的输入阻抗要足够大。

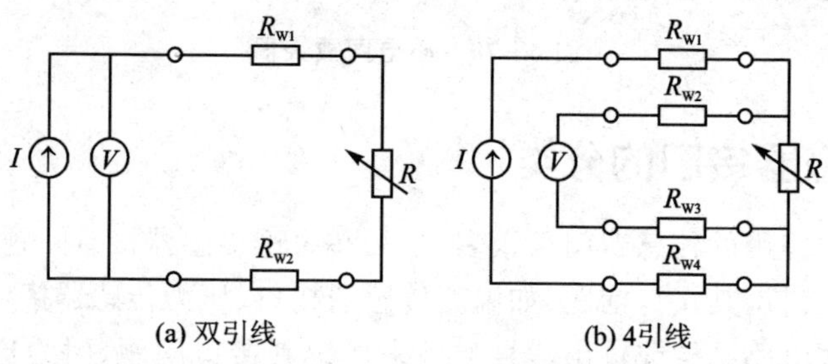

注：用双引线电路测量电阻式传感器将产生随温度变化的失调误差，而 4 引线则不受引线电阻的影响。

图 3-71 双引线和 4 引线电路结构

电阻式传感器调理电路中，分压器和惠斯顿电桥是最常见的两种电路结构。

表 3-12 部分铜导线的数据

AWG	绞合导线	直径/mm	直流电阻/(Ω·km^{-1})
10	实心线	2.600	3.28
	37/26	2.921	3.64
	49/27	2.946	3.58
20	实心线	0.813	33.20
	10/30	0.899	33.86
	26/34	0.914	32.97
30	实心线	0.254	340.00
	7/38	0.305	338.58

3.4.3.1 分压器

分压器常用于测量大阻值的电阻。图 3-72(a)中，如果电压表的输入电阻远大于 R，则有

$$v_o = \frac{V_r}{R_r + R} R_r \tag{3-17}$$

通过测量电压 v_o，可以计算出未知电阻 R 的值：

$$R = \frac{V_r - v_o}{v_o} R_r \tag{3-18}$$

另一方面，若将图 3-72(a)中的 R_r 和 R 相互交换位置，则有

$$R = \frac{v_o}{V_r - v_o} R_r \tag{3-19}$$

分压器结构的调理电路用于阻值变化很大的传感器以及非线性传感器，如负温度系数热敏电阻。如果将 R_r 和 R 理解为电位器的两部分，则此种调理电路也适用于电位器输出的各种传感器。

3.4.3.2 惠斯顿电桥

如果传感器电阻变化很小($x \ll 1$)，则采用分压器式调理电路时，与零输入($x=0$)对应的输出电压 $v_o(0)$相比，测量范围内电阻变化所引起的输出电压变化 Δv_o 也很小。这意味着测量 $v_o = v_o(0) + \Delta v_o$ 存在的一些误差将会与 x 引起的 Δv_o 数值相当，甚至会更大些。因此，对于那些电阻变化范围很小的电阻式传感器，不宜采用分压器式结构的调理电路。测量电阻微小变化的常用方法是，将另一个分压器与配套传感器的分压器并联。如果将两个分压器设计成在没有外加输入信号时具有相同的输出，则它们的输出之差将是一个取决于被测变量的信号。这种电路结构就是惠斯顿电桥。

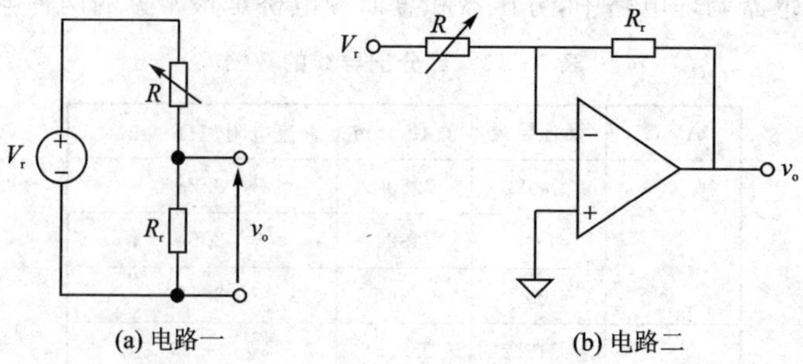

(a) 电路一　　　　(b) 电路二

注：图(a)为测量电阻的分压器法。如果电阻器之一为已知，则利用一个电压表的读数就可以对未知电阻器进行计算。图(b)为在分压器上增添了运算放大器，于是便构成了一个输出电压与未知电阻成反比的电路。

图 3-72　分压器式调理电路

测量电桥可采用恒压源供电(或称激励)，也可以采用恒流源供电，后者能减少温度影响，更为常用。

图 3-73 为采用恒流源供电的电桥电路。假设 ΔR 为被测物理量引起的电阻变化，ΔR_T 为温度引起的电阻变化，对于图示等臂电桥，有

$$I_{ABC}=I_{ADC}=\frac{1}{2}I$$

则电桥的输出为

$$v_o=U_{BD}=\frac{1}{2}I(R+\Delta R+\Delta R_T)-\frac{1}{2}I(R-\Delta R+\Delta R_T)=I\Delta R \tag{3-20}$$

由式(3-20)可知，电桥的输出与电阻变化成正比，并且与恒流源的电流成正比，理想情况下(电桥的两臂完全对称)与温度无关。

由于电桥臂上 4 个传感器电阻及其温度系数并不能完全保持一致，随着温度的变化会引起零点漂移，所以一般可采用串、并联电阻的方法进行补偿，如图 3-74 所示。

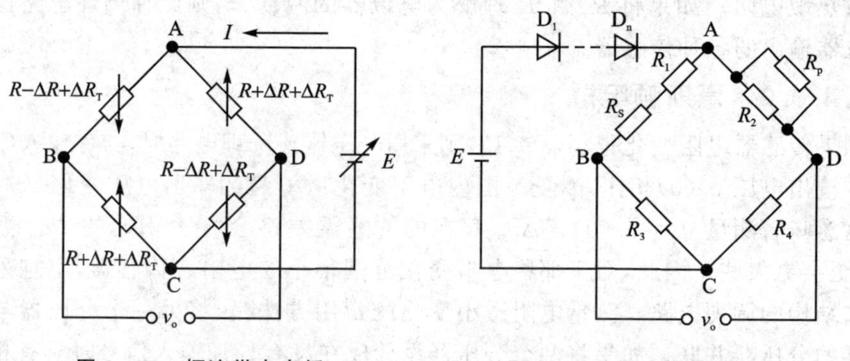

图 3-73　恒流供电电桥　　　　**图 3-74　温度漂移的补偿**

图 3-74 中，R_S 是串联电阻，主要起调零作用；R_p 是并联电阻，一般采用负温度

系数且阻值较大的热敏电阻，主要起补偿作用。适当选择二者的数值，可达到所要求的温度补偿效果。也可以采用在电桥供电回路中串接二极管的方法来补偿传感器灵敏度的温度漂移。图 3-74 中电桥电源采用恒压源，但串接了几只二极管给电桥供电。由于二极管 PN 结的正向压降在温度每升高 1 ℃时减小 1.9～2.4 mV，当温度升高时，引起二极管正向压降减小，使实际加到电桥上的电压增大，进而引起电桥输出增加。只要计算出所需二极管的个数并将它们串入电桥电源回路，便可达到补偿的目的。这时应该考虑到，由于几只二极管的串入引起电源电压下降(硅二极管正向电压降为 0.7 V，锗管为 0.3 V)，应适当提高恒压源的电压幅度。

在采用惠斯顿电桥形式的传感器中，应变计式传感器是应用广泛的一大类。

应变计式传感器是指那些通过测量拉力变化来测量被测参数(压力、加速度等)的一类传感器，而拉力变化通常又通过电阻应变片、半导体应变片和弹性电阻应变片等转换成电阻值变化。

图 3-75 为应变片常用的电桥结构以及它的激励和输入/输出关系。激励电压 V_i 可以为直流电压或交流电压。当 $R_1=R_2$ 和 $R_4=R_3$ 时，电桥平衡，电桥输出 $V_o=0$。在测量应用中，电桥的一条或多条臂是电阻式传感器，如应变片、电阻式温度计或热敏电阻器，其阻值随被测物理参数的变化而变化。因此电桥中一个或多个电阻值对初始值的偏离可以被测量出来，并反映被测参数的变化幅值。图 3-75(b)中电桥的电阻标称值相等，但其中有一个电阻可变化$(1+x)$倍，x 是零左右的相对偏离，x 是应变的函数。可以推导出输出电压 V_o 与 x 的关系为一非线性方程，但在 x 的小变化范围内对许多应用而言可将该非线性方程简化成线性方程，得到图 3-75 中所列出的输出电压 V_o 与 x 及输入激励电压 V_i 之间的线性表达式。图 3-75(c)中采用了两个应变片，其输出是采用单只应变片(如图 3-75(b)所示)时的两倍。

图 3-75(d)为一四电阻电桥，其中两个以相同比例增加而另两个以相同比例减少。这种电桥的输出是单个应变片电桥输出的 4 倍，并且它与 x 呈线性关系。图 3-75(e)采用一个中心调零电位器来作为两个相邻桥臂，有利于调整电桥的平衡。图 3-75(f)中的电桥由一个运算放大器来保持平衡。这种电路具有良好的线性特性和很低的输出阻抗。

图 3-75 中，各电桥结构的输入与输出关系如下：

图(a)

$$V_o=\frac{(R_1/R_4-R_2/R_3)V_i}{(1+R_1/R_4)(1+R_2/R_3)}$$

图(b)

$$V_o=\frac{xV_i}{4(1+x/2)}=\frac{x}{4}V_i,\quad x\ll 1$$

图(c)

$$V_o=\frac{V_i x}{2(1+x/2)}=\frac{x}{2}V_i,\quad x\ll 1$$

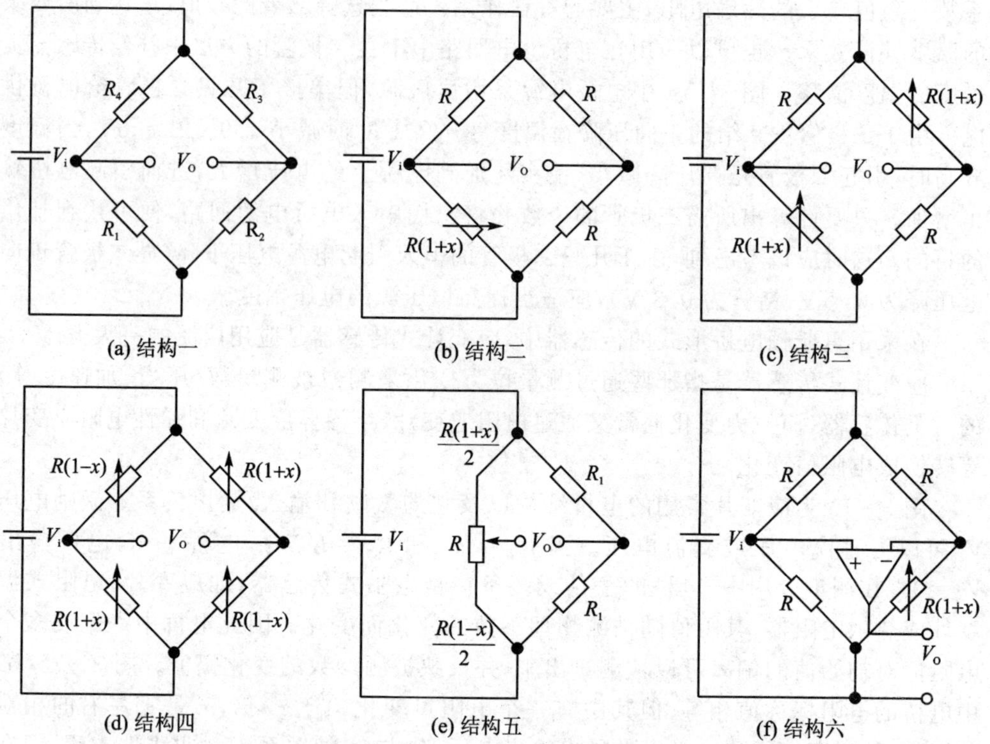

(a) 结构一　(b) 结构二　(c) 结构三

(d) 结构四　(e) 结构五　(f) 结构六

图 3-75　应变片常用电桥结构及输入/输出关系

图(d)

$$V_o = xV_i$$

图(e)

$$V_o = -\frac{x}{2}V_i$$

图(f)

$$V_o = -\frac{x}{2}V_i$$

值得注意的是，在上面的讨论中，是没有考虑电桥输出接有限阻抗负载所引起的负载效应的。当电桥输出端接负载 R_m 时(如图 3-76 所示)，实际输出 V_1 与理想输出 V_o(当 R_m 等于无穷大时)之比是

$$\frac{V_1}{V_o} = \frac{1}{1 + R_b/R_m} \tag{3-21}$$

式中

$$R_b = \frac{R_2 R_3}{R_2 + R_3} + \frac{R_1 R_4}{R_1 + R_4} \tag{3-22}$$

由式(3-21)可以看出，若 R_m 为无穷大，则 $V_1 = V_o$，即输出等于理想值。若 R_m

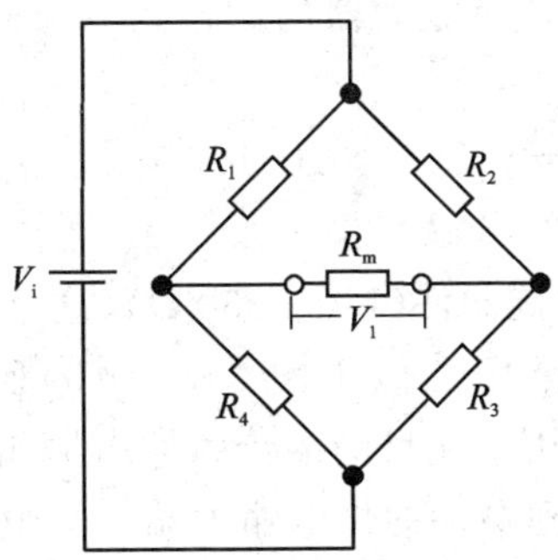

图 3-76　电桥输出接有限值负载 R_m

为有限值，则会引起输出信号减小，减小的幅度由 R_m 与 R_b 的比值决定。例如，若 $R_m = 10R_b$，则 $\frac{V_1}{V_o} = \frac{1}{1.1} = 0.91$，由于负载效应将损失 9%的信号。

图 3-77 为一个采用 4 个应变片的简单例子。将两个完全相同的二元件应变片粘在一个薄片的两面，然后测量它的弯曲。系统包括激励电源及一个由应变片组成的电桥、放大器和A/D 转换器，应变测量信号经 A/D 转换后送入计算机。

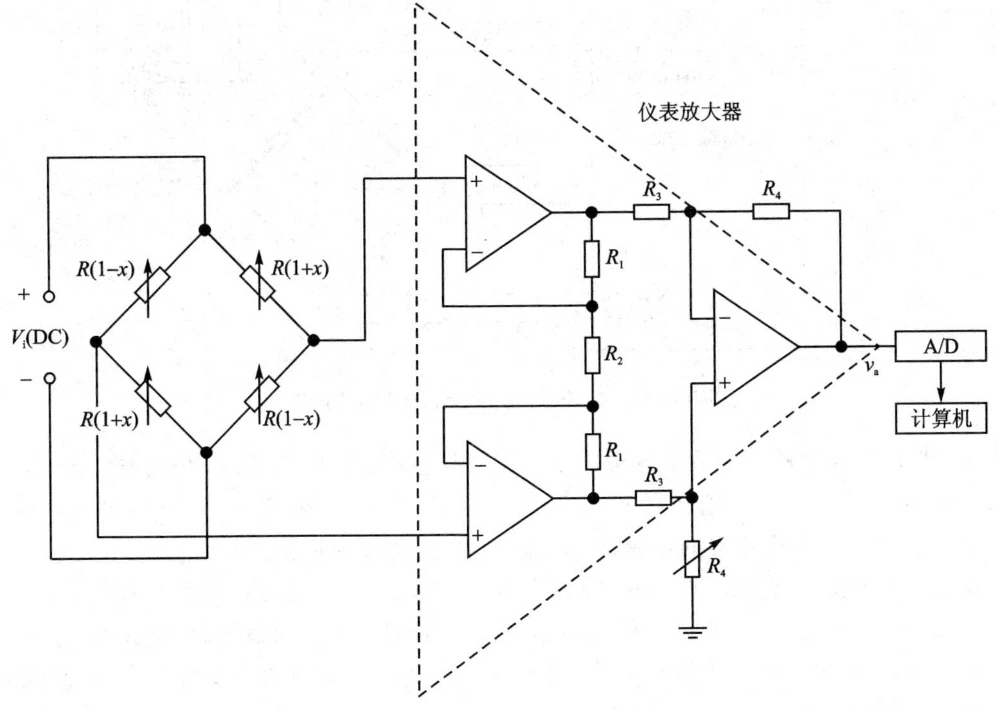

图 3-77　应变测量实例

设 $V_i=5$ V，$x=0.1\%$，仪表放大器的增益为 $G=800$，则送入 A/D 转换器的信号为

$$v_a=xV_iG=0.001\times5\times800=4$$

以下是对每个功能环节的实际考虑。

① 供电。应变片为低阻抗器件(120～350 Ω)，这意味着电桥供电引线上的电压降会造成供电电压变化，须采用类似于图 3－71(b)所示的 4 引线方法。Analog Devices 公司的 2B35 是专门用于此目的的传感器电源组件，图 3－78 为该组件与外部的连接图。它用 4 条线连到电桥的供电输入端。其中两条导线($+V_{OUT}$，COM)通过电桥电流，而另两条线(Sense HIGH，Sense LOW)测出实际电桥电压作为反馈电压，在 2B35 组件内部将反锁电压与参考电压做比较，进而调整并稳定供电电源的输出电压。供电电源输出可调整到任何电压值，以保证电桥电压稳定在希望值上。

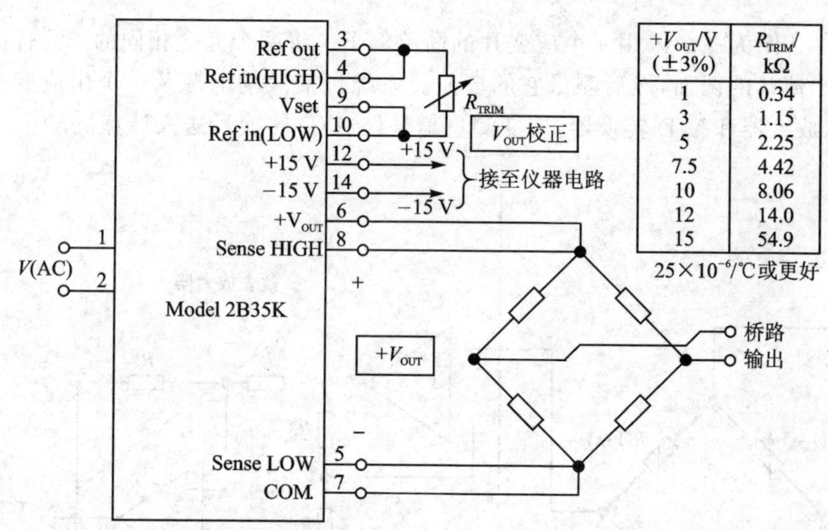

图 3－78　2B35 传感器电源与外部的连接

② 放大器电路。为测量电桥输出，可采用类似于图 3－77 所示的仪表放大器电路，目前已有一些可供选用的信号调理器组件，如 Analog Devices 公司的 2B30/2B31，就是专为应变片类的传感器和电阻式温度检测器而设计的高精度接口电路。2B31 由三个基本部分组成：高性能放大器、三极点低通滤波器和可调节的传感器电源。2B30 具有与 2B31 相同的放大器和滤波器，但是没有传感器电源，图 3－79 为用 2B35 和 2B30 构成的应变测量电路，图 3－80 为用 2B31 构成的应变片型压力传感器的接口电路图。

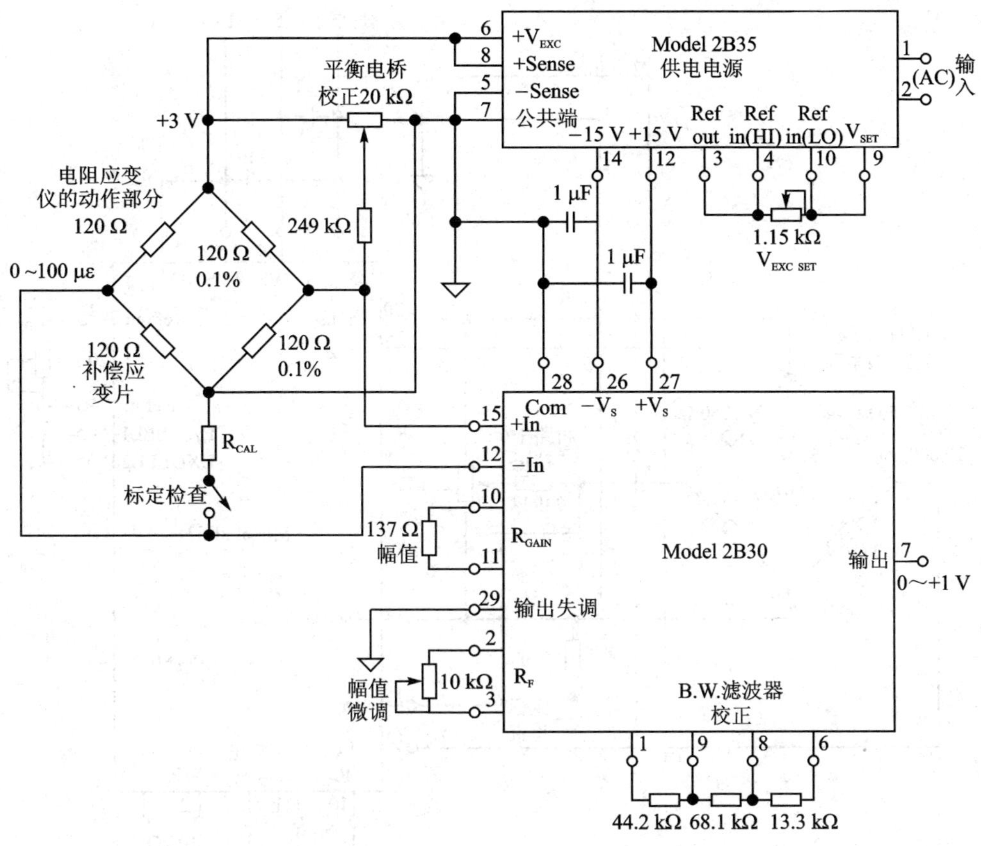

图 3-79 采用 2B35 和 2B30 的应变片接口电路

3.4.4 变电抗式传感器接口

变电抗式传感器是利用被测物理量改变电路中的电感量或电容量来测量非电物理量的一类传感器。许多变电抗测量方法都不要求与被测对象有实际接触,具有突出的优点。各种电容式传感器、电感式传感器和磁电式传感器都属于此范围。

为了从电容或电感的变化中获得有用信号,需对此类传感器使用交流电压或交流电流供电。电容式传感器的电容通常小于 100 pF,因此电源频率必须足够高,常处于 10 kHz～100 MHz 范围,以使电路阻抗具有一个合理的值。为了抑制来自电源的容性干扰,常采用屏蔽电缆连接电容式传感器,这会引入一个与传感器相并联的电容,从而降低灵敏度和线性。此外,电缆导体与绝缘介质之间的任何相对移动都可能增大误差。常用的解决办法是使电子线路尽可能靠近传感器,采用短电缆甚至刚性电缆,以及采用有源屏蔽技术或阻抗变换器。当测量系统要求将信号变换成直流时,还需采用合适的交流-直流变换电路(整流平均值计算、峰值检波、有效值测量等)。从变电抗式传感器获得信号的常用方法是应用欧姆定律。阻抗的变化可以通过在被

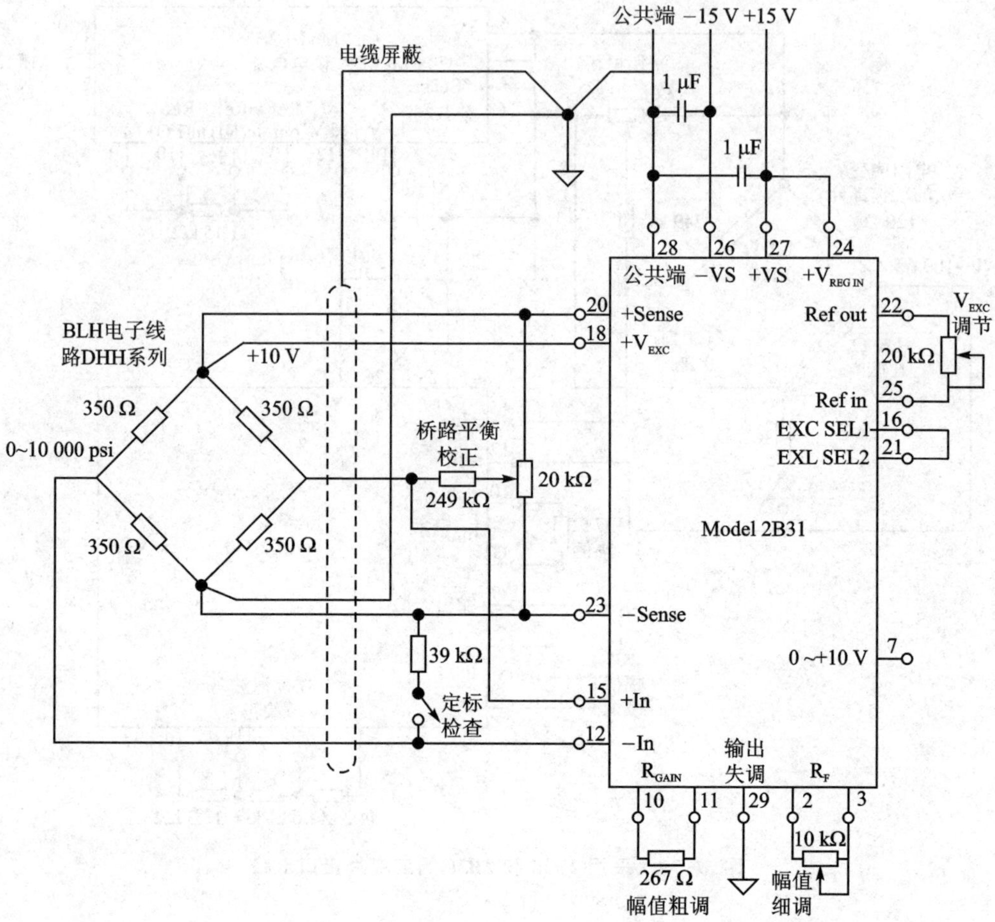

图 3-80 采用 2B31 的压力传感器接口电路

测阻抗上施加恒定的交流电压，然后测量电流的变化来进行检测，也可以用在阻抗上通以恒定的交流电流，测量阻抗两端的电压变化的办法进行测量。有时也用变电抗式传感器构成振荡器(正弦或多谐振荡器)，将电抗变化转换成频率变化来进行测量。与变电抗式传感器配用的调理电路品种繁多，限于篇幅，本书只介绍一些有代表性的信号调理电路。

3.4.4.1 电容式传感器的信号调理

图 3-81(a)所示电路将恒流源方法应用于一个电容式位移传感器上。该传感器基于平行板电容器极板间距离变化所引起的电容量变化来测量微小位移。传感器电容 C_x 与极板距离 d 的关系如下：

$$C_x=\varepsilon\frac{A}{d(1+x)}=\frac{C_0}{1+x} \tag{3-23}$$

式中，ε 为介电常数；A 为极板面积；C_0 为位移零时平板电容器的初始电容值。

如果假定运算放大器是理想的，并且电阻 R 足够大，计算时可视为开路，则图 3-81(a)所示电路的输出电压 v_o 为

$$v_o = -v_e \frac{\frac{1}{j\omega C_x}}{\frac{1}{j\omega C}} = -v_e \frac{C}{C_x} = -v_e \frac{C}{C_0}(1+x) \tag{3-24}$$

由式(3-24)可以看出，输出电压与被测距离成比例，尽管电容量与距离之间呈非线性关系。电路中的 R 是为了对运算放大器加偏置而接入的，R 应远大于在激励频率时的传感器阻抗。与 C_x 并联的任何杂散电容都会带来输出误差，必须对与电容极板相连的引线进行屏蔽并尽量减小杂散电容。

图 3-81(b)电路是一种电荷放大器电路。电荷放大器是这样一种电路，它的等效输入阻抗是一个电容，在低频端具有很高的阻抗值。电荷放大器的作用是获得与输入端电荷成正比的电压并给出低的输出阻抗。因此，它实质上是一种电荷-电压变换器。对于图 3-81(b)电路，若忽略 R 及杂散电容 C_{S3}，则输出电压为

$$v_o = -v_e \frac{C_x}{C} \tag{3-25}$$

由式(3-25)可以看出，输出电压与传感器电容成正比。应当指出，杂散电容 C_{S1} 和 C_{S2} 并不影响输出，因为 C_{S1} 与恒压源并联，而 C_{S2} 跨接在运算放大器的两个输入端之间，其两端电位相同。尽管如此，大的 C_{S2} 可能引起振荡，应对传感器引线进行屏蔽能降低 C_{S3}。

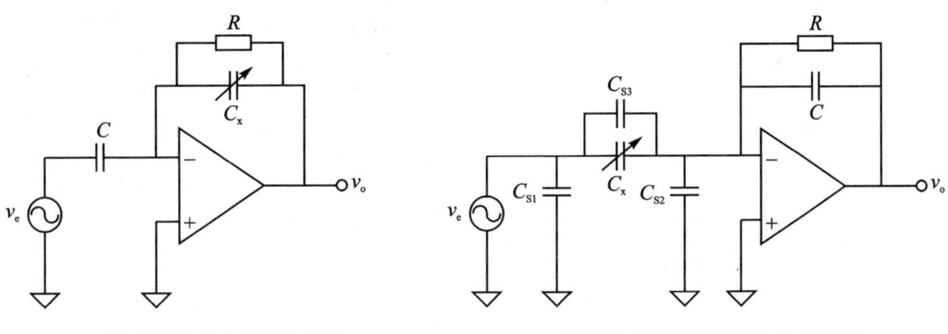

图 3-81　使单一电容式传感器获得线性输出的电路

3.4.4.2　线性可变差动变压器及其信号调理

线性可变差动变压器(LVDT)是一种机电装置，它对一个独立可移动铁芯的位移能产生与位移成比例的输出电压。LVDT 由一个初级线圈(原绕组)和对称分布在一个圆柱上的两个次级线圈(副绕组)组成。一个在线圈组间自由移动的棒形铁芯用于提供线圈的磁通量。图 3-82 为线性可变差动变压器的结构和电路图。

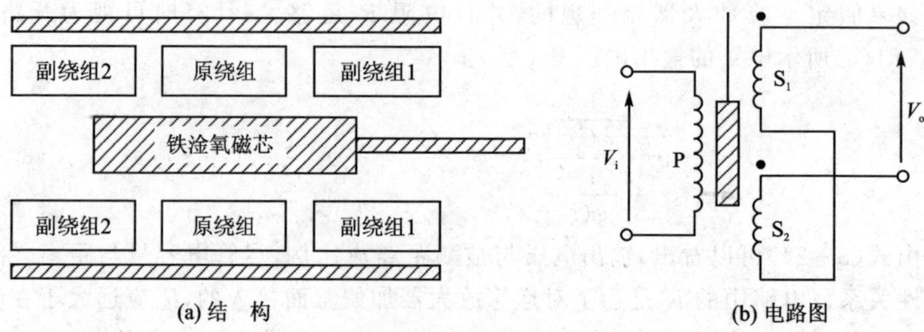

图 3－82 线性可变差动变压器的结构和电路图

LVDT 的基本工作原理：

当初级线圈加上外部交流电源时，在两个次级线圈中产生感应电压。由于两个次级线圈的绕向相反，因此产生的电压极性相反。传感器的净输出是这两个电压之差，当磁芯处于中间位置或零位时，输出为零。当铁芯从零位移开时，铁芯所移向的线圈中的感应电压增加，远离的线圈中的感应电压减小。这种移动，便产生了随铁芯位移线性变化的差动输出电压。从图 3－83 中可见，当铁芯从零位的一端移动到另一端时，输出电压的相位急剧变化 180°。

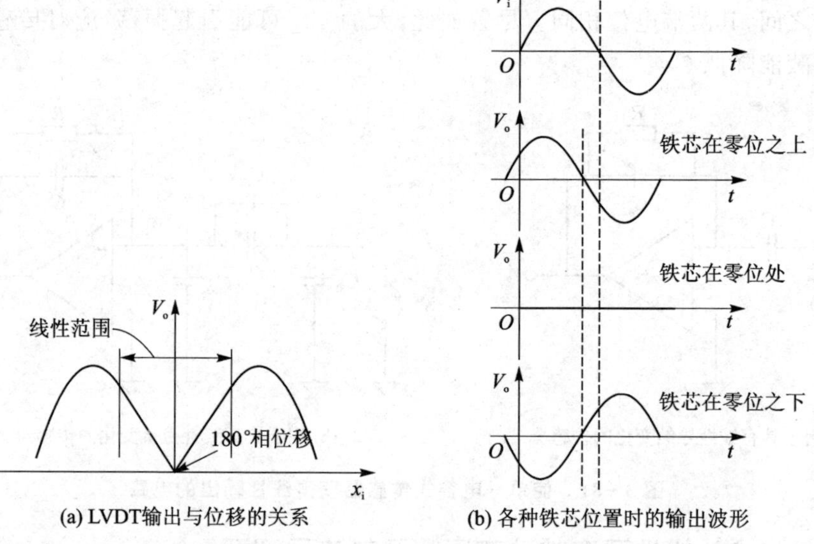

图 3－83 LVDT 输出波形

LVDT 初级线圈的激励源一般为 3～15 V(均方根值)、频率为 60～20 000 Hz 的正弦交流电压。在次级线圈上感应出的是频率与激励电源的频率相同，但幅值随铁芯的位置变化的正弦电压。当铁芯从零位移出时，对一个线圈产生较大的互感，对另一个产生较小的互感。因此 LVDT 的输出幅值变成线圈位置的函数，并且在零位两边的一定范围内，该函数是线性的。一般情况下，输出电压的相位与激励电压的相位不相同，并且输出电压的相位随激励频率的变化而变化。对于一个具体的差动变压器，存在着一个特定的频率，在该频率时，其输出电压的相移为零。通常，LVDT 工作于固定频率，因此，其输出 v_o 与激励 V_i 之间常存在一定的相位偏移，如图 3－83(b)所示。

在激励频率下，LVDT 的输出是高频正弦信号，它的幅值是由铁芯的低频移动调制的。为了测出铁芯的移动，必须检波 LVDT 的输出并通过一个滤波器去掉波纹。由图 3－84 可以看出，如果采用普通的检波器不做方向检测，两个完全不同的输入位移会产生几乎完全相同的检波输出。位移的方向反映在铁芯通过零位时输出电压的相位发生 180°的变化上。因此需要采用相敏检波器以鉴别铁芯移动的方向。

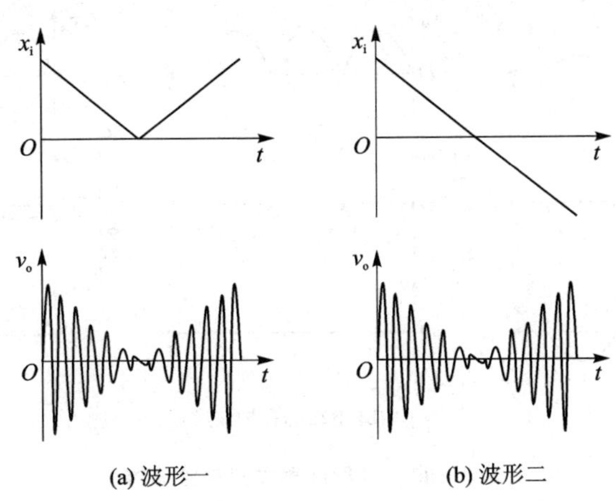

图 3－84　用普通的检波器不能区别(a)和(b)

1. 半导体桥式检波器

图 3－85(a)给出采用半导体二极管组成的桥式整流器的 LVDT，注意到此处的两个输出线圈分别驱动各自电路，且接法与图 3－82(b)不同，该电路功能如下：当点 f 为正，e 为负时，电路的通路为 efgcdhe；当 f 为负，e 为正时，通路为 ehcdgfe。通过 R 的电流总是从 c 到 d。下面的二极管电桥与上面的工作原理相同，其电流总是从 b 到 a。输出 v_o 是两个分量的和：$v_o = v_{ab} + v_{cd}$。当铁芯在零位时，v_{ab} 等于 v_{cd}，且两者符号相反，因而使得此时 $v_o = 0$。而且无论输入极性如何，流过 R 的电流总是从 c 到 d 和从 b 到 a，因此 v_{ab} 和 v_{cd} 总是极性相反，故当铁芯移到零位以上或以下时，输出 v_o 的极性发生改变。图 3－85(b)为铁芯自零位上移和下移时，各有关电压的波形。该电路的优点是简单且不需要载波参考电源，但缺点是二极管会引起非线性。最后，为限制输出 v_o 的纹波，必须加低通滤波器。

2. 环形检波器

图 3－86 为一种采用相敏环形检波器的 LVDT 调理电路。

图 3－86(a)的左边为典型的 LVDT 电路，右边为相敏环形检波器电路，该电路

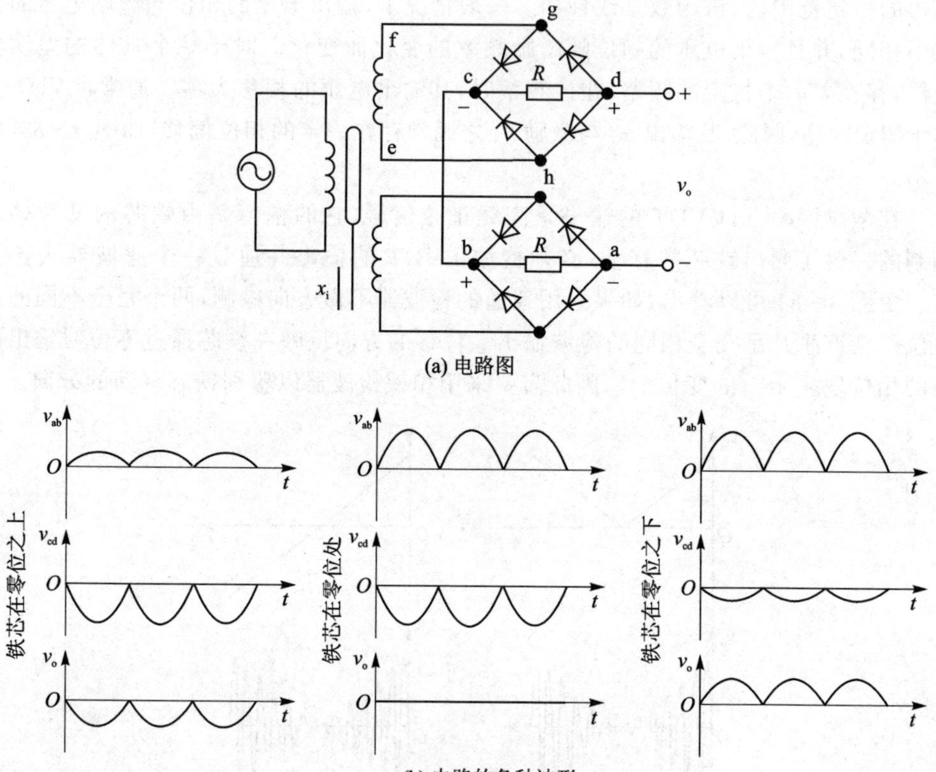

(a) 电路图

(b) 电路的各种波形

图 3－85　半导体桥式相敏检波器

由 D_1～D_4 构成的桥式电路，两只变压器 T_1、T_2 以及一个 RC 滤波电路组成。变压器 T_1 接收来自线性可变差动变压器 LVDT 的信号，它具有完全对称的两只副边线圈，其初始线圈与 LVDT 的输出端相连，接收来自 LVDT 的信号，产生与 LVDT 铁芯位置有关的电压信号 V_1，因此，T_1 亦被称为输入变压器。变压器 T_2 称为基准电压变压器，它的初始线圈与 LVDT 的初级线圈用同一交流电源 V_r 供电。T_2 具有完全对称的两副边线圈，在基准电源 V_r 的激励下，两次级线圈上产生完全相等的交流电压 V_2。由于 T_2 和 LVDT 由同一交流电源供电，所以使得 V_1 和 V_2 具有相同的频率，V_1 和 V_2 之间拥有确定的相位关系。另外，为确保相敏检波器的性能指标符合要求，在电路设计上应保证在 LVDT 的工作范围内，始终满足 $V_2>V_1$ 的条件。

图 3－86(a)所示的相敏检波电路的工作原理如下：

当 LVDT 铁芯处于零位(即 $x=0$)时，其输出为 0，使得 $V_1=0$。此时由于 V_2 的作用，在正半周(图中用“＋”“－”号表示)，D_1、D_2 正向导通，D_3、D_4 反相偏置，电流 i_1(E—B—D—R—R_L—A—E 回路)和 i_2(A—R_L—R—D—B—F—A 回路)以不同方向流过负载 R_L。由于变压器 T_2 具有对称的两半次级线圈并且 D_1 和 D_2 的导通特性一致，所以在 R_L 上的 i_1 与 i_2 大小相等而方向相反，使得流过 R_L 的输出电流为

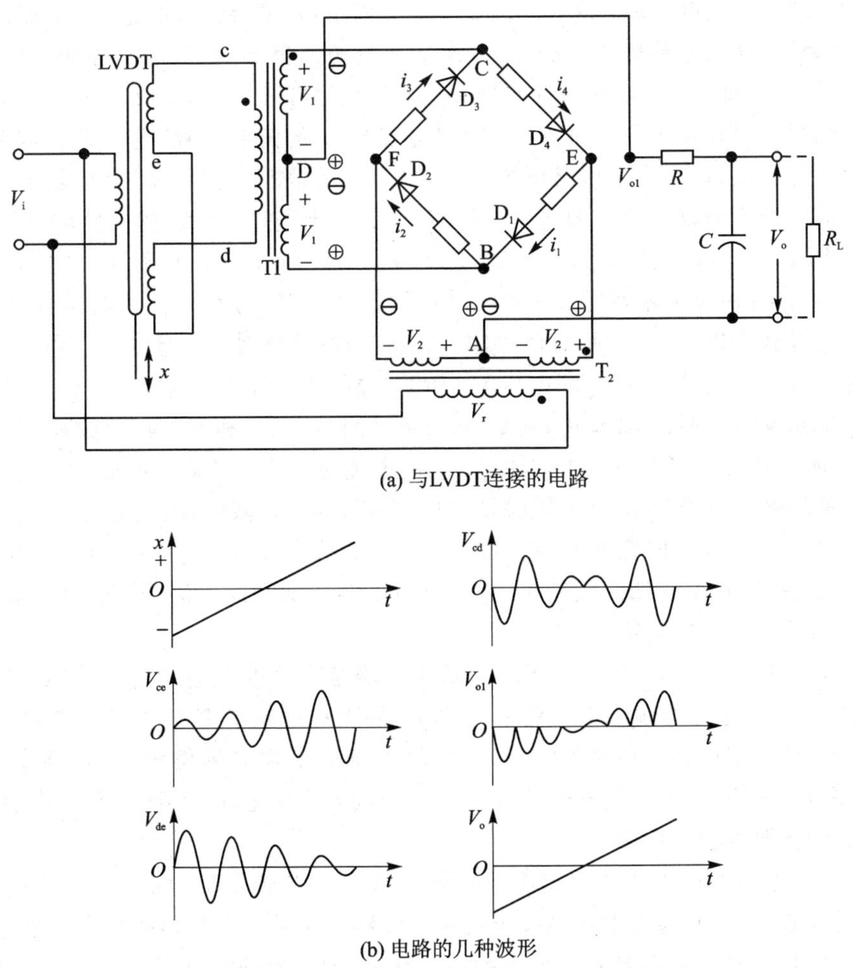

(a) 与LVDT连接的电路

(b) 电路的几种波形

图 3-86　环形相敏检波与 LVDT 的连接

0,从而使 $V_o=0$。同样,在负半周,D_3、D_4 正向导通,而 D_1、D_2 反向偏置,在 R_L 上的电流 i_3(F—C—D—R—R_L—A—F 回路)和 i_4(A—R_L—R—D—C—E—A 回路)也是等值而反向的,使得输出电流及电压为 0。总之,当 $V_1=0$ 时,尽管有基准电压 V_r 的加入,输出电压 $V_o=0$。

当 $V_1\neq 0$ 时,输出电压(平均值)V_o 不仅与 V_1 的幅值有关,而且与 V_1 和 V_r 之间的相位密切有关。

首先讨论 V_1 与 V_r(即 V_2)同相的情况,在图 3-86(a)中用"+""−"号表示其正半周时的极性关系。由于 $V_1<V_2$,桥路中二极管 D_1～D_4 的导通或截止由 V_2 所决定。在图示的正半周,仍然是 D_1、D_2 导通和 D_3、D_4 截止。但是这时作用在 D_1 两端的信号 V_2 和 V_1 是顺向叠加的(即为 V_2+V_1),使得电流 i_1 增大;而作用在 D_2 两端的电压是反向叠加的(即为 V_2-V_1),因此,电流 i_2 减小。电路中电流 i_1 和 i_2 在正

半周的一增一减，使得在负载 R_L 上流过自上而下（i_1 的流向）的电流，从而产生上"正"下"负"极性的平均输出电压 V_o。在基准电源的负半周，D_3、D_4 导通，D_1、D_2 截止，i_3 由于 V_1 和 V_2 顺向叠加有所增加，而 i_4 则由于 V_1 和 V_2 反向叠加而有所减小。其结果使得在负半周流过 R_L 的输出电流与 i_3 的流向一致，这与正半周时的情况相同。综合正、负半周的情况可知，对于 V 和 V_r 同相的情况，R_L 上的输出电流具有自上而下的流向，R_L 两端的电压平均值 V_o 具有上"正"下"负"的极性。

当 V_1 与 V_2 的相位相反（即相位差为 180°）时，情况将有所不同。此相位关系下，正半周时的极性关系在图 3-86(a) 中用"⊕""⊙"符号表示。此时，电路中二极管的导通或截止仍由 V_2 的瞬时值决定。在正半周时，D_1 和 D_2 导通，D_3 和 D_4 截止，但这时电流 i_1 由于其回路中的电压 V_1 和 V_2 是反向串联的（这与 V_1、V_2 同相时的叠加情况相反），从而使 i_1 减小；而 i_2 则由于其回路中 V_1 和 V_2 是顺向叠加的，从而使 i_2 增加。其结果使得在正半周流过 R_L 的电流是自下而上的，从而产生上"负"下"正"的平均输出电压 V_o。负半周时，D_3、D_4 导通，D_1、D_2 截止，但是此时 i_3 由于其回路中的 V_1 和 V_2 是反向叠加的（图中未标出）因而减小；i_4 回路中由于 V_1 和 V_2 是顺向叠加的，从而使 i_4 增加。其结果使 R_L 上流过自下而上的电流，并在其两端产生下"正"上"负"的输出电压 V_o。

上述工作原理说明，当使用环形相敏检波器与线性可变差动变压器（LVDT）配合工作时，相敏检波器输出电压的平均值 V_o 的大小反映了 LVDT 的铁芯离其零位置的位移大小（即 x 的绝对值），而 V_o 的极性则表示铁芯的位移方向（即 x 的正、负）。图 3-86(b) 给出了随着铁芯位移 x 及时间 t 的变化，电路中各处电压的波形。

3. 滤波器的设计考虑

上述检波器在产生全波整流输出的同时，有一个二倍于激励频率的较大的纹波。因此，必须在 LVDT 的输出端接一个低通滤波器。在激励电源频率远高于铁芯位移变化频率时，这种滤波器是不难实现的。实际上，如果激励电源频率高于铁芯移动频率 10 倍以上，则设计一个简单的 RC 低通滤波器就可以了；否则，就需要设计更高性能的低通滤波器。

3.4.5 有源传感器接口

有源传感器是对无需外加能源便能由被测物理量产生电信号的一类传感器的统称。这类传感器常用于测量许多物理量，特别是为测量温度、力、压力和加速度提供了另一种可供选择的方法。这类传感器建立在一些可逆效应（如热电、压电、光电效应）的基础上，不同类型的效应要求使用不同的信号调理技术。本节将仅讨论其中一部分传感器的信号调理问题。

3.4.5.1 热电偶的信号调理

1. 常用的热电偶及冷端补偿

由金属 A 和金属 B 构成一个热电偶，其热电动势 E_{AB} 与结点温度的关系可用如

下的近似公式表示

$$E_{AB} \approx C_1(T_1 - T_2) + C_2(T_1^2 - T_2^2) \tag{3-26}$$

式中，T_1 和 T_2 是每个结点的对应绝对温度；C_1 和 C_2 是由材料 A 和 B 决定的常数。由式(3－26)有

$$E_{AB} \approx (T_1 - T_2)[C_1 + C_2(T_1 + T_2)] \tag{3-27}$$

上式表明，电动势不仅取决于温差，而且也取决于温差的绝对值。可利用的有效热电偶数量受到限制，因为 C_2 应当很小，因而减少了可能的选择范围。例如，对于铜-康铜热电偶，$C_2 \approx 0.036\ \mu V/K^2$。这种非线性要求用信号调理器进行修正。把所有因素都考虑进去以后，热电偶很少达到优于 0.5℃的精度。同类型热电偶的容许偏差可以达到几摄氏度(℃)。

尽管存在上述限制，但热电偶仍然具有许多优点，已成为温度测量中最常用的传感器。热电偶具有很宽的测量范围，如某类热电偶的测量范围从－270～3 000 ℃，而且每种特定的热电偶还有宽的测量范围。它们还呈现令人满意的长期稳定性和高可靠性。此外，在低温下，它们有比电阻式温度检测器(RTD)更高的精度。此类传感器能以小的尺寸给出毫秒级的快速响应，并且其结构简单、牢固，使用方便。市场可以提供适于多种应用的廉价热电偶。

对热电偶结点有着以下要求：① 低的电阻率温度系数；② 在高温下抗氧化，以便承受工作环境的考验；③ 尽可能高的线性度。

目前，能满足上述要求的特殊合金有 $Ni_{90}Cr_{10}$（镍铬合金）、$Cu_{57}Ni_{43}$（康铜）、$Ni_{94}Al_2Mn_3Si_1$（镍铝锰锡合金）等。通常，热电偶外部都有一个用合金或钢制成的护套。无论响应速度还是探头的坚固性都取决于护套厚度。硅和锗两者都呈现热电特性，但它们作为冷却元件（帕尔帖元件）比作为测量热电偶有着更广泛的应用。表 3－13列出了几种常用热电偶的特性。其中 C 型和 N 型不属 ANSI 标准。还有一些用于表面温度测量的薄膜热电偶。

表 3－13　几种常用热电偶的特性

ANSI 表示符号	构成成分	有效温度范围/℃	满量程输出/mV	误差/℃
B	Pt(6%)/铑-Pt(30%)/铑	38～1 800	13.6	—
C	W(5%)/铼-W(26%)/铼	0～2 300	37.0	—
E	镍铬合金-康铜	0～982	75.0	±1.0
J	铁-康铜	184～760	43.0	±2.2
K	镍铬合金-镍铝锰锡合金	－184～1 260	56.0	±2.2
N	镍铬硅合金(Ni－Cr－Si)-镍硅镁合金(Ni－Si－Mg)	－270～1 300	51.8	—

续表 3-13

ANSI 表示符号	构成成分	有效温度范围/℃	满量程输出/mV	误差/℃
R	Pt(13%)/铑-Pt	0～1 593	18.7	±1.5
S	Pt(10%)/铑-Pt	0～1 538	16.0	±1.5
T	铜-康铜	−184～400	26.0	±1.0

J型热电偶是一种多用途热电偶且成本低廉。它们能耐氧化环境和还原环境，常用于露天锅炉。K型热电偶用于非还原环境，在测量范围内性能优于氧化环境中的E型、J型和T型热电偶。T型热电偶耐腐蚀，因而常用于高湿度环境。E型热电偶具有最高的灵敏度，且在0 ℃以下和氧化环境中耐腐蚀。N型热电偶能防止氧化，可以在高温下稳定工作。利用贵金属制成的热电偶(B型、R型和S型)对氧化和腐蚀有很强的抵抗力。

标准数据表给出参考结点处于0.00 ℃时对应于不同温度的输出电压，但这并不表明处于0.00 ℃的结点对任何热电偶总是给出0 V输出。这种制表只是为了便于说明以下事实，即为了测量结点产生的电压，不可避免地要引入其他结点。因此，对于每个给定温度，测量不同温度下结点之间的电压差比测量单个结点的电压更方便。为了实现标准化，人们一致同意将0.00 ℃取作数据表的参考温度。表3-14列出的是这类数据表的一部分。中间电压或中间温度可以由线性内插求得。

表3-14 J型热电偶从0 ℃到110 ℃的电压-温度数据表

温度/℃	0	1	2	3	4	5	6	7	8	9	10
0	0.000	0.050	0.101	0.151	0.202	0.253	0.303	0.354	0.405	0.456	0.507
10	0.507	0.558	0.609	0.660	0.711	0.762	0.813	0.865	0.916	0.967	1.019
20	1.019	1.070	1.122	1.174	1.225	1.277	1.329	1.381	1.432	1.484	1.536
30	1.536	1.588	1.640	1.693	1.745	1.797	1.849	1.901	1.954	2.006	2.058
40	2.058	2.111	2.163	2.216	2.268	2.321	2.374	2.426	2.479	2.532	2.585
50	2.585	2.638	2.691	2.743	2.796	2.849	2.902	2.956	3.009	3.062	3.115
60	3.115	3.168	3.221	3.275	3.328	3.381	3.435	3.488	3.542	3.595	3.649
70	3.649	3.702	3.756	3.809	3.863	3.917	3.971	4.024	4.078	4.132	4.186
80	4.186	4.239	4.293	4.347	4.401	4.455	4.509	4.563	4.617	4.671	4.725
90	4.725	4.780	4.834	4.888	4.942	4.996	5.050	5.105	5.159	5.213	5.268
100	5.268	5.322	5.376	5.431	5.485	5.540	5.594	5.649	5.703	5.758	5.812

注：假定参考结点处于0 ℃，电压单位为mV。

具有计算功能的系统可以利用对数据表的数值作出近似表示的多项式，近似精度与多项式的阶次有关。它们都可以用下面的公式来表示：

$$T = a_0 + a_1 x + a_2 x^2 + \cdots \tag{3-28}$$

式中，x 是被测电压。表 3-15 给出不同的常用热电偶在规定范围内的多项式系数和近似程度。当测量范围很大时，最好不使用高阶多项式，而是将整个范围分成较小的温度范围，然后再对每个温度范围使用较低阶次的多项式。

表 3-15　按照式(3-28)，由不同热电偶的输出电压给出近似温度的多项式系数

多项式系数	E 型 −100～1 000 ℃	J 型 0～760 ℃	K 型 0～1 370 ℃	R 型 0～1 000 ℃	S 型 0～1 750 ℃	T 型 −160～400 ℃
精度	±0.5 ℃	±0.1 ℃	±0.7 ℃	±0.5 ℃	±1 ℃	±0.5 ℃
a_0	0.104 967 248	−0.048 868 252	0.226 584 602	0.263 632 917	0.927 763 167	0.100 860 910
a_1	17 189.452 82	19 873.145 03	24 152.109 00	179 075.491	169 526.515 0	25 727.943 69
a_2	−282 639.085 0	−218 614.535 3	67 233.424 8	−48 840 341.37	−31 568 363.94	−767 345.829 5
a_3	12 695 339.5	11 569 199.78	2 210 340.682	1.900 02E+10	8 990 730 663	780 225 595.81
a_4	−448 703 084.6	−264 917 531.4	−860 963 914.9	−4.827 04E+12	−1.635 65E+12	−9 247 486 589
a_5	1.108 6E+10	2 018 441 314	4.835 06E+10	7.620 91E+14	1.880 27E+14	6.976 88E+11
a_6	−1.768 07E+11		−1.184 52E+12	−7.200 26E+16	−1.372 41E+16	−2.661 9E+13
a_7	1.718 42E+12		1.386 90E+13	3.714 96E+18	6.175 01E+17	3.940 78E+14
a_8	−9.192 78E+12		−6.337 08E+13	−8.030 14E+19	−1.561 05E+19	
a_9	2.061 32E+13				1.695 35E+20	

为了能将赛贝克效应应用于温度测量，热电偶的一个结点必须维持在固定的参考温度上。但是各种维持参考结点温度恒定的技术，所需的费用都很高，通常采用参考结点(冷端)温度补偿法。该方法的基本思想是让参考结点的温度随环境温度起伏变化，而用放在参考结点附近的另一个温度传感器来测量这一变化。然后，从热电偶输出的电压中减去一个与冷端产生的电压相等的电压值，如图 3-87 所示。

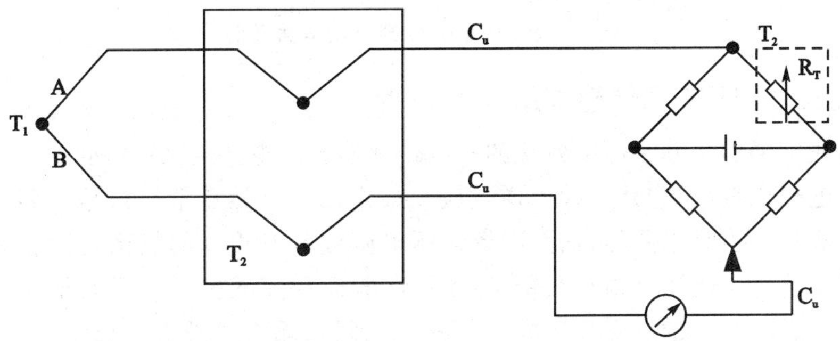

图 3-87　热电偶回路中参考结点的电子补偿

为了方便实现冷端补偿，已有一些能测量环境温度并为某些特定热电偶提供补偿电压的集成电路。LT1025 能与 E、J、K、R、S 和 T 型热电偶配套工作。AD594 和 AD595 分别为仪表放大器和热电偶冷端补偿器（分别用于 J 型和 K 型）。AD596 和 AD597 是单片设定点控制器，它们包括放大器以及分别用于 J 型和 K 型热电偶的冷端补偿器。

2. 冷端补偿电路举例

图 3－88(a)为采用 T 型热电偶的温度计，其冷端补偿采用 AD590 半导体温度传感器。补偿电路还包括 R_a，该电阻对运算放大器起保护作用，防止 AD590 在远距离安装的情况下对运算放大器可能造成的破坏。图 3－88(b)采用 K 型热电偶来测量－100～＋100 ℃之间的温度，用电阻式温度传感器 R_T 组成的等温组件进行冷端补偿。R_T 为 Rt100，在 0 ℃时 $\alpha=0.385\%K$。图中 v_o 为补偿后的输出电压，v_c 为补偿电压。

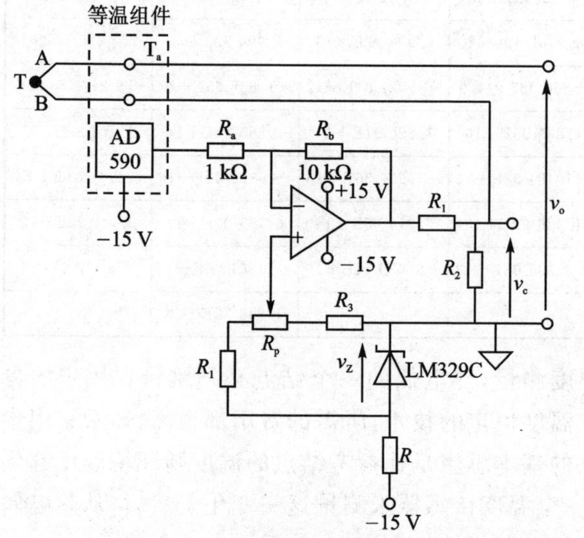

(a) 用半导体温度传感器进行冷端补偿

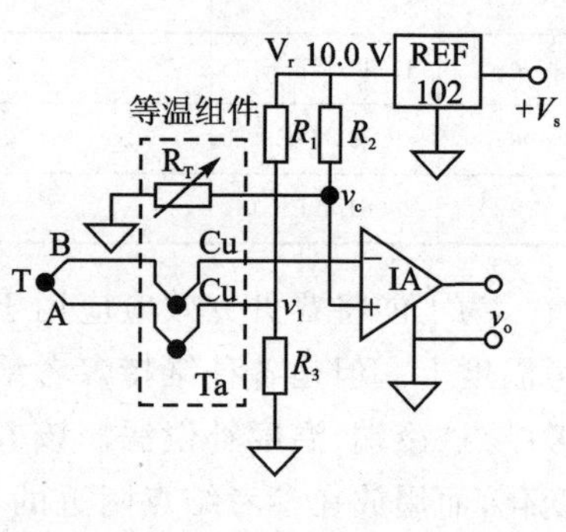

(b) 用电阻式温度传感器进行冷端补偿

图 3－88　热电偶冷端补偿电路举例

3.4.5.2　压电式传感器的信号调理

压电式传感器是基于压电效应的一类传感器。压电效应是材料受到应力作用时所产生的电极化现象，它是一种可逆效应。最常用的天然压电材料是石英。最广泛采用的合成材料不是结晶体，而是陶瓷。压电陶瓷具有很高的热稳定性和物理稳定性。最常用的压电陶瓷是锆钛酸铅(PZT)、钛酸钡和铌酸铅。双压电晶片由两个胶着在一起且反向极化的陶瓷片构成。若将一端固定而将机械负荷加到另一端，则一陶瓷片伸长，另一陶瓷片缩短，从而产生幅度相同的电压。

1. 压电式传感器的等效电路

(1) 电容器模型

压电传感器基本上是具有高(但有限)漏电阻的电介质。这种绝缘性质使得我们可以对传感器使用平行板电容模型。在传感器上产生的总感应电荷 q 正比于施加的外力 F,公式如下:

$$q = dF = k_1 F \tag{3-29}$$

式中,d 是压电常数,C/N。

两个平板面积为 A,板间距离为 d 的平板电容器电容量为

$$C = \frac{\varepsilon_0 \varepsilon_r A}{d}$$

式中,ε_0 是自由空间的介电常数(8.8×10^{-12} F/m);ε_r 是绝缘体的相对介电常数(空气的相对介电常数为 1.0)。压电式传感器的几种基本的变形方式如图 3-89 所示。

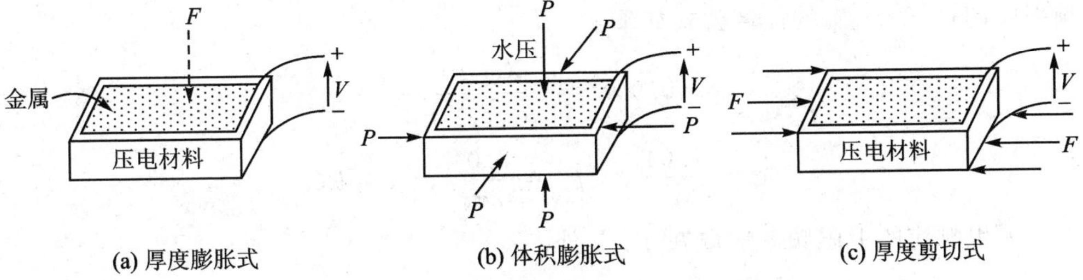

图 3-89 压电式传感器的几种基本变形方式

(2) 低频等效电路

在弹性限度内,加到传感器表面的力 F 使传感器产生弯曲 x,公式如下:

$$F = k_2 x \tag{3-30}$$

将式(3-30)代入式(3-29),得

$$q = k_1 F = k_1 k_2 x = Kx$$

将力-电荷效应视为一个电荷发生器,可构成如图 3-90(a)所示的等效电路。它仅由电阻、电容构成,且可用微分方程将电荷发生器再转换成更常见的电流发生器(如图 3-90(b)所示):

$$i_t = \frac{\mathrm{d}q}{\mathrm{d}t} = \frac{K\,\mathrm{d}x}{\mathrm{d}t} \tag{3-31}$$

因此,得出

$$i_t = i_C + i_R \tag{3-32}$$

$$v_o = v_C = \int \frac{i_C\,\mathrm{d}t}{C} = \int \frac{i_t - i_R}{C}\mathrm{d}t \tag{3-33}$$

$$C\frac{\mathrm{d}v_o}{\mathrm{d}t} = i_t - i_R = K\frac{\mathrm{d}x}{\mathrm{d}t} - \frac{v_o}{R} \tag{3-34}$$

在频域中,有

$$\frac{v_o(j\omega)}{x(j\omega)}=\frac{K_s j\omega\tau}{j\omega\tau+1} \tag{3-35}$$

式中,$K_s=K/C$;τ 是RC电路的时间常数,s。图3-90中,R_t 和 C_t 分别表示传感器的等效电阻和电容;R_a 和 C_a 为运算放大器的输入电阻和电容。

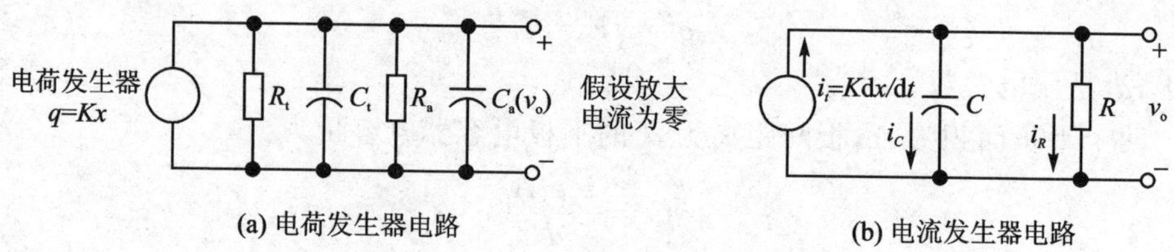

图3-90　压电式传感器等效电路图

图3-91为压电式传感器的频率响应曲线。其平坦响应(波动小于5%)的下限频率应超过 f_1。f_1 的计算公式如下:

$$(0.95)^2=\frac{(\omega_1\tau)^2}{(\omega_1\tau)^2+1} \tag{3-36}$$

$$\omega_1=\frac{3.04}{\tau},\quad f_1=\frac{3.04}{2\pi\tau},\quad \tau=RC$$

平坦响应的上限频率应取在 $f_n/5$ 处。

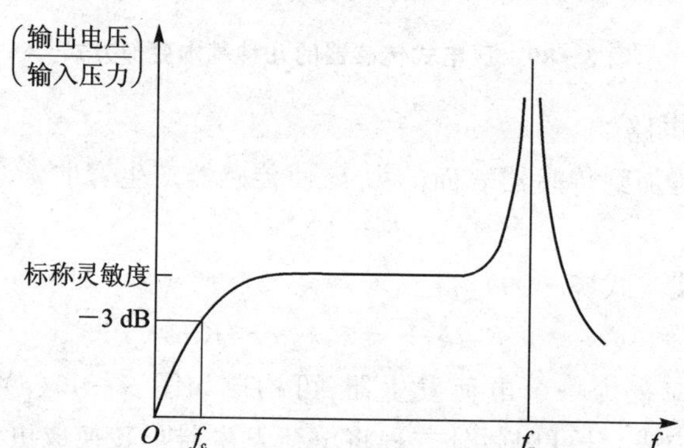

图3-91　压电式传感器的频率响应曲线

2. 压电式传感器的调理电路

对压电式传感器来的信号进行信号调理的方法有两种:一种是电压放大,如图3-92(a)和(b)所示;另一种是电荷放大,如图3-92(c)所示。

(1) 电压放大

在电压放大中,由于附加电缆电容(一般为100 pF/m)减小了输入到放大器的传感器电压灵敏度且增大了总频率响应,故放大器必须具有高输入阻抗(约100 MΩ,20 pF)。对一固定装置,这种要求很好满足,但若传感器类型不同且电缆长度不同

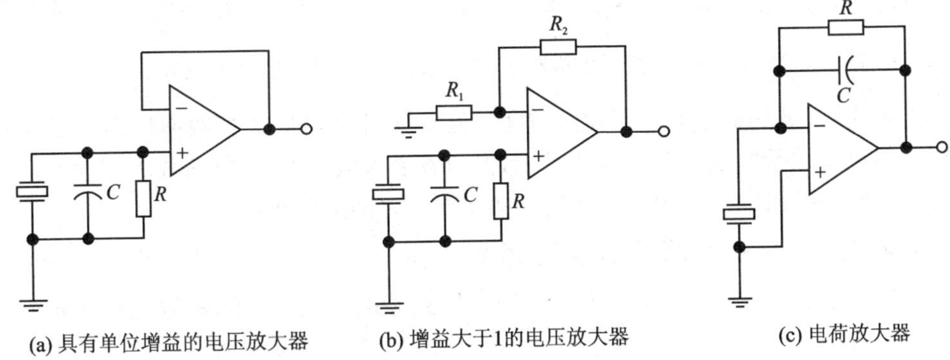

(a) 具有单位增益的电压放大器　(b) 增益大于1的电压放大器　(c) 电荷放大器

图 3-92　压电传感器信号调理

时，计算系统的灵敏度变得很繁琐。

灵敏度的减小可从电容电压与电荷的关系中看出：

$$v=\frac{q}{C}$$

当电缆长度增加(随之电容增加)，电荷就会沿着一更大的总电容分布，因此减少了到达放大器的电压信号。

现代传感器装置一般都包括阻抗变换电路，见图 3-92(a)。具有较高输入阻抗的电压跟随器将从高阻抗传感器来的信号转换成低阻抗电压输出，因此减小了电缆干扰。在许多电路中，用跟随器非常有效，但是它需工作在 150 ℃的温度以下，且增加了成本。

图 3-92(b)的原理与(a)相似。输入电荷通过电容 C 产生一电压。若流过 R 或放大器的电流可忽略不计，放大器就可看作简单的电压放大器，因此，

$$v_o=\frac{q}{C}\,\frac{R_2+R_1}{R}$$

此处要求接高阻抗放大器。

(2) 电荷放大

较为常见的方法是电荷放大。在极限范围内，可以观察到传感器-放大器系统的低频响应仅仅由放大器的反馈元件 R 和 C 决定，且系统的总灵敏度与传感器和电缆电容有关。在图 3-92(c)中，高阻抗 FET 运放的输入是虚地。这意味着总的传感器-电缆电容和电阻两端的电压基本为零。因此可以使用长电缆而不会影响系统的灵敏度或频率响应。由于产生的全部电荷都流向反馈电容，因此输出电压 v_o 为电容器上电压的负值，公式如下：

$$v_o=-v=\frac{-1}{C}\int_0^t\left(\frac{K\,\mathrm{d}x}{\mathrm{d}t}\right)\mathrm{d}t=-\frac{Kx}{C} \tag{3-37}$$

看上去似是低至直流值，v_o 都与 x 成正比，但实际并非如此。在电容器两端必须加一个大的反馈电阻。否则运算放大器的输入要求的偏置电流将引起输出电压随

时间漂移，最终产生饱和。但是，附加电阻又使得运算放大器电路类似于一时间常数为 RC 的高通滤波器，其低转折频率为 $f=\frac{1}{2\pi RC}$，难于应用于直流场合。

必须注意，虽然减小 C 会增加灵敏度，但它同时也使低转折频率增高。尽管这类放大器只用在低幅值和低频率测量中，但随着输入电容增加，电荷放大器的噪声亦增大。因此，在设计时，必须在灵敏度和频率响应之间进行折中。

3.4.5.3 光敏传感器的信号调理

光敏传感器的应用很广泛，其接口电路也多种多样。限于篇幅，这里只能介绍一些典型电路。

1. 减小暗电流影响的方法

暗电流是光电器件的一个缺点，在应用中如何减小或消除其影响，是接口电路设计者必须解决的问题之一。

暗电流是一种噪声电流，光电流与暗电流之比称为信噪比(或明暗比)，它是表示元件性能好坏的参数之一，要求此信噪比越大越好。

暗电流一般随温度升高而增大，特别是对于半导体光电器件来说更为明显。在环境温度变化大的情况下，为了使电路能稳定工作，必须把暗电流对输出特性的影响减到最小。因为暗电流与温度有关，所以，可以采用温度补偿的方法减小暗电流。

(1) 桥式补偿电路

图 3－93 所示为桥式补偿电路，它利用两只型号和性能相同的光电器件，一只(GG_1)接收光信号，另一只(GG_2)处于黑暗状态。由于它们处在同一温度变化下，暗电流随温度变化相同，两者相互抵消，所以，电桥输出受温度的影响减小了。这种电路的温度补偿性能较好，但要挑选两只暗电流随温度变化相同的光电器件较困难，并且价格较贵。

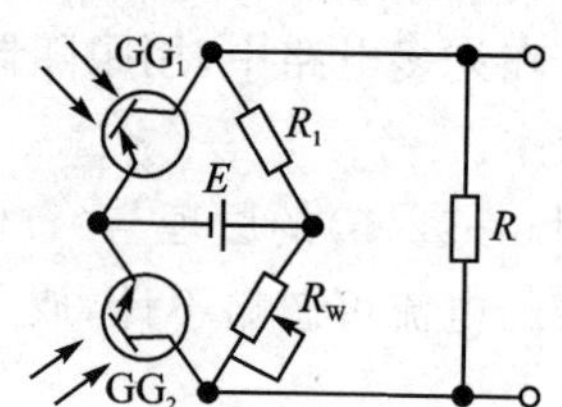

图 3－93 用电桥减少暗电流的影响

(2) 热敏电阻补偿电路

图 3－94 示出了选用负温度系数的热敏电阻 R_t 进行补偿的电路。温度升高时，光电器件的暗电流增加，相当于电阻下降，于此同时，热敏电阻 R_t 的阻值也下降，所以，晶体管 BG 的基极电流或电位仍然不变(完全补偿时)，放大器的输出也没有改变，实现了温度补偿。

(3) 光电三极管补偿电路

对于有基极引出线的光电三极管，可采用图 3－95(a)和(b)的方法进行补偿。图 3－95(a)在基极与发射极之间接入电阻 R_b，使基极与发射极间的电压减小并趋于稳定，可使暗电流及随温度变化的影响减小。可是阻值 R_b 太小时，在低照度情况下产生光电流就较困难，照度与光电流间线性关系恶化，故必须选用合适的 R_b 值。

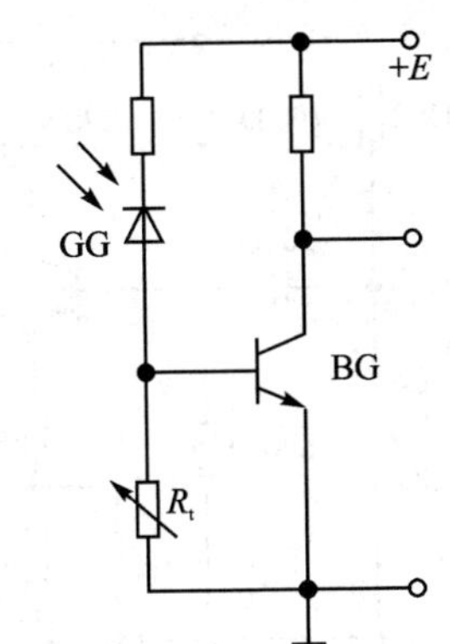

图 3-94　用热敏电阻减小温度的影响

图 3-95(b)是利用二极管 D_1、D_2 电压的负温度系数特性进行温度补偿，发射极电阻 R_e 作为负反馈用。图 3-95(c)是利用晶体管 BG_1 作温度补偿，如果它的集电极电流 I_c 与光电器件的暗电流随温度变化的关系大体相似，则可抵消暗电流对输出特性的影响。

(4) 使用调制光

调制光除能提高抗干扰能力外，还能减少暗电流的影响。以调制光为信号的光电器件，其输出电流是在暗电流 $I_\varphi=0$ 的基础上，再叠加以光电流 i_φ，如图 3-96 所示。由图可见，它的平均电流 I_0 随着输入光信号的大小而改变，因此，它不像晶体管那样有固定的静态工作点。

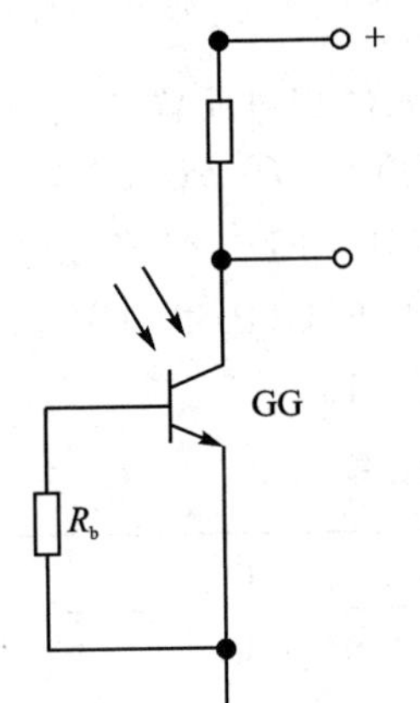

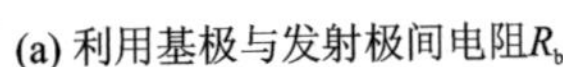
(a) 利用基极与发射极间电阻R_b

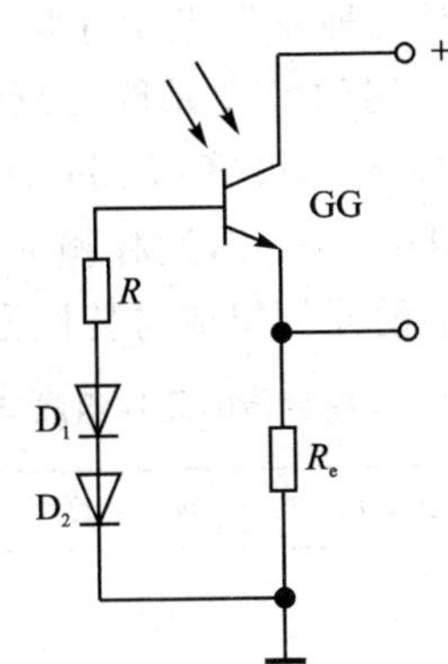

(b) 利用二极管与发射极电阻R_e

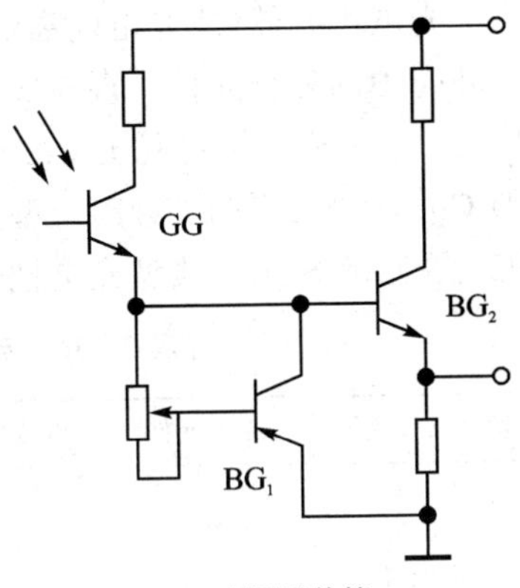

(c) 利用晶体管

图 3-95　光电三极管减少暗电流的方法

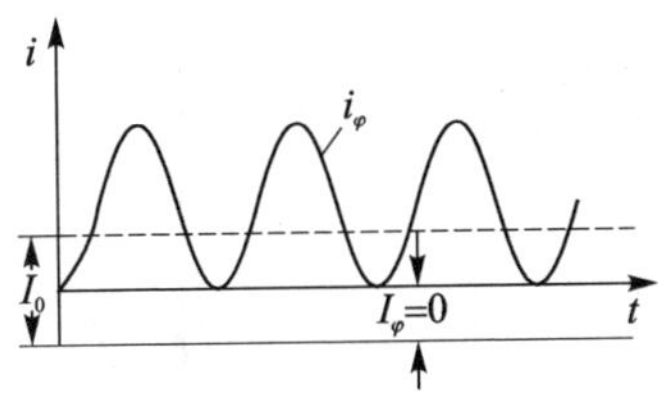

图 3-96　调制光产生的光电流

调制光产生的信号，可由阻容或变压器耦合的交流放大器放大，如图 3-97 和图 3-98 所示。它们是用得较多的放大器，阻容和变压器耦合放大器能把暗电流等引起的直流分量隔断，因此，能避免暗电流随温度变化对输出的影响。在设计放大器的静态工作点时，可不考虑光电输入电路的影响，这是它比直流放大器优越的地方。

由温度引起的暗电流变化较慢，因此，为减小暗电流影响的调制光都是从几十到几百赫兹的低频率。与此相反，测量高速旋转的转速、光电开关电路等，则在频率较高的情况下工作，此时，对元件的选择和电路的设计，都必须考虑高频响应的情况。

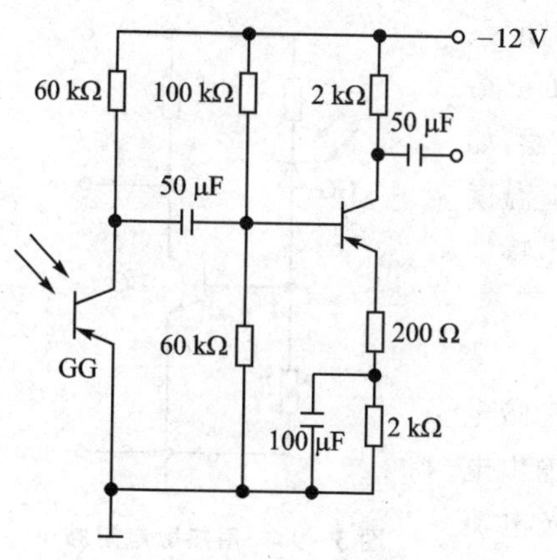

图 3-97　阻容耦合放大器电路

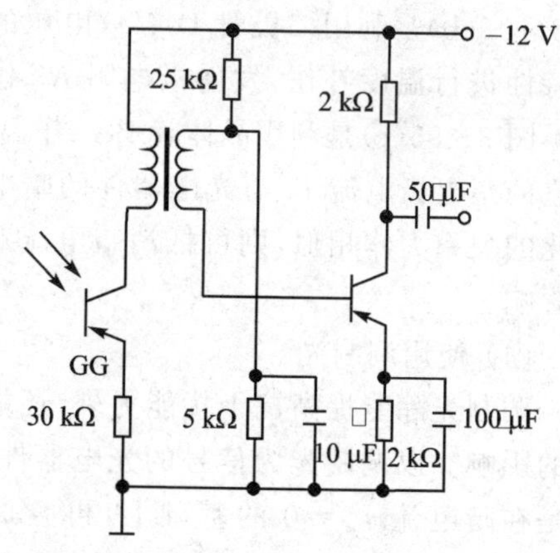

图 3-98　变压器耦合放大器电路

2. 线性光电耦合放大器

光电耦合器(或光电隔离器)是一种将发光元件与受光元件相对而置,封装在同一外壳中的复合元件。现在实际使用的发光元件(或称光源)有:① 氖光管与钨丝灯;② 电发光;③ 可见光(红光)发光二极管(LED);④ 红外 LED。受光元件有:① CdS,CdSn;② P. D,PIN 型 P. D;③ P. T,达林顿 P. T;④ P. D(P. T)+IC,光学 IC;⑤ 光敏 SCR。典型光电耦合器的元件组成与特性见表 3-16。

表 3-16　典型光电耦合器的元件组成与特性比较

发光条件光源	受光元件	电流传送比 CTR	响应速度	特　点
氖光管 钨丝灯	CdS	—	数秒至数百毫秒	• 交直流两用; • 价格低; • 耗电大; • 由于使用灯,所以比固体设备寿命短
可见 LED	CdS	—	数秒至数百毫秒	• 交直流两用; • 价格低; • CTR 随时间推移劣化严重; • 灵敏度偏差大
红外 LED	PIN 型 P. D	0.2%	100 ns 至数十毫秒	• 响应速度快; • 输出的线性好; • CTR 小
红外 LED	P. T	7%～30%	2～5 μs	• 响应速度较快,暗电流小; • CTR 劣化少,寿命长; • 价格低; • CTR 比达林顿和 IC 类型小

续表 3-16

发光条件光源	受光元件	电流传送比 CTR	响应速度	特　点
可见 LED	P.T	1%～10%	2～5 μs	• 响应速度较快，暗电流小； • 价格低； • CTR 随时间推移劣化严重； • CTR 小
红外 LED	达林顿 P.T	100%～1 000%	50～700 μs	• CTR 大； • 灵敏度偏差大； • 暗电流大
红外 LED	P.D(P.T)+IC	100%～600%	数十纳秒至 1 μs	• 响应速度快，CTR 大； • 与 TTL 兼容； • 价格高
红外 LED	光敏 SCR	—	—	• 可直接控制交流信号； • 控制功率大； • 价格高

从功能上来看，光电耦合器的作用与继电器或脉冲变压器一样，可看作是信号耦合装置。

近年来，微机系统的应用环境日益复杂，因此生产线上使用的微机控制系统，往往划分为若干功能模块，各功能模块又往往因安装位置不同而单独供电。这样，就构成了有多组电源供电的共地系统。由于各电源特性不一和地线分布参数等原因，就会产生很强的不等电位干扰——共模干扰。

对于模块之间数字信号的传输，可以使用光电耦合器进行彻底隔离。但是，由于光电耦合器具有较强的非线性，直接用来传输模拟量时精度较差。传统的调制解调电路和非线性补偿电路既复杂又庞大，往往价格较高。这里介绍一种精度较高、电路简单的隔离传输电路，能较好地完成模拟信号的不共地传输。

线性光耦放大器的电路如图 3-99 所示。电路的核心是两个光电耦合器 V_1 和 V_2。V_2 和 R_3 组成输出级；V_1 和 V_2 的初级串联，共用同一激励电流 I_1；V_1 和 R_2 组成负反馈电路。设 V_1 和 V_2 的电流非线性传输函数分别为 $g_1(I_1)$ 和 $g_2(I_1)$，则得到

$$I_2 = g_1(I_1) \tag{3-38}$$

$$I_3 = g_2(I_1) \tag{3-39}$$

A 是单电源理想运算放大器，有

$$U_i = U_A = I_2 R_2, \quad U_o = I_3 R_3 \tag{3-40}$$

则放大器电压增益为

$$G = U_o / U_i = \frac{I_3 R_3}{I_2 R_2} \tag{3-41}$$

将式(3-38)和式(3-39)代入式(3-41)得

$$G=\frac{R_3}{R_2}\cdot\frac{g_2(I_1)}{g_1(I_1)}=K\frac{g_2(I_1)}{g_1(I_1)} \tag{3-42}$$

式中，$K=R_3/R_2$。

如果 V_1 和 V_2 是同型号光电耦合器或同一封装的双光电耦合器，那么，可以认为它们的传输函数的温度特性和电流非线性是完全一致的，即 $g_1(I_1)=g_2(I_1)$，则 $G=K$。常数 K 即为该光耦合放大器的电压传输比。由此可见，利用光耦合器 V_1 和 V_2 电流传输系数的对称性，一个作输出，一个作反馈，可以巧妙地补偿它们的非线性。

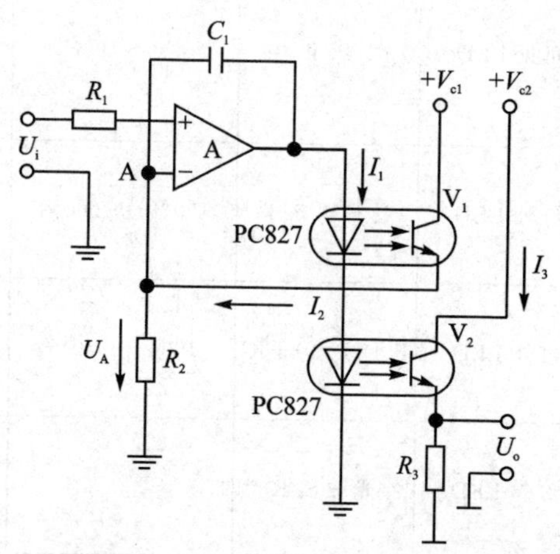

图 3－99　线性光耦合放大器

由于光电耦合器初、次级之间存在着传输延迟，V_1 和 R_2 组成的负反馈电路显得迟缓，容易引起自激振荡。电容 C_1 可以消除自激振荡，其容量可根据电路频率特性来选取。实践证明，选用快速非达林顿型光电耦合器可改善电路的整体性能。为了提高光耦放大器的输出能力，降低输出阻抗，可以在输出级接一个电压跟随器作缓冲。

实践证明，如果 V_1 和 V_2 采用夏普公司的双光耦合器 PC827，则该电路的线性误差不超过 0.2%。又由于该电路的输入和输出之间仅有光的耦合，没有电的联系，所以，能很好地隔断共模干扰，解决了模块之间模拟信号的不共地传输问题。

3.4.6　数字式传感器接口

数字式传感器可分为三大类。第一类数字传感器直接给出被测量的数字表示值，典型的这类传感器是位置编码器。第二类数字传感器依赖某些物理振荡现象，这些振荡现象用常规的无源或有源传感器进行检测。这类传感器也被称为谐振式传感器，通常要求使用某些电子电路（如数字计数器）与之配合，以给出所需的数字输出信号。第三类数字传感器具有可变频率的振荡器结构，该振荡器中包含影响振荡频率的无源传感器，这类传感器将被测物理量转换成相应的频率量来进行测量。数字式传感器勿需采用模/数转换器。限于篇幅，本节将只讨论上述第二、三类传感器的信号调理问题。

3.4.6.1　谐振式传感器接口

用于谐振式传感器的谐振器可以是正弦振荡器，也可以是张弛振荡器。

石英是一种压电材料，外加电压可使晶体处于受力状态。如果外加电压以适当速率交替改变，则石英晶体便产生振荡并给出稳定的信号。图 3－100(a)为石英晶体的等效电路。其中 L_1 与晶体的质量有关，C_1 与晶体的弹性有关，R_1 与晶体振荡

时的内摩擦力有关。C_0 是晶体的电极及基座与引线之间的电容。串联谐振时振荡频率为

$$f_s = \frac{1}{2\pi\sqrt{L_1 C_1}} \tag{3-43}$$

此时，晶体的电抗成分相抵消，并提供只包含 R_1 的有效阻抗，见图 3-100(b)。随着频率的升高，晶体的作用类似于与电阻相串联的正电抗。在并联谐振频率 f_a 处，晶体的电抗最大。$f_s \sim f_a$ 的频率范围称为晶体的带宽。

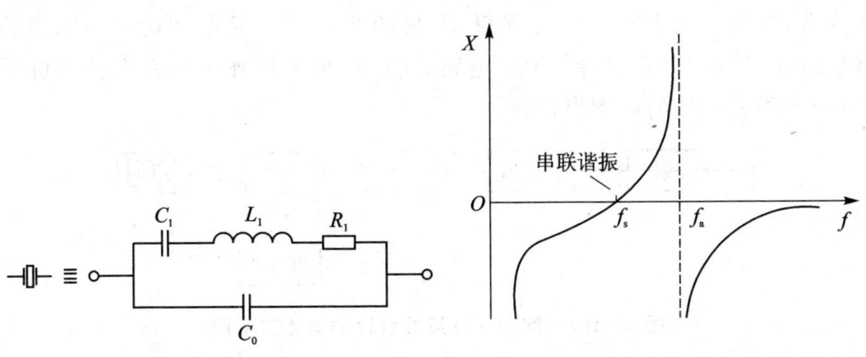

(a) 压电材料的高频等效电路　　(b) 石英晶体的电抗在谐振频率附近的变化

图 3-100　谐振式传感器的谐振器原理

串联谐振电路(见图 3-101(a))工作在高于 f_s 的频率上，电抗稍呈感性。因此，为了对电路调谐，应增加串联电容。图 3-101(b)示出一个利用 CMOS 反相器的基本振荡器。C_{L1} 和 C_{L2} 为加载电容(低振荡频率的加载电容大于高振荡频率的加载电容)。$R_f = 1\ \mathrm{M\Omega}$，$R_d$ 为阻尼电阻器，它取决于门电路的类型和振荡频率。

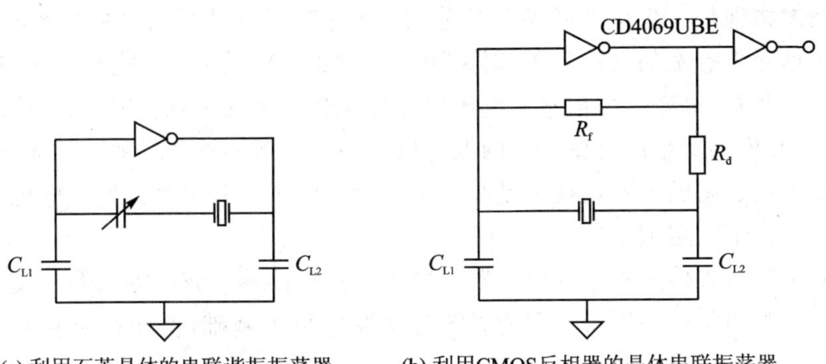

(a) 利用石英晶体的串联谐振振荡器　　(b) 利用CMOS反相器的晶体串联振荡器

图 3-101　利用石英晶体和 CMOS 反相器的串联谐振电路

由于石英属于不活泼材料，故利用高纯度的单晶获取的机械谐振具有极佳的长期稳定度。短期稳定度取决于品质因数 Q(刚性和低滞后)和数值很大的等效电感。短期稳定度允许设计出高分辨率的传感器。长期稳定度意味着两次校准之间的时间

间隔较长。

石英晶体等效电路中的元件值与温度有关,因此振荡频率呈现出热漂移。若采用精密切割的石英晶体,则温度与频率之间的关系极其稳定且可重复。由此可知,通过测量振荡频率就能够推断出晶体的温度。一般方程为

$$f=f_0[1+a(T-T_0)+b(T-T_0)^2+c(T-T_0)^3] \tag{3-44}$$

式中,T_0 是任意参考温度(通常为 25 ℃);f_0,a,b,c 与切割取向有关。在理想情况下,希望满足 $b=c=0$,但这并不容易做到。另一个方法是追求高灵敏度和高重复性来取代线性,并通过查表从 $f-f_0$ 获得 T,见图 3-102。某些利用这一原理的温度传感器包含输出脉冲频率信号的电子电路,这比模拟电压输出具有更佳的抗干扰能力,并有利于测量信号的远距离传输。

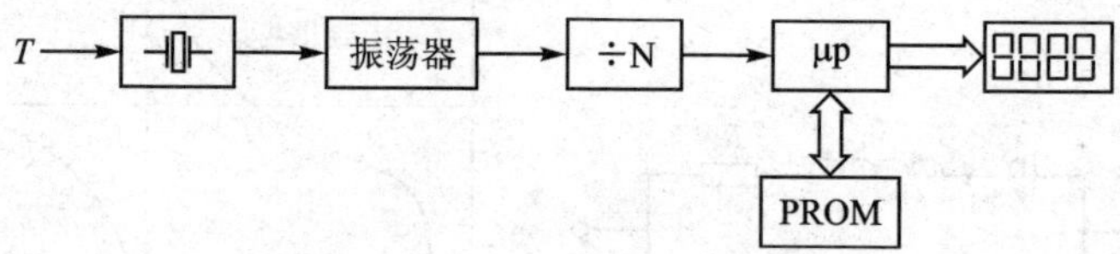

图 3-102　数字式石英温度计的简化方框图

用于温度测量的石英晶体的振荡频率范围为 256 kHz～28 MHz,温度系数 a 的范围从 19×10^{-6}～90×10^{-6}/℃。在 −50～150 ℃温度范围内,灵敏度可达 1 000 Hz/℃左右。分辨率能达到 0.000 1 ℃,但分辨率越高,测量速度越慢。某些温度传感器的温度范围达到 −40～300 ℃,但线性较差,需要利用查表方式加以修正。质量小的传感器可用于红外辐射强度的测量。

3.4.6.2　变频振荡器式传感器接口

当被测物理量产生可变频率的信号时,通过频率测量可以直接给出数字输出。可变频率信号具有宽的动态范围,对采用 5 V 或 3.3 V 供电的低电压系统,这一优点更加突出。此外,可变频率信号比电压信号能承受更大的干扰。因此,对许多应用场合,使用无源传感器组成可变频率的振荡器是一个明智的选择方案。然而,可变频率与被测物理量之间的关系往往不是线性关系,而且,可变频率振荡器中电抗变化的传感器也未工作于固定频率上。

变频振荡器式传感器中的振荡器可采用正弦振荡器或张弛振荡器。设计这类传感器调理电路的关键是以所使用的无源传感器参数为基础,设计相应的可变频率振荡器。

1. 正弦振荡器

无源传感器可以放置在 RC 正弦振荡器或 LC 正弦振荡器中。RC 振荡器依靠 RC 移相网络或维恩(Wien)电桥进行工作,这里,最好是采用维恩电桥,因为它更稳定。图 3-103 为这类电桥的基本结构和用来对其进行分析的方框图。如果运算放大器满足 $A_d \gg A_c$,则输出电压为

$$V_o = A_d V_o \left(\frac{Z_2}{Z_1 + Z_2} - \frac{R_3}{R_3 + R_4} \right) \tag{3-45}$$

式中,A_d 为运算放大器的差模增益;A_c 为共模增益。

当满足下列条件时,电路将产生振荡:

$$\frac{R_3}{R_4} = \frac{Z_2}{Z_1} = \frac{R_2}{1 + j\omega R_2 C_2} \quad \frac{j\omega C_1}{1 + j\omega R_1 C_1} \tag{3-46}$$

为满足上述条件,有

$$\frac{R_4}{R_3} = \frac{R_1}{R_2} + \frac{C_2}{C_1} \tag{3-47}$$

振荡频率为

$$f_0 = \frac{1}{2\pi \sqrt{R_1 R_2 C_1 C_2}} \tag{3-48}$$

普通运算放大器将最大输出频率限制到 100 kHz 左右。

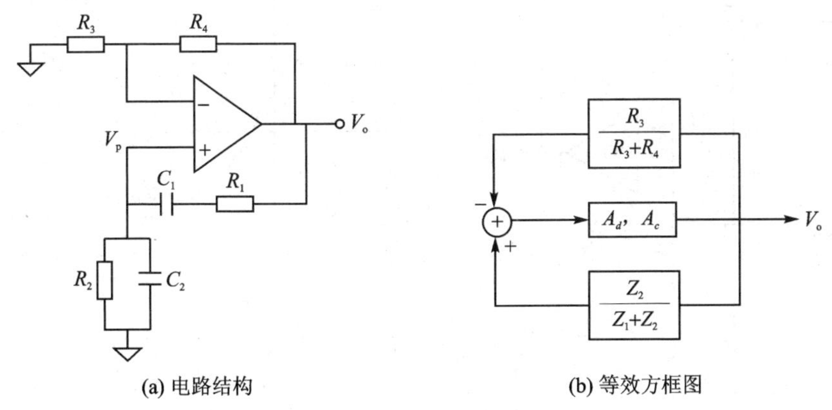

(a) 电路结构 (b) 等效方框图

图 3-103 维恩电桥振荡器

传感器可能是 Z_1 或 Z_2 的任何成分(电阻,电容)。为了保证能在起动时形成振荡,R_3 或 R_4 的选择取决于 V_o。当 V_o 很小时,要求提供高增益,以对运算放大器输入端频率为 f_0 的任何噪声进行放大。一旦 V_o 达到足够大的幅度后,便要降低增益,以防出现输出饱和。图 3-104 示出一个实际振荡器。当 V_o 很小时,$R_4 = R'_4$。但当 V_o 很大时,两个二极管在各自相应的半周期内导通,$R_4 = R'_4 /\!/ R''_4$。例如,可以选择 $R'_4 = 2.1R_3$ 和 $R''_4 = 10R'_4$。另外,可以利用固定的 R_4,并安装一个与 R_3 相

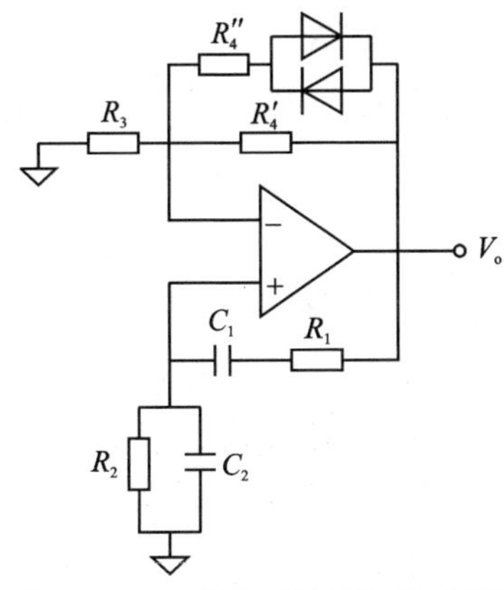

图 3-104 具有可变二极管电阻的维恩电桥

串联的白炽灯(具有正温度系数)。

较高频率的振荡器采用哈托莱电路(电容式传感器)或考皮兹电路(电感式传感器)。然而,所有谐波振荡器都有一个共同的缺点,即它们不能直接与差动传感器相连,因为连接引线会影响实际输出频率。

2. 张弛振荡器(多谐振荡器)

张弛振荡器比谐波振荡器更容易实现,对于电阻式和电容式传感器更是如此。图 3-105 示出多谐振荡器及其在起始瞬变之后的输出波形。R_1 和 R_2 组成的分压器决定了比较器同相输入端的电压 V_p。在时间间隔 T_1 期间,当输出端处于高电平(V_o)时,C 通过 R 充电,C 两端的电压为

$$V_C(t)=V_{min}+(V_o-V_{min})(1-e^{-t/RC})=V_o(1-e^{-t/RC})+V_{min}e^{-t/RC} \tag{3-49}$$

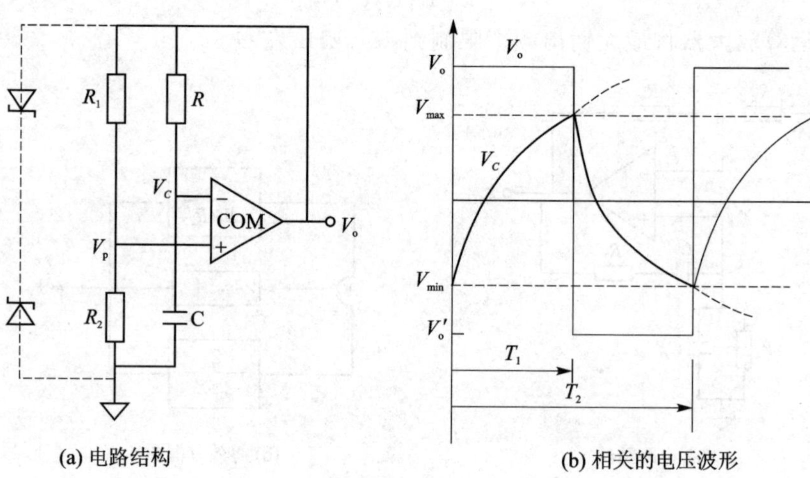

(a) 电路结构

(b) 相关的电压波形

图 3-105　基于电压比较器的非稳态多谐振振荡器

式中,$V_{min}=V'_oR_2/(R_1+R_2)$。$t=T_1$ 时,V_C 达到它的最大值(大于 V_p),比较器的输出变为低电平 V'_o。然后,C 按下式经 R 放电:

$$\begin{aligned}V_C(t)&=V_{max}+(V'_o-V_{max})[1-e^{-(t-T_1)/RC}]\\&=V'_o[1-e^{-(t-T_1)/RC}]+V_{max}e^{-(t-T_1)/RC}\end{aligned} \tag{3-50}$$

式中,$V_{max}=V_oR_2/(R_1+R_2)$。$t=T_2$ 时,V_C 达到它的最小值(小于 V_p),比较器的输出重新变为 V_o。具有对称输出电平($|V'_o|=V_o$)的比较器给出 $V_{max}=-V_{min}=V_p$ 和 $T_2=2T_1$。将两个对置串联的齐纳二极管(或其他合适的电压箝位电路)按图 3-105 所示那样相连,能给出具有相同温度系数的对称输出电平。振荡周期为 $T=2T_1$。T_1 根据条件 $V_C=V_{max}$ 得出,于是得到

$$T_1=RC\ln(1+2R_2/R_1) \tag{3-51}$$

$$T=2RC\ln(1+2R_2/R_1) \tag{3-52}$$

传感器可以是 R 或 C(假设传感器损耗足够小)。如果 $R_2/R_1=(e-1)/2=0.859$,便有 $T=2RC$。常用比较器的速度决定了此类多谐振荡器的最高工作频率约为 10 kHz。

555 系列集成电路定时器包括比较器和分压器电络,可用来实现振荡频率由外接 RC 电路决定的多谐振荡器。图 3-106 示出一个特定定时器电路的功能方框图及其作为非稳态多谐振荡器电路连接。图 3-106(b)中,在充电周期(t_H)期间,输出为高电平,C_T 经 R_A 和 R_B 充电,其两端电压升高直至达到触发电压电平(约 $2V_{DD}/3$),使输出变为低电平;然后 C_T 经 R_B 放电,其两端电压持续下降到阈值电压电平(约 $V_{DD}/3$),在该电压下,输出再次变为高电平。在放电周期(t_L)期间,相应的值为

$$t_H \approx C_T(R_A+R_B)\ln 2 \tag{3-53}$$

$$t_L \approx C_T R_B \ln 2 \tag{3-54}$$

输出波形的周期为

$$T=t_H+t_L \approx C_T(R_A+2R_B)\ln 2 \tag{3-55}$$

输出波形的占空比为

$$\alpha=\frac{t_H}{t_H+t_L}\approx\frac{R_B}{R_A+2R_B} \tag{3-56}$$

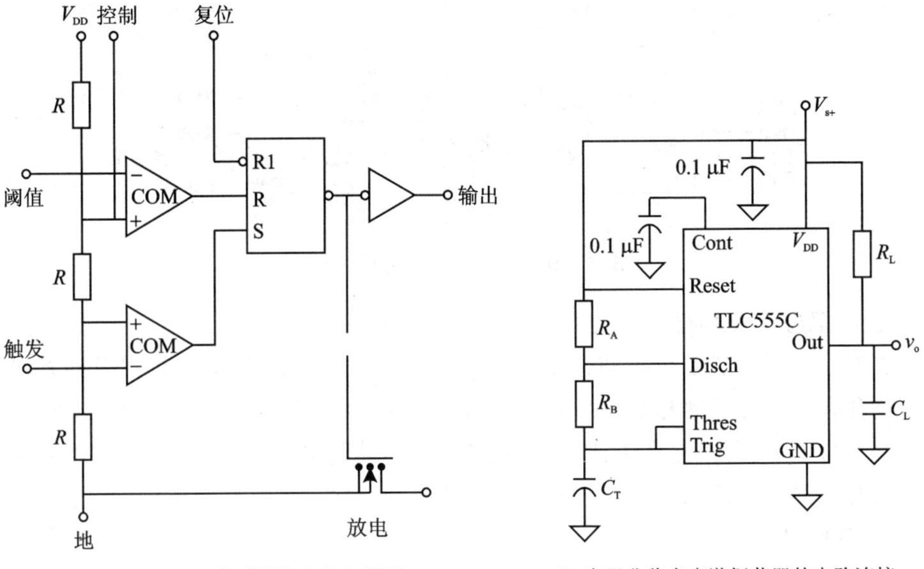

(a) TLC555C定时器的功能方框图

(b) 实现非稳态多谐振荡器的电路连接

图 3-106 TLC555C 定时器及其电路连接举例

如果用电容式传感器代替 C_T,或者用电阻式传感器代替 R_A 或 R_B,那么通过测量周期或频率,就能实现对相应物理量的测量。此外,电阻式差动传感器也能代替 R_A 和 R_B。

3.5 串行通信接口

串行通信的一些基本概念及常用的串行总线标准在本书第 2 章已经介绍过了。本节以可编程串行通信芯片 8251A 为例来讨论串行通信接口的设计与实现问题。

3.5.1 8251A 的内部结构

8251A 的内部结构如图 3-107 所示，分成 5 个主要部分：接收器、发送器、调制控制、读/写控制以及系统数据总线缓冲器。在 8251A 内部，通过内部数据总线实现相互之间的通信。

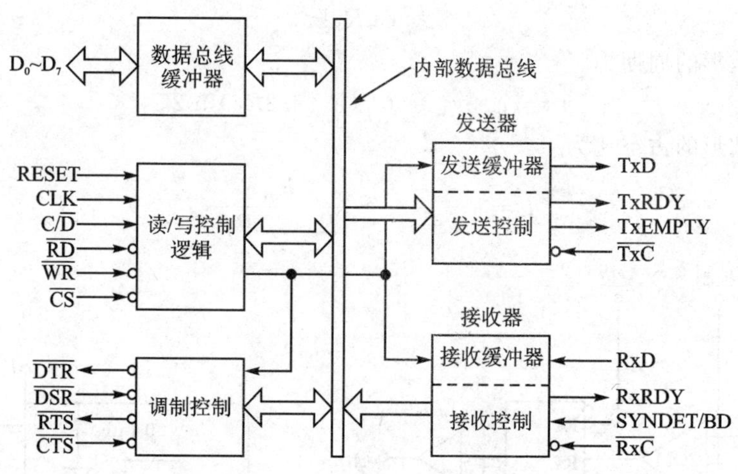

图 3-107 8251A 内部结构框图

1. 数据总线缓冲器

数据总线缓冲器是三态双向 8 位缓冲器，它使 8251A 与系统数据总线连接起来。它含有数据缓冲器和命令缓冲器。CPU 通过输入/输出指令可以读/写数据，也可以写入命令字，再由它产生使 8251A 完成各种功能的控制信号。另外，执行命令所产生的各种状态信息也是从数据总线缓冲器读出的。

2. 接收器

接收器的功能是在接收时钟 $\overline{RxC}$ 作用下接收 RxD 引脚上的帧格式化串行数据并把它转换为并行数据，同时进行校验，若发现错误，则在状态寄存器中保存，以便 CPU 处理。当校验无错时，才将并行数据存放在数据总线缓冲器中，并发出接收器准备好信号(RxRDY＝1)，通知 CPU 读数。

3. 发送器

发送器的功能是，首先把待发送的并行数据转换成所要求的帧格式并加上校验位，然后在发送时钟 $\overline{TxC}$ 的作用下，由 TxD 引脚一位一位地串行发送出去。发送完一帧数据后，发送器准备好信号置位（TxRDY=1），通知 CPU 发送下一个数据。

4. 读/写控制逻辑

读/写控制逻辑对 CPU 发来的控制信号进行译码，以实现表 3-17 所列的读/写功能。

表 3-17 8251A 读/写操作

$\overline{CS}$	$C/\overline{D}$	$\overline{RD}$	$\overline{WR}$	功　能
0	0	0	1	CPU 从 8251A 读数据
0	1	0	1	CPU 从 8251A 读状态
0	0	1	0	CPU 写数据到 8251A
0	1	1	0	CPU 写命令到 8251A
1	X	X	X	USART 总线浮空（无操作）

3.5.2 8251A 的编程命令

8251A 是可编程的通信接口芯片，用编程方法可实现不同格式的串行通信。8251A 的编程是通过向它发送命令字来实现的。8251A 有两种命令字，第一种命令字称为方式命令字，如图 3-108 所示。该命令字用来决定串行数据的格式：字符的位数，用多少停止位，是否奇偶校验（如果要校验，是偶校验还是奇校验），$\overline{TxC}$ 和 $\overline{RxC}$ 时钟是波特率的多少倍，等等。

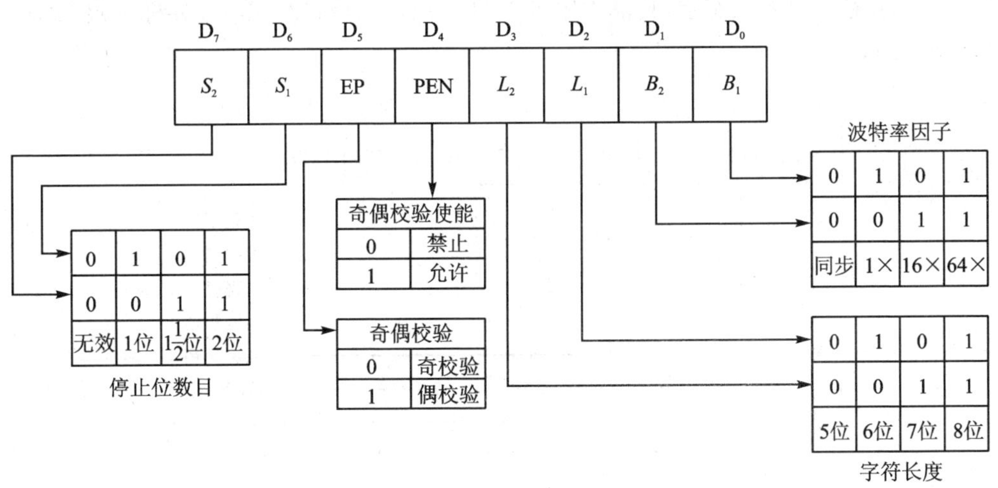

图 3-108 8251A 方式命令字格式

第二种命令字称为控制命令字，其格式如图 3-109 所示。图中已注明了各数据位的作用。这里仅强调一下 IR（内部复位）位的作用。当控制命令字中 IR=1 时，

8251A 在程序控制下复位，这与 8251A 的复位引脚（21）引起的外部复位作用相同。

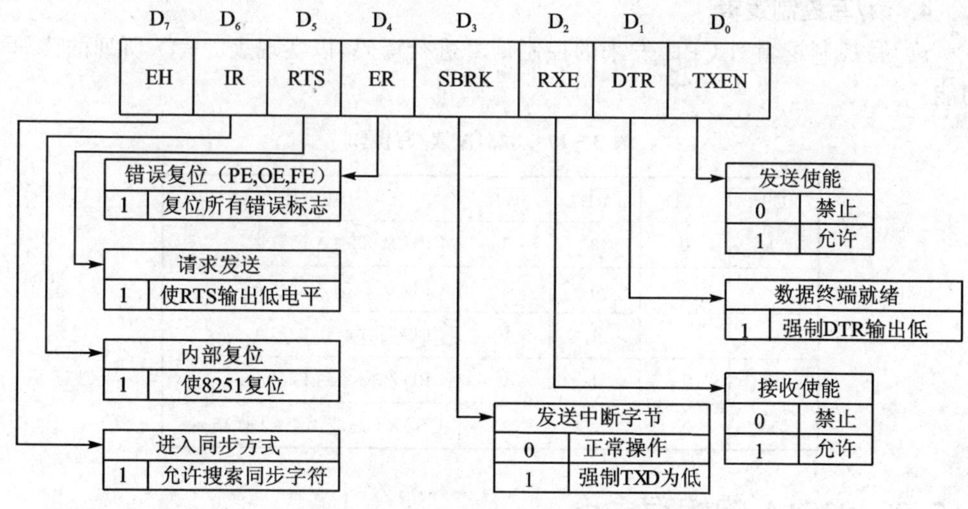

图 3-109　8251A 控制命令字格式

两种命令字都送到 8251A 的控制口，也就是说，两种命令字共用一个口地址，如何区分呢？8251A 只将复位动作（内部或外部复位）后面第一次出现的命令字解释为方式命令字，而对后面的所有命令字都认为是控制命令字。因此在编程时，如果向 8251A 送方式命令字，则首先要送一命令使 8251A 内部复位（即该命令中的 IR=1）。

8251A 还有一个状态字，其格式如图 3-110 所示。该状态字向外界标示出 8251A 内部的的状态。

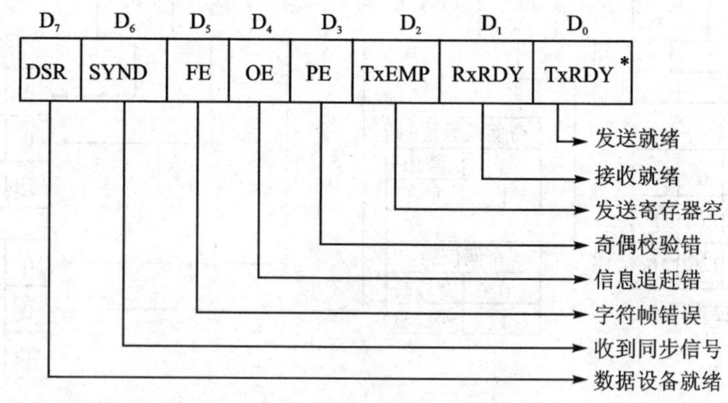

图 3-110　8251A 状态字格式

图中已注明各状态位的含义，下面仅说明几点：

① 状态字中的 TxRDY* 与芯片引脚的 TxRDY 有区别。只要发送器空（无须附

加别的条件)，TxRDY* 状态位即置位；而引脚 TxRDY 变成高电平的条件除了发送器空外，还应有 TxEN(发送允许)＝1，并且检测到 $\overline{CTS}$ 引脚已变成低电平。8251A 的 $\overline{CTS}$ 输入引脚仅在用 TxRDY 申请中断时作握手信号用。如果采用查询方式，则应将 $\overline{CTS}$ 引脚接地，并使用 $\overline{DSR}$ 输入作握手信号。

② RxRDY(接收器就绪)＝1，表示 8251A 已接收，并装配完毕一个字符。

③ TxE(发送缓冲器空)＝1，表示发送器的数据已发送完毕。这时 TxD 应为高电平。

④ DSR＝1 表示 $\overline{DSR}$ 输入引脚为低电平。

⑤ PE＝1 表示发现奇偶校验错误。通过向控制口送一个包含 ER＝1(错误标志复位)的控制命令字，可使状态字中的 PE 复位。

⑥ FE(字符帧错误)＝1 表示在字符结束时未检测到有效的停止位。

⑦ OE(信息重叠错)。若前一位信息尚未处理完毕，后一位信息已经到达，致使前面一位信息丢失，这种情况称为信息重叠错误。出现这种错误时 OE＝1。

状态字的口地址与控制字相同，但它对 CPU 来讲是一个输入口。读状态时使用 IN 指令，送出控制字时使用 OUT 指令，使用同一地址不会出现矛盾。

3.5.3 8251A 应用举例

下面以两台微机之间进行双机串行通信的硬件连接和软件编程来说明 8251A 是如何应用的。

1. 要　求

在甲、乙两台微机之间进行串行通信，甲机发送，乙机接收。要求把甲机上开发的应用程序(其长度为 2DH)传送到乙机中去。采用起止式异步方式，字符长度为 8 位，2 位停止位，波特率因子为 64，无校验，波特率为 4 800 b/s。CPU 与 8255A 之间用查询方式交换数据。口地址分配：309H 为命令/状态口，308H 为数据口。

2. 分　析

由于是近距离传输，可以不用 MODEM 而直接互连，并且，采用查询 I/O 方式，故收/发程序中只需检查发/收准备好的状态是否置位，即可发/收 1 个字节数据。

3. 设　计

(1) 硬件连接

根据以上分析，把两台微机都当作 DTE，它们之间只需 TxD、RxD、SG 三根线连接就能通信。采用 8251A 作为接口的主芯片再配置少量附加电路，如波特率时钟发生器、RS－232C 与 TTL 电平转换电路、地址译码电路等就可构成一个串行通信接口，如图 3－111 所示。

(2) 软件编程

接收和发送程序分开编写，每个程序段中包括 8251A 初始化、状态查询和输入/输出等部分。

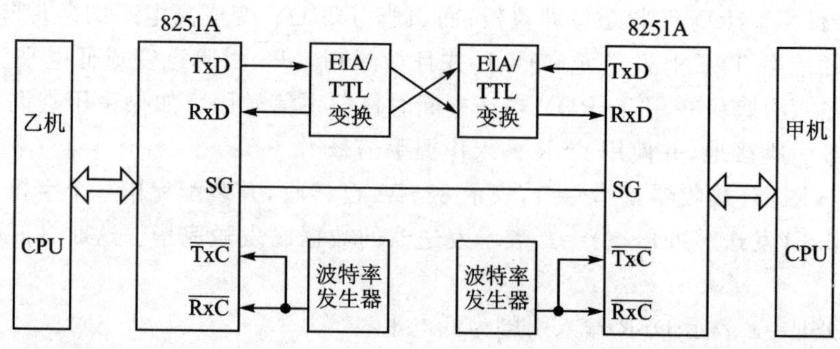

图 3-111 双机串行通信接口

① 发送程序(略去 STACK 和 DATA 段)如下:

```
CESG    SEGMENT
        ASSUME  CS:CSEG,DS:CSEG
TRA     PROC FAR
START:  MOV   DX,309H          ;命令口
        MOV   AL,00H           ;空操作,向命令口送任意数
        OUT   DX,AL
        MOV   AL,40H           ;内部复位(使 D6 = 1)
        OUT   DX,AL
        NOP
        MOV   AL,0CFH          ;方式命令字(异步,2 位停止位,字符长度为 8 位,无校验,
                               ;波特率因子为 64)
        OUT   DX,AL
        MOV   AL,37H           ;工作控制命令字(RTS、ER、RxE、DTR、TxEN 均置 1)
        OUT   DX,AL
        MOV   CX,2DH           ;传送字节数
        MOV   SI,300H          ;发送区首址
L1:     MOV   DX,309H          ;状态口
        IN    AL,DX            ;查状态位 D0(TxRDY) = 1?
        AND   AL,01H
        JZ    L1               ;发送未准备好,则等待
        MOV   DX,308H          ;数据口
        MOV   AL,[SI]          ;发送准备好,则从发送区取一字节发送
        OUT   DX,AL
        INC   SI               ;内存地址加 1
        DEC   CX               ;字节数减 1
        JNZ   L1               ;未发送完,继续
        MOV   AX,4C00H         ;已送完,回 DOS
        INT   21H
```

```
TRA     ENDP
CSEG    ENDS
        END  START
```

② 接收程序(略去 STACK 和 DATA 段)如下：

```
SCEG    SEGMENT
        ASSUME CS:REC,DS:SCEG
REG     PROC FAR
BEGIN:  MOV  DX,309H        ;命令口
        MOV  AL,00H         ;空操作,向命令口写任意数
        OUT  DX,AL
        MOV  AL,50H         ;内部复位(D6 = 1)
        OUT  DX,AL
        NOP
        MOV  AL,0CFH        ;方式命令字
        OUT  DX,AL
        MOV  AL,14H         ;控制命令字(ER、RxE 置 1)
        OUT  DX,AL
        MOV  CX,2DH         ;传送字节数
        MOV  DI,400H        ;接收区首址
L2:     MOV  DX,309H        ;状态口
        IN   AL,DX
        TEST AL,38H         ;查错误
        JNZ  ERR            ;有错,则转出错处理
        AND  AL,02H         ;查状态位 D1(RxRDY) = 1?
        JZ   L2             ;接收未准备好,则等待
        MOV  DX,308H        ;数据口
        IN   AL,DX          ;接收准备好,则接收 1 字节
        MOV  [DI],AL        ;并存入接收区
        INC  DI             ;指向下一存储地址
        LOOP L2             ;未接收完,继续
        JMP  STOP
ERR:    (略)
STOP:   MOV  AX,4C00H       ;已接收完,程序结束,退出
        INT  21H            ;返回 DOS
REC     ENDP
CSEG    ENDS
        END  BEGIN
```

习题与思考题

3.1　什么是接口？测控系统的I/O接口分为哪几类？都起什么作用？

3.2　简述编码键盘与非编码键盘的主要区别及行列扫描法的基本思想。

3.3　简述LED数码显示器的两种接口方法(动态驱动法和静态驱动法)的硬件设计及软件编程思路。

3.4　按接口类型分，打印机有哪两种类型？它们分别采用什么接口标准？

3.5　IBM PC机接口板与并行打印机是如何连接的？相应的接口驱动程序的设计思路是什么？

3.6　简述鼠标器的作用及其与IBM PC机的接口连接。

3.7　常用的触摸屏有哪几类？它们各有什么优缺点？

3.8　在测控系统中，过程通道接口起什么作用？典型的过程通道包含哪几个组成部分？

3.9　模拟量输入通道的任务是什么？它通常由哪些部分组成？各起什么作用？

3.10　在测控系统中，选择A/D转换器时要考虑哪些方面的问题？

3.11　A/D转换器芯片通常都有哪几种功能引脚？设计A/D转换器接口时主要考虑哪些问题？

3.12　模拟量输出通道的任务是什么？它通常由哪些部分组成？各起什么作用？

3.13　在测控系统中，选择D/A转换器时要考虑哪些方面的问题？设计D/A转换器接口时主要考虑哪些方面的问题？

3.14　测控系统设计中有哪些常见的模拟输出信号调理问题？

3.15　测控系统中开关量输入通道起什么作用？相应的信号调理问题有哪些？

3.16　测控系统中开关量输出通道起什么作用？相应的信号调理问题有哪些？

3.17　传感器接口的基本任务是什么？在设计信号调理用运算放大器时需要考虑哪些性能指标？有哪几种常用的传感器信号调理模拟运算电路结构？

3.18　电阻式传感器有哪两种常见的电路结构？它们分别适用于哪类电阻式传感器？

3.19　试列举出两种电容式位移传感器的信号调理电路。

3.20　试说明线性可变差动变压器(LVDT)的工作原理及主要应用场合。

3.21　相敏检波器与普通检波器有什么本质区别？试说明与LVDT配用的环形相敏检波器的工作原理。

3.22　采用热电偶测量温度时，为什么要进行冷端温度补偿？试给出两种可行的冷端温度补偿方案。

3.23　试给出两种压电式传感器的调理电路方案。

3.24 试给出两种减小光敏传感器的暗电流影响的电路方案。

3.25 试给出两种变频振荡器式传感器接口的电路方案。

3.26 试说明 8251A 的方式命令字、控制命令字和状态字的格式、含义以及它们之间的关系。

3.27 对 8251A 进行编程时,应按什么顺序向它的命令口写入命令字?

参考文献

[1] 李行善. 计算机测试与控制. 北京:北京航空航天大学出版社,1991.

[2] 邓亚平,陈昌志. 微型计算机接口技术. 北京:清华大学出版社,2005.

[3] 高福祥,张君. 接口技术. 沈阳:东北大学出版社,2006.

[4] 古辉. 微型计算机接口技术. 北京:科学出版社,2006.

[5] 刘乐善,欧阳星明,刘学清. 微型计算机接口技术. 武汉:华中理工大学出版社,2000.

[6] 王正洪,朱正伟,马正华. 微机接口与应用. 北京:清华大学出版社,2005.

[7] 韩兵. 触摸屏技术及应用. 北京:化学工业出版社,2008.

[8] 张洪润,傅瑾新. 传感器应用电路 200 例. 北京:北京航空航天大学出版社,2006.

[9] 王锦标,方崇智. 过程计算机控制. 北京:清华大学出版社,1992.

[10] 高光天. 传感器信号调理器应用技术. 北京:科学出版社,2002.

[11] 汤普金斯 W J,威伯斯特 J G. 传感器接口技术. 林家瑞,等译. 武汉:华中理工大学出版社,1996.

[12] Pallas - Areny R,等. 传感器和信号调节. 张伦,译. 北京:清华大学出版社,2003.

[13] 苏铁力,等. 传感器及其接口技术. 北京:中国石化出版社,1998.

第4章

计算机控制技术

计算机控制技术研究以计算机为核心的控制系统的组成原理及实现方法。计算机控制系统根据控制对象的规模、复杂程度及控制性能指标要求,可以是以嵌入式计算机为核心的顺序控制系统,也可以是多台计算机组成的网络化分布式控制系统。本章讲述基本的计算机控制技术,即研究如何利用计算机来直接控制被控对象。对被控对象实施直接控制的计算机系统是最基本的计算机控制系统,也是应用最多、最广的计算机控制系统。对于多数应用场合,这类系统本身就构成了完整的控制系统。复杂的自动化系统中,用于直接控制的计算机系统是整个系统最重要的组成部分之一。

计算机控制系统的分类,如果按是否有反馈,则可以分为计算机开环控制系统和计算机闭环控制系统两大类。如果按输出控制量类型,则又可分为输出开关量来控制和输出模拟量来控制两类。计算机开环控制方式有多种,其中顺序控制方式和数值控制方式最常见,4.1 节介绍计算机顺序控制的典型应用——工艺过程控制。数值控制是用数值近似计算来控制刀具和绘图笔,这类控制广泛应用在数控机床和数字绘图设备,有兴趣的读者可参考相关文献。4.2 节介绍开环开关量控制的另一典型应用——步进电机控制。计算机闭环控制系统设计是本章重点,4.3 节讲述计算机闭环控制系统的设计,4.4 节讲述数字 PID 控制算法及其各种改进算法,4.5 节以温度控制系统为例介绍计算机控制系统的实现。

4.1 计算机顺序控制

顺序控制是指以预先规定的时间或条件为依据,按预先规定的动作次序控制被控对象顺序地执行规定的动作。完成顺序控制的核心部件是顺序控制器。它根据应用场合和工艺要求,划分各种不同的工步,然后按预先规定好的“时间”或“条件”,按次序完成各工步的动作并保证各工步动作所需的持续时间。持续时间随产品类型和材料性能不同而异,常常可通过操作员来设定或调整。“条件”是指被控对象达到某一预先设定的状态,如运动中的生产线部件达到指定位置,容器中液体或气体压力达到预定值,加热炉中温度达到预定值等。顺序控制器把这些条件是否满足作为本工步动作持续或结束的前提。而这些条件一般可以通过行程开关(限位开关)、压力开关或温度开关等传感器获取。

顺序控制是工业生产中一种比较典型的控制方式。因为一个产品的生产过程，实际就是按一定顺序和一定工艺要求进行加工的过程。无论产品多么复杂，总可以把产品分解为若干零部件，每个零部件的加工又可以分解为若干个流程。每个流程又可以分为几个加工的顺序段，并使每一个顺序段只执行一个特定的操作。这样经过若干个加工顺序段之后，就可以得到最后的成品。

假设有一工件，其工艺过程分为 20 个工步，为实现所有工步的动作共需 24 个电磁阀控制有关电机或有关机构。要实现这样一个计算机顺序控制系统，能从某一工步开始连续循环运行，也可以单步运行(即只运行一个工步的内容就返回待命状态)，在正常情况下只要按下一个键即可退出运行状态返回待命状态，在出现故障时(如过电流、过温升等) 亦能进行应急处理。

下面以 51 单片机控制剪切机的加工过程为例来说明顺序控制究竟是怎样实现的。

剪切机的加工过程如图 4－1 所示。剪切机工作机构均未动作时，压紧物料的压块 Z_1 在上部位置，开关 X_2 断开。剪刀 Z_2 处于上部位置，开关 X_4 被顶开。没有物料时，开关 X_1 与 X_5 都是断开的。

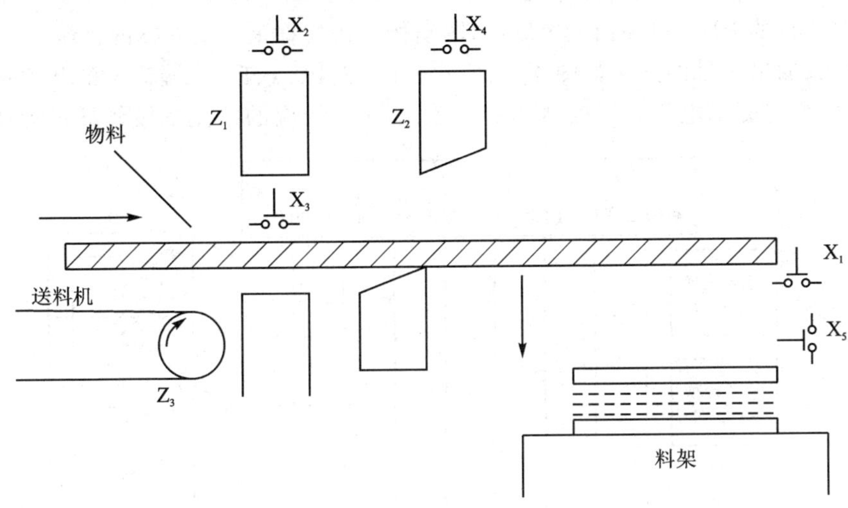

图 4－1　剪切机工作示意图

当开始剪切操作时，物料放置在送料皮带上，开动送料机 Z_3，向前运送物料，当物料送到预定长度时，使接近开关 X_1 接通(它的位置决定物料的剪切长度，可根据要求调整)，Z_3 停止送料，同时压块 Z_1 下落，使开关 X_2 接通。压块 Z_1 压紧物料以后 X_3 接通，剪刀 Z_2 下落，开关 X_4 接通。剪断物料后，切好的工料落到料架上，开关 X_1 断开。料架上每落一块料计数开关 X_5 就接通—断开一次，产生一个中断脉冲。同时，压块 Z_1 及剪刀 Z_2 断电并自动上抬恢复到原始位置。至此剪切过程全部完成。

根据上述剪切机加工过程，采用单片机 P1 和 P0 口的位控工作方式实现剪切机顺序控制，其中 P1 口的低三位接输出 Z_1、Z_2、Z_3，P0 口的低五位接开关量输入 X_1、X_2、X_3、X_4、X_5。各个位的状态与加工过程的各个动作的对应关系见表 4-1。

表 4-1　剪切加工过程工序状态/控制表

动作说明	P1.2	P1.1	P1.0	P0.4	P0.3	P0.2	P0.1	P0.0
	Z_3	Z_2	Z_1	X_5	X_4	X_3	X_2	X_1
原始状态	0	0	0	0	0	0	0	0
送料	1	0	0	0	0	0	0	0
定尺到位	0	0	0	0	0	0	0	1
停止送料、压块动作	0	0	1	0	0	0	1	1
压块压住料	0	0	1	0	0	1	1	1
剪刀剪料	0	1	1	0	1	1	1	1
已剪切下落	0	1	1	1	1	1	1	0

落料计数采用外部中断，使用外部中断 0 对落料进行计数，开关 X_5 与单片机外部中断 0 相连，每个 X_5 物料计数脉冲就使计数减 1，如置常数为 5，则当 X_5 计数 5 次后，该单片机的 P1.3 口输出一个脉冲，驱动执行机构移走 5 块一摞的物料。

输入、输出信号的连接如图 4-2 所示。P1.2、P1.1、P1.0 端输出的开关量信号经电平转换与驱动电路分别控制 Z_3、Z_2、Z_1 动作。相应的发光二极管显示动作命令

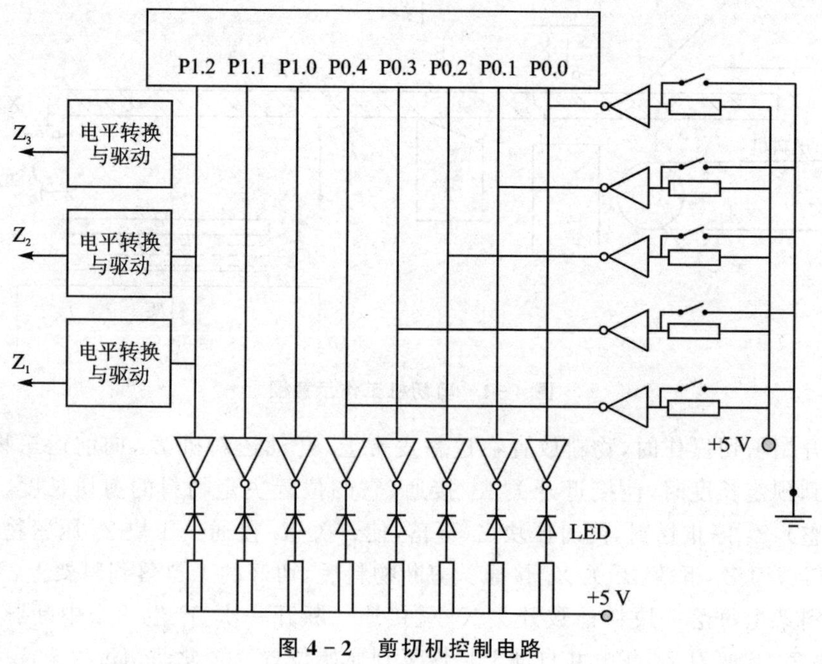

图 4-2　剪切机控制电路

是否发出。代表加工过程进行情况的各工序开关 X_1、X_2、X_3、X_4、X_5（工序到位时，相应的开关接通）分别引入 P0 的低 5 位 P0.0～P0.4。5 只 LED 显示出相应的工序是否已经到位。

剪切机顺序控制程序流程图如图 4-3 所示。主程序首先完成初始化，然后就开始轮询。同时打开外部中断，用来记录剪切钢板的数量。P1、P0 口设置为位控方式，其中 P0.0～P0.4 为输入，P1.0～P1.3 为输出。在初始化时，屏蔽掉外部中断 0 的中断申请。当它接收到 5 个脉冲时，通过外部中断 0 向单片机申请中断。按表 4-1 的逻辑关系执行剪切机的工艺流程。

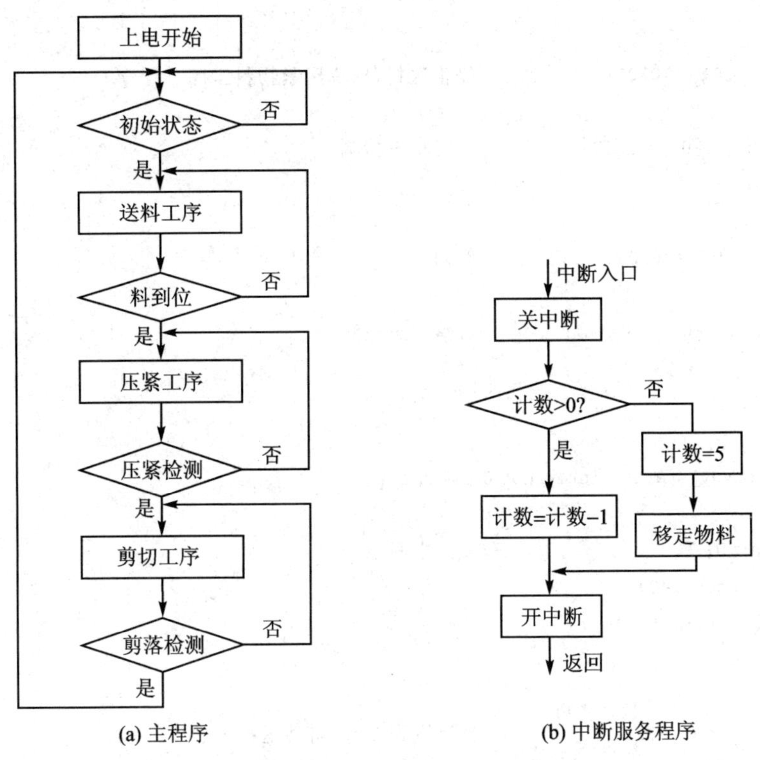

图 4-3　剪切机顺序控制程序流程图

主程序及中断服务程序如下：

```
#include<reg52.h>
#define uchar unsigned char;
sbit P1_3 = P1^3;
uchar count = 5;
void main()
{
    EX0 = 1;                    //开外部中断 0
    IT0 = 1;                    //设置外部中断 0 工作方式
```

```
    EA = 1;                    //开总中断
  do
  {
    while(P0&&0x1F);           //确认剪切机处于初始状态,P0.0～P0.4 为 0
    do
    {
        P1 = 0X04;             //送料工序
    }
    while(P0 ! = 0x01);        //料到位检测
    do
    {
        P1  =  0X01;           //停止送料,压块压紧物料工序
    }
    while(P0 ! = 0x07) ;       //压紧状态检测
    do
    {
        P1  =  0x03;           //剪切工序
    }
    while(P0 ! =  0X1E);       //剪落状态检测
  }
  while(1);
  }
  void convey_start() interrupt 0 using 1
  {
    EA = 0;                    //关总中断
    if(count>0)
        count - - ;
    else
    {
        count = 5;             //当计数到 5 时,启动运料
        P1_3 = 1;
    }
    EA = 1;                    //开总中断
  }
```

从上述例子可归纳出顺序控制的一些特点：

① 各工序的动作按顺序完成,是否执行本工序动作取决于完成上一工序动作的条件是否已经满足,或者执行上一步工序动作的时间是否已经达到。

② 工序状态表列出整个顺序控制流程中各工序的先后次序、各工序要完成的动作以及工序的状态特征。工序状态/控制表是顺序控制系统硬件及软件设计的最主要的依据。顺序控制系统的设计者必须首先按被控对象的动作要求,列出相应的工

序状态/控制表。

③ 顺序控制采用开环控制方式。顺序控制器的输出为开关量,它所采集的输入量也基本上是开关量,往往采用以开关信号作输出的控制器,如行程开关、压力开关、液位开关等,其输入通道往往不用 A/D 转换器。因此顺序控制系统一般都是控制功能比较简单而价格便宜的控制系统。

4.2 步进电机控制

步进电机已经广泛用作自动控制系统的执行元件,特别在数值控制中(线切割机床、数控绘图仪等)应用更为普遍。微处理机及微型计算机给步进电机控制开创了一个新的局面,应用微型计算机可在低成本条件下实现高质量的步进电机控制。

4.2.1 步进电机的控制原理

图 4-4 为一台永磁式四相步进电机的原理图。当电机的四个控制绕组按 A—B—C—D 顺序通电时,电机的转子顺时针旋转;当控制绕组按 A—D—C—B 的顺序通电时,电机的转子逆时针旋转。

用硬件逻辑电路实现对步进电机的控制,需要配置图 4-5 所示的系统。其中逻辑时序电路是控制器的核心,该控制器输出脉冲的顺序决定步进电机的转向,脉冲的个数决定转角的大小,而脉冲频率决定电机的转速。

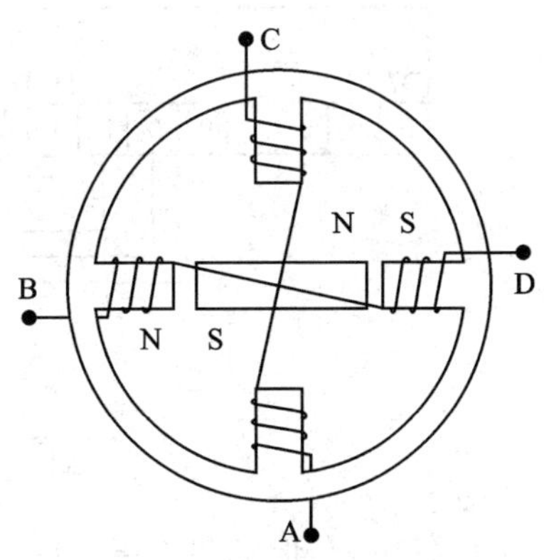

图 4-4 永磁式四相步进电机

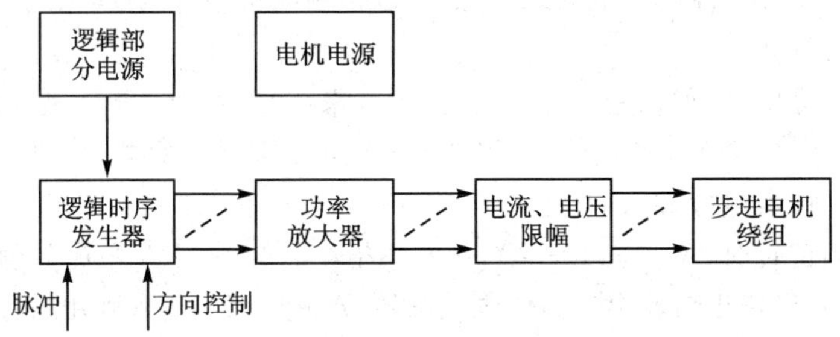

图 4-5 用硬件逻辑电路实现步进电机控制

这种完全由硬件实现的逻辑电路,是为特定的步进电机(三相、四相、六相)设计的,因而通用性很差。不仅如此,同一步进电机也有多种控制方式。以一台三相步进电机为例,它可以有如下几种控制方式:

① 单三拍控制方式。即 A、B、C 三个绕组按 A—B—C—A(或 A—C—B—A)方式通电。

② 六拍控制方式。通电方式为 A—AB—B—BC—C—CA—A 或 A—AC—C—CB—B—BA—A。

③ 双三拍控制方式。通电方式为 AB—BC—CA—AB 或 AB—CA—BC—AB。

以上这些控制方式都需要专用的控制逻辑电路,它们之间差别很大,因而缺少通用性。

4.2.2 步进电机与微型计算机的接口

用微型计算机来控制步进电机,可以很方便地实现各种通电方式。图 4-6 给出一台四相步进电机与微型计算机的连接方法。图中未画出微型计算机与功率放大器之间的驱动级。

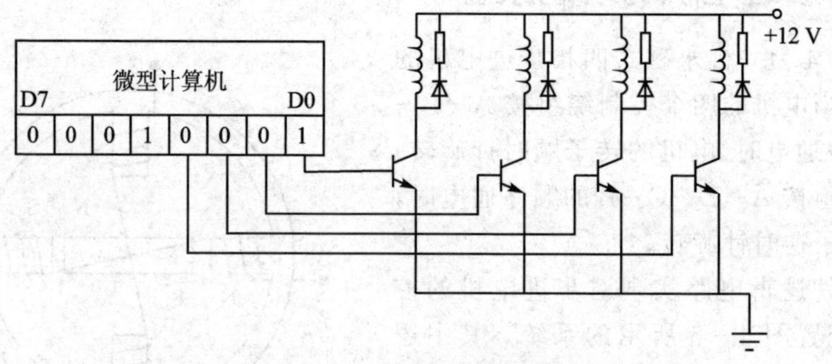

图 4-6 步进电机接口

由图 4-6 可知,如果将累加器 A 存数 11H,在每个采样时刻累加器左移一位并经 I/O 口输出,则可实现 A—B—C—D—A 的导电顺序;反之,若每次右移一位,则实现 A—D—C—B—A 的导电方式,于是可以控制电机正转或反转。类似地,可以得到双四拍控制方式。

对三相步进电机,如采用 8 位字长的 CPU 来控制,由于 8 不能被 3 整除,这时可将进位位 CY 作为第 9 位来使用,采用带进位位的右移或左移指令。图 4-7 为用此方法实现单三拍通电方式的示意图。

欲使电机正转时(A—B—C—A),用左移指令将累加器 A 中的数值随采样时钟的节拍左移,并经输出口输出。为使电机反转(A—C—B—A),则用右移指令。对于单三拍工作方式,累加器的初始预置数应为 49H,且 CY=0。

用累加器移位方式来控制步进电机,所用指令极少,程序极为简单,是一种简易可行的方法。但是,并非所有通电方式都能用这种方法。例如三相六拍通电方式,相邻两节拍的导通相数不一样,就无法采用移位法。这种情况可以采用查表法。表 4-2 列出了三相六拍通电方式所要求的通电状态。

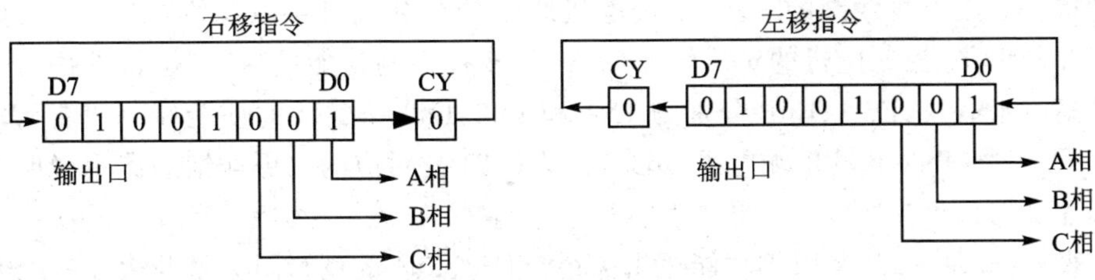

图 4-7 单三拍通电方式示意图

表 4-2 三相六拍通电方式的通电状态

节　拍	十六进制	二进制	导电相
1	01H	00000001	A
2	03H	00000011	A,B
3	02H	00000010	B
4	06H	00000110	B,C
5	04H	00000100	C
6	05H	00000101	C,A

用查表法时,按一定的节拍顺序由并行输出口送出01H,03H,02H,06H,04H,05H,则电机将以A—AB—B—BC—C—CA的六拍方式工作。

4.2.3 步进电机的单片机控制

步进电机最简单而常用的控制形式是开环控制。在采用开环控制的系统中,单片机输出口发出的控制信息由驱动器提供功率放大后去带动步进电机。这里,完全没有任何有关电机的反馈信息(位置、速度等),省去了位置或速度反馈元件,因而成本较低。在开环控制中,单片机必须通过输出口改变通电状态(用移位法或查表法)。最简单的方法是每隔T_S秒改变一次。

1. 常用驱动芯片L298简介

L298是SGS公司的产品,比较常见的是图4-8的15个引脚的Multiwatt封装的L298N芯片,内部包含4通道逻辑驱动电路,可以方便地用于驱动直流电机或步进电机。L298N芯片可以驱动两台二相电机,也可以驱动一台四相电机。其输出电压最高可达50 V,可以直接通过电源来调节输出电压,也可以直接用单片机的I/O口提供控制信号,电路简单,使用方便。L298N可接受标准TTL逻辑电平信号V_{SS},V_{SS}可接4.5~7 V电压。4引脚接电源电压,其电压V_S范围为+2.5~46 V。输出电流可达2.5 A,可驱动电感性负载。1引脚和15引脚可分别单独引出以便接入电流采样电阻,形成电流传感信号。驱动直流电机时,OUT1和OUT2、OUT3和OUT4之间可分别接直流电机。驱动步进电机时,OUT1、OUT2、OUT3、OUT4可分别接入步进电机线圈的一端，步进电机线圈的公共端可接电源。7，10，12 引脚接输入控制电平，控制电机的正反转。EnA、EnB 接控制使能端，控制电机的停转。使能端高电平有效，EnA、EnB 分别为 IN1 和 IN2、IN3 和 IN4 的使能端。使能后输入端电平 IN1～IN4 和输出端电平 OUT1～OUT4 是对应的。更详细的使用说明可参考芯片手册。

表 4-3 是 L298N 引脚功能逻辑关系。IN3、IN4 的逻辑图关系与表 4-3 相同。图 4-9 与图 4-10 分别是驱动芯片与直流电机、步进电机的连接图。

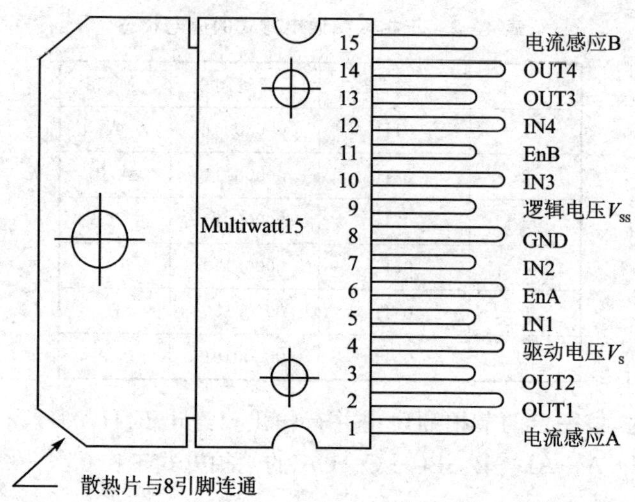

图 4-8　L298N 芯片引脚图

表 4-3　L298N 引脚功能逻辑关系表

EnA	IN1	IN2	运转状态
0	×	×	停止
1	1	0	正转
1	0	1	反转
1	1	1	刹停
1	0	0	停止

现在更为常用的是如图 4-11 将 L298N 驱动芯片与电源转换芯片、外接电感、续流二极管等集成的 L298N 驱动模块，因为其使用更方便。

2. 单片机控制步进电机程序

下面的示例程序中，单片机 P1 口的高四位接四个输入端，使能端接高电平。通过程序来控制步进电机正转 10 步，然后反转 10 步。

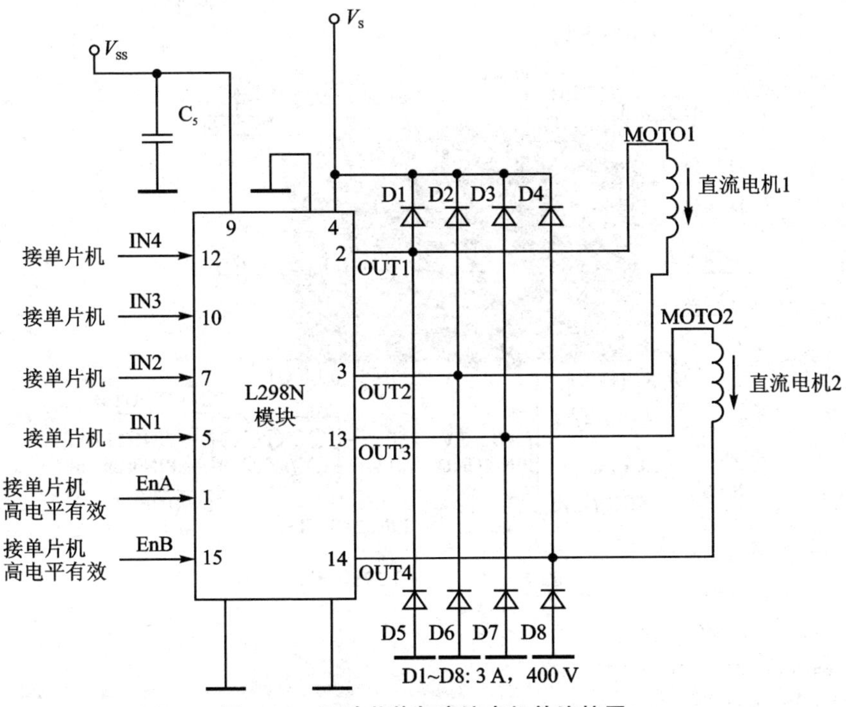

图 4－9　驱动芯片与直流电机的连接图

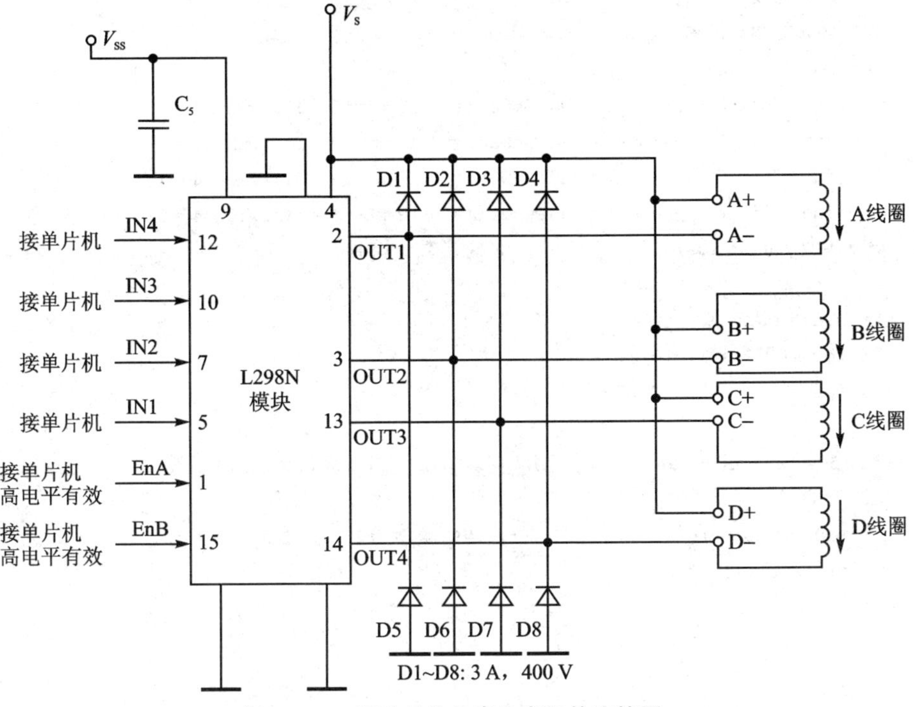

图 4－10　驱动芯片与步进电机的连接图

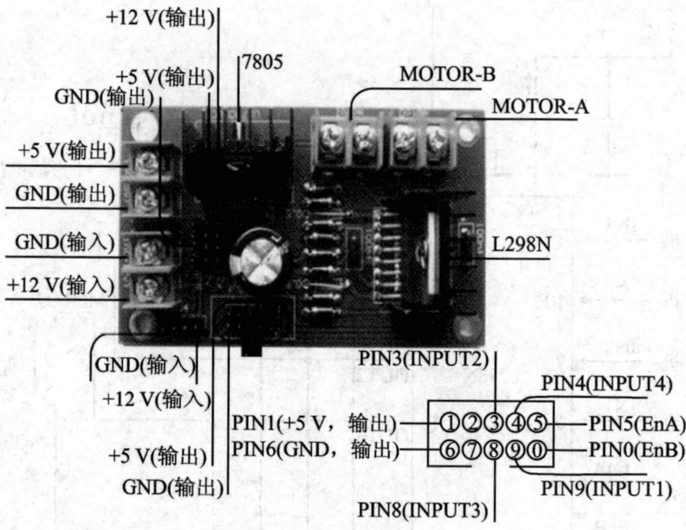

图 4-11　集成 L298N 模块

```
#include<reg52.h>
#define uint unsigned int
sbit lPwmOut1 = P1^4;
sbit lPwmOut2 = P1^5;
sbit lPwmOut3 = P1^6;
sbit lPwmOut4 = P1^7;
#define lCoil_A {lPwmOut1 = 0;lPwmOut2 = 1;lPwmOut3 = 1;lPwmOut4 = 1;}
#define lCoil_B {lPwmOut1 = 1;lPwmOut2 = 0;lPwmOut3 = 1;lPwmOut4 = 1;}
#define lCoil_C {lPwmOut1 = 1;lPwmOut2 = 1;lPwmOut3 = 0;lPwmOut4 = 1;}
#define lCoil_D {lPwmOut1 = 1;lPwmOut2 = 1;lPwmOut3 = 1;lPwmOut4 = 0;}
void delay(uint xms)                    //延时函数 x 毫秒
{
    uint k1,k2;
    for(k1 = xms;k1>0;k1--)
    for(k2 = 110;k2>0;k2--);
}
void p_rotation(unsigned int c_L)//正转电机控制函数,输入转的步数
{
    uint time2 = 0;                     //正转的顺序为 D—C—B—A
    while(time2<= c_L)
    {
        if(time2<= c_L)
        {
            lCoil_D
            delay(10);
```

```
        }
        time2 ++ ;
        if(time2< = c_L)
        {
            lCoil_C
            delay(10);
        }
        time2 ++ ;
        if(time2< = c_L)
        {
            lCoil_B
            delay(10);
        }
        time2 ++ ;
        if(time2< = c_L)
        {
            lCoil_A
            delay(10);
        }
        time2 ++ ;
    }
}
void o_rotation(unsigned int c_L)//反转电机控制函数
{                                //反转的顺序为 A—B—C—D
    uint time2 = 0;
    while(time2< = c_L)
    {
        if(time2< = c_L)
        {
            lCoil_A
            delay(10);
        }
        time2 ++ ;
        if(time2< = c_L)
        {
            lCoil_B
            delay(10);
        }
        time2 ++ ;
        if(time2< = c_L)
        {
            lCoil_C
```

```
            delay(10);
        }
        time2 ++ ;
        if(time2< = c_L)
        {
            lCoil_D
            delay(10);
        }
        time2 ++ ;
    }
}
void main()
{
    p_rotation(10);
    o_rotation(10);
    delay(200);
    delay(200);
    while(1)
    {
    }
}
```

3. 自动加/减速控制

在基本的控制程序中，步进电机以恒定的转速工作，为使步进电机在运行过程中不会出现丢步现象，给出控制脉冲的频率只能小于或等于步进电机的响应频率 f_s。在该频率下，步进电机可以任意启动、停止或反转而不发生丢步。然而这个频率通常是很低的(100～250 步/秒)。如果电机走的距离比较长，则花费的时间会很长。解决这一问题的办法是采用自动加/减速控制，其控制过程可归纳为如下几个步骤：

① 步进电机以低于响应频率的速率启动，保证不丢步。

② 步进电机平滑地增加速度直至达到步进电机的连续运行速率 f_a，通常为 250～3 000 步/秒。

③ 在连续运行速率下走完全程的大部分。

④ 在达到终点以前，平滑地减速到响应频率以下。

⑤ 以低于响应频率的速度再工作一小段，在达到终点时准确停转，而不致造成滑步。

自动加/减速控制的控制曲线如图 4－12 所示。

自动加/减速控制算法程序框图如图 4－13 所示。加/减速控制是靠程序框图中的“重置定时器”一框来完成的。实际做法是用离线计算的方法求出启动段、加速段、减速段等各段速度(频率)与定时常数的关系，并且列出一张延时定时常数表，执行程

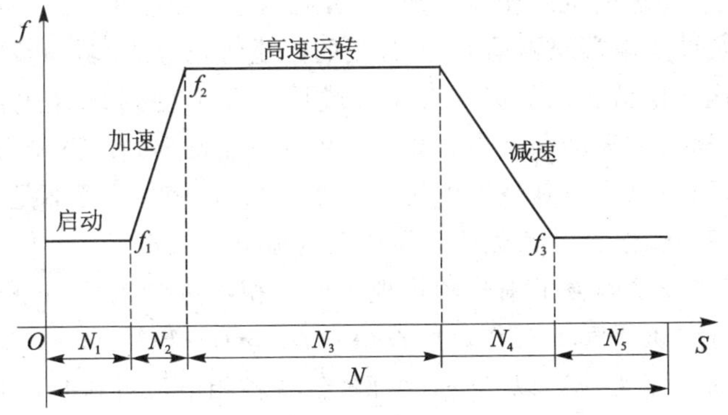

图 4－12　自动加/减速控制曲线

序时，根据实际所走的步数去查定时常数表，取得相应的定时常数去重置定时器，以改变步进电机的运行速度。

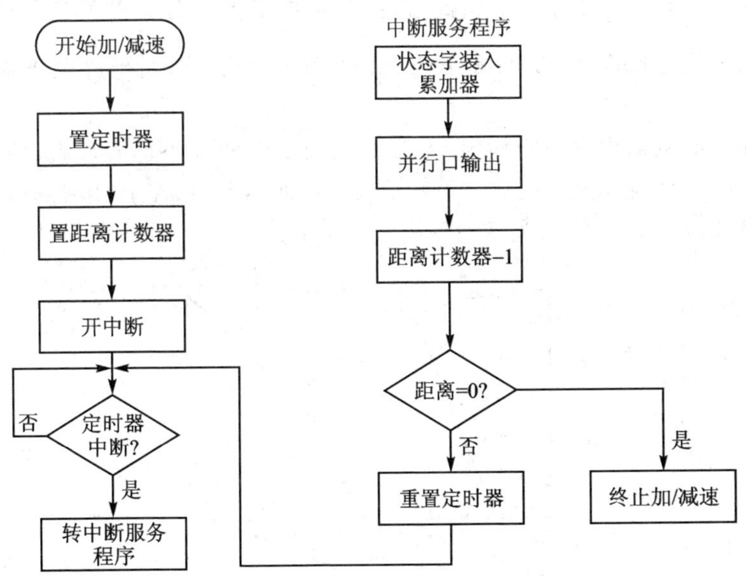

图 4－13　自动加/减速算法程序框图

4.2.4　步进电机步距角细分技术

当步进电机步距角较大时，步进电机运行过程中常产生很大的振动，且控制精度低，为了减小步进电机在运动过程中的振动，增加步进电机运行控制精度，可采用步进电机的步距角细分技术。通过细分驱动器来驱动步进电机，其步距角将变小。例如，当驱动器工作在 10 细分状态时，其步距角只为固定步距角的 1/10。也就是说，当驱动器不工作在细分的整步状态时，控制系统每发一个步进脉冲，电机转动 1.8°；而用细分驱动器工作在 10 细分状态时，电机只转动 0.18°。步进电机的细分控制是由驱动器精确控制步进电机的相电流来实现的。以二相电机为例，假如电机的额定相电流为 3 A，如果使用常规驱动器（如常用的恒流斩波方式）驱动该电机，电机每运行一步，其绕组内的电流将从 0 突变为 3 A 或从 3 A 突变到 0，相电流的巨大变化，必然会引起电机运行的振动和噪声。如果使用细分驱动器，在 10 细分的状态下驱动该电机，电机每运行一微步，其绕组内的电流变化只有 0.3 A 而不是 3 A，且电流是以正弦曲线规律变化，这样就大大改善了电机的振动和噪声。

步进电机控制中已蕴含了细分的机理。如三相步进电机按 A→B→C→A 的顺序轮流通电，步进电机为整步工作。而按 A→AB→B→BC→C→CA→A 的顺序通电，则步进电机为半步工作。以 A→B 为例，若将各相电流看作是向量，则从整步到半步的变换，就是在电流 I_A 与 I_B 之间插入过渡向量 I_{AB}，因为电流向量的合成方向决定了步进电机合成磁势的方向，而合成磁势的转动角度本身就是步进电机的步进角度。显然，I_{AB} 的插入改变了合成磁势的转动大小，使得步进电机的步进角度由 θ_b 变为 $\frac{\theta_b}{2}$，从而实现了 2 步细分。由此可见，步进电机的细分原理就是通过等角度有规律地插入电流合成向量，从而减小合成磁势转动角度，达到步进电机细分控制的目的。

为了保证电机输出的力矩均匀，A、B 相线圈电流的大小也要调整，使 A、B 相产生的合力在每个位置相同。图 4-14 所示为电机四细分时，A、B 相线圈电流的比例。A、B 相线圈电流大小与转角关系如图 4-15 所示。

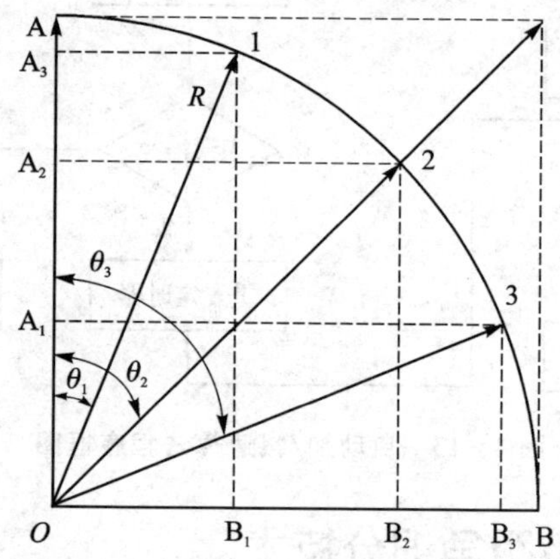

图 4-14　四细分时电机 A、B 线圈电流在不同角度的分配比例

从图 4-15 中可以看出，步进电机的相电流是按正弦函数（如虚线所示）分布的；细分数越大，相电流越接近正弦曲线。因此在实际的细分器中，通入的电流实际是按正弦规律变化的。

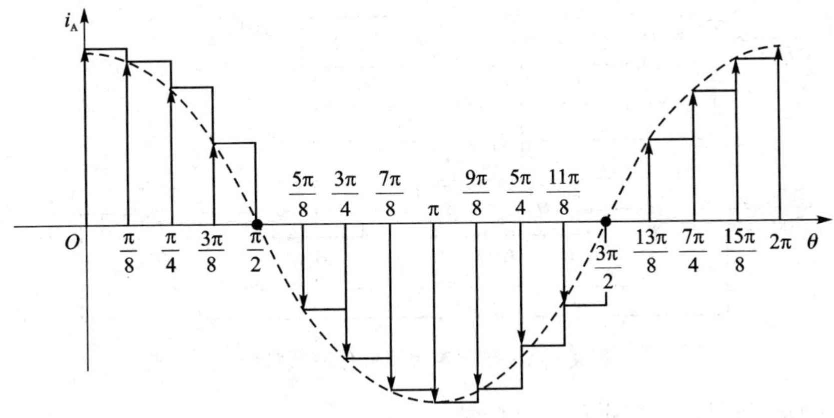

图 4-15　相电流大小与转角关系

4.3　计算机控制系统设计

计算机控制系统设计的主要内容是设计数字控制器，选取和确定控制器的结构和参数使闭环控制系统性能指标满足要求。计算机控制系统设计方法包括：① 经典设计法；② 状态空间设计法。其中经典设计法又包括间接设计法（模拟化设计法）、直接设计法（数字化设计法）。本书重点讨论经典设计法，状态空间设计法请参考相关文献。

4.3.1　模拟化设计的概念与进行步骤

计算机控制系统中数字控制器的间接设计法是先根据给定的性能指标及各项参数，应用连续系统理论的设计方法设计模拟控制器，再按照一定的离散化方法将模拟控制器离散化为数字控制器。通过一定离散化方法使二者有近似相同的动态特性和频率响应特性。

一个计算机控制系统通常由被控对象及数字控制器两大部分组成。数字控制器是以计算机为核心的数字系统，它所处理的是离散形式的数字信号。如果被控对象也是一个数字系统，则二者构成的整个系统是一个“纯粹”的数字系统。但是，工程上大多数情况下被控对象是连续的。这时系统中的数字部分（离散部分）与连续部分通过 A/D 及 D/A 转换器连接起来，构成如图 4-16 所示的“模拟量-数字量混合系统”（亦称采样-数据系统）。

典型的计算机控制系统就是采用数字控制器实现模拟控制器的功能，如图 4-17 所示。模拟量（给定控制目标值、被控对象的实际值）经 A/D 转换以离散数字量形式进入控制计算机中，经控制算法运算得到输出控制量，该控制量经过 D/A 转换、输出保持器、功率放大驱动被控对象，这与模拟控制器基于模拟信号量运行不同，计算机

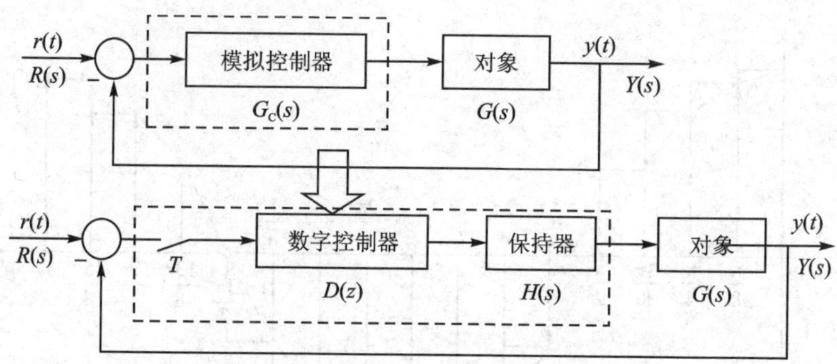

图 4-16　控制系统模拟化设计概念

控制系统的运行是基于离散的数字信号。

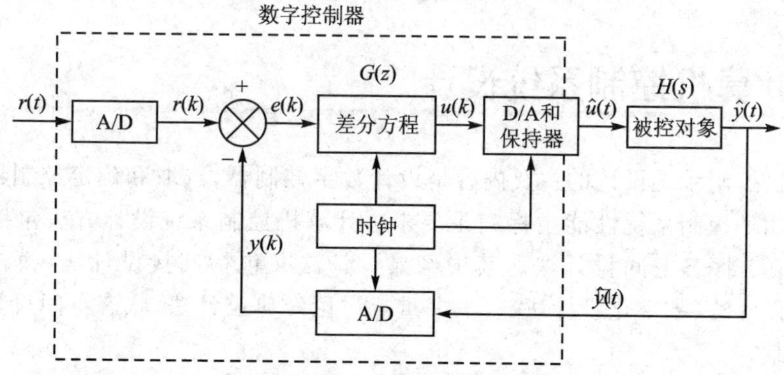

图 4-17　计算机控制系统框图

如图 4-18 所示，连续的参数给定值模拟量 $r(t)$ 经过 A/D 转换变成给定值的数字量 $r(k)$，与被测参数的数字量 $y(k)$ 之差，构成误差的数字量 $e(k)$，经控制器差分计算得到控制量数字量 $u(k)$，经 D/A 转换和保持器输出，形成连续阶梯波控制量 $\hat{u}(t)$ 输出，因被控对象所具有的低通滤波特性，输出的被控参数 $\hat{y}(t)$ 为连续模拟量，经 A/D 采集量化，被控参数数字量 $y(k)$。

由计算机控制系统构成的模拟量-数字量混合闭环控制系统如图 4-19 所示，如果站在 $B-B'$ 处观察，可将 $B-B'$ 左侧的所有部分等效成一个连续系统。整个系统可作为连续系统来看待，模拟化设计方法就是从这一角度提出的，在模拟化设计中，整个系统完全用连续系统的设计方法（如频率法、根轨迹法等）来设计，待确定了连续校正装置以后，再用合适的离散化方法将连续的模拟量校正装置“离散”处理为数字校正装置，以便用计算机来实现。虽然这种方法是近似的，但该方法作为经典方法用于连续系统的设计已被工程技术人员所认可，因此这种设计方法被广泛采用。本书亦只介绍这种方法，如果站在 $A-A'$ 处观察，$A-A'$ 右侧的所有部分可视作等效的数字系统。整个系统可看作离散系统，可以用离散系统理论进行数字控制器的直接设

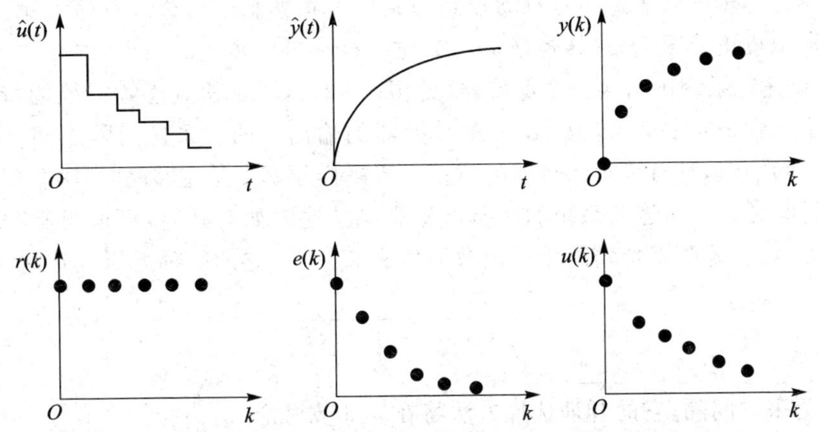

图 4-18　计算机控制系统中模拟信号与数字信号间的转换

计，这种方法称为计算机控制系统的直接数字设计法（或称为离散化设计法）。由于篇幅所限，本书不讨论这种方法。

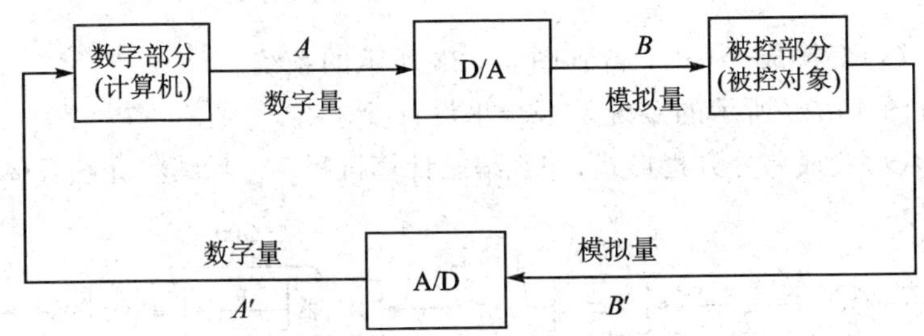

图 4-19　计算机控制系统构成的模拟量-数字量混合闭环控制系统

下面以图 4-20 所示系统为代表来说明模拟化设计方法的进行步骤。图中 $D(s)$及 $H(s)$分别为校正装置与被控对象的传递函数。

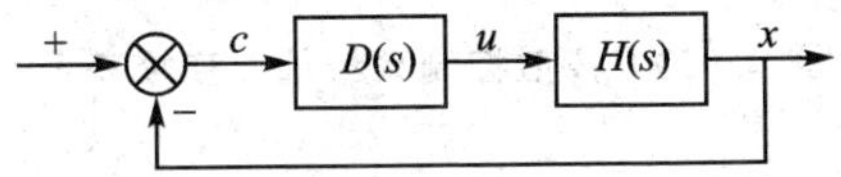

图 4-20　计算机控制系统构成的模拟量-数字量混合系统

模拟化设计的第一步是用连续系统的设计确定模拟校正装置 $D(s)$，第二步是由 $D(s)$求出图 4-21 中的数字控制器 $D(z)$，使图 4-21 所示的离散控制系统的性能尽可能接近 4.20 所示的连续系统。

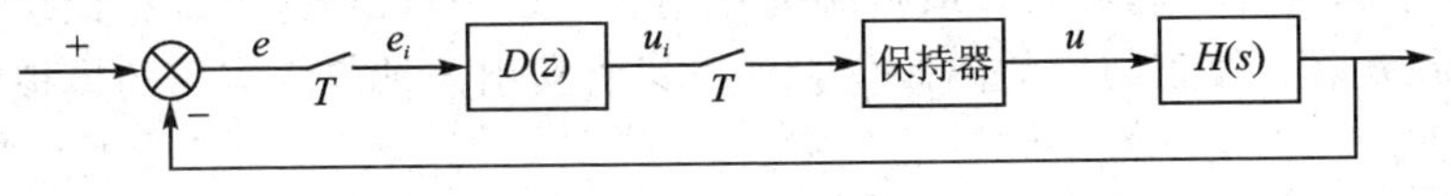

图 4-21　离散控制系统

上述第一步读者通过学习自动控制理论已经很熟悉了。这里仅研究第二步，即如何将模拟校正装置 $D(s)$转换成 $D(z)$，这一变换分四步完成。

① 在连续系统中引入一个保持器(见图 4-22)，用于检查连续系统的特性。因为系统中还常采用 D/A 转换器，D/A 转换器的输出在两次采样间隔之间保持为前一采样时间的值，具有零阶保持器的特性。当采样频率不是足够高时，零阶保持器所引入的时间延迟会对连续系统的品质产生影响。这时如有必要，可适当修改原来已确定的 $D(s)$。零阶保持器的传递函数为$(1-\mathrm{e}^{-sT})/s$，它的一阶近似展开式为

$$\frac{1-\mathrm{e}^{-sT}}{s}\approx\frac{T}{1+\frac{sT}{2}}$$

式中 T 为采样间隔，它的合理选择方法将在 4.6 节讨论。

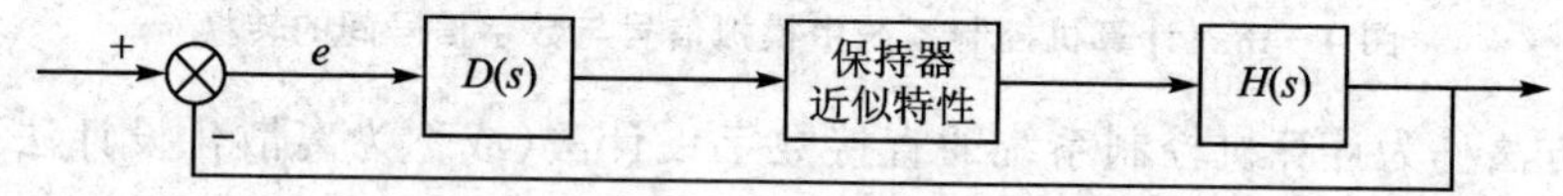

图 4-22 具有保持器的连续控制系统

② 将 $D(s)$变换成 $D(z)$，得到图 4-23 所示的系统。

③ 检查图 4-23 所示的系统是否合乎设计要求。

④ 将 $D(z)$变成差分方程形式，并且编制计算机程序。后续将介绍具体编程方法。

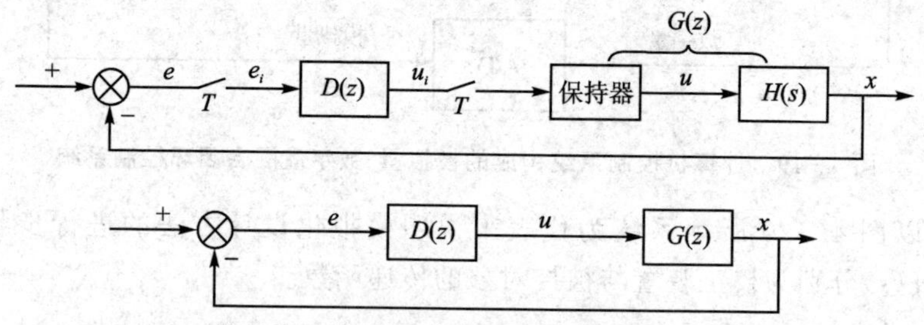

图 4-23 离散控制系统的 z 变换表示

4.3.2 模拟校正装置的离散化方法

在连续随动系统中，常采用频率法来确定串联校正网络，使得在串入校正网络后系统能满足给定性能指标要求。校正网络起着改变系统内部控制信息的频谱的作用，即滤波的作用。换句话说，校正网络对控制信号中的有利成分起着保存和加强的作用，而对不利成分则起着衰减或抑制的作用。从这一点出发，可以将模拟校正装置看成模拟滤波器。校正装置的离散化设计可以直接引用被广泛应用的模拟滤波器离散化设计方法。

模拟滤波器的离散化方法有很多，而且新的方法还在不断涌现。下面仅介绍三种常用的方法：差分变换法、匹配 z 变换法及双线性变换法。

1. 差分变换法

差分变换法的实质是用一阶差分近似地代替微分，即

$$\frac{\mathrm{d}e}{\mathrm{d}t} \approx \frac{e(k)-e(k-1)}{T} \tag{4-1}$$

$$\frac{\mathrm{d}u}{\mathrm{d}t} \approx \frac{u(k)-u(k-1)}{T} \tag{4-2}$$

由式(4-1)得出

$$s=\frac{1-z^{-1}}{T}$$

如果用 $D(s)$ 表示校正装置的传递函数，$D(z)$ 表示其对应的 Z 变换式，则有

$$D(z)=D(s)\Big|_{s=\frac{1-z^{-1}}{T}} \tag{4-3}$$

例如

$$D(s)=\frac{a}{s+a}$$

$$D(z)=\frac{U(z)}{E(z)}=\frac{a}{s+a}\Big|_{s=\frac{1-z^{-1}}{T}}=\frac{a}{\dfrac{1-z^{-1}}{T}+a}=\frac{aT}{1+aT-z^{-1}}$$

$$u(k)=\frac{1}{1+aT}[u(k-1)+aTe(k)]$$

上述差分变换的特点如下：

① 便于应用并且无需将传递函数化成因式；

② 稳定的 $D(s)$ 变换成稳定的 $D(z)$；

③ 不能保持 $D(s)$ 的脉冲响应和频率响应。

2. 匹配 z 变换法

匹配 z 变换法是将 $D(s)$ 在 s 平面上的零点与极点映射到 z 平面上 $D(z)$ 的零点与极点。即

$$(s+a)\rightarrow(1-z^{-1}\mathrm{e}^{-aT}) \tag{4-4}$$

$$(s+a\pm \mathrm{j}b)\rightarrow(1-2z^{-1}\mathrm{e}^{-aT}\cos bT+\mathrm{e}^{-2aT}z^{-2}) \tag{4-5}$$

同时应保证连续校正装置与经离散化得到的数字校正装置具有相等的直流增益。即

$$D(z)=kD'(z) \tag{4-6}$$

$$D'(z)=D'(s)\Big|_{\substack{(s+a)\rightarrow(1-z^{-1}\mathrm{e}^{-aT})\\(s+a\pm \mathrm{j}b)\rightarrow(1-2z^{-1}\mathrm{e}^{-aT}\cos bT+\mathrm{e}^{-2aT}z^{-2})}}$$

其中 $D'(s)$ 是增益为 1 时的 $D(s)$。

根据变换前后直流增益应相等的原则，式(4-6)中的 k 按下式确定：

$$\lim_{s\to 0}D(s)=k\lim_{z\to 1}D'(z)$$

于是

$$k=\frac{\lim\limits_{s\to 0}D(s)}{\lim\limits_{z\to 1}D'(z)} \tag{4-7}$$

例如

$$D(s)=8\cdot\frac{(s/4)+1}{(s/10)+1},\quad T=0.015\ \mathrm{s}$$

则

$$D(s)=20\,\frac{s+4}{s+10}=20D'(s),\quad D'(s)=\frac{s+4}{s+10}$$

$$D(z)=k\cdot\frac{z-\mathrm{e}^{-4\times 0.015}}{z-\mathrm{e}^{-10\times 0.015}}=k\cdot\frac{z-0.94}{z-0.86}=kD'(z),\quad D'(z)=\frac{z-0.94}{z-0.86}$$

由式(4-7)得

$$k=\frac{\lim\limits_{s\to 0}D(s)}{\lim\limits_{z\to 1}D'(z)}=\frac{20\cdot\left.\dfrac{s+4}{s+10}\right|_{s\to 0}}{\left.\dfrac{z-0.94}{z-0.86}\right|_{z\to 1}}=18.7$$

3. 双线性变换法

双线性变换法亦称 Tustin 法或梯形法。

给定

$$D(s)=U(s)/E(s)$$

双线性变换就是用下式中的 z 表达式来代替 s：

$$s=\frac{2}{T}\,\frac{1-z^{-1}}{1+z^{-1}} \tag{4-8}$$

于是

$$D(z)=D(s)\Big|_{s=\frac{2}{T}\frac{1-z^{-1}}{1+z^{-1}}}$$

例如 $D(s)=U(s)/E(s)=1/s$，则

$$D(z)=\frac{U(z)}{E(z)}=\frac{T}{2}\,\frac{1+z^{-1}}{1-z^{-1}}$$

$$u(k)=u(k+1)+\frac{T}{2}[e(k)+e(k-1)] \tag{4-9}$$

式(4-9)可用图 4-24 所示曲线表示，显然 u 是 e 的梯形积分。这就是梯形法名称的由来。双线性变换法的特点是：

① 便于应用；

② 将整个 s 左半平面变换为 z 平面单位圆内，因此没有混叠效应；

③ 如果 $D(s)$是稳定的，则 $D(z)$也稳定；

④ 不能保持 $D(s)$的脉冲响应与频率响应。

经过对各种离散化方法的实际应用、比较得出结论：最好的离散化方法是双线性变换法，该方法甚至在采样频率较低(为校正装置穿越频率的5倍)的情况下，也能使系统满意地工作。如果以增益作为唯一的性能准则，那么匹配 z 变换法的效果比双线性变换更好一些。如果能做到采样频率大于穿越频率百倍以上，则各种离散化方法的效果均十分接近连续校正装置 $D(s)$ 的特性，这时宜采用变换形式最简单的差分法。

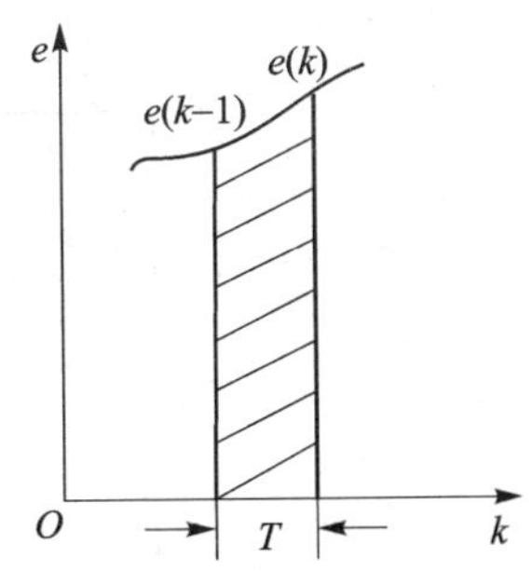

图 4-24 双线性变换图形表示

由于双线性变换是模拟校正装置离散化过程中首先采用的方法，每次转换 $D(s)$ 为 $D(z)$ 时都将全部 s 用 $\frac{2}{T}\frac{1-z^{-1}}{1+z^{-1}}$ 代之，这样会重复做代数方程的推导整理工作。因此为了便于计算，可将 $D(z)$ 与 $D(s)$ 之间的转换关系列成表，供转换时查阅。

设模拟校正装置的传递函数如下：

$$D(s)=\frac{A_0+A_1s+A_2s^2+\cdots+A_ks^k}{B_0+B_1s+B_2s^2+\cdots+B_ks^k} \tag{4-10}$$

则相应的数字滤波器的 z 传递函数 $D(z)$ 具有如下形式：

$$D(z)=\frac{a_0+a_1z^{-1}+a_2z^{-2}+\cdots+a_kz^{-k}}{b_0+b_1z^{-1}+b_2z^{-2}+\cdots+b_kz^{-k}} \tag{4-11}$$

将式(4-11)中的系数 a_i、b_i($i=0,1,2,\cdots,k$)用所给式(4-10)中的系数 A_i、B_i 来表示时，计算得到的结果列入表4-4～表4-7。表中的 $C=\frac{2}{T}$。

表 4-4 一阶，*k*=1

A	B_0+B_1C
a_0	$(A_0+A_1C)/A$
a_1	$(A_0-A_1C)/A$
b_1	$(B_0-B_1C)/A$

表 4-5 二阶，*k*=2

A	$B_0+B_1C+B_2C^2$
a_0	$(A_0+A_1C+A_2C^2)/A$
a_1	$(2A_0-2A_2C^2)/A$
a_2	$(A_0-A_1C+A_2C^2)/A$
b_1	$(2B_0-2B_2C^2)/A$
b_2	$(B_0-B_1C+B_2C^2)/A$

表 4-6 三阶,$k=3$

A	$B_0+B_1C+B_2C^2+B_3C^3$
a_0	$(A_0+A_1C+A_2C^2+A_3C^3)/A$
a_1	$(3A_0+A_1C-A_2C^2-3A_3C^3)/A$
a_2	$(3A_0-A_1C-A_2C^2+3A_3C^3)/A$
a_3	$(A_0-A_1C+A_2C^2-A_3C^3)/A$
b_1	$(3B_0+B_1C-B_2C^2-3B_3C^3)/A$
b_2	$(3B_0-B_1C-B_2C^2+3B_3C^3)/A$
b_3	$(B_0-B_1C+B_2C^2-B_3C^3)/A$

表 4-7 四阶,$k=4$

A	$B_0+B_1C+B_2C^2+B_3C^3+B_4C^4$
a_0	$(A_0+A_1C+A_2C^2+A_3C^3+A_4C^4)/A$
a_1	$(4A_0+2A_1C-2A_3C^3-4A_4C^4)/A$
a_2	$(6A_0-2A_2C^2+6A_4C^4)/A$
a_3	$(4A_0-2A_1C+2A_3C^3-4A_4C^4)/A$
a_4	$(A_0-A_1C+A_2C^2-A_3C^3+A_4C^4)/A$
b_1	$(4B_0+2B_1C-2B_3C^3-4B_4C^4)/A$
b_2	$(6B_0-2B_2C^2+6B_4C^4)/A$
b_3	$(4B_0-2B_1C+2B_3C^3-4B_4C^4)/A$
b_4	$(B_0-B_1C+B_2C^2-B_3C^3+B_4C^4)/A$

4.3.3 数字校正装置举例

现有模拟量伺服系统如图 4-25 所示,已经按经典控制理论设计出模拟校正装置 $D(s)$,完整的闭环模拟系统结构图如图 4-26 所示。要求设计一个数字控制器 $D(z)$,以代替模拟校正装置 $D(s)$。

1. 确定采样频率并校核零阶保持器的影响

采样频率的确定受多方面因素的制约(4.4.3 小节将重点讨论),在模拟化设计时主要从两方面考虑:

① 采样角频率必须满足:$\omega_s \geqslant 10\omega_c$,$\omega_c$ 为系统的开环剪切频率(或称开环截止频率)。

② 在一个采样周期内能完成数据采集、控制算法与控制量输出。

第①项要求用以保证用数字控制器代替模拟校正装置时不会太多影响系统的性

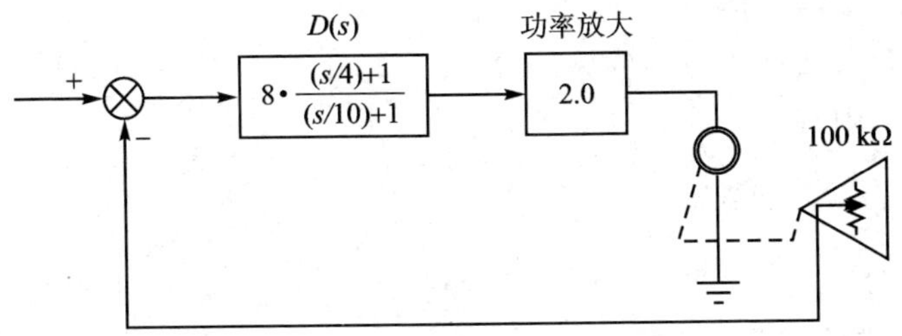

图 4-25　伺服系统组成

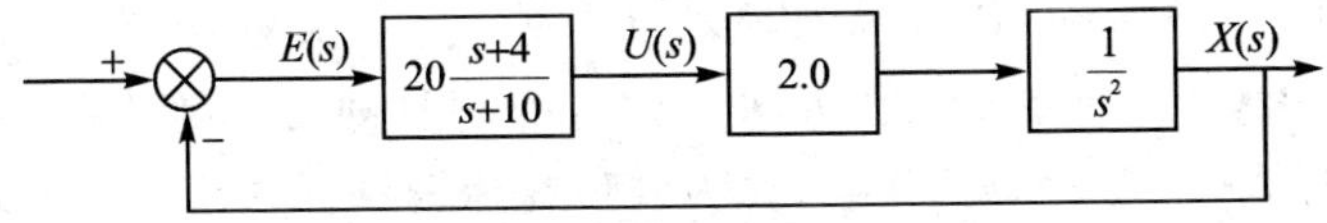

图 4-26　闭环模拟系统结构图

能。第②项用以对数据采集的速度、控制算法的快速性提出要求。显然，如果所用的采样周期 T 很小，则要求采用高速的 A/D 及 D/A 转换，并且要求计算机有更快的运算速度并采用尽可能快的控制算法。

由图 4-26 可绘出系统的开环幅频特性，如图 4-27 所示。由图知 $\omega_c = 5.5\ s^{-1}$，按第①项要求，应有 $\omega_s \geqslant 10\omega_c = 55\ s^{-1}$。

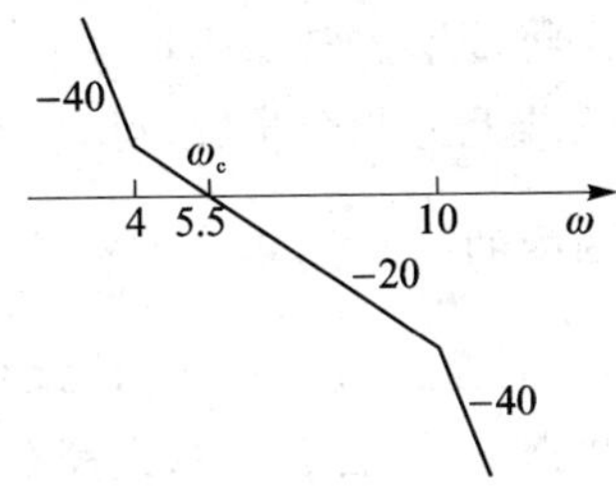

图 4-27　系统的开环幅频特性

假设，当 CPU 的时钟频率为 4 MHz 时，一阶的数字控制器完成数据采集，控制算法与控制量输出大约用 1 ms。如果选取 $T = 0.001\ 5$ s，则实际采用的采样角频率为

$$\omega_s = 2\pi \frac{1}{T} = 2\pi \frac{1}{0.015} = 418.87\ s^{-1}$$

则 $\omega_s = 76\omega_c \geqslant 10\omega_c$。在此条件下，零阶保持器的影响可以忽略不计。

2. 校正装置的离散化

已知 $D(s) = 8 \cdot \dfrac{(s/4)+1}{(s/10)+1}$，$T = 0.015$ s，采用匹配 z 变换法，并首先将 $D(s)$ 改写成：

$$D(s) = 20\frac{s+4}{s+10}, \quad D(z) = kD'(z)$$

$$D'(z) = \frac{s+4}{s+10}\bigg|_{\substack{(s+4)\to(1-z^{-1}e^{-4\times0.015})\\(s+10)\to(1+z^{-1}e^{-10\times0.015})}} = \frac{z-0.94}{z-0.86}$$

由式(4-7)得 $k = \lim\limits_{s\to0} D(s) \Big/ \lim\limits_{z\to1} D'(z) = 18.87$。于是

$$D(z) = 18.87\frac{z-0.94}{z-0.86} \tag{4-12}$$

3. 数字校正装置的实现

设数字校正装置 $D(z)$ 的输入为 $E(z)$，输出为 $U(z)$，对应的采样值分别用 $e(i)$、$u(i)$ 表示，则有

$$\frac{U(z)}{E(z)}=18.67\,\frac{z-0.94}{z-0.86}$$

$$U(z)=0.86z^{-1}U(z)+18.67E(z)-18.67\times 0.94z^{-1}E(z) \tag{4-13}$$

与式(4-13)对应的差分方程为

$$u(k)=0.86u(k-1)+18.67e(k)-18.67\times 0.94e(k-1) \tag{4-14a}$$

式(4-14a)中的 $e(k)$、$u(k)$ 代表某一时刻的控制器输入及输出，分别与式(4-13)中的 $E(z)$、$U(z)$ 相对应，而 $e(k-1)$，$u(k-1)$ 为前一时刻的控制器输入与输出，对应着式(4-13)中的 $z^{-1}E(z)$、$z^{-1}U(z)$。为避免在运算过程中出现溢出，同时，由于用定点运算时系数必须小于1，故将式(4-14a)改写成：

$$\left.\begin{aligned}&u'(k)=0.86u'(k-1)+\frac{18.67}{32}e(k)-\frac{18.67}{32}\times 0.94e(k-1)\\&u(k)=32u'(k)\end{aligned}\right\} \tag{4-14b}$$

也就是将数字控制器的增益减少了32倍。

总结上述几个步骤，可以绘出完整的数字控制系统的结构框图，如图4-28所示。图中的$\frac{1}{2}$可用累加器右移一位，64可用累加器左移6位实现。为了保证计算精度，计算时至少应当用16位计算。这里为了防止溢出采取了两项措施：微型计算机读入数据以后，首先将数据减少一半。同时在设置系数时将系数乘以32。为了保持增益不变，因此在输出 $u(k)$之前，先经过软件限幅器限幅。所谓软件限幅器，实际上是执行条件判别分支程序。当 $u(k)$未达允许最大值时，直接输出 $u(k)$，如 $u(k)$在正向或负向超过D/A转换器的最大允许输入数值时，$u(k)$将以对应的D/A转换器

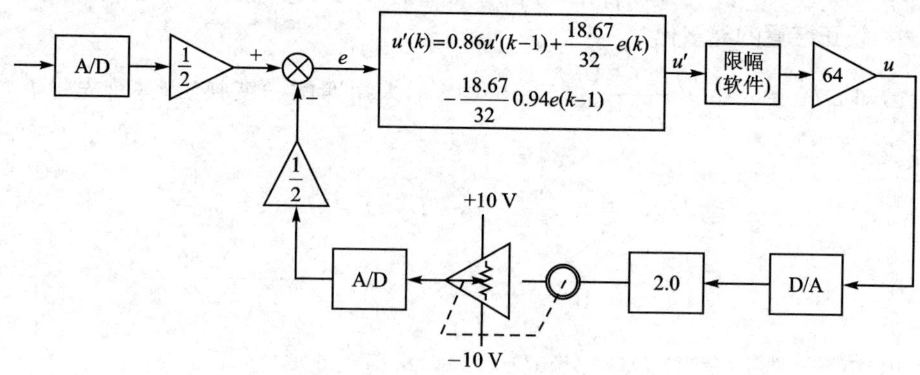

图4-28　数字控制系统结构图

的正向(或负向)最大值作为输出。

综上述,校正装置的离散化就是要推导出与模拟校正装置相对应的差分方程,如式(4-14)、式(4-15)。这类差分方程是很容易用计算机程序来实现的,因为这类差分方程表示出一种递推计算关系,任一采样时刻的输出值,可用本采样时刻的输入值及前一采样时刻的输入、输出值来求得。

4.3.4 典型环节的离散化

由4.3.2小节知,一般情况下,用双线性变换法得到的数字校正装置更接近模拟校正装置的特性。但是在用双线性变换法时,方程推导及系数计算是比较繁琐的。当采样频率远大于系统开环剪切频率时(例如百倍以上),各种离散化方法所得到的数字控制器特性都十分接近其模拟控制器,这时差分变换法因其变换形式简单而得到广泛应用。在工业过程控制中,由于被控过程变化较慢,采样频率远大于系统剪切频率的条件容易得到满足,因而较普遍地用差分变换法。应用此方法的步骤如下:

① 用给定的传递函数写出相应的微分方程;

② 将微分方程中的微分项用对应的差分近似表示;

③ 将各差分近似式代入微分方程,推导出与微分方程相对应的差分方程。

对于校正装置中常用的一些典型环节,应用上述步骤可得到其离散化形式。

1. 一阶非周期环节

一阶非周期环节在数字控制系统中经常被用于低通滤波,以消除输入信号中的有害高频成分。一阶非周期环节的传递函数为

$$\frac{Y(s)}{X(s)}=\frac{1}{\tau_2 s+1} \tag{4-15}$$

式中,$Y(s)$、$X(s)$分别为输出及输入信号的拉氏变换式;τ_2 为时间常数。对应的微分方程是

$$\tau_2\frac{\mathrm{d}y(t)}{\mathrm{d}t}+y(t)=x(t) \tag{4-16}$$

用差分近似取代微分,则有

$$\frac{\mathrm{d}y(t)}{\mathrm{d}t}\approx\frac{\Delta y}{\Delta t}=\frac{y(n)-y(n-1)}{T} \tag{4-17}$$

式中,T 为采样周期;$y(n)$及 $y(n-1)$分别为 nT 及$(n-1)T$ 时刻的输出信号采样值。

将式(4-17)代入式(4-16),得到

$$y(n)=y(n-1)+k[x(n)-y(n-1)] \tag{4-18}$$

式中,$k=T/(\tau_2+T)$。

式(4-18)表明,可以利用前一时刻的输出 $y(n-1)$及本采样时刻的输入 $x(n)$求出本时刻的输出 $y(n)$。因为式中的常数 k 在 τ_2 给定、T 选定后就是已知的了。

因此，如果给出输入 $x(t)$ 的离散形式 $x(n)$，以及输出信号 $y(n)$ 的初始条件 $y(0)$，就可以利用计算机逐次迭代，得到离散形式的输出 $y(n)$。

2. 二阶环节

二阶环节的传递函数为

$$W(s)=\frac{Y(s)}{X(s)}=\frac{\omega_n^2}{s^2+2\xi\omega_n s+\omega_n^2} \tag{4-19}$$

式中，ξ 为阻尼系数；ω_n 为固有频率。相应的微分方程是

$$\frac{d^2y(t)}{dt^2}+2\xi\omega_n\frac{dy(t)}{dt}+\omega_n^2y(t)=\omega_n^2x(t) \tag{4-20}$$

用差分近似取代微分，则有

$$\frac{d^2y(t)}{dt^2}\approx\frac{1}{T^2}[y(n)+y(n-2)-2y(n-1)] \tag{4-21}$$

$$\frac{dy(t)}{dt}\approx\frac{1}{2T}[y(n)-y(n-2)] \tag{4-22}$$

将式(4-21)、式(4-22)代入式(4-20)，得到

$$y(n)=Lx(n-1)+K_1y(n-1)+K_2y(n-2) \tag{4-23}$$

式中

$$K_1=\frac{2-T^2\omega_n^2}{1+\xi\omega_n T},\quad K_2=\frac{\xi\omega_n T-1}{1+\xi\omega_n T},\quad L=\frac{T^2\omega_n^2}{1+\xi\omega_n T}=1-K_1-K_2$$

式(4-23)为二阶环节的离散形式，差分方程的三个常数中只有两个是独立的，并且可根据已知的二阶系统参数 ξ、ω_n 求得。

3. 超前环节

超前环节常用作串联补偿环节，它的传递函数为

$$\frac{Y(s)}{X(s)}=\frac{\tau_1 s+1}{\tau_2 s+1}$$

其相应的差分方程式为

$$y(n)=y(n-1)+K_3[x(n)-x(n-1)]+K_4[x(n)-y(n-1)] \tag{4-24}$$

式中

$$K_3=\frac{\tau_1}{\tau_2+T},\quad K_4=\frac{T}{\tau_2+T}$$

4. 积分环节

积分环节的传递函数为

$$\frac{Y(s)}{X(s)}=\frac{K_1}{s}\quad (K_1\text{ 为积分常数})$$

相应的差分方程是

$$y(n)=K_1Tx(n)+y(n-1) \tag{4-25}$$

式中，T 为采样周期。

式(4－25)还可以改写成增量形式：

$$\Delta y(n)=y(n)-y(n-1)=K_{I}Tx(n) \tag{4-26}$$

表示经过一个采样周期，积分环节输出的增加量。

5. 微分环节

微分环节的传递函数为

$$\frac{Y(s)}{X(s)}=K_{D}s \quad (K_{D}\text{ 为微分常数})$$

相应的差分方程是

$$y(n)=\frac{K_{D}[x(n)-x(n-1)]}{T} \tag{4-27}$$

式中，T 为采样周期。

4.4 PID 控制算法及数字 PID 控制器

PID 控制算法是一种线性算法，它是根据给定值 $r(t)$ 与实际输出值 $c(t)$ 之间的偏差，将偏差的比例(P)、积分(I)和微分(D)进行线性组合构成控制量，对控制对象进行调节，因此称为 PID 控制算法。PID 控制算法是传统连续控制系统中技术最为成熟、应用最为广泛的一种控制算法，其具有结构简单、参数调节容易的优点。对于控制精度要求不高、难以建立精确数学模型的实际控制对象，PID 控制算法具有较好的控制效果，同时也易于现场操作人员理解、接受和应用，因此它依然是当前实际工程中应用最为广泛和最成功的控制算法。很多先进的控制算法往往以 PID 算法为基础进行改进，因此理解和掌握 PID 控制算法也是设计开发计算机控制工程系统的基础。本节详细论述 PID 控制算法及其各种改进算法，并总结实际控制工程中对 PID 算法的参数进行调整的主要方法。

4.4.1 基本 PID 算法

1. PID 控制算法的工作原理

图 4－29 为由 PID 控制器构成的闭环控制系统结构框图。从图中可以看出，PID 控制器是通过对误差信号 $e(t)$ 进行比例、积分和微分运算，并将其结果进行线性加权，从而得到控制器的输出 $u(t)$。该值就是控制对象的控制值。

PID 控制器传递函数为

$$G_{c}(s)=K_{p}+\frac{K_{I}}{s}+K_{D}s \tag{4-28}$$

式中，K_{P} 为比例增益；K_{I} 为积分增益；K_{D} 为微分增益。

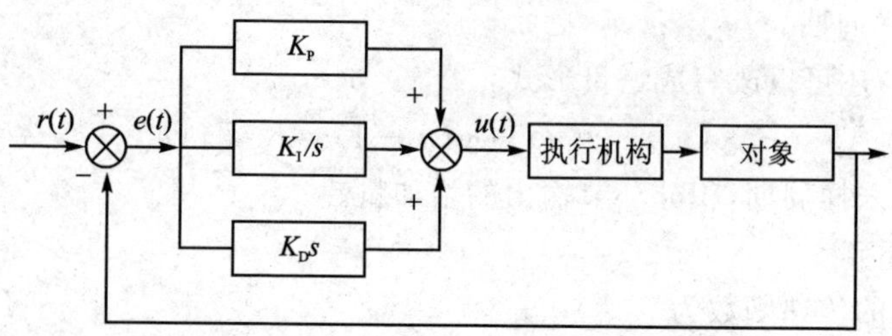

图 4-29　闭环 PID 控制系统结构框图

(1) 位置式 PID 算法公式

PID 控制器输出可写成下述方程：

$$u(t)=K_Pe(t)+K_I\int_0^t e(t)\mathrm{d}t+K_D\frac{\mathrm{d}e(t)}{\mathrm{d}t}+u_0 \tag{4-29}$$

式中，$u(t)$为控制器输出；u_0 为 $e(t)=0$ 时的控制作用(如阀门原始开度、基准电压等)。

式(4-29)对应的差分方程是

$$u(n)=K_Pe(n)+K_I\sum_{i=0}^{n}e(i)T+K_D\frac{e(n)-e(n-1)}{T}+u_0 \tag{4-30}$$

式中，T 为采用周期。

可以将公式(4-29)改写成工业过程控制中常用的形式，如下：

$$u=K_P\left[e(t)+\frac{1}{T_I}\int e(t)\mathrm{d}t+T_D\frac{\mathrm{d}e(t)}{\mathrm{d}t}\right]+u_0 \tag{4-31}$$

式中，$T_I=\dfrac{K_P}{K_I}$ 称为积分时间常数；$T_D=\dfrac{K_D}{K_P}$称为微分时间常数。

为实现数字控制，需要将式(4-31)转换为对应的差分方程。采样时刻 $t=nT$ 的 $u(n)$值为

$$u(n)=K_P\left\{e(n)+\frac{T}{T_I}\sum_{j=0}^{n}e(j)+\frac{T_D}{T}[e(n)-e(n-1)]\right\}+u_0 \tag{4-32}$$

式(4-30)、式(4-32)所表示的控制算法提供了执行机构的位置 $u(n)$(如阀门的开度)，称为位置式 PID 控制算法。这两式所表示的 $u(n)$是执行机构的全量输出，即输出的是执行机构的绝对数值。采用位置式 PID 控制算法时，每一采样时刻的 $u(n)$与过去所有的状态有关，容易产生较大的累积误差。另一方面，当控制从手动切换到自动时，必须首先将计算机的输出值 $u(n)$设置到手动时相等才能保证无冲击的切换，而且一旦计算机出现故障，$u(n)$的大幅度变化会引起执行机构大幅度调整，对系统安全非常不利。因此在实际工程中，更多采用下述的增量式 PID 算法。

(2) 增量式 PID 算法公式

可以由公式(4-32)推导出增量式 PID 算法公式。因为

$$u(n)=K_P\left\{e(n)+\frac{T}{T_I}\sum_{j=0}^{n}e(j)+\frac{T_D}{T}[e(n)-e(n-1)]\right\}+u_0$$

$$u(n-1)=K_P\left\{e(n-1)+\frac{T}{T_I}\sum_{j=0}^{n-1}e(j)+\frac{T_D}{T}[e(n-1)-e(n-2)]\right\}+u_0$$

将上两式相减即可得到增量式 PID 算法公式：

$$\begin{aligned}\Delta u(n)&=u(n)-u(n-1)\\&=K_P\left\{e(n)-e(n-1)+\frac{T}{T_I}e(n)+\frac{T_D}{T}[e(n)-2e(n-1)+e(n-2)]\right\}\end{aligned} \tag{4-33}$$

当采用增量式 PID 算法时，控制器输出的只有每一采样时刻所得到的输出增量。为了得到被控对象所要求的执行机构的绝对数值（如阀门开度），采用增量式 PID 算法时，执行机构须具有积分作用（如执行机构为步进电机、多圈电位器等）。

增量式 PID 算法公式也可进一步改写为

$$\Delta u(n)=a_0e(n)-a_1e(n-1)+a_2e(n-2) \tag{4-34}$$

式中

$$a_0=K_P\left(1+\frac{T}{T_I}+\frac{T_D}{T}\right),\quad a_1=K_P\left(1+\frac{2T_D}{T}\right),\quad a_2=K_P\frac{T_D}{T}$$

由式（4-34）可知，增量式 PID 算法只需保存本采样时刻及前两个采样时刻的偏差值。增量式 PID 算法避免了位置式 PID 算法积累误差的缺点。同时，由于算式中不出现 u_0 项，易于实现手动到自动的切换。在计算机发生故障时，由于执行机构包含步进电机等具有寄存作用的部件，控制量 $u(n)$（如阀门开度）可以保持在原位，不会引起大幅度调整，对系统安全非常有利。

（3）位置式 PID 算法的递推形式

利用增量式 PID 算法，也可得到位置式 PID 算法的递推形式：

$$u(n)=u(n-1)+\Delta u(n)=u(n-1)+a_0e(n)-a_1e(n-1)+a_2e(n-2) \tag{4-35}$$

式中，a_0、a_1、a_2 的含义与式（4-34）相同。

2. PID 算法各部分的作用

下面结合一个例子说明比例、积分、微分各部分在控制算法中的作用，并分析 PID 算法的各种组合（比例、比例-积分、比例-微分、比例-积分-微分）的控制效果及应用场合。

如图 4-30 所示，固联弹簧和阻尼器连接的小车，在拉力 F 的作用下，水平位移 x 发生变化，其运动方程可由下式表示：

$$M\ddot{x}+b\dot{x}+kx=F \tag{4-36}$$

式中，M 为小车质量；b 为阻尼器系数；k 为弹簧弹力系数。

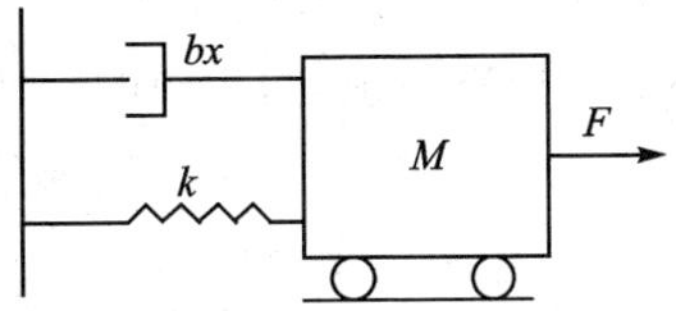

图 4-30　小车运动控制系统

经拉普拉斯变换，得到

$$Ms^2X(s)+bsX(s)+kX(s)=F \tag{4-37}$$

则小车位移与输入拉力的传递函数可表示为

$$\frac{X(s)}{F(s)}=\frac{1}{Ms^2+bs+k} \tag{4-38}$$

设 $M=1$ kg，$b=10$ N·s/m，$k=20$ N/m，$F(s)=1$ N，则

$$\frac{X(s)}{F(s)}=\frac{1}{s^2+10s+20} \tag{4-39}$$

小车运动开环控制系统，在输入阶跃拉力 $F=1$ N 的情况下，小车位移 x 响应，Matlab 仿真程序如下：

```
num = 1;
den = [1 10 20];
plant = tf(num,den);
step(plant)
```

小车运动开环控制响应曲线如图 4－31 所示。

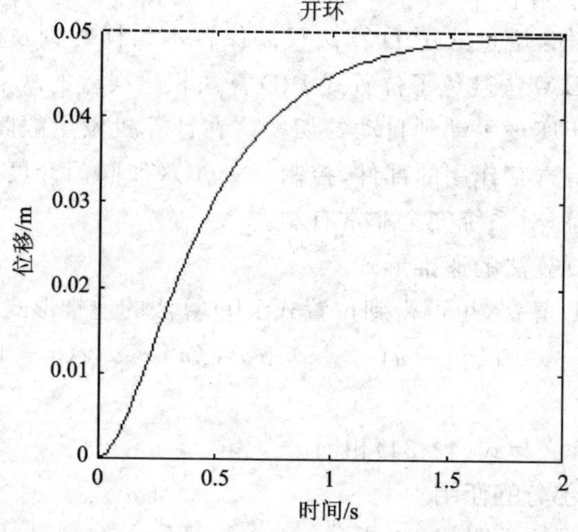

图 4－31　小车运动开环控制响应曲线

(1) 比例控制系统(P)

为改进小车位移响应的动态特性，在开环系统中加入比例控制，构成单位负反馈闭环比例控制系统，则相应的闭环传递函数为

$$\frac{X(s)}{F(s)}=\frac{K_P}{s^2+10s+(20+K_P)} \tag{4-40}$$

下面通过 Matlab 仿真程序计算当输入阶跃拉力 $F=1$ N，比例增益 $K_P=300$ 的情况下，小车的位移响应。

```
Kp = 300;
```

```
contr = Kp;
sys_cl = feedback(contr * plant,1);
t = 0:0.01:2;
step(sys_cl,t)
```

比例增益闭环控制响应曲线如图 4-32 所示。

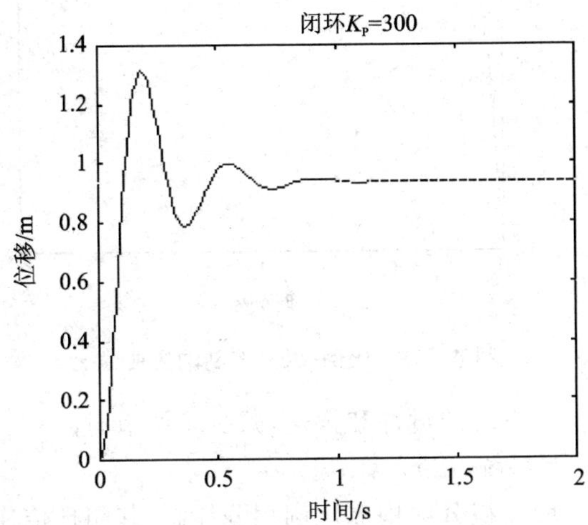

图 4-32 比例增益闭环控制响应曲线

与开环控制系统响应曲线比较，增加比例增益闭环控制后，系统动态特性改善，上升时间明显缩短，调节时间也有所缩短，但位移响应曲线过冲较大；随着比例增益的增大，系统稳态误差减少，但只有当比例增益趋于无穷时，才可能消除稳态误差。另外，比例增益过大也将会增大系统过冲，影响系统的稳定性。

(2) 比例-微分控制系统(PD)

在比例控制的基础上，增加微分环节，就构成了比例-微分控制(PD)，其闭环传递函数为

$$\frac{X(s)}{F(s)}=\frac{K_{D}s+K_{P}}{s^{2}+(10+K_{D})s+(20+K_{P})} \tag{4-41}$$

由如下 Matlab 仿真程序可以获得单位阶跃拉力输入下，小车位移响应曲线：

```
Kp = 300;
Kd = 10;
contr = tf([Kd Kp],1);
sys_cl = feedback(contr * plant,1);
t = 0:0.01:2;
step(sys_cl,t)
```

比例-微分控制响应曲线如图 4-33 所示。

通过增加微分环节，提高了系统的阻尼，改善了暂态性能，能够根据偏差的变化

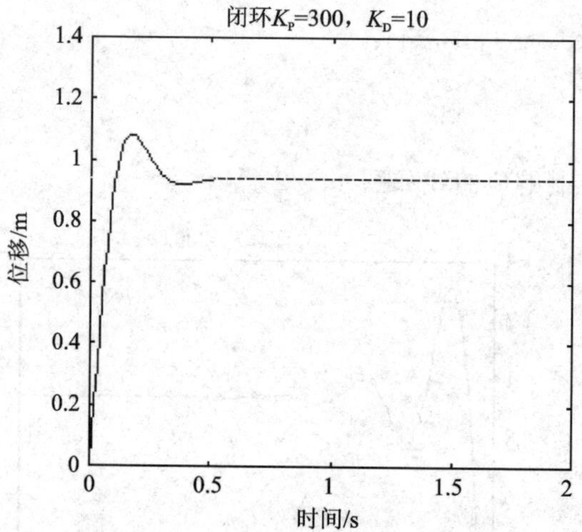

图 4-33　比例-微分控制响应曲线

趋势引入修正量，减小了系统的过冲和振荡，减少了调节时间。

(3) 比例-积分控制系统(PI)

比例控制基础上，增加积分项构成比例积分控制，其闭环传递函数如下：

$$\frac{X(s)}{F(s)}=\frac{K_{P}s+K_{I}}{s^{3}+10s^{2}+(20+K_{P})s+K_{I}} \tag{4-42}$$

对于阶跃输入拉力，计算小车位移响应相应曲线的 Matlab 仿真程序如下：

```
Kp = 30;
Ki = 70;
contr = tf([Kp Ki],[1 0]);
sys_cl = feedback(contr * plant,1);
t = 0:0.01:2;
step(sys_cl,t)
```

比例-积分控制响应曲线如图 4-34 所示。

积分作用主要是消除静态误差，同时与比例作用一样，积分作用也能够减少上升时间、增大过冲。

(4) 比例-积分-微分控制系统(PID)

比例、积分、微分控制的闭环传递函数如下：

$$\frac{X(s)}{F(s)}=\frac{K_{D}s^{2}+K_{P}s+K_{I}}{s^{3}+(10+K_{D})s^{2}+(20+K_{P})s+K_{I}} \tag{4-43}$$

对应的仿真程序如下：

```
Kp = 350;
Ki = 300;
Kd = 50;
```

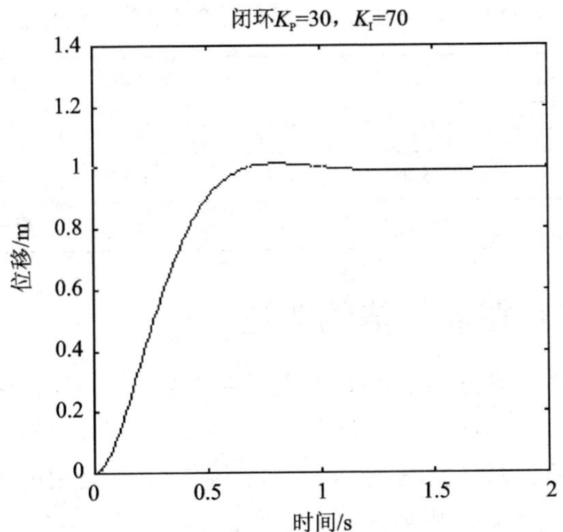

图 4-34　比例-积分控制响应曲线

```
contr = tf([Kd Kp Ki],[1 0]);
sys_cl = feedback(contr * plant,1);
t = 0:0.01:2;
step(sys_cl,t)
```

比例-积分-微分控制响应曲线如图 4-35 所示。

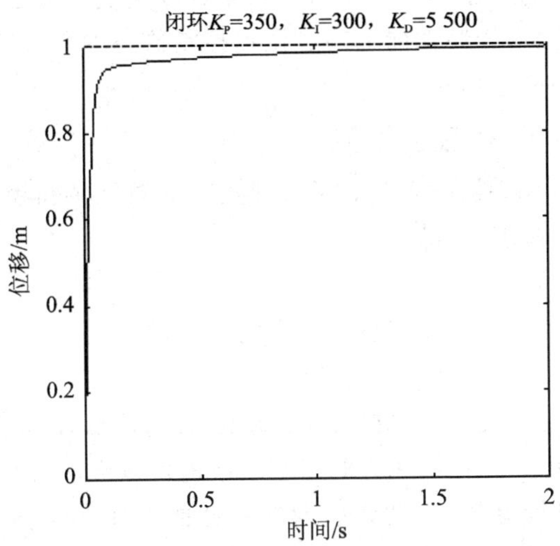

图 4-35　比例-积分-微分控制响应曲线

可以看出通过选取合适的比例、微分、积分参数，充分发挥三部分各自的优势，从而获得上升时间短、无过冲、调节时间短、无稳态误差的理想的输出响应。

比例、积分、微分三部分在 PID 控制系统中的作用总结如表 4-8 所列。

表 4-8 PID 三参数对闭环控制系统性能指标的影响

闭环性能	上升时间	过　冲	调节时间	稳态误差
K_P	减少	增加	影响较小	减小
K_I	增加	增加	增加	消除
K_D	影响较小	减小	减小	影响较小

4.4.2 标准 PID 控制算法的改进

与模拟控制器相比，等价的数字控制器控制效果往往不如模拟控制器，其主要原因是：

① 模拟控制器的控制作用是连续的，而数字控制器运用的是采样控制，在保持器作用下，控制量在一个采样周期内是不变化的。

② 由于计算机的数值运算及输入/输出操作需要一定时间，因此控制作用在时间上是有延迟的。

③ 由于计算机处理器字长有限，A/D、D/A 转换分辨率与精度的限制，都造成数字控制器的误差。

实际上，标准 PID 算法在各种应用场合往往存在不足，而直接用数字控制器等价替代模拟控制器，控制效果总是变得更差。只有发挥计算机运算速度快、逻辑判断能力强、编程灵活等优势，建立单一模拟控制器难以实现的复合控制算法，才能充分发挥计算机控制的优势，控制性能上超过模拟控制器。本节讨论针对标准 PID 算法的不足所提出的各种改进算法。

4.4.2.1 "饱和"效应的抑制

在实际控制工程中，控制变量 u 因受到执行机构机械和物理性能的约束，其控制作用必然在有限的范围内，即

$$u_{\min} \leqslant u(k) < u_{\max}$$

在实际工程应用中，其变化率也有一定的限制，即

$$|\dot{u}| < \dot{u}_{\max}$$

如果计算机给出的控制量 u 在上述限制范围内，那么控制可以按预期的结果进行。一旦超出上述范围，如超出最大阀门开度或进入执行机构的饱和区，那么实际执行的控制量就不再是计算值，由此将引起控制性能下降，这类效应通常称为饱和效应。下面讨论如何通过改进 PID 算法抑制饱和效应。

1. 位置式 PID 算法的积分饱和现象及其抑制

在 PID 算法中，积分作用能够消除系统稳态误差，但也可能引起积分饱和。当位置式 PID 算法算出的控制量 $u(n)$ 达到上、下极限值，那么实际控制量输出只能取是极限值(无论是否在算法输出中采用限幅措施)，而不是计算值。但由于控制量输

出受到限制，系统输出 $c(t)$ 比正常情况向调节方向变得要慢，偏差也将比正常情况持续更长时间，使得位置式 PID 算法中积分项有较大的积累值，当输出超过了给定值，误差符号已发生变化后，由于积分项的累积值很大，控制量输出甚至还继续保持原来方向。这样可能要经过相当长的一段时间后，控制量才能脱离饱和区，造成调节滞后，使系统出现明显超调，恶化调节品质。这种位置式 PID 算法出现的饱和现象主要是由积分项引起的，故也称为积分饱和。

对积分饱和主要采取的改进措施包括：

(1) 积分限幅法

消除积分饱和的关键在于不能使积分项过大。积分限幅法的基本思想是：当积分项输出达到输出限幅值时，即停止积分项的计算，这时积分项的输出取上一时刻的积分值。其算法可由下式表示：

$$\begin{cases} u_{\rm I}(n)=u_{\rm I}(n-1), & u_{\rm I}(n)\geqslant u(n)_{\max} \\ u_{\rm I}(n)=u_{\rm I}(n-1), & u_{\rm I}(n)\leqslant u(n)_{\min} \\ \text{正常 PID 控制}, & \text{其他情况} \end{cases} \tag{4-44}$$

积分限幅 PID 算法流程如图 4-36 所示。

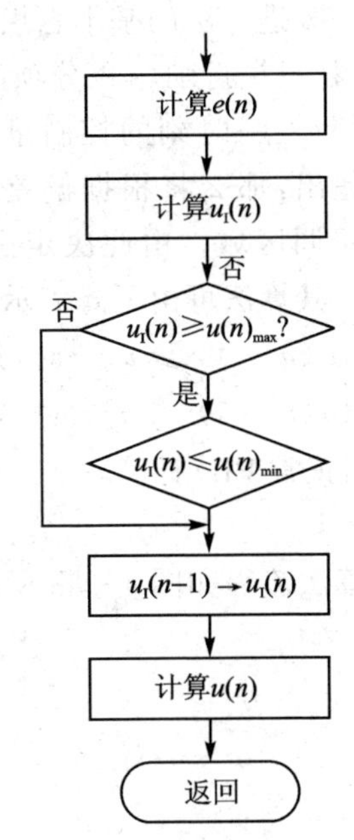

图 4-36 积分限幅 PID 算法程序流程图

(2) 积分分离法

积分分离法的基本思想是：在偏差大时不进行积分，仅当偏差的绝对值小于一预定的门限值时才进行积分累积。这样既防止了偏差大时有过大的控制量，也避免了过积分现象。其算法可由下式表示：

$$u(n)=K_{\rm P}e(n)+K_{\rm L}K_{\rm I}\sum_{i=0}^{n}e(i)+K_{\rm D}[e(n)-e(n-1)] \tag{4-45}$$

式中，$K_{\rm L}=\begin{cases}1, & e(n)\leqslant\varepsilon \\ 0, & e(n)>\varepsilon\end{cases}$，其中 ε 为预定门限值。

积分分离 PID 算法流程如图 4-37 所示。由流程图可以看出，当偏差大于门限值时，该算法相当于比例-微分(PD)控制器，只有在门限范围内，积分部分才起作用，以消除系统静差。

(3) 变速积分法

积分的目的是为了消除静差，因此要求在偏差较大时积分慢一些，作用相对弱一些；而在偏差较小时，要求积分快一些，作用强一些，以尽快消除静差。基于这种想法的一种算法是对积分项中的 $e(n)$ 作适当变化，用 $e'(n)$ 来代替 $e(n)$，即

$$e'(n)=f(|e(n)|)e(n) \tag{4-46}$$

其中，$f(|e(n)|)=\begin{cases}\dfrac{A-|e(n)|}{A}, & |e(n)|<A \\ 0, & |e(n)|>A\end{cases}$，$A$ 为一预定的偏差限。这种算法实际是积分分离法的改进。

(4) 遇限削弱积分法

这一改进算法的基本思想是：一旦控制变量进入饱和区，将只执行削弱积分项的运算。在计算控制量时，将判断上一时刻的控制量是否已超过限制范围，如果已超出，那么将根据偏差的符号，判断系统输出是否在超调区域。由此决定是否将相应的偏差计入积分项。其算法可由下式表示：

$$\begin{cases}u(n-1)\geqslant u_{\max}\ \text{时，只减小负误差}\\ u(n-1)<u_{\min}\ \text{时，只减小正误差}\\ \text{正常 PID 计算，}\qquad \text{其他情况}\end{cases} \tag{4-47}$$

计算$e(n)$
计算$u_P(n)$和$u_D(n)$
$|e(n)|\leqslant\varepsilon$?
否
是
计算$u_I(n)$
计算$u(n)$
返回

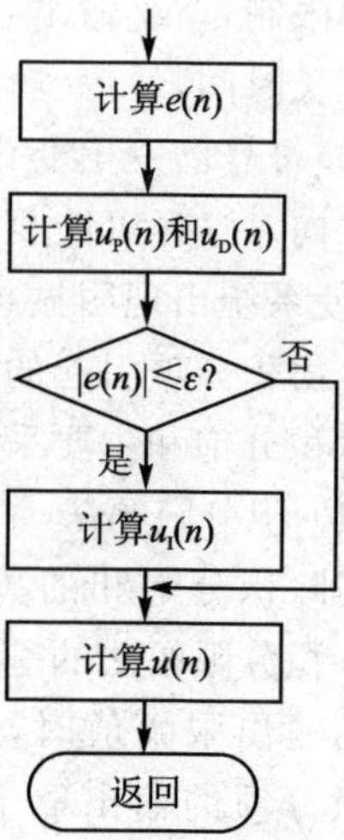

图 4-37　积分分离 PID 算法程序流程图

其算法流程如图 4-38 所示。

计算偏差$e(n)$
计算比例及微分项
$u(n-1)\geqslant u_{max}$?
是
否
$e(n)>0$?
是
$u(n-1)<u_{min}$?
否
是
否
$e(n)<0$?
否
是
计算积分项
比例、积分、微分项
相加得出控制变量

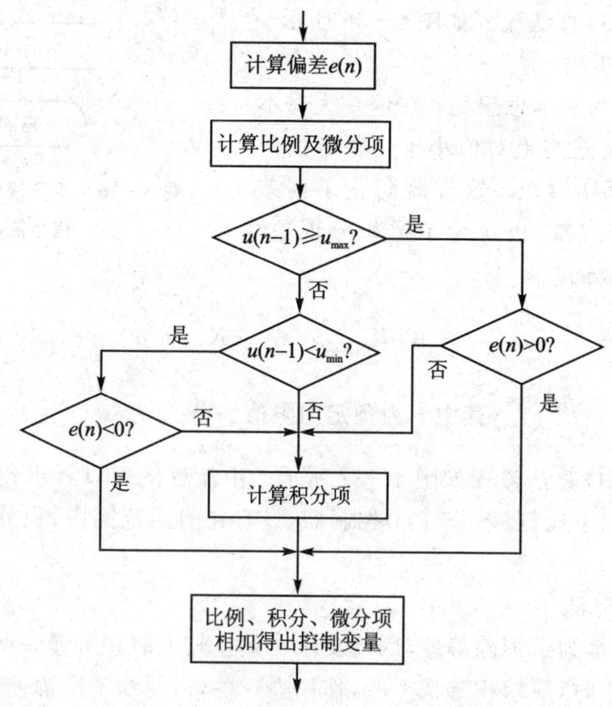

图 4-38　遇限削弱积分算法流程图

2. 增量式 PID 算法的饱和现象及其抑制

在增量式 PID 算法中，由于执行机构本身具有积分存储作用（如步进电机、步进电机带动的多圈电位器等），在算法中不出现累加和式，所以不会发生位置式 PID 算法那样的累积效应。这样也就直接避免了导致大幅度超调的积分累积效应，但增量式 PID 中可能出现比例和微分饱和现象。下面具体分析此类饱和现象的原因及改进算法。

增量式 PID 算法中，特别当给定值发生跃变时，由算法的比例和微分部分计算出的控制量可能比较大。如果该值超过了执行机构所允许的最大限制，计算值的多余信息没有执行就遗失，那么这部分遗失信息只能通过积分部分来补偿。因此，与没有限制时的正常情况相比较，系统的动态过程将变坏。显然，比例和微分饱和对系统的影响表现形式与积分饱和是不同的，不是超调，而是减慢动态过程。

对比例和微分饱的改进方法之一是所谓“积累补偿法”。其基本思想是：将那些因饱和而未执行的增量信息积累起来，一旦有可能时，再补充执行，这样就没有遗失，动态过程也得到加速。具体实现过程：如果计算出来的控制量越限，那么多余的未执行的控制增量将存储起来，一旦控制量脱离饱和区，存储的控制量余值将全部或部分加到计算输出的控制量中，以补充由于越限而未执行的控制。

采用“积累补偿法”虽然可以抑制比例和微分饱和现象，但由于引入控制量累积具有积分的作用，使得增量算法中也可能出现积分饱和现象。为了避免这种情况，在每次计算累积值时，应根据误差的符号来判断是否继续增大控制量余值的累积。

4.4.2.2 消除积分不灵敏区

令 $K_P \dfrac{T}{T_I}=K_I$，由式(4-33)知，数字 PID 的增量式控制算式中的积分项输出为

$$\Delta u_I(n)=K_I e(n)=K_P \frac{T}{T_I} e(n) \tag{4-48}$$

由于计算机字长的限制，当运算结果小于字长所能表示的数的精度时，计算机就作为“零”将此数丢掉。从式(4-48)可知，当计算机的运行字长较短，采样周期 T 也短，而积分时间 T_I 又较长时，$\Delta u_I(n)$ 容易出现小于字长的精度而丢数，此积分作用消失，这就称为积分不灵敏区。

例如，某温度控制系统，温度量程为 0～1 275 ℃，A/D 转换为 8 位，并采用 8 位字长定点运算。设 $K_P=1$，$T=1$ s，$T_I=10$ s，$e(n)=50$ ℃，根据式(4-48)得

$$\Delta u_I(n)=K_P \frac{T}{T_I} e(n)=\frac{1}{10}\left(\frac{255}{1\ 275}\times 50\right)=1$$

这就说明，如果偏差 $e(n)<50$℃，则 $\Delta u_I(n)<1$，计算机就作为“零”将此数丢掉，控制器就没有积分的作用。只有当偏差达到 50 ℃时，才会有积分作用。这样，势必造成控制系统的残差。

为了消除积分不灵敏区,通常采用以下措施:

① 增加 A/D 转换位数,加长运算字长,这样可以提高运算精度。

② 当积分项 $\Delta u_{\mathrm{I}}(n)$连续 N 次出现小于输出精度 ε 的情况时,不要把它们作为"零"舍掉,而是把它们一次次累加起来,即

$$S_{\mathrm{I}}=\sum_{i=1}^{N}\Delta u_{\mathrm{I}}(i) \tag{4-49}$$

直到累加值 S_{I} 大于 ε 时,才输出 S_{I},同时把累加单元清零,其程序流程如图 4-39 所示。

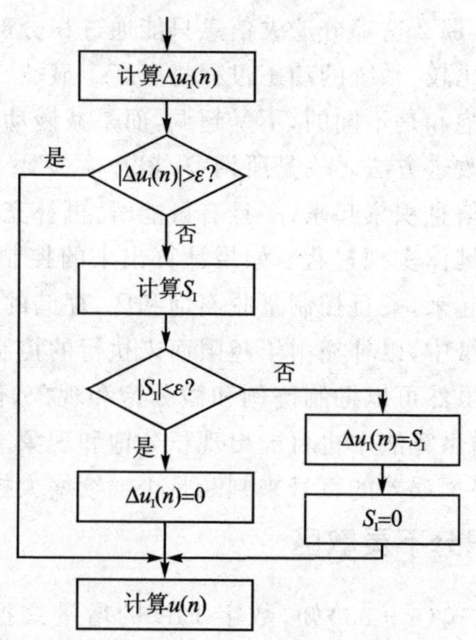

图 4-39 消除积分不灵敏区的程序流程

4.4.2.3 不完全微分 PID 算法

在标准的 PID 算式中,当有阶跃信号输入时,微分项急剧增加,容易引起调节过程的振荡,导致调节品质下降。为了克服这一点,又要使微分作用有效,可以采用不完全微分 PID 算法。其基本思想是:仿照模拟调节器的实际微分调节,加入惯性环节,以克服完全微分的缺点。该算法的传递函数表达式为

$$\frac{U(s)}{E(s)}=K_{\mathrm{P}}\left[1+\frac{1}{T_{\mathrm{I}}s}+\frac{T_{\mathrm{D}}s}{1+(T_{\mathrm{D}}/K_{\mathrm{D}})s}\right] \tag{4-50}$$

式中,K_{D} 为微分增益。

将式(4-49)分成比例积分和微分两部分,则

$$U(s)=U_{\mathrm{PI}}(s)+U_{\mathrm{D}}(s)$$

式中

$$U_{\mathrm{PI}}=K_{\mathrm{P}}\left(1+\frac{1}{T_{\mathrm{I}}s}\right)E(s),\quad U_{\mathrm{D}}(s)=K_{\mathrm{P}}\frac{T_{\mathrm{D}}s}{1+(T_{\mathrm{D}}/K_{\mathrm{D}})s}E(s)$$

$U_{\mathrm{PI}}(s)$的差分方程为

$$U_{\mathrm{PI}}=K_{\mathrm{P}}\left[e(k)+\frac{T}{T_{\mathrm{I}}}\sum_{i=0}^{k}e(i)\right]$$

为了推导$U_{\mathrm{D}}(s)$的差分方程,将上式化为微分方程:

$$\left(1+\frac{T_{\mathrm{D}}}{K_{\mathrm{D}}}s\right)U_{\mathrm{D}}(s)=K_{\mathrm{P}}T_{\mathrm{D}}sE(s)$$

即
$$\frac{T_{\mathrm{D}}}{K_{\mathrm{D}}}\frac{\mathrm{d}u_{\mathrm{D}}(t)}{\mathrm{d}t}+u_{\mathrm{D}}(t)=K_{\mathrm{P}}T_{\mathrm{D}}\frac{\mathrm{d}e(t)}{\mathrm{d}t}$$

用一阶向后差分近似代替微分,整理得

$$u_{\mathrm{D}}(k)=\frac{\dfrac{T_{\mathrm{D}}}{K_{\mathrm{D}}}}{\dfrac{T_{\mathrm{D}}}{K_{\mathrm{D}}}+T}u_{\mathrm{D}}(k-1)+\frac{K_{\mathrm{P}}T_{\mathrm{D}}}{\dfrac{T_{\mathrm{D}}}{K_{\mathrm{D}}}+T}[e(k)-e(k-1)]$$

令 $T_{\mathrm{S}}=\dfrac{T_{\mathrm{D}}}{K_{\mathrm{D}}}+T,\alpha=\dfrac{\dfrac{T_{\mathrm{D}}}{K_{\mathrm{D}}}}{\dfrac{T_{\mathrm{D}}}{K_{\mathrm{D}}}+T}$,则

$$u_{\mathrm{D}}(k)=\alpha u_{\mathrm{D}}(k-1)+K_{\mathrm{P}}\frac{T_{\mathrm{D}}}{T_{\mathrm{S}}}[e(k)-e(k-1)]$$

于是,不完全微分的 PID 位置式算式为

$$u_{\mathrm{D}}(k)=\alpha u_{\mathrm{D}}(k-1)+K_{\mathrm{P}}\frac{T_{\mathrm{D}}}{T_{\mathrm{S}}}[e(k)-e(k-1)]+K_{\mathrm{P}}\left[e(k)+\frac{T}{T_{\mathrm{I}}}\sum_{i=0}^{k}e(i)\right]\tag{4-51}$$

它与理想的 PID 算式相比,多一项$(k-1)$次采样的微分输出量$\alpha u_{\mathrm{D}}(k-1)$,由于

$$u_{\mathrm{D}}(k-1)=\alpha u_{\mathrm{D}}(k-2)+K_{\mathrm{P}}\frac{T_{\mathrm{D}}}{T_{\mathrm{S}}}[e(k-1)-e(k-2)]+$$
$$K_{\mathrm{P}}\left[e(k)+\frac{T}{T_{\mathrm{I}}}\sum_{i=0}^{k-1}e(i)\right]$$

所以,不完全微分的 PID 增量式算式为

$$\Delta u_{\mathrm{D}}(k)=K_{\mathrm{P}}[e(k)-e(k-1)]+K_{\mathrm{P}}\frac{T}{T_{\mathrm{I}}}e(k)+K_{\mathrm{P}}\frac{T_{\mathrm{D}}}{T_{\mathrm{S}}}[e(k)-2e(k-1)+$$
$$e(k-2)]+\alpha[u_{\mathrm{D}}(k-1)+u_{\mathrm{D}}(k-2)]\tag{4-52}$$

在单位阶跃信号作用下,完全微分与不完全微分的输出特性差异如图 4 - 40 所示。

由图 4 - 40 可见,完全微分的微分项对于阶跃信号将产生很大的输出,接着又急

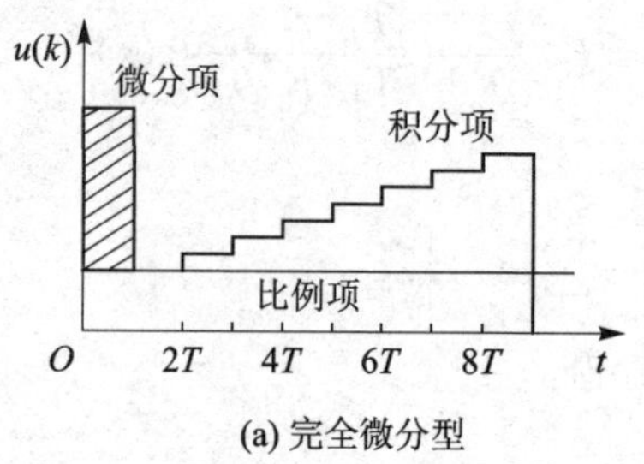

(a) 完全微分型

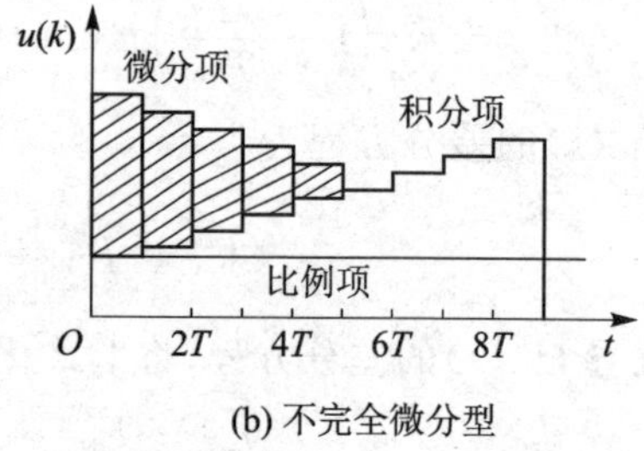

(b) 不完全微分型

图 4-40　两种微分作用的比较

剧下降为零，因而极易引起系统产生振荡。而采用不完全微分算法控制时，微分作用产生的输出是按指数规律逐渐下降的，最终衰减为零，因而系统输出变化比较缓慢，不易引起振荡。其延续时间长短与时间常数 K_D 的大小有关，K_D 越大延续时间越短，K_D 越小，延续时间越长。

4.4.2.4　微分先行 PID 算法

微分先行 PID 算法的实质是将微分运算提前进行。它有两种结构，一种是对输出量的微分，如图 4-41 所示；另一种是对偏差量的微分，如图 4-42 所示。

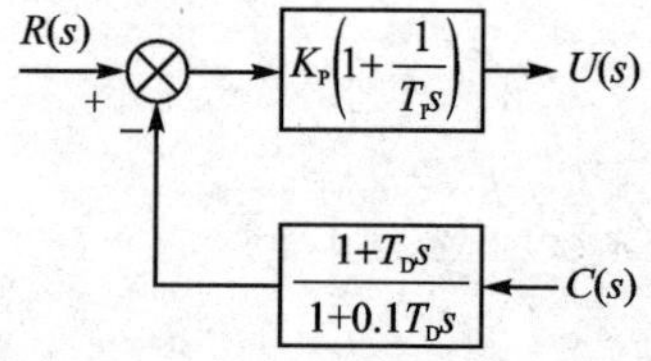

图 4-41　对输出量先行微分 PID 算法

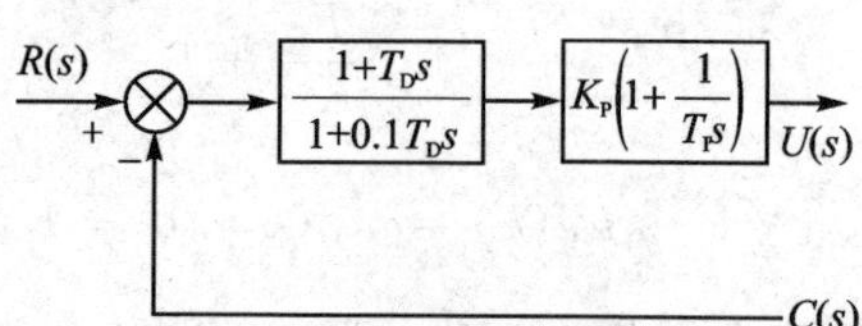

图 4-42　对偏差量先行微分 PID 算法

在图 4-41 所示结构中，只对输出量 $c(t)$ 进行微分，它适用于给定量频繁升降的场合，可以避免给定值升降时所引起的超调量过大、阀门动作过分剧烈振荡。

图 4-42 所示结构对偏差量先行微分，它对给定值和偏差量都有微分作用，适用于串级控制的副控制回路。因为副控制回路的给定值是由主控回路给定的，也应对其做微分处理，因此，应该在副控制回路中采用偏差 PID 控制。

4.4.2.5　带死区的 PID 控制

在控制精度要求不高、控制过程要求平稳的测控系统中，为了避免控制动作过于频繁，消除由此引起的振荡，可以人为地设置一个不灵敏区 B，即带死区的 PID 控制。只有不在死区范围内时，才按 PID 算式计算控制量，其算法由下式：

$$u(k)=K_P\left\{p(k)+\frac{T}{T_I}\sum_{j}^{k}p(j)+\frac{T_D}{T}[p(k)-p(k-1)]\right\}+u_0 \qquad (4-53)$$

式中，$p(k)=\begin{cases}e(k), & |r(k)-c(k)|>B\\ ke(k), & |r(k)-c(k)|<B\end{cases}$；$k$ 为死区增益，其数值可为 0、0.25、

0.5、1 等。

带死区的 PID 算法流程图如图 4-43 所示。

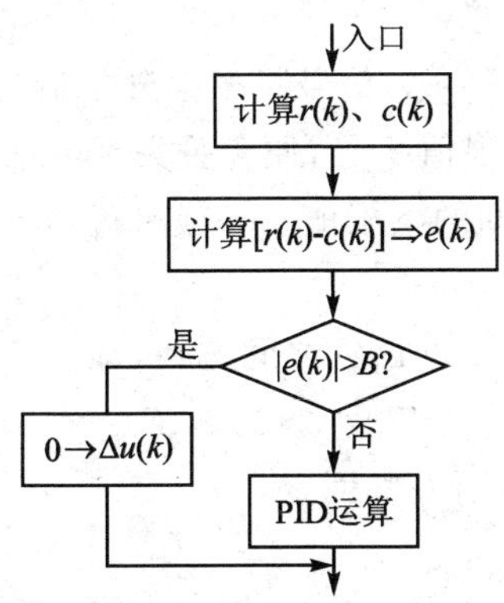

图 4-43 带死区的 PID 控制算法流程图

死区 B 的大小应按实际情况确定，B 值太小，调节动作比较频繁，达不到稳定值；B 值太大，又会产生较大的纯滞后。

4.4.3 PID 控制算法的参数整定

当数字 PID 控制的采样周期远小于系统的时间常数时，其控制参数的整定，可按模拟 PID 控制算法的参数整定方法进行。

首先根据被控对象的特性确定所用控制器的结构，以保证被控系统的稳定并尽可能消除静差。积分环节的加入有利于消除静差。微分环节的加入有利于系统的快速性和稳定性。但系统抗扰动及噪声干扰的能力减弱。一般说来，对于有自平衡性的对象，应选择包含积分环节的控制器（PI 或 PID 控制器）；而对于无自平衡性的对象，应选择不包含积分环节的控制器（P 或 PD 控制器）；对于具有纯滞后性质的对象，则往往应加入微分环节。

整定控制器参数可以用理论方法，其前提是必须知道被控对象的准确模型。在工业过程控制中，由于被控对象建模困难，因此整定 PID 参数往往通过实验，或通过试凑法进行，或者在实验基础上用经验公式来决定。

1. 采样周期的选择

数字 PID 控制是建立在用计算机对连续 PID 控制进行数字模拟基础上的，它是一种准连续控制。显然，采样周期越小，数字模拟越精确，控制效果越接近连续控制。对大多数算法，缩短采样周期可使控制回路性能改善。但采样周期缩短时，频繁采样必然会占用较多的计算机工作时间，同时也会增加计算机的计算负担，而对有些变化缓慢的受控对象无需很高的采样频率即可满意地进行跟踪，过多的采样反而没有多少实际意义。由于从理论计算来确定实际的采样周期还存在一定的困难，在实际应用中，常按一定的原则，结合经验来选择采样周期。

采样定理给出了采样周期的上限值，即

$$T_{max}=\frac{T'_{max}}{2} \tag{4-54}$$

式中，T_{max} 为最大采样周期；T'_{max} 为信号频率组分中最高频率分量的周期。

若采样周期 T 大于此上限值 T_{max}，便会丢失部分信息，从而使控制质量变差。

采样定理未给出采样周期的下限值。一般来说，最小采样周期 T_{min} 应是微机执行控制程序所需的时间。

实际采样周期 T 应在 $T_{min} \sim T_{max}$ 之间选择，即

$$T_{min} \leqslant T \leqslant T_{max} \tag{4-55}$$

T 的选择，应综合考虑下面一些因素：

(1) 给定值的变化频率

加到被控对象上的给定值变化频率越高，采样频率应越高，以使给定值的改变通过采样迅速得到反映，而不致在随动控制中产生大的时延。

(2) 被控对象的特性

对被控对象的特性应从两个方面予以考虑：一是对象变化的缓急，若对象是慢速的热工或化工对象，T 一般取得较大。例如，温度反应慢，滞后大，不宜过于频繁控制，因此，T 要求长些。在对象变化较快的场合，T 应取得较小，如流量反应快、波动大，T 要短一些。另外，尚需考虑干扰的情况，从系统抗干扰的性能要求来看，要求采样周期短，使扰动能迅速得到校正。

(3) 使用的算式和执行机构的类型

PID 算式中的积分和微分作用都与采样周期的选择有关。采样周期太小，会使积分、微分作用不明显。如积分增益 T/T_I，当 T 很小时，这个增益也很小。同时，因受微机计算精度的影响，当采样周期小到一定程度时，前后两次采样的差别反映不出来，使调节作用因此而减弱。此外，执行机构的动作惯性大，采样周期的选择要与之适应，否则执行机构来不及反映数字控制器输出值的变化。例如，当通过数/模转换带动步进电机时，输出信号通过保持器达到所要求的控制幅度需要一定时间，在这段时间内，要求计算机的输出值不发生变化，因此采样周期必须大于这一时间。

(4) 控制的回路数

一般来讲，考虑到计算机的工作量和各个调节回路的计算成本，要求在控制回路较多时，相应采样周期越长，以使每个回路的调节算法都有足够的时间来完成。控制的回路数 n 与采样周期 T 有如下关系：

$$T \geqslant \sum_{j=1}^{n} T_j \tag{4-56}$$

式中，T_j 是第 j 个回路控制程度的执行时间。

表 4-9 是常用被控制量的经验采样周期。实践中，可以表中的数据为基础，通过试验最后确定最合适的采样周期。

表 4-9 常见被控制量的经验采样周期

被控制量	采样周期 T	备注
流量	1～5	优选 1～2
压力	3～10	优选 6～8
液位	6～8	
温度	15～20	或取纯滞后时间，对串级系统，副环采样周期＝(1/4～1/5)主环采样周期

2. 数字 PID 控制的参数的整定

(1) 试凑法

试凑法是用仿真或闭环运行来观察系统的响应曲线(如阶跃响应)，反复试凑参数以达到满意的响应为止，从而定出 PID 控制器的参数。试凑参数时，按先比例后积分再微分的顺序进行。

① 只整定比例部分。加大比例系数 K_P 可以加快系统的响应并有利于减小静差，但大的比例系数会增大超调并使稳定性变坏。试凑时，将比例系数由小变大，并观察相应的系统响应，直到获得符合要求的响应曲线(如快速性及超调量符合要求)为止。如果此时系统静态也在允许范围之内，则说明只用比例调节即可满足要求。与该响应曲线对应的比例系数即最优比例系数。

② 若仅用比例控制静差达不到要求，则需要增加积分环节。整定时首先置积分时间常数 T_I 为一较大值(参数范围可参考表 4-12)并将经第一步整定得到的 K_P 值略为减小(例如缩小为原来的 0.8 倍)，然后减小 T_I，使系统在保持良好动态性能前提下，静差得到消除。这时往往要经过多次反复改变 K_P 及 T_I，最后才能得到满意的结果。

③ 若使用比例-积分控制消除了静差，而动态性能反复调整仍不能满意，则可加入微分环节，构成 PID 控制。在整定时，先置 T_D 为零，在第二步整定的基础上，逐步增大 T_D，同时相应地改变 K_P 及 T_I，逐步凑试，以获得符合要求的响应曲线及控制参数。

值得提出的是，在运用试凑法整定参数时，可以采用华罗庚所创导的试验优选法来加速参数整定过程，尤其是对通过仿真方式整定参数的情况，采用试验优选法可以编写优选参数的程序，在预先给定参数范围的条件下(见表 4-10)，整定过程在计算机控制下自动进行，直到获得符合要求的响应曲线、静差及对应的 PID 参数。

(2) 扩充临界比例度法

这种方法适用于有自平衡特性的被控对象。使用这种方法整定数字调节器参数的步骤是：

① 选择一个足够短的采样周期，具体地说就是选择采样周期为被控对象纯滞后时间的十分之一以下。

表 4-10　常见被调量的 PID 参数经验选择范围

被调量	特　点	K_P	T_I/min	T_D/min
流量	对象时间常数小,并有噪声,故 K_P 较小,T_I 较短,不用微分	1～2.5	0.1～1	
温度	对象为多容系统,有较大滞后,常用微分	1.6～5	3～10	0.5～3
压力	对象为容量系统,滞后一般不大,不用微分	1.4～3.5	0.4～3	
液位	在允许有静差时,不必用积分,不用微分	1.25～5		

② 用选定的采样周期使系统工作：工作时,去掉积分作用和微分作用,使调节器成为纯比例调节器,逐渐减小比例度 $\delta(\delta=1/K_P)$ 直至系统对阶跃输入的响应达到临界振荡状态(稳定边缘),记下此时的临界比例度 δ_K 及系统的临界振荡周期 T_K。

③ 选择控制度：所谓控制度就是以模拟调节器为基准,将 DDC 的控制效果与模拟调节器的控制效果相比较。控制效果的评价函数通常用误差平方面积 $\int_0^\infty e^2(t)\mathrm{d}t$ 表示。

$$控制度=\frac{\left[\int_0^\infty e^2(t)\mathrm{d}t\right]_{\mathrm{DDC}}}{\left[\int_0^\infty e^2(t)\mathrm{d}t\right]_{模拟}} \tag{4-57}$$

④ 实际应用中并不需要计算出两个误差平方面积,控制度仅表示控制效果的物理概念。通常,当控制度为 1.05 时,就可以认为 DDC 与模拟控制效果相当;当控制度为 2.0 时,DDC 比模拟控制效果差。

根据选定的控制度,查表 4-11 求得 T、K_P、T_I、T_D 的值。

表 4-11　扩充临界比例度法整定参数

控制度	控制规律	T	K_P	T_I	T_D
1.05	PI	$0.03T_K$	$0.53\delta_K$	$0.88T_K$	$0.14T_K$
	PID	$0.014T_K$	$063\delta_K$	$0.49T_K$	
1.20	PI	$0.05T_K$	$0.49\delta_K$	$0.91T_K$	$0.16T_K$
	PID	$0.043T_K$	$0.047\delta_K$	$0.47T_K$	
1.50	PI	$0.14T_K$	$0.42\delta_K$	$0.99T_K$	$0.20T_K$
	PID	$0.09T_K$	$0.34\delta_K$	$0.43T_K$	
2.00	PI	$0.22T_K$	$0.36\delta_K$	$1.05T_K$	$0.22T_K$
	PID	$0.16T_K$	$0.27\delta_K$	$0.40T_K$	

(3) 扩充响应曲线法

这一方法适用于多容量自平衡系统。系统整定步骤如下：

① 数字调节器不接入控制系统，让系统处于手动操作状态，将被调量调节到给定值附近，并使之稳定下来，然后突然改变给定值，给对象一个阶跃输入信号。

② 用记录仪表记录被调量在阶跃输入下的整个变化过程曲线，如图 4-44 所示。

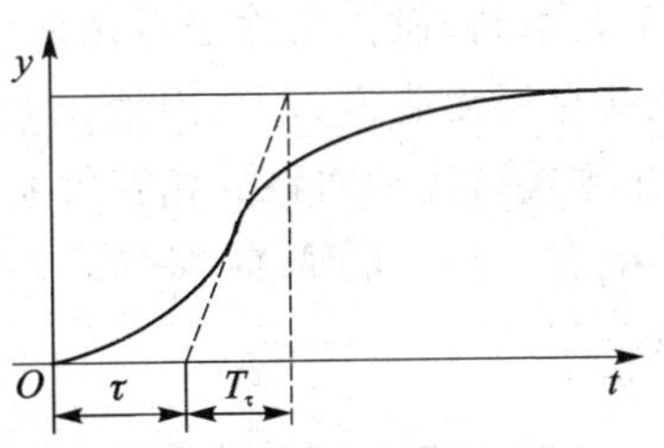

图 4-44 被调量在阶跃输入下的变化过程曲线

③ 在曲线最大斜率处作切线，求得滞后时间 τ、被控对象时间常数 T_τ，以及它们的比值 T_τ/τ。

④ 由求得的 τ、T_τ 及 T_τ/τ 查表 4-12，即可求得数字调节器的有关参数 K_P、T_I、T_D 及采样周期 T。

表 4-12 按扩充响应曲线法整定参数

控制度	控制规律	T	K_P	T_I	T_D
1.05	PI	0.1τ	$0.84T_\tau/\tau$	0.34τ	0.45τ
	PID	0.05τ	$1.15T_\tau/\tau$	2.00τ	
1.20	PI	0.20τ	$0.78T_\tau/\tau$	3.6τ	0.55τ
	PID	0.16τ	$1.00T_\tau/\tau$	1.90τ	
1.50	PI	0.50τ	$0.68T_\tau/\tau$	3.90τ	0.65τ
	PID	0.34τ	$0.85T_\tau/\tau$	1.62τ	
2.00	PI	0.80τ	$0.57T_\tau/\tau$	4.20τ	0.82τ
	PID	0.60τ	$0.60T_\tau/\tau$	1.50τ	

(4) 归一参数整定法

除了上面讲的一般的扩充临界比例度法外，Roberts P D 在 1974 年提出了简化扩充临界比例度整定法。由于该方法只需整定一个参数即可，故称其为归一参数整定法。

据式(4-33)增量式 PID 控制的公式为

$$\Delta u(n)=K_P\left\{e(n)-e(n-1)+\frac{T}{T_I}e(n)+\frac{T_D}{T}[e(n)-2e(n-1)+e(n-2)]\right\} \tag{4-58}$$

如令 $T=0.1T_K$，$T_I=0.5T_K$，$T_D=0.125T_K$（T_K 为纯比例作用下的临界振荡周期），则有

$$\Delta u(n)=K_P[2.45e(n)-3.5e(n-1)+1.25e(n-2)]$$

这样，整个问题便简化为只要整定一个参数 K_P。改变 K_P，观察控制效果，直到

满意为止。该方法为实现简易的自整定控制带来方便。

本章介绍的闭环控制只着眼于一个物理量的期望指标，控制系统是只含有单一参数传感器/变送器、单个控制器及单一执行结构的单回路系统。单回路控制系统由于结构简单，获得了广泛的应用，在大多数情况下都能满足生产的要求。随着生产发展，工艺革新，操作条件变得越来越严格，参数间的关系也愈加复杂，此时单回路控制系统就显得无能为力了，因而出现了一些新的控制方案。这些方案，较一般 PID 控制，在算式结构和回路的相互关系上更为复杂，故统称为复杂控制系统。常见复杂控制系统有串级、比值、前馈等多种形式。有兴趣的读者可进一步参阅有关书籍和文献。

4.5 计算机控制系统应用实例

温度控制是工业生产过程中经常遇到的过程控制，有些工艺过程对其温度的控制效果直接影响着产品的质量，因而设计一种较为理想的温度控制系统是非常有价值的。

下面以炉温控制为例说明计算机控制系统程序设计思路及主要问题。要求对一个电阻炉的炉温实施控制，使炉温按图 4－45 所示的规律变化。从加温开始到 T_a 为自由升温段，当温度达到 T_a 后接入 PID 控制，使炉温在超调满足给定指标的条件下进行保温（bc 段），保温时间 50～100 min。cd 段为自然降温段，无须控制。

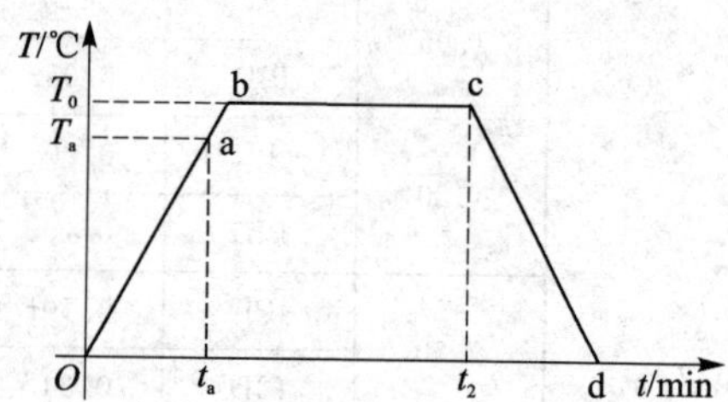

图 4－45　多段炉温控制工艺曲线

炉温控制曲线对各项品质指标的要求如下：

① 过渡过程时间：从升温开始到进入保温段的时间 $t_a \leqslant 100$ min；

② 超调量：升温过程的温度最大值（T_M）和保温值（T_0）之差与保温值之比

$$\sigma_P = \frac{T_M - T_0}{T_0} \leqslant 5\%$$

③ 静态误差：保温段实际温度值 T 和要求保温值 T_0 之差与要求保温值 T_0 之比

$$e_v = \frac{T - T_0}{T_0} \leqslant \pm 1\%$$

④ 保温值变化范围：50～100 ℃，可根据工艺要求由用户在线设定。

4.5.1 系统总体结构及功能

炉温控制系统总体框图如图 4 - 46 所示。

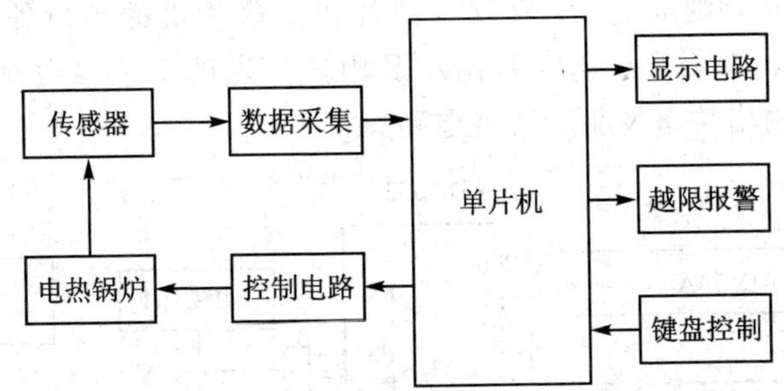

图 4 - 46 炉温控制系统总体框图

根据温度变化慢、控制精度不高等特点，选用以 AT89S52 单片机为检测控制核心的电热炉温控制系统。单片机外围电路包括：键盘输入、显示输出、越限报警、数据采集、控制输出等。可实现炉温控制的各工作段参数用户在线设定，实时炉温显示与越限报警，实时炉温采集与自动控制调节。

由于控制稳态误差要求≤±1%，温度控制范围是 50～100 ℃，所以温度控制精度最高要求≤±0.5 ℃(50 ℃时)。而考虑到测量干扰和数据处理误差，则温度传感器和 A/D 转换器的精度应更高才能保证控制精度的实现，可考虑定为≤±0.1 ℃。温度传感器需要精度达到 0.1 ℃，而对于 A/D 转换器，由于测量范围为 50～100 ℃，以 0.1 ℃作为 A/D 分辨率最低要求，则 A/D 需要分辨(100－50)/0.1＝500 个数字量，显然需要 9 位以上的 A/D 转换器。故可选用高精度的 12 位 A/D 转换器 AD574A。

为了达到测量精度的要求，选用温度传感器 AD590。AD590 具有较高精度和重复性(重复性优于 0.1 ℃，其良好的非线性可以保证优于 0.1 ℃ 的测量精度，利用其重复性较好的特点，通过非线性补偿，可以达到 0.1 ℃测量精度)。

最终根据温度检测范围选用 AD590 作为温度传感器，采用 12 位 A/D 转换器 AD574A 将温度电压信号转换为数字信号输入单片机，而温度控制则采用单片机 I/O 端口输出 PWM 波控制电热炉电阻丝的供电，实现输出功率的调节进而改变温度。

4.5.2 硬件系统设计

硬件电路主要由两大部分组成：模拟部分和数字部分。按功能模块划分，有核心处理模块、数据采集电路、键盘显示电路、控制执行电路。

1. 核心处理模块设计

如图 4 - 47 所示，核心处理模块选用 ATMEL 公司的 51 系列单片机 AT89S52

来实现。AT89S52 芯片的时钟频率可达 12 MHz，运算速度快，控制功能完善。其内部具有 128 字节 RAM，并含有 4 KB 的 Flash ROM，不需要外扩展存储器，使系统整体结构简单、实用。A/D 转换器 AD574A 的输出结果可通过单片机的 P0 口读入，工艺参数的按键设定值则通过 P1 口读入单片机。单片机的串口外接串并转换芯片 74HC16 驱动 LED 数码管显示实时温度及用户设定的工艺参数。同时，单片机 P1 口还控制加热炉输出功率及驱动告警电路。

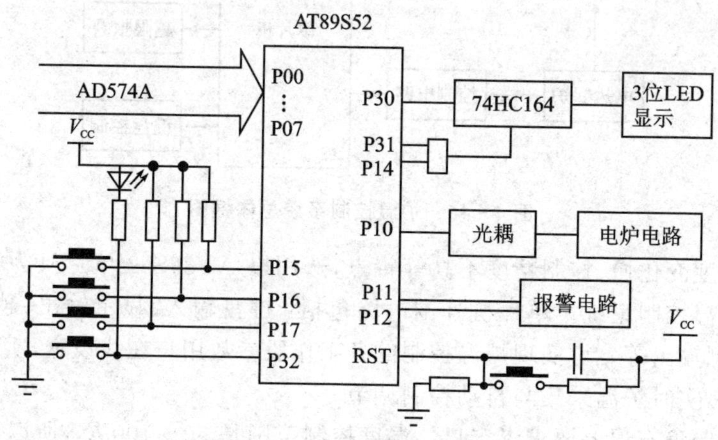

图 4－47　以单片机为核心的温控处理模块

2. 数据采集电路的设计

数据采集电路主要由温度传感器 AD590、运算放大器 OP07、锁存器 74LS373 和 A/D 转换器 AD574A 等组成。利用低温漂移高精度运算放大器 OP07 将温度传感器 AD590 输出的电压信号放大调理至 A/D 转换器要求的输入电压范围，充分利用 A/D 分辨率。这部分模拟电路见图 4－48。

3. 炉温控制电路设计

通过双向可控硅来控制电炉的加热电阻丝供电电源的接通和断开来实现炉温控制，而单片机 P1.0 端口输出的 PWM 波决定了一个温度控制周期内可控硅的通断率，也就是控制输入炉子的平均功率大小以达到调节炉温的目的。

炉温控制电路如图 4－49 所示。为减少对电网的冲击，双向可控硅采用过零触发方式，运算放大器 LM311 经变压器耦合的 50 Hz 交流电压信号变换成方波信号；方波的正跳沿和负跳沿进入集成单稳触发器 MC14528，分别作为两个单稳触发器的触发信号；单稳触发器输出的窄脉冲信号通过二极管、或门混合形成对应 220 V 交流电压过零时刻的同步脉冲；而单片机 P1.0 端口输出炉温控制信号，经过零同步后再经光电耦合器隔离，去控制双向可控硅的通断，通过过零触发可控硅输出为正弦波，避免了移相触发非正弦波对电网的污染。同时，由于单片机接口弱电部分与炉温功率控制强电部分采用光耦合器隔离，也提高了系统的抗干扰能力。

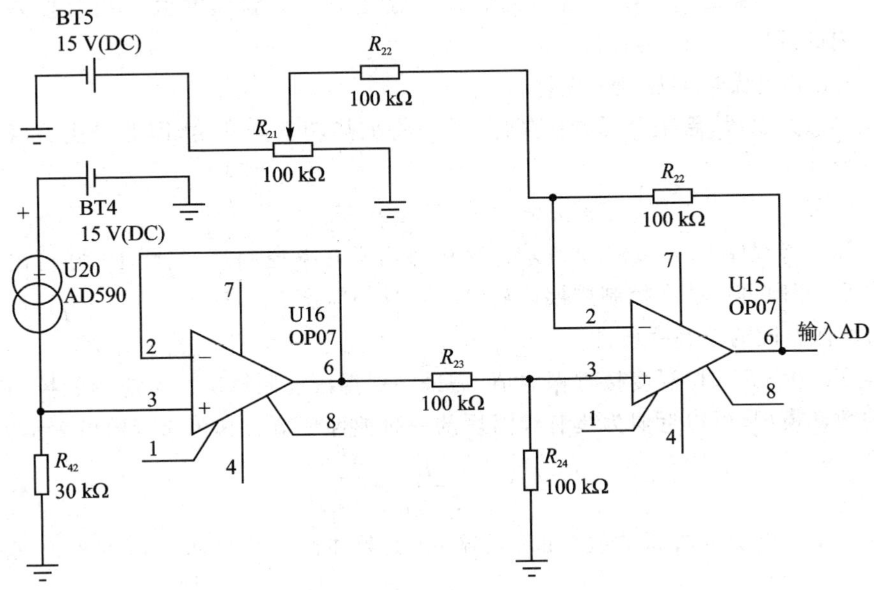

图 4－48 温度传感器及其调理电路

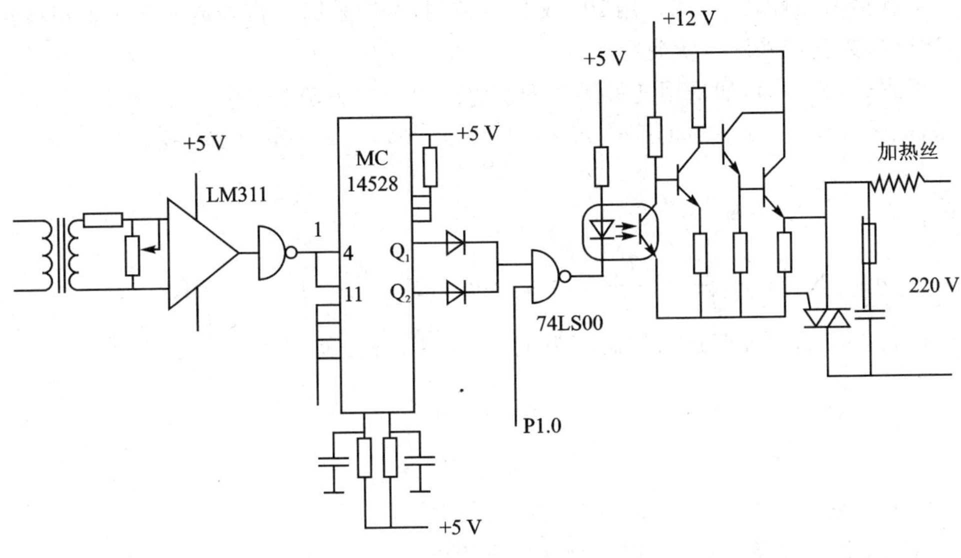

图 4－49 炉温控制电路原理图

4.5.3 控制算法及软件设计

1. 控制规律的选择及 PID 参数整定

根据图 4－45 所示，炉温控制曲线可分为三段：自由升温段(a 点以前)、保温段(ac 段)和自然降温段。真正需要电气控制的是前两阶段。为避免过冲，从室温到炉温达到 80％保温温度这段为自由升温段。温度值与保温温度值的相对偏差在±20％以内的区段(ac 段)为保温段。

(1) 自由升温段的控制率设计

在自然升温段,希望升温越快越好,总是将加热功率全开足,因此自由升温段的控制方程为

$$u(n)=1 \quad (T \leqslant 0.8T_0)$$

实际执行程序时,$u(n)=1$ 表示计算机输出满功率控制量,实际 P1.0 输出为固定低电平,双向可控硅在控制周期内始终处于导通状态。

(2) 保温段的控制率设计

当 $T>0.8T_0$ 时,温度接近保温值,需采用保温段控制算法。本应用的控制对象电炉的数学模型,可以近似为具有纯滞后的一阶惯性环节。其传递函数可表示为

$$G(s)=\frac{K}{T_\tau s+1}e^{-\tau s}$$

通过实测电炉的阶跃曲线(加阶跃输入,测量并记录炉温曲线),可辨识其模型参数。

上述模型经实测,得:$K=330$,$\tau=8$ min,$T_\tau=72$ min。

对纯滞后惯性环节,宜采用 PD 或 PID 控制,本例采用 PID 控制器实现保温段控制,PID 参数整定采用阶跃曲线法。

根据式(4-35),如采用递推形式的位置式 PID 控制算法,则

$$u(n)=u(n-1)+\Delta u(n)=u(n-1)+a_0e(n)-a_1e(n-1)+a_2e(n-2) \tag{4-59}$$

其中:

$$a_0=K_P\left(1+\frac{T}{T_I}+\frac{T_D}{T}\right),\quad a_1=K_P\left(1+\frac{2T_D}{T}\right),\quad a_2=K_P\frac{T_D}{T}$$

查表 4-12,比如若选取控制度为 1.2,则 PID 参数初值为

$$T=0.16\tau=1.28\text{ min},\quad K_P=1.00\frac{T_\tau}{\tau}=9$$

$$T_I=1.90\tau=15.2\text{ min},\quad T_D=0.55\tau=4.4\text{ min}$$

将上述数值代入式(4-59),则得到保温段炉温控制率。

根据实际控制效果,可选用积分分离算法进一步提高炉温控制性能指标。

2. 控制功能的软件实现

(1) 主程序流程图(见图 4-50)

在主程序中首先给定 PID 算法的参数值,然后通过循环显示当前温度,并且设定键盘外部中断为最高优先级,以便能实时响应键盘处理;根据前面计算的采样周期,软件设定定时器 T1 为 76 s 定时,在无键盘响应时每隔 76 s 响应一次,在该中断响应中,单片机要完成 A/D 数据采集转换,数字滤波,判断是否越限,标度转换处理,

继续显示当前温度，与设定值进行比较，调用 PID 算法子程序并输出控制信号等功能。设定定时器 T0 为嵌套在 T1 之中的定时中断，优先级高于 T 中断，初值由 PID 算法子程序提供，用来控制 PWM 输出。

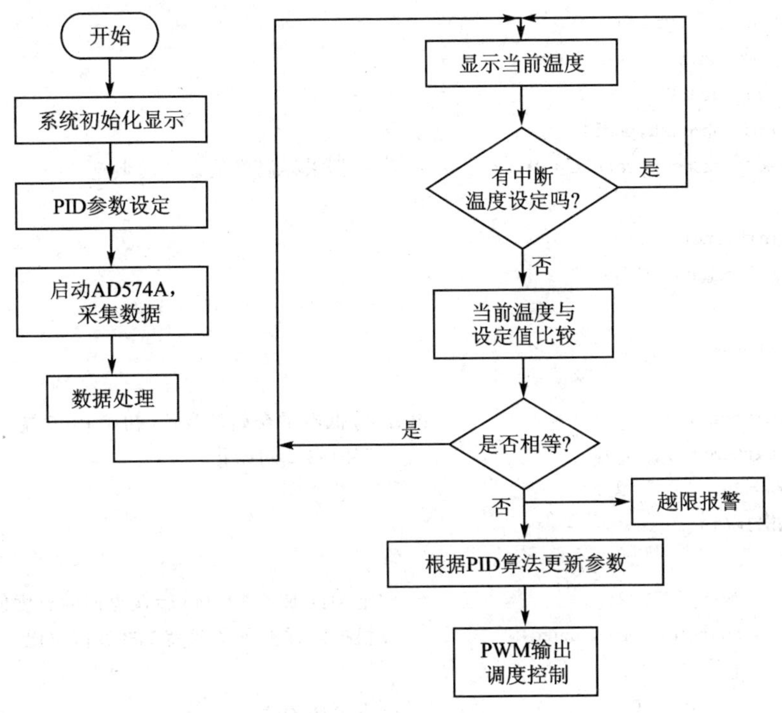

图 4-50　主程序流程图

(2) 用于输出 PWM 波的中断子程序

AT89S52 内部有 3 个 16 位定时器：T0，T1，T2。用定时器 T0 来控制 P1.0 口输出 PWM 波，通过控制 PWM 波的占空比，实现对加热器件的温度控制。当设置 TMOD＝0X01 时，T0 是 16 位定时器。当计数溢出时，将 TCON 中的 TF0 位置位，进而触发相关中断。

为实现定时器控制下的占空比，可调 PWM 波输出，必须由定时器控制产生 PWM 波，并根据炉温控制算法的计算结果，调节 PWM 波的占空比。可以通过在定时器溢出中断中反复修改定时器初值，实现 PWM 波周期及占空比的调节。

对于 16 位计数器，当计数值达到 65 536 时将溢出，并置位定时器溢出标志。如果中断允许则产生定时器中断。通过修改对应 PWM 波高低电平的计数初值 pwmh、pwml，可以控制 PWM 波的周期和占空比。

PWM 波周期＝(pwmh＋pwml)×计数周期

低电平时间＝pwml×计数周期，此段时间内程序控制 P1.0＝0

高电平时间＝pwmh×计数周期，此段时间内程序控制 P1.0＝1

如果单片机的系统时钟频率为 12 MHz,则定时方式下计数寄存器每个机器周期(即 12 个晶振周期)增加 1,计数周期为 1 μs。如下程序可按事先确定的几种情况产生占空比不同的 PWM 波。

```
#include <reg52.h>
#define uchar unsigned char
sbit pwm_out = P1^0;
unsigned int pwmh,pwml;
usigned char temperature = 0;           //根据采样温度值设置的典型

void initmotor(void);
void inittimer(void);

void main()
{
    initmotor();                        //设置高/低电平初始计数值、初始 P1.0 端口输出电平
    inittimer();                        //定时器 0 初始化
    EA = 1;                             //开总中断
    while(1)
    {
        read_AD574A();                  //定期读取经 AD574A 转换返回的温度值
        switch (temperature)            //根据采样温度值改变 PWM 波占空比
        {
            case 0:                     //占空比 20 %
                pwmh = 6000;
                pwml = 24000;
                break;
            case 1:                     //40 %
                pwmh = 12000;
                pwml = 18000;
                break;
            case 2:                     //60 %
                pwmh = 18000;
                pwml = 12000;
                break;
            case 3:                     //80 %
                pwmh = 24000;
                pwml = 6000;
                default:                //缺省 50 %
                pwml = 15000;
                pwmh = 15000;
        }
```

```
        delay();
    }
}

void initmotor(void)                    //设置高低电平初始计数值
{
    pwm_out = 0;                        //炉温控制端口输出低电平
    pwmh = 15000;
    pwml = 15000;
}

void inittimer(void)                    //定时器 0 初始化
{
    TMOD = 0x01;
    TH0 = 65535/256;
    TL0 = 65535 % 256;
    ET0 = 1;                            //开定时器 0 中断
    TR0 = 1;                            //启动定时器 0
}

void timer0() interrupt 1               //定时器 0 溢出中断服务程序
{
    if(pwm_out = = 1)                   //高电平计数切换到低电平计数
    {
        TH0 = (65535 - pwml)/256;
        TL0 = (65535 - pwml) % 256;
        pwm_out = 0;
    }
    else
    {
        TH0 = (65535 - pwmh)/256;
        TL0 = (65535 - pwmh) % 256;
        pwm_out = 1;
    }
}
voidread_AD574A()
{…                                      //读取温度值
...                                     //设置对应 PWM 波占空比
}
```

在恒温控制系统中，控制输出为定时器 T0 初值 $n(0\leqslant n\leqslant 65\ 535)$，误差为温度设定值与 AD574A 检测值之差。因为电阻丝的功率是有限的，当初始温度远低于温

度设定值 T_{set} 时，可以不用数字 PID 控制。可以根据电阻丝的功率设定一个误差值 e_{max}，当 $e>e_{max}$ 时，一直加热，输出 $n=0$；当 $e<0$ 时，停止加热，输出为 $n=65\ 535$。只有当 $0\leqslant e\leqslant e_{max}$ 时，才用数字 PID 控制。

(3) T1 中断子程序实现采样、PID 算法等

采样周期 T 的取值，从数字 PID 控制器对连续 PID 控制器的模拟精度考虑，采样周期越小越好，但采样周期小，控制器占用计算机的时间就长，增加了系统的成本。因此采样周期的选择应综合考虑各方面因素，选取最优值。

为保证温度控制的实时性，温度控制程序采用定时中断方式，定时长为采样周期 T，用增量式算法程序流程图，如图 4-51 所示。

根据前面计算，可知 PID 控制算法的表达式为

$$\begin{aligned} u(n) &= u(n-1)+\Delta u(n) \\ &= u(n-1)+40.6e(n)-70.9e(n-1)+30.9e(n-2) \end{aligned} \tag{4-60}$$

标度转换(将 PID 算法输出的控制量转换为 16 位定时器输出占空比的调节范围)：

$$\text{det\_pwm}=(\text{unsigned int})(D\times\Delta u)u \tag{4-61}$$

式中，det_pwm 为 PWM 控制输出增量；D 为转换系数。

部分关键程序如下：

```
#include <reg52.h>
#define uchar unsigned char
#defineT_samp 1159                    //采样周期为 76 s
#define pwm65535
sbit pwm_out = P1^0;
unsigned int pwmh,pwml;
int k = 0;
unsigned char count = 0;
long req_temp = 0, get_temp = 0 ,e_k = 0, e_k1 = 0 ,e_k2 = 0; //设定控制温度,读回温度及
                                                               //偏差量
void initmotor(void);
void inittimer(void);
void pid();
void initmotor(void)              //设置初始 P1.0 端口输出电平、高低电平计数初值、误差初值
{
    pwm_out = 0;
    pwmh = 32768;
    pwml = 32768;
    e_k = 0;
    e_k1 = 0;
    e_k2 = 0;
}
```

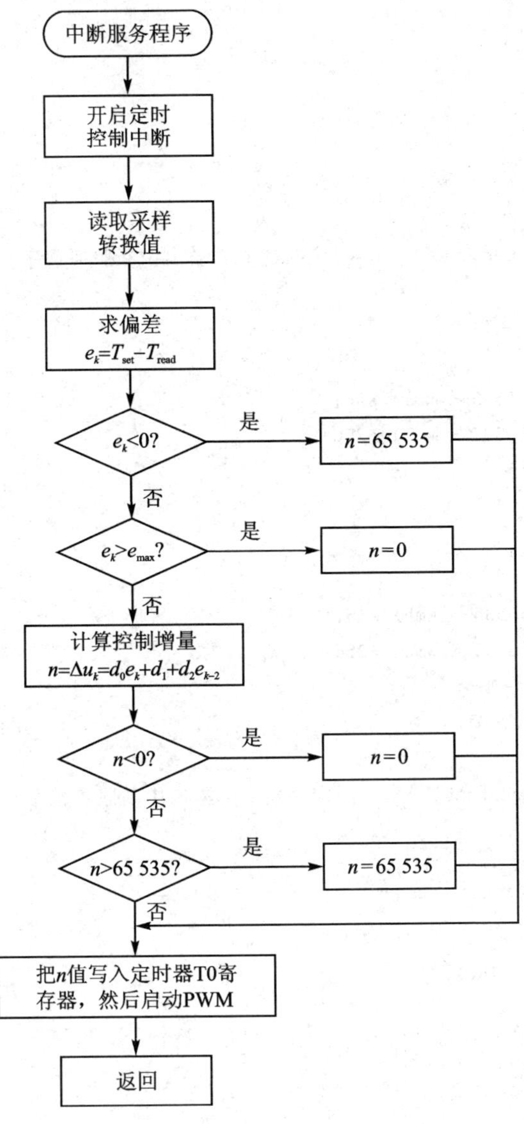

图 4-51　数字 PID 控制器增量式算法程序流程图

```
voidread_AD574A()
{
…
}
void inittimer(void)              //定时器初始化
{
    TMOD = 0X11;
    TH0 = 65535/256;
    TL0 = 65535 % 256;
```

```
    ET0 = 1;
    TR0 = 1;
    TH1 = 0;
    TL1 = 0;
    ET1 = 1;
    TR1 = 1;
}
void timer0() interrupt1            //定时器 0 的溢出中断服务程序
{
    if(pwm_out == 1)
    {
        TH0 = (65535 - pwml)/256;
        TL0 = (65535 - pwml) % 256;
        pwm_out = 0;
    }
    else
    {
        TH0 = (65535 - pwmh)/256;
        TL0 = (65535 - pwmh) % 256;
        pwm_out = 1;
    }
}
void timer1() interrupt 3           //定时器 1 的溢出中断服务程序
{
    if(count == T_samp)
    {
        count = 0;
        read_AD574A();
        pid();
    }
    else
    {
        count ++ ;
    }

}
void pid()                          //PID 控制算法,核心内容
{
    long det_pwm = 0;
    e_k = req_temp - get_temp;  //偏差量
    if(e_k>e_max)               //分情况
    {
```

```
            pwml = 65535;
            pwmh = 0;
        }
        else
        {
            if(e_k<0)
            {
                pwmh = 65535;
                pwml = 0;
            }
            else
            {
                det_pwm = (40.6 * e_k - 70.9 * e_k1 + 30.9 * e_k2) * D;   // PID 控制算法
                pwml = pwml + det_pwm;
                pwmh = pwm - pwml;
            }
        }
        e_k2 = e_k1;
        e_k1 = e_k;
    }

void main()
{
    initmotor();
    inittimer();
    EA = 1;
    while(1);
}
```

(4) 按键与显示

采用软件查询和外部中断相结合的方法来设计键盘程序。按键 AN1、AN2、AN3、AN4、AN5 的功能定义如表 4-13 所列。

表 4-13　按键功能表

按　键	键　名	功　能
AN1	复位键	使系统复位
AN2	运行键	使系统开始数据采集
AN3	功能转换键	按键按下(D1 亮)时,显示温度设定值; 按键升起(D1 不亮)时,显示前温度值
AN4	加一键	设定温度逐次加一
AN5	减一键	设定温度逐次减一

按键 AN3 与 P3.2 相连，采用外部中断方式，并且优先级定为最高；按键 AN5 和 AN4 分别与 P1.7 和 P1.6 相连，采用软件查询的方式；AN1 为硬件复位键，与电阻、电容构成复位电路。

采用 3 位共阳极 LED 静态显示方式，显示内容有温度值的十位、个位及小数点后一位，这样可以只用 P3.0(RXD)口来输出显示数据，从而节省了单片机的端口资源，在 P1.4 和 P3.1(TXD)口的控制下通过 74LS164 来实现 3 位静态显示。

习题与思考题

4.1 计算机顺序控制是开环控制还是闭环控制？通常控制执行的依据是什么？

4.2 画出步进电机三相三拍、三相双三拍、三相六拍工作方式的驱动波形。

4.3 PID 调节器中，参数 K_P、K_I、K_D 各有什么作用？对调节品质有什么影响？

4.4 写出数字 PID 位置型和增量型控制算法。比较两种算法的优缺点。

4.5 已知模拟调节器的传递函数为

$$D(s)=\frac{U(s)}{E(s)}=\frac{1+0.17s}{0.085s}$$

请写出相应数字调节器的位置型和增量型控制算式(采样周期=0.2 s)。

4.6 完全微分型 PID 算式有何不足？如何克服？不完全微分型 PID 算式如何实现？

4.7 什么是 PID 调节器的积分饱和现象？出现积分饱和的原因是什么？如何消除积分饱和？

4.8 数字 PID 调节器中，采样周期 T 的选择需要考虑哪些因素？

4.9 简述试凑法、扩充临近比例度法、扩充响应曲线法、归一化参数法整定法等不同 PID 参数整定方法的整定步骤。

参考文献

[1] 孙传友，孙晓斌. 测控系统原理与设计. 北京：北京航空航天大学出版社，2007.

[2] 李华，范多旺. 计算机控制系统. 北京：机械工业出版社，2007.

[3] 李行善. 计算机测试与控制. 北京：北京航空航天大学出版社，2003.

第 5 章 基于微型计算机的测试技术

5.1 概 述

5.1.1 测试与测试系统

测试是测量、检测、试验等的总称。

测量(measurement)是将客观事物的量转换成人可以接受或可以利用的信息的过程。测量可以定义为“根据一个约定的单位给被测对象的某个属性赋予一个数值,这个数值能精确地表示该对象属性的特征”。由此定义可见,测量的基本方法是将被测量与标准量(单位)进行比较,确定被测量对标准量的倍数。测量一般包含如下基本步骤:比较(获得标准量倍数信息)、处理(变换、放大、计算等,以提高信息的确定性和可靠性)、传递(将测量信息从一处传输到另一处)和显示(将测得的信息以人能接受的图形、数字、声响等形式显示出来)

检测(testing,detecting)是意义更为广泛的测量。与测量不同的是,检测不是以精确地确定量值为目的,而是以获得一种结论(产品是否合格,结构有无裂纹,水质是否达到可饮用标准等)为目的。检测通常包含测量和检验两方面的内容,在检测过程中,测量的往往不是单一的参数,而是一组规定的参数(如同时测量工业过程的温度、压力、振动、流量等)。检验常常仅需分辨出参数量值所属的某一范围,用以判别被测参数合格与否,或现象的有无。有些场合,检测只需指示特定量(如有毒气体)的存在而不必提供量值。在测控系统中,检出包含被测控对象有用信息的信号,也是检测技术的重要内容。

试验(test)是将试验对象置于一定的环境和状态下进行测量,处理测量信息,了解试验对象客观性能的过程。

涵盖测量、检测和试验的测试是人类认识自然的基本手段,它是生产实践和科学实验的基础。在保障产品质量的各个主要环节中,测试也起着决定性的作用。测试主要可分为如下两大类:

① 人工测试。这是由人使用测量工具、测量仪器完成的测试。人的动作、感觉、思维器官参与了测试过程。人工测试具有良好的灵活性和适应性,并且投资小。但

是，由于人的生理限制，使测量质量和经济性受到限制，尤其不能满足高速度、高精度、大批量的测试要求。

② 自动测试。在这类测试中，人的动作器官和感觉器官分别由控制装置和测量装置所取代，整个测试过程在控制装置的控制下完成，由传感器将被测量转换成电量，然后进行各类数据处理，并进行自动显示和记录。自动测试提高了测试的准确性、可靠性和效率，并且特别适合大批量、重复性的测试工作。与人工测试相比，自动测试要求更高的测试设备投资。

测试系统是对那些支持实现人工测试或自动测试的各种测量系统、检测系统、试验系统的总称。例如，电子设备、元器件人工测试中使用的各种电子测量仪器（多用表、频谱仪等），是具有一定通用性的参数测量系统。内燃机参数测试系统是实现特定类型内燃机出厂全部参数自动测试的系统，这类测试系统规模大，自动化程度高，专用特征很强。

当前，测试系统的如下两个发展趋势十分引人关注：一是组建测试系统是以微型计算机（或功能类似的 DSP、ASIC、嵌入式系统等）为核心；二是尽可能地将非电形式的被测量转换成电学量（电压、频率、脉冲宽度等）以方便信息传输与处理。如何根据测试需求确定测试方案进而组建基于微型计算机的测试系统，如何选用传感器实现非电形式的被测量到电量的转换并设计相应的接口，如何确定相关的信号处理算法等，是本章要重点讨论的内容。

5.1.2 采用微型计算机组建测试系统的优点

基于微型计算机的测试技术本质上属于电（学量）测（量）技术，它有着电测技术的全部优点，并拥有计算机测控应用系统所具有的一些突出优点，归纳如下：

1. 极高的灵敏度

采用电测技术能够获得对被测量更加敏感的电气信号。例如，采用电桥法将敏感器件的特性与固定的元件特性做比较，如果在几十欧姆的电阻上流过 10 nA 电流会引起检流计偏离 1 mm，则说明这种电测方法可以测量 10^{-14} A 的微弱电流。这种极高的灵敏度使得一些困难的测量需求（如温度计量）能够得到满足。

2. 很低的功率消耗

当信号的可用电功率不够时，需要将它加到一个电子系统中进行放大。运用高输入阻抗的放大器和电子缓冲器不仅可以显著的降低输入电流而且可以提供输出阻抗以驱动后接仪器。几千兆欧姆（10^9 Ω）的输入阻抗一般是可以达到的。对于那些以场效应晶体管作输入级的仪用放大器，10^{12} Ω 的输入阻抗和几 nA 的偏置电流现在已经是很平常的事了。

3. 高的测量速度

某些被测的物理现象可能变化很快，而普通的测量仪器有着很大的惯性，对这些快变现象只能给出某种带有失真的表达（比如给出在某一时间间隔内的平均值）。而电子测量允许在1 s内完成几千次测量,比较适合用于稳态特性及瞬态特性的测试。

4. 灵活的远距传输性能

常常遇到测量点远离测量处理单元或控制单元的情况,这时,电测技术可为各种工业应用提供方便的信息传输方法。例如,在测量一台电动机轴上的力矩时,就会遇到传感器的输出如何能连接到测量电路的问题,也就是必须解决变送器如何固定到旋转轴的问题。在电测技术中,可以将幅值或频率随力矩变化的电信号加到一个天线上,通过厘米波来传送力矩变化信息。

5. 高的可靠性

基于微型计算机的电测技术,能够快速地跟上计算机技术及微电子技术的最新进展,应用其最新成果,使得组成测试系统的电子部件的集成度大大提高。例如,在一个印制电路板上,可集成一个完整的数据采集系统及全部转换电路(包括多个放大器、滤波器、多路器、采样/保持器以及若干专用转换器等)。硬件的高度集成,将中间连线减少到最低,很明显,这会提供更高的可靠性。

6. 满足需求的测试方案具有多样性

这是电测技术的一个重要特征。对于一些电学量,如电压、电流、频率,是可以直接测量的。对于一些非电量,如温度、压力、位移、应变等,则需要通过相应的一些可以测量的效应,将非电量的变化转换成电学量来进行测量。利用何种效应决定了获取原始测量信息的方法和传感器的类型。可供选择的传感器是多种多样的,这就决定了测量原理的多样性,再与众多可能的信号处理方法相结合,使得满足一定测试需求的测量方法可以有多种。即使对电压、频率一类的电学量,其测量方法也是多样的。比如电压测量可以通过测量频率来实现,相位测量可通过累积两个电压过零点之间的时间间隔所对应的脉冲数来实现。

种类多样的测量方法与多种可能的信号处理方法相结合,极大地丰富了电测量技术的内容。

5.1.3 过程测试系统与智能测试系统

过程测试系统以参数测量为目标,用来对被测过程中的一些物理量进行测量,获得相应的精确的测量值。在工业自动化中,过程测试主要用于对工业过程进行检测与分析,或作为过程控制系统的一部分。

智能测试系统不是以精确测量被测过程的众多参数为目的,而是以获得某种决策或判断为主要目标。例如决定:这是不是要寻找的工件?(识别型智能测试)或设备是否运行正常?(诊断型智能测试)这里所谓的"智能",是指这类系统具有部分人的智能,能局部代替人去完成那些以前要依靠人的智能才能完成的任务。当前,工程上应用的各类自动测试系统(Automatic Test System,ATS),工业机器人控制系统中的检测部分等,都属于智能测试系统范畴。

无论是过程测试系统还是智能测试系统都具有如下的共同特征:

① 以计算机(主要是微型计算机)为核心,系统组建技术以通用的计算机硬件及软件技术为基础,并伴随计算机技术的发展而不断更新。

② 系统的基础部分是计算机测量系统,所用的测量系统方案取决于测试需求及成本限制等多种因素,并且随着测试技术(主要是传感器技术)的发展,同一测试需求在不同时期可有不同的测量方案。

5.1.4 两类测量系统

作为各类计算机测试系统的基础部分的测量系统,随所采用的测量部件的不同而有所不同,大体可分为两大类:模拟测量系统和数字测量系统。

1. 模拟测量系统

模拟测量系统的组成如图 5-1 所示,在此类系统中,传感器采集到的有用信息以模拟信号的形式流经整个系统。通常由传感器提供的信号还需经过一个信号调理器(conditioner)完成一系列的信号变换。这类调理器通常由下列部分构成:

① 变换电路。它改变信号的结构以便使它更适合传输。

② 放大器。它用于增加信号的强度,使其更易理解并且不易受噪声干扰。

③ 一个或多个后续信号处理器件。这类处理可以是单纯的滤波,用以改变信号的瞬时形式(如限幅、解调、整形等),目的是压低信号中的一些不希望的寄生成分。这类处理也可以是直接针对最终结果的,如针对最终应用的校正或修改处理等。这类处理还可以是某种很简单的模拟运算,如平滑、线性化,对数转换,求绝对值、有效值、峰值等。这类处理也可能比较复杂,比如从噪声中检出有用信号,对两个信号求相关等。

通常,在模拟测量系统中显示设备所接收到的是随被测量变化的输出幅值。

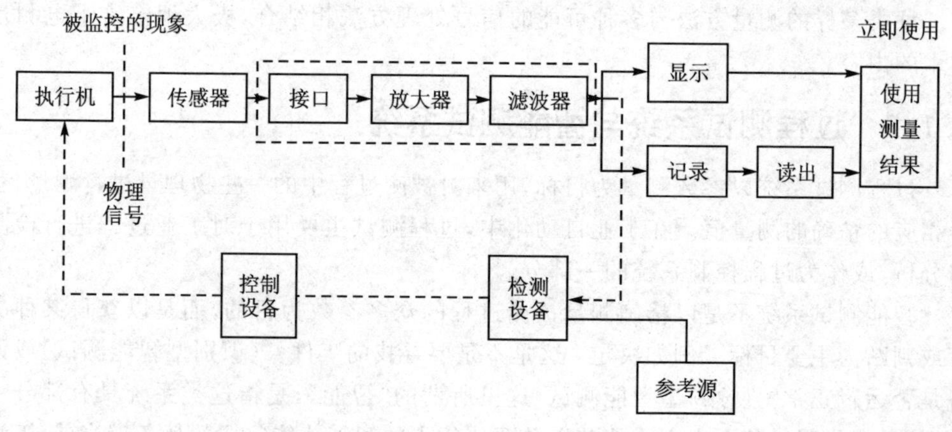

图 5-1 模拟测量系统

由于模拟测量系统中的信号处理是直接针对与被监控现象相对应的连续物理量进行的,没有经过 A/D 转换、数值计算等环节,因而具有高的动态响应速度。正因为如此，尽管在当前的计算机测试系统中核心控制/管理部件采用数字计算机，但对于那些要求测量系统具有较高响应速度的场合，模拟测量系统仍起着重要作用。下面介绍一个模拟测量系统的应用实例。

图 5-2 示出一个用于高速列车转向架监控的模拟测量系统。高速列车(260 km/h)需要有一个转向架监控系统，该系统采用压阻式横向加速度计，当一个转向轴的横向加速度超过 0.8g 并持续 1.5 s 以上时，系统应向列车驾驶室发送一个告警信号。传感器由连接成测量电桥的电阻式应变计组成，该电桥还起着信号调理器的作用。对加速度敏感的质量块被安装于一个易弯曲的簧片的一侧，簧片的另一侧固定，如图 5-3 所示，在一定范围内，簧片的变形与加速度成正比。该模拟测量系统被用于法国的高速列车的监控系统。

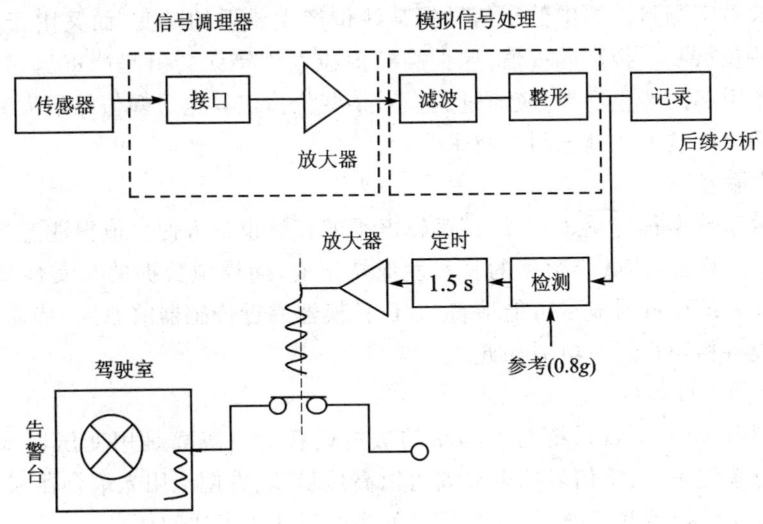

图 5-2　高速列车转向轴监控方案

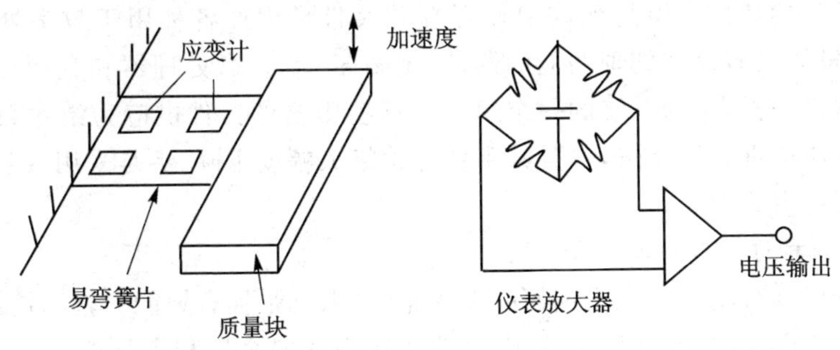

图 5-3　测量加速度的传感器

2. 数字测量系统

与模拟测量系统相比，数字测量系统有着十分明显的优越性。当前各类测试系统中的测量系统绝大多数都是数字式的。数字测量系统的主要优点如下：

(1) 对噪声和漂移不敏感

所有含有数字信号通路的电子器件均接收和处理二进制信息。数字器件检测所收到的电压是否处在"高"或"低"逻辑电平,而且允许"0"及"1"电平所对应的电压幅值在一个相当大的公差范围内变化。这就使得数字器件对电平的电压幅值的漂移不那么敏感,只要电平的电压幅值维持在二进制电平的公差范围内,则漂移的影响就不突出了。对噪声也是如此,只要噪声不足以引起电平发生变化,数字器件的正常工作就不受影响。而在模拟测量系统中,噪声和漂移会对测量结果直接产生影响。当然,还需要进一步指出的是,数字器件的这种对噪声和漂移的不敏感是相对模拟器件而言的,不是绝对的。对于在某些特殊的应用场合,偶然出现的大的感应噪声(这类感应噪声往往由系统中的功率开关设备引起,而通过测量系统的主电源引入)干扰,有可能会引起数字测量系统中数字信号的某些位产生错误的跳变,而又由于数字测量系统的某些位被赋予很高的权值,这种高权值位发生错误会引起严重后果。为避免这类位误跳引起的严重后果,应通过编程对某些位指定其电平幅值的最大变化范围,也可以应用余度技术或其他纠错技术。

(2) 传输容易

传输数字数据很容易,"0"或"1"逻辑电平的存储也很方便。值得注意的是,当系统的复杂程度增加时,数字数据的真实性保持不变,而模拟数据的真实性却会降低。这也正是在系统设计时应尽可能地将 A/D 转换器靠近传感器的原因,特别是当传感器与测量设备相距很远时更需如此。

(3) 电隔离性能好

在模拟系统中,测量系统与大功率的被控设备的电隔离是用变压器来实现的。在数字测量系统中,数字信号的电隔离可以高质量地、方便地用光耦合器来实现。而且,借助 D/A 转换器和滤波器,恢复信号的模拟形式也不成问题。

(4) 有丰富、廉价的器件支持

数字信号的离散本质是允许快速开发和大批量生产各种用于数字处理的元器件,包括大量的具有复杂处理功能的器件(见图 5-4)。微处理器和微型计算机也像其他逻辑器件一样,成为系统的一个组件。这些丰富的器件供应为组建数字测量系统提供了物质条件。近年来,各类数字器件价格大幅度下降,更是采用数字测量系统方案的重要理由。

(5) 具有程序控制一类智能

数字系统具有超越模拟系统的巨大优越性,那就是拥有智能。就测控系统而言,这类智能主要用于两个方面:一是确保功能实现的安全性和完整性;二是合适地接受和执行系统的命令或控制。对第一种情况,通常是对变量指定对应的阈值,也就是对这些变量定义一组危险偏差集。系统中的智能部件(比如微处理器)主要是分析数据、处理阈值并检出故障。第二种是指在系统的默认条件下,通过改变命令执行的策略,使系统保持尽可能好的功能。编程功能为引入各种常数,设置测试条件,实现迭

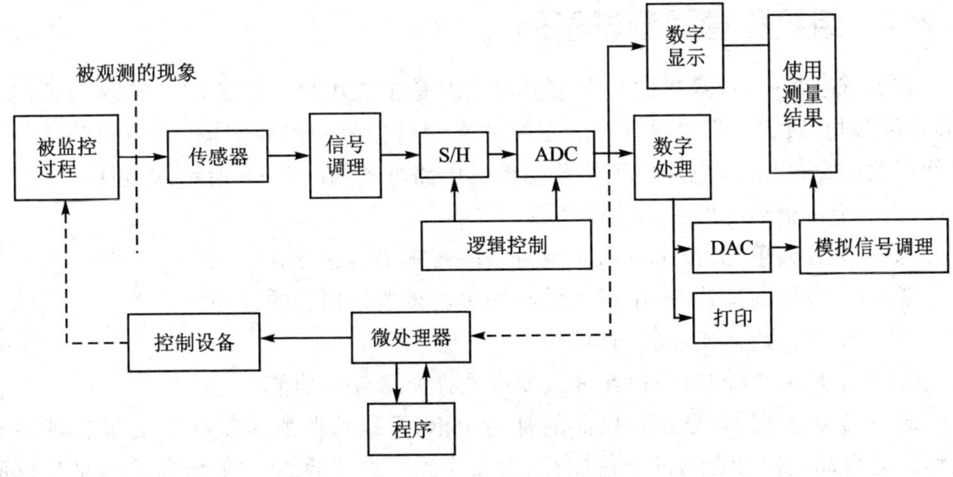

图 5-4　数字测量系统

代以及其他一些运算提供了方便。编程功能可方便地解决人-机对话问题，这一问题不可能用模拟方法解决。

在工业领域，一些具有部分人的知识的测量系统（带智能的测量系统）的应用日渐增多。尤其在生产过程自动化方面，这类系统起着重要作用。例如，在水泥厂、精炼厂和电厂，这类系统的应用使产品的质量控制和精密生产得以提高。在机器制造、汽车和飞机生产中，这类系统用于监控一个过程的正确运行。在石油、燃气、电力及配电系统中，这类系统完成对各种各样的参数的分析，以实现工业设备的优化运行，达到调整、优化或增强系统运行安全性的目的。

（6）易于实现规范化的数字通信

数字测量系统通常拥有标准的串行通信接口（RS-232、RS-422、RS-485、USB、IEEE 1394 等标准接口），使得远距传输测量数据或控制命令十分方便。遵循选定的通信协议（如 USB 2.0 协议）和连接规范，可方便地组建分布式数字测量系统，这类系统中前端的测量单元（典型的是传感器＋A/D 转换器）与后续的处理/显示单元（通常为工业控制计算机或以嵌入式系统为核心的监控台）在空间上可以相距很远。按照现场总线（如 CAN 总线）标准组建的数字测控系统，能更便捷地实现系统中传感器、控制器、执行机、显示监控台等多个组成单元的分布式连接。

5.2　计算机在测试系统中的作用

在现代测试系统中，计算机起着核心和关键的作用。下面从原理及概念上简要介绍计算机在测试系统中的作用。更详细的讨论将在以后的几节结合几类实际的测试系统进行。

计算机在现代测试系统中的作用可归结如下：

5.2.1 组织和管理测试序列

在测试系统中，计算机的一个主要用途就是按照用户确定的顺序管理和控制全部测试序列。假定我们要设计一个系统用来测量信号的时间间隔、周期和频率等与时间有关的量，用分离电路实现这些功能的电路框图如图 5-5 所示。包括：

① 一个带整形电路的晶体振荡器。

② 一个分频单元，按十进制整数对振荡器频率实施分频。

③ 一个信号调理器件，用以提供与所用逻辑电路相容的脉冲。

④ 一个与计数器相连的门电路。

⑤ 一个显示及控制设备，允许按要求选择所希望的功能。

⑥ 一个微处理器，是这台仪器的神经中枢，可以按照所希望的功能来管理测量过程。它自动复位计数器的十进制位，发布实施一次新的测量的动作次序，最后读取测量结果。此外，它还管理显示及控制设备。

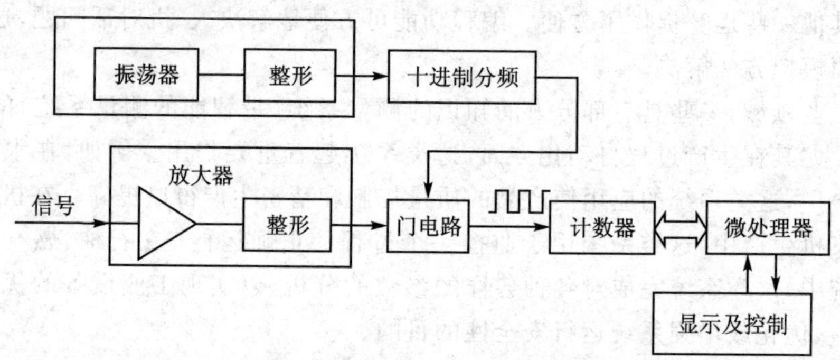

图 5-5　采用微处理器测量频率/周期的原理框图

依据测量目的的不同，图 5-5 可连接成不同形式的框图，所选取的十进制分频数决定计数时间，计数器的内容被记录下来，然后显示测量值。

1. 频率测量原理框图

图 5-6 为实现超高频的频率测量的原理框图。其中，计数脉冲由被测信号提供，测量时间由振荡器控制。为了实现超高频的频率测量，需将被测频率进行 $1/N$ 分频，计数时间应乘以 N（详细的精度分析及 N 值计算方法将在本书 5.6 节中介绍）。采用这种措施可使频率测量范围达到 1.5 GHz。

2. 周期测量原理框图

与频率测量时的情况相反，周期测量时逻辑门是由输入被测信号控制的，计数脉冲则来自振荡器。该振荡器的频率决定周期测量的分辨率，可以在被测信号的一个周期完成一次测量。为了提高测量精度，也可以跨几个周期进行一次测量（详细分析见本书 5.6.1.2 小节）。

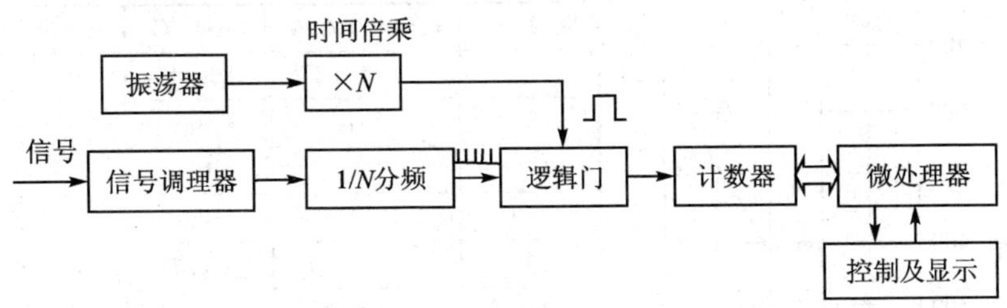

图 5-6 超高频频率测量原理框图

3. 时间间隔测量

测量时间间隔的方法与周期测量类似，测量时计数脉冲来自振荡器，所不同的是逻辑门由两个被测信号控制：逻辑门被启动脉冲 A 打开，而由停止脉冲 B 所禁止(见图 5-7)，逻辑门开启期间，计数器记录的值反映 A、B 脉冲跳变之间的时间间隔。

从上述例子中我们可以看出，微处理器(或微型计算机)对组织和管理测量序列的重要贡献。

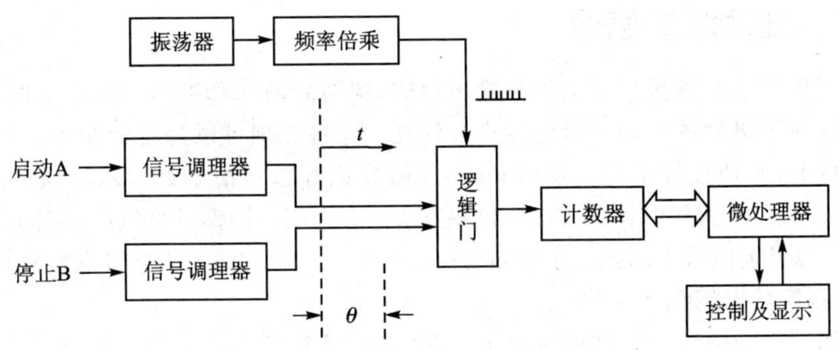

图 5-7 采用微处理器的时间间隔测量

采用微处理器或微型计算机可以使测量系统的使用灵活性及性能大大提高。用上述方法制成的带微处理器的频率计能够高精度地测量超高频率(达 7.1 GHz)的信号频率。

5.2.2 存储程序、表格和常数

图 5-8 所示为铬-康铜热电偶在 0～661.7 ℃(0～50 mV)范围内输出电压与温度的关系曲线及数据(以 0 ℃为参考点)。可以看出，在 0～40 ℃的低温段，输出电压随温度增高呈线性增加，但在更大范围内为了得到输出电压与温度成正比的关系，需要对传感器的特性实施分段线性化处理(详细的做法见本书第 6 章)。线性化得到的数据可以以表格的形式存储在 EPROM 或 E^2ROM 的指定区域。一些先进的数字多用表都带有一个与微处理器配合工作的 ROM，使得对一些热电偶的线性化处理能自动实现，并获得高的精确度。

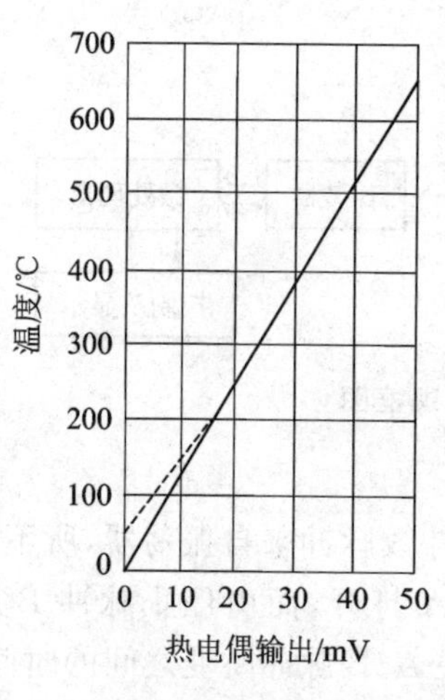

温度/℃	输出电压/mV	温度/℃	输出电压/mV
0	0	350.49	25
50	3.047	400	28.943
80.26	5.000	413.2	30
100	6.317	450	32.96
150	9.787	475.27	36.999
153	10	537.09	40
200	13.419	550	41.045
221.21	15	598.95	45
250	17.178	600	45.085
286.71	20	660	49.109
300	21.033	661.1	50
350	24.961		

图 5－8　某铬-康铜热电偶的输出电压与温度的关系

5.2.3　处理测量信号

按照所要求的测量信号的最终输出形式，利用微型计算机丰富的计算功能，可用多种方法对采集到的原始测量信号进行处理。这些处理可以是较为复杂的离散傅里叶变换(DFT)、快速傅里叶变换(FFT)、离散卷积等数字信号处理算法，也可以是一些相对较为简单、实用的计算方法。这些方法只有在引入微型计算机后才能实现，这是对传统仪器性能的极大增强。下面简要概述这些算法。较详细的介绍见本书第 6 章。

1. 测量数据的统计计算

在测试系统中统计处理可应用于许多方面，最常见的是对多次测量值求平均值和方差值。对被测量 x 做 N 次重复测量，得到 N 个测量值 x_i，则其平均值 $\bar{x}$ 为

$$V_{\mathrm{m}}=\sum_{i=1}^{N}\frac{x_i}{N}=\bar{x} \tag{5-1}$$

N 次重复测量的方差为

$$V_{\mathrm{ar}}=\sum_{i=1}^{N}\frac{(x_i-\bar{x})^2}{N} \tag{5-2}$$

红外光反射器的测距仪是应用上述统计处理算法的一个实例，在这类测距仪中，高精度的测量是通过反复多次测量加上对结果求平均值来得到的。这样的操作只有在采用微型计算机的仪器中方能实现。假定要求测量系统在测量距离为 1 km 时的测量偏差保持在 1 cm 以内，在微型计算机控制下，仪器进行 1 000 次的距离测量，并且将这些测量值的标准偏差与预先设定的允许偏差相比较。如果所得到的标准偏差小于允许偏差值，则微型计算机按平均值显示出所测量的距离。如果所得到的偏差不可接收，则微型计算机自动增加重复测量次数并校验其标准偏差(也就是将它与新定义的测量次数决定的新的允许偏差相比较)，以便得到更精确的测量系统指标。上

述这些性能用模拟式仪器是无法实现的。

2. 实现几种不同参数的组合测量

在观测现实世界时，特别是在工业过程测试中，常常会遇到这种情况，那就是用传感器测量一个物理量时，该物理量与多个变量有关。常见的例子就是流量测量。例如为测量流经一个导管或喷孔的气体流量 F，需要知道相应的绝对压力 P、绝对温度 T 和压力降 ΔP，其计算公式如下：

$$F=K_1\left(1-K_2\frac{\Delta P}{P}\right)\sqrt{\frac{P\Delta P}{T}} \tag{5-3}$$

式中，K_1、K_2 为与结构有关的常数。

用测量系统的微型计算机能很方便、快速地实现这一计算。其中 P、ΔP 和 T 的测量可用合适的传感器来实现。

3. 抽取测量值

在仪器/仪表领域，计算机常被用于将大量的测量值转换成少量重要的显示器示值。这类显示器示值是为后续决策服务的，在计算机测控系统中这是常见的情况。抽取测量值的算法有很多，这里只列举其中用得最多的几种，包括平均值、绝对值平均、最大或最小值、方均根值等计算，功率（瞬时、峰值和平均）、能量、功率因数、矢量求和以及比率等算法。

4. 使被测量信号的处理更加方便

绝大多数使用方便且实用的传感器的特性（即被测物理量与其输出电测量的关系）都是非线性的，因为制作线性传感器是很困难的。因此，测量系统的设计者需要在测量方便与被测信号处理方便二者之间选择合适的解决方案。下面用一个例子来说明这一问题。

图 5-9 为一个模拟式氧气浓度检测器的原理电路图，图中包含一个反对数模块（Analog Devices 公司的 752P），因为氧离子浓度的电测量呈现对数特征。例如，在测量电极，能得到如下测量值（以 0 mV 为基准）：

V_{in}/mV	0	−60	−120	−180
相对浓度/%	10	1	0.1	0.01

上述数据表明，相对浓度的 10 倍变化会引起氧传感器输出产生 60 mV 的变化。图 5-9 所示模拟测量系统中具有对数特征的传感器所要求的反对数运算，在数字测量系统中借助微型计算机丰富的计算功能是很容易实现的，从而可以省去相应的模拟运算电路。

5. 实现信号间的相关运算

在测试系统中，相关运算用于从包含噪声的测量信号中恢复有用信号。自相关函数是指信号 $x(t)$在时间为 t 时的值与时间为$(t+\tau)$时的值的乘积的平均值。若 $x(t)$为平稳随机变量，则其自相关函数可表示为

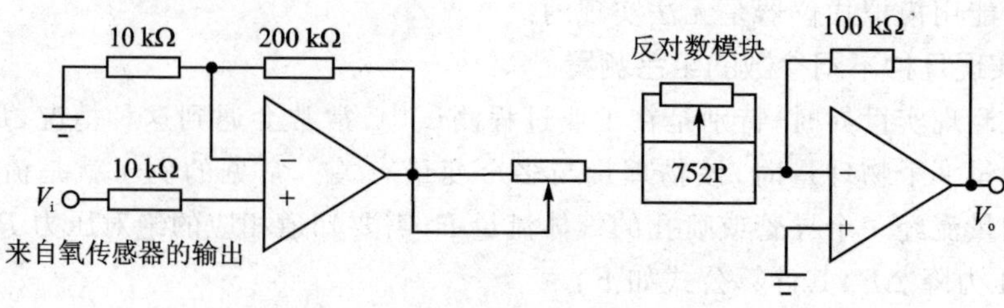

$$V_o = -10\ \text{V} \times \left(\frac{\%O_2}{10\%}\right),\ -10\ \text{V} < V_o < -10\ \text{mV}$$

图 5-9　氧气检测器的原理电路图

$$R_{xx}(\tau) = \lim_{T \to \infty} \frac{1}{T} \int_0^T x(t)x(t+\tau)\mathrm{d}t \tag{5-4}$$

式中，T 为积分时间，即样本记录的时间长度；τ 为延迟时间。

互相关函数是指信号 $x(t)$ 在时间为 t 时的值与另一信号 $y(t)$ 时间 $(t+\tau)$ 时的值的乘积的平均值，可表示为

$$C_{xy}(\tau) = \lim_{T \to \infty} \frac{1}{T} \int_0^T x(t)y(t+\tau)\mathrm{d}t \tag{5-5}$$

式中，T、τ 的意义同上。

对采用数字计算机的测试系统而言，x、y 均为离散变量，表示为 $x(n)$、$y(n)$。如果对 $x(n)$ 和 $y(n)$ 的观察点数 N 为有限值，则自相关和互相关函数可分别表示为

$$R_{xx}(m) = \frac{1}{N} \sum_{n=0}^{N-1} x(n)x(n+m) \tag{5-6}$$

$$C_{xy}(m) = \frac{1}{N} \sum_{n=0}^{N-1} x(n)y(n+m) \tag{5-7}$$

式中，$n=0,1,\cdots,N-1$；m 为与延迟时间对应的采样周期数。

采用微型计算机实现式(5-6)和式(5-7)相关函数计算是很方便的，其计算步骤如下：

① 采样并量化输入信号 $x(t)$ 和 $y(t)$ 得到 $x(n)$ 和 $y(n)$；

② 将 $x(n)$ 或 $y(n)$ 相对平移；

③ 求相应的采样信号的乘积；

④ 对所得的乘积求和。

5.2.4　实现自动校准

能够实现对测量通道的自动校准是基于微型计算机的测试系统的极有价值的特性。通常的做法是在微型计算机的控制下，系统能自动地对被校准的测量通道经过开关分别接入两个标准的输入信号：第一个输入信号给出一个准确的“零”值；第二个输入信号给出一个“满量程”值。然后将这两个标准输入值对应的测量结果分别存储起来，后续的测量都规格化到上述两次存储的结果之中。图 5-10 为实现电压测

量通道自动校准的原理框图。

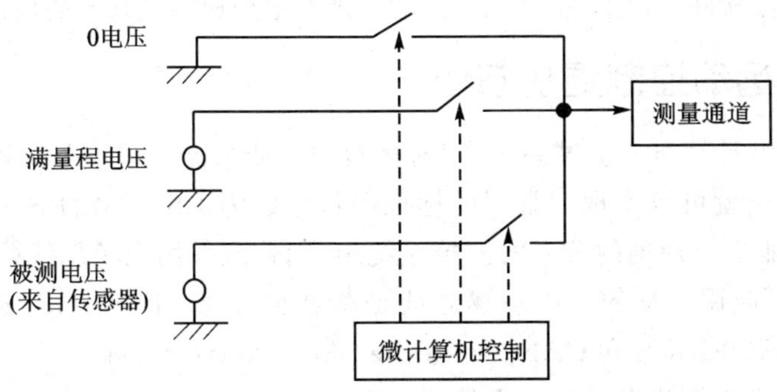

图 5－10　微型计算机控制下测量通道的自动校准

5.2.5　实现智能化的输出显示

微型计算机允许将测量信号的值准确而有效地显示给用户，这些显示出来的值可以是有效值、平均值或者更加复杂一些的值，比如信号的相关函数、傅里叶变换函数等。由微型计算机驱动的显示设备依据其显示任务的复杂程度来进行设计，最简单的显示系统包括接口电路、驱动电路和显示组件，如图 5－11 所示。此外，显示控制是由微型计算机系统中的处理器完成的，对该处理器来说，由于承担显示控制任务，它不再能长时间地执行它的计算任务，因此，有时需要使用一个专门用作显示控制和管理的器件。

为了减轻系统中的微处理器的负担，可在显示系统中加入一个控制器芯片，它能够提供数据存储和各种显示驱动功能，并与阵列寻址电路相配合控制各显示器件（见图 5－12）。

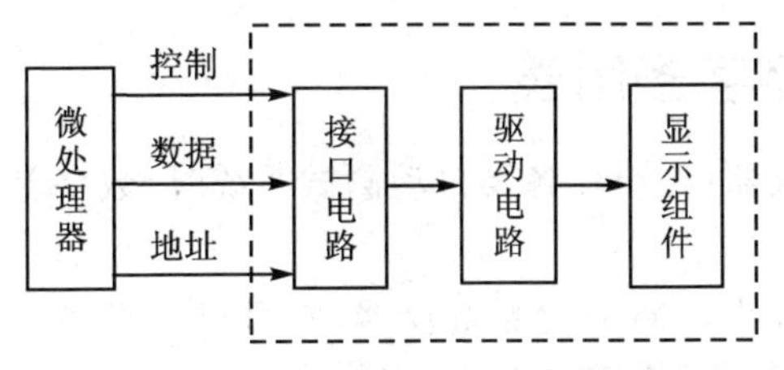

图 5－11　由微处理器控制的最简单的显示系统

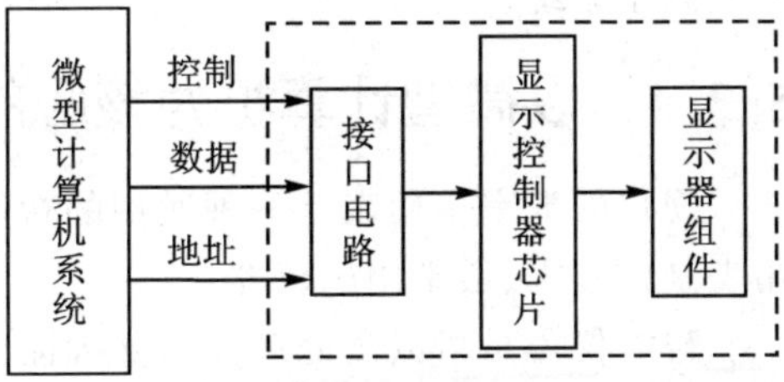

微型计算机系统
控制
数据
地址
接口电路
显示控制器芯片
显示器组件

图 5－12　采用专用控制器芯片的显示系统

5.2.6　使测试系统的设计更加灵活

微型计算机的应用使得测量仪器，测量系统的设计更加灵活，系统组建更加方便。一种流行的组建方式是将测量仪器与个人计算机（或工业控制计算机）配合形成测试系统。硬件模块化是另一显著的特征，这使得一些专门的硬件功能可通过变更或增加印制电路板来实现。又由于有一些工业标准通信软件、组态软件、信号分析软件包和虚拟仪器软件开发工具等的支持，能够极大地加速测试系统的设计和研制进程。

5.2.7 使远动控制更加方便

在基于微型计算机的测试系统中，对多台仪器或数据采集设备的远动控制，通过标准的通信总线就可以实现。常用的标准串行总线为 RS－232、RS－422、RS－485 和 USB，在工业生产现场的分布式测控系统中，则普遍采用现场总线(Fieldbus)来组建系统。目前，应用广泛的几种现场总线是基金会总线 FF(Foundation Fieldbus)、Lon Works、PROFIBUS 和 CAN(Controller Aera Network)等。

在用台式仪器组建自动测试系统时，GPIB(General－Purpose Interface Bus)是最常用的仪器控制总线；在用模块化仪器组建自动测试系统时，以 VXI(VMEbus extension for Instrumentation)和 PXI(PCI extention for Instrumentation)两种总线为基础；在以局部网为基础组建分布式自动测试系统时，采用 LXI(LAN extention for Instrumentation)为技术标准。

5.3 以微型计算机为核心的测试系统举例

在工业、国防和国民经济的各部门，广泛使用着各种基于微型计算机的测试系统。下面介绍三种具有一定代表性的系统：以微型计算机为核心的数字多用表，代表着基于微型计算机的测试系统在通用智能仪器方面的应用；飞机电缆自动检测系统，代表着一大类以检测为目的的专用自动测试系统；内燃机参数测试系统，则代表规模较大且有一定综合性的测试系统。在这类系统中，为了满足一定的测试条件(如保持转速恒定或施加给定的负载等)，除了要求的参数测量系统外，还包含某些必需的控制子系统。

5.3.1 以微型计算机为核心的数字多用表

现代的数字多用表是一种通用的智能仪器，在组建各类自动测试系统时，数字多用表是最基本、最常用的仪器。

智能仪器是指以微处理器为基础而设计出的新一代测量仪器，它可以说是最简单的一类计算机测试系统。对智能仪器的“智能”含义目前尚无规范统一的定义，大体上是指：① 这类仪器功能较多，使用灵活，配有通用接口，有完善的远地输入和输出能力，能很方便地接入自动测试系统。② 仪器本身具有“初级智能”，即具有自动量程转换、自调零、自校准、自检查、自诊断等功能。③ 这类仪器采用了“智能”元件——微处理器(或微型计算机)。设计这类仪器时，采用了新的设计思想，其中最根本的一点就是最大限度地利用微型计算机的智能，以组成低成本、高性能的测量仪器。例如，在传统的数字电压表中，为了实现高精度的电压测量，要求数字电压表的模拟放大电路具有良好的稳定性。为了做到这一点，采用了大量高稳定特性的精密元件(低漂移的运算放大器、高性能的精密电阻等)。而在采用微型计算机的条件下，可以不要求模拟放大电路具有良好的稳定性，只要求将其随环境变化的信息通知微型计算机，利用微型计算机的智能，对数据加以适当处理，同样可以得到高的测量精度。只要模拟电路部分对微型计算机来说是“透明的”，即微型计算机能随时“洞察”模拟电路部分的参数变化，那么就有了利用微型计算机进行修正的基础。微型计算机的“智能”特性使数字电压表中的精密模拟元件大大减少，从而可降低了成本。这就是计算机给测试技术带来的革命性变化的一个实例。图 5-13 给出了以微型计算机为核心的数字多用表框图。从图中可以大体看出智能仪器的基本结构，其核心部分是微型计算机。

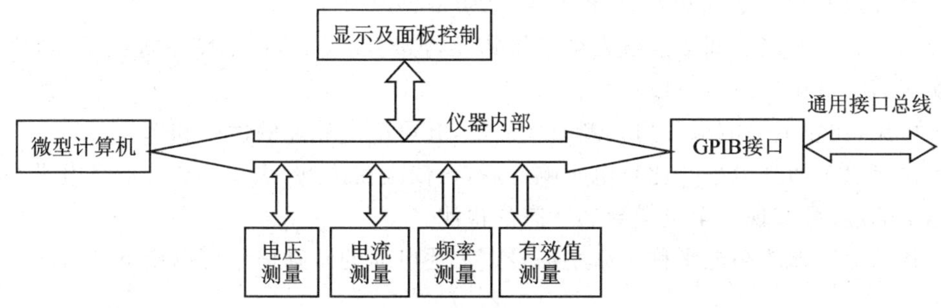

图 5-13　以微型计算机为核心的数字多用表框图

该仪器具有一个内部总线，微型计算机通过内部总线与仪器其他功能部件进行通信，实现对整个测量过程的管理与控制。电压、电流、频率、有效值测量电路分别经各自的接口接到内部总线上，相应的测量转换(例如，对直流电压进行测量，要施行模拟/数字转换，对频率进行测量，要施行频率/数字转换)都是在微型计算机控制下进行的。微型计算机还进一步对所采入的数据进行计算、处理并送给显示单元显示。这里，4 个量的测量共用一台微型计算机，微型计算机的效能得到充分发挥。除此之外，仪器还配置了 GPIB 接口，可以很方便地接入自动测试系统中。

5.3.2 飞机电缆自动检测系统

早期检测飞机电缆的方法是人工检测，主要是用多用表或辅助的指示灯、电铃来逐一检查对应的两点是否导通。这种方法在原理上存在着漏检的可能，因为它只能发现“该通而不通”的故障，但不能发现“不该通却通”的故障。另外，再加上由于飞机电缆的被测点很多，测试量大，人工多次重复简单的操作，往往存在一定的误检率(误检率约为 10^{-3})。采用基于微型计算机的飞机电缆自动检测设备，能够有效地提高电缆检测的正确率和测试效率，并大大减轻检测人员的劳动强度。

通常，飞机电缆的检测要求如下：

① 导通状态检测，发现短路、断路、混线、搭壳等故障，并确定其部位；

② 绝缘电阻检测，在 500 V 直流电压下，要求绝缘电阻≥20 MΩ；

③ 要求误检率$<10^{-5}$。

1. 导通状态检测原理

下面以图 5－14 所示电缆为例说明导通状态检测的原理，该电缆由 8 个接点、4 根导线组成。

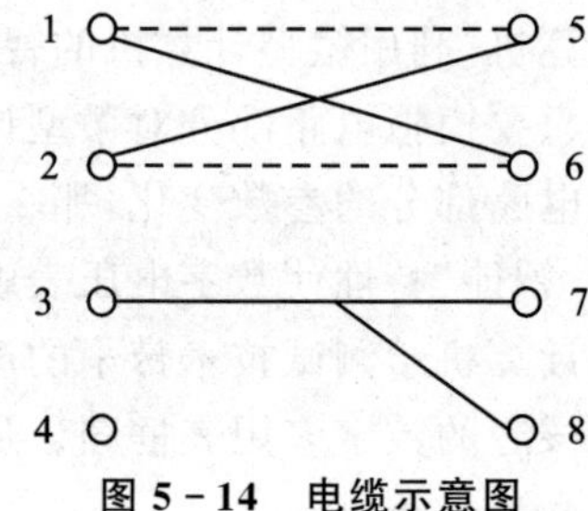

图 5－14 电缆示意图

先在接点 1 加 TTL 高电平，则 8 个点上的电平响应为[1 0 0 0 0 1 0 0]。其中列为点号，1 代表高电平，0 代表低电平。

当接点 1 和 6 的连线断路时，电平响应为[1 0 0 0 0 0 0 0]。

当接点 5 和 6 之间短路时，电平响应为[1 1 0 0 1 1 0 0]。

当 1、2、5、6 诸点间 4 连线发生连接错误，出现混线故障，如图中虚线所示，则电平响应为[1 0 0 0 1 0 0 0]。

可见，比较电平响应即可判断有无故障，并可确定故障的性质和部位。

在接点 1 加高电平并比较电平响应后，再依次在接点 2，3，…，8 上加高电平并比较电平响应，可实现对全电缆导通状态的检测。

各点上所加的高电平称为激励信号。上述电缆的激励信号可以用下列激励矩阵表示：

$$\boldsymbol{U}=\begin{bmatrix}1&0&0&0&0&0&0&0\\0&1&0&0&0&0&0&0\\0&0&1&0&0&0&0&0\\0&0&0&1&0&0&0&0\\0&0&0&0&1&0&0&0\\0&0&0&0&0&1&0&0\\0&0&0&0&0&0&1&0\\0&0&0&0&0&0&0&1\end{bmatrix}=\boldsymbol{I}$$

矩阵的行表示检测次数，列表示点号。电缆检测的激励矩阵为一单位矩阵。

电缆的导通状态可用下列矩阵表示：

$$\boldsymbol{X}=\begin{bmatrix}1&0&0&0&0&1&0&0\\0&1&0&0&1&0&0&0\\0&0&1&0&0&0&1&1\\0&0&0&1&0&0&0&0\\0&1&0&0&1&0&0&0\\1&0&0&0&0&1&0&0\\0&0&1&0&0&0&1&1\\0&0&1&0&0&0&1&1\end{bmatrix}$$

矩阵的行表示点号，列表示该点所连的点号，1 表示相连，0 表示不连，此矩阵称为电缆的状态矩阵。

将激励矩阵加在被测电缆上，所得响应信号可用矩阵 $\boldsymbol{Y}$ 表示：

$$\boldsymbol{Y}=\boldsymbol{U}\boldsymbol{X}$$

而矩阵 $\boldsymbol{Y}$ 称为响应矩阵，其行表示检测次数，列表示点号，1 代表高电平，0 代表低电平。

当电缆导通状态正确时，其响应矩阵为

$$\boldsymbol{Y}=\begin{bmatrix}1&0&0&0&0&1&0&0\\0&1&0&0&1&0&0&0\\0&0&1&0&0&0&1&1\\0&0&0&1&0&0&0&0\\0&1&0&0&1&0&0&0\\1&0&0&0&0&1&0&0\\0&0&1&0&0&0&1&1\\0&0&1&0&0&0&1&1\end{bmatrix}$$

当接 1 和 6 断路时，响应矩阵应为

$$\boldsymbol{Y}=\begin{bmatrix}1&0&0&0&0&0&0&0\\0&1&0&0&1&0&0&0\\0&0&1&0&0&0&1&1\\0&0&0&1&0&0&0&0\\0&1&0&0&1&0&0&0\\0&0&0&0&0&1&0&0\\0&0&1&0&0&0&1&1\\0&0&1&0&0&0&1&1\end{bmatrix}$$

当接点 5 和 6 间短路时，响应矩阵为

$$\boldsymbol{Y}=\begin{bmatrix}1&1&0&0&1&1&0&0\\1&1&0&0&1&1&0&0\\0&0&1&0&0&0&1&1\\0&0&0&1&0&0&0&0\\1&1&0&0&1&1&0&0\\1&1&0&0&1&1&0&0\\0&0&1&0&0&0&1&1\\0&0&1&0&0&0&1&1\end{bmatrix}$$

当 1,2,5,6 诸接点发生混线（如图 5－14 中虚线所示）时，响应矩阵为

$$
Y=\begin{bmatrix}
1 & 0 & 0 & 0 & 1 & 0 & 0 & 0\\
0 & 1 & 0 & 0 & 0 & 1 & 0 & 0\\
0 & 0 & 1 & 0 & 0 & 0 & 1 & 1\\
0 & 0 & 0 & 1 & 0 & 0 & 0 & 0\\
1 & 0 & 0 & 0 & 1 & 0 & 0 & 0\\
0 & 1 & 0 & 0 & 0 & 1 & 0 & 0\\
0 & 0 & 1 & 0 & 0 & 0 & 1 & 1\\
0 & 0 & 1 & 0 & 0 & 0 & 1 & 1
\end{bmatrix}
$$

由上可见，将实际响应矩阵与标准响应矩阵相比较，即可判断电缆有无故障以及故障的性质和部位。

实现上述检测原理的硬件系统框图如图 5-15 所示。微型计算机（以下简称微型机）通过接口 1、译码器确定在哪个点上加激励高电平，经检测电路，转换器加在被测电缆上。

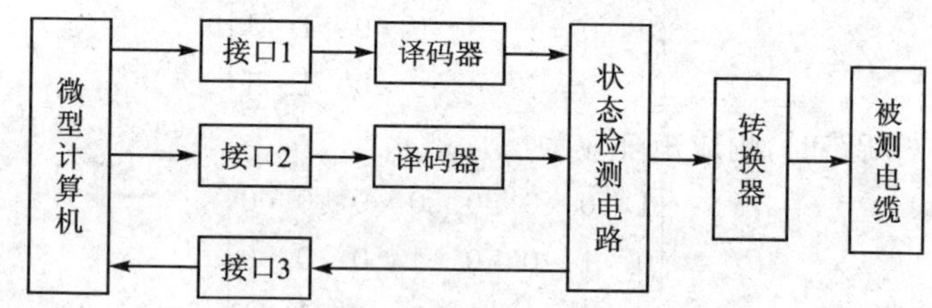

图 5-15　电缆导通状态检测系统框图

通过接口 2、译码器确定响应信号的组合。因为微型机一次只能取回一定位数的响应信号，位数取决于微型机的位数 n。当电缆点数超过此位数时（飞机电缆可多达 2 000 点以上），响应信号需分组取回，每组 n 位。接口 2 输出的是响应组号，经译码后加在状态检测线路上。该组的响应电平经接口 3 输入微型机，由程序判断故障情况。

导通状态检测程序流程图如图 5-16 所示。系统启动后，打印机先打印出检测报告的表首，包括日期、电缆图号等，这可由用户自行设计。对首点加激励高电平，逐组取回响应电平，并与标准状态比较。如果不相同，判断故障性质和部位后，将故障打印出来。如果相同，表示无故障，转入下一组。对所有点加激励高电平并比较判断后，检查有无故障，如果未发现任何故障，表示电缆合格，即打印出“合格”标记和表尾，检测结束。

2. 绝缘电阻检测原理

绝缘电阻测量原理如图 5-17 所示。

吸合被测点的继电器的动点与常开点接通，如图中 01H 点继电器的虚线所示。此时 500 V 电压经 01H 点继电器的动点、常开点加在 01H 点上，再经 01H 点与其他各点之间的绝缘电阻 R、限流电阻 R_1、取样电阻 R_2 通至地端。显而易见，在 R_2 上

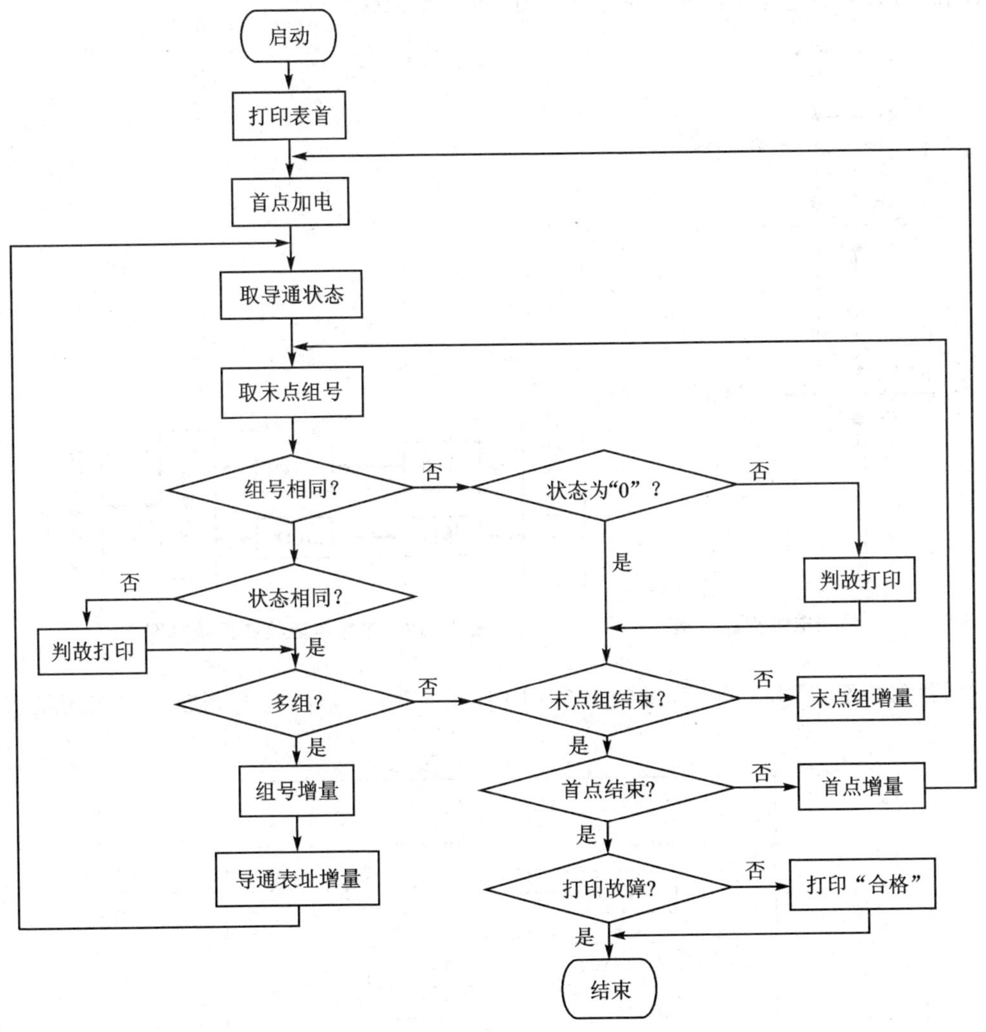

图 5-16　导通状态检测程序流程图

的电压降为

$$V_{\mathrm{i}}=\frac{500R_2}{R+R_1+R_2}$$

故

$$R=\frac{500R_2}{V_{\mathrm{i}}}-R_1-R_2$$

即可由电压 V_{i} 求得绝缘电阻 R。

绝缘电阻检测系统框图如图 5-18 所示。微型计算机在程序控制下，通过接口和选点逻辑选中被测试点，使该继电器工作，该点与测试电压 500 V 接通，如图 5-17 所示。R_2 上的电压 V_{i} 经 A/D 转换后由接口送入微型计算机，由程序进行

计算处理，判断绝缘电阻是否大于或等于(20±2)MΩ。

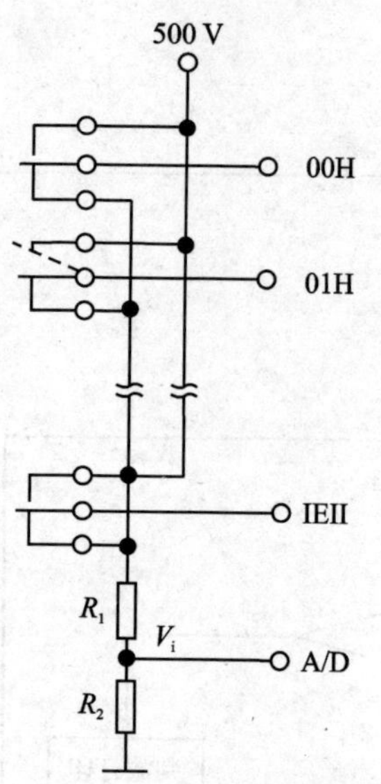

图 5-17　绝缘电阻测量原理

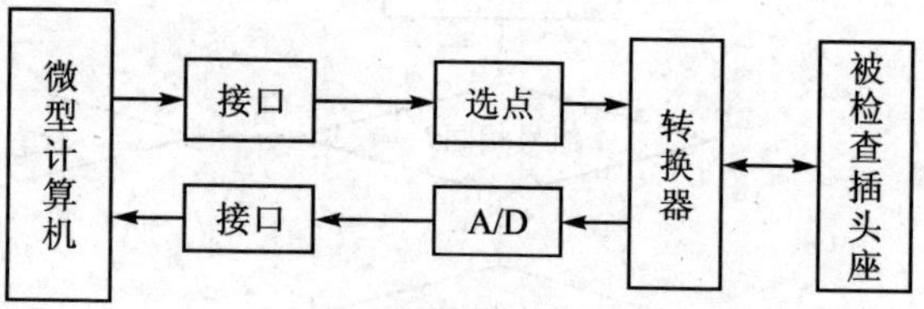

图 5-18　绝缘电阻检测系统框图

绝缘电阻检测程序流程图如图 5-19 所示。取点号后，先要判断是单点还是双

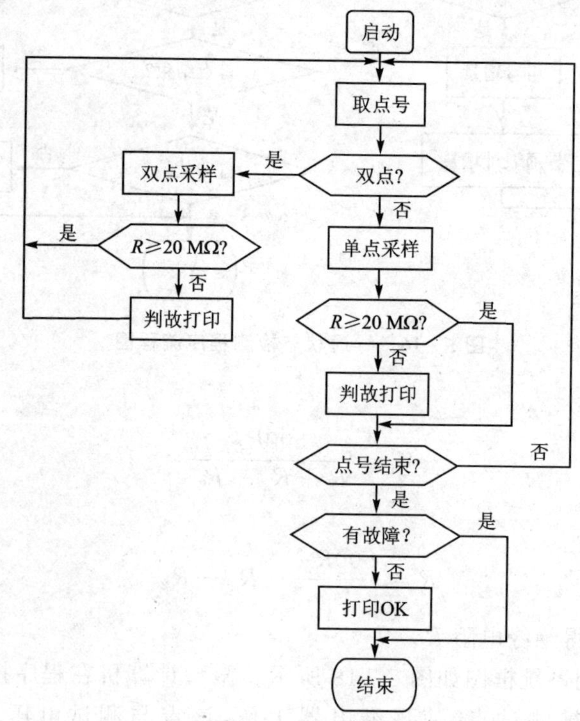

图 5-19　绝缘电阻检测程序流程图

点。双点是指互相短接的两个点。测量双点的绝缘电阻时,应将此两点同时选中,再读取 R_2 上的电压。否则,所计算得到的绝缘电阻值将为零。采样得到电压 V_i 后,判断绝缘电阻是否大于或等于(20±2)MΩ。如果为否,则打印故障。倘若未打印过故障,则在最后显示打印合格。

导通状态测试的关键是可靠性,即保证低的误检率。采取的主要措施是自检和容错。自检的目的是确保系统本身无故障。容错的目的是在系统发生错误或有外界干扰的情况下,保证检测结果准确无误。采取这些措施后,可达到 10^{-5} 的误检率指标。

5.3.3 内燃机参数测试系统

以微型计算机为核心的测试系统在内燃机试验中有着广泛应用,它有着成本低、功能强、可靠性高的优点。下面介绍一个内燃机参数测试系统的实例。

1. 系统组成及工作原理

图 5-20 为一个用于内燃机试验的测试系统的组成框图。该系统的主要用途、功能及技术指标如下:

(1) 系统的主要用途

① 对发动机进行性能试验,包括万有特性试验。

② 变工况耐久试验(在台架上进行道路模拟试验)。

③ 600~1 000 h 可靠性试验。

(2) 系统的主要功能

① 具有程序控制功能,可实现多循环的程序控制,自动进行工况切换和稳定调节。不同性质的试验可以一次送入,计算机自动完成。

② 试验过程中,使用光标可方便地修改试验计划,可退步、跳步、删除、插入程序步。

③ 能实现试验数据的自动采集、统计处理,剔除可疑数据,显示测量值及计算结果。具有随机打印及自动制表功能;具有绘制试验特性曲线(外特性、负荷特性、推进特性及万有特性)的功能,还可以绘制对比曲线。

④ 具有进气温湿度控制及大气修正功能,能同时显示、打印实测值及修正值。

⑤ 对主要参数具有监测、报警及应急处理能力,紧急停车后能打印停车前 250 s 内的数据。

(3) 系统的主要技术指标

① 发动机功率范围:1~370 kW;

② 速度:0~7 000 r/min,控制精度±5 r/min;

③ 扭矩:(范围决定于测功机,)控制精度±1 N·m;

④ 油耗:(10±0.05)~(2 000±0.2)g;

⑤ 压力:0~1 MPa,±2%FS(机油压),0~20 kPa,±3%FS(排气背压);

⑥ 温度：0～(100±1)℃(油温、水温、进气温等)，0～(900±5)℃(排气温)，(−10±0.5)℃～(40±0.5)℃(干、湿温)；

⑦ 漏气量：0～50 mL，±3%FS；

⑧ 提前角：(−50±0.1)°～(50±0.1)°；

⑨ 冷却液温度控制：(95±5)℃；

⑩ 机油温度控制：(115±5)℃。

分析以上对系统的功能及性能要求可以得知，该测试系统具有综合性的特点，也就是说，要求该系统完成的任务不是单纯对若干物理参数的测量，而是要完成不同部位众多物理参数的测量(涉及许多传感器/变速器的选用和接口设计)，而且要使被试验的对象(内燃机)在一定的运行状态下(如恒转速、恒扭矩或运行自然特性等)进行相应的参数测量，并且还要求在测试过程中控制周围环境条件，使之满足试验规范要求。这说明该测试系统须同时具有控制内燃机运行及保障试验环境条件的控制功能，从本质上看，它应是一个包含控制子系统(或控制单元)的“测中含控”的测控系统。

图 5-20 所示系统的右半部是一台工业控制计算机(简称工控机)。

图中工控机总线右侧为该工控机所拥有的外部设备及其接口，包括键盘、显示器、打印机、绘图仪、硬盘、光驱等。工控机总线左侧示出了系统所采用的过程通道接口：① 两组 I/O 接口分别用来连接隔离数据采集器，并对水温、油温和燃油温进行开关量控制；② 两个 D/A 转换器通道分别用来为发动机的油门控制器及测功机的励磁调节器提供模拟形式的给定量；③ 一个 A/D 转换器通道用于检测油门位置，以数字量形式送给工控机；④ 一个定时器(TIMER)为整个系统提供时间基准。

温度、压力、油耗、漏气量等参数测量选用相应的传感器，经过对应的二次仪表(油耗仪、扭矩仪、提前角仪、漏气量仪和排气背压表)完成模拟量信号调理和测量转换，然后送多通道的数据采集器完成 A/D 转换，其结果经 I/O 接口送工控机。一些不需要用专用二次仪表的测量信号，经过相应的信号调理器实现信号调理，送到另外的数据采集通道完成数据采集。

报警信号及油/水温度控制、紧急停车控制信号由计算机发出，通过报警控制单元实施控制。

系统中采用两个模拟调节器来控制发动机的运行状态，一个是油门调节器，其执行机构为油门执行机，控制装置为模拟形式的油门控制单元，油门调节器的给定输入信号由工控机经一个 D/A 转换通道提供。另一个模拟调节器为转速调节器，该调节器由测功机本体、励磁驱动器、励磁控制单元及 F/V(频率/电压)转换器组成。其中 F/V 转换器为该调节器提供转速反馈信息，转速给定信号由工控机经另一个 D/A 转换通道提供。运用此模拟调节器可使内燃机运行自然特性，或实现转速平方、恒转速及恒扭矩等控制方式。

为了避免大气环境对试验结果的影响，本系统安装了进气温湿度空调系统。空

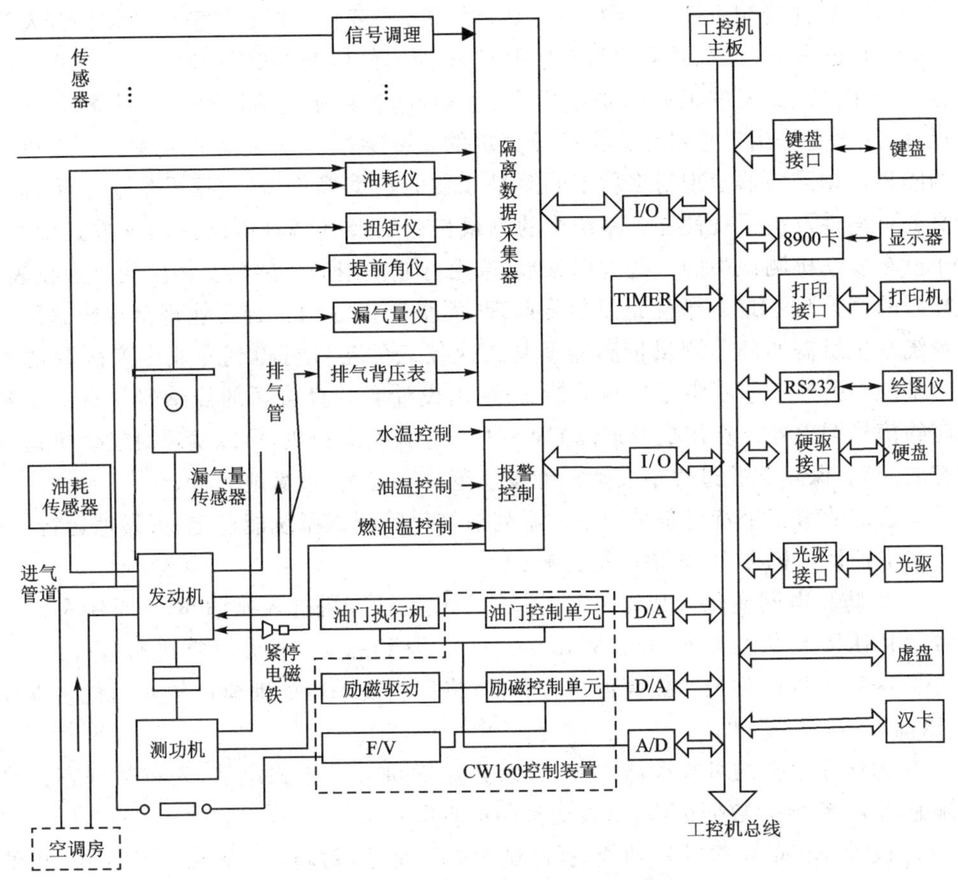

图 5-20　内燃机测试系统组成框图

调送出的恒温恒湿的空气通过进气管道直接送到内燃机的空滤器进口。这样，进气温度能恒定在(20±5)℃范围内，湿度可在设定值的±5%以内，能近似模拟标准大气状况。

2. 本系统的技术特点分析

本系统的第一个特点是综合性。该系统要控制被测对象(发动机)运行于规范所要求的状态，在此状态下完成对规定的参数的测量或对指定的功能/性能的检测，这是绝大多数试验(测试)台所具有的共同特点。这一特点要求系统设计者在考虑这类具有综合性的测试系统总体方案时，应在全面满足各种测量指标的同时，保证对被测对象的控制要求也能够有效地满足。

本系统的第二个特点是在组建系统时成功地采用一些稳定可靠的成熟技术。本系统是在20世纪90年代初投入使用的，选用工业控制中常用的工业控制计算机为主控计算机，用以控制和管理整个试验及测试过程。工业控制计算机性能稳定，可靠性高，价格比较便宜，而且市场上有大量的各种类型的基于工控机总线的硬件模板可供选配。在软件研制方面，在工控机运行环境下，许多商品形式的廉价的软件开发工具（如各种类型的组态软件等）可供选用，能减少软件研制的时间和成本。一些支持工控机应用系统开发的工业标准可以很方便得到，各种相关的软硬件研制资料、文献可供参考，也是采用工控机作为主控计算机的重要原因。本系统采用基于工控机总线的隔离数据采集器实现对多种不同测量参数的数据采集，其数据采集子系统具有较高的可靠性及抗干扰性能。系统中的测量传感器及其调理电路按两种方式配置。对于汽车发动机测试中的一些常用参数，选用行业惯用的传感器及相应的二次仪表，这样做的好处是：① 参数测量及信号调理、测量转换等均符合行业规范要求；② 后续系统维护所需的部分测量传感器及其二次仪表的备件可得到专业生产厂商的支持。系统中另外一些不常用的测量参数，则由设计者选择合适的传感器并自行研制相应的信号调理器。选用成熟产品 CW－160 电涡流测功机，可以实现对发动机运行状态的控制，保障试验过程中发动机能按规范要求稳定、可靠地运行。

本系统的第三个特点是采取了一系列措施保障测试系统能稳定、可靠地运行。

在主控计算机方面，采取的措施有：

① 为防止电网变化或其他因素引起的干扰使计算机进入死循环，本系统利用定时器（TIMER）模板实现看门狗（Watch－Dog）功能，能自动恢复计算机的运行；

② 采用软件固化技术提高运行可靠性，将控制及采集处理模块软件固化在虚盘中，以提高运行可靠性；

③ 为保证数据的可靠存储，数据记录采用随机文件方式存储，先将数据存入半导体虚盘中，断电后数据可保存，再送打印机打印；

④ 设计完善的报警控制功能，提高试验的安全性，对转速、机油压、机油温、出油温等都设有极限紧急停车功能。

在测控设备方面，采取的措施有：

① 采用隔离技术，抑制外部干扰。采用隔离变压器改善电源条件，对每个测量通道都采用了光电隔离，有效地隔离了干扰源。

② 采用一部分独立的成件测量仪表，技术成熟，工作稳定，每个仪表可定期送计量检定，也可实现不停机检查及更换。

③ 采用精度及性能稳定的电涡流测功机满足变工况耐久试验的要求。

5.4 采用微型计算机的电压测量

在以微型计算机为核心的测试系统中，实现各种参数测量、处理和显示的测量系统是其中的基本组成部分。本章的后续部分将讨论如何利用微型计算机来实现对三种最基本的电参数（电压、电流和频率）的测量，因为各种非电参数的测量最终都要转变成电量，与计算机接口时都表现为典型电量的形式，其中最常用的量是直流电压和频率（或周期）。

5.4.1 采用成品 A/D 转换器的直流电压测量

直流电压测量电路的任务是将输入的被测直流电压转换成与其大小成正比的数码送入计算机。直接采用满足精度要求的 A/D 芯片(见图 5-21)是最简单可行的方案。在利用一片 A/D 芯片对多路直流电压进行分时测量时,要接入一个模拟多路器。在采用多路器或者输入直流电压变化速率较快时,在 A/D 芯片前面接一个采样/保持(S/H)器是必需的。对缓慢变化的直流电压,宜采用双积分型 A/D 芯片,如 $3\frac{1}{2}$位的 MC14433、$4\frac{1}{2}$位的 7135 等,这样可获得较高的转换精度。对中速变化的直流电压,可采用逐次逼近型 A/D 芯片,如 8 位的 ADC0804、12 位的 AD574 等。一般中速 12 位的逐次逼近型 A/D 芯片要比双积分型芯片贵得多。为了测量带高速瞬变性质的直流电压(如阶跃激励下的过渡过程曲线,冲击产生的波形等),须采用并行或并串行 A/D 转换器,这类转换器往往由多片高速集成电路组成,价格很高。

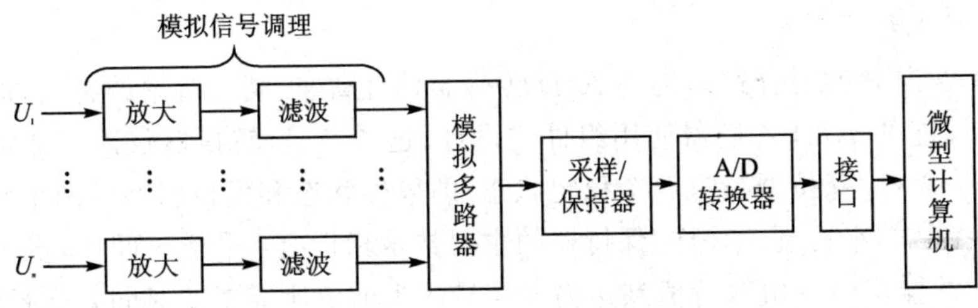

图 5-21 采用 A/D 芯片的直流电压测量

一些民用 A/D 转换器的性能见表 5-1 和表 5-2,一组具有代表性的 S/H 的器件如表 5-3 所列。表 5-1 所列的单片式 A/D 转换器转换速度较低,优点是成本低。

表 5-1 一组单片式 A/D 转换器

器件型号	制造厂家	分辨率/位	转换方法	转换时间/μs	电源/V	特 点
ADC0804	National,Intersil	8	S. A.	100	+5	与直接上层 cell 相同
AD7574	Analog Devices	8	S. A.	15	+5	与直接上层 cell 相同
AD570	Analog Devices	8	S. A.	25	+5,−15	在片时钟,缓冲器输入范围可编程
AD573/AD673	Analog Devices	10/8	S. A.	15/20	+5,−15	与直接上层 cell 相同
ADC1080/1280	National	10/12	S. A.	18/22	+5,±15	与直接上层 cell 相同
TSC7109	Intesil,Teledyne	12 位加符号	修正双斜积分	0.033	+5	CMOS 并行/串行 UART 接口

续表 5-1

器件型号	制造厂家	分辨率/位	转换方法	转换时间/μs	电源/V	特点
AD7555	Analog Devices	4½数字	修正双斜积分多输入方式	0.61	±5	CMOS时钟、缓冲器、并行/串行
ADC0808	National TI	8	S.A.	100	+5	CMOS 8通道,时钟、缓冲器、地址锁存器
AD7581	Analog Devices	8	S.A.	80	+5	与直接上层cell相同
ADC0816	National, TI	8	S.A.	100	+5	类似ADC0808,但16通道
AD5010/AD6020	Analog Devices	6	并行	视频ADC $10^4/2\times10^4$	±5	用于极高转换速率
MC10317	Motorola	7	并行	3×10^4	±5	ECL

注:S.A.表示逐次逼近。

表5-2所列的混合式结构的A/D转换器具有高速、高分辨率的特点,但价格较贵。最高性能的A/D转换器使用组件式设计,这类A/D转换器仅限于非常专门的应用场合。采样/保持器只有两个稳定状态,即采样状态和保持状态。两个状态间转换由状态控制端来控制。采样/保持器的主要技术指标有:采样时间(从发出采样命令到S/H的输出电压由保持值到达输入信号的当前值所需要的时间)、孔径时间(从发出保持命令到开关断开所需要的时间)、稳定时间(从开关断开到S/H输出达到稳态值所需要的时间)和保持电压衰减速率(在保持状态下,由于漏电流引起的保持电压衰减)等,各主要指标的含义见图5-22(b)。

表5-2 一组混合式A/D转换器

器件型号	制造厂家	分辨率/位	转换方法	转换时间/μs	电源/V	特点
AD579	Analog Devices	10	S.A.	2.2	+5,±15	快速,有时钟,缓冲器和基准源
AD574	Analog Devices Hybird Systems	12	S.A.	25	+5,±15	完整,带时钟,缓冲器和基准源
AD5200系列	Analog Devices	12	S.A.	15	+5,±15	完整,无须调节
ADC868	Datel Intersil	12	S.A.	0.5	+5,±15	完整,快速,并行/串行输出
HS9516	Hybird Systems	16	S.A.	100	+5,±15	完整
ADC71	Burr-Brown	16	S.A.	50	+5,±15	完整,并行/串行输出
HAS0802/1002/1202	Analog Devices	8/10/12	S.A.	1.2	+5,±15	完整,快速,精密

注:S.A.表示逐次逼近。

表 5-3 列出一组通用的 S/H 电路。对于 0.1%精度，典型的采样时间是 4 μs；

表 5-3　一组具有代表性的 S/H 电路

器件型号	厂　家	采样时间	孔径时间/ns	稳定时间	特　点
AD582	Analog Devices	6 μs(精度 0.1%) 25 μs(精度 0.01%)	150	0.5 μs	单片、通用
AD583	Analog Devices	4 μs(精度 0.1%) 5 μs(精度 0.01%)	50	—	单片、速度较快
LF398	National	4 μs(精度 0.1%) 6 μs(精度 0.01%)	150	0.8 μs	单片、通用
SHC298	Burr-Brown	9 μs(精度 0.1%) 10 μs(精度 0.01%)	200	1.5 μs	单片、通用
AD346	Analog Devices	2 μs(精度 0.01%)	60	0.5 μs	混合式，内部保持电容
SHC85	Analog Devices Datel-Intersil Burr-Brown	4 μs(精度 0.01%)	25	0.5 μs	混合式，内部保持电容 低倾斜率
HTS0025	Analog Devices	20 ns(精度 0.01%)	20	30 ns	混合式，速度非常快

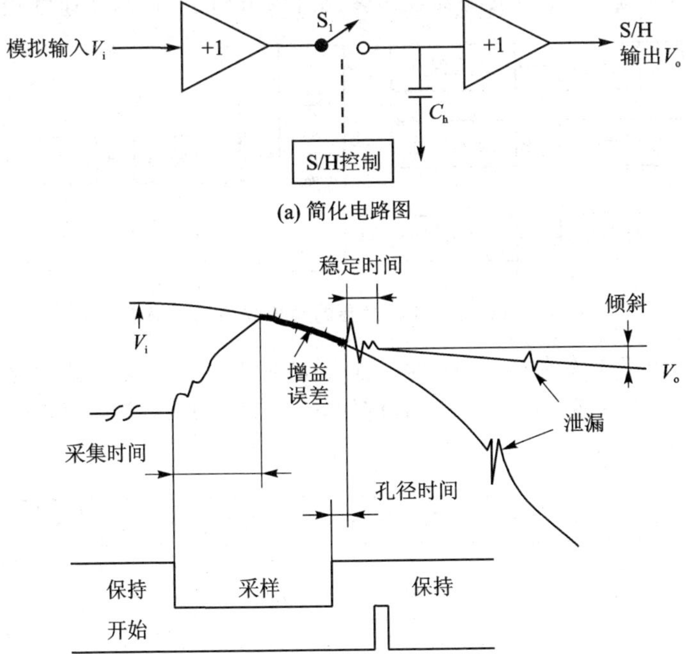

图 5-22　采样/保持器原理电路及指标示意

对于 0.01%精度，典型的采样时间在 10～20 μs 之间。这些器件的特点是性能中等、成本低廉。对于大多数应用来说，这些器件是良好的选择。

图 5－21 中的接口电路的形式与所采用的 A/D 转换器有关。$U_1,\cdots,U_n$ 各个直流电压输入信号所要求的模拟信号调理电路的具体形式，取决于各路电压信号的幅值，变化速率以及所含噪声性质等因素。当 $U_1,\cdots,U_n$ 为一些特定传感器的输出时，相对应的各路信号的调理电路就是相应传感器的接口电路，这部分内容请参阅本书 3.4 节。

以直流电压为输入信号，用成品形式的 A/D 转换器实现模拟/数字转换的方案在计算机控制中，特别是工业过程控制系统中是一种常用的形式，称为模拟量输入通道。这样的模拟量输入通道可分为单通道和多通道两大类，并具有多种结构形式。

单通道模拟量输入通道可分为：

① 不带采样/保持器的单通道，用于直流或低频模拟信号的 A/D 转换。

② 带采样/保持器的单通道，用于高速模拟信号的 A/D 转换。

多通道模拟量输入通道的结构形式有：

① 图 5－21 所示的各路信号共享采样/保持器和 A/D 转换器的方案。很显然，这种方案的采样速率低，但硬件开销少，适合于对转换器速率要求不高的应用场合（如多路温度信号的采集）。

② 各通道自带采样/保持器，但共享 A/D 转换器的方案，如图 5－23 所示。这种方案中，每个通道的 A/D 转换器经过多路开关分时进行，因而速度较慢。

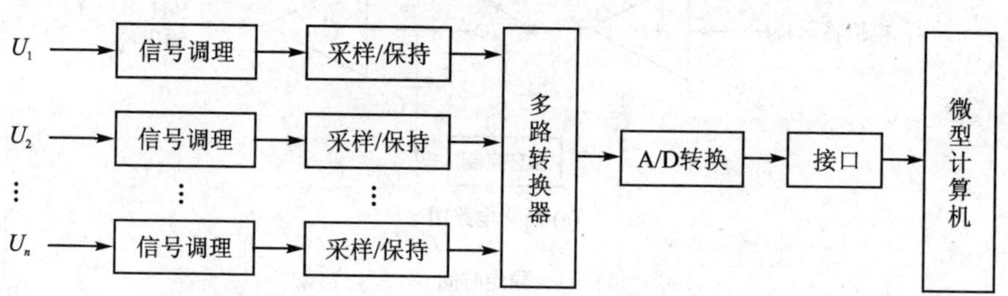

图 5－23　共享 A/D 转换器的模拟量多输入通道结构

③ 各个通道都带有采样/保持器和 A/D 转换器的并行多通道方案，如图 5－24 所示。该方案允许各通道同时进行 A/D 转换，但硬件开销较大，常用于需要同时采集多个数据且转换速率高的应用场合。

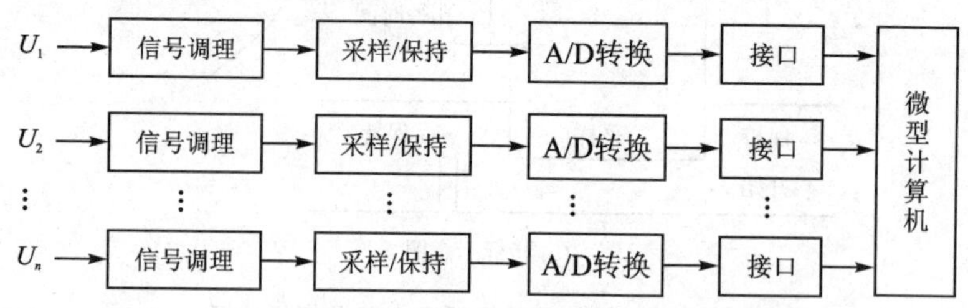

图 5－24　全并行的模拟量多输入通道结构

5.4.2 用双积分法测量直流电压

采用双积分 A/D 芯片实现高精度的直流电压测量是困难的，因为目前市场上尚未有高于 $4\frac{1}{2}$ 位的双积分 A/D 芯片。为了在低成本下实现高精度直流电压测量，需要充分利用微型计算机的"智能"潜力，使整个双积分转换在计算机的控制下进行，而省去了 A/D 芯片。图 5-25 为双积分 A/D 转换的原理示意图。

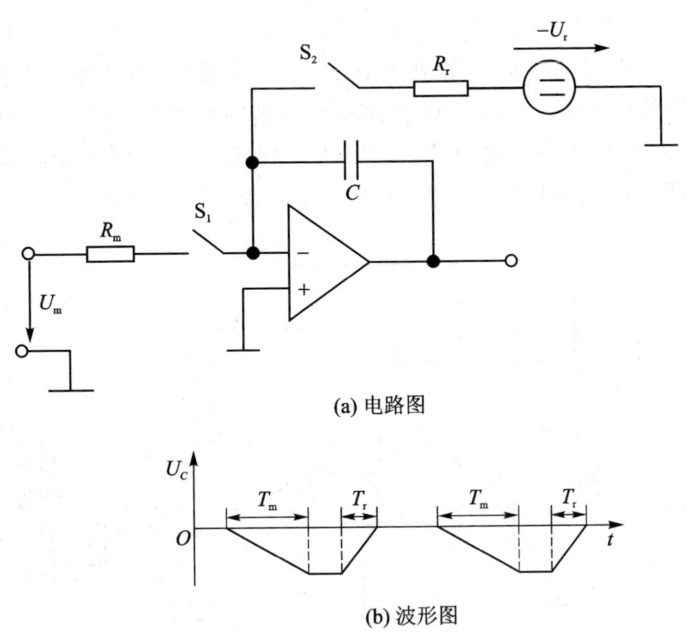

(a) 电路图

(b) 波形图

图 5-25 双积分 A/D 转换的原理

在某一确定的测量时间 T_m 内，开关 S_1 接通，S_2 断开，被测电压 U_m 经电阻 R_m 与积分器输入端相连，积分器的电容器在 T_m 时间内一直充电，到 T_m 时间结束时电容上的电压 U_C 达到最大值。由于充电时间 T_m 是固定的，故充电结束时 U_C 所达到的最大值与被测电压成正比。充电结束时刻，电容器上充电得到的电荷为

$$Q_m = T_m \cdot U_m / R_m \tag{5-8}$$

在 T_m 时间结束时，断开 S_1 接通 S_2，使积分电容通过 R_r 及参考电源 $-U_r$ 放电，一直持续到将原先充电所得到的电荷放完为止。这时积分器输出正好过零。用电路自动检出积分器过零时刻，自动地将开关 S_1 重新接通，S_2 再次断开进行第二次测量。从图 5-25 (b)可知，放电开始时刻的电容器电压就是上次充电结束时的电容电压(这一电压是与被测电压 U_m 成正比的)，因而电容器放电时间 T_r 亦与被测电压 U_m 成正比，测得 T_r 的长短就能算出 U_m 的大小。在 T_r 时间内电容器总放电电荷为

$$Q_r = T_r \cdot U_r / R_r \tag{5-9}$$

从电荷平衡原理知，稳态时一个充放电荷循环应满足：

$$Q_m + Q_r = 0 \tag{5-10}$$

将式(5－8)、式(5－9)代入式(5－10)，得到

$$U_m = -\frac{U_r \cdot T_r \cdot R_m}{T_m \cdot R_r} \tag{5-11}$$

从式(5－11)看出，由于U_r、R_m、T_m、R_r均为常数，U_m与T_r成正比。周期性地自动完成上述交替充放电(双积分)过程并测量相应的T_r以算出U_m值，是一切双积分型A/D转换器的共同特征。采用微型计算机来控制双积分A/D转换，可达到低成本、高精度的效果。图5－26为微型计算机控制的双积分A/D转换原理图。图中的μC可以是单板机，也可以是单片机，如51系列或96系列单片机。由于单片机自身带I/O口，所以应用单片机时线路连接简单，价格也更便宜。

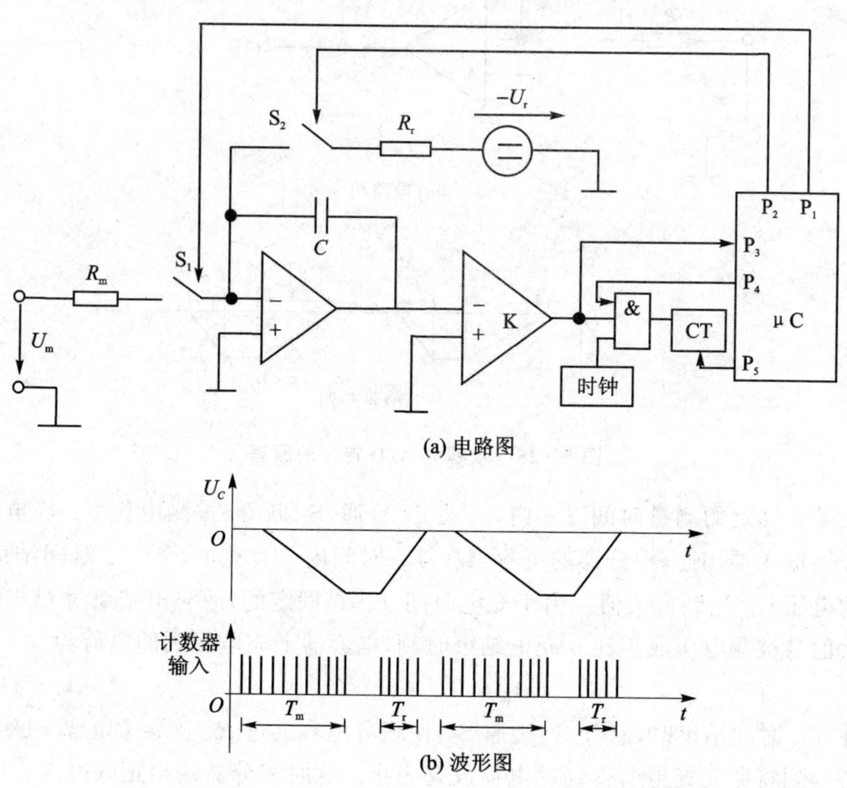

图5－26　微型计算机控制的双积分A/D转换原理

图5－26电路的工作过程如下：

① 微型计算机经口线P_1、P_2发出命令，使S_1接通、S_2断开，同时启动内部的一个定时器对T_m进行计时，并且经P_5发出一个脉冲使计数器CT回零。这时U_m经S_1给电容C充电。

② 当微机内部的定时器时间到达给定值 T_m 时，微型计算机再次经 P_1、P_2 发出命令使 S_1 断开、S_2 闭合，同时微型计算机向 P_4 发出高电平，由于这时积分器输出为负电压，所以比较器的输出为高电平，使得与门的两个输入同时为高电平。于是时钟信号经与门加到计数器 CT 上进行计数。在此阶段，积分电容经 S_2、R_r 及 U_r 放电，它输出的负电压逐渐减小。当积分器输出过零时，比较器 K 翻转，其输出低电平将与门关闭，计数器 CT 停止计数。与此同时，微型计算机从 P_3 检测到比较器输出已为低电平，就执行读计数器值的程序。将计数器记录的数值读入计算机，该数值代表着电容器的放电时间 T_r。(注:图中计数器 CT 与微型计算机的连接仅用了一根线表示，实际电路采用并行读入方式，一般需占用微机的一个八位并行输入口。)当读数完毕后，再次执行步骤①开始第二次测量。U_m 的计算可由微型计算机在 T_m 定时期间完成。T_m 定时用微型计算机内部的定时器的定时中断方式实现。在定时中断未到来时，CPU 可按公式(5-11)计算 U_m 并送显示。事实上，由于式中的 U_r、R_r、R_m 均为已知的常数，可合并为一个总的常数，在计算 U_m 时，只需将从计数器读入的 T_r 值乘上该常数即可。

5.4.3 用电荷平衡法测量直流电压

电荷平衡法是在双积分法的基础上发展起来的一种测量直流电压的积分方法。与上述一般的双积分法相比，电荷平衡法具有一些优点使得它优先被采用。

图 5-27 为电荷平衡转换器基本电路。

输入电压(即被测电压)始终与积分器输入端相连，电荷补偿通过开关 S 的接通来进行。当时钟脉冲到达时，D 触发器翻转到由比较器 K 输出所决定的某一逻辑状态。当比较器输出为“高”时，D 触发器输出 $Q=1$，使开关 S 闭合，从而将参考电压接到积分器的输入端，为电容 C 提供另一条经过 R_r 及 U_r 放电的通路。而比较器输出为“高”是以电容器电压 U_C 为负值作前提的，所以只要积分电容的电压降到 0 V 以下，参考电压 U_r 就会经开关 S 接入，并且至少接入一个时钟周期(因为 D 触发器一经翻转到使 S 接通，就需等到下一个时钟脉冲到来时才有可能翻转回来)。由于 R_r 值一般很小，假定在一个时钟周期内 U_r 使电容放电并能反向充电到某一正值(见图 5-27(b))，则在下一时钟脉冲到来时，D 触发器翻转到 $Q=0$，使 S 断开，于是 U_m 经 R_m 对 C 进行新的一轮充电。电容电压 U_C 逐渐降低，当 U_C 降到 0 V 以下时，再次引起 D 触发器翻转。由于 U_C 的正、负方向过零都引起 D 触发器翻转并迫使电容器放出它所储存的电荷，因而在整个工作过程中，电容 C 上所储存的电荷始终较少。由于电容器上的电荷不断地被补偿而保持较小的数值，这就使得在电荷平衡法中可以采用电容量很小的积分电容器。一方面，小电容量的电容器更容易做到无损耗；另一方面，采用小电容量的电容器时，一个时钟周期内充(放)电的电量可转换成更大的积分器输出电压，而大的积分器输出电压可降低对比较器的灵敏度及精确度的要求。

图 5-27 中用了两个计数器，计数器 CT_1 只在 $Q=1$ 时才计数，因而它记录的是

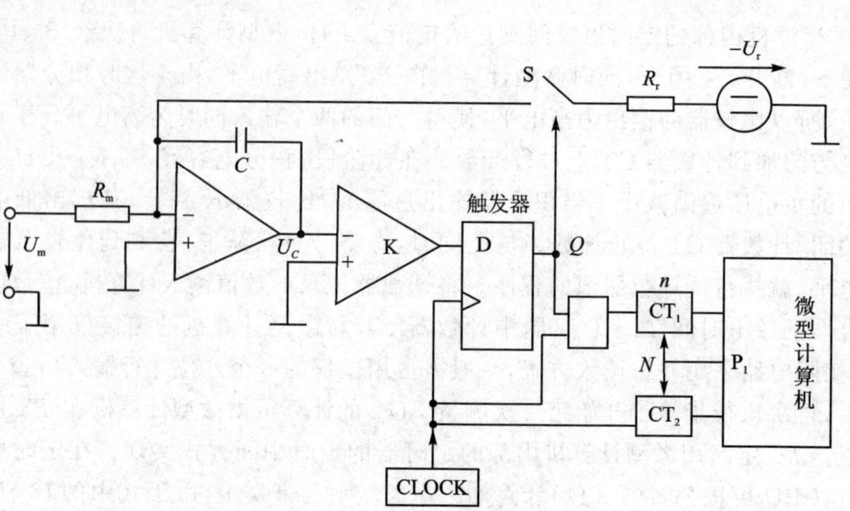

(a) 电路图

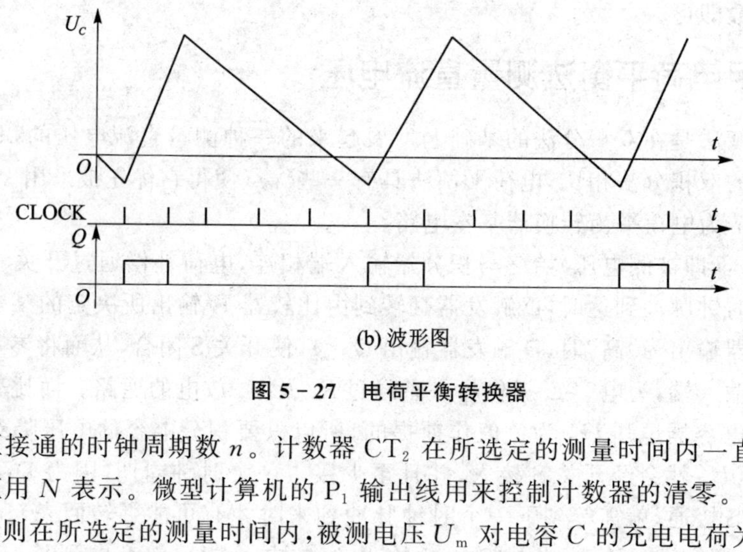

(b) 波形图

图 5-27　电荷平衡转换器

参考电压接通的时钟周期数 n。计数器 CT_2 在所选定的测量时间内一直在计数，它的计数值用 N 表示。微型计算机的 P_1 输出线用来控制计数器的清零。时钟周期用 T_c 表示，则在所选定的测量时间内，被测电压 U_m 对电容 C 的充电电荷为

$$Q_m = NT_c \frac{U_m}{R_m} \tag{5-12}$$

参考电压对电容 C 的充电电荷为

$$Q_r = nT_c \frac{U_r}{R_r} \tag{5-13}$$

两者应等值而反号以实现电荷平衡 $Q_m = -Q_r$，得

$$U_m = -U_r \cdot \frac{n}{N} \cdot \frac{R_m}{R_r} \tag{5-14}$$

由式(5-14)可知，被测直流电压与比值 n/N 成正比。图 5-27 所示电路中，在比较器输入经过零值附近时，外界引入的短时干扰会引起比较器提前或推迟翻转，但

是不影响测量结果。因为计数器 CT_1 记录的只是参考电压真正接通的时钟周期数。实践证明，只有当比较器的门槛电压在一次测量过程中漂移几百毫伏时，才会对测量结果产生影响，在采用小容量的积分电容时，积分器输出电压的变化较大，而且比较器门槛电压的变化对测量结果的影响又较小，这就表明图 5－27 中的比较器是可以省去的。这时积分器的输出直接接到 D 触发器，比较器的功能由 D 触发器的逻辑门槛电压所代替。这一 D 触发器的逻辑门槛电压应具有足够的短时稳定性。一些 CMOS 型 D 触发器的输出级包含有两个互补场效应晶体管，该场效应管起着电子开关的作用。根据触发器所处逻辑状态的不同，它要么将电源电压接到输出端，或者将输出端与地端相连。如果采用这种 D 触发器，则电荷平衡转换器可简化成图 5－28 所示的十分简单的电路。在此电路中，由于参考电压与 D 触发器共用一个正的电源电压，因此只能对负的输入电压 U_m 进行补偿和测量。为了实现正负极性的直流电压测量，需要加进一个辅助电源 U_h，其电路如图 5－29 所示。

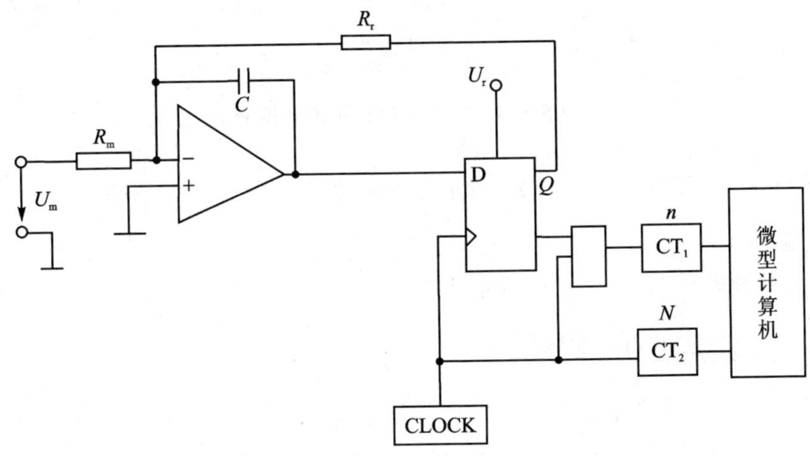

图 5－28　用 D 触发器接通参考电压的电荷平衡转换器

在一次测量完成后，CT_2 测得总的时钟周期数为 N，CT_1 测得参考电压接通的周期数为 n，则有下列电荷平衡方程：

$$Q_m = Q_h - Q_r \tag{5-15}$$

式中，Q_m、Q_h、Q_r 分别为被测电压 U_m、辅助电源 U_h 及参考电源给电容器 C 提供的电荷。由式(5－15)得

$$N \cdot \frac{U_m}{R_m} = \frac{NU_h}{R_h} - \frac{U_r}{R_r} n \tag{5-16}$$

$$\frac{U_m}{R_m} = \frac{U_h}{R_h} - \frac{U_r}{R_r} \cdot \frac{n}{N} \tag{5-17}$$

如果选取 $U_h = \frac{1}{2} U_r$，$R_m = R_r = R_h$，则有

$$U_m = -U_r \left(\frac{n}{N} - 0.5 \right) \tag{5-18}$$

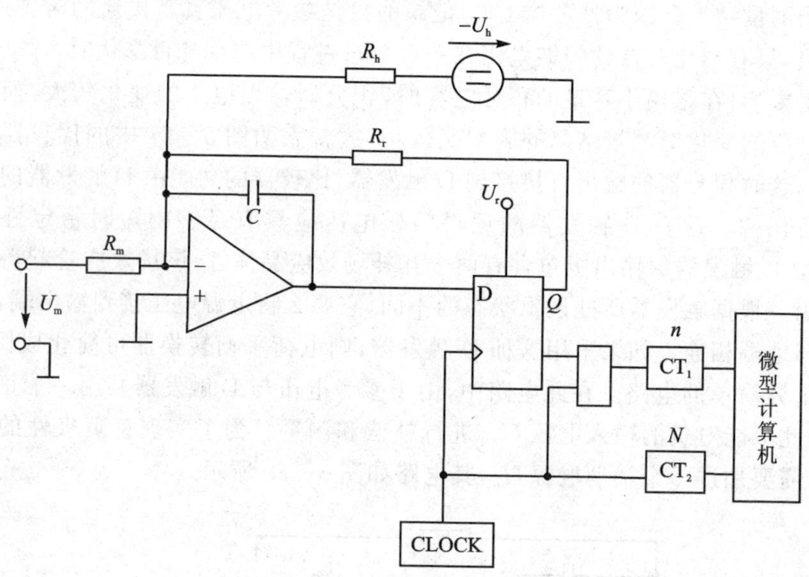

图 5-29 双积分电荷平衡转换器

由式(5-18)可见,用图 5-29 所示电路可测量$-\frac{U_r}{2}\sim+\frac{U_r}{2}$范围的直流电压。前者对应着 $n=N$,后者为 $n=0$。输入被测电压为零时,对应着 $n=N/2$。在被测电压范围内,被测电压 U_m 与 n/N 成正比。

5.4.4 交流电压的测量

测量交流电压时首先是将交流电压转换成相应的直流电压,然后用上述测量直流电压的方法进行测量。常用的交流-直流转换方法如下:

1. 平均值检波器

用二极管接成桥式整流电路或全波、半波整流电路,都可以将交流电压转换成直流电压。但是,由于二极管的非线性很严重,这类简单的整流电路不能在数字仪表中使用。数字仪表要求检波器的转换准确度高、线性好、频率范围宽、动态响应快。因此在数字电压表中使用的是由运算放大器和二极管组成的线性检波器。半波线性检波器的原理电路如图 5-30 所示。

当输入的交流电压 $e_x>0$ 时,$e'_o<0$,二极管 D_2 导通,电路闭环。由于相加点处是虚地点,其电压 $V_\Sigma\approx0$,因此二极管 D_1 反向偏置而截止,检波器的输出电压 $e_o\approx V_\Sigma\approx0$。反之,在 $e_x<0$ 的半周期内,D_2 截止,D_1 导通,检波器的输出电压为

$$e_o=-i_1R_f=-iR_f=-\frac{R_f}{R_1}e_x \tag{5-19}$$

式(5-19)表明,e_o 正比于 e_x,实现了线性检波。在输出端接滤波器,可以把半波脉动电压变成与其平均值成正比的直流 V_o,其波形如图 5-31 所示。

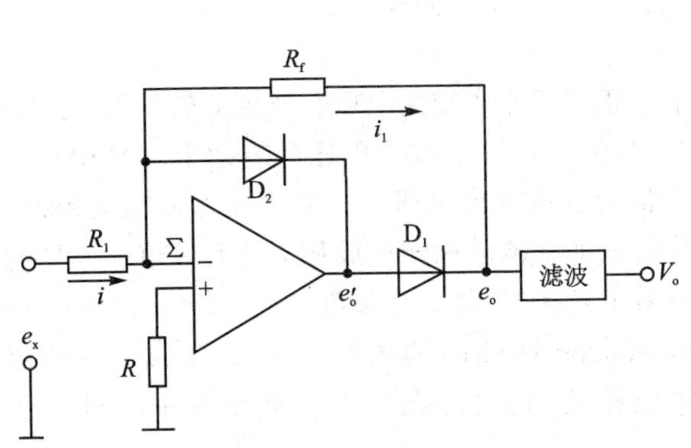

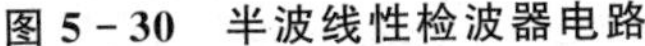
图 5-30　半波线性检波器电路

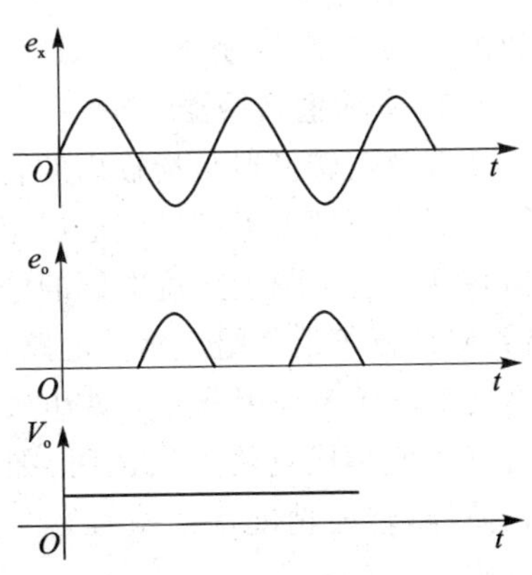

图 5-31　半波线性检波器的波形图

图 5-32 是全波线性检波电路。图中运算放大器 A_2 除了充当加法器完成全波线性检波外，在反馈支路中并联大电容 C 构成滤波器，使输出电压正比于输入电压全波的平均值，全波线性检波的波形图如图 5-33 所示。

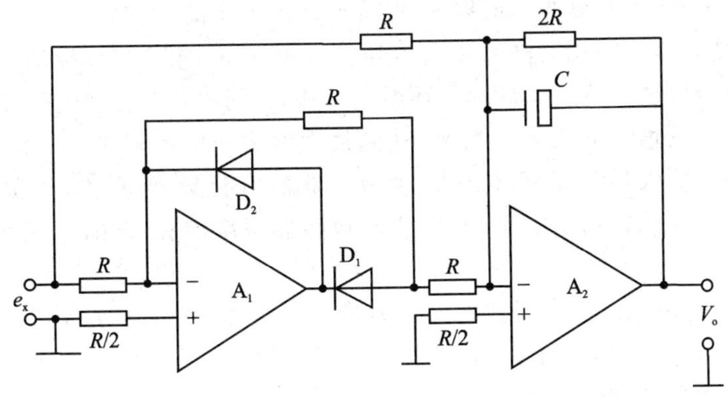

图 5-32　全波线性检波电路

若输入电压是理想的正弦波，将其平均值乘以波形因数 1.11 后就能得到有效值。实际电路中，检波器的后面接入相当大的滤波电容，使得主输出端的负载电阻值足够大时，输出的直流电压 V_o 接近输入电压的峰值。若将测得的 V_o 除以 1.414，也可以得到交流有效值。这样，数字电压表可以根据平均值或峰值给出有效值的读数。但是，如果被测电压中含有高次谐波，就会给测量带来很大误差。所以，用平均值检波、有效值刻度的数字电压表对输入电压的波形失真有

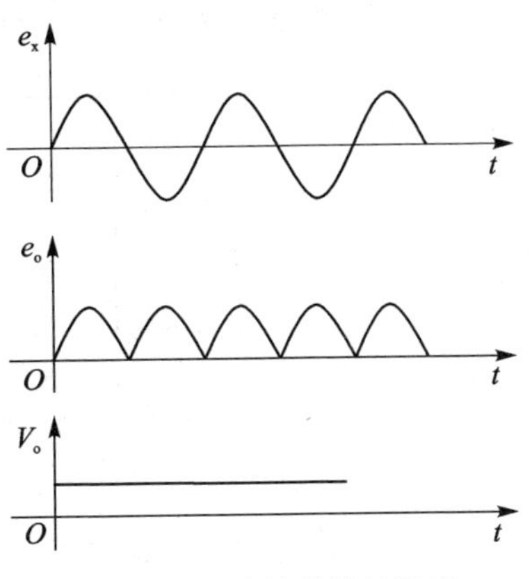

图 5-33　全波检波波形图

较严格的限制，限制了这种数字电压表准确度的提高和使用范围。

2. 有效值转换器

有效值转换器是指输出的直流电压正比于输入交流电压有效值的转换器。这类转换器在原理上不存在波形误差，能直接测量出任意波形电压的有效值。采用有效值转换器直接测量交流电压的电压表称为真有效值电压表。利用运算放大器、乘法器、除法器等器件组成运算电路，可将输入的交流电压转换成相应的有效值。国外的高精度电压表采用分立元件组成真有效值转换器，其最高精度达 0.04%。已有一些真有效值集成电路可供选用，如美国 Analog Devices 公司的 AD637 集成真有效值转换器，转换精度优于 0.1%。这种电路使用方便，在精密交流测量中得到广泛应用。

3. 电压峰值的测量

在非电量测量中常常需要测量可变信号的峰值，如测量冲击力的大小，位移的最大值等。传感器把非电量转换成电信号后，用峰值检波电路检出并保持其峰值，再进行数字化测量。

图 5-34 是一个简单的峰值检波-保持电路。工作前，将电容 C 的电荷放尽，V_o 等于零。在放大器的同相端输入正向电压信号 V_x，使二极管 D_1 导通，给电容 C 充电，电路形成全反馈。若放大器的开环增益足够大，则 $V_o=V_x$。电容上的电压 V_o 随着输入电压 V_x 的增大而增大。当 V_x 达到最大值后开始下降时，二极管 D_1 由于反向偏置而截止，放大器处于开环状态，使放大器输出端 V'_o 变负，D_1 可靠截止，而 V_o 保持不变。二极管 D_2 用于防止 D_1 截止时放大器深度饱和，同时也减少 D_1 的反向电压。

上述电路是正峰值检波器。如果将图 5-34 电路中的二极管 D_1、D_2 极性颠倒，即可构成负峰值检波器。用正、负峰值检波器可以组成峰-峰值检波保持电路（见图 5-35），放大器 A 的输出电压为

$$V_o = -(V_{o1} + V_{o2}) \tag{5-20}$$

将 V_o 输给测量系统的一个 A/D 测量通道便可实现对电压峰值的数字化测量。

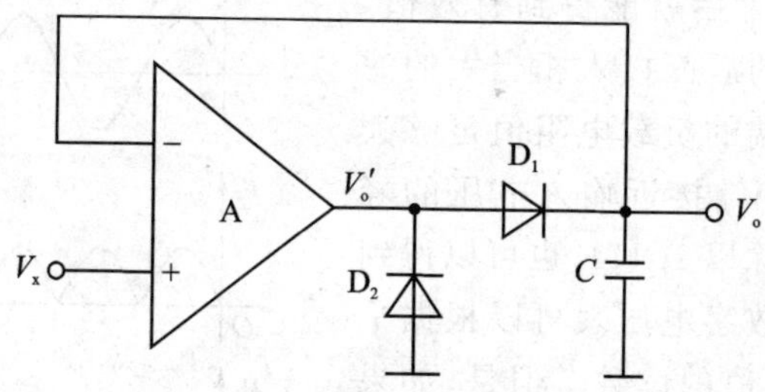

图 5-34 峰值检波-保持电路

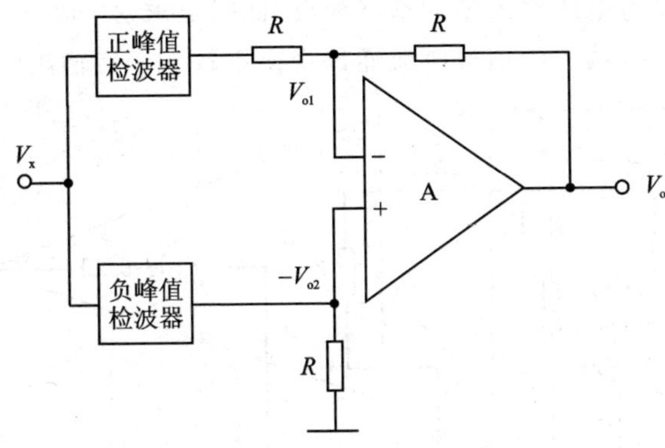

图 5-35 峰-峰值检波器

5.5 采用微型计算机的电流测量

在采用微型计算机的测量系统中，A/D 测量通道要求其输入信号为处于标准范围(±5 V 或±10 V 等)的直流电压。对于大多数传感器而言，其输出是微弱的电压信号，这就要求与它相连的运算放大器是电压输入型的。也有一些传感器，如光二极管，它的微小输出电流与输入光的强度成正比；电力系统中的电流传感器的输出，也是电流。这类传感器则要求后面的运算放大器为电流输入型的。

图 5-36 是电压输出型传感器与电压输入型运算放大器连接时的等效电路。传感器输出到放大器输入端的电压 V'_s 是传感器输出电势 V_s 被传感器的输出阻抗 Z_s 与放大器的输入阻抗 Z_{in} 分压后的值。因此，为了提高电压信号输入到放大器的效率，必须使 $Z_{in} \gg Z_s$。

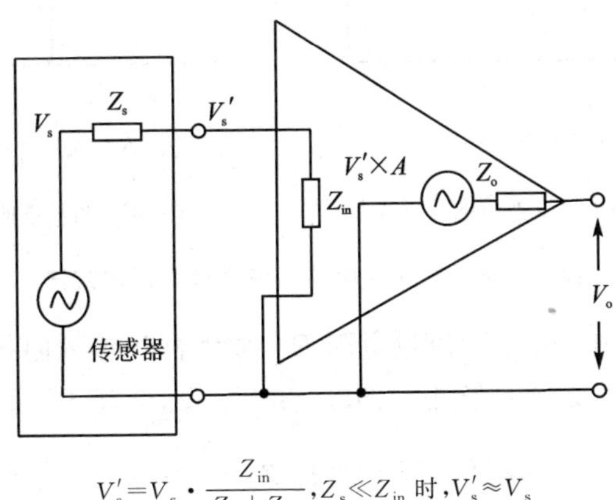

$$V'_s = V_s \cdot \frac{Z_{in}}{Z_s + Z_{in}}, Z_s \ll Z_{in} \text{ 时}, V'_s \approx V_s$$

图 5-36 电压输出型传感器与放大器的连接

图 5-37 是电流输出型传感器与电流输入型运算放大器连接时的等效电路。在电流输出型传感器中，传感器的输出电流 I_s 受其输出阻抗 Z_s 分流，流向放大器输入

端 Z_{in} 的是 I'_s，所以与电压输入型的情况相反，此时要求 Z_{in} 比 Z_s 小得多，使电流输入的效率更高。然后，输入的信号电流通过变换系数 r 变换输出电压。

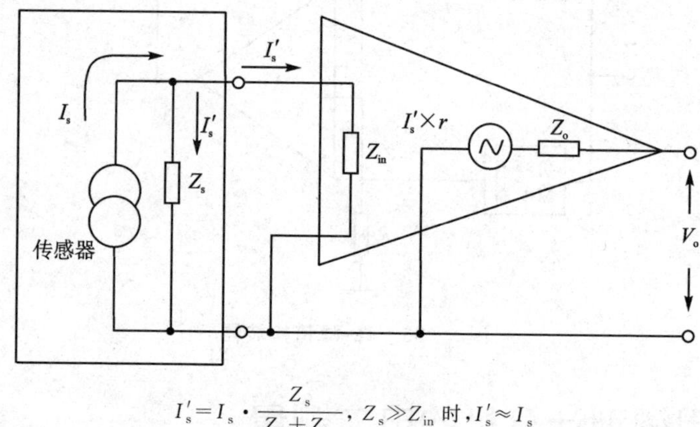

$$I'_s = I_s \cdot \frac{Z_s}{Z_s + Z_{in}},\ Z_s \gg Z_{in} \text{ 时}, I'_s \approx I_s$$

图 5-37　电流输出型传感器与放大器的连接

5.5.1　两种电流输入型前置放大器

实现电流输入的放大器有图 5-38 所示的两种方法。一种如图(a)所示，是用一个输入电阻 R_c 将电流变换成电压后再进行放大。另一种如图(b)所示，它利用负反馈降低输入阻抗，实现纯粹的电流输入前置放大器。

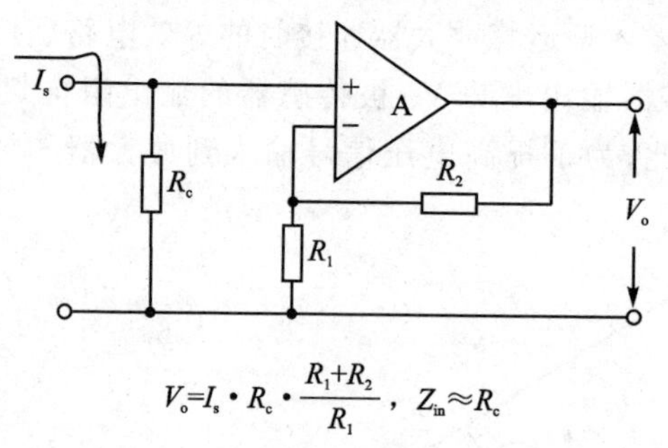

$$V_o = I_s \cdot R_c \cdot \frac{R_1 + R_2}{R_1},\ Z_{in} \approx R_c$$

(a) 利用输入电阻 R_c 将电流变换为电压后放大

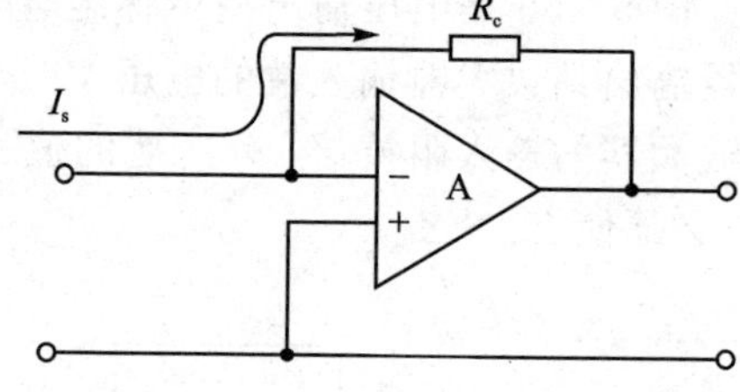

$$V_o = -(I_s \cdot R_c),\ Z_{in} \approx \frac{R_c}{1+A}\ (A\text{为OP放大器的增益})$$

(b) 基于负反馈的电流输入的放大器

图 5-38　实现电流输入前置放大器的方法

图 5-38(a)电路中，电流要流过电阻 R_c，放大器的输入阻抗 $Z_{in} \approx R_c$，为提高电流输入的效率，R_c 的值必须足够小。图 5-38(b)中，即使 R_c 的值较大，也可以通过负反馈作用将输入阻抗降到很低，因为此时 $Z_{in} = \dfrac{R_c}{1+A}$。因此能够实现高灵敏度、低噪声的电流输入前置放大器，被称为负反馈电流输入前置放大器。在与检出电流微小的光传感器等配用时，图 5-38(b)所示的方法非常有效。在使用该方法时须注意以下事项：

① 应使所用的运算放大器的偏置电流远小于所检测的最小电流值，为此要使用低噪声的场效应晶体管(FET)输入运算放大器。

② 由于输入电流全部流过反馈电阻 R_c，所以输入电流的最大值不能超过运算放大器的最大输出电流值。

③ 由于反馈电阻 R_c 的取值往往较大，负反馈电路会因放大器输入电容、输入电缆的电容以及传感器输出电容等的影响而变得不稳定。因此，设计负反馈时必须明确使用条件。

④ 输入阻抗会随反馈量的变化而变化。

⑤ 反馈量会随信号源电阻的变化而变化。

⑥ 组装实际电路时必须注意不要产生漏电流。

5.5.2 用于检测大电流的电流输入前置放大器

在检测大电流时，基本形式如图 5-38(a)，利用并接于输入端的电阻 R_c 实现电流-电压变换，再通过运算放大器进行放大。由于被检测的电流比较大，它流经 R_c 时会引起不可忽略的功率损耗，引起 R_c 自身发热从而造成电阻值 R_c 的变化，因此，要求检测电阻 R_c 的值一定要低。此外，在检测大电流时，由于检测电阻的值很小，引线电阻不可忽略，需给予足够的注意。一般引线的材质是铁或铜，其引线电阻会随温度变化，进而引起总的检测电阻发生变化。图 5-39 示出了引线电阻对总检测电阻的影响，其中 r 表示两端的引线电阻，为了避免引线带来的影响，应该使用图 5-40 所示的四端电阻作检测电阻。四端电阻直接从温度系数小的电阻体上引出电压端子，电压端子与电流端子分别引出形成 4 个端子，如图 5-41 所示。使用时电压端子上没有电流流过，所以不会在电压端子的引线电阻和接触电阻上产生电压降，检测出的只是电流检测电阻上产生的电压。但是，为了只检测 R_c 两端的电压，所连的运算放大器应为差动放大器。

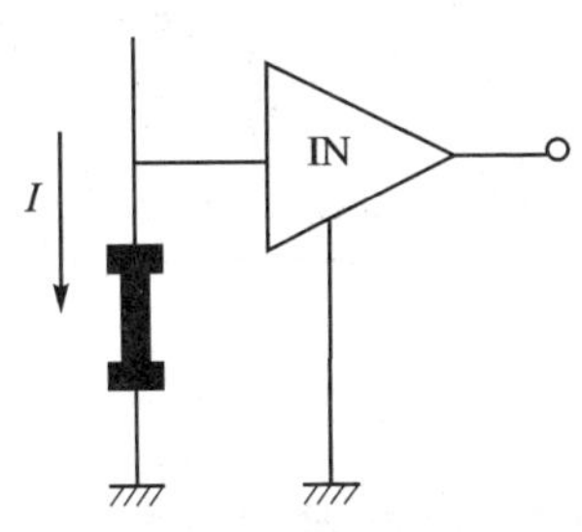

(a) 输入端接入电阻R_c

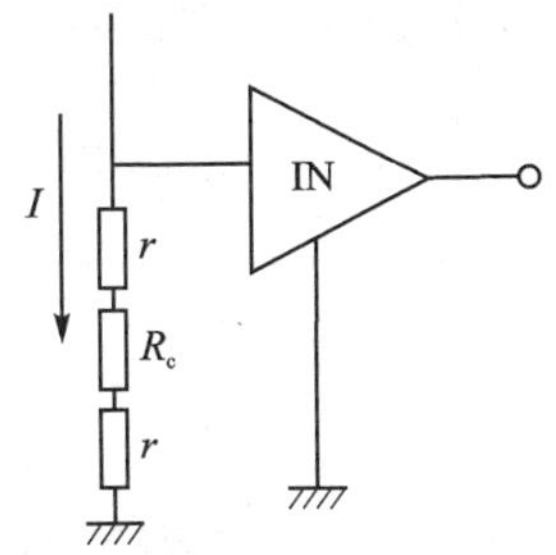

注：r增加了温度系数差的引线对检测电阻的影响。

(b) 引线电阻影响示意图

图 5-39 用二端电阻检测大电流

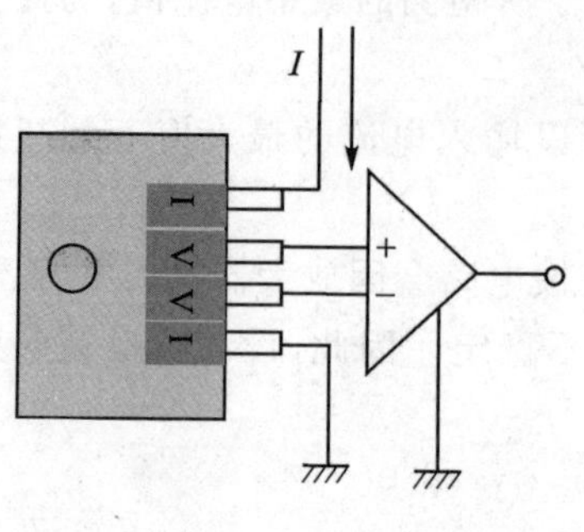

(a) 四端电阻检测大电流示意图

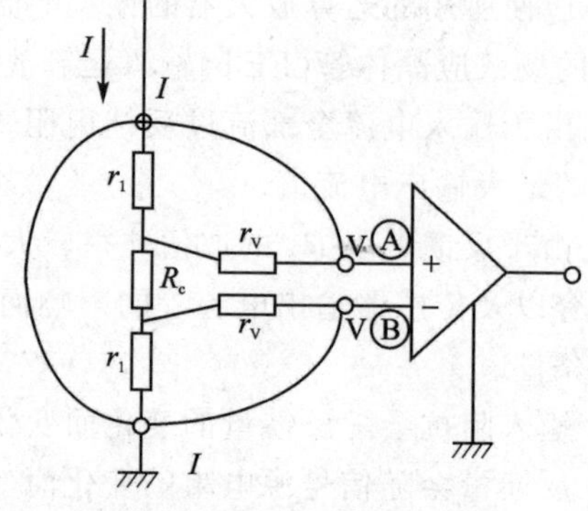

(b) 四端电阻检测大电流原理图

注：① 由于电压端没有电流流过，所以 r_V 上没有电压降。

② 因为 A 点和 B 点电位有差异，所以使用差动放大器。

图 5-40　用四端电阻检测大电流

(a) 外　观

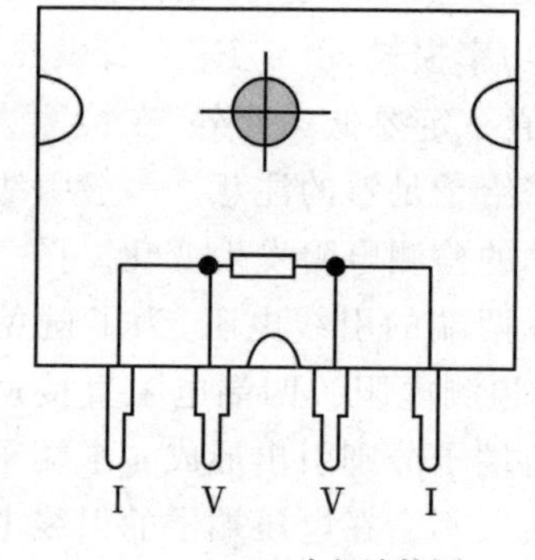

V—电压端(无极性)
I—电流端(无极性)

(b) 内部连接图

型　号	额定功率/W		电阻值允许范围/Ω	电阻值允许误差/%	电阻温度系数（20～60 ℃）	使用温度范围/℃	内部热阻/（℃·W^{-1}）
	有底座	无底座					
PBV	10	1.5	0.001～1	±0.5，±1，±2，±5	$\pm 30\times10^{-6}$/℃ Max(R>10 mΩ)	−55～+125	2

(c) 电特性

图 5-41　四端电阻

5.5.3　与电流互感器配用的电流输入前置放大器

在电力系统及电力设备检测中，常使用电流互感器（Current Transformer，CT）来检测电流。电流互感器是一种利用互感器原理来测量电流的电流传感器。测量用互感器分为电压互感器和电流互感器两大类。电压互感器本质上是一个降压变压器，而电流互感器则是一个升压变压器。使用电压互感器时，要求与它次级连接的负载电阻足够大。如果次级一侧的负载电阻太小,次级电流过大,则次级输出电压会因线圈电阻和漏泄电感的影响而降低,得不到正确的电压比。

图 5-42 为电流互感器的原理示意图,其次级线圈的输出电压 V_o 与流过初级导线上的电流 I_0(即穿透电流)成正比,即

$$V_o = K\frac{I_0 \cdot R_L}{n} \tag{5-21}$$

式中,V_o 为输出电压的有效值,V;K 为 CT 的耦合系数,$K=0.95\sim0.99$;I_0 为穿透电流的有效值,A;R_L 为负载电阻,Ω;n 为次级线圈数,匝。

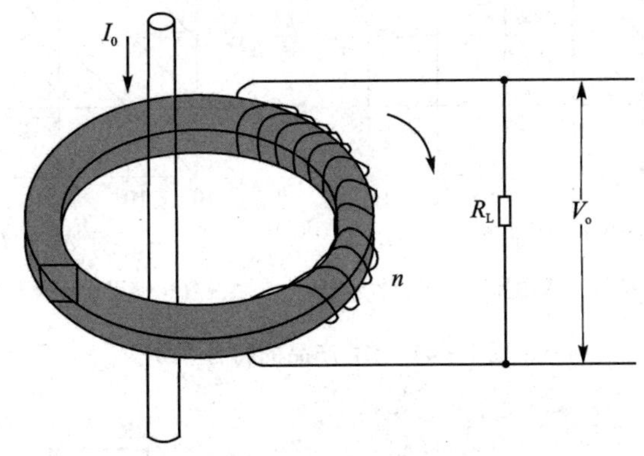

图 5-42　电流互感器 CT 的原理

与使用电压互感器的情况相反,在使用电流互感器时,应使次级负载电阻 R_L 的值足够小,因为只有在 R_L 足够小时,式(5-21)才是正确的。如果次级的负载电阻太大,产生大的次级电压,此时,由于激励电流比次级电流大,因而得不到正确的电流比。所以在使用电流互感器时,应减小负载电阻,使次级侧产生的电压减小,这样才能获得正确的电流比。

电流互感器所用的磁芯应该是具有良好初始磁导率的坡莫合金,以防止在微小电流范围内激磁电感下降,从而改变线性度。使用硅钢片和坡莫合金的两种电流互感器的特性如图 5-43 所示。

电流互感器的种类很多,测量电流范围可从 μA 到 kA,测量精度可以从百分之几到 0.1%.使用时应根据电流值及所要求的精度选择最合适的电流互感器。

当电流互感器的次级电流在几 mA 以下时,采用图 5-38(b)所示的负反馈电流输入前置放大器是合适的。但是这类电流互感器的次级线圈电阻在几十 Ω 量级,这会使得相应的负反馈电流输入前置放大器的直流增益变得非常高,容易产生较大的直流失调电压,因此,在图 5-44 所示的实际使用的电流输入前置放大器中,除了 X_{1a} 运算放大器组成的负反馈电流输入前置放大器主电路外,还附加了一个以运算放大器 X_{1b} 为核心的积分器电路,用以消除失调漂移。该积分器构成一个伺服电路,它检出 X_{1a} 输出的直流漂移成分经积分后反馈给 X_{1a} 的同相端以抑制直流失调输出,并

最终将输出的失调成分补偿到 0。

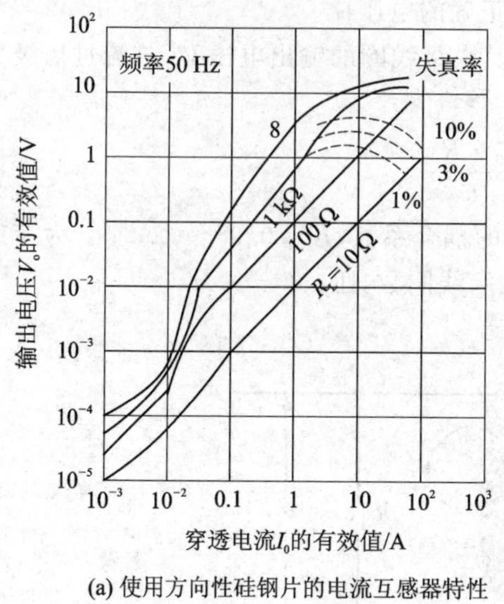

(a) 使用方向性硅钢片的电流互感器特性

(b) 使用坡莫合金的电流互感器特性

图 5-43 CT 产品的特性举例

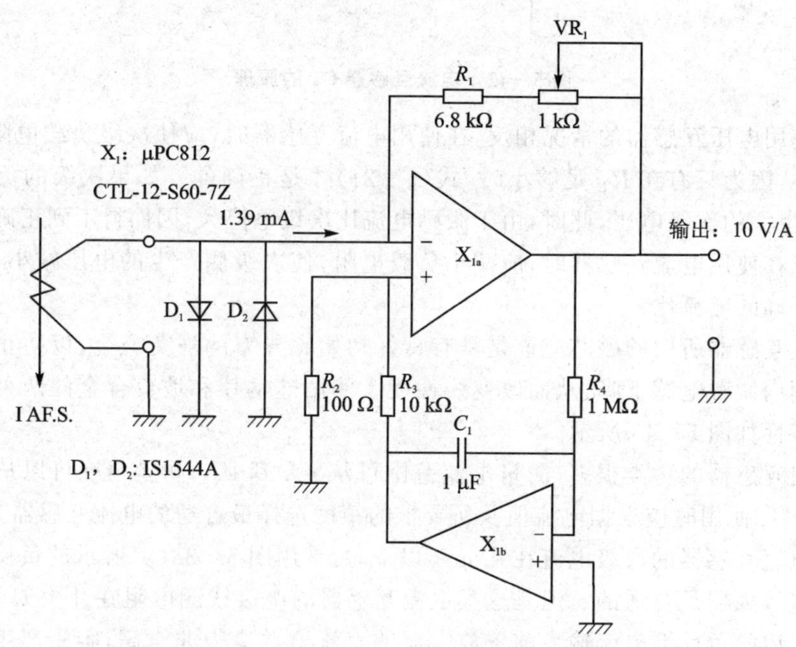

图 5-44 与 0～1 A 电流互感器配用的前置放大器

图 5-44 所示电路中，如果在电流互感器初级流过了过大的电流，则在次级也会按比例产生过大的电压信号，这可能会造成电流输入前置放大器的运算放大器损坏，因此在图 5-44 电路中增加了二极管 D_1 和 D_2，这两只二极管和互感器线圈电阻构

成保护电路,防止过大的电压加到后面的运算放大器上。为了减少这两只二极管的漏电流对微小电流测量的影响,需选用漏电流小的二极管。该电路所使用的二极管IS1544A在室温25℃时的反向漏电流为5～10 pA。

当电流互感器次级电流超过运算放大器的允许输出电流时,应采用图5-38(a)的电路方案。一种反相输入的电流输入前置放大器电路如图5-45所示。其中,图5-45(a)为不带输出缓冲器的简单电路。对希望更正确地确保动态范围的场合,应使用图5-45(b)所示的带输出缓冲器的电路。

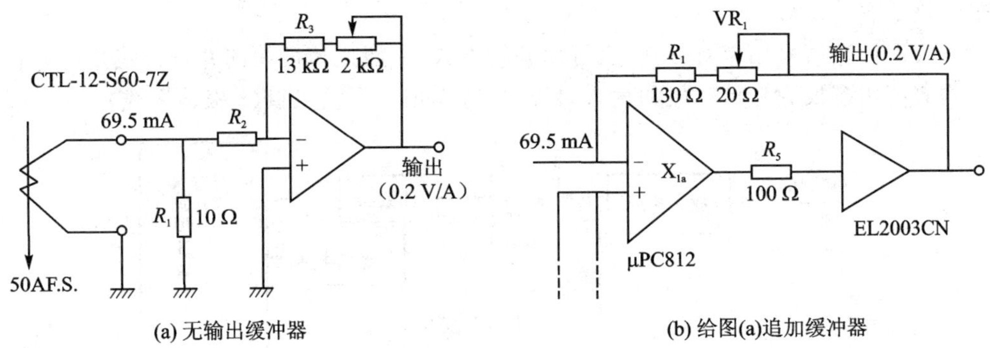

(a) 无输出缓冲器　　(b) 给图(a)追加缓冲器

图5-45　CT的次级电流很大时的电流输入放大器(输出0.2 V/A)

5.6　采用微型计算机的时间参数测量

本节所述的时间参数是指频率、周期、相位、时间间隔等一些常用的、与时间密切有关的参数。从5.2.1小节的叙述中已经初步看到,测量这些参数的电路有许多共同之处。

5.6.1　采用微型计算机的频率测量

相对而言,频率量是比较容易实现精密测量的一种电量。频率信号与计算机的接口也比电压信号更容易实现。频率信号的信号调理电路主要是进行放大及限幅整形,将微弱的信号变成满足接口要求的等幅脉冲序列,因此频率信号的调理问题也比较简单。正因为如此,目前在非电参数的电测量中,频率测量用得越来越多,也就是利用非电参数变化引起的频率变化来测量该参数。因此采用微机的频率测量方法不仅适用于频率测量本身,而且能用于其他非电参数(如压力、温度等)的测量。

5.6.1.1　计数测频法

计数测频法的基本思路就是在某一选定的时间间隔内对被测信号进行计数,然后将计数值除以时间间隔(时基)就得到所测频率。图5-46为采用计数法测量频率的基本电路。被测信号经过一个可控闸门输给计数器,该闸门实际上就是一个"与门”或“与非”门，与门的另一输入端由微型计算机的一根输出线(P_1)控制，当此线为“高”时，闸门打开，被测信号经闸门进入计数器，使计数器计数；如果此线为“低”，则闸门关闭，计数停止。利用微型计算机内部的定时器，可以控制闸门按要求的时间间隔打开或关闭，从而实现频率测量。具体操作步骤如下：

① 从 P_2 线输出一个脉冲将计数器清零；

② 从 P_1 线输出高电平开始计数，同时启动内部定时器；

③ 内部定时时间到，从 P_1 线输出低电平停止计数，读入计数器数值，计算出频率送显示。

读入计数值可用串行方式，也可用并行方式，一般用速度快的并行方式。但并行方式需占用多根微型计算机的输入口线，一般占用一个输入口(8 根输入线)。

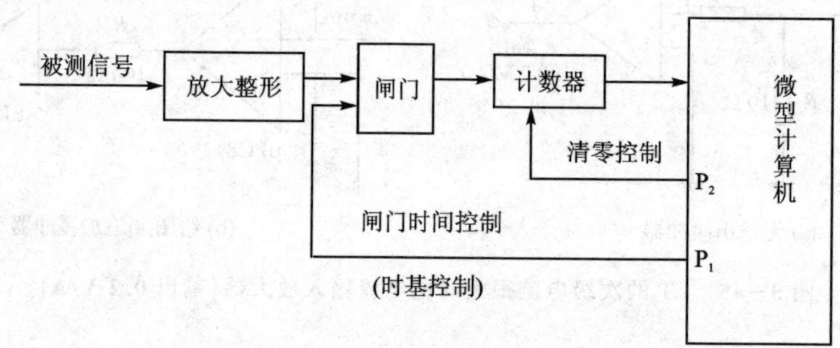

图 5－46　计数测频基本电路

设所选的闸门开启时间间隔为 T，在此间隔内计得的计数值为 N，则测得的频率为

$$f=N/T \tag{5-22}$$

选取 $T=1$ s，则 $f=N$(Hz)；如果 $T=0.1$ s 则 $f=10N$(Hz)。

频率测量的误差来自两部分。一部分是闸门时间误差，即时基误差；另一部分为计数误差，它是由所谓“±1 误差”引起的，因为计数值是以整数形式表示的。对于所选定的时基，由于被测频率是变化的，被测频率与时基之间并无同步措施，难以做到时基的上升沿与被测频率信号的第一个计数脉冲的上升沿正好对齐，也难以保证时基的下降沿与被测频率的最后一个计数脉冲的下降沿正好对齐。因此，所记录的脉冲数要么比实际值多 1，要么比实际值少 1，这就产生了“±1”误差。时基误差是一种常值误差，其大小取决于所采用的脉冲发生器的稳定度，通常微型计算机都采用石英晶体振荡器，可保证时基误差在 10^{-6} 以下。由“±1”误差，造成的计数误差是随被测频率变化的相对误差。该误差的影响随着被测频率的下降而急骤增大。举例说，在同样时基下，被测频率为 1 MHz 时，±1 所引起的误差为 10^{-6}，而在 100 Hz 时，±1 所引起的误差变成了 10^{-2}。

图 5－47 所示为计数测频法的误差随频率变化的情况。低频时，误差 E 主要是由±1 误差引起的。如果用 T_m 表示闸门时间，f_m 代表被测频率，则一次测量计得

的总脉冲数为 $f_m T_m$，±1 所引起的误差 E 是

$$E=\frac{1}{f_m \cdot T_m} \tag{5-23}$$

可见闸门时间一定时，E 与 f_m 成反比。用增加闸门时间的办法可以降低误差 E，但是闸门时间超过 1 s 时，一方面测量等待时间过长，再者，闸门时间越长受偶然干扰影响的机会也就越大。因此低频测量时，误差急骤增大是计数测频法的主要缺点。随着被测频率的增高，误差迅速减小。对于闸门时间为 1 s 的情况，当频率超过 1 MHz 时，测量误差主要由时基误差(10^{-6})来决定。这一误差要比在低频时 ±1 引起的误差小得多。

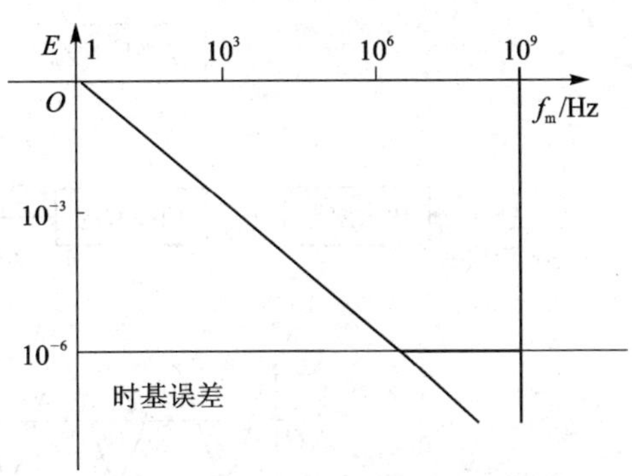

图 5-47　计数测频法的误差图

5.6.1.2　周期测量法

用先测量周期再求其倒数的办法来测量频率，可在较短的测量时间下获得很高的低频测量精度。计数测频法在低频时误差大的原因是计数器的脉冲源为被测信号。被测信号频率越低，闸门时间内进入计数器的脉冲数就越少，“±1”所引起的相对误差就越大。为克服这一缺点，周期测量法中，改用固定频率很高的参考脉冲 f_r 作计数器的脉冲源，而让被测信号 f_m 经放大整形后再经过一个门控双稳触发器去控制闸门。其电路原理图如图 5-48 所示。在门控双稳输入 B 的两个下降沿之间，触发器输出高电平使闸门打开，计数器对 f_r 进行计数。闸门开启的时间就是被测信号的周期。门控双稳输出的下降沿表示一次计数完毕，此信号引入微型计算机通知它取走计数器的数值。由于计数器不清零，与被测周期对应的数值应为两次相邻读数之差。当出现第二次读数小于前一次时，表明计数器已出现过满量程进位，应将第二次读数加上计数器的满量程值再相减。通过所获得的周期值，微型计算机很容易计算出其倒数，即对应的频率值。周期测量法中，“±1”所引起的相对误差为

$$E=\frac{1}{T_m \cdot f_r}=f_m/f_r \tag{5-24}$$

由式(5-24)可知，参考脉冲的频率越高则相对误差越小，并且相对误差与被测频率成正比，对低频测量，周期法有较高的精度，随着被测频率的增高，其相对误差逐渐增大。因此，周期测量法与计数测频法可以结合起来应用，以互相弥补不足。利用微型计算机的“智能”，可先用计数测频法初步测一下频率以判断被测频率的范围。如果为几百赫兹以下，则转用周期法测量频率，有了计算机自动完成这一过程是不困难的。

当参考脉冲发生器频率为 1 MHz 时，两方法相结合的测量误差随被测频率变化

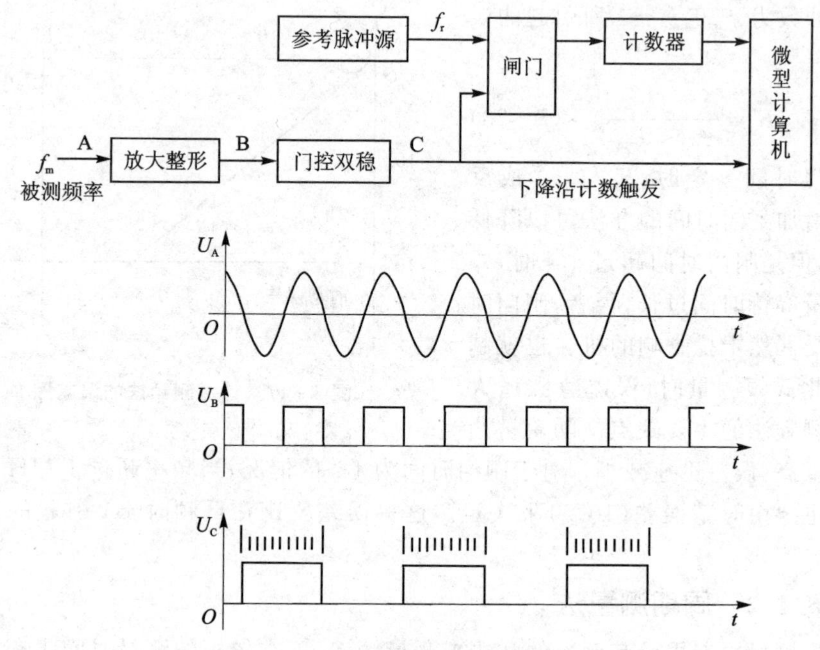

图 5-48　周期测量法原理图

的情况如图 5-49 所示。两方法结合的结果,使得最大误差发生在 1 kHz 处。这一结果是容易理解的,因为对 1 kHz 频率而言,用计数测频法取闸门时间为 1 s,一次测量的计数值为 1 000;用周期法时,其周期为 1 ms,在此周期所得到的参考脉冲个数也是 1 000。"±1"所引起的相对误差都是 10^{-3}。

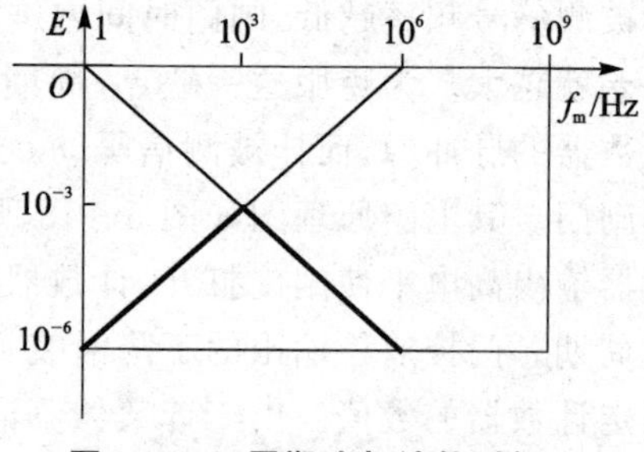

图 5-49　周期法与计数测频法结合时的误差图

为了克服 1 kHz 附近误差大的缺点,可应用多倍周期测量法。在采用微型计算机的频率测量中,这是最普遍的方法。这种方法的实质乃是周期法和计数测频法在原理上的更有效结合。计数测频法从本质上讲是一种积分方法,在闸门时间内由计数器对被测信号进行脉冲累计。低频时误差大的原因是由于在确定的闸门时间(如 1 s)内,累计得到的脉冲数远小于计数器的满量程,致使"±1"引起的相对误差增大。周期法实质上也是一种积分方法,只不过计数器累计的不是被测信号而是参考脉冲。在高频时,由于受被测信号周期控制的闸门开启时间过短,使得计数值也远小于计数器的满量程,造成相对误差增大。多倍周期法的基本做法是利用微型计算机自动控制计数闸门开启 m 个被测信号周期的时间,使得计数器在一次测量中得到的读数值接近满量程。当被测频率较高时,自动选取较大的 m 值,频率转低时则选用较小的 m 值,保证每次得到的读数值都在满量程值附近，从而使得对各种被测频率误差都很小。图 5-50 是实现多倍周期测量的原理电路。电路中用了两个计数器，计数器 CT_1 累计闸门开启时间内的参考脉冲数；CT_2 为周期数计数器，它对被测信号进行计数。当 CT_2 计数未达到预定值 m 时，它的输出保持高电平，闸门保持打开，使 CT_1 对 f_r 进行计数；当 CT_2 计数值达到 m 值时，输出为低电平，关闭闸门，使 CT_1 停止计数。预定要达到的 m 值由微型计算机针对不同的被测信号预先给定。

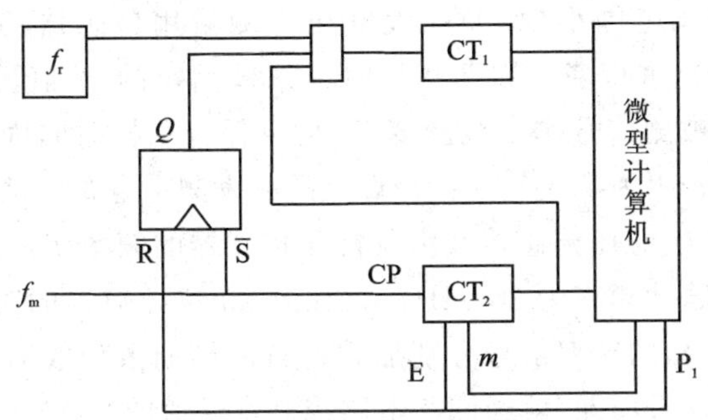

图 5-50　多倍周期测量法原理电路

具体工作过程如下：

① 由微型计算机赋给计数器 CT_2 较小的 m 值，用以快速粗略地确定被测频率。

② 微型计算机向 P_1 输出低电平，使基本 RS 触发器复位，$Q=0$，并且迫使计数器 CT_2 的使能控制端 E 为低电平，禁止 CT_2 计数。然后再使 P_1 变高使 CT_2 处于计数状态。当被测信号 f_m 的第一个脉冲下降沿到来时，RS 触发器输出 $Q=1$，CT_2 亦同时开始计数。这时由于 CT_2 输出已为高电平，RS 触发器输出亦变高，故闸门开启，参考脉冲进入计数器 CT_1 开始计数。由此可见，设置 RS 触发器是为了保证 CT_1 与 CT_2 计数器同时从 f_m 的第一个下降沿开始进行计数。

③ 当计数器 CT_2 计数达到预先给定的 m 值时，它输出一个低电平关闭闸门，使 CT_1 停止计数，与此同时，CT_2 输出的低电平通知计算机取走 CT_1 中的数值。该数值是 m 个被测信号周期内的参考脉冲数。由于 f_r 和 m 是已知的，由此可算出被测频率为

$$f_m = m \cdot f_r / N \tag{5-25}$$

式中，N 为计数器 CT_1 的读数。

需要指出的是，初次测量时，由于 m 值是初步给定的，测得的 f_m 不精确，所以对最初的那一次测量，CT_1 的计数值只被计算机用来确定与被测频率相对应的 m 值。也就是说，利用这次粗测得到的 CT_1 值计算出需要取多少倍的被测信号周期作为闸门时间，才可以使计数器 CT_1 在精确测频中能获得接近满量程的数值。当合适的 m 值确定后，再重复上述三步，即可测得准确的 f_m 值。连续测量频率时，本次测量所需的 m 值能由前一次的 m 值修改得到。若两次测量间频率变化甚微，m 可以不变，

仅重复步骤②与③。若两次测量得到的计数值差别甚大，就需要修改 m 值，可在原 m 值基础上加 1 或减 1，或者增减更多的值。这一点用计算机来实现并不困难。

多倍周期测量法对不同频率的被测信号都能达到很高的测量精度，所以被广泛用于多种非电参数的测量。精密大气压力参数测量中，采用高精度的振动筒压力传感器，它的输出是一个频率随被测压力变化的方波信号。在这里，压力变化已经转换成频率变化，用多倍周期法精确地测量频率，也就能精确地测量压力。由于振动筒压力传感器的频率变化范围小（典型的大气压力测量用传感器，其频率变化范围为 3 500～5 500 MHz），进行多倍周期测量时可采取固定的 m 值，让每次测量的时间（或称采样时间）随被测信号作小范围变动；也可保持采样时间固定，这时 m 值随信号频率变化。图 5-51 为某大气数据计算机的频率测量电路。该电路实现两个通道的频率测量，测出大气总压传感器及大气静压传感器的频率 f_{PT}、f_{PS} 并计算出相应的大气参数。参考脉冲频率为 20 MHz，它加到 20 位计数器的时钟端，使其不断计数，两压力传感器输出的频率信号分别加到各自的周期数计数器。这两个周期数计数器每经过 128 个信号周期，就经同步电路控制本通道的 20 位锁存器将计数器的计数值锁存起来并同时申请中断，让计算机取走已锁存的数（计算机通过 OE_1 或 OE_2 控制取数）。这里 m 值固定为 128，而一次测量所需的时间随压力传感器信号的频率而变。对于 4 500～5 500 MHz 的频率，一次测量所需的时间为 28.4～23.2 ms。因为计数器对参考脉冲进行不间断的计数而不清零，信号周期所对应的计数值，应是相

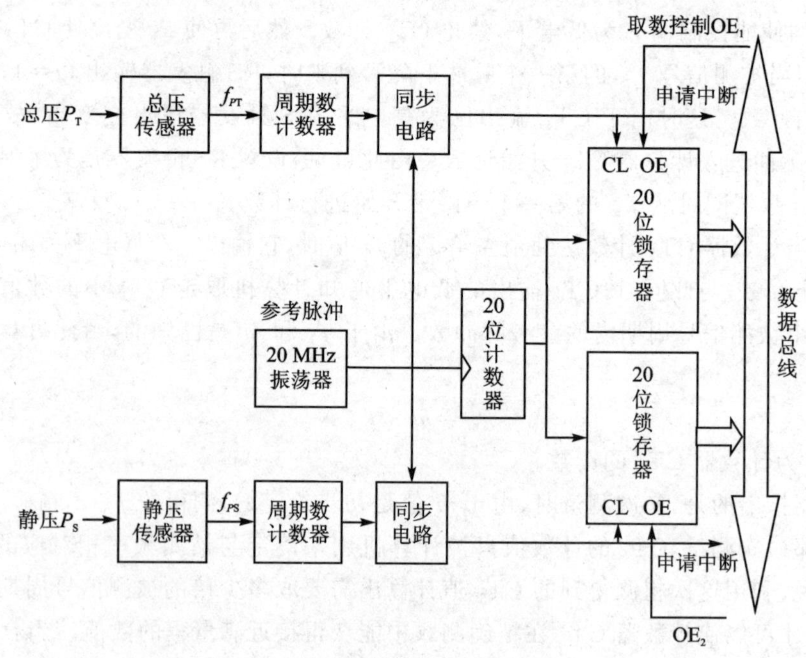

图 5-51　大气数据计算机频率测量电路（m 固定）

邻两次读数值之差。如果出现后一次读数值比前一次小，表明计数器已出现一次满量程进位，则应给后一次读数加上满量程值以后再减去前一次读数值。同步电路使锁存器的数据锁存时刻受参考脉冲控制，以避免数据锁存正好发生在计数器翻转的瞬间。

图 5－52 为另一大气数据计算机的频率测量电路。该电路采用固定测量时间的方案，其 m 值随被测信号在小范围内变化。参考脉冲发生器为 12.8 MHz 晶体振荡器，用 18 位的高频计数器对参考脉冲不间断地计数，两个 8 位低频计数器不断循环地对频率 f_{PS}（静压）和 f_{PT}（总压）的信号进行计数。每当高频计数器计满 18 位数而出现满量程进位时，向 CPU 申请一次中断，CPU 接收中断申请后，向控制逻辑发出采样命令，控制逻辑保证在取得低频整脉冲周期的条件下，同步地对低频计数器的缓冲器和高频计数器的锁存器发出选通信号 OE_1（或 OE_2）及 EN。若发出 OE_1 和 EN，则表明选通了静压计数器的缓冲器令其输出，并把对应时刻的高频计数器的计数值锁存起来，紧接着 CPU 再取走已锁存的高频计数器值。若发出 OE_2 及 EN，则表明选通的是总压计数及相应的高频计数值。每次中断申请后，对静压和总压信号各采样一次。连续两次采样后，就可以算出在此期间每个信号周期所对应的高频计数的平均值，用计算相应的频率进而算出相应的大气参数。这里，一次测量的时间（采样时间）由两次中断申请的间隔时间决定。这一间隔为

$$\frac{2^{18}}{12.8\times10^{6}}\ \mathrm{s}=20.48\ \mathrm{ms}$$

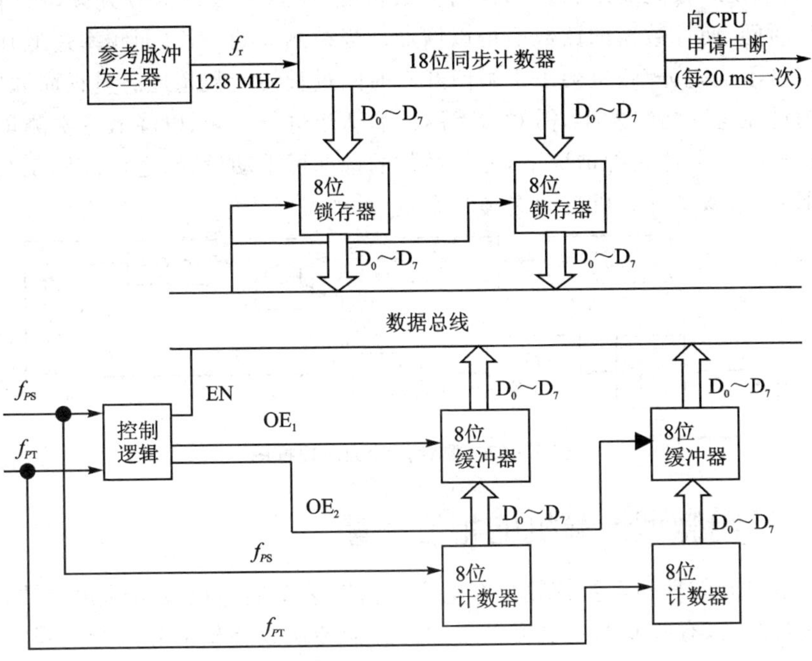

图 5－52　大气数据计算机频率测量电路（测量时间固定）

由于控制逻辑的"取整"作用,实际的测量时间可能略大或略小于上述值。对于上述测量时间,就频率范围为 4.5～5.5 kHz 的传感器而言,其 m 值在 92～112 之间。可见本例的测量时间及 m 取值与上例基本接近。

从上述两例可以看出,采用多倍周期法测量两个以上的频率信号时,可以共用一个参考脉冲计数器(高频计数器),各自采用独立的周期数计数器(低频计数器)即可。

5.6.2 采用微型计算机的周期测量

图 5-48 所示电路本质上是用来测量周期的。设参考脉冲源的周期为 T_r,被测信号的周期为 T_m,若 T_m 未经分频直接控制计数器的闸门,则 T_m 时间内进入计数器的脉冲数 N 为

$$N = f_r \cdot T_m = \frac{T_m}{T_r}$$

即

$$T_m = N \cdot T_r \tag{5-26}$$

式(5-26)表明,计数器的读数与被测周期成正比。

在实际的周期测量电路中,为了保证在被测周期的变化范围很宽时,仍能获得很高的测量精度,可在图 5-48 所示电路的门控双稳和参考脉冲源后面分别增加一个分频器,其原理框图如图 5-53 所示。当被测周期较小时(频率较高),为了增加计数器的读数值,使之接近满量程从而提高测量精度,可以将被测信号分频,从而延长闸门的开启时间,使计数器的读数值得以增加。当被测周期太长(即频率过低)时,即使对被测信号不实施分频,也会由于闸门开启时间过长使计数超过满量程而溢出,造成错误。为避免这一情况发生,需对参考脉冲源适当进行分频,以降低一次测量进入计数器的脉冲数。上述两种情况下,分频系数的选择可手动设置,也可以如 5.6.1.2 小节所述那样,由微型计算机自动选择和调整。

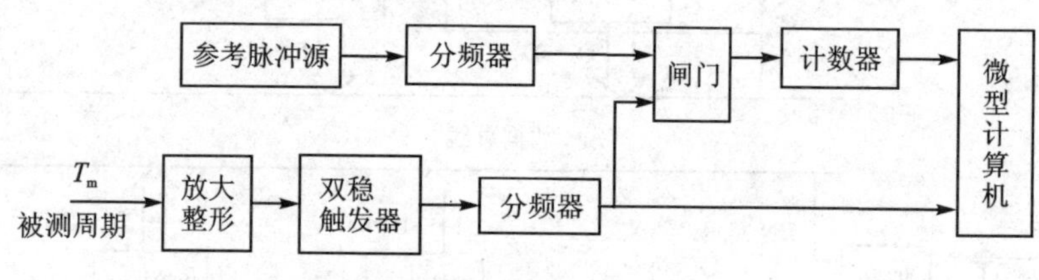

图 5-53　测量周期的原理框图

5.6.3 采用微型计算机的相位测量

相位是交流信号的重要参数。在电力、通信、装备制造以及自动化领域,相位测量具有重要意义,有些非电量也可以通过传感器转换成相位信号进行测量。测量同频率的两信号 $U_1(t)$ 和 $U_2(t)$ 之间相位差 φ_x 的原理如图 5-54(a)所示,测量电路组成如图 5-54(b)所示。

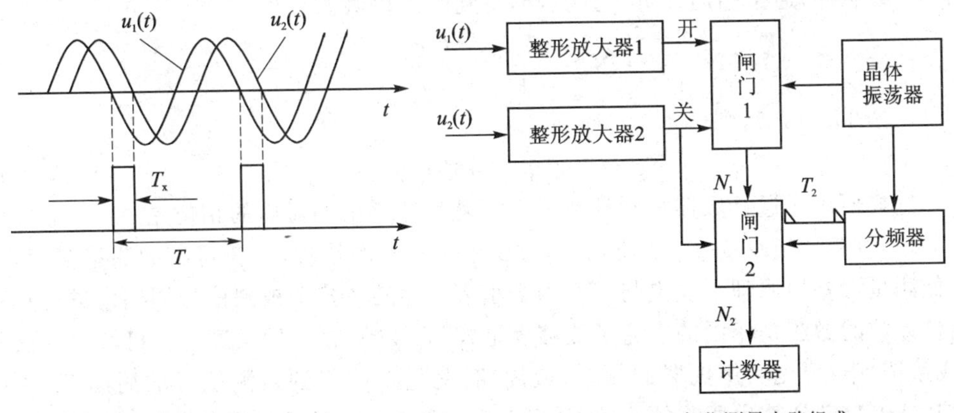

(a) 相位差ψ_x的测量原理示意

(b) 相位测量电路组成

图 5-54　相位测量原理及电路组成

$u_1(t)$和$u_2(t)$经放大、整形后分别去控制闸门 1，u_1 输出的下降沿使闸门 1 打开，而 u_2 输出的下降沿则使闸门 1 关闭。闸门 1 开启的时间为 T_x，正比于相位差 ψ_x。在闸门 1 打开期间，晶体振荡产生的计数脉冲通过闸门 1。此计数脉冲的周期为 T_0（频率为 f_0），则在 T_x 时间内通过闸门 1 的脉冲数 N_1 为

$$N_1 = T_x \cdot f_0 = \frac{T_x}{T_0} \tag{5-27}$$

设信号 u_1 和 u_2 的周期为 T，相位差 ψ_x 以角度为单位，则有

$$\frac{T_x}{T} = \frac{\psi_x}{360}, \quad T_x = \frac{\psi_x}{360}T$$

将 T_x 代入式(5-27)，得

$$N_1 = \frac{f_0 \cdot \psi_x}{360}T \tag{5-28}$$

由式(5-28)知，闸门 1 输出的脉冲数 N_1 与被测的相位差 ψ_x 成正比。式(5-28)还表明，为了获得相位差 ψ_x 的值，还需要知道被测信号的周期 T。对于 u_1 和 u_2 的频率为已知的情况，比如，已知 u_1 和 u_2 为 50 Hz 或 400 Hz 的交流信号，则 T 为已知，这时可以将闸门 1 输出的脉冲直接送到计数器获得计数值 N_1，然后用式(5-28)计算出相应的 ψ_x。

更一般的情况，被测信号 u_1 和 u_2 的频率是未知的，并且被测信号 u_1 和 u_2 的频率可在一定范围内变化。为适应这种更通用的情况，图 5-54(b)中增加了闸门 2，该闸门由晶体振荡器经过一个分频器来控制，使闸门 2 的开启时间为 T_2，并且采取一定的措施使 T_2 为被测信号周期 T 的整数倍，即

$$T_2 = r \cdot T \gg T_0 \tag{5-29}$$

式中，r 为正整数。

这时，进行一次相位测量的计数时间为 T_2。在 T_2 这段时间里，有 r 组脉冲（每

组 N_1 个脉冲)通过闸门 2 进入计数器,得到的计数值 N_2 为

$$N_2 = r \cdot N_r = \frac{T_2}{T} \times \frac{f_0 \psi_x}{360} T = \frac{T_2 f_0}{360} \psi_x \tag{5-30}$$

令 $T_2 f_0 / 360 = 10^n$,则

$$N_2 = 10^n \psi_x \tag{5-31}$$

这样便可通过计数器得到计数值 N_2,然后计算出相对应的相位差 ψ_x。

按式(5-29)改变 T_2 的值,可以改变相位测量的量程,以获得高的测量精度,其降低测量误差的原理本质上与 5.6.1.2 小节所述的在多个被测信号周期内进行频率测量计数的做法是相同的。为了能够满足式(5-29),在采用微型计算机的测量仪器(或系统)中,可先利用仪器的频率(或周期)测量功能得到被测信号的周期 T,并在此基础上自动计算出所需的 r 值,从而自动设置与 T_2 时间对应的分频系数值;为了保证 T_2 准确地为 T 的整数倍,采用 u_2(或 u_1)整形后的输出信号的下降沿来参与对闸门 2 的控制。

5.6.4 时间间隔及频率比的测量

5.6.4.1 时间间隔测量

测量两个脉冲之间的时间间隔的原理如图 5-55 所示。图 5-55(a)中,被测的两个脉冲分别送入 A、B 两个通道。A 通道的信号经放大、整形后去打开闸门(测量两信号上升沿之间的时间间隔,使用 A 信号的上升沿),使分频后的计数脉冲通过闸门进入计数器进行计数;而 B 通道的信号经放大、整形后用作关闭闸门(测量两信号上升沿之间的时间间隔,使用上升沿),从而使计数停止。闸门的开启时间也就是两脉冲的时间间隔 T_x,该时间间隔可准确地用闸门开启时间内所获得的计数值 N_x 来度量,即

$$T_x = N_x T_0 \tag{5-32}$$

式中,T_0 为计数脉冲的周期。

图 5-55(b)为时间间隔测量时的波形图。

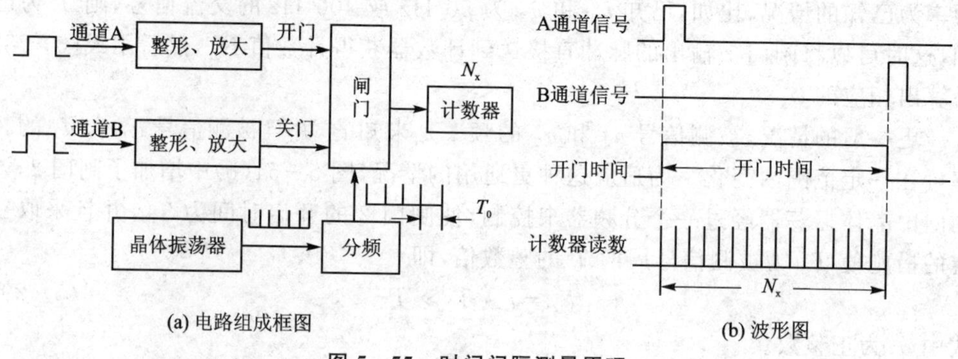

(a) 电路组成框图

(b) 波形图

图 5-55 时间间隔测量原理

5.6.4.2 频率比测量

测量两个信号的频率比的原理框图如图 5-56 所示。

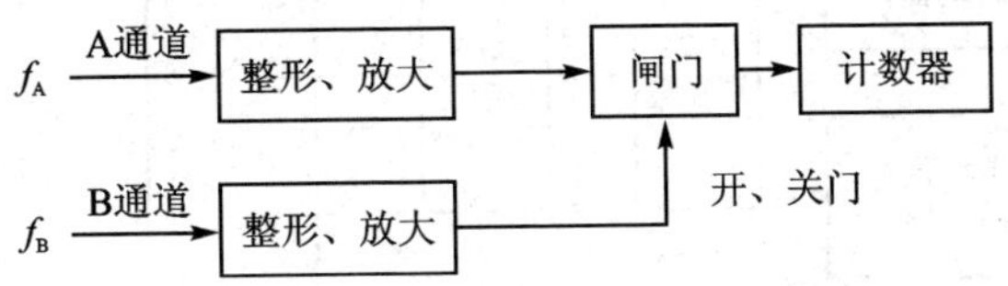

图 5-56 测量频率比的原理框图

若被测的两信号的频率分别为 f_A 和 f_B，并且已知 $f_A > f_B$，则将频率为 f_B 的信号（频率较低的信号）输入 B 通道，经放大、整形后去控制闸门的开启和关闭；频率为 f_A 的信号经放大、整形后作为计数脉冲。在 f_B 信号的一个周期 T_B 时间内，闸门开启，频率为 f_A 的计数脉冲通过闸门进入计数器的脉冲数 N_x 为

$$N_x = T_B \cdot f_A = \frac{f_A}{f_B} \tag{5-33}$$

由式(5-33)，N_x 直接对应着两个信号频率之比。

5.7 数据采集系统

在测控系统中，往往要求测量实际过程的多种参数，如要求测量工业过程中液体的流量、压力、液面高度，反应炉中各个不同点的温度等。对于这类测量多种参数的情况，如果对每个参数都用一个独立完整的测量系统，则很不经济。这时就需要能够采集多种不同形式电信号的数据采集系统。

数据采集系统是指能对多种形式的电信号（如模拟、数字、开关、频率和脉冲信号等）进行信号调理、采样，并且转换（直接或经过 A/D）成计算机能够接收的数据予以实时采集、存储、传输、处理和输出的一类系统。在计算机测控系统中，数据采集系统是计算机与外界联系的桥梁，是获取信息的一种重要途径。

5.7.1 数据采集系统的组成及主要性能指标

5.7.1.1 数据采集系统的组成

功能齐全的通用数据采集系统的组成如图 5-57 所示。它主要由模拟量输入通道、模拟量输出通道、开关量输入通道、开关量输出通道、频率量及脉冲信号输入通道、标准总线接口、海量存储接口以及微型计算机所构成。根据需求，实际的测控系统中所用的数据采集系统往往只包含图 5-57 所示的一部分输入、输出通道，而对多数应用场合，模拟量输入通道总是其中最基本、最常用的组成部分。

对于一些转换速度要求不高的场合，多通道的模拟量输入通道可采用图 5-21（5.4.1 小节）所示的形式，也可以采用图 5-23 所示的方案；对于需要同时采集多个

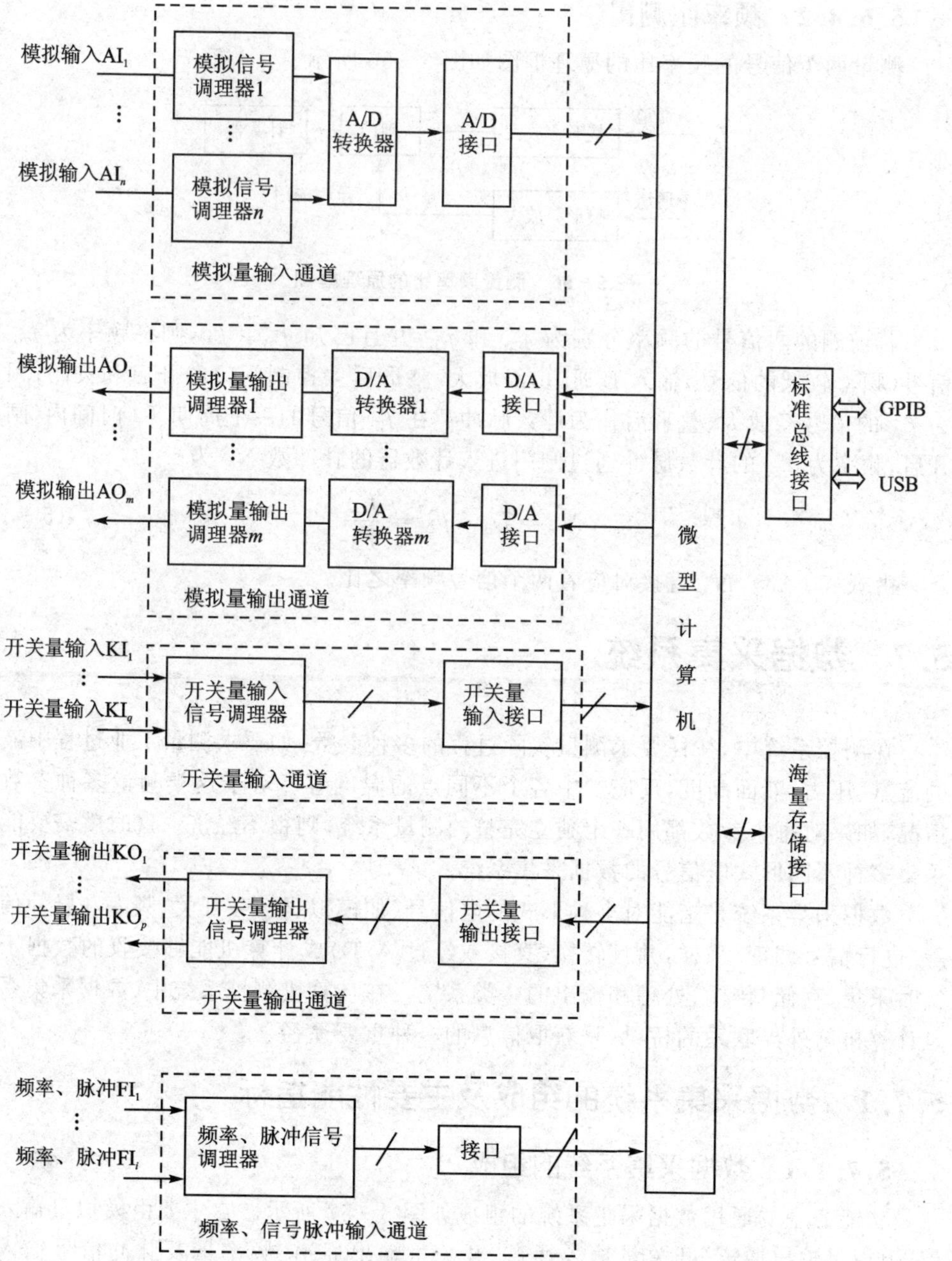

模拟输入AI_1
⋮
模拟输入AI_n
模拟信号调理器1
⋮
模拟信号调理器n
A/D转换器
A/D接口
模拟量输入通道

模拟输出AO_1
⋮
模拟输出AO_m
模拟量输出调理器1
⋮
模拟量输出调理器m
D/A转换器1
⋮
D/A转换器m
D/A接口
D/A接口
模拟量输出通道

开关量输入KI_1
⋮
开关量输入KI_q
开关量输入信号调理器
开关量输入接口
开关量输入通道

开关量输出KO_1
⋮
开关量输出KO_p
开关量输出信号调理器
开关量输出接口
开关量输出通道

频率、脉冲FI_1
⋮
频率、脉冲FI_i
频率、脉冲信号调理器
接口
频率、信号脉冲输入通道

微型计算机
标准总线接口
GPIB
USB
海量存储接口

图 5-57　数据采集系统组成

数据并且要求较高的转换速率的应用情况,宜采用图 5-24 的结构形式。模拟量输入通道的信号调理器通常由前置放大器及模拟滤波器组成,用以将传感器来的信号放大到 A/D 转换器所要求的幅度并通过滤波提高信噪比。为了方便与一些常用传感器(如温度传感器、应变式压力传感器等)相连接,有些数据采集系统的部分输入通道的前置放大器是针对某一类特定的传感器专门设计的。在系统的测量传感器已经选定后,合理地选用(或设计)与之配套的数据采集系统,可以大大降低整个测控系统集成的工作量。对于采用图 5-21 和图 5-23 两种形式的模拟量输入通道,输入的多个模拟量,通过模拟多路器(多路开关)共用一个 A/D 转换器,是一种时分多路转换工作方式。由于多个模拟量共用一个 A/D 转换器、模拟多路器和采样/保持器的性能对整个模拟量输入通道的性能影响很大,在设计时须参考 5.4.1 小节的内容慎重选用合适的芯片。

模拟量输出通道的核心是 D/A 转换器,由于实际应用所需的模拟量输出通道的数目较少,而且若各通道共用一个 D/A 转换器,则需使用多个模拟保持器。好处并不明显。因此,各个模拟量输出通道均有各自的 D/A 转换器。模拟量输出调理器主要用于实现电平提升和功率驱动功能,以便使该通道输出的模拟量在幅值和功率方面能与它所驱动的外部设备相匹配。

开关量(或数字量)输入信号的常见形式是触点开合及电平高低两种。开关量输入信号调理器的任务是实现触点开合信号或设备开关电平(如 0~24 V)到计算机接口器件所要求的标准电平(如 TTL 电平)的转换。对于要求实现电隔离的开关量,其信号调理器还须具有电隔离功能(比如采用光电耦合器隔离)。开关量输入通道常用于检测设备运行是否到位,某一工序是否完成等,这类检测要求在测控系统中是常见的。

开关量(或数字量)输出信号调理器用于将输出接口送来的开关电平提升到被连的外部设备所要求的幅度并提供足够的驱动功率。对于要求触点信号的外部设备,该调理器还应能实现高低电平到触点开合信号之间的转换。

频率、脉冲信号输入通道用于完成对一些时间参数的测量,也可用作定时、同步信号的输入端。其信号调理器的主要功能是放大、整形或实现脉冲变换。

微型计算机是数据采集系统的核心,它控制系统中的其他组成部分,管理数据采集流程,存储、分析、处理、显示采集结果并通过标准总线接口或其他通信接口与其他系统交换信息。图 5-57 中的微型计算机应包括计算机硬件和计算机软件两部分。计算机硬件及其接口是基础,是控制/管理功能的执行机构;计算机软件则是灵魂,是控制和管理数据采集过程的神经中枢。

5.7.1.2 数据采集系统的主要性能指标

数据采集系统的性能指标与应用目的和应用环境密切有关,不同的应用场合往往有着不同的性能指标要求

1. 针对模拟量输入通道的性能指标

这是数据采集系统最常见、最基本的性能指标。早期的数据采集系统(当时称为巡回检测系统)基本上只包括多通道的模拟输入,因此对这类系统而言,模拟量输入通道的性能指标也就是这类数据采集系统的性能指标。这类指标及其含义如下:

(1) 通道数及前置放大器(或信号调理器)类型

通道数是指该系统最多可连接的模拟信号数。前置放大器类型是指模拟通道前置放大器的几项与应用密切有关的指标。主要有：① 单端/差动输入能力；② 增益程控能力及增益可变范围；③ 输入阻抗(是否为场效应晶体管输入级)；④ 模拟滤波器类型和主要指标；⑤ 对特定传感器的适配性能等。很明显，通道数是与应用方式有关的，差动输入时的最大通道数是单端输入时通道数的一半。

(2) 采集模拟信号的分辨率

该分辨率是指数据采集系统能够分辨的模拟输入信号的最小变化量。通常可用以下几种方式表示该分辨率：

① 用系统所采用的A/D转换器的位数表示；

② 用最低有效位(LSB)占满量程的百分比表示；

③ 用可分辨的真实电压数值表示；

④ 用满量程值可细分达到的级数表示。

表5-4给出了几种满量程为10 V的模拟量输入通道的分辨率。

表5-4　10 V满量程的模拟输入通道的分辨率

A/D位数	级　数	1 LSB满量程的百分数/%	1 LSB满度值为10 V的电压
8	256	0.391	39.1 mV
10	1 024	0.097 7	9.77 mV
12	4 096	0.024 4	2.44 mV
16	65 536	0.001 5	0.15 mV
20	1 048 576	0.000 095 3	9.53 μV

(3) 模拟量输入通道的转换精度

该转换精度是指当数据采集系统工作于额定采样速率时，系统对模拟输入信号所能达到的转换精度。系统中A/D转换器的精度是系统对模拟信号所能达到的极限精度。一个模拟量输入通道还包括前置放大器、滤波器、模拟多路器、采样/保持器等众多环节，由于这些环节存在误差及通道间的串扰的影响，所以一个通道对模拟量的总转换精度要低于A/D转换器的精度。只有当一个通道中的各环节的精度均远高于A/D转换器的精度，并且通道间的串扰可忽略不计时，该通道的总精度才能达到A/D转换器的精度。对于各个模拟量输入通道具有相同结构形式(即所用的前置放大器、滤波器等均相同)的数据采集系统，其模拟量输入通道的转换精度应为各通道实测得到的精度中的最低者。若数据采集系统的模拟量输入通道具有几种不同的结构形式，则宜分别给出每种形式所能达到的转换精度。或者更严格地，以几种形式中精度最低者作为该系统的模拟量输入通道的转换精度。

(4) 采样速率和采样周期

采样速率是指在满足精度指标的前提下，系统对输入的模拟信号在单位时间内所能完成的采样次数，也就是系统每个输入通道每秒钟可采集的有效数据的数量。这里所说的"采集"包括对被测模拟量进行采样、量化、编码、传输和存储的全部过程。采样周期是采样速率的倒数，它表示系统每采集一个有效数据所需的时间。对于具有图 5-21 所示结构的低速数据采集系统，其最高采样速率取决于 A/D 转换器的转换时间。最高采样速率是指该系统对模拟输入信号所能达到的极限速率。图 5-21 所示结构采用时分多路转换的工作方式，设对一个通道的模拟输入信号完成一次信号采集所需的时间为 T_S^M，系统拥有 m 个模拟输入通道，则以相等时间间隔对 m 个通道的输入信号依次轮流采集一遍所需的最短时间 T_S 为

$$T_S = mT_S^M \tag{5-34}$$

对 m 个通道的信号以等时间间隔依次轮流采集所能达到的最高采集频率 f_{SM} 为

$$f_{SM} = \frac{1}{T_S} = \frac{1}{mT_S^M} \tag{5-35}$$

与 T_S^M 相对应的频率 f_S^M 为

$$f_S^M = \frac{1}{T_S^M} \tag{5-36}$$

f_S^M 称为多路转换信号的采样频率，该采样频率是与图 5-21 所示电路中多路转换器的输出信号相对应的。当系统中的 m 个模拟输入通道都接到同一个输入信号时，可达到 f_S^M 这一系统所能达到的最高转换频率。对于某些高速数据采集系统，它们往往具有如图 5-24 所示的全并行的模拟量输入通道结构，这时，决定速率的一个十分重要的因素是每个通道所用的模拟信号放大器的建立时间。该建立时间定义为在放大器输入端加上满量程阶跃输入时，其输出与输出最终值之差达到并保持在给定范围内所需要的时间。例如一个高速数据采集系统中，采用了一个转换时间为 2 μs 的 12 位 A/D 转换器，但数据采集系统的速率并不能达到 0.5 MHz。因为模拟放大器的建立时间往往会超过高速 A/D 转换器的转换时间。

（5）模拟输入通道的动态范围

动态范围是指输入到一个模拟量输入通道的信号所允许的变化范围，常用信号的最大幅值与最小幅值之比的分贝数表示。公式如下：

$$I_i = 20\lg\frac{U_{max}}{U_{min}} \tag{5-37}$$

式中，I_i 为动态范围；U_{max} 为最大允许输入幅值，在该幅值下通道放大器刚进入饱和；U_{min} 为最小允许幅值，常以等效输入噪声电平来代替。

（6）模拟通道的非线性失真

这是衡量 A/D 转换器的输出数码与输入模拟电压之间传递特性的线性程度的技术指标。与直流输入模拟电压相对应的有积分非线性误差（Integral Non-Linearity Error，INLE）、微分非线性误差（Differe Non-Linearity Error，DNLE）和偏置误差三

项指标。积分非线性误差是指实际传递特性与理想传递特性曲线之间偏离的最大值，此项指标用以衡量输出数码与输入模拟电压之间传递特性的总体直线性。微分非线性误差是指 A/D 转换器转换特性曲线实际的量化电压与理想的量化电压的最大偏差。偏置误差亦称零点误差，用来衡量模拟通道的零点偏置随时间或温度变化的程度。以上三种误差通常均以 LSB 为单位给出。

与低频交流模拟输入电压相对应的有信噪比（Signal to Noise Ratio，SNR）和总谐波失真（Total Harmonic Distortion，THD）。当给系统的模拟输入通道加入一个额定幅值的单一频率的标准正弦信号时，如果该模拟输入通道存在某种程度的非线性，则其输出会出现新的频率分量，这些分量的大小用总谐波失真 THD 来度量，THD 常用相对于基波的百分数或分贝值来表示。此处的信噪比指标，是指规定的幅值及频率范围内的交流信号通过模拟输入通道时所能达到的最低的信号噪声比。

2. 针对模拟量输出通道的性能指标

这类性能指标主要有：

(1) 模拟量输出通道数目及输出方式

本指标给出系统最多能提供的模拟量输出通道数目、每个通道的输出连接方式以及相应的输出量程（如输出量程为 10 V 或对称输出的±5 V）。

(2) D/A 转换器的主要性能指标

主要包括：

① D/A 转换器的分辨率（用位数表示）及满量程输出值。

② D/A 转换器的转换精度，对于多数 D/A 转换器芯片，其转换精度即为其分辨率。影响精度的主要因素是 D/A 转换器的零点误差、增益误差、非线性误差及噪声等。

③ D/A 转换器的转换速率（Slew Rate）。D/A 转换器完成一次转换需要一定的响应时间，这一时间称为转换时间，该转换时间是指输入数字量变化后，输出模拟量稳定到相应数值范围内（通常为 1/2 LSB）所经历的时间。转换时间的倒数称为转换速率，常用 V/μs 为单位来表示。

④ 温度系数。该系数是指在规定的温度范围内，每变化 1 ℃时所引起的输出模拟量变化与满量程输出模拟量之比的百分数。

⑤ 对基准参考电压的要求（如有无片内基准电压）。

3. 针对开关量输入/输出通道的性能指标

这类指标主要有：

① 开关量输入（或输出）通道数及开关量的性质（高、低电平值，或继电器控制相关指标）；

② 开关量的隔离特性（光电隔离或电磁隔离）；

③ 开关量的驱动能力。

5.7.2 数据采集系统举例

测控系统中所应用的数据采集系统的规模,随实际应用需求的不同差别甚大。最简单也最常见的一种就是测控系统研制者自行研制的包含多个模拟量输入/输出通道的数据采集卡,这类采集卡的控制计算机就是系统的主机,所用的总线就是该主机的标准总线(ISA、PCI 等)。这类采集卡也能以商品的形式购得。另一类基于标准总线的数据采集卡上自带单片机或信号处理器芯片,以及容量足够的数据存储器,还能提供一定的软件支持。近年来,随着超大规模集成电路及嵌入式系统技术的发展,已可以将整个数据采集系统集成封装于一个单片上,称为单片数据采集系统。典型产品有美国 Telcom 公司生产的 TC534、ADI 公司推出的 ADuC812/816/824/834/836 型高精度单片系统、TI 公司的 MSC1201Y2/1201Y3/1201Y4/1201Y5 型低噪声多通道单片系统,加拿大 GOAL(高乐)公司的 VERSA1、VMX1020、VRS1000 型等带 DSP 的单片系统。这类产品的共同特点是以微控制器作为内核,功能齐全、测量通道数多、转换精度高、速度快。输入通道类型多的通用数据采集系统也常以台式仪器或模块化仪器的形式出现,安捷伦(Agilent)公司生产的 HP34970 就是其中一例。

5.7.2.1 单片数据采集系统 VERSA1 简介

VERSA1 是加拿大高乐半导体公司开发的一种具有 DSP 功能的单片数据采集系统。VERSA1 内部包含高性能微处理器和 RS-485 串行接口,用户通过高精度、高速数学运算的 MAC(乘累加器)模块来实现 DPS 功能。其同类产品还有 VERSA MIX 系列。

1. VERSA1 的主要特点

① VERSA1 内部有已校准的 4 输入通道的 12 位 A/D 转换器,输入电压范围是 0~2.7 V,无论是单通道工作还是全部 4 个通道工作,都能选择以下 3 种不同的转换模式:连续转换,单次转换及带微处理器中断的转换。

② 内部集成了与 8051 兼容的微处理器。它采用标准的 8051 指令集,双数据指针(DPTR),4 时钟/指令周期,执行指令的平均速度比标准的 8051 提高了 2.5 倍。VERSA1 支持工业标准的编译器、汇编器、仿真器和 ROM 监控器。通过 MAC 模块能实现 DSP 功能,MAC 被认为是 DSP 的核心电路。许多信号处理算法都需要完成乘法-累加运算,倘若用一个微处理器来完成这种运算,就需要占用 CPU 很多时间,而 MAC 仅用一条指令即可自动完成乘法和其后的加法的高精度数学运算,大大提高了软件的运行速度。

③ 带 RS-485/J1708 双向收发器、SPI(Serial Peripheral Interface,串行外围接口)总线接口和两个全双工的通用异步收发器(UART)。SPI 接口分主机、从机两种工作模式,在主机模式下利用 3 个片选信号,就能控制多个从机的输出。

④ 片内有经过温度校准的 1.23 V/1.179 V 精密基准电压源,其电压温度系数

低至 7×10⁻⁶/℃。用软件编程后即可通过内部数字电位器来设定可编程电流源，为外部传感器提供 33 μA 或 133 μA 的驱动电流。内部可编程增益放大器的增益设定范围是 2.15～2.36 倍。

⑤ 片内集成了大量的闪速存储器(FLASH，简称闪存)和静态存储器(SRAM)，以满足用户编程和处理大量数据的需要。其中，闪存包括 64 KB×8 B 程序存储器和 2 KB×8 B OTPR 通用存储模块，通过 I²C 接口可对闪存进行编程。静态存储器包括 1 KB×8 B 映射到外部存储空间的 SRAM 和 256 B×8 B 映射到内部存储器的 SRAM。

⑥ 它有两个通用 I/O 口，3 个通用中断输入(有多达 10 个中断源)，3 个通用定时/计数器。

⑦ 带 Brown－Out 检测的上电复位功能。Brown－Out 是一种掉电保护功能，它一旦检测到电源电压低于＋3.75 V，就立即将 VERSA1 复位。

⑧ 低功耗。采用＋5 V 电源供电，电源电压允许范围是＋4.5～＋5.5 V，数字电源和模拟电源的工作电流范围分别为 5.5～12.5 mA、2.5～7.5 mA。闪速存储器的编程电压为＋12 V。工作温度范围是 0～＋70 ℃。

2. VERSA1 的引脚及内部结构

VERSA1 采用 QFP－44 封装，引脚排列如图 5－58 所示。各引脚的功能见表 5－5。

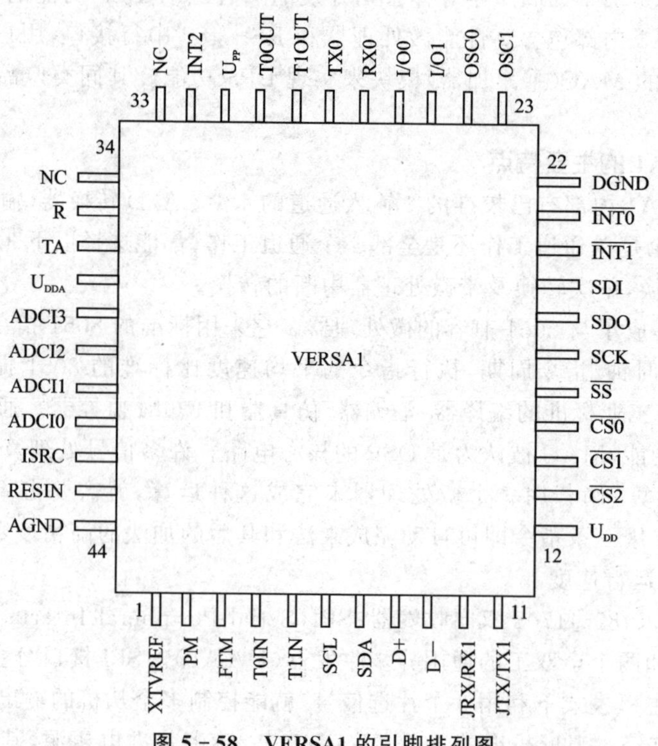

图 5－58 VERSA1 的引脚排列图

表 5-5 VERSA1 的引脚功能

引脚编号	名 称	引脚功能
1	XTVREF	外部基准电压输入端
2	PM	模式控制输入端
3	FTM	模式控制输入端
4	T0IN	定时器 0 的输入端
5	T1IN	定时器 1 的输入端
6	SCL	I^2C 接口的时钟输入端
7	SDA	I^2C 接口的双向数据端
8,9	D+,D-	RS-485 接口的接收端、发送端
10	JRX/RX1	RS-485 接口的外部差分收/发输入端,或异步 UART1 的接收端
11	JTX/TX1	RS-485 接口的外部差分收/发控制输出端,或异步 UART1 的发送端
12	U_{DD}	接数字电源端
13	$\overline{CS2}$	SPI 总线的片选端 2(主机模式)
14	$\overline{CS1}$	SPI 总线的片选端 1(主机模式)
15	$\overline{CS0}$	SPI 总线的片选端 0(主机模式)
16	$\overline{SS}$	SPI 总线的使能端(从机模式)
17	SCK	SPI 接口的时钟端(从机为输入端,主机为输出端)
18	SDO	SPI 接口的数据输出端
19	SDI	SPI 接口的数据输入端
20	$\overline{INT1}$	中断输入端(用低电平或下降沿触发)
21	$\overline{INT0}$	中断输入端(用低电平或下降沿触发)
22	DGND	数字地
23	OSC1	时钟振荡器的输出端
24	OSC0	时钟振荡器的输入端/外部时钟输入端
25	I/O1	通用 I/O 接口
26	I/O0	通用 I/O 接口
27	RX0	异步 UART0 接收器的输入端
28	TX0	异步 UART0 发送器的输出端
29	T1OUT	定时器 1 的输出端
30	T0OUT	定时器 0 的输出端
31	U_{PP}	闪速存储器的编程电压输入端

续表 5-5

引脚编号	名　称	引脚功能
32	INT2	中断输入端(上升沿触发)
33,34	NC	空引脚
35	$\overline{R}$	复位端
36	TA	模拟输出端
37	U_{DDA}	模拟输入端
38	ADCI3	模拟通道 3 的输入端
39	ADCI2	模拟通道 2 的输入端
40	ADCI1	模拟通道 1 的输入端
41	ADCI0	模拟通道 0 的输入端
42	ISRC	可编程电流源的输出端
43	RESIN	电流源基准输入端
44	AGND	模拟地

VERSA1 的内部框图如图 5-59 所示，主要包括：可编程电流源，4 路模拟通道选择器(MUX)，12 位 A/D 转换器，模拟输出电路，SPI 串行接口，RS-485/J1708 串行接口，时钟振荡器，I^2C 总线接口，上电复位电路，乘累加器(MAC)，微处理器(μP)，总线接口单元，串行接口，定时/计数器，64 KB×8 B FLASH(程序存储器)，256 B×8 B SRAM(内部数据存储器)，中断优先级编码器，3 个中断信号输入，1 KB×8 B SRAM(数据存储器)，2 KB×8 B OTPR(用于存放有关模/数转换的基准向量)，通用 I/O 口。

3. VERSA1 的应用举例

由 VERSA1 构成的一个温度及气体浓度测控系统的电路如图 5-60 所示。

负温度系数的热敏电阻是一种用途很广的非线性器件，其电阻-温度关系曲线呈严重的非线性。VERSA1 的可编程电流源能驱动一只负温度系数的热敏电阻 R_T。考虑到电阻值 R_T 以及它两端的电压值均随温度升高而降低，为此可在热敏电阻与模拟地之间串联一只电阻 R，再将 R 上的电压通过两个模拟输入端送入 A/D 转换器中。

传统的处理非线性器件的方法是首先读出 A/D 转换器输出的电压数据值，然后和预先存储好的热敏电阻电压－温度对照表进行比对。这不仅费时，而且电压-温度对照表会占用内部存储器的很大空间。例如，一个 12 位 A/D 转换器的数据就要占用 32 Kb 的存储空间。这是传统测温方案的缺点。

一种更好的方法是通过 VERSA1 内部集成的 MAC 来拟合热敏电阻的电压-温度曲线。该曲线的数学表达式一般为有两项或三项的多项式，只有 3、4 个参数需要存储，MAC 可以在微处理器很少干预的情况下迅速完成计算过程，求出被测温度

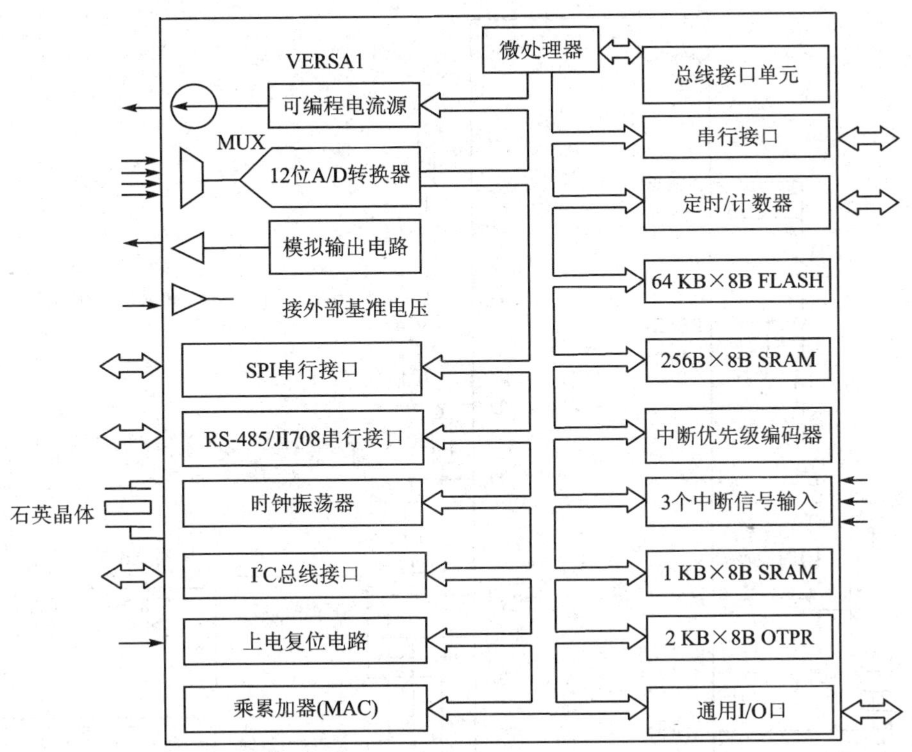

图 5-59　VERSA1 的内部框图

值。这是一种高效率、高精度的温度检测方案。

该方案还适用于气体检测器。在加热过程中，某些气敏元件的电阻值与被检测的气体有关。图 5-60 中，已将这种气体传感器接到 VERSA1 上。利用通用接口 I/O1 来驱动晶体管 VT。气体传感器的输出接到 A/D 转换器的模拟输入端 ADCI2。鉴于气体传感器的加热电流很大，而在电池供电系统中，如何降低功耗非常重要，因此这里采用脉冲驱动法来驱动晶体管。I/O1 由软件编程控制，输出为脉冲电流，使晶体管仅在很短的时间内导通。当脉冲电流流过传感器时，传感器就被加热，其电压不仅与它的电阻值成比例关系，而且和所在区域内的气体浓度有直接关系。上述电压经过 VERSA1 内部的 12 位 A/D 转换器变成数字量，再通过标定之后即可构成一个低成本、高效率的气体浓度检测系统。

图 5-60 中还示出了 VERSA1 在不同应用例子中的各种串行接口。VERSA1 的 I/O0 口用来驱动发光二极管(LED)和报警蜂鸣器。VERSA1 的一个中断输入还可以用作触发输入。RS-485 接口的差分接收、发送端(D+，D-)，通过 50Ω 的匹配电阻和双绞线接 J1708 总线。

VERSA1 有 3 个可寻址的片选信号，这使得 SPI 设备和 VERSA1 之间的接口更为简单。图 5-60 所示的 SPI 接口具有以下 3 种功能：

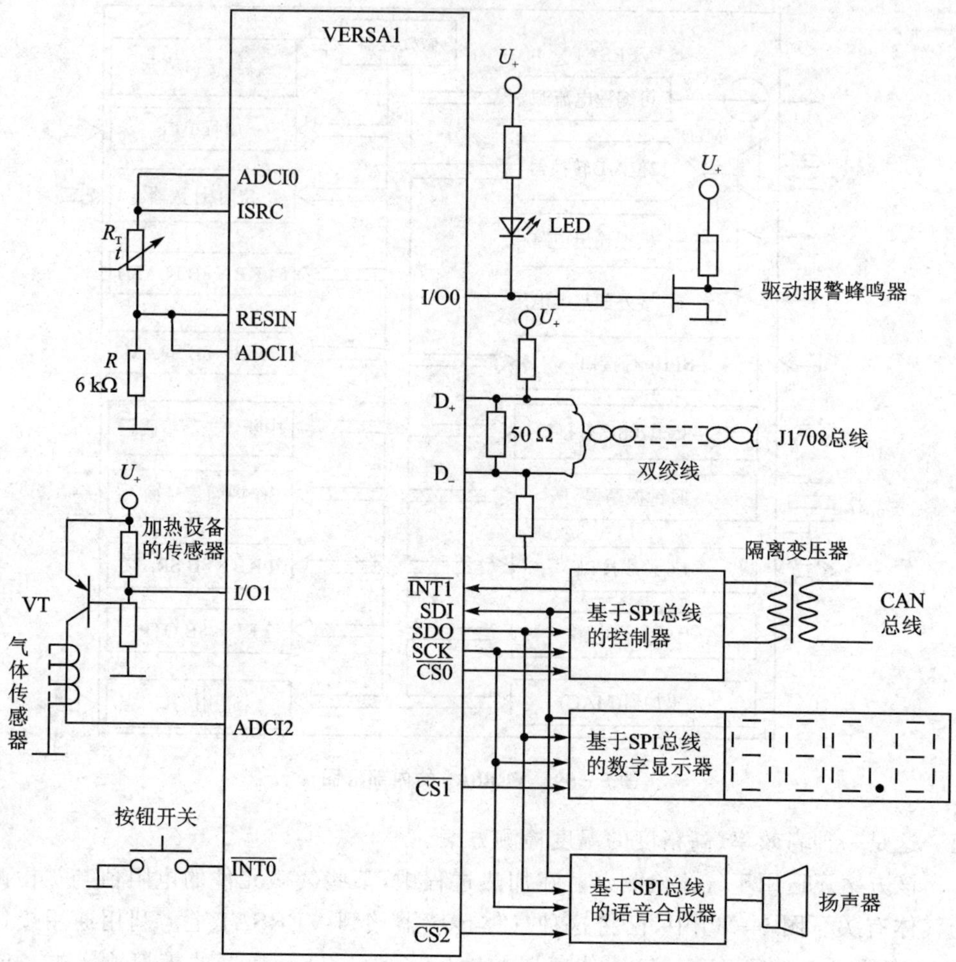

图 5-60　由 VERSA1 构成温度及气体浓度测控系统的电路

① 接一个基于 SPI 总线的控制器，再经过隔离变压器连接到标准的 CAN 总线，为 CAN 总线提供片选信号。CAN(Controller Area Network)总线是目前国际上流行的一种支持分散实时控制系统的现场总线。CAN 总线的片选信号还可连接到 VERSA1 的一个中断输入端(例如 INT1)。这种连接方式使得 CAN 总线控制器可以中断 VERSA1。

② 接一个基于 SPI 总线的数字显示器(数码管)，可适用于各种需要提供可读数据的应用场合。

③ 接一个基于 SPI 总线的语音合成器，再经过扬声器发出语音信息。这适用于需要提供语音输出的系统。因为 SPI 总线的时钟频率可达 1 MHz，通过 VERSA1 自身的固定查找表或者用 DPS 功能即可产生各种语音波形。

5.7.2.2 几种数据采集卡性能简介

1. PCI－1716/1716L 数据采集卡

PCI－1716/1716L 是研华公司(Advantech)推出的 PCI 总线型高分辨率、多功能数据采集卡，具有 16 位的分辨率和 250 kS/s 的最高采集速率，能提供 16 个单端输入或 8 个差动输入的模拟量输入通道及 1 KB 容量的 FIFO 采样数据缓冲器，2 个 16 位的模拟量输出通道，16 个数字量输入/输出通道以及一个 10 MHz 16 位的计数器通道，能够满足相当大的一部分应用需求。此多功能采集卡的主要性能指标如下。

(1) 模拟量输入通道的主要性能指标

- 通道数：16 个单端输入或 8 个差动输入；
- 分辨率：16 位；
- FIFO 缓冲器容量：1 kS/s；
- 采样速率：最大 250 kS/s；
- 转换时间：2.5 μs；
- 模拟输入范围及增益见表 5－6；
- 模拟信号转换精度见表 5－7；
- 共模电压：最大为±11 V；
- 最大允许输入过载：±20 V；
- 输入保护：30 V；
- 输入阻抗：100 MΩ/10 pF、100 MΩ/100 pF；
- 触发方式：软件、板装可编程定步器或外触发。

表 5－6　模拟输入电压范围及增益

输入范围及增益列表	增益	0.5	1	2	4	8
	单极性	无	0～10	0～5	0～2.5	0～1.25
	双极性	±10	±5	±2.5	±1.25	±0.625
程控增益放大器的小信号带宽	增益	0.5	1	2	4	8
	带宽/MHz	4.0	4.0	2.0	1.5	0.65

表 5－7　模拟信号转换精度

直流信号	积分非线性误差：±1 LSB					
	微分非线性误差：±1 LSB					
	偏置误差：可调的±1 LSB					
	增益	0.5	1	2	4	8
	增益误差/%FSR	0.15	0.03	0.03	0.05	0.1
交流信号	信噪比：82 dB					
	总谐波失真：－84 dB(典型值)					

(2) 模拟量输出通道的主要性能指标

- 通道数：2；
- 分辨率：16 位；
- 工作方式：单极输出；
- D/A 转换的响应时间：最快为 250 kS/s；
- 输出范围、转换精度、建立时间等见表 5-8；
- 漂移：10×10^{-6}/℃；
- 输出驱动能力：±20 mA；
- 输出阻抗：0.1 Ω。

(3) 数字量输入/输出通道的主要指标

此类指标见表 5-9。

表 5-8　模拟量输出通道主要指标汇总

输出范围	使用内部参考电源/V	0～+5,0～+10,-5～+5,-10～+10
	使用外部参考电源/V	0～$+x$　($-10\leqslant x\leqslant10$) $-x$～$+x$　($-10\leqslant x\leqslant10$)
精度	直流	微分非线性误差：±1 LSB(单调)
		积分非线性误差：±1 LSB
		偏置误差：可调±1 LSB
		增益(全量程)误差：可调±1 LSB
动态性能	建立时间/μs	5
	转换速率/($V\cdot\mu s^{-1}$)	20
温度漂移	10×10^{-6}/℃	
驱动能力/mA	±20	
输出阻抗/Ω	0.1	

表 5-9　数字量输入/输出通道主要指标

输入通道数	16	
输入电压	低电平/V	0.4,最大
	高电平/V	2.4,最小
输入负载	低电平/V	0.4,-0.2 mA
	高电平/V	2.7,-0.2 μA
输出通道数	16	
输出电压	低电平/V	0.4, 0.8 mA
	高电平/V	2.4, 0.4 mA

(4) 计数器/定时器指标

- 通道数：3，其中 2 个通道为可编程定步器所用，1 个通道供用户使用；
- 分辨率：16 位；
- 电平兼容性：TTL 电平；
- 基本时钟：通道 2 由通道 1 的输出来建立，通道 1 为 10 MHz，通道 0，内时钟 1 MHz 或外时钟 10 MHz；
- 最高输入频率：1 MHz。

PCI－1716/1716L 功能齐全，精度及速度适中且价格不高，适于一般的工业测控应用场合。

2. NI6251 高速数据采集卡

NI6251 是美国 NI(National Instruments)公司推出的高速多功能数据采集卡，可用于 PCI、PXI 总线系统以及采用 USB 总线组建的系统。其主要性能指标如下：

- 模拟输入通道数：16(单端输入)；
- 模拟输入通道的分辨率：16 位；
- 最高采样速率：1.25 MS/s；
- 模拟触发功能：有；
- 模拟输出通道数：2；
- 最高输出速率：2.8 MS/s；
- 模拟输出电压范围：±10 V，±5 V，±外加参考电压；
- 数字量输入/输出通道数：各 24；
- 数字 I/O 特性：5 V TTL，10 MHz。

NI6251 数据采集卡同时具有较高的分辨率及采样速率，适用于同时要求较高精度及采样速度的场合。

5.7.2.3 模拟输入/输出通道设计举例

在小型低成本的测控系统中，其模拟量输入、输出通道有时需要自行设计。下面通过一个实例来介绍这类简单的数据采集系统的设计方法。

1. 设计要求

要求设计一个由个人计算机控制的数据采集板卡，其模拟量输入通道数为 16 路，模拟量输出通道数为 1 路，A/D、D/A 转换器的分辨率均为 12 位。A/D、D/A 转换器与 CPU 之间数据传送采用查询方式。

2. 电路组成及工作原理

数据采集系统采用图 5－21 所示的多通道信号共用采样/保持器和 A/D 转换器的结构，具体的电路框图如图 5－61 所示。系统主要由模拟多路开关 AD7506(16→1)、采样/保持器 AD582、A/D 转换器 ADC574A、D/A 转换器 DAC1210、运算放大器 LF356、锁存器 74LS373 及端口译码电路组成。

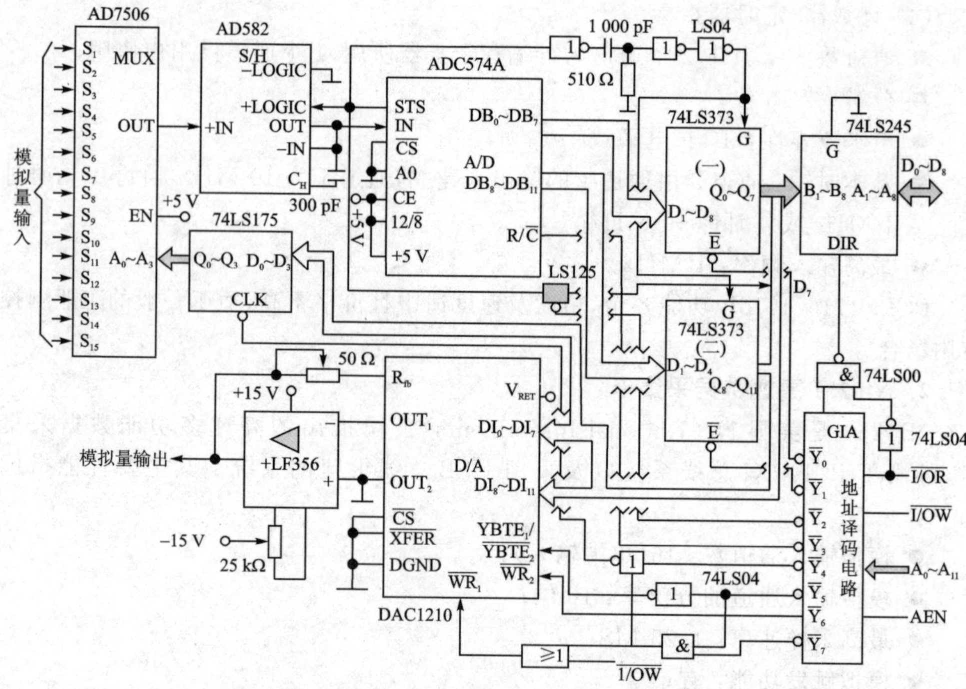

图 5-61　数据采集系统电路原理框图

各芯片的作用及互连情况如下：

① 多路开关 AD7506，是 16 个输入端、1 个输出端（16→1）的模拟开关，分别切换 16 个被测模拟量，使 16 路模拟通道共享 A/D 转换器。AD7506 引脚图如图 5-62 所示。

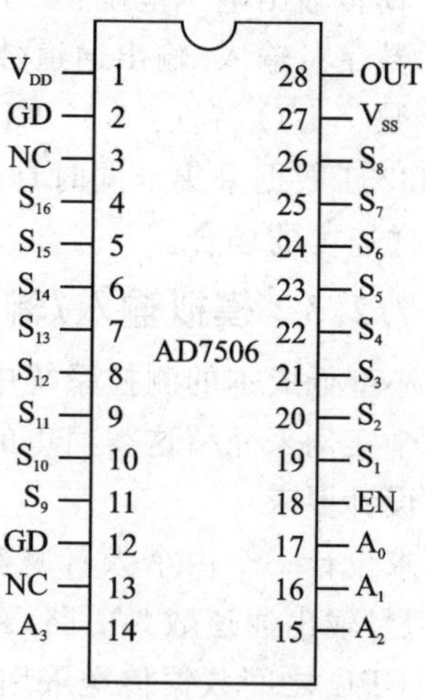

图 5-62　AD7506 引脚图

图 5-61 中，$S_1 \sim S_{16}$ 是多路开关的输入端，分别与被采集的模拟量相连。OUT 是多路开关的输出端，与采样/保持器 AD582 输入端（+IN）连接。$A_0 \sim A_3$ 是模拟量通道选择地址线，由数据线的低 4 位 $D_0 \sim D_3$ 通过 74LS175 送来，4 位地址产生 16 种编码。EN 为通道选择允许，高电平有效。图中 EN 接 +5 V，表示通道选择允许。

② AD582 是通用型采样/保持器，孔径时间为 150 μs，采样时间为 6 μs。AD582 的典型接法如图 5-63 所示。模拟信号的输入是+IN 或−IN，采样/保持状态的控制是通过在差动逻辑输入端+LOGIC IN 或−LOGIC IN 加信号来实现的。若在+LOGIC IN 端加逻辑 0，则 AD582 处于采样状态；若在+LOGIC IN 端加逻辑 1，则 AD582 处于保持状态。

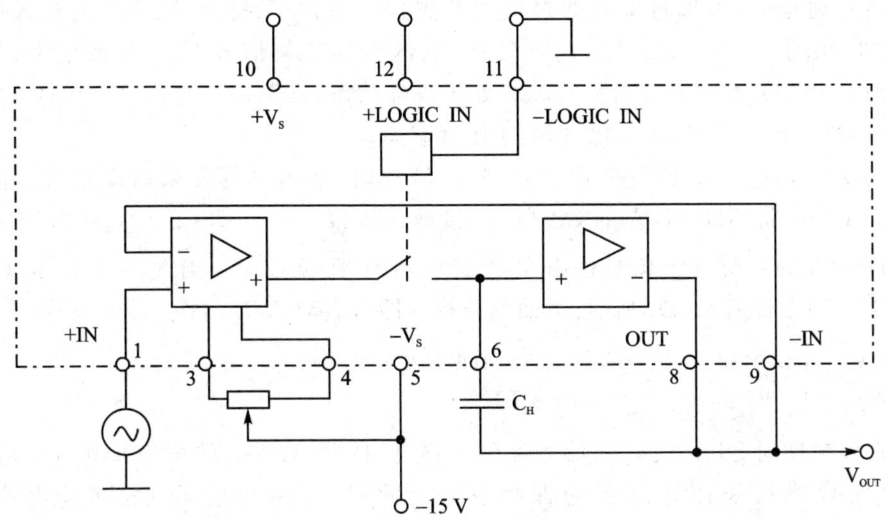

图 5-63　AD582 的引脚及典型接法

③ A/D 转换器 ADC574A，用作 12 位 A/D 转换，并且转换的 12 位数据一次输出，故将 ADC574A 的 $12/\overline{8}$ 接+5 V。

④ 由于 D/A 转换器 DAC1210 为电流输出型，而一般工业控制需要由电压控制，故采用运算放大器 LF356 将电流信号转换成电压输出。

⑤ 译码电路。通道的译码由 3 片异或门 74LS136 和 1 片 3-8 译码器 74LS138 组成。

图 5-61 中各芯片的具体地址如下：

ADC574A：低字节数据口（$\overline{Y_0}$）=310H，高字节数据口（$\overline{Y_1}$）=311H，状态口（$\overline{Y_2}$）=312H，转换启动端口（$\overline{Y_3}$）=313H，A/D 通道选择端口（$\overline{Y_4}$）=314H。

DAC1210：高字节锁存端口（$\overline{Y_5}$）=315H，低字节锁存端口（$\overline{Y_7}$）=317H，启动转换端口（$\overline{Y_6}$）=316H。

用于 A/D 和 D/A 转换的主要操作有：发出通道选择命令、启动 A/D 转换命令、判 A/D 转换是否完成、读 A/D 转换结果、送出 12 位的 D/A 转换数据并启动 D/A 转换。这些操作是靠执行对不同端口地址的读/写命令完成的。

控制 A/D 转换的操作过程如下：

① 通道选择。通道地址由数据总线的低 4 位 $D_0 \sim D_3$ 编码产生，它经过锁存器 74LS175 送到多路模拟开关 AD7506 的 $A_0 \sim A_3$ 处进行通道译码。例如，若选定3 号通道（S_3），则可用以下程序段实现：

```
MOV     DX,0314H            ;打开锁存器 74LS175
MOV     AL,03H              ;通道号
OUT     DX,AL               ;送至多路开关 AD7506
```

选定通道后，模拟量即可通过模拟开关进入采样/保持器 AD582 的输入端＋IN，此时，由于 ADC574A 尚未启动转换，它的转换结束信号 STS 为低电平，加到 AD582 的＋LOGIC IN 端，使 AD582 处于采样状态，其保持电容器 C_H 上的电压随输入的模拟信号的变化而变化，即处于跟随状态。

② 启动转换。A/D 转换器进行 A/D 转换时，要由外部发来启动信号。由于图 5-61 中已将 ADC574A 的 $\overline{CS}$ 和 A_0 接地，CE 接＋5 V，即 $\overline{CS}=A_0=0$，CE＝1，故 AD574A 的启动信号 $R/\overline{C}$ 仅由 3-8 译码器的 $\overline{Y_3}$ 来控制。当 $\overline{Y_3}=0$，使 $R/\overline{C}=0$ 时，ADC574A 被启动，故只执行下面两条指令即可启动 A/D 转换。

```
MOV     DX,0313H                ;置 R/C = 0(即置 Y3 = 0)
OUT     DX,AL                   ;AL 为任意值
```

在转换期间 STS 变高，此信号加到采样/保持器 AD582 的＋LOGIC IN 端，使采样/保持器从采样状态变为保持状态。此时，保持电容器 C_H 的电压就是 ADC574A 的模拟量输入电压。

③ 读取数据。当转换结束，STS 变低，它有 3 个作用：

a. 使采样/保持器 AD582 又回到采样状态，为下一次采样做好准备。

b. 使两个 74LS373 的门控信号 G 同时打开，把 ADC574A 转换的 12 位数据送到锁存器。低 8 位锁存到 74LS373(一)，高 4 位锁存到 74LS373(二)。

c. STS 信号通过三态门 74LS125 接到数据总线的 D_7，供查询方式用，CPU 查询 D_7 位便可知转换是否完成。

存放在锁存器中的 12 位数据分两次读取，读数程序段如下：

```
L：MOV     DX,0312H           ;状态口
   IN      AL,DX
   AND     AL,80H             ;查 STS 是否为"0"(D7 是否为 0)，转换是否完成
   JNZ     L                  ;未完成，则等待
   MOV     DX,310H            ;完成，则读取高 4 位
   IN      AL,DX
   AND     AL,0FH             ;屏蔽高 4 位(右对齐)
   MOV     AH,AL              ;将高 4 位存入 AH
   MOV     DX,311H            ;低 8 位数据口
   IN      AL,DX              ;读取低 8 位数据
```

程序执行完毕，AX 的内容即为 12 位数据，并且是“右对齐”格式。

控制 D/A 转换的操作过程如下：

① 分两次将 12 位数据分别送到 DAC1210 片内的高低字节输入锁存器；

② 再将已锁存的 12 位数据送 12 位 D/A 转换器，即开始转换。

图 5-61 中 DAC1210 的 $\overline{CS}$、$\overline{XFER}$ 已接地；字节控制信号 $BYTE_1/\overline{BYTE_2}$ 与反相后的 $\overline{Y_5}$ 相连；$\overline{WR_2}$ 与 $\overline{Y_6}$ 相连，$\overline{WR_1}$ 与 $\overline{Y_7}$ 相连，这样利用输出指令先后选通

译码器的 $\overline{Y_5}$、$\overline{Y_7}$、$\overline{Y_6}$ 为低电平，即可使 12 位数据进行 D/A 转换。相应的程序如下：

```
MOV     DX,0315H            ;DAC1210 高字节端口地址
MOV     AL,n                ;n 为高字节数据
OUT     DX,AL
MOV     DX,0317H            ;DAC 低字节端口地址
MOV     AL,m                ;m 为低字节数据
OUT     DX,AL
MOV     DX,0316H            ;DAC 启动转换端口
MOV     AL,0AAH             ;任意数
OUT     DX,AL               ;开始转换
```

5.8 微型计算机测试系统设计举例

本节用一个设计实例来说明在计算机测试系统设计过程需要解决的一些技术问题。具体任务是设计一台基于微型计算机的仪器，用于测量空气的湿度和温度。

5.8.1 技术指标

要求这台在气象测量中使用的温湿度计能在较大的温度范围内高精度地测量空气的湿度和温度，其温度范围是 $-10\sim+120$ ℃，要求的温度测量精度为 $\pm5\times10^{-2}$ ℃，相对湿度的测量精度为 1%。

5.8.2 确定测量方案及测量传感器

首先要选择合适的测量传感器。由于要求的温度及湿度测量精度均较高，采用常用的电阻式温度传感器和直接测量湿度的传感器（如湿敏电阻）达不到所要求的精度，宜采用高精度的石英晶体温度传感器来测量温度，通过干、湿两个温度传感器的测量值计算出对应的空气的相对湿度。其测量原理如图 5-64 所示。图中的第一个温度传感器称为干温传感器，它指示出被测量的空气的温度 T_D；第二个温度传感器 T_H 称为湿温（度）传感器，该传感器被一层由蒸馏水加湿的吸水棉所覆盖，它测量的是湿温度 T_H。这两个传感器都置于被测空气的管道中，流动的空气对两个传感器形成自然通风。

5.8.2.1 相对湿度的计算方法

利用测量得到的干、湿温度值计算出对应的相对湿度，可采用计算图表法或全解析方法。计算图表法为绝大多数工业仪表所采用，所以本小节介绍计算图表法。用于计算相对湿度的计算图表如图 5-65 所示，它是一组曲线族，每一条曲线表示在常

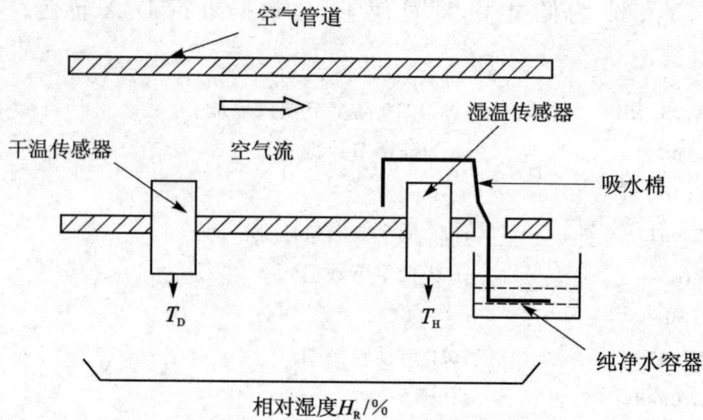

图 5-64　空气温度及相对湿度测量示意图

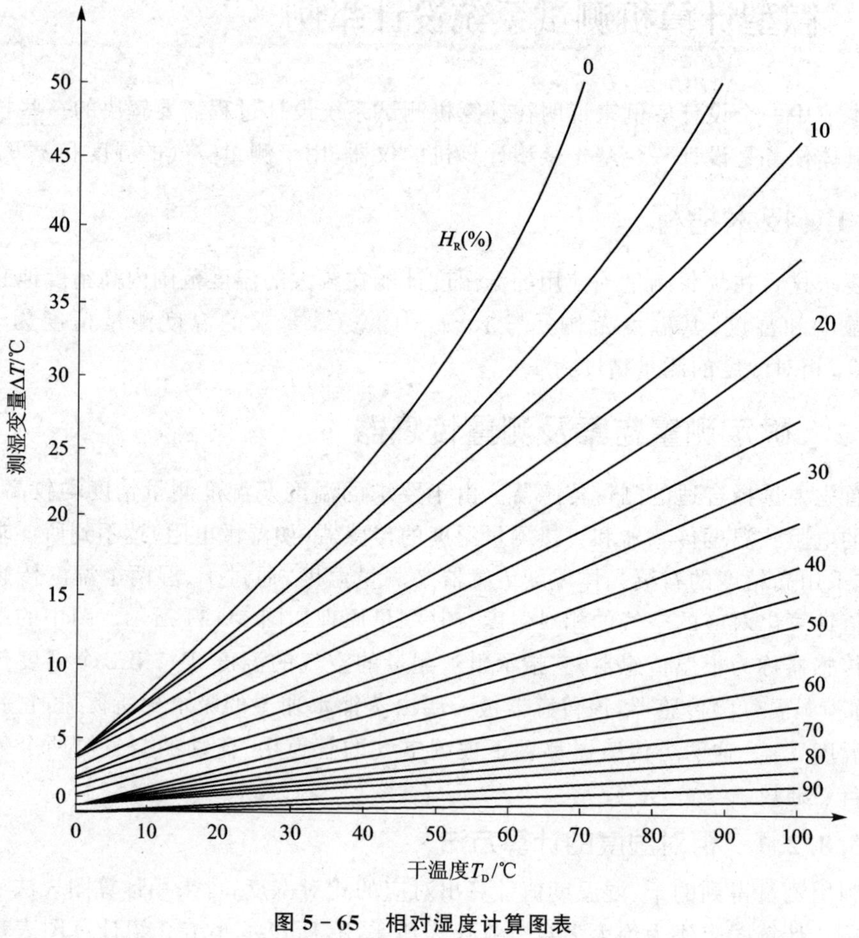

图 5-65　相对湿度计算图表

值的相对湿度和标准大气压($p=101.33$ kPa)下，测湿变量 $\Delta T=T_D-T_H$ 与干温度 T_D 的关系。由图 5-65 可以看出，为了得到 H_R，需要测量 ΔT 和 T_D。在基于微型计算机的湿度测量仪中，上述湿度计算图表应事先存储于指定的 EPROM 区域。利用干、湿温度测量，借助计算图表求得相对湿度的测量仪的组成框图，如图 5-66 所示。

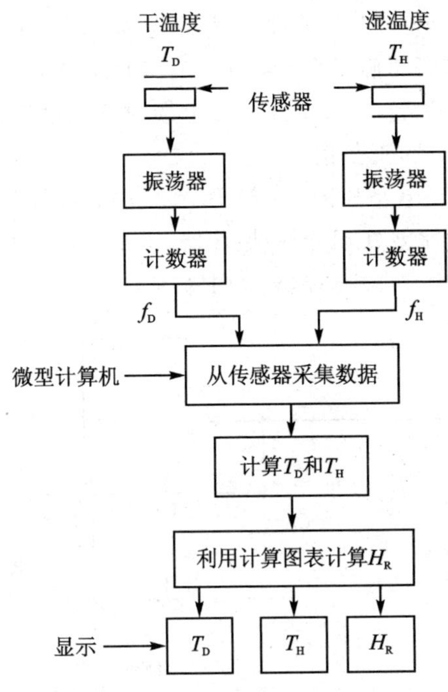

图 5-66 湿度测量仪组成框图

5.8.2.2 石英晶体温度传感器

应用石英晶体作为温度传感器可以获得甚高的测量精度，而且这类温度传感器还具有好的线性特性、高的灵敏度，以及对压力及湿度不敏感，响应速度快，迟滞误差极小等优点。用石英晶体组成一个振荡器时所产生的振荡频率 f 可用下式计算：

$$f=f_0[1+a(\theta-\theta_0)+b(\theta-\theta_0)^2+d(\theta-\theta_0)^3] \tag{5-38}$$

式中，θ 为被测温度，℃；$\theta_0=25$ ℃为参考温度；f_0 为 θ_0 温度下振荡器的振荡频率；a、b、d 为与石英晶体切割方法有关的系数。对于用特殊的 LC(Linear Coefficient，线性系数)切割方法获得的石英晶体，其系数 b 和 d 为零，得到

$$f=f_0[1+a(\theta-\theta_0)] \tag{5-39}$$

式中，系数 a 称为该石英晶体的(温度)灵敏度。例如，KVG 公司出售的 XA979 石英晶体的特性参数如下：

① 灵敏度为 36×10^{-6}/℃；

② 在 $-20\sim120$ ℃范围内的线性度为 0.1 ℃；

③ 频率范围是 10～30 MHz；

④ 与 30 pF 的电容器构成并联谐振。

5.8.2.3　与晶体传感器配用的振荡器

与 XA979 晶体配合的振荡器可选用 KVG 公司提供的 IXO－01 型振荡器，该振荡器要求使用同轴电缆与石英晶体相连。由于同轴电缆的电容会影响振荡器的频率，因此必须确切知道所使用的同轴电缆的电容参数(此处所用的电缆参数为 55 pF/m)。振荡器制造商明确指出：对 $f=10$ MHz 的频率，振荡器输入端的电容值为 80 pF。因此，可以确定，使用上述同轴电缆时其长度应为 1.45 m。该振荡器能够提供峰值均为 500 mV 的正弦信号。

该晶体振荡器的实现电路如图 5－67 所示。它是由石英晶体温度传感器与后续电路 IXO－01 组成的考比兹(Colpitts)振荡器，该振荡器的输出频率由下式决定：

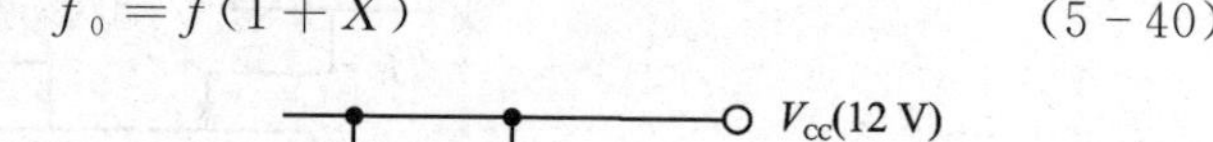

$$f_0 = f(1+X) \tag{5-40}$$

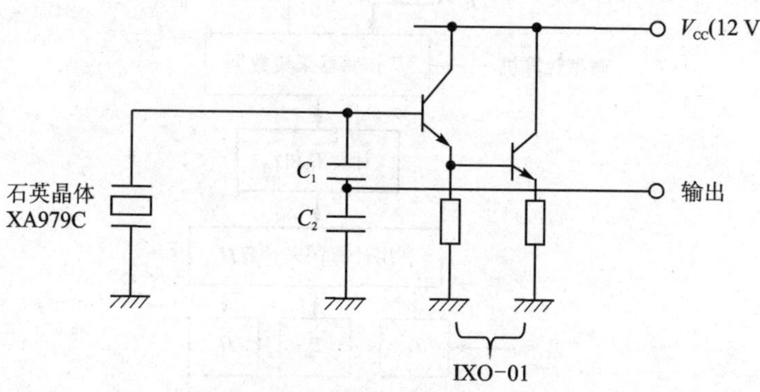

图 5－67　振荡器原理图

式中，f 是石英晶体的自由运行频率(free－running frequency)；X 由下式决定：

$$X = \frac{(2\pi f)^2 (R_S C_S)^2 C}{2C_S - 2(2\pi f R_S C_S)^2 C} \tag{5-41}$$

式中，R_S 和 C_S 分别为石英晶体等效电路的串联电阻和串联电容；电容 C 由下式决定：

$$C = \frac{C_1 C_2}{C_1 + C_2} + C_C + C_0 \tag{5-42}$$

式中，C_C 为电缆的寄生电容；C_0 为石英晶体的并联电容。

对于所选用的石英晶体，相应的参数值为：$R_S=30\ \Omega$，$C_S=20$ pF，$C_0=7$ pF；对 1 m 长度的电缆，其 $C_C=55$ pF。

值得注意的是，增加传感器的频率，能够有效地提高温度测量的精度，比如，将频率从 10 MHz 提高到 30 MHz，测量精度可改善约 25%。

5.8.2.4 确定计数器所需的位数

由于传感器 XA979 的灵敏度为 36×10^{-6}/℃，在 $f=10$ MHz 时，温度每变化 1 ℃所引起的频率变化为 360 Hz，技术指标要求的温度测量范围是 130 ℃（-10～$+120$ ℃），对应的频率变化量是 360 Hz×130＝46 800 Hz。10 MHz 中心振荡频率下，满量程所对应的计数值为 $10\times10^{6}+46\ 800=10\ 046\ 800$，因而要求一个 24 位的二进制计数器（因为 $2^{24}=16\ 777\ 216$，$2^{23}=8\ 388\ 608$，$2^{22}=4\ 194\ 304$，而 $2^{23}+2^{22}=12\ 582\ 912>10\ 046\ 800$）。

5.8.2.5 温度传感器的校准

为了能够由计算图表法准确得到 H_R，需要首先按测量得到的 f_D、f_H 准确地算出 T_D 和 T_H。为达到此目的，需要在测量仪的 ROM 中事先存储一些温度校准点。实施校准，需要使用一台叫做静态热床（thermostatic bath）的设备或类似的温度给定设备。该热床内的温度能通过一个数码轮控制，校准的工作情况如图 5－68 所示。通过给热床设定一系列的静态温度 T_B（与指标给定的量程相对应），同时采集对应的 f_D 和 f_H，可以获得一组校准点的数值，并及时存储。校准点在 ROM 中可按表 5－10 所列的形式安排存储。在温度传感器校准时，由于温湿度测量仪硬件尚在设计之中，这时，校准点数据的采集可借助一台通用的微型计算机来完成。

表 5－10 校准点在 ROM 中的存储安排

校准点	T_B	f_D	f_H
1	T_{B1}	F_{D1}	F_{H1}
2	T_{B2}	F_{D2}	F_{H2}
3	T_{B3}	F_{D3}	F_{H3}
⋮	⋮	⋮	⋮
N	T_{BN}	F_{DN}	F_{HN}

5.8.3 温湿度测量仪硬件设计

由图 5－66 所示的测量仪组成框图可知，除两个温度传感器外，该测量仪还需有一块专用数据采集板（用来及时采集 f_D 和 f_H），一块微型计算机主板（管理和控制测量仪的工作并完成所需的信号处理和计算任务），以及用于显示/控制的相关硬件（人-机接口）。

5.8.3.1 专用数据采集板

针对所要求的测量任务，设计一块如图 5－69 所示的专用数据采集板。其中两个石英晶体温度传感器 T_D（干空气温度）和 T_H（湿空气温度）以及与其配用的振荡器，用来获得与干空气温度及湿空气温度相对应的频率 f_D 和 f_H。

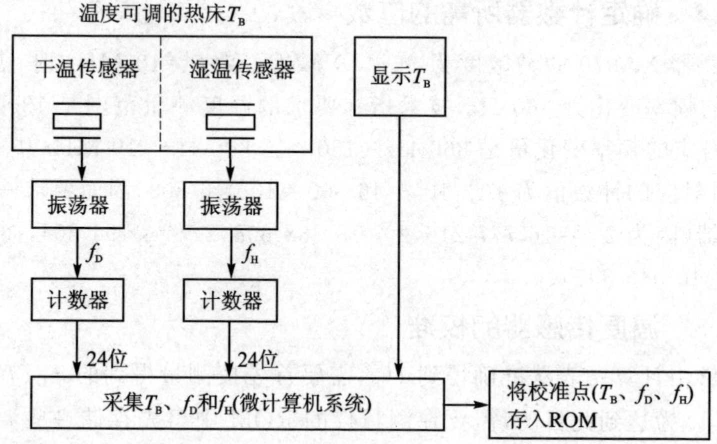

图 5-68　温度传感器校准方案

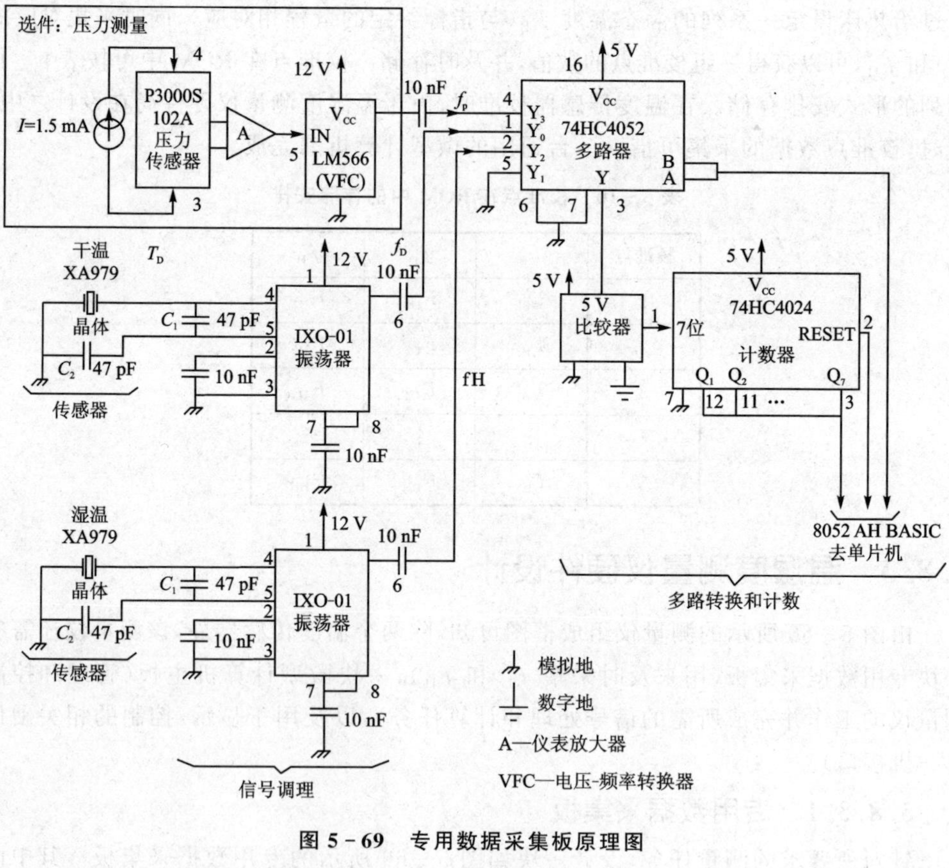

图 5-69　专用数据采集板原理图

在许多应用场合，除了要求测量空气的温度和湿度外，往往还要求测量空气的大气压力。因此，在设计上述以频率量为采集对象的专用数据采集卡时，增加一个可供选用的大气压力测量通道，用来测量大气压力 p。为此可选用富士通公司的 P3000S 102A 型大气压力传感器，该传感器有着很低的温度漂移，在 −20～+120 ℃温度范围内，其温度漂移为满量程的±0.04%/℃，使用一个电压-频率转换器芯片 LM566 即可将该传感器的电压输出转换成反映大气压力的频率量 f_p。

使用一个 7 位的计数器（如 Motorola 公司的 74HC4024）就可对 f_D、f_H 和 f_P 三个频率量进行计数。该计数器的最高位被连到 8052 单片机的 16 位计数器上，从而有效地实现了 23 位计数。在计数器与传感器之间接一个多路转换器（74HC4052）作通道选择，用来选择与被测频率对应的振荡器。电压比较器用来将振荡器的输出信号转换成计数器所要求的形式。

5.8.3.2 微型计算机主板

微型计算机主板主板以 8052 单片机为核心，原理图如图 5-70 所示，用于管理和控制测量仪的工作流程，执行相应的信号处理等各种算法。

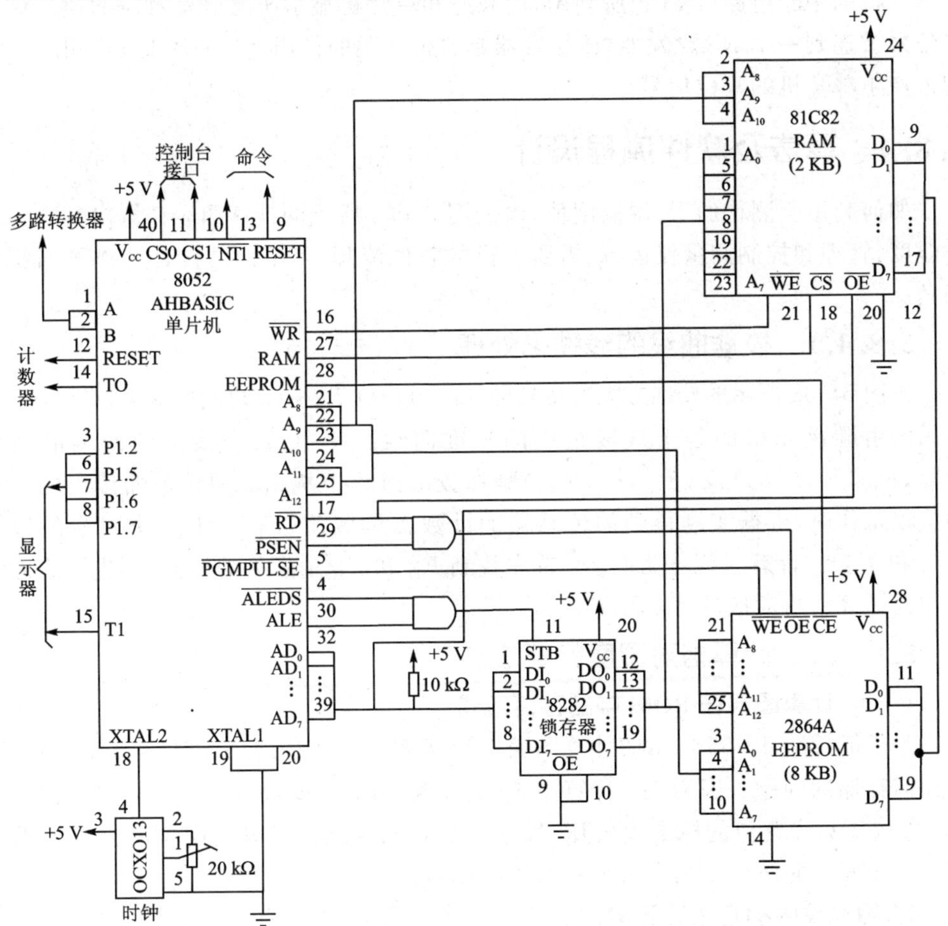

图 5-70 微型计算机主板原理图

主要包括：

① 8052AH 基本型单片机，完成管理、控制和处理功能；

② 2 KB Intel 81C82 RAM，用于存储温度及湿度的测量值；

③ 8 KB EEPROM(Intel 2864A)，用于存储程序和校准值；

④ 一片锁存器芯片(Intel 8282)，用于在存储器读/写操作期间锁存低位地址。

5.8.3.3 显示和控制操作

就结果显示而言，由于要求的相对湿度、温度和气压测量的分辨率分别为 0.1%、0.1 ℃和 0.1 mbar，故选用 $3\frac{1}{2}$位的数字显示器是合适的。显示设备由一个显示驱动器控制，该驱动器应能驱动 3 个数字显示器件和一个符号器件(温度显示是带符号的)。

为了向单片机输入控制命令，设置了两种开关：一种是按钮开关，该开关信号可被单片机的中断电路(INT1)所利用，用来通知单片机显示所测信号对应的值。该开关信号被连到一个 RS 触发器，该触发器起着抗回跳的作用。另一种是 on/off 开关，用来产生单片机的复位信号。

5.8.4 算法及软件流程设计

如何利用所测得的干、湿温度值，借助图 5-55 所示的计算图表计算出对应的相对湿度，管理和控制测量仪运行，需要怎样的软件流程，是下面的设计工作要回答的问题。

5.8.4.1 校准曲线的线性化处理

按图 5-68 所示的校准方案所得到的 T_B-f_D 和 T_B-f_H 之间的关系，是图 5-71 所示的由顺次连接的若干线段组成的校准曲线。其中，每个线段的两端的频率($F_{D1},F_{D2},\cdots,F_{DN};F_{H1},F_{H2},\cdots,F_{HN}$)是在校准过程中从相应的计数器读出的。在测量仪工作时，根据实测得到的传感器的计数器读数值(F_D 和 F_H)求对应的温度(T_D 和 T_H)。计算过程分为两步：首先找到 F_D 和 F_H 值所处的线段，再进一步做线性内插运算求得对应的 T_D 和 T_H。

5.8.4.2 计算相对湿度的算法

1. H_R 计算图表在 ROM 中的存储方式

为了能按图 5-55 所示的计算图表来计算 H_R，首先要解决该计算图表在 ROM 中如何存储的问题。因为 H_R 计算图表(曲线族)有 3 个参数：$\Delta T=T_D-T_H$、T_D 和 T_R(大气压力为常值的标准大气压，即 $p=101.33$ kPa)，所以最简单的方法就是用图 5-72 所示的两个二维表格来表示该曲线族。

2. 用线性内插方法计算 H_R

计算 H_R 时采用如下步骤：

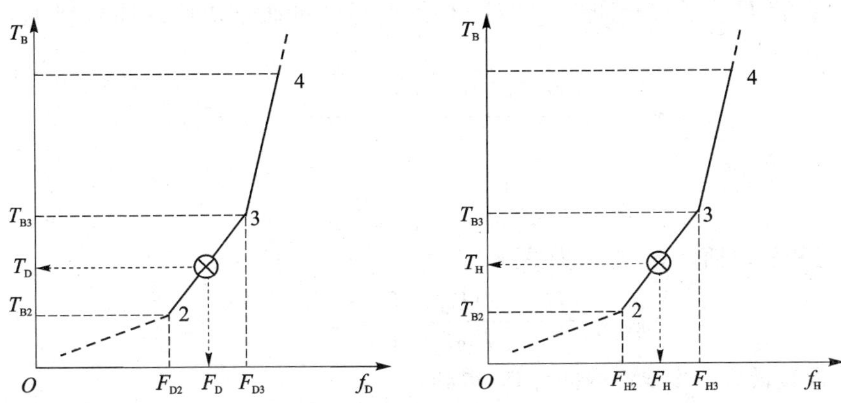

图 5－71　依次连接的线段组成的校准曲线

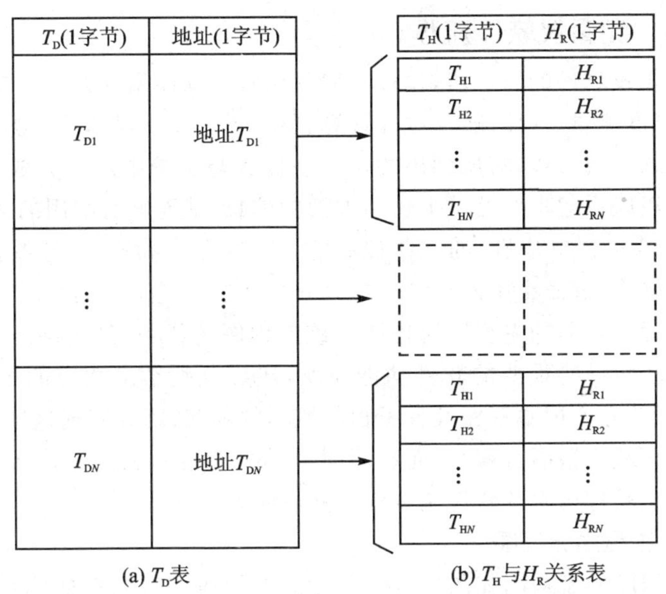

图 5－72　H_R 计算图表的存储表格

① 首先用测量得到的 F_D 和 F_H，利用图 5－71 所示的方法做线性内插，求得对应的 T_D 和 T_H，然后搜索图 5－72(a)，在该表中找到与该 T_D 值所处区间的两个边界点的温度 T_{Di} 和 T_{Dd}，满足 $T_{Di}<T_D<T_{Dd}$。

② 分别针对 T_{Di} 和 T_{Dd}，利用图 5－72(b)分别求得测量值 T_H 所处区间的两个边界点。

对 T_{Di} 得到

$$\begin{array}{ccccc} T_{Hi1} & < & T_H & < & T_{Hi2} \\ \downarrow & & & & \downarrow \\ H_{R1} & & & & H_{R2} \end{array}$$

其中,H_{R1} 和 H_{R2} 通过查图 5-72(b)得到。于是可通过线性内插得到 H_{Ri},公式如下:

$$H_{Ri}=\frac{(H_{R2}-H_{R1})(T_H-T_{Hi1})}{T_{Hi2}-T_{Hi1}}+H_{R1} \tag{5-43}$$

对 T_{Dd} 得到

$$T_{HD1}<T_H<T_{HD2}$$

通过线性内插计算,进一步得到

$$H_{RD}=\frac{(H_{R2}-H_{R1})(T_H-T_{HD1})}{T_{HD2}-T_{HD1}}+H_{Ri} \tag{5-44}$$

③ 通过最后一次线性内插计算,得到

$$H_R=\frac{(H_{RD}-H_{Ri})(T_D-T_{Di})}{T_{Dd}-T_{Di}}+H_{Ri} \tag{5-45}$$

5.8.4.3 测量仪软件流程

在设计测量仪软件的第一步,设计者应列出希望仪器系统完成的各项任务(如干温度测量、湿温度测量、气压测量、湿度计算、显示等),以便得到关于测量仪软件任务的一个总的轮廓。第二步,将所列出的每一项任务与系统中用于完成该项任务的最合适的硬件环境联系起来。有了上述两方面的信息,就能够对所用的微型计算机(本例为 8052AH 基本型单片机)的一些控制输入进行分类和选取,这些控制输入应能被控制指令所操作,进而由中断控制程序来处理。在上述工作的基础上,可形成一个描述整个系统运行过程的主程序流程图。该流程图的任务,是明确指出系统必须包括的各种功能。对一些重要的软件功能模块,还要分别给出相应的子程序流程图。这时,可以不必关心实现主程序及各子程序流程的细节,因为实现这些软件流程的程序可用高级语言或汇编语言编写,而利用图 5-67 的单片机主板并借助相应的软件开发工具来完成软件编码及软件调试任务并不困难。

1. 测量仪主程序流程图

测量仪主程序的流程图如图 5-73 所示。为了得到所希望的测量精度,测量间隔时间取为 10 s,但上电后的第一次测量间隔取为 1 s。测量信号的获取以采集 3 个频率量(f_D、f_H 和 f_P)的方式进行,通过向 4 通道的多路转换器 74HC4052(见图 5-69)发通道选择命令来完成采样,即第 1 通道采集温度 T_D,第 2 通道采集温度 T_H,第 3 通道备用作大气压力信号 f_P 的采集。

2. 软件功能模块的流程图

以主程序流程图为基础,尚需进一步设计其中的一些关键的软件功能模块的流程图,就本测量仪而言,应针对实现如下功能的软件模块设计相应的程序流程图:

① 测量温度 T_D 和 T_H 的软件模块;

② 显示测量值 T_D、T_H、P 和 H_R 的显示控制软件模块;

③ 支持对测量仪进行校准的软件。在测量仪研制完成后,该软件用来支持测量

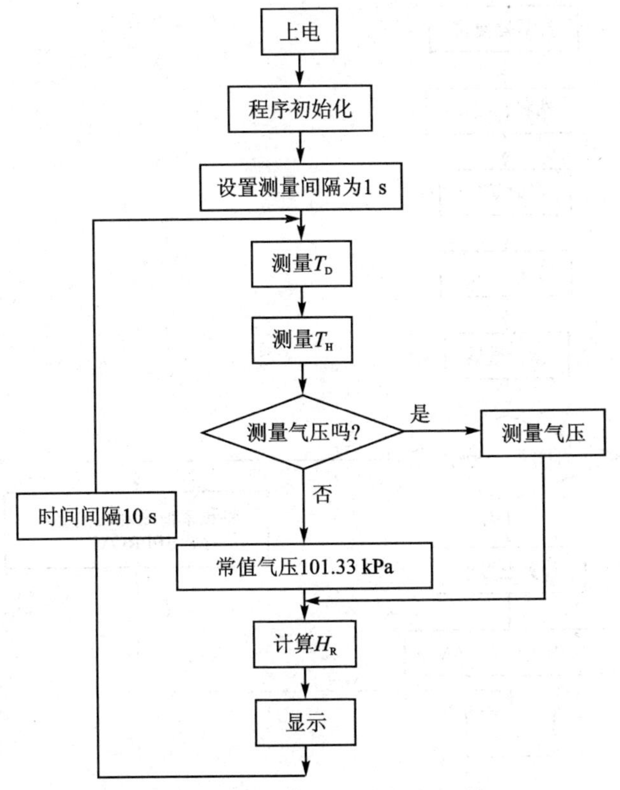

图 5－73　测量仪主程序流程图

仪各个测量通道的校准。

在编写采用单片机控制和管理的测量仪软件时，寄存器的设置和定义是很重要的，对图 5－73 所示的主程序而言，需要设置如下寄存器：

① 寄存器 DURATION，用于区分不同的测量时间间隔。

② 寄存器 MEAS，用来确定正在进行的是哪个参数的测量（T_D 还是 T_H）。

③ 寄存器 MEAS. P，用于通知单片机是否需要测量大气压力（要测压力，则设置 MEAS. P=1），或者简单地将压力设置为常值的标准大气压（$p=101.33$ kPa），对此种情况，应置 MEAS. P=0。

④ 寄存器 N，用于标明测量软件所支持的传感器校准曲线的总点数。

相对湿度 H_R 的计算可用高级语言编写的程序来实现，其算法详见 5.8.4.2 小节。最终的计算公式为式(5－45)。

在分析清楚各软件模块的功能需求后，分别绘出各个软件模块的流程图并不困难。例如，本测量仪中，温度 T_D 和 T_H 的测量流程图是相同的，其流程图如图 5－74 所示。

由于两个温度测量流程是一样的，因而可用同一程序来完成，只不过需要用一个

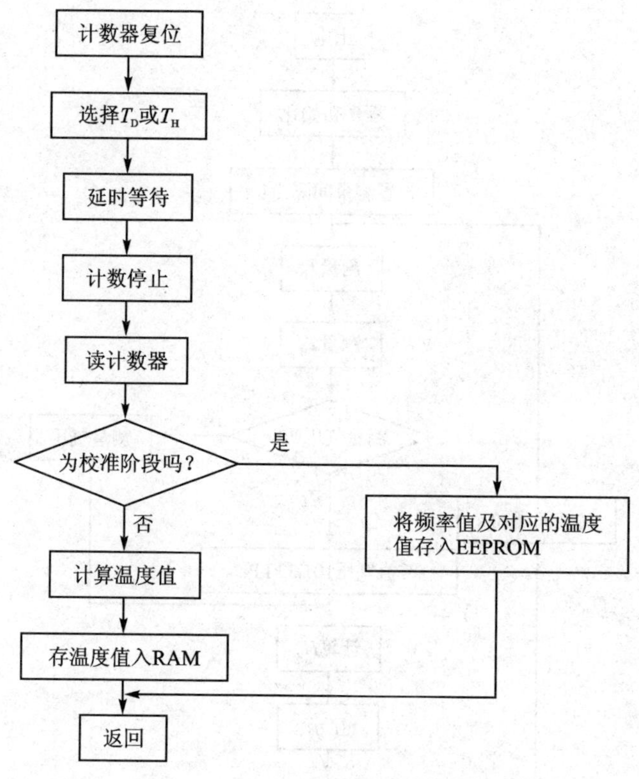

图 5－74　温度测量子程序流程图

寄存器告诉程序当前进行的测量是 T_D 还是 T_H。使用同一子程序来测量 T_D、T_H，不仅可以简化编程工作，还可以确保 T_D 和 T_H 具有完全相同的测量间隔。

从以上设计例子可以看出在设计一个测试系统所需完成的一些主要的设计工作：在分析所给定的技术指标（需求分析）的基础上，首先要拟定合适的总体方案；对要求测量的参数，首先要确定测量原理并选用相应的传感器；针对选用的传感器，设计其需要的调理电路和接口电路。接着对系统中所使用的各个测量参数（或测量通道）确定对应的校准方案，并选用所需的校准设备。然后是完成对系统所需的硬件环境（主要包括微型计算机系统、数据采集系统和人-机接口三大部分）的设计或选用，关键算法（或试验方法）及软件流程的设计，以及软件实现及调试。在设计某些较复杂的测试系统时，可能会用到多种算法（如数据平滑、滤波、相关、线性化等），在硬件、软件设计中，往往还有一些针对特定的应用环境（如针对强干扰环境的抗干扰设计）、关键的应用指标（如可靠性、安全性和维护性等）等的一些设计内容。有关这些方面的技术问题，将在本书的后续章节中介绍。

习题与思考题

5.1 正确理解测试、测量、检测、试验和测试系统等术语的含义。

5.2 采用微型计算机组建测试系统具有哪些主要优点?

5.3 模拟测量系统基本结构是怎样的? 这类系统目前主要应用于何种场合?

5.4 数字测量系统基本结构是怎样的? 这类系统具有哪些主要优点?

5.5 计算机在测试系统中主要起哪些作用?

5.6 试从任务、方案、硬件结构、软件流程等方面,分析比较本章所述三种测试系统的相同与不同之处。

5.7 采用成品 A/D 转换器芯片进行直流电压测量时,有哪些可行的方案? 这些方案各有什么特点?

5.8 试给出用双积分法测量直流电压的电路结构,说明其工作原理以及该方法的主要优点及适用范围。

5.9 试给出两种可用于交流电压测量的检波器电路方案。

5.10 电流输出型传感器对与其相连的运算放大器有什么要求? 试列出两种可以测量直流电流的电路方案。

5.11 当采用电流互感器检测交流电流时,应如何设计相应的电流输入型前置放大器?

5.12 采用计数测频法测量频率时,引起频率测量误差的主要因素是什么? 怎样做才能够减小其测量误差?

5.13 采用周期测量法测量频率时,引起频率测量误差的主要因素是什么? 怎样做才能够减小其测量误差?

5.14 为什么采用多倍周期测量法测量频率能够得到很高的频率测量精度? 试举出一两个该方法的应用实例。

5.15 试说明相位测量的工作原理并给出一种实施方案。

5.16 功能齐全的通用数据采集系统包含哪些组成部分? 它们通常与哪些应用相对应?

5.17 试总结在设计一个数据采集卡时所需完成的主要硬件、软件设计工作。

5.18 参考 5.8 节的设计例子,试回答:为设计一台基于微型计算机的测量仪器必须完成哪些主要的设计/研制步骤?

参考文献

[1] 李行善. 计算机测试与控制. 北京:北京航空航天大学出版社,1991.

[2] Lang Tran Tien, Ghee J Mc. Computerized Instrumentation. John Wiley &Sons Inc. ,1991.

[3] Pallas-Areny R, Webster J G. Sensors and Signal Conditioning. John Wiley &Sons Inc.,1991.

[4] 王锦标,方崇智. 过程计算机控制. 北京:清华大学出版社,1992.

[5] 刘叔芳. 计算机辅助测试. 北京:科学出版社,1993.

[6] 汤普金斯 W J,威伯斯特 J G. 传感器接口技术. 林家瑞,等译. 武汉:华中理工大学出版社,1996.

[7] 陶时树. 电气测量. 哈尔滨:哈尔滨工业大学出版社,1997.

[8] 凌澄. PC总线工业控制系统精粹. 北京:清华大学出版社,1998.

[9] 刘乐善,欧阳星明,刘学清. 微型计算机接口技术. 武汉:华中理工大学出版社,2000.

[10] 沙占友. 智能传感器系统设计与应用. 北京:电子工业出版社,2004.

[11] 孙传友,孙晓斌,张一. 感测技术与系统设计. 北京:科学出版社,2004.

[12] 刘君华,申忠如,郭福田. 现代测试技术与系统集成. 北京:电子工业出版社,2005.

[13] 周林,殷侠,等. 数据采集与分析技术. 西安:西安电子科技大学出版社,2005.

[14] 远坂俊昭. 测量电子电路设计——模拟篇. 彭军,译. 北京:科学出版社,2006.

[15] 蒋焕文,孙续. 电子测量. 3版. 北京:中国计量出版社,2008.

第6章

计算机测控系统常用算法

6.1 算法概述

在前面的讲述中曾多次提到“算法”这个词并且用到算法的概念。对于计算机程序而言,算法的概念是最基本的概念。计算机要完成的任何任务,都是建立在相应算法的基础上的,程序乃是算法的语言描述。算法是指对某种特定任务而规定的一套详尽的方法和步骤。按照算法所给出的方法和步骤一步一步执行,就能达到预期的目的。多数算法都可以用数学表达式来描述,例如PID控制中的位置式算法及增量式算法等。

用程序设计语言表达的算法就是程序。这种表达是严格而明确的,通过编译或汇编可转换成机器能执行的指令。当算法较复杂时,它的逻辑表述比较困难。因此,一般算法的表达都采用流程图,用流程图表达的算法常称为框图。用流程图表示算法有如下优点:

① 表达算法时逻辑结构清晰;

② 便于将复杂问题分解为较小的、较易理解的子问题,并为子问题建立相应的子算法,从而为引进模块技术提供条件;

③ 流程图不涉及过多的程序编制细节,因此流程图表示的算法可独立于任何特定的计算机和特定的程序设计语言,便于程序编写与交流。

这里以PID控制作例子,式(4-32)及式(4-34)提供了位置式及增量式PID控制的核心部分,但是具体用这两式直接编程还是有困难的,因为在这种算法公式中,计算机的操作步骤未体现出来。如果将式(4-32)及式(4-34)用相应的框图来表达,则计算机的动作顺序比较具体,程序编制就可以按此框图进行了。

对于任何用计算机来完成的特定任务,首要的一步就是确定算法,因为算法是程序的核心,是编程的基础。由特定应用目的而确定的算法往往是比较复杂的,需要进行算法分解。也就是将复杂的问题分解成若干个子问题,这些子问题分别有对应的子算法。程序设计可首先针对子算法进行,然后按算法框图去组装它们,完成复杂算法所规定的任务。

本章的内容在于研究测控系统常用的一些算法,这些算法可用于数字控制系统,也可用于测试系统。这类子算法可用于其他数字控制算法，还可用于其他计算机系统（如测试系统）。这里所介绍的一些算法既可作为子算法应用，也可作为独立的算法应用。

6.2 二进制定点数的计算

在前修课及本课前面的章节中，实际上已遇到过定点数计算的有关问题。这里就定点计算的一些基本问题再做一简要归纳。

6.2.1 数的定点表示法

所谓定点就是小数点位置是固定的。在测控系统中，被处理的变量和常数不可能都是整数，而多数为非整数。一般来说，一个数包含着整数部分和小数部分。如2.750的二进制数为10.110。二者的转换关系如下：

$$10.110 = 1\times 2^{1} + 0\times 2^{0} + 1\times 2^{-1} + 1\times 2^{-2} + 0\times 2^{-3}$$

由此可见，一个包含小数的二进制数，以小数点为分界，从小数点开始往左的各二进制位的权值依次分别为 $2^0, 2^1, 2^2, \cdots$；而从小数点开始往右的各二进制位的权值依次分别为 $2^{-1}, 2^{-2}, 2^{-3}, \cdots$。这里决定数值大小的不仅是各二进制位的数值（1 或 0），而且还有小数点的位置。在数值计算（处理）中，小数点的位置不能弄错，否则就会得出错误的结果。例如10.110代表十进制数的2.750，如果小数点位置往右错了一位，变成101.10，则相应的十进制数变成了5.50。

因为带小数的二个数之间的运算要以确定的小数点位置为基础，所以计算时要知道参与计算的数的小数点在什么地方。遗憾的是，计算机的寄存器或存储器只能存储比特值（0 或 1）而不能连小数点一起存储一个数。各数的小数点位置需由编程者自己记住。为了记忆方便，可将所有的数的小数点都规定在某两位之间，这就是“定点”名称的由来。例如小数点定在右起第4、5位之间，则有2.750＝10.1100，其对应的计算十六进制码是2CH；如果小数点定在右起第3、4位之间，则有2.750＝10.110，与这一数对应的计算机十六进制码就变成16H了。可见，同一十进制数，当小数点位置不同时，得到的相应的计算机码也不同。

与十进制小数运算一样，两个二进制定点数相加、减时，必须使两个数的小数点互相对齐。例如2.75＋3.875＝6.625，对比运算如下：

十进制加法	二进制定点加法	计算机运算情况
2.75	10.110	16 (H)
+) 3.875	+) 11.111	+) 1F (H)
6.625	110.101	35 (H)
	$=6\frac{5}{8}=6.625$	=00110.101

与十进制小数的乘除法运算类似，定点二进制数的相乘或相除，会使小数点的位数增加（乘法）或减少（除法），若参与运算的数为混合数（既有整数部分也有小数部分），则乘除后的结果是小数点位置产生大范围的移动，这种情况下要想每次都正确记住小数点位置是困难的。为使运算过程中，小数点仍能始终保持固定的位置不变，一种办法是使所有参与运算的数保持为纯小数（绝对值小于 1），也就是将小数点固定在数的最高位的左边，叫做定点小数表示法，见图 6－1(a)。另一种办法是使所有参与运算的数都变成整数。这时，小数点固定在数的最低位之后，叫做定点整数表示法，见图 6－1(b)。

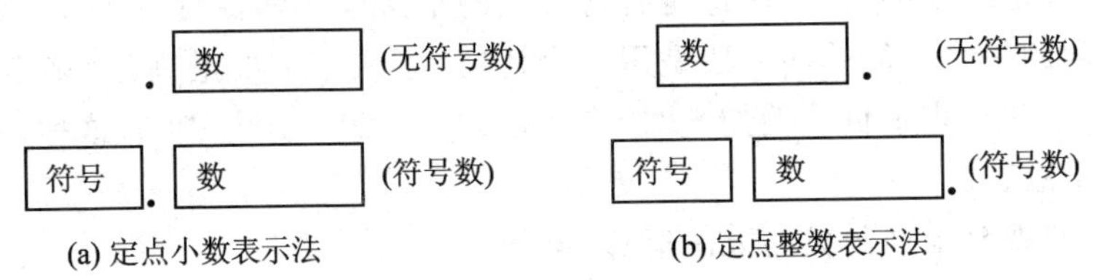

图 6－1　数的定点表示法

6.2.2　定点二进制数的计算

在定点整数表示法中，计算机只能表示大于 1 的整数。

采用定点小数表示法时，计算机所能表示的数的绝对值总是小于 1 的。对 8 位字长来说，它所能表示的数值范围（绝对值）是：

$2^{-8} \sim (1-2^{-8})$　无符号数；

$2^{-7} \sim (1-2^{-7})$　符号数，因为最高位表示符号，代表数值的只有 7 位。

如果用 n 位字长表示一个数，则所能表示的数值范围是：

$2^{-n} \sim (1-2^{-n})$　无符号数；

$2^{-(n-1)} \sim [1-2^{-(n-1)}]$　符号数。

实际问题中，数的绝对值不可能总是小于 1。因此，当采用定点小数表示时，就需要在进行定点计算之前，对数进行必要的加工，即选择适当的比例因子，使全部参加运算的数以及中间计算结果都变为小于 1 的数。待定点计算完毕后，再做相应的处理，恢复原来的比例。一般来说，应选取 2^n 形式的数作比例因子。因为这样在恢复原比例时，只需将该数移位 n 次即可。

在计算机中，真正参加运算的是整数形式的二进制数码，在定点小数表示法中，一个二进制数码所代表的十进制小数值是随表示该数所用的字长而变化的。当字长为 8 位时，一个二进制数码对应的定点十进制小数的值为 2^{-8}（无符号数），或者 2^{-7}（符号数）；如果字长为 16 位（双字节），则一位二进制码所代表的十进制定点小数为 2^{-16}（无符号数）或 2^{-15}（符号数）。因此，为了将一个十进制小数转换成可供计算机用的二进制数码，只需用该小数除以相应字长下的一个二进制码所代表的小数值，再取整即可。例如系数 18.67/32＝0.583 437 5，在用 16 位符号数表示时，对应的数码应是 $0.583\,437\,5\times2^{15}$＝19 118＝4AAEH；同样，这个十进制小数表示为 8 位符号数时，其数码为 $0.583\,437\,5\times2^{7}$＝74.7≈75＝4BH，对于参加运算的变量也按类似的方法处理，得到相应的二进制数码。经过对各量乘比例因子处理，使得最终参加运算的各个量都表示为二进制数码形式，从而使得定点小数的四则运算转化成整数的加、减、乘、除运算。下面是采用 8086 汇编语言实现两个 32 位符号数相乘的例子。

【例 6-1】 32 位符号数乘法。

在进行有符号数乘法运算时，首先需判断被乘数和乘数的符号位，然后再根据两数的符号位确定出积的符号位，这时有符号数的乘法运算就转换为无符号数的运算，区别正、负数的一个最简单的方法是用一个比特（字或字节的最高位）来表示数的符号，“0”表示正，“1”表示负。例如＋24＝00011000，－24＝10011000，这种表示方法称为符号-大小法。

首先我们观察十进制数的乘法运算，例如：

```
        2 7
      × 4 2
    -------
        1 4          ；第一部分积2×7
      0 4            ；第二部分积2×2
      2 8            ；第三部分积4×7
  + 0 8              ；第四部分积4×2
  ---------
  1 1 3 4            ；积
```

由此可得出“DX：AX”和“CX：BX”中的两个数相乘的方法为

```
               DX    AX
        ×      CX    BX
     --------------------
               ABH   ABL      ；BX×AX
         BDH   BDL            ；BX×DX
         ACH   ACL            ；AX×CX
  + CDH  CDL                  ；CX×DX
  -----------------------
                     积
```

设输入到计算机内的带符号乘数和被乘数分别存放在起始地址为“DS：230H”和“DS：220H”的单元，相应的 8086 汇编语言程序如下：

```
                            ORG   100H
0100   8B162002     START:  MOV   DX,MCD1HI      ;被乘数高 16 位
0104   A12202               MOV   AX,MCD1LO      ;被乘数低 16 位
0107   8B0E3002             MOV   CX,MCD2HI      ;乘数高 16 位
010B   8B1E3202             MOV   BX,MCD2LO      ;乘数低 16 位
010F   C70600020000         MOV   RLT,0          ;积符号单元置 0
0115   83FA00               CMP   DX,0           ;被乘数是负数吗
```

```
0118    790E                 JMS      SING             ;不是负数转 SIGN
011A    F7D0                 NOT      AX
011C    F7D2                 NOT      DX               ;被乘数求补
011E    050100               ADD      AX,1
0121    83D200               ADC      DX,0
0124    F7160002             NOT      RLT              ;被乘数是负数,积符号单元内容求反
0128    83F900      SIGN:    CMP      CX,0             ;乘数是负数吗
012B    790E                 JNS      CALMUL           ;不是负数转 SIGN
012D    F7D1                 NOT      CX
012F    F7D3                 NOT      BX               ;乘数求补
0131    83C301               ADD      BX,1
0134    83D100               ADC      CX,0
0137    F7160002             NOT      RLT              ;乘数是负数,积符号单元内容求反
013B    E82100      CALMUL:  CALL     MUL32B           ;调无符号乘法
013E    833E000200           CMP      RLT,0            ;积是负数吗
0143    7419                 JZ       DONE             ;不是转 SIGN
0145    F615                 NOT      [DI]             ;积是负数求补
0147    F65501               NOT      [DI + 1]
014A    F65502               NOT      [DI + 2]
014D    F65503               NOT      [DI + 3]
0150    BB0100               MOV      BX,01H
0153    001D                 ADD      [DI],BL
0155    107D01               ADC      [DI + 1],BH
0158    107D02               ADC      [DI + 2],BH
015B    107D03               ADC      [DI + 3],BH
015E    F4          DONE:    HLT
015F    BF0202      MUL32B:  MOV      DI,OFFSETRESULT  ;存放积单元地址送 DI
0162    89162002             MOV      MCD1HI,DX        ;被乘数高 16 位送 MCD1HI 单元包含
0166    A32202               MOV      MCD1LO,AX        ;被乘数低 16 位送 MCD1LO 单元包含
0169    F7E3                 MUL      BX               ;AX * BX
016B    0105                 ADD      [DI],AX          ;存积
016D    015501               ADD      [DI + 1],DX
0170    A12002               MOV      AX,MCD1HI
0173    F7E3                 MUL      BX               ;DX * BX
0175    014501               ADD      [DI + 1],AX
0178    115502               ADC      [DI + 2],DX      ;存积
017B    A12202               MOV      AX,MCD1LO
017E    F7E1                 MUL      CX               ;AX * CX
0180    B300                 MOV      BL,0H
0182    014501               ADD      [DI + 1],AX
```

```
0185  115502      ADC   [DI+2],DX     ;存积
0188  105D03      ADC   [DI+3],BL
018B  A12002      MOV   AX,MCD1HI
018E  F7E1        MUL   CX            ;DC*CX
0190  014502      ADD   [DI+2],AX
0193  115503      ADC   [DI+3],DX     ;存积
0196  105D04      ADC   [DI+4],BL
0199  C3          RET
                  ORG   200H
                  RLT   DW(0)         ;积符号单元
                  ORG   220H
      MCD1HI      DW    07FFFH        ;被乘数
      MCD1LO      DW    0FFFFH
                  ORG   230H
      MCD2HI      DW    9FFFH         ;乘数
      MCD2LO      DW    0FFFFH
                  ORG   202H
      RESULT      DW    8DUP(0)       ;积单元
```

6.3 二进制浮点数的计算

6.3.1 浮点数表示法

在定点数计算中，小数点的位置是固定不变的。对于定点小数表示法，小数点固定在最高位之前，计算机所能表示的数为纯小数；对于定点整数表示法，小数点固定在最低位之后，计算机所能表示的数都是整数。对于实际参与运算的既含整数部分又含小数部分的数，可以用乘比例因子的办法，将这类数变成纯小数或整数，然后进行定点运算。但是，当要处理的一批数的数量级相差很大时，由于乘了统一的比例因子，就会损失某些数的有效数字，而给计算带来较大的误差。例如计算

$$Z = 64X + 0.5Y$$

若化成定点小数，乘比例因子 2^{-7} 得

$$\begin{cases} Z' = \dfrac{64}{2^7}X + \dfrac{0.5}{2^7}Y = 0.5X + 0.0039Y \\ Z = 2^7 Z' \end{cases}$$

对于 8 位运算字长，变量 X 的系数 0.5 可化成对应的二进制码：$0.5\times 2^7 = 64 =$ 40H，而与变量 Y 的系数 0.003 9 对应的二进制码为：$0.0039\times 2^7 = 0.5$（不足一个码），这时如果取该系数为 0（舍去 0.5），则式中 Y 变量项失去作用；若取该系数为 1（进 0.5 为 1），也会与实际值相差甚远。

另一方面，定点数所能表示的数的范围较小，对 8 位计算机而言，单字节和双字节定点数的范围列于表 6-1 中。这样的数值范围能满足一般测控任务的要求。对于某些测控任务，对数值计算的要求高，而且要求扩大数的范围并保证足够的计算精度，这时参与计算的数应该用浮点数表示。

表 6-1　定点数范围

定点数		单字节(8 位)	双字节(16 位)
无符号数	整数	0～255	0～65 535
	小数	$0\sim(1-2^{-8})$	$0\sim(1-2^{-16})$
符号数	整数	−128～+127	−32 768～+32 767
	小数	$-1\sim+(1-2^{-7})$	$-1\sim+(1-2^{-15})$

所谓浮点数，就是小数点位置可以浮动的数。浮点数一般以指数形式表示。以十进制数为例，0.123 456，$0.123\ 456\times10^{2}$，$0.123\ 456\times10^{5}$，$0.123\ 456\times10^{-4}$ 的有效数字完全相同，但小数点的实际位置却不同，所以它们是四个不同的数。一般说来，任何一个十进制数 N 都可以写成

$$N=S\cdot10^{J}\tag{6-1}$$

类似地，任何一个二进制数 N 也可以写成

$$N=S\cdot2^{J}\tag{6-2}$$

其中，J 是十进制或二进制数的以 10 为底或以 2 为底的指数，它是一个十进制或二进制整数；S 是十进制或二进制数的数值部分，是纯小数。S 表示数 N 的全部有效数字，称为尾数，而 J 指明了小数点的位置，叫做阶码。阶码的大小规定了数的范围，而尾数的长短规定了有效数字的位数。用这种方法表示的数就是浮点数。按照所取的尾数 S 表示方式的不同，浮点数又可分为规格化表示及非规格化表示两种。规定 S 的最高位(小数点后的第一位)必须为非零值的数的这种表示法叫做规格化表示法；反之，规定 S 的最高位必须为零的这种表示法称为非规格化表示法。例如：

$14.25=0.1425\times10^{2}$——规格化表示

$14.25=0.01425\times10^{3}$——非规格化表示

$(14.25)\text{d}=14+0.25=(1110)\text{b}+1\times2^{-2}=(1110.01)\text{b}$

$(1110.01)\text{b}=0.111001\times2^{4}$——规格化表示

$(1110.01)\text{b}=0.0111001\times2^{5}$——非规格化表示

由上例可知，采用浮点的非规格化表示时，需用较多的有效数字位，在计算机字长一定时，与规格化表示相比，它容易丢失低位的有效数字，从而降低计算的精度。非规格化表示对避免加、减运算的溢出有好处，应用于某些特殊场合。一般情况，均采用规格化表示法。

一般微型计算机均无浮点运算硬件及其指令，浮点运算须用软件来完成。为了

编写浮点运算程序，必须统一规定浮点数在微型计算机中的存储格式。最常用的格式如图6-2所示。用一个字节表示阶码，采用补码表示，其最高位 D_{31} 表示阶码的符号，简称为阶符。用三个字节表示尾数，也用补码表示，其最高位 D_{23} 表示尾数的符号称为尾符（或数符）。三个字节的有效数字位数，可使计算达到6位十进制数的精度。由于阶码的有效数字为7位二进制数，对应的十进制数范围是－128～＋127。因此图6-2所示浮点可表示的数值范围是

$$2^{-128} \sim 2^{127} = 0.29 \times 10^{-38} \sim 1.7 \times 10^{+38}$$

这样的数值范围对一般计算是完全够用的。

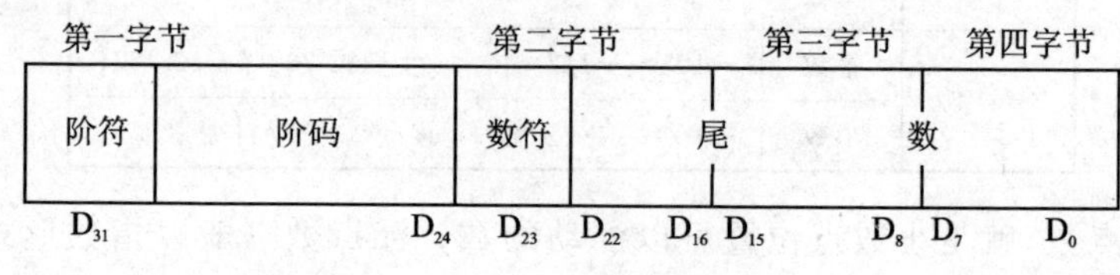

图6-2　一种浮点数存储格式

6.3.2　浮点运算原理

如何进行规格化浮点数的四则运算？为了看起来方便，这里以十进制浮点数为例来讨论，并取4位有效数字。二进制浮点数的算法原理与十进制数完全相同。

1. 乘法运算

因为乘除法运算比加减法运算单纯，所以首先讨论乘法运算。下面举例来说明：

$$(0.300\,0 \times 10^{-1}) \times (0.250\,0 \times 10^{2})$$
$$= (0.300\,0 \times 0.250\,0) \times (10^{-1} \times 10^{2})$$
$$= 0.075\,0 \times 10^{(-1+2)} = 0.075\,0 \times 10^{1} = 0.750\,0 \times 10^{0}$$

由上例可见，浮点数乘法的规则是：尾数相乘，阶码相加，最后将二者组成的结果规格化。由于被乘数及乘数都是规格化了的，故尾数相乘可以用简单的定点乘法来实现。进行4位乘以4位的运算，乘积应该是8位。上例中已将低4位舍去，保留高4位作有效位。将 0.0750×10^{1} 变成 0.7500×10^{0} 就是完成规格化处理。

2. 除法运算

除法运算在本质上与乘法没有什么差别，运算时，也是先把尾数和阶码分离，尾数和阶码分别运算。仍以4位有效数字的数为例，具体做法是：尾数部分，4位尾数（被除数）和4位尾数（除数）进行定点除法运算，取结果的高4位作为商；阶码部分，则求出两阶码之差。再把这两部分结果合起来，最后进行规格化。下面举例说明：

$$(0.700\,0 \times 10^{-2})/(0.123\,4 \times 10^{1})$$
$$= (0.700\,0/0.123\,4) \times (10^{-2}/10^{1})$$
$$= 5.672\,609\,4 \times 10^{(-2-1)} = 5.672 \times 10^{-3} = 0.567\,2 \times 10^{-2}$$

3. 加减法运算

减法运算可用补码的加法运算代替，故加法运算规则亦适用于减法。这里只讨论加法运算。

【例 6－2】

$$
\begin{aligned}
&(0.123\,4\times10^{1})+(0.567\,8\times10^{-2})\\
&=(0.123\,4\times10^{1})+(0.000\,5\times10^{1})\\
&=(0.123\,4+0.000\,5)\times10^{1}=0.123\,9\times10^{1}
\end{aligned}
$$

为了能应用结合律实现尾数相加，必须使两数具有相同的阶码。这就是通常所说的加减法运算时“要对齐数位”。为使两者变成阶码相等，还可以有两种做法，即让阶码小的数向阶码大的数对齐，或者让阶码大的数向阶码小的数对齐。但实际上，因为高位是有效位，所以只有让阶码小的数向阶码大的数对齐才是正确的做法。例 6－2 的加法如按另一方式对阶，则有

$$
\begin{aligned}
&(0.123\,4\times10^{1})+(0.567\,8\times10^{-2})\\
&=(123.4\times10^{-2})+(0.567\,8\times10^{-2})\\
&=(123.400\,0+0.567\,8)\times10^{-2}=123.967\,8\times10^{-2}=0.123\,9\times10^{1}
\end{aligned}
$$

这样做的结果好像也是正确的，但缺点也是十分明显的。由于让阶码大的数向阶码小的数对齐，使得部分无效位变成了有效位而参与运算，必须增加有效位的位数才能实现；更重要的是，这时尾数变成了非纯小数，增加了实现运算的困难。因此这种对阶法是不可取的。

为了实现对阶，要执行和规格化相反的操作。具体做法是：让阶码小的数的阶码不断加 1，直至达到与阶码大的数的阶码相等为止。每加一次，尾数部分的小数点左移一位，同时最低位从有效位中舍去。例 6－2 中阶码增 1 了三次，小数点左移三位，从而是有效数字 6、7、8 被舍去。

在进行加减运算时，如果两数的数位相差太大，会使运算失去意义（小的数已全部舍去）。

【例 6－3】

$$
\begin{aligned}
&(0.123\,4\times10^{4})+(0.567\,8\times10^{-1})\\
&=(0.123\,4\times10^{4})+(0.000\,0\times10^{4})=0.123\,4\times10^{4}
\end{aligned}
$$

可用程序检验这种情况，而不进行运算直接给出结果。

总结浮点加法运算的规则是：先进行（小向大）对阶，然后加尾数，最后将合成结果规格化。

6.3.3 二进制浮点数计算程序

二进制浮点运算的原理与上节所述的原理相同。尽管浮点运算的算法原理不难理解，但程序实现时要比定点运算复杂得多。一般在测控系统应用中很少自行编制浮点运算程序，往往是选用现有的浮点运算程序包或者调用所选计算机程序库中的

浮点运算子程序来完成所要求的浮点运算。通常浮点运算程序包由若干个子程序组成,这些子程序主要包括:浮点数存取子程序,浮点数取补、移位子程序,浮点数规格化子程序,定点数—浮点数转换子程序,浮点数加/减法子程序,浮点数乘/除法子程序。此外,多数浮点运算程序包还包含乘方、开方、对数、指数运算子程序以及三角函数运算子程序。这些子程序的内容随所用计算机不同而有所不同。由于本书篇幅所限,又因在测控系统应用中,系统设计者自行编写大量浮点运算程序的可能性较少,因此这里不讨论实现浮点运算各子程序的编程细节。经过前几节的讨论,读者已有了关于浮点数及其算法原理的基本概念,在遇到需要自行编写浮点运算程序时,参考一些有关书籍也不会有大的困难。

6.3.4 定点运算与浮点运算的比较

浮点计算能适应极大的数值变化范围,但是在实际测控系统中绝大多数都采用定点运算,而极少用浮点运算,原因在哪里?这是由于目前测控系统绝大多数采用微型计算机或小型计算机,这类计算机字长较短。采用定点计算在运算精度及运算速度上明显优于浮点运算。

1. 运算精度的比较

由式(6-2)不难看出,定点表示法实际上可看作浮点表示法的一种特例。将式(6-2)改写成为

$$N=2^J\times S=2^J\times 0.S_1S_2S_3\cdots S_n$$

当 $J=0$ 时,$N=0.S_1S_2S_3\cdots S_n$ 为定点小数表示法。

当 $J=n$ 时,$N=2^n\times 0.S_1S_2S_3\cdots S_n=S_1S_2S_3\cdots S_n$ 为定点整数表示法。

在字长确定的条件下,例如字长为 16 位,采用定点表示法可得到接近于字长的有效数字位数(对于 16 位字长,符号定点数可有 15 位有效数字,无符号定点数可有 16 位有效数字)。而用浮点表示,则能得到的有效位数比字长要小得多。以 16 位字长为例,如果取一个字节用作阶码,则对符号数只能有 7 位有效数字。因此在字长相同时,定点计算的精度要远高于浮点运算。浮点数可以表示大的数值范围,实质上是以牺牲若干个有效位为代价的。测控系统的实际应用中,数值变化范围要比普通数值计算小得多,并且计算机的字长较短。为了在较短字长下获得高的计算精度,采用定点运算是合适的。

2. 运算速度的比较

为了获得足够的运算精度,浮点数常采用 32 位。即使是 32 位的整数运算,其运算速度还远慢于 16 位的整数(定点数)运算,更何况,浮点运算是将尾数与阶码分开运算的,其中还要加入数据的多次存取及规格化处理、对阶等,使得浮点运算的速度远低于定点运算。例如,用一台 8 位计算机,一个 16×16 位的定点乘法可在十几微秒或几十微秒内完成。而两个浮点数相乘或相除则会耗时几十微秒甚至 100 多微秒。对于多数实时控制,这样的运算速度显然太慢。因此在测控系统中,浮点运算多

半用于计算机控制参数等初始化过程中，在实时数据采集及控制程序中，一般避免采用浮点计算。有时为了提高浮点运算速度，可采用专门的浮点运算部件，但这是以提高系统的成本为代价。

6.4 常用函数的近似计算

数字计算机所能直接完成的只是四则算术运算，而在测控系统中不少变量之间的关系是一些特殊的函数关系。例如，采用差压变送器来测量流量时，变送器来的信号 X 与实际流量 Y 成平方根关系，即 $Y=k\sqrt{X}$。这就要用到平方根计算。有时候还遇到三角函数、指数函数的计算问题。对于这些函数运算，需采用近似计算算法来求出满足给定精度要求的近似结果。

6.4.1 平方根的计算

对于整数的开方问题，即求 $Y=\sqrt{X}$，X 为整数，可用下述简单的方法实现。

令 X 依次减去1、3、5、7等奇数。如果 X 为整数的平方，则一直减到差值等于零时为止。数出一共作了多少次减法，所得次数即为答案 Y。例如

$$64\underbrace{-1-3-5-7-9-11-13-15}_{\text{共8次}}=0$$

于是得到 $Y=\sqrt{64}=8$。若 X 不是整数的平方，则按上述方法减到差值刚刚小于零时为止。这时所作减法的次数即为 $Y=\sqrt{X}$ 的近似值。

上述求平方根的算法具有方法简单、程序条数少的优点。但是，当被开方数很大时，循环次数太多，运算速度慢，更常用的求平方根的算法是牛顿迭代法。

牛顿迭代法是一种迭代逼近的求根方法，其迭代公式为

$$Y_n=\frac{1}{2}\left(Y_{n-1}+\frac{X}{Y_{n-1}}\right) \tag{6-3}$$

式中，Y_n 为第 n 次迭代所得的平方根；Y_{n-1} 是第 $n-1$ 次迭代所得的平方根；X 为被开方数。

可以证明，当迭代初值 Y_0 大于0时，式(6-3)的迭代公式是收敛的。

工程上可采用牛顿迭代初值为 $Y_0=(X+1)/2$。

为了提高精度，计算 X/Y_{n-1} 时可采用下式进行计算：

$$\frac{X}{Y_{n-1}}=\frac{X(\text{设为}A)}{Y_{n-1}\text{整数部分(设为}B)+Y_{n-1}\text{小数部分(设为}C)}\approx\frac{A}{B}-\frac{A\cdot C}{B^2}$$

式(6-3)的程序实现的流程图如图6-3所示，精度要求 ε 可由用户设定，一般若精度仅要求保证整数部分时，可以只比较二次迭代结果的整数部分。

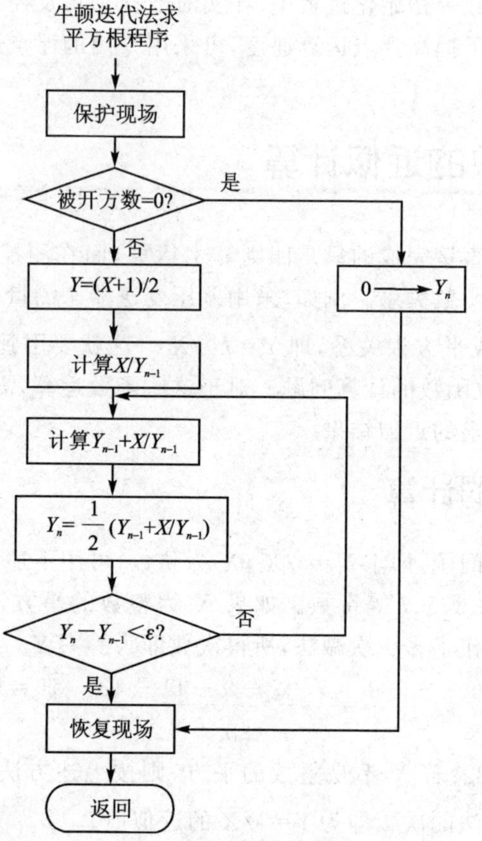

图 6-3 牛顿迭代法求平方根程序流程图

6.4.2 利用幂级数计算常用函数

一般常用函数均可展成幂级数。根据所需的精度要求,取其中的有限项,便可计算出函数的近似值。下面给出一些最常用函数的算法公式,其他函数的算法公式可从数学手册上查得,并按此处介绍的方法,改写成有利于编程的形式。

① $(1+x)^{-1}=1-x+x^2-x^3+x^4-\cdots$

$$=1-x(1-x(1-x(1-x(\cdots)))),\ |x|<1$$

② $(1+x)^{\frac{1}{2}}=1+\frac{1}{2}x-\frac{x^2}{2\cdot 4}+\frac{3x^3}{2\cdot 4\cdot 6}-\frac{3\cdot 5x^4}{2\cdot 4\cdot 6\cdot 8}+\cdots$

$$=1+\frac{x}{2}\left(1-\frac{x}{4}\left(1-\frac{x}{2}\left(1-\frac{5}{8}x\left(1-\frac{x}{2}(\cdots)\right)\right)\right)\right),\ |x|<1$$

③ $\ln(1+x)=x-\frac{x^2}{2}+\frac{x^3}{3}-\frac{x^4}{4}+\cdots+(-1)^{n+1}\ \frac{x^n}{n}+\cdots$

$$=x\left(1-\frac{1}{2}x\left(1-\frac{2}{3}x\left(1-\frac{3}{4}x\left(1-\frac{4}{5}x(\cdots)\right)\right)\right)\right),\ |x|<1$$

④ $\ln x = \frac{x-1}{x} + \frac{1}{2}\left(\frac{x-1}{x}\right)^2 + \frac{1}{3}\left(\frac{x-1}{x}\right)^3 + \cdots + \frac{1}{n}\left(\frac{x-1}{x}\right)^n + \cdots$

$$= y\left(1+\frac{1}{2}y\left(1+\frac{2}{3}y\left(1+\frac{3}{4}y\left(1+\frac{4}{5}y(\cdots)\right)\right)\right)\right)$$

$y=(x-1)/x$，$x>\frac{1}{2}$

$\ln x = (x-1) - \frac{1}{2}(x-1)^2 + \frac{1}{3}(x-1)^3 - \cdots + (-1)^{n+1}\frac{1}{n}(x-1)^n + \cdots$

$$= y\left(1-\frac{1}{2}y\left(1-\frac{2}{3}y\left(1-\frac{3}{4}y\left(1-\frac{4}{5}y(\cdots)\right)\right)\right)\right)$$

$y=(x-1)$，$0<x<2$

⑤ $e^x = 1 + \frac{x}{1!} + \frac{x^2}{2!} + \frac{x^3}{3!} + \cdots + \frac{x^n}{n!} + \cdots$

$$= 1 + x\left(1+\frac{1}{2}x\left(1+\frac{1}{3}x\left(1+\frac{1}{4}x\left(1+\frac{1}{5}x(\cdots)\right)\right)\right)\right)$$

⑥ $\sin x = x - \frac{x^3}{3!} + \frac{x^5}{5!} - \cdots + (-1)^n\frac{x^{2n+1}}{(2n+1)!} + \cdots$

$$= x\left(1-\frac{1}{6}x^2\left(1-\frac{1}{20}x^2\left(1-\frac{1}{42}x^2\left(1-\frac{1}{72}x^2(\cdots)\right)\right)\right)\right)$$

⑦ $\cos x = 1 - \frac{x^2}{2!} + \frac{x^4}{4!} - \frac{x^6}{6!} + \cdots + (-1)^n\frac{x^{2n}}{(2n)!} + \cdots$

$$= x\left(1-\frac{1}{2}x^2\left(1-\frac{1}{12}x^2\left(1-\frac{1}{30}x^2\left(1-\frac{1}{56}x^2(\cdots)\right)\right)\right)\right)$$

利用上述算法公式算得近似函数值后，还可利用相应的数学公式，导出其他需要的函数值。例如对于三角函数计算，在求得 $\sin x$ 后，就可以用三角函数的恒等式去求得 $\cos x$、$\tan x$ 等。

6.4.3 利用曲线拟合法计算函数的近似值

利用幂级数展开式计算函数时，由于要很多项求和才能达到所需的精度，在精度要求高时，收敛速度过慢，利用多项式通过最小二乘拟合曲线的办法，得到简便的函数近似计算公式，利用这些公式，可在项数较少的条件下，得到满意的结果。最小二乘拟合原理不属本书研究范围，这里仅引用若干有用的计算公式。各公式中的 $|\varepsilon(x)|$ 均表示拟合误差。

① $\log x = y(a_1 + a_2 y^2)\varepsilon(x)$

$$y=(x-1)/(x+1),\quad a_1=0.863\,04,\quad a_2=0.364\,15$$

当 $10^{-\frac{1}{2}} \leqslant x \leqslant 10^{\frac{1}{2}}$ 时，$|\varepsilon(x)| \leqslant 6\times 10^{-4}$。

② $\ln(1+x) = x(a_1 + x(a_2 + x(a_3 + x(a_4 + a_5 x)))) + \varepsilon(x)$

$$a_1=0.99949556,\quad a_2=-0.49190896,\quad a_3=0.28947478,$$
$$a_4=-0.13606275,\quad a_5=0.03215845$$

当 $0\leqslant x\leqslant 1$ 时，$|\varepsilon(x)|\leqslant 10^{-5}$。

③ $\sin x=x(1+x^2(a_2+a_4x^2))+x\varepsilon(x)$

$$a_2=-0.16605,\quad a_4=0.00761$$

当 $0\leqslant x\leqslant \pi/2$ 时，$|\varepsilon(x)|\leqslant 2\times 10^{-4}$。

④ $\cos x=1+x^2(a_2+a_4x^2)+\varepsilon(x)$

$$a_2=-0.49670,\quad a_4=0.03705$$

当 $0\leqslant x\leqslant \pi/2$ 时，$|\varepsilon(x)|\leqslant 9\times 10^{-4}$。

⑤ $\tan x=x(1+x^2(a_2+a_4x^2))+x\varepsilon(x)$

$$a_2=0.31755,\quad a_4=0.20330$$

当 $0\leqslant x\leqslant \pi/4$ 时，$|\varepsilon(x)|<10^{-3}$。

6.5 标度变换方法

测控系统中的各种参数具有不同的量纲和数值变化范围，检测仪表输出信号的变化范围也不相同。与计算机相连时，所有这些信号又都经过各种形式的变送器转化成 A/D 转换器所要求的信号范围，如 0～5 V，再经 A/D 转换器转换成数字量，由计算机进行数据处理和运算。为了对结果进行显示、记录或打印，必须将经过数据处理后的数字量转换成具有不同量纲的数值，以便操作人员进行监视和管理，上述转换过程称为标度转换。

对于一般线性的测量仪表，标度变换的公式为

$$A_x=A_0+(A_m-A_0)\frac{N_x-N_0}{N_m-N_0}\tag{6-4}$$

式中，A_0 为一次测量仪表的下限；A_m 为一次测量仪表的上限；A_x 为实际测量值（工程量）；N_0 为仪表下限对应的数字量；N_m 为仪表上限对应的数字量；N_x 为测量值所对应的数字量。其中，A_0、A_m、N_0、N_m 对于某一个固定的被测参数来说是常数，不同参数具有不同的值。为了使程序简单，一般把被测参数的起点 A_0（输入信号为 0）所对应的 A/D 转换器输出值设为 0，即 $N_0=0$，这样式(6-4)就又变成

$$A_x=\frac{N_x}{N_m}(A_m-A_0)+A_0\tag{6-5}$$

有时，工程量的实际值还需经过一次变换，如测电压值实际测的是电压互感器的二次侧电压，其一次侧的值还涉及一个互感器的变比问题，这时可在式(6-5)中再加上一个比例系数，即

$$A_x=\left[\frac{N_x}{N_m}(A_m-A_0)+A_0\right]\cdot K\tag{6-6}$$

【例 6-4】某热处理炉温度测量仪表的量程为 200～800 ℃，在某一时刻，计算机采样并经数字滤波后的数字量为 CDH，求此时温度值为多少？（设该仪表在量程范围内具有线性特性）

解 根据式(6-5)，已知 $A_0=200$ ℃，$A_m=800$ ℃，$N_x=\text{CDH}=(205)\text{D}$，$N_m=\text{FFH}=(255)\text{D}$。所以此时温度为

$$
\begin{aligned}
A_x &= \frac{N_x}{N_m}(A_m - A_0) + A_0 \\
&= \left[\frac{205}{255}\times(800-200)+200\right] ℃ \\
&= 682\ ℃
\end{aligned}
$$

在微型计算机控制系统中，为实现上述转换，可把它设计成专用的子程序，把各个不同参数所对应的 A_0、A_m、N_0、N_m 存放在存储器中，然后当某一个参量需进行标度变换时，只要调用标度变换子程序即可。

对于某些参数的标度变换，如电压、电流等，其互感器的二次侧数值是固定的，此时标度变换的程序还可以简化。

如果被测量是非线性刻度，则其标度变换应根据具体问题具体分析，先求出它所对应的标度变换公式，然后再进行标度变换程序的设计。

按式(6-5)编制的标度变换子程序的流程图如图 6-4 所示。

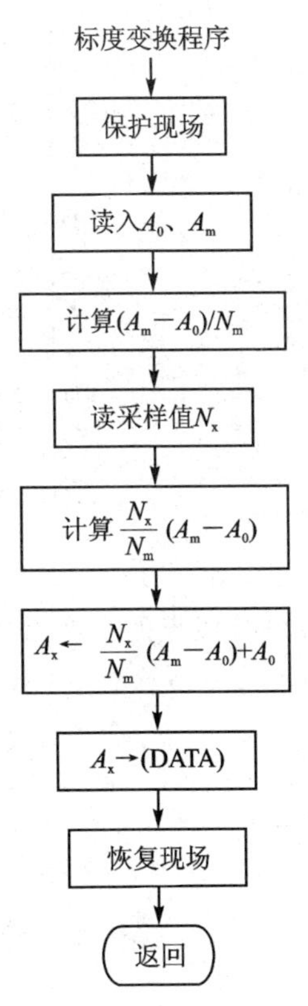

图 6-4 标度变换子程序框图

6.6 线性化技术

在计算机测量与控制技术中，线性化技术的应用对扩大传感器的动态范围起了重要作用。例如，具有代表性的铂电阻温度传感器或热电偶的特性都不是理想的直线。但是，利用线性化技术能使量程为数百摄氏度的温度测量系统获得±0.1 ℃的测量精度。

6.6.1 分段线性化

对于一个已知函数 $y=f(x)$的曲线（见图 6-5），可按一定的要求把它分成若干小段，每个分段曲线用其端点连成的直线来代替，如图中虚线所示。这样就可以在分段范围内用直线方程来代替曲线，从而简化计算。对每一个分段，如(x_i, x_{i+1})，直

线与实际曲线上的点只是在端点上是重合的,对于 $x_i < x < x_{i+1}$ 的一切点,它们的 y 值都不是曲线上的真实值,而是按虚线所示的直线规律算得的,所以称这种做法为线性插值。显然,分段越细,则各小段直线更逼近曲线,得到的计算精度也越高。

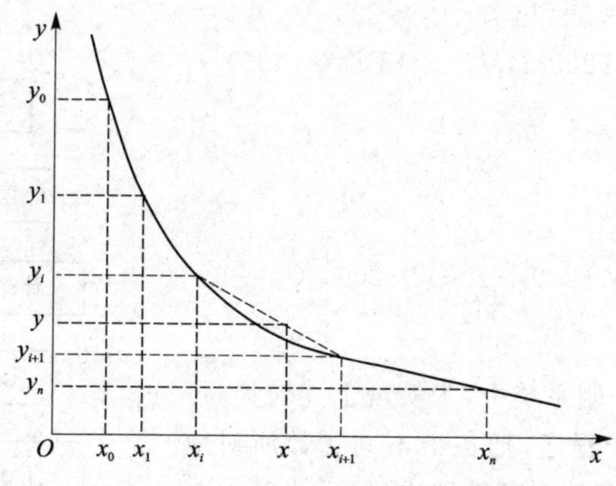

图 6-5　分段线性化示意

设各分段点的自变量(输入)和函数(输出)值分别为 $x_0, y_0; x_1, y_1; \cdots; x_i, y_i; x_{i+1}, y_{i+1}; \cdots; x_n, y_n$,并且都是已知的,则对任一直线段可写出方程:

$$y = y_i + \frac{y_{i+1} - y_i}{x_{i+1} - x_i}(x - x_i) \quad (i = 0, 1, 2, \cdots, n;\ x_i < x < x_{i+1})$$

或简化为

$$y = y_i + k_i(x - x_i) \tag{6-7}$$

$$y = y_{i0} + k_i x \tag{6-8}$$

式中,$y_{i0} = y_i - k_i x_i$;$k_i = \dfrac{y_{i+1} - y_i}{x_{i+1} - x_i}$,为第 i 段直线的斜率。

由式(6-7)可以看出,k_i、x_i 和 y_i 都是按函数特性预先确定的值,可作为已知常数存于微型计算机的指定存储区。若要计算与某一输入 x 相对应的 y 值,须首先按 x 值检索 x 所属的区段,从常数表查得这区段的三个常数 k_i、x_i、y_i 再用以下三步算得相应的输出 y:

第一步,计算 $x - x_i$;

第二步,计算 $k_i(x - x_i)$;

第三步,计算 $y = y_i + k_i(x - x_i)$。

若采用式(6-8)计算 y 值,则各区段只需存储两个常数(y_{i0}, k_i),计算时也只需进行两步。

上述方法是查表与计算的有效结合,计算中只需做乘法和加法(减法)运算,计算功能弱的计算机也可应用。这里,分段点的选取是一个重要问题。总的说来,分段数越多,则逼近精度越高,但同时所占计算机内存单元也增多,还会大大增加在分段常数准备及存储方面的工作量。因此,应该按给定误差要求合理地选取分段点。选择分段点应从给定精度要求出发,考虑曲线的斜率及曲率半径大小。斜率大、曲率半径小的段落,分段要密;反之,则分段可稀些。一般说来,分段是不等距的(也就是各分段所跨的 x 区间不相等)。

利用这些线性化表的数据,可以方便地进行线性化处理。

6.6.2 用微型计算机实现线性化处理

在测控系统中,使用微型计算机的目的之一就是实现线性化处理。下面以 CA 热电偶为例来说明这一线性化处理过程。

【例 6-5】 已知该热电偶在 600 ℃时的电势为 24.91 mV,试对 CA 热电偶在 0～600 ℃范围内进行线性化处理(实际上是用微型计算机计算)。

假定被测点的温度为 400 ℃,查表 6-2 中的量程为 0～600 的一行,得到用该 CA 热电偶测得的热电势为

$$V_{400}=\frac{xV_m}{100}=\frac{1}{100}\left[x_7+\frac{x_8-x_7}{y_8-y_7}\cdot(y-y_7)\right]\cdot V_m$$

$$=\frac{1}{100}\left[59.1+\frac{69.2-59.1}{70-60}\cdot\left(\frac{400}{600}\times 100-60\right)\right]\times 24.91$$

$$=\frac{1}{100}(59.1+6.73)\times 24.91=0.658\ 3\times 24.91=16.34(\text{mV}) \quad (6-9)$$

式中,y_7、y_8 为表中的归一化温度值(用百分比表示);x_7、x_8 为表中的归一化热电势值(用百分比表示);y、x 分别为 400 ℃温度值及其对应热电势值的归一化表示(百分比);V_m 为满量程温度(600 ℃)下的热电势值。

表 6-2 CA(铬镍-铝镍)热电偶及测温电阻的线性化表

量程/℃	$y_1=0$	$y_2=10$	$y_3=20$	$y_4=30$	$y_5=40$	$y_6=50$	$y_7=60$	$y_8=70$	$y_9=80$	$y_{10}=90$	$y_{11}=100$
	x_1	x_2	x_3	x_4	x_5	x_6	x_7	x_8	x_9	x_{10}	x_{11}
0～100	0.0	9.7	19.5	29.4	39.3	49.4	59.5	69.6	79.8	89.9	100.0
0～200	0.0	9.8	19.8	29.9	40.1	50.3	60.5	70.5	80.4	90.2	100.0
0～300	0.0	9.9	20.0	30.2	40.3	50.3	60.1	69.9	79.8	89.9	100.0
0～400	0.0	9.8	19.9	30.0	39.9	49.6	59.4	69.4	79.5	89.7	100.0
0～500	0.0	9.8	19.8	29.7	39.4	49.2	59.1	69.2	79.4	89.7	100.0
0～600	0.0	9.8	19.8	29.5	39.1	49.0	59.1	69.2	79.5	89.7	100.0
0～800	0.0	9.8	19.7	29.3	39.2	49.3	59.5	69.7	79.9	90.0	100.0
0～1 000	0.0	9.9	19.7	29.6	39.7	50.0	60.3	70.6	80.6	90.4	100.0
0～2 000	0.0	10.1	20.0	30.1	40.5	51.0	61.4	71.5	81.3	90.8	100.0
100～300	0.0	10.2	20.2	30.1	40.0	49.8	59.7	69.6	79.7	89.8	100.0

续表 6-2

量程/℃	$y_1=0$	$y_2=10$	$y_3=20$	$y_4=30$	$y_5=40$	$y_6=50$	$y_7=60$	$y_8=70$	$y_9=80$	$y_{10}=90$	$y_{11}=100$
	x_1	x_2	x_3	x_4	x_5	x_6	x_7	x_8	x_9	x_{10}	x_{11}
100～500	0.0	9.9	19.6	29.3	39.1	49.0	59.1	69.2	79.5	89.7	100.0
200～500	0.0	9.6	19.4	29.2	39.2	49.2	59.3	69.4	79.6	89.8	100.0
200～700	0.0	9.6	19.4	29.3	39.3	49.4	59.6	69.7	79.9	90.0	100.0
200～1 000	0.0	9.8	19.8	30.0	40.3	50.6	60.8	70.9	80.8	90.5	100.0
300～600	0.0	9.8	19.7	29.7	39.7	49.7	59.7	69.8	79.9	89.9	100.0
300～800	0.0	9.9	19.9	29.9	40.0	50.1	60.3	70.3	80.3	90.2	100.0
400～800	0.0	10.0	20.1	30.2	40.3	50.4	60.4	70.4	80.4	90.2	100.0
400～1 000	0.0	10.2	20.5	30.8	41.0	51.2	61.2	71.2	80.9	90.5	100.0
500～800	0.0	10.1	20.2	30.4	40.4	50.5	60.5	70.5	80.4	90.2	100.0
500～1 000	0.0	10.3	20.7	30.9	41.1	51.3	61.3	71.1	80.9	90.5	100.0
500～1 200	0.0	10.6	21.1	31.6	41.9	52.1	62.0	71.8	81.4	90.8	100.0
600～1 000	0.0	10.3	20.7	30.9	41.1	51.2	61.1	71.0	80.8	90.4	100.0
600～1 200	0.0	10.6	21.2	31.6	41.8	51.9	61.9	71.7	81.3	90.7	100.0
700～1 000	0.0	10.3	20.6	30.8	40.9	51.0	60.9	70.8	80.6	90.3	100.0
700～1 200	0.0	10.6	21.1	31.4	41.6	51.7	61.6	71.4	81.1	90.6	100.0

通常，用于温度测量的 A/D 转换器以 12 位的居多，对于 A/D 转换器的输入量程，如果能巧妙地安排 A/D 转换值 LSB(最低有效位)的权值，则会使得调整和计算更加方便。商品的 A/D 转换器的额定输入信号为 0～±5 V 或 0～±10 V，但是却把 1 LSB 定为 2.5 mV 或 1.25 mV。这意味着对 12 位转换器来说，其额定输入从 0～±5 V 变成了 0～±5.117 5 V。这种方法乍一看好像很麻烦，其实是极方便的。这时，+5.000 V 的转换值正好是+2000(D)，−5.000 V 正好转换成−2000(D)，而 ±5.000 V～±5.1175 V 可作为溢出量程使用。

对本例的热电偶输出选择放大 125 倍后进行 12 位 A/D 转换。对满量程值 V_m 转换后应得到的数码 N_{fs} 为

$$N_{fs}=\frac{(V_{T\max}-V_{T\min})G}{\text{LSB}}=\frac{(24.91-0)\times125}{2.5}=1\,245$$

这里 $V_{T\max}=V_m$，$V_{T\min}=0$，$G=125$，LSB=2.5 mV。

经放大后的 400 ℃热电势 V_{400}，对应的数码 N_{400} 为

$$N_{400}=\frac{V_{400}G}{\text{LSB}}=\frac{16.34\times125}{2.5}=820$$

在进行温度测量时，将利用这一通过 A/D 转换得到的数码，按表 6-2 进行查表和分段线性插值计算得到相应的温度值，相应的计算如下：

① 计算 N_{400} 对应的归一化值 x

$$x=\frac{N_{400}}{N_{fs}}\times 100=\frac{820}{1245}\times 100=65.8$$

② 查表 6-2 可看出，CA 热电偶的 0～600 ℃量程的一行中，数值为 65.8 的温度值处于 $x_{n-1}=x_7$ 为起点的折线段上，从而，所求的温度值为

$$\begin{aligned}T&=(T_{max}-T_{min})\times\frac{y}{100}+T_{min}\\&=(T_{max}-T_{min})\times\left[y_{n-1}+(y_n-y_{n-1})\frac{x-x_{n-1}}{x_n-x_{n-1}}\right]\times\frac{1}{100}+T_{min}\\&=(600-0)\times\left(60+10\times\frac{65.8-59.1}{69.2-59.1}\right)\times\frac{1}{100}+0\\&=399.80(℃)\end{aligned}\tag{6-10}$$

式中，T_{max}、T_{min} 分别为热电偶量程的最高温度及最低温度；y 为用百分比表示的温度增量；x_{n+1}、x_n 分别为折线段起点和终点的热电偶归一化值(百分比)。

6.6.3 使用高次多项式的线性化

线性化方法中以上述的分段线性化(折线近似)方法最常用。但是，在一些装有浮点运算模块的系统，也使用高次多项式的方法。为生成各种热电偶的高次多项式，通常要用泰勒公式展开、切比雷夫公式展开等模型。表 6-3 给出了采用上述方法的热电偶线性化多项式系数。

表 6-3 几种热电偶进行线性化的高次多项式系数

热电偶的种类	CRC 100～1 000 ℃ ±0.5 ℃ 9 次近似	IC 0～760 ℃ ±0.1 ℃ 5 次近似	CA 0～1 370 ℃ ±0.7 ℃ 8 次近似	PR 0～1 000 ℃ ±0.5 ℃ 8 次近似	CC −160～400 ℃ ±0.5 ℃ 7 次近似
a_0	0.104 967 248	0.048 868 252	0.226 584 602	0.263 632 917	0.100 860 910
a_1	17 189.452 82	19 873.145 03	24 152.109 00	179 075.491	25 727.943 69
a_2	282 639.085 0	218 614.535 3	67 233.424 8	48 840 341.37	−767 345.829 5
a_3	12 695 339.5	11 569 199.78	2 210 340.682	1.900 02E+10	78 025 595.81
a_4	448 703 084.6	264 917 531.4	860 963 914.9	4.827 04E+12	−9 247 486 589
a_5	1.108 66E+10	2 018 441 314	4.835 06E+10	7.620 94E+14	6.976 88E+11
a_6	1.768 07E+11		1.184 52E+12	7.200 26E+16	2.661 92E+13
a_7	1.718 42E+12		1.386 90E+13	3.714 96E+18	3.940 78E+14
a_8	2.192 78E+12		−6.337 08E+13	−8.031 04E+19	
a_9	2.061 32E+13				

注：E+13 表示 10^{13}。

温度 T 的多项式表达为

$$T=a_0+a_1V_x+a_2V_x^2+a_3V_x^3+\cdots+a_nV_x^n \tag{6-11}$$

式中,V_x 为热电偶的电动势。

式(6-11)可改写成线性方程 $y=ax+b$ 的多次迭代形式,便于编程。以 4 次多项式为例,$T-V_x$ 的关系为

$$T=a_4V_x^4+a_3V_x^3+a_2V_x^2+a_1V_x+a_0 \tag{6-12}$$

并进一步改写为

$$T=\{[(a_4V_x+a_3)V_x+a_2]V_x+a_1\}V_x+a_0 \tag{6-13}$$

式(6-13)中的基本运算形式为线性方程,用 4 次迭代可得到结果。为编程方便,引入中间变量:

$$Q(k)=Q(k-1)V_x+a_{4-k}$$

式中,k 为迭代序号,$k\geqslant 1$。

对照式(6-13)知:

$Q(0)=a_4$ 迭代开始赋初值

$Q(1)=Q(0)V_x+a_3=a_4V_x+a_3$ 第一次迭代

$Q(2)=Q(1)V_x+a_2=(a_4V_x+a_3)V_x+a_2$ 第二次迭代

$Q(3)=Q(2)V_x+a_1=((a_4V_x+a_3)V_x+a_2)V_x+a_1$ 第三次迭代

$Q(4)=Q(3)V_x+a_0=(((a_4V_x+a_3)V_x+a_2)V_x+a_1)V_x+a_0$ 第四次迭代

按此思路得到的程序流程图如图 6-6 所示。

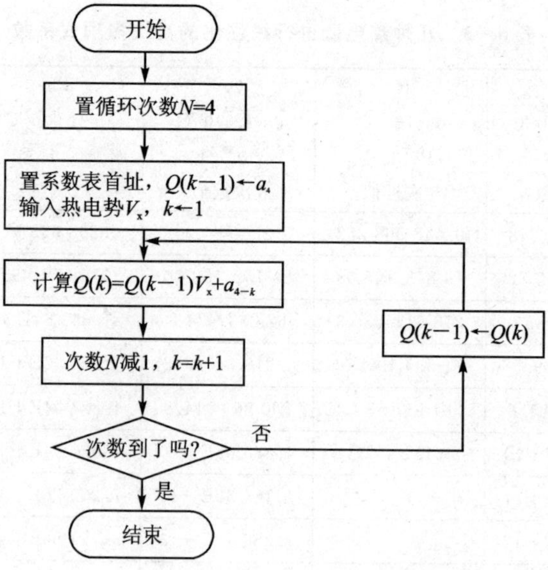

图 6-6 热电偶多项式线性迭代流程图

6.7 数据平滑算法

由于测量得到的数据往往包含噪声，测量设备或传感器有时也会出现偶然错误，所以，一般情况下，测量值 y_n 具有某种分散性。因此，在对测量数据进行处理之前，首先进行数据平滑处理是必要的。

6.7.1 三点数据平均

最简单的办法是由三点测量值 y_{n-1}、y_n、y_{n+1} 计算其平均值 $\bar{y}_n$ 来实现平滑。

$$\bar{y}_n = \frac{1}{3}(y_{n-1} + y_n + y_{n+1}) \tag{6-14}$$

计算时采用“滑动”方式，即从 N 个测量值中，通过三点平均得到 $N-2$ 个平滑后的测量值。

也可以对测量值做三点二次平滑，也就是对所得到的平均值再做一次三点平滑，得到

$$\begin{aligned}\bar{\bar{y}}_n &= \frac{1}{3}(\bar{y}_{n-1} + \bar{y}_n + \bar{y}_{n+1}) \\ &= \frac{1}{9}(y_{n-2} + 2y_{n-1} + 3y_n + 2y_{n+1} + y_{n+2})\end{aligned} \tag{6-15}$$

显然，N 个测量值经过三点二次平滑后，将得到 $N-4$ 个平滑后的测量值。

6.7.2 五点三阶多项式平滑

这是一种基于多项式拟合的方法。应用此方法时，为了在 x_n 处对 y_n 值实现数据平滑，需要以五点为一组求出其相对应的三阶多项式 $P(x)$（如图 6－7 所示），这个多项式在 x_n 处的 y 值即为平滑后的测量值 $\bar{y}_n$，即

$$P(x_n) = \bar{y}_n \tag{6-16}$$

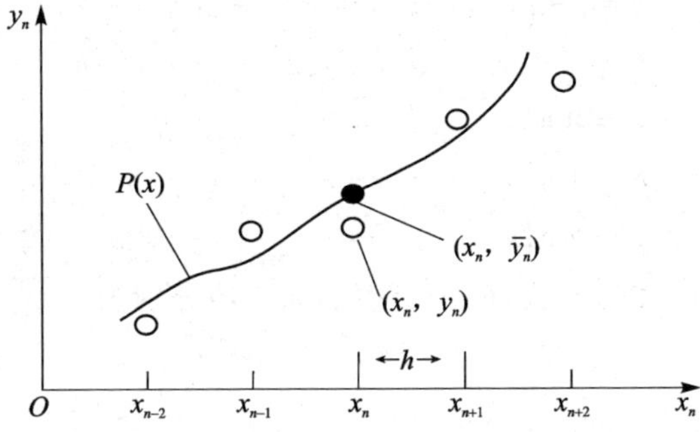

图 6－7 五点三阶多项式平滑示意图

5 点测量值沿 x_n 坐标的三阶多项式为

$$P(x_{n+k})=a+b(x_{n+k}-x_n)+c(x_{n+k}-x_n)^2+d(x_{n+k}-x_n)^3 \tag{6-17}$$

式中，$k=-2,-1,0,1,2$；a、b、c、d 为由 5 点测量值决定的待定常数。

将 5 个测量点的 $P(x_{n+k})$ 值与对应的测量值 y_{n+k} 之差的平方和记为

$$S=\sum_{k=-2}^{2}[P(x_{n+k})-y_{n+k}]^2 \tag{6-18}$$

令 $x_{n+k}-x_n=x_k$，使 $\frac{\partial s}{\partial a}=0,\frac{\partial s}{\partial b}=0,\frac{\partial s}{\partial c}=0,\frac{\partial s}{\partial d}=0$，可求出 a、b、c、d。

$$\left.\begin{aligned}
\frac{\partial s}{\partial a}&=\sum_{k=-2}^{2}2(a+bx_k+cx_k^2+dx_k^3-y_{n+k})\cdot 1=0\\
\frac{\partial s}{\partial b}&=\sum_{k=-2}^{2}2(a+bx_k+cx_k^2+dx_k^3-y_{n+k})\cdot x_k=0\\
\frac{\partial s}{\partial c}&=\sum_{k=-2}^{2}2(a+bx_k+cx_k^2+dx_k^3-y_{n+k})\cdot x_k^2=0\\
\frac{\partial s}{\partial d}&=\sum_{k=-2}^{2}2(a+bx_k+cx_k^2+dx_k^3-y_{n+k})\cdot x_k^3=0
\end{aligned}\right\} \tag{6-19}$$

为简化书写，下文用 $\sum$ 符号代替 $\sum\limits_{k=-2}^{2}$，得到

$$a\cdot 5+b\sum x_k+c\sum x_k^2+d\sum x_k^3=\sum y_{n+k} \tag{6-20}$$

$$a\sum x_k+b\sum x_k^2+c\sum x_k^3+d\sum x_k^4=\sum x_k y_{n+k} \tag{6-21}$$

$$a\sum x_k^2+b\sum x_k^3+c\sum x_k^4+d\sum x_k^5=\sum x_k^2 y_{n+k} \tag{6-22}$$

$$a\sum x_k^3+b\sum x_k^4+c\sum x_k^5+d\sum x_k^6=\sum x_k^3 y_{n+k} \tag{6-23}$$

由于 x 为等距变化的，即 $x_{n+1}-x_n=h$（当 x 轴为时间轴 t_n 时，h 为采样周期 T），所以 x_k 可以用 h 表示为

$$\left.\begin{aligned}
&k=-2\text{ 时}, && x_{-2}=x_{n-2}-x_n=-2h\\
&k=-1\text{ 时}, && x_{-1}=x_{n-1}-x_n=-h\\
&k=0\text{ 时}, && x_0=x_n-x_n=0\\
&k=1\text{ 时}, && x_1=x_{n+1}-x_n=h\\
&k=2\text{ 时}, && x_2=x_{n+2}-x_n=2h
\end{aligned}\right\} \tag{6-24}$$

由此可得到式(6-20)～式(6-23)中的和式项分别为

$$\left.\begin{aligned}&\sum x_k=-2h+(-h)+0+h+2h=0\\&\sum x_k^2=(-2h)^2+(-h)^2+(0)^2+h^2+(2h)^2=10h^2\\&\sum x_k^3=0\\&\sum x_k^4=34h^4\\&\sum x_k^5=0\\&\sum x_k^6=130h^6\end{aligned}\right\}\tag{6-25}$$

就平滑计算而言,感兴趣的是在 x_n 处的拟合多项式的值,也就是 $k=0$ 时的多项式的值。为此,将 $k=0$ 代入式(6-17),得到

$$P(x_n)=a$$

这也就是用式(6-17)所求得的平滑后的测量值 $\overline{y}_n$,即

$$\overline{y}_n=P(x_n)=a\tag{6-26}$$

由式(6-26)可知,为了求得 $\overline{y}_n$ 值,只需求解出系数 a 的表达式即可,为此,利用式(6-20)和式(6-22),求得

$$\left.\begin{aligned}&5a+0\cdot b+10h^2\cdot c+0\cdot d=y_{n-2}+y_{n-1}+y_n+y_{n+1}+y_{n+2}\\&10h^2a+0\cdot b+34h^4c+0\cdot d=4h^2y_{n-2}+h^2y_{n-1}+0+h^2y_{n+1}+4h^2y_{n+2}\end{aligned}\right\}\tag{6-27}$$

由联立方程(6-27)可解出 a,得到

$$\begin{aligned}a=\overline{y}_n&=\frac{1}{35}(-3y_{n-2}+12y_{n-1}+17y_n+12y_{n+1}-3y_{n+2})\\&=\frac{2}{70}(-3y_{n-2}+12y_{n-1}+17y_n+12y_{n+1}-3y_{n+2})\end{aligned}\tag{6-28}$$

式(6-28)为采用三阶多项式拟合方式做平滑时的计算公式。

采用式(6-28)以“滑动”方式做数据平滑时,最初 2 点及最末 2 点的测量值未受到平滑。倘若对这 4 个点的数据也要求做平滑处理,则需要求解式(6-17)中的另外 3 个系数,进而得到

$$P(x_{n+k})=\overline{y}_{n+k}\quad(k=-2,-1,1,2)$$

最初 2 点及最末 2 点的平滑计算公式分别为

$$\overline{y}_{n-2}=\frac{1}{70}(69y_{n-2}+4y_{n-1}-6y_n+4y_{n+1}-y_{n+2})\tag{6-29}$$

$$\overline{y}_{n-1}=\frac{2}{70}(2y_{n-2}+27y_{n-1}+12y_n-8y_{n+1}+2y_{n+2})\tag{6-30}$$

$$\overline{y}_{n+1}=\frac{2}{70}(2y_{n-2}-8y_{n-1}+12y_n+27y_{n+1}+2y_{n+2})\tag{6-31}$$

$$\overline{y}_{n+2}=\frac{1}{70}(-y_{n-2}+4y_{n-1}-6y_n+4y_{n+1}+69y_{n+2})\tag{6-32}$$

6.8 测量数据的微分算法

在许多应用中，常遇到对一组具有一定分散性的测量值求各点处的变化率的问题。比如，利用已测量到的一组气压高度数据来求其高度变化率（升降速度）；利用所测得的一组速度数据，求其变化率以获得相应的加速度值。

6.8.1 微商算法

如果测量值 y_n 与等间隔变量 x_n 有关，并且 $x_{n+1}-x_n=h$，则有泰勒外推式如下：

$$y_{n+1}=y_n+hy'_n \tag{6-33}$$

$$y_{n-1}=y_n-hy'_n \tag{6-34}$$

式(6－33)、式(6－34)相减，得到微分的近似计算公式为

$$y'_n=\frac{y_{n+1}-y_{n-1}}{2h} \tag{6-35}$$

也就是从(x_n, y_n)的 2 个相邻点数值求出该点的微分，其近似基础是假定沿(x_n, y_n)点向正、反两个方向的斜率相等。

6.8.2 利用拟合三阶多项式求导数

对式(6－17)中的 x_{n+k} 求导数，得到

$$P'(x_{n+k})=b+2c(x_{n+k}-x_n)+3d(x_{n+k}-x_n)^2 \tag{6-36}$$

当 $k=-2,-1,0,1,2$ 时，式(6－36)被用于求上述 5 点处的微分。对于 $x_{n+k}=x_n$ 的点，$k=0$，$x_{n+k}-x_n=0$，则式(6－36)变为

$$P'(x_{n+k})=b=\overline{y}_n{}' \tag{6-37}$$

式中，$\overline{y}_n{}'$表示采用拟合三阶多项式平滑后在 x_n 处测量值的变化率。式(6－37)表明，为了求得三阶多项式在 x_n 处的导数，需要求该三阶多项式的系数 b。为此，将式(6－25)代入式(6－21)及式(6－23)得到

$$0\cdot a+10h^2b+0\cdot c+34h^4d=-2hy_{n-2}-hy_{n-1}+0+hy_{n+1}+2hy_{n+2}$$

$$0\cdot a+34h^4\cdot b+0\cdot c+130h^6\cdot d=-8h^3-h^3y_{n-1}+0+h^3y_{n+1}+8h^3y_{n+2}$$

由此计算出待定系数 b，也就是待求的导数 $\overline{y}_n{}'$：

$$\begin{aligned} b=\overline{y}_n{}' &=\frac{1}{12h}(y_{n-2}-8y_{n-1}+8y_{n+1}-y_{n+2}) \\ &=\frac{7}{84h}(y_{n-2}-8y_{n-1}+8y_{n+1}-y_{n+2}) \end{aligned} \tag{6-38}$$

利用式(6－38)，采用“滑动”取点计算，可以计算出各点的导数值（但最初 2 点及最末 2 点除外）。

通过求解系数 c、d，并利用式(6－36)，可推出最初 2 点及最末 2 点的导数计算公式如下：

$$\overline{y}_{n-2}{}' = \frac{1}{84h}(-125y_{n-2} + 136y_{n-1} + 48y_n - 88y_{n+1} + 29y_{n+2}) \quad (6-39)$$

$$\overline{y}_{n-1}{}' = \frac{1}{84h}(-38y_{n-2} - 2y_{n-1} + 24y_n + 26y_{n+1} - 10y_{n+2}) \quad (6-40)$$

$$\overline{y}_{n+1}{}' = \frac{1}{84h}(10y_{n-2} - 26y_{n-1} - 24y_n + 2y_{n+1} + 38y_{n+2}) \quad (6-41)$$

$$\overline{y}_{n+2}{}' = \frac{1}{84h}(-29y_{n-2} + 88y_{n-1} - 48y_n - 136y_{n+1} + 125y_{n+2}) \quad (6-42)$$

对自变量 x_n 的二阶导数可用下式计算：

$$\overline{y}_n{}'' = \frac{1}{12h^2}(-y_{n-2} + 16y_{n-1} - 30y_n + 16y_{n+1} - y_{n+2}) \quad (6-43)$$

对一组具有一定分散性的测量值做平滑后并求其导数的例子见表 6－4。

表 6－4　一组测量值的微分：从一组速度测量值 y_n 得到一组平滑后的加速度值$\overline{y}_n{}'$

时间/s	速度/(m·s^{-1})	加速度/(m·s^{-2})	时间/s	速度/(m·s^{-1})	加速度/(m·s^{-2})
x_n	y_n	$\overline{y}_n{}'$	x_n	y_n	$\overline{y}_n{}'$
0	0.0	3.94	6	15.8	1.38
1	3.7	3.49	7	17.0	1.13
2	7.0	3.05	8	18.1	1.05
3	9.8	2.59	9	19.1	0.95
4	12.2	2.20	10	20.0	0.85
5	14.2	1.80			

6.9　测量数据的积分算法

在测控系统研制过程中，有时会遇到对 N 对(x,y)数据近似求积分的问题(其中 x 为等距变化的自变量，即 $x_{n+1} - x_n = h$；y 为测量数据)，也就是近似求解这 N 对数据在(x,y)平面所包围的面积，要求算法实用并且足够精确。

6.9.1　矩形法

设 x 为等距变量，且 $x_{n+1} - x_n = h$，对应于不同的 N 个 x，得到 N 个测量值 y，要求计算积分 $\int_0^{(N-1)h} y\,\mathrm{d}x$。

如图 6－8 所示，采用矩形法时，计算面积增量 A_n 的公式为

$$A_n = h\,y_n,\quad n=1 \text{ 至 } N-1(\text{前向差分}) \text{ 或 } n=2 \text{ 至 } N(\text{后向差分}) \tag{6-44}$$

按后向差分计算 y_1 到 y_i 之间的总面积的迭代计算公式为

$$R_i = R_{i-1} + A_i = R_{i-1} + h\,y_i \tag{6-45}$$

式中，$i=2,\cdots,N$；R_i 表示到 $x=x_i$ 时的面积总和，并且 $R_1=0$。

N 对 (x,y) 数据对应的总面积 R_N 亦可按下式计算：

$$R_N = h\sum_{n=2}^{N} y_n \tag{6-46}$$

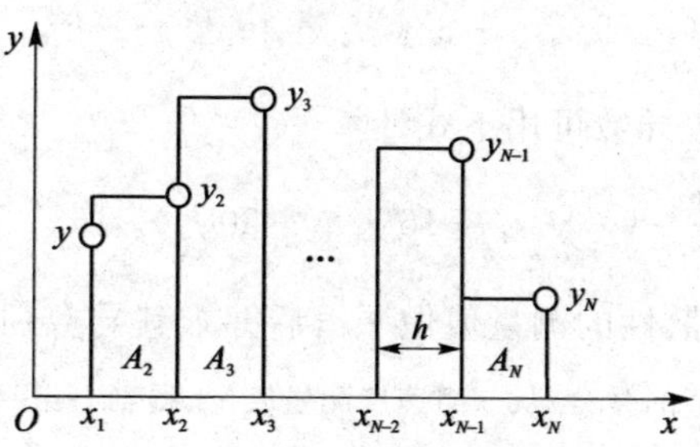

图 6-8　矩形法后向差分积分近似计算

6.9.2　梯形法

采用梯形法计算面积增量，则构成另一种近似计算积分的方法，如图 6-9 所示。

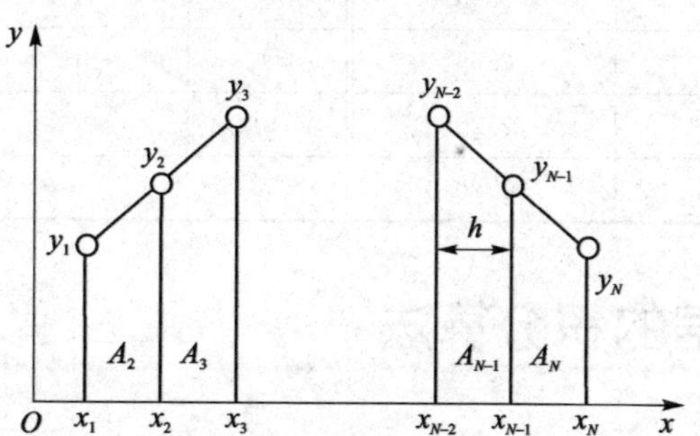

图 6-9　梯形法数值积分

计算面积增量的公式为

$$A_n = h\cdot\frac{y_{n-1}+y_n}{2},\quad n=2,\cdots,N \tag{6-47}$$

计算从 y_1 到 y_i 之间的总面积的迭代公式为

$$T_i = T_{i-1} + h\cdot\frac{y_{i-1}+y_i}{2}$$

式中，$i=2,\cdots,N$，$T_1=0$。

从 x_1 到 x_N 之间的总面积 T_N 亦可按下式计算：

$$T_N = h\left(\frac{y_1}{2} + \sum_{n=2}^{N-1} y_n + \frac{y_N}{2}\right) \tag{6-48}$$

6.9.3 抛物线法

此方法的实质是用 3 个支承点做二阶多项式内插得到 $y(x)$，该函数在 $2h$ 范围形成二阶抛物线，按此抛物线围成的面积来计算面积增量，如图 6-10 所示。

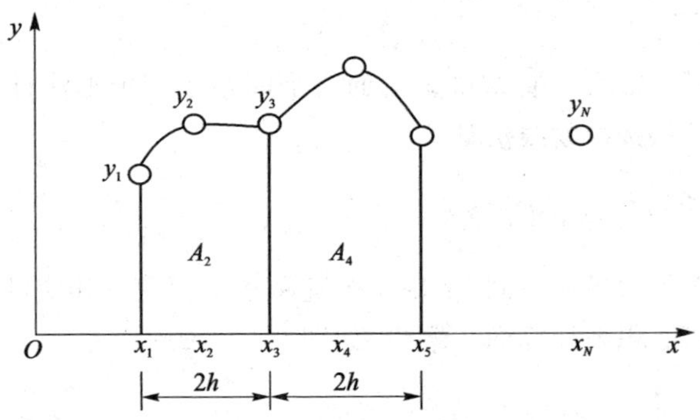

图 6-10 抛物线法数值积分

二阶抛物线多项式为

$$y(x) = a + bx + cx^2$$

由于 x 为等距变量，针对面积 A_2 得到

$$\left.\begin{aligned} y(0) &= y_1 = a \\ y(h) &= y_2 = a + bh + ch^2 \\ y(2h) &= y_3 = a + 2hb + 4h^2c \end{aligned}\right\} \tag{6-49}$$

解式(6-49)得到系数 a、b、c 为

$$\left.\begin{aligned} a &= y_1 \\ b &= \frac{-3}{2h}\left(y_1 - \frac{4}{3}y_2 + \frac{1}{3}y_3\right) \\ c &= -\frac{1}{2h^2}(-y_1 + 2y_2 - y_3) \end{aligned}\right\} \tag{6-50}$$

抛物线包围下的面积增量为

$$A = \int_0^{2h} y(x)\mathrm{d}x = \int_0^{2h}(a + bx + cx^2)\mathrm{d}x = 2ah + 2bh^2 + \frac{8}{3}ch^3 \tag{6-51}$$

将式(6-50)中的 a、b、c 代入式(6-51)并计算面积增量 A_2 为

$$A_2 = 2h\,\frac{y_1 + 4y_2 + y_3}{6} \tag{6-52}$$

式(6-52)表示从 x_1 到 x_3 经过 $2h$ 距离的内插抛物线的积分。

当 N 为大于 3 的奇数时，各 $2h$ 范围的积分可统一表示为

$$A_{2m+2}=\frac{2h}{6}(y_{2m+1}+4y_{2m+2}+y_{2m+3}) \tag{6-53}$$

式中，$m=0\sim\frac{N-3}{2}$。

按抛物线法得到的从 y_1 到 y_{2m+3} 的总积分面积为

$$S_{2m+2}=A_2+A_4+\cdots+A_{2m+2}=S_{2m}+A_{2m+2} \tag{6-54}$$

式中，$m=0\sim\frac{N-3}{2}$ 且 $S_0=0$。

如果 N 为偶数，则取 x 首端或末端的一个间距 h 用梯形法计算面积增量，其余各点对应的积分面积按抛物线法计算。

6.9.4 三阶多项式内插法

进一步计算面积增量的区间，采用 4 个支承点插值建立相应的三阶多项式，用此多项式曲线包围的面积来计算面积增量，如图 6－11 所示。

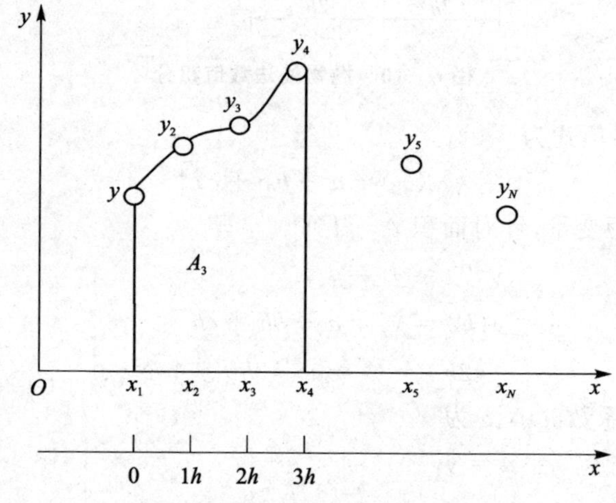

图 6－11 三阶多项式内插求积分

该三阶多项式为

$$y(x)=a+bx+cx^2+dx^3$$

用类似于式(6－49)的方法可求出系数 a、b、c、d，最后获得计算面积增量的公式为

$$A(3)=3h\frac{y_1+3y_2+3y_3+y_4}{8} \tag{6-55}$$

当拥有 4 个以上的测量值时，其中的 $4m$ 个点可按三阶内插多项式方法计算面积增量，然后求和；余下的点可用二阶多项式法、梯形法或矩形法求其面积增量，然后求和。

6.9.5 牛顿-柯特斯公式

前面的几种数值积分方法中，自变量均为等距变化的变量，在数学上有等距内插求积公式，即牛顿-柯特斯(Cotes)公式。

按牛顿-柯特斯公式，当自变量 x 在$[q, r]$区间按等距变化时(见图 6－12)，则其函数 $y=f(x)$在该区间的积分为

$$\int_q^r f(x)\mathrm{d}x \approx (r-q)\sum_{K=0}^{n} C_K^{(n)} f(x_K) \tag{6－56}$$

式中，x_k 为等距自变量，$x_k=q+Kh, K=0,1,2,\cdots,n; h=\dfrac{r-q}{n}$；$C_K^{(n)}$ 为柯特斯系数。

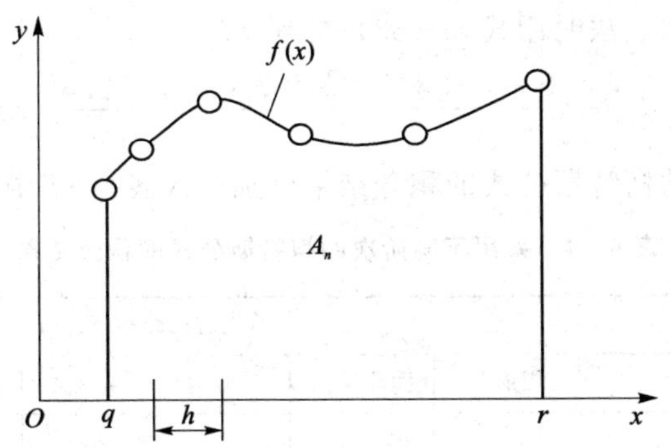

图 6－12 等距内插求积分

不同 n 下的柯特斯系数见表 6－5。按照式(6－56)及表 6－5，得到前四阶柯特斯内插求积分的公式，列于表 6－6 中。由式(6－56)及表 6－6 可得到采用四阶柯特斯公式的内插求积分的公式为

$$A_4=4h\cdot\frac{7y_1+32y_2+12y^3+32y_4+7y_5}{90} \tag{6－57}$$

表 6－5 柯特斯系数表

n	$C_K^{(n)}$							
	$k=0$	$k=1$	$k=2$	$k=3$	$k=4$	$k=5$	$k=6$	$k=7$
1	1/2	1/2						
2	1/6	4/6	1/6					
3	1/8	3/8	3/8	1/8				
4	7/90	16/45	2/15	16/45	7/90			
5	19/288	25/96	25/144	25/144	25/96	19/288		
6	41/840	9/35	9/280	34/105	9/280	9/35	41/840	
7	751/17 280	3 577/17 280	1 323/17 280	2 989/17 280	2 989/17 280	1 323/17 280	3 577/17 280	751/17 280

表 6-6 前 4 阶柯特斯内插求积分公式

内插公式	积分间距	y_1	y_2	y_3	y_4	y_5	本章公式
一阶	$1h$	$\frac{1}{2}$	$\frac{1}{2}$				梯形法,式(6-47)
二阶	$2h$	$\frac{1}{6}$	$\frac{4}{6}$	$\frac{1}{6}$			抛物线法,式(6-52)
三阶	$3h$	$\frac{1}{8}$	$\frac{3}{8}$	$\frac{3}{8}$	$\frac{1}{8}$		三阶内插法,式(6-55)
四阶	$4h$	$\frac{7}{90}$	$\frac{32}{90}$	$\frac{12}{90}$	$\frac{32}{90}$	$\frac{7}{90}$	四阶柯特斯法,式(6-57)

【例 6-6】从表 6-4 的速度测量值 y_n 计算已走过的路程 S_n,分别用几种数值积分方法计算。

解 采用三阶内插法时用式(6-55),得到

$$S=3\times1\times\frac{1\times0+3\times3.7+3\times7.0+1\times9.8}{8}=15.71(\mathrm{m})$$

采用不同阶次的柯特斯公式的积分结果分别列入表 6-7 中。

表 6-7 采用不同阶次的柯特斯公式的积分结果

时间/s	速度/(m·s^{-1})	所走过的路程 S_n/m			
x_n	y_n	梯形法	抛物线法	三阶内插+梯形法	四阶柯特斯+抛物线法
0	0.0				
1	3.7	1.85			
2	7.0	7.20	7.27		
3	9.8	15.60		15.71	
4	12.2	26.60	26.73		26.73
5	14.2	39.80			
6	15.8	54.80	55.00	55.01	
7	17.0	71.20			
8	18.1	88.75	88.97		88.96
9	19.1	107.35		107.59	
10	20.0	126.90	127.13	127.14	127.12

6.10 校准与自检方法

测控系统中,各测量通道的测量值的不确定度(或误差)和可靠性是两项基本技术指标。对系统各测量通道(或测量环节)的误差进行校准,可以保证各测量通道达

到系统所要求的不确定度值。对测控系统内部各组成部分的故障进行检测和诊断，可以及时发现错误、排除故障，保证测控系统可靠地工作。本节介绍测量通道的基本校准方法和常用的数字电路及模拟通道的自检测技术。

6.10.1 测量通道的系统误差及其校准

测量通道的误差包括偶然误差和系统误差，为了保证测量通道的不确定度满足要求，应分别减少偶然误差和系统误差。

偶然误差主要是由周围环境和系统内部的偶然因素造成的。为了减小偶然误差，应首先保证测量环境符合规定。在测量方法方面，可在规定条件下对被测量进行多次测量，再利用统计方法对测量数据进行平均和滤波处理。

系统误差是由系统内部或外部的固定不变或按确定规律变化的因素所引起的。利用校准的方法可以减小系统误差。

对测量通道的校准，需要使用高精度的标准仪器（原则上，标准仪器的精度要比被校测量通道的精度高一个数量级），采用如下两种方法之一：

1. 比对校准

采用同类型的高精度标准测量仪器与被测通道一起对同一被测信号进行比对测量（见图 6-13）。标准仪器的显示值作为被测信号的真值，它与被校测量通道的读数值之差即为该被校测量通道的误差。由小到大改变信号源的输出，可以获得被校测量通道在所有测量点上的校准值。

2. 采用标准信号源进行校准

校准时，标准信号源的示值作为真值，它与被校测量通道测得的值之差就是该测量通道的测量误差（见图 6-14）。由小到大调节标准信号源的输出，可以得到被校测量通道在量程范围各测量点上的校准值。

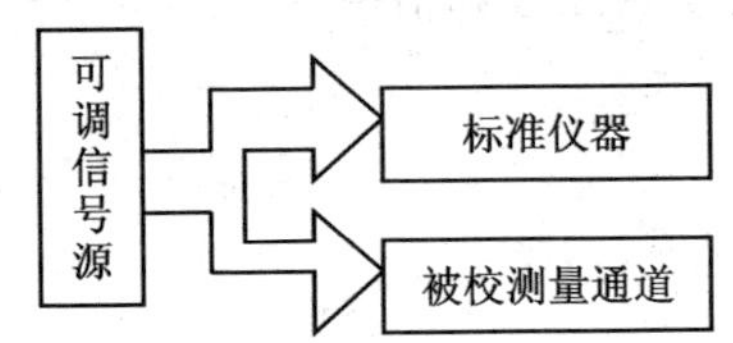

图 6-13 用标准测量仪器做比对校准

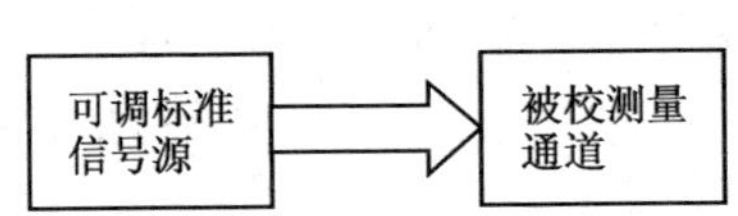

图 6-14 用标准信号源进行校准

与传统仪器的手动校准不同，测控系统中测量通道的校准往往是在相应的校准软件支持下，在控制器的程控命令指挥下自动进行的。

采用标准信号源的校准方法亦被称为外部校准，为使这类校准能够自动进行，须满足：① 标准信号源应是可程控的仪器；② 开发相应的自动校准软件，借助测控系统的控制器来完成对校准过程的控制。

上述比对校准方法亦称内部校准，是测控系统中常用的方法，它依靠测控系统的计算机和内部的标准测量仪器，在相应的自动校准软件控制下自动进行。根据系统误差的变化规律，使用合适的测量及计算方法，可以在一定程度上补偿系统误差。下面就模拟量测量通道的内部校准中的几个关键环节进行深入讨论。

测控系统中，测量通道的系统误差主要存在于模拟量通道里。造成这种系统误差的主要原因是它的衰减器、放大器、滤波器、A/D 转换器、D/A 转换器和内部基准源等部件的电路状态和参数偏离了标准值，而且会随温度和时间的变化产生漂移。这种偏离和漂移，集中反映在零点漂移和倍率变化这两方面。零点漂移是指被测部件输入信号为零时，输出不为零，而且随时间和温度的变化而变化。倍率变化是指部件的输出与输入之比偏离了额定值，而且也随时间和温度变化。

6.10.1.1 模拟量测量通道的零点漂移和倍率

典型的模拟量测量通道的组成框图如图 6－15 所示，其总的系统误差由各组成部件的系统误差综合而成。而每个部件的误差，可看成是由相应的零点漂移电压 e_i 和倍率系数 k_i 的变化 dk_i 所引起的，其中，$i=1,2,3,4,5$。

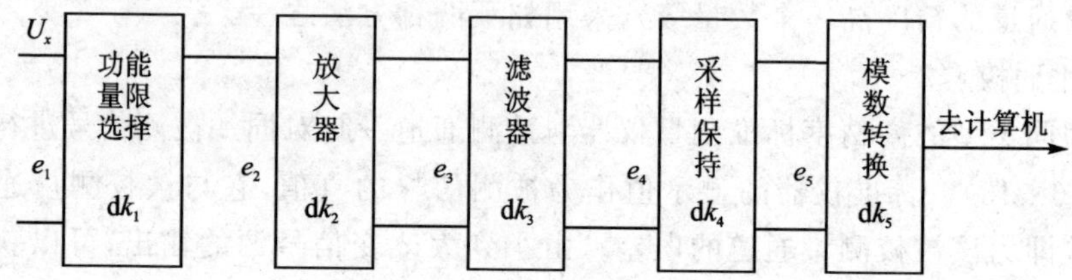

图 6－15　模拟量测量通道组成框图

运算放大器的直流参数有输入失调电压、输入偏置电流、输入失调电流、开环放大倍数和倍率电阻。它们是形成 e 和 dk 的主要因素。图 6－16 是一个差分运算放大器采用同相输入方式时的等效电路图。同相输入方式是模拟测试通道中运算放大器最常采用的输入方式。下面分析它的等效的零点漂移和倍率变化。

平衡电阻 R 的值通常等于 R_1 和 R_2 的并联值。

由图 6－16 可知

$$V_i = IR - e_{os} + I_i R_i + I_1 R_1 \tag{6-58}$$

由于 $I = I_i + I_{b1}$，故

$$I_i = \frac{V_a - V_b}{R_i} = \frac{V_o}{AR_i}$$

$$I = \frac{V_o}{AR_i} + I_{b1} \tag{6-59}$$

$$I_1 = \frac{V_b}{R_1} = \frac{1}{R_1}(V_o - I_2 R_2) = \frac{1}{R_1}[V_o - (I_1 + I_3) R_2]$$

$$= \frac{1}{R_1}[V_o - I_1 R_2 - I_{b2} R_2 + I_i R_2]$$

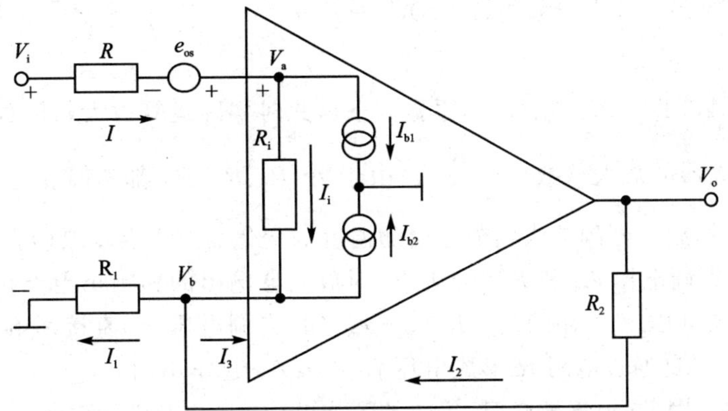

e_{os}—输入时调电压；I_{b1}、I_{b2}—输入偏置电流；R_1、R_2—倍率电阻；R—输入平衡电阻；R_i—放大器的等效内阻；V_i—放大器的输入；V_o—放大器的输出；I、I_i、I_1、I_2、I_3—支路电流；V_a、V_b—节点电压。

图 6-16　同相输入方式运算放大器的等效图

$$I_1\left(1+\frac{R_2}{R_1}\right)=\frac{V_o}{R_1}-\frac{R_2}{R_1}I_{b2}+\frac{V_o}{AR_i}\frac{R_2}{R_1}$$

所以

$$I_1=\frac{1}{R_1+R_2}\left(V_o+\frac{V_o}{AR_i}R_2-I_{b2}R_2\right) \tag{6-60}$$

式中，A 为放大器的开环放大倍数。

将式(6-59)和式(6-60)代入式(6-58)，并考虑到 $I_{os}=I_{b2}-I_{b1}$，$R=R_1R_2/(R_1+R_2)$，$I_iR_i=V_o/A$（其中，I_{os} 称为失调电流），得

$$V_i=\left(\frac{V_o}{AR_i}+I_{b1}\right)R+V_o/A+\frac{1}{R_1+R_2}R_1\left(V_o+\frac{V_o}{AR_i}R_2-I_{b2}R_2\right)-e_{os}$$

$$=\frac{R}{R_2}\left(2\frac{R_2}{AR_i}+\frac{R_2}{AR}+1\right)V_o-R\,I_{os}-e_{os}$$

令 $V_{os}=R\,I_{os}+e_{os}$ 和 $\frac{1}{d}=2\frac{R_2}{AR_i}+\frac{R_2}{AR}+1$，则

$$V_o=\frac{R_2}{R}d(V_i+V_{os})$$

令 $k=\frac{R_2}{R_1}$，则有

$$V_o=\left(1+\frac{R_2}{R_1}\right)d(V_i+V_{os})=(1+k)d(V_i+V_{os}) \tag{6-61}$$

由式(6-61)可知：

① 该放大器的放大倍数为$(1+k)d$，系数$d=\dfrac{1}{1+\dfrac{1+k}{A}+\dfrac{2R_2}{AR_i}}$，当放大器的开环放大倍数$A \geqslant 1+k$，$R_i \geqslant R_2$时，系数$d \to 1$，此时实际运算放大器的放大倍数接近理想运算放大器的放大倍数：$1+\dfrac{R_2}{R_1}$。由于A、R_i、R_1、R_2都随温度变化而变化，因此，实际的运算放大器的放大倍数还会随温度的变化而产生温度漂移。

② 输入失调电压e_{os}和失调电流I_{os}对放大器输出的影响相当于在输入信号上加了一个零漂电压V_{os}。由$V_{os}=R\,I_{os}+e_{os}$知，失调电压e_{os}直接影响V_{os}的大小。而失调电流I_{os}是通过电阻R形成电压后才对V_{os}起作用的。I_{os}、e_{os}、R_1和R_2均是温度的函数，因此，温度变化时，等效的零漂电压V_{os}也会随着变化。

对于反相输入工作方式的运算放大器，也可采用相类似的方法来分析其零点漂移和倍率变化。

前置放大器、预处理滤波器、采样保持器、A/D 转换器等部件的输入端都存在失调电压和失调电流，它们的等效零点漂移和倍率变化的分析方法也类似。

图 6－15 中，模拟量测量通道的部件是前后级串联的。此时，怎样计算总的零漂电压和倍率呢？

以图 6－17 为例说明。K_1、K_2分别为部件 1 和部件 2 的实际倍率，V_{os1}、V_{os2}分别为它们输入端等效的零点漂移电压。部件 1 和部件 2 是串接的，它们的输出电压V_{o1}和V_{o2}分别为

$$V_{o1}=K_1(V_i+V_{os1})$$

$$V_{o2}=K_2(V_{o1}+V_{os2})=K_1K_2(V_i+V_{os1}+V_{os2}/K_1)$$

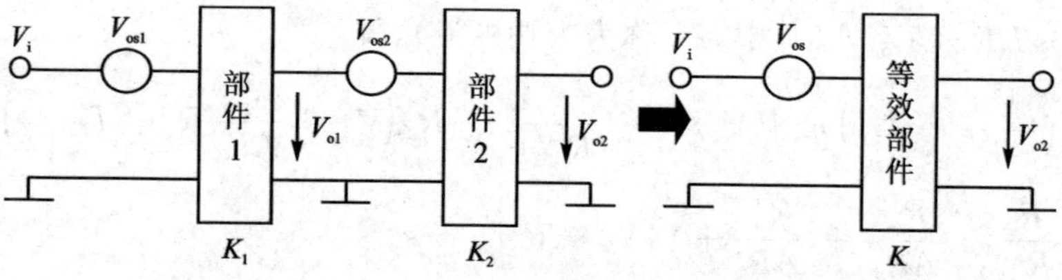

等效部件：K_1、K_2；$V_{os}=V_{os1}+V_{os2}/K_1$

图 6－17　串接部件的等效分析电路

因此，这两个串接部件可以用一个部件来等效，该部件的倍率为K_1K_2，零点漂移电压为$V_{os1}+V_{os2}/K_1$，其中V_{os2}/K_1为第二个部件输入端的零漂电压折算到第一个部件输入端后的值。

对于多个串接部件组成的电路，同样可分析它的等效零漂电压和倍率。

6.10.1.2　零点漂移的内部自动校准

图 6－18 是模拟通道内部自校准电路的原理图。S_1、S_2、S_3为模拟量开关，在测

控系统计算机控制下，模拟量测量通道的输入端依次与地、系统内部标准源 V_{ref} 和外部被测量 V_i 相接。V_{os} 为折合到模拟量测量通道输入端的零点漂移电压。

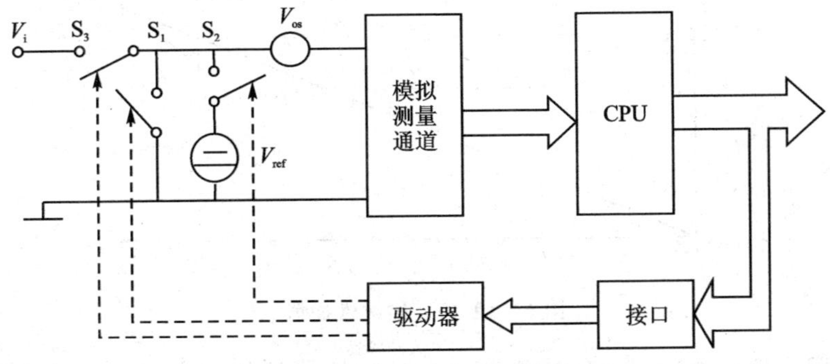

图 6-18 模拟通道的内部自校准原理图

对输入端零点漂移电压 V_{os} 的校准，可按如下两种方法进行：

(1) 对恒定不变的漂移电压 V_{os}，校准分三步进行：

① 在计算机控制下，打开 S_2、S_3，闭合 S_1，此时输入端与地短接。V_{os} 输入模拟测量通道。设此时的输出(A/D 转换器的输出)为 D_o，则有

$$D_o = K\ V_{os}$$

式中，K 为总的倍率和转换系数。

② 在计算机控制下，打开 S_1、S_2，闭合 S_3，被测信号 V_i 和 V_{os} 一起输入模拟测量通道。设此时的输出为 D_1，则有

$$D_1 = K(V_i + V_{os})$$

③ 计算机对上述二次测量数据进行计算：

$$D = D_1 - D_o = KV_i$$

计算后的数值 D，消去了零点漂移电压 V_{os} 的影响，真正代表 V_i 引起的输出值。

这里要注意的是：

a. 二次测量过程中，假设 V_{os} 和 K 恒定不变。

b. 为了消去 V_{os}，需进行二次测量，用了双倍时间，测量速度减慢一半以上。

(2) 当零点漂移电压 V_{os} 随时间呈线性变化时，可以对 V_{os} 进行插值处理，如图 6-19 所示。

校准的步骤如下：

① 合上开关 S_1，设这时的零点漂移电压为 V_{os1}。在微型计算机启动 A/D 转换器测量 V_{os1} 的同时，要启动仪器内部计时单元，使它开始对测试时间计时。设起始时间为 t_1，A/D 的输出为 D_1。

② 打开开关 S_1，合上开关 S_3，假设这时的零点漂移电压为 V_{os2}。V_{os2} 和被测量 V_i 一起输入到模拟测量通道的输入端，设输出为 D_2，则

$$D_2 = K(V_i + V_{os2})$$

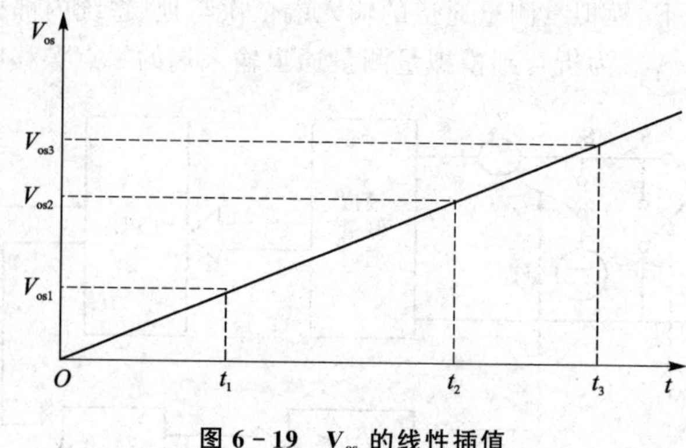

图 6-19 V_{os} 的线性插值

当计算机启动 A/D 转换器测量 V_i 的同时，要读取内部计时单元的时间，设为 t_2。

③ 打开开关 S_2，合上开关 S_1，假设这时的零点漂移电压为 V_{os3}，输出为 D_3，则

$$D_3 = K\ V_{os3}$$

当计算机启动 A/D 转换器测量 V_{os3} 的同时，要读取内部计时单元的时间，设为 t_3。由于从时间 t_1 到 t_3 之间 V_{os} 呈线性变化，可利用线性插值法求 V_{os2}，公式如下：

$$V_{os2} = V_{os1} + (V_{os3} - V_{os1})\ \frac{t_2 - t_1}{t_3 - t_1}$$

得到

$$K\ V_{os2} = KV_{os1} + (KV_{os3} - KV_{os1})\ \frac{t_2 - t_1}{t_3 - t_1} = D_1 + \frac{t_2 - t_1}{t_3 - t_1}(D_3 - D_1)$$

扣除 V_{os2} 对输出值的影响，得到校准后的输出值为

$$D = KV_i = D_2 - KV_{os2} = D_2 - D_1 + \frac{t_2 - t_1}{t_3 - t_1}(D_3 - D_1)$$

计算机进行上列计算后所得数值 D，已消去了零点漂移电压 V_{os2} 的影响，真正代表了 V_i 引起的输出值。

由于温度变化惯性大，速度慢，由它引起的 V_{os} 变化范围小，如果测量的间隔时间不太长，完全可以近似地认为零点漂移电压 V_{os} 是线性变化的。

6.10.1.3 倍率偏移的内部自动校准

利用系统内部的标准源 V_{ref}（参看图 6-18），可以消除倍率偏离额定值对测量产生的影响。校准步骤如下（假设此时 $V_{os}=0$）：

① 在微型计算机控制下，打开 S_1、S_3，闭合 S_2，标准源 V_{ref} 被接入，设输出为 D_{ref}，则

$$D_{ref} = KV_{ref}$$

② 在微型计算机控制下，打开 S_1、S_2，闭合 S_3，被测量 V_i 被接入，设输出为 D_1，则

$$D_1 = K V_i$$

③ 微型计算机对测试数据进行下列计算：

$$D = \frac{D_1}{D_{ref}} = \frac{V_i}{V_{ref}}$$

所以

$$V_i = \frac{D_1}{D_{ref}} \cdot V_{ref} = D V_{ref}$$

这样得到的数值 D，与倍率 K 没有关系，消除了因 K 偏离额定值所引起的系统误差。

注意：

① 这里假设零点漂移电压 V_{os} 为零。

② 在二次测量中，假设 K 不变。

③ 内附标准源的稳定性好，其准确的数值为已知。

内附标准源的准确数值要通过外部校准的方法，与外部高一等级的标准源或标准电池进行对比后才能确定。确定后的数值保存在仪器的非易失性存储器中，供内部自校准使用。这种内部标准源的校准要定期进行(例如每一年进行一次)。

6.10.1.4 实施内部自动校准的步骤

进行内部自动校准时，既要考虑零点的漂移，也要考虑倍率的偏离。此时的校准步骤如下(参看图 6-18，在校准过程中，假设 V_{os} 和 K 都是固定不变值)：

① 微型计算机控制 S_1 接通，断开 S_2、S_3，设此时输出为 D_{os}，则

$$D_{os} = K V_{os}$$

② 微型计算机控制 S_2 接通，断开 S_1、S_3，设此时输出为 D_{ref}，则

$$D_{ref} = K(V_{ref} + V_{os})$$

③ 微型计算机控制 S_3 接通，断开 S_1、S_2，设此时输出为 D_x，则

$$D_x = K(V_i + V_{os})$$

④ 微型计算机进行下列计算：

$$D_1 = D_{ref} - D_{os} = KV_{ref}$$

$$D_2 = D_x - D_{os} = KV_i$$

$$D = \frac{D_2}{D_1} = \frac{V_i}{V_{ref}}$$

所以

$$V_i = DV_{ref} = \frac{D_x - D_{os}}{D_{ref} - D_{os}} \cdot V_{ref}$$

上式中，$D = \dfrac{D_x - D_{os}}{D_{ref} - D_{os}}$，已消除 V_{os} 和 K 的影响。

在采用上述自动校准方法时，应注意如下三点：

① 每测量一个被测量要进行三次测量，测量时间增加 2 倍。

② 应满足在三次测量中 V_{os} 和 K 保持不变的要求，当测量间隔时间短而测试速度很快时，可认为此条件满足。

③ 内附标准源应当稳定性好，数值准确已知。

6.10.1.5 测量通道的外部自动校准

按图 6－14 所示的原理对测控系统的测量通道进行外部自动校准的设备连接情况如图 6－20 所示。

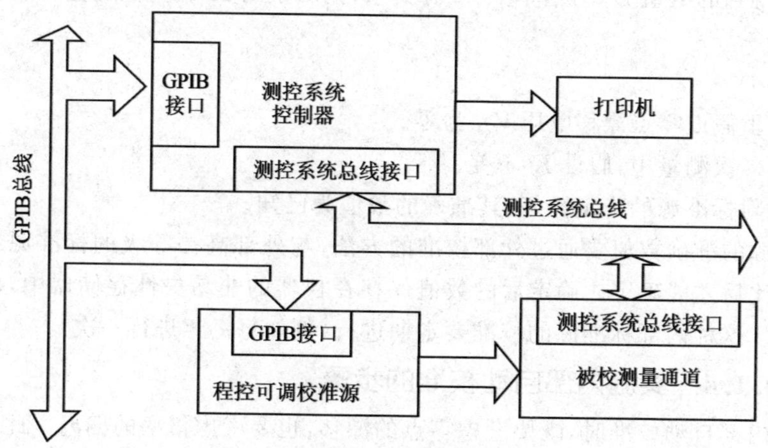

图 6－20 测量通道外部校准时的设备连接

测控系统的控制器(计算机)通过系统内部的总线控制被校测量通道的通道切换及测量数据的读取，并对数据进行相应的处理。该控制器通过 GPIB 总线控制程控可调校准源，产生所需类型的标准信号以及所要求的准确的幅值或频率，读取与标准给定信号相对应的被校测量通道的测量结果以及相应的误差，经控制器送打印机，打印出校准结果。

控制自动校准过程的自动校准软件一般应以软件功能模块的形式集成到测控系统的应用软件中。由于不同测控系统的校准要求不同(测量通道的类型、数量、要求的信号种类，校准精度要求等都不同)，所以这类自动校准软件的研制宜由测控系统研制方与主管测控系统校准的计量单位协调共同完成。

6.10.2 测控系统自检方法

自检是测控系统必须具备的功能之一。自检的内容与测控系统的功能/性能密切相关，不同的测控系统，自检的项目及自检程序的复杂程度也不相同。一般说来，自检项目越多，系统的使用与维护也就越方便，但是相应的自检硬件及软件开销也就越大。

6.10.2.1 自检分类

常用的自检可分为三种类型：

① 开机自检。每当测控系统电源接通，或系统复位之后，即进行这种自检。主要检查系统的 CPU 板及 ROM、RAM 等核心部分是否正常，显示器能否正常显示，有关插件板是否正确插入等。

② 周期性自检。这是一种在系统运行过程中周期性插入的自检操作。因为开机正常并不能保证系统在运行过程中不出故障，所以需要在执行系统测控操作的间隙中，比如在两次(或若干次)采样循环之间插入自检操作，以便及时发现故障。一旦发现故障，立即告警并显示故障性质。

③ 键控自检。这是一种由操作人员通过按下“自检”按钮来启动的自检。这种自检方式常用于系统中用到的一些智能仪器及一些专用电路板的自校或功能检查、测控系统投入运行前的功能检查，以及系统维护人员在维修系统时的故障查找。键控自检一般在系统的非运行状态下进行。

6.10.2.2 典型硬件的故障检测

下面介绍几种对测控系统中的一些关键组成部分进行故障检测的方法，这些常用的故障检测方法对上述三类自检都是适用的。

1. CPU 的检测

测控系统中的控制器、智能仪器、前端机等部件都是以 CPU 为核心的，对所用的 CPU 进行检测是自检中的一个重要环节。

检测 CPU 的故障，就是验证它执行各条指令时是否正常。在执行一条指令时，可能产生的故障情况有：

① 执行 A 指令，功能错误，或结果错误。

② 执行 A 指令，却完成了 B 指令功能。

③ 执行 A 指令，没完成任何功能。

④ 执行 A 指令，却完成了 A+B 指令功能。

比较常用的办法是，用一组基本指令编写自检程序来验证 CPU 的功能。这些基本指令是仪器的应用程序所使用的，如数据传送指令、条件转移指令、加法/减法指令等，在应用程序中那些没有使用的指令，由于不影响仪器的正常工作，也就不必去验证它们的执行情况。因此，用基本指令去考核 CPU，尽管不全面，却比较实用。

考核 CPU 的另一种办法是，与 ROM、RAM、I/O 端口等部件的自检结合在一起进行。这些部件的自检程序是由一些部件工作程序中常用的基本指令组成的，在检测这些部件的同时，附带实现了对 CPU 的部分自检。

造成 CPU 工作不正常的原因，除去其内部可能有故障外，还可能是由于总线工作出错、电源电压的不正常或者系统时钟的不正常引起的。因此，在检测 CPU 之前，应该先检测总线、工作电源和时钟电路。

2. ROM 的检测

ROM 包括工厂掩膜编程的 ROM、紫外线可编程的 EPROM 和电可擦除电可偏程的 EEPROM。ROM 中固化了仪器的键控程序、工作程序和常数表格。ROM 的检测就是要考核各存储单元的代码或常数在读出时是否会出错。最常采用的方法是验证所有读出的存储单元各对应位代码的异或和是否正确。这个用于校验的正确的代码和是预先与程序一起固化在 ROM 中的。自检时,依次读 ROM 的存储单元。每读一次代码值,要与前面各项读数的代码和进行按位加。最后获得的总的代码和与标准的代码和比较,如一致,则说明 ROM 正常。

下面的例子为采用 MCS－51 系列单片机时,相应的 ROM 监测系统。其中 data1 为程序的起始地址,data2 为程序的结束地址,data3 为代码校验和的存储单元地址。

```
TROM: MOV    DPTR, #data2;
      PUSH   DPH;
      PUSH   DPL;
      MOV    DPTR, #data1;
      CLR    B;
LP1:  CLR    A;
      MOVC   A, @A+DPTR;
      XRL    B, A;
      POP    A;
      MOV    R1, A;
      CJNE   A, DPL, LP3;
      POP    A;
      MOV    R2, A;
      CJNE   A, DPH, LP2;
      AJMP   LP4;
LP2:  PUSH   R2;
LP3:  PUSH   R1;
      INC    DPTR;
      AJMP   LP1;
LP4:  MOV    DPTR, #data3;
      CLR    A;
      MOVC   A, @A+DPTR;
      XRL    A, B;
      JNZ    ERR;
      RET;
ERR:
```

其中,ERR 是 ROM 出错处理程序的入口。

3. RAM 的检测

RAM 是一种既能写入数据又能读出数据的存储部件,对于不同类型的 RAM 故障,宜采用不同的检测方法。

常见的 RAM 故障类型如下:

① 固定性故障。表现为存储单元中有一位或几位固定在 0 电平上(s-a-0 型)或固定在 1 电平上(s-a-1 型)。

② 相邻位之间的干扰故障。它包括同一个存储单元内,相邻位的干扰和相邻存储单元之间的相邻位干扰两种情况。所谓干扰是指某一位读/写操作时,会影响其相邻位的状态。

③ 地址线和译码器引起的故障。它表现为给出 A 单元地址却访问了其他一个或几个单元;或者给出 A 单元地址,既访问了 A 单元,又访问了其他一个或几个单元;或者给出 A 单元地址,没有访问任何单元。

④ 对于动态存储器而言,还可能存在保持时间的故障,即存储单元不能在刷新周期内保持其状态不变。

尽管 RAM 也是时序电路,但由于它的结构有规则,每一个存储单元的每一位输入端都可控制(加地址和数据),输出端都可被观察,因此,测试矢量的生成也就十分简单。例如:若怀疑某存储单元的某一位有 s-a-1 固定型故障,只要给此位写上 0,然后再读此位的数据,即可判定。

设使用的是 8 位字长的 RAM,则针对 RAM 常出现的故障类型,经常使用的测试矢量有:

- 00H、FFH 等可用于检测固定型故障。
- AAH、55H、81H、18H 等可用于检测相邻位间干扰引起的故障。
- CCH、33H、C3H、3CH 等可以检测二位相邻位间干扰引起的故障。

为了检测存储单元不同位之间的干扰故障,除了必须考虑采用什么样的测试矢量外,还要考虑自检时以什么样的次序来进行读/写检验。

4. I/O 端口的自检

通常采用环绕技术来进行 I/O 端口的自检,即将输入端口和输出端口连接起来,给输出口写入测试矢量,从输入口读入,然后进行比较,即可确定有无故障。

5. 插件的自检

插件自检包括两个方面:检查插件是否已经插入以及检查插件工作是否正常。后一检查与插件的功能密切相关。要对每个插件的各项功能进行全面检查是困难而费时的。但是,用程序来判断插件是否插入并进行某些主要功能检查是办得到的。因为,在插件模块共用系统总线的结构中,各插件要么占用一定的存储器地址,或者占用若干输入/输出口地址。前者可用对该插件进行存储器寻址来检查;后者,则可向插件对应的地址输入或输出数据以达到检查的目的。

对于兼有模拟输入/输出通道的测控系统，可以在自检时，将模拟输出信号反馈到模拟输入端，形成一个环路，以达到自检的目的。图 6-21 所示为这种检测方法的示意图。自检时，CPU 给出一个已知的数(如 4FH)给 D/A 转换器，经 D/A 转换后得到一个相应的模拟输出电压，将此电压引回到某一模拟输入通道，再经 A/D 转换，得到一个新的数码，将此数码与原来给出的数码(4FH)进行比较。如果二者差值在允许误差之内，则相应的模拟通道正常；否则为不正常。

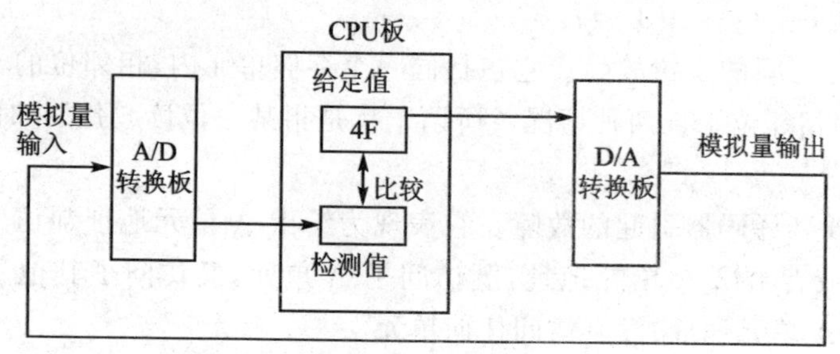

图 6-21　模拟通道自检方法示意

6.10.2.3　自检算法

这里，用流程图形式来介绍典型的自检过程。

1. 开机自检(上电/复位自检)

开机自检只在电源接通时进行一次，所检查的内容较少，但检查的却是最核心的部分。若开机自检正常，则显示标志“正常”的符号(如“Ready”、特定的提示符，或者仪器、系统的名称等)，并且等待操作者打入命令。对于带 CRT 显示器的系统，要在显示器上简要提示下一步的操作方法(常用菜单方式)。若发现故障，则显示故障信息(比如使“Fault”指示灯亮)。对于带 GRT 显示器的系统，如 CPU 主板及 ROM 等基本部分尚能正常工作，还可在 CRT 上显示故障位置。

2. 周期性自检

除开机自检外，大部分自检是在测控系统运行过程中“抽空”进行的。也就是说，在测控系统运行时，除正常工作所需的时间外，尚有部分程序时间可用于自检。多数测控系统都是以周期性采样方式工作的，在每个采样周期内要完成输入采样信息，执行相应的算法，输出运算结果等操作。除了这些正常的测控操作所需的时间外，每个采样周期可能还有少量“空闲”时间用于自检。由于在一个采样周期内，这样的“空闲”时间是很有限的，所以不能用来完成全部自检内容。通常的做法是，将全部自检内容划分为若干个自检子项目或若干个项目自检操作。在一个采样周期内，利用其中的“空闲”时间完成 1 个自检操作，经过多次采样后完成全部自检内容。

周期性自检的首要任务是不断地监视故障是否已经发生。为达到此目的，在测控系统中最常用的方法是不断地监视各个输入及输出量是否超出实际可能的范围。如果超出了，则表明故障已发生，随即设置与超差输入量或输出量相对应的故障标志位,使 TFLGi=1。该标志位将引导自检程序去进一步查找故障位置并将它显示出来。一种故障监视测试流程如图 6-22(a)所示。这种故障监视流程可视作正常测控操作的一部分,插入到各个采样周期之中。每个故障标志位 TFLGi 都对应着一个自检子程序 TSTi,例如 TFLG0 对应着 TST0,TFLG1 对应着 TST1 等。TSTi 子程序的流程图如图 6-22(b)所示。它在 TFLGi=1 时,设置显示控制位 MALF=1。MALF 标志被用来控制故障显示。

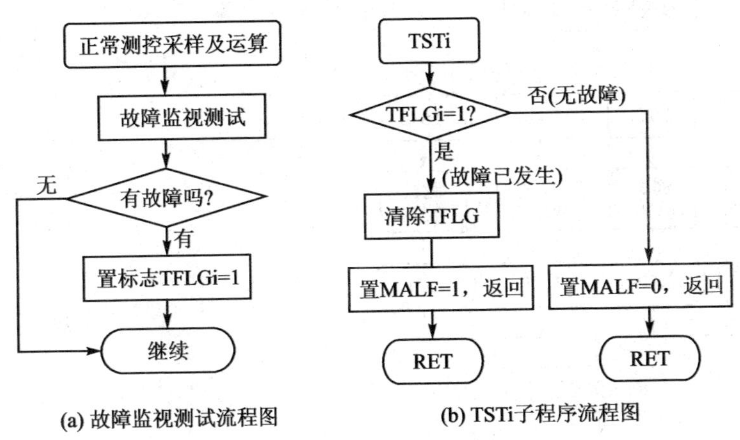

图 6-22 故障监视测试及标志位的建立

包括 TSTi 子程序在内的自检测试流程如图 6-23(a)所示。该程序按 TST0,TST1,…逐项自检,并且在时间上分插于不同的采样周期中进行。为了实现程序向各个 TSTi 的跳转,可先建立图 6-23(b)所示的自检子程序入口地址表,该表的首地址为 TSTPT,利用子程序的序号作偏移量(用 TNUM 表示),查该表可得到 TSTi 子程序的入口地址。例如,TST1 的入口地址,可以用 TSTPT+1 为地址查表得到。

开始进入自检时,偏移量 TNUM=0,程序执行 TST0 测试,如在故障监视中得到 TFLG0=0,则不显示故障;否则,由于在执行 TST0 时,使 MALF=1,进一步执行故障显示时会显示出故障代号 TNUMD=0。接着,由于 TNUM 及 TNUMD 已被加 1,下一轮测试将转入 TST1。如此继续下去,直到全部 TSTi 轮流执行完毕。当全部测试完毕后,重新使 TNUM0=0 及 TNUMD=0,自检再次从 TST0 开始。

有些测控系统,在一个采样周期内正常的测控操作任务繁重,“空闲”时间极少,这时只能将耗时很少的“故障监视测试”程序插入进行,自检流程已无法插入。这时,自检流程要安排在测控间歇之中,在某一测控过程告一段落时,插入一次自检测试。

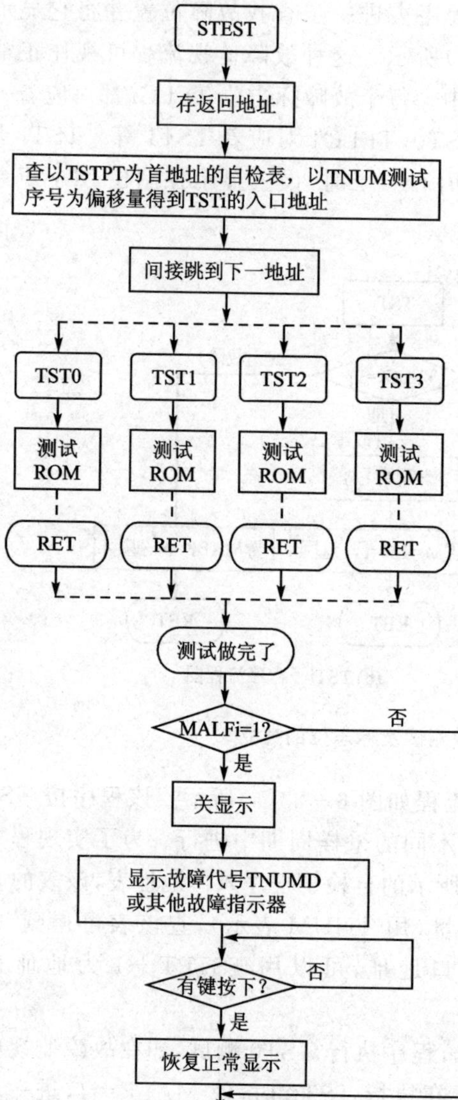

STEST

存返回地址

查以TSTPT为首地址的自检表，以TNUM测试序号为偏移量得到TSTi的入口地址

间接跳到下一地址

TST0 → 测试ROM → RET

TST1 → 测试ROM → RET

TST2 → 测试ROM → RET

TST3 → 测试ROM → RET

测试做完了

MALFi=1?（是 / 否）

关显示

显示故障代号TNUMD或其他故障指示器

有键按下？（是 / 否）

恢复正常显示

增加TNUM和TNUMD

最后一次测试？（是 / 否）

TNUM←TNUMD←0

RET

(a) 自检测试流程图

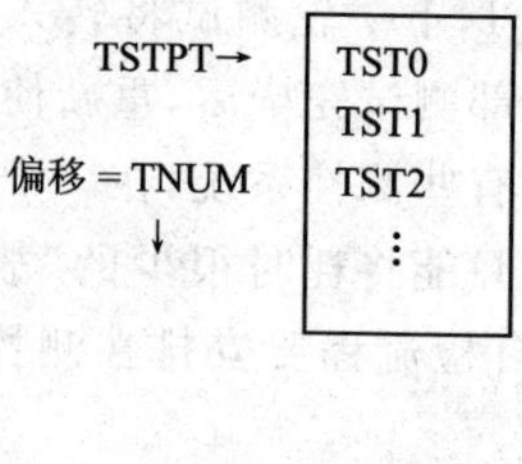

TSTPT→

偏移 = TNUM

TST0
TST1
TST2
⋮

(b) 自检项目表

图 6－23　自检测试流程图

习题与思考题

6.1　试分析、比较定点运算及浮点运算的优缺点。

6.2　试用牛顿迭代法公式(6－3)求 $\sqrt{64}$，看需要迭代几次？

6.3　采用8位A/D转换器的某温度测量仪表的量程为200～800 ℃，在某时刻采样得到的数字量为9AH，其对应的温度值是多少？

6.4　试求本书6.6.2小节例6－3所用的CA热电偶(测量范围为0～600 ℃)在350 ℃时的热电势值。

6.5　试解释五点三阶多项式数据平滑算法及式(6－28)的物理意义。

6.6　如何利用式(6－38)做“滑动”取点计算？采用表6－3的 y_n 数据求出对应的导数值 y'_n。

6.7　理解采用矩形法、梯形法、抛物线法、三阶多项式内插法做积分近似计算的思路，以及它们与牛顿-柯特斯公式的关系。

6.8　利用本书表6－6的 x_n，y_n 数据分别采用抛物线法、三阶多项式内插法做积分近似计算求 S_n，并与表6－6的结果作比较。

6.9　试给出一种能对测量通道进行校准的技术方案。

6.10　测控系统常用的自检有几类？请给出一两种能对ROM、RAM和插件进行自检的方法。

参考文献

[1] 李行善. 计算机测试与控制. 北京:北京航空航天大学出版社,1991.

[2] Lang T T, Ghee J M. Computerized Instrumentation. John Wiley&Sons Inc., 1991.

[3] Schrüfer E. Signalverarbeitung. München: Carl Hanser Verlag, 1990.

[4] 赵新民,王祁. 智能仪器设计基础. 哈尔滨:哈尔滨工业大学出版社,1999.

[5] 蒲生良治. 微型计算机检测电路及其接口. 王洪晏,译. 北京:科学出版社,1987.

[6] 余人杰,等. 计算机控制技术. 西安:西安交通大学出版社,1998.

第 7 章

虚拟仪器技术与自动测试系统

随着 GPIB、VXI、PXI、LXI 等仪器总线标准在自动测试领域的出现，推动了虚拟仪器技术的极大发展，自动测试系统的组建变成了测试资源功能模块的功能组态。以模块化插卡式仪器为基础，可组建高速、高数据吞吐量的自动测试系统。在 VXI、PXI 总线系统中，仪器、设备或嵌入计算机均以 VXI、PXI 总线模块的形式出现，系统中所采用的模块化仪器/设备均插入带有 VXI、PXI 总线插槽的机箱中，机箱为仪器模块提供统一的电源、时钟及触发总线，由测试主控计算机显示屏及鼠标来实现“虚拟”的仪器显示与操作，从而避免了系统中各仪器、设备在机箱、电源、面板、按键等方面的重复配置，大大降低了整个系统的体积、重量，并能在一定程度上节约成本。本章将对虚拟仪器技术所涉及的总线标准、软件设计架构及软件开发工具等作详细的介绍。

7.1 虚拟仪器

7.1.1 虚拟仪器的含义

虚拟仪器就是以通用计算机为核心集成各种总线仪器模块，由用户设计定义，具有虚拟面板、测试功能并由软件实现的一种计算机化测试仪器，其实质是利用 I/O 接口设备完成信号的采集与传输，利用计算机强大的处理功能完成信号的运算、分析与存储，利用计算机显示器模拟传统台式仪器的控制面板，并以多种形式表达输出测试结果。虚拟仪器包含以下两方面的含义。

1. 仪器面板是虚拟的

虚拟仪器面板上的各种“控件”与传统仪器面板上的各种“器件”所完成的功能是相同的。由各种开关、按钮、显示器等实现仪器电源的连接、断开，被测信号输入通道、输出通道等参数的选择，以及测量结果的显示方式、打印方式等。

传统台式仪器面板上的器件都是“实物”，而且是“手动”操作的，而虚拟仪器面板控件是外形与实物相似的图标，使用者通过鼠标与键盘完成对控件的操控。设计虚拟仪器面板的过程就是在面板设计窗口中摆放所需的控件，然后对控件属性进行设置。初学者可以通过虚拟仪器软件开发工具，如 LabVIEW、CVI 等，在短时间内轻松完成美观而又实用的虚拟仪器面板设计。

2. 仪器功能由软件编程实现

在虚拟仪器中，仪器功能是由软件编程来实现的。在以计算机为核心的硬件平台的支持下，不仅可以通过软件编程设计实现各种传统台式仪器的测试功能，而且可以实现一些传统台式仪器不能或难以实现的数据处理功能，如数字滤波、统计分析、回归分析等。将不同测试功能的软件模块进行组合，还可以实现多种测试功能，因此，美国国家仪器 NI 有“软件就是仪器”的说法。

7.1.2 虚拟仪器与传统台式仪器的区别

与传统台式仪器相比，虚拟仪器功能由用户定义，而传统台式仪器的功能则是由生产厂商定义的。两者的区别如图 7－1 所示。

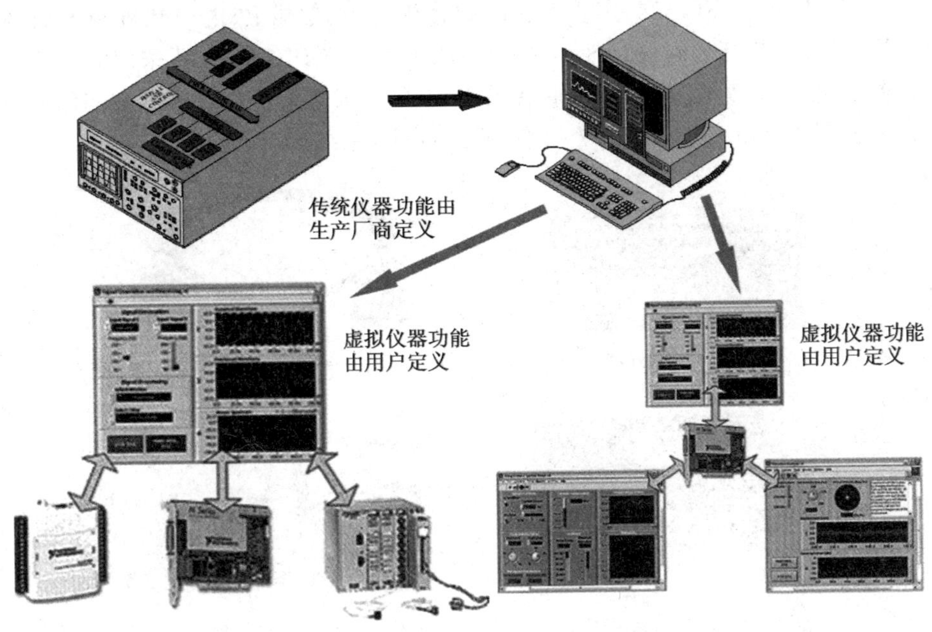

图 7－1 传统仪器与虚拟仪器的区别

从图 7－1 中可以看出，虚拟仪器主要包含计算机、显示器、输入/输出设备、各种虚拟仪器模块、应用软件和功能软件。其中，各种虚拟仪器模块包括 VXI 、PXI 和 LXI 等总线模块，每种模块可以对应实现一种或几种仪器功能，应用软件包括 LabVIEW、LabWindows/CVI 等。下面逐一具体介绍。

7.2 仪器总线标准

总线是一组信号线的集合，是系统中各功能部件间进行信息传输的公共通道。

自动测试领域所涉及的仪器总线均以计算机总线为基础进行扩展，满足测试测量所需要的多种仪器资源互联、同步测试和触发等功能。典型的仪器总线包括 GPIB 总线、VXI 总线、PXI 总线和 LXI 总线等，现分别简述如下。

7.2.1 GPIB 总线

GPIB(General Purpose Interface Bus，通用接口总线)为国际通用的可程控仪器的接口标准。GPIB 总线最初是由美国惠普(HP)公司于 20 世纪 70 年代初提出的，并于 1972 年由美国咨询委员会推荐给国际电工委员会(IEC)，在进一步标准化后，1975 年美国以 IEEE 488 号标准公布，并于 1978 年以同样文号重新公布，称为 IEEE 488—1978。国际电工委员会分别于 1979 年、1980 年公布了可程控测量仪器的标准接口系统，简称为 IEC - 625 总线标准。GPIB 总线有几个不同的名称：HP - IB、GP - IB、IEEE 488、IEC 625，实质上它们的总线规约(功能上、电气和机械方面的规定)都是一样的，相互之间仅有细小差别。IEEE 488 与 IEC - 625 所采用的接插头不同，前者采用 24 脚簧片式接插头，后者采用 25 脚针式接插头。我国的 GPIB 标准为 GB 249.1～GB 249.2—85。图 7 - 2 所示为 GPIB 总线接口硬件设备。

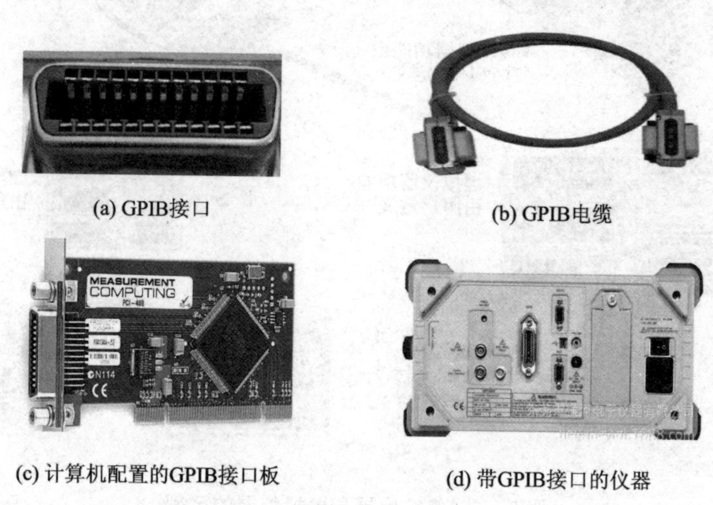

(a) GPIB接口　(b) GPIB电缆

(c) 计算机配置的GPIB接口板　(d) 带GPIB接口的仪器

图 7 - 2　GPIB 总线接口硬件设备

1. GPIB 系统构成

用 GPIB 总线组成的自动测试系统中，在任一时刻接到系统中的设备按其作用可分为讲者、听者、控者。

① 讲者：如果某一设备在某一时刻为讲者，则该设备向总线发送数据。

② 听者：如果某时刻某一设备处于听者状态，则该设备从总线接收数据。

③ 控者：该设备实施对总线的管理或批准某一讲者暂时使用总线。

用 GPIB 总线连接系统时，其工作方式很像开电话会议，如图 7 - 3 所示。

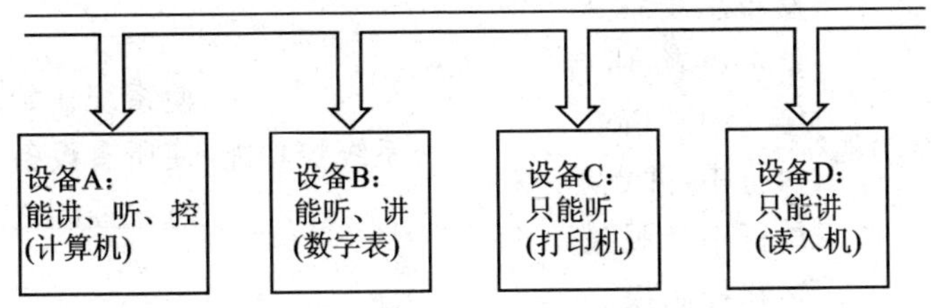

图 7－3　GPIB 总线系统工作示意图

其中：

设备 A：能讲、听、控(计算机)，掌握对整个系统工作的控制权。

设备 B：能听、讲(数字电压表)，接受程控命令(为换量程命令)时为"听"，输出测量结果时为"讲"。

设备 C：只能听(打印机)，打印来自总线的数据。

设备 D：只能讲(纸带读入机)，它在系统中的作用是往总线送数据。

设备 A、B、D 都能讲，某一时刻究竟由谁讲，完全由设备 A 控制。

比如，设备 A 用寻址方法指定设备 B 为讲者，设备 C 为听者，则系统执行讲者(设备 B)向听者(设备 C)传送数据，也就是将数字电压表的数据值打印出来。控者也可以一次指定几个听者，如指定设备 C 及设备 A(控者自己)为听者，则在执行时数字电压表的数据一方面打印输出，一方面进入计算机。

由上述可知，在 GPIB 总线上传送的有两类信息，一类是为控制接口工作而发送的信息，称为接口信息(如控者为指定谁为讲者、谁为听者而发出的信息)，另一类是设备信息，它是讲者向听者发送的数据(如测量值)或程控命令(如量程切换命令)。

2. GPIB 系统的基本特性

① 接口功能：10 种。

② 设备总数：最多可连 15 台。

③ 总线构成：16 根信号线，其中 8 根数据线、5 根接口管理线、3 根数据传送控制线。

④ 地址容量：31 讲/听地址(单字节寻址)；961 讲/听地址(双字节寻址)。

⑤ 信息传送方式：位并行，字节串行。

⑥ 传输距离：总长度不超过 20 m，或设备数×2 m。

⑦ 信息逻辑：负逻辑(低电平表示 1)，TTL 电平。

3. GPIB 系统接口功能

① 讲功能：设备通过总线向别的设备发送信息的能力。总线上的所有设备必须具有讲功能。

② 听功能：通过总线接收别的设备送来的信息的能力。总线上的所有设备必须具备听功能。

③ 控功能：管理 GPIB 系统的功能，可分成一般控功能和系统控功能。

一般控功能：发布总线命令；指定讲者、听者；接受中断请求；执行串/并点名；执行中断服务；转移控制权

系统控功能：使系统初始化；使所有设备置于总线控制之下

一个 GPIB 系统至少有一台设备具有系统控功能。

④ 源挂钩功能：这是与信息发送方配套的功能。此功能用以保证信息发送者(讲者或控者)所发送的信息准确、可靠地送到各信息接收者。凡具有讲功能或控功能的设备都必须具备源挂钩功能。

⑤ 受者挂钩功能：与听功能配套的功能。它与源挂钩功能相配合，保证具有听功能的设备能可靠地接收接口及设备信息。显然，GPIB 系统中的全部设备都必须具备受者挂钩功能。

⑥ 服务请求功能：设备及时向控者提出服务请求的能力。如数字表出现超量程，打印机纸走完，要向控者请求立即为它服务，接到 GPIB 总线的这类设备必须拥有服务请求功能。

⑦ 并行点名功能：当控者收到服务请求后，就中断本身正在执行的任务，转入确定究竟是总线上的哪一台设备请求服务。一种方法是串行点名，即逐台设备查询，如被查询到的设备正是请求服务的设备，将置位代表该设备中断的状态位。串行点名不受被查询的设备数目的限制，但速度慢。并行点名用来提高查询速度。并行点名命令由控者发布，接着控者就从总线上读取状态字节。总线上的各设备在接到并行点名的命令后，应向标志它是否已请求服务的相应位送状态信息。一次并行点名，最多可查询 8 台设备。并行点名功能表现在控者方面是发布并行点名命令并执行并行点名的能力。并行点名功能表现在被点名设备方面是能接受并响应并行点名的能力。

⑧ 远地/本地功能：设备工作受本身的面板开关控制——本地控制。设备工作受来自计算机的命令控制——远地控制。具有远地/本地功能的设备，在收到来自计算机的“远地允许”信号后，该设备转入“远地”状态，这时该设备上除电源开关及“返回本地”两开关外，其余开关、旋钮均不起作用。

⑨ 设备清除功能：具有此功能的设备，能接受来自控者的命令，使设备回到预定的初始状态。

⑩ 设备触发功能：此功能使设备能接受控者往总线发来的命令，开始预定的操作(比如产生一触发脉冲)。此功能对 GPIB 总线系统中一些仪器设备的初始操作十分有用。

4. GPIB 接口信号线

GPIB 总线连接器如图 7 - 4 所示，其信号定义如表 7 - 1 所列。

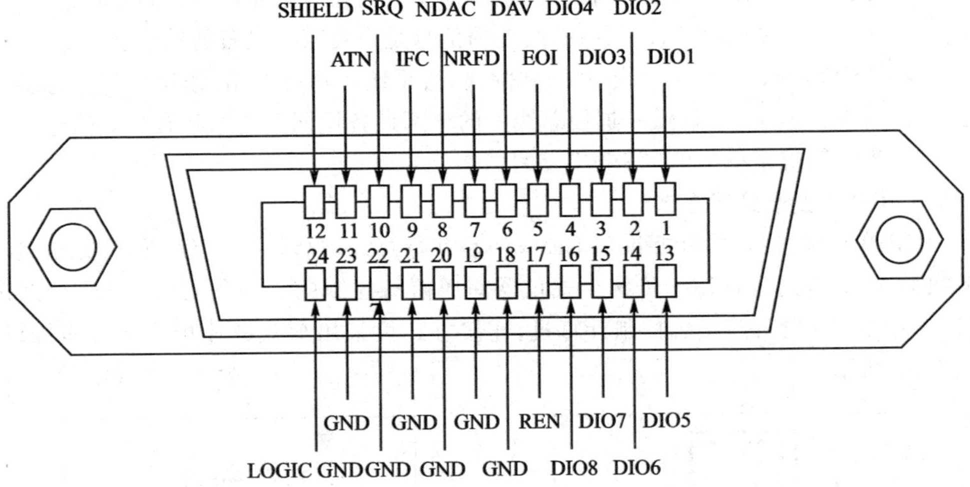

图 7-4　GPIB 总线连接器

表 7-1　GPIB 总线连接器信号定义

数据线	引　脚	接口管理线	引　脚	挂钩握手线	引　脚
DIO1	1	IFC	9	DAV	6
DIO2	2	REN	17	NRFD	7
DIO3	3	ATN	11	NDAC	8
DIO4	4	SRQ	10		
DIO5	13	EOI	5		
DIO6	14				
DIO7	15				
DIO8	16				

其中主要的信号线为 8 根数据线和 8 根控制线。简述如下：

① 双向数据线 DIO1～DIO8，用来传送命令（此时只用 7 位）、设备地址或数据（8 位）。

② 三根传送联络线（三线挂钩线）：

- 数据有效线 DAV；
- 未准备好接收数据线 NRFD（Not Ready For Data）；
- 数据未接收完毕线 NDAC（Not Data Accepted）。

这三条线用来实现三线挂钩的联络过程，是 GPIB 总线标准的一大特点。

③ 五根接口管理线：

- ATN（Attention）线，控功能专用。此线用来对数据线上的信息进行解释：

ATN=1(低电平),表示控者使用数据总线向设备发布命令或地址信息;

ATN=0(高电平),表示数据线上的信息是来自某一设备的数据。

- IFC(Interface Clear)线,接口清除线,为系统控功能专用,作用于所有总线上的设备。IFC=1(低),迫使总线上的全部设备返回到初始状态。此信号类似于计算机系统中的RESET信号。

5. GPIB设备连接方式

GPIB总线接口(国际标准IEEE 488)是并行总线,包括:控制线、握手线、8路双向数据线,是专门设计用于传统台式仪器间通信与控制的。一条GPIB总线最多可将14台GPIB设备连接到控制计算机,连接方式可采用菊花链连接或星形连接,如图7-5所示。

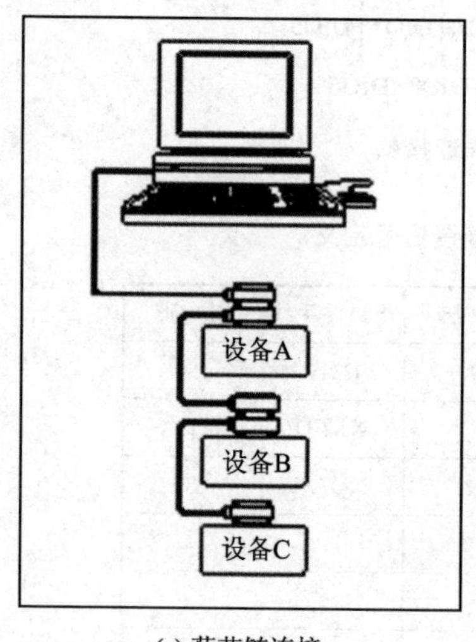

(a) 菊花链连接

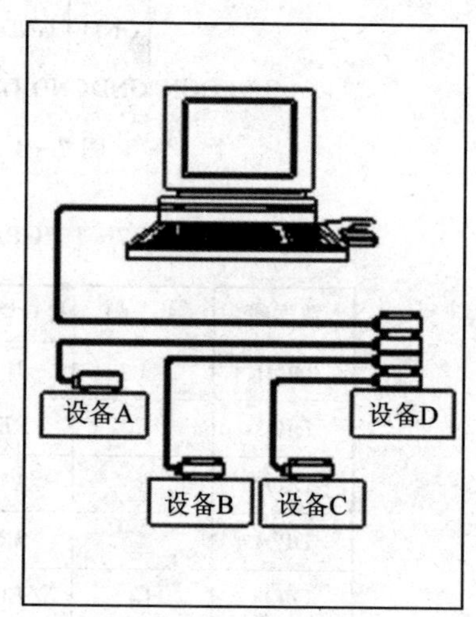

(b) 星形连接

图7-5 菊花链连接或星形连接

要获得较高的数据传输速度,应限制GPIB电缆的长度。如要获得超过500 kB/s的最大数据传输速率,那么应限制每段电缆长度不超过1 m,控制计算机与所有GPIB设备间电缆总长度最大不超过15 m。如果需要接更长的电缆,只有降低数据传输速率。

GPIB总线配置相对简单,要确保每台仪器地址唯一,这样可能需要手动配置仪器地址。因为是并行电缆,所以GPIB电缆较粗、金属连接器体积/重量也较大,其价格相对昂贵。

GPIB总线接口为各类程控仪器主要标准通信接口,廉价程控仪器也采用串行接口和USB接口,随着计算机网络技术的普及,LAN接口也成为多数程控仪器的标准配置。由独立仪器构成自动测试系统,具有成本低、测试精度高、可靠性好、连接简单、配置灵活等优点。但同时也存在测试系统体积较大、功耗较大、数据传输速率较低、独立仪器操作面板利用率低、仪器间实现高精度触发/同步需要附加专门的硬件或采用精确时钟同步协议等缺点。

6. GPIB 总线数据传输

GPIB 总线依靠三根控制线实现异步可靠数据传输，发送方（讲者）驱动的 DAV（数据有效），接收方（听者）驱动的 NRFD（Not Ready For Data，没有准备好接收数据）、NDAC（Not Data Accepted，数据未收到），称为“三线挂钩”通信过程。具体三根握手控制线协调通信过程的流程如图 7－6 所示。

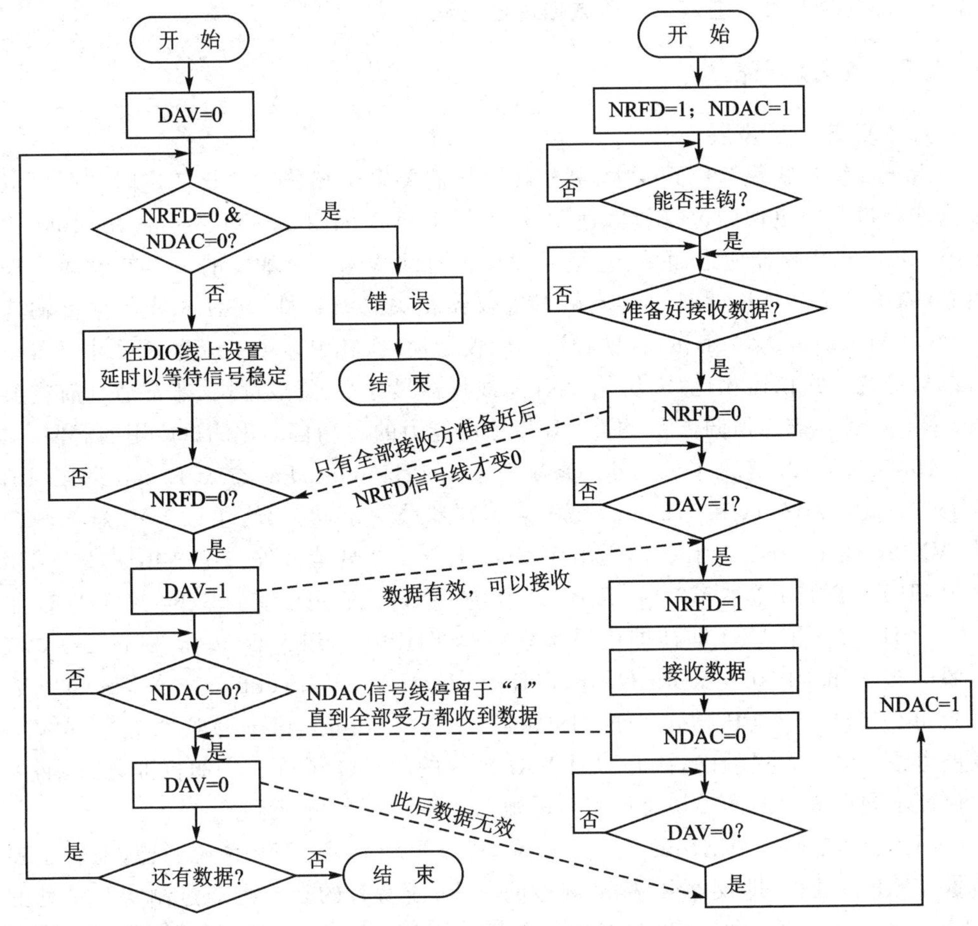

图 7－6 发送方和接收方三线挂钩流程图

① 接收方，只要有一个听者未准备好，则 NRFD＝1，所有听者都准备好，则 NRFD＝0；听者都准备好可以进入接收数据状态，则 NRFD＝0，NDAC＝1，查询讲者驱动的数据有效 DAV 状态。

② 发送方，先设置数据有效 DAV＝0，查询系统如果处于 NRFD＝0，NDAC＝0 的非法状态，则报错退出通信过程。将发送数据送数据线并延时等待数据稳定，当查

询到所有听者都处于准备好接收（NRFD=0），则驱动 DAV=1，通知所有听者数据有效。

③ 接收方，查询到讲者发出数据有效 DAV=1，将 NRFD=1，接收数据，只有当所有听者都接收完数据后置 NDAC=0。听者查询讲者驱动的数据有效 DAV，只有当 DAV=0，说明这一轮数据发送过程结束，则置 NDAC=1，进入下一次接收循环。这样的异步通信协同可确保不同处理速度的多台 GPIB 设备之间可靠通信。

④ 发送方，如果查询到所有听者都已经完成数据接收，即 NDAC=0，则置 DAV=0（数据无效），进入下一轮数据传输过程。

7.2.2 VXI 总线

1. VXI 总线的发展

由于传统台式仪器体积太大，高精度测量需要多个仪器间严格的定时与同步以及高速测量需要更快的数据传输速度等背景，VXI（VMEbus eXtensions for Instrumentation）总线仪器应运而生，它是以计算机总线 VME 为基础的最早的模块化仪器总线，扩展了高精度时钟、同步、触发等仪器相关总线特性，VXI 总线数据传输速率为 40 MB/s，分为 A、B、C、D 四种尺寸的仪器模块，其中市场主流为 C 尺寸仪器模块。与传统台式仪器相比，模块化 VXI 总线仪器尺寸小、集成度高，非常适合航空航天、军用武器装备等强调体积/重量、环境适应能力的高端自动化测试应用的需要。

1987 年 4 月，美国 Colorado Data Systems、Hewlett-Packard、Racal、Dana Instruments、Tektronix 和 Wavetek 五家著名仪器公司求同存异，组成 VXI 总线联合体（VXIbus Consortium Inc.），提出 VXIbus Rev. 1.3 规范文件。1992 年 9 月 17 日，美国 IEEE - P1155 采纳 VXIbus Rev. 1.4 作为 IEEE 工业用标准的基本文件。1993 年 9 月 22 日，成立了 VXI 即插即用系统联盟（VXI Plug&Play System Alliance）。该联盟由 National Instruments、GenRad、Racal Instruments、Tektronix 和 Wavetek 五家公司发起，提出 VPP 规范文件。1993 年 9 月 VXI plug&play 联盟的成立，是 VXI 发展道路上的一个里程碑，该联盟对 VXI 模块的软件作了进一步的标准化，从而可以保证不同厂家生产的模块可以很容易地应用于同一个测试系统。

国际上现有两个 VXIbus 组织——VXIbus 联合体和 VPP 系统联盟，前者主要负责 VXIbus 硬件（即仪器级）标准规范的制定；而后者的宗旨是通过制定一系列的 VXIbus 软件（即系统级）标准来提供一个开放的系统结构，使其更容易集成和使用。所谓 VXIbus 标准体系就由这两套标准构成。

由于 VXI 总线仪器源于高端测试需要、适用对象范围有限、价格昂贵且基于已过时的 VME 总线，随着技术的发展，除满足军用测试领域大量装备的既有测试系统更新、保障支持的需要外，各主要仪器公司已经逐渐退出对 VXI 总线产品的支持，VXI 总线产品终将被完全替代。

2. VXI 总线系统结构

VXI 总线系统通常由主控计算机、VXI 机箱和 VXI 模块组成，包括外置计算机 VXI 系统和嵌入式计算机 VXI 系统两种典型结构，如图 7－7 所示。

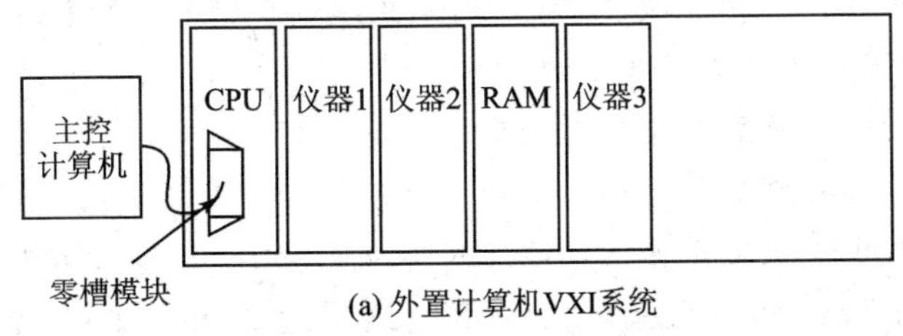

(a) 外置计算机VXI系统

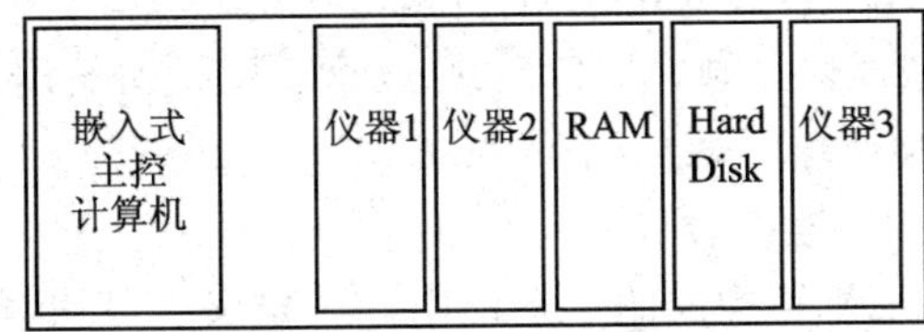

(b) 嵌入式计算机VXI系统

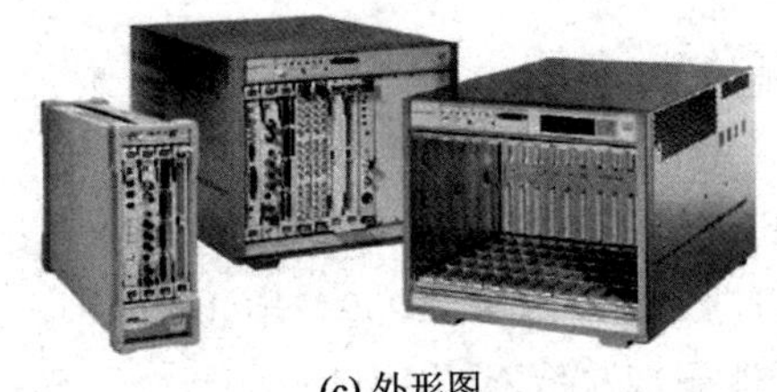

(c) 外形图

图 7－7　VXI 总线系统典型结构

VXI 总线系统的主控计算机控制整个 VXI 系统，VXI 总线系统没有传统台式仪器的控制面板，各个仪器模块也不能独立工作，所以主控计算机不仅用来控制、协调各仪器的工作，而且还参与各仪器的工作，提供仪器软面板，人们可以利用计算机的强大的图形能力和其他丰富的软件来进行操作和控制。

① 外置计算机 VXI 系统的主控计算机和零槽模块之间通过 MXI(Multi-system eXtension Interface bus)、GPIB、USB、RS－232、LAN 或 IEEE 1394 等总线连接。计算机接口首先把程序中的控制命令转变为接口链路的信号，接着通过接口的链路进行传输，最后 VXIbus 接口再把接收到的信号转变成 VXI 命令。

② 嵌入式计算机 VXI 系统。嵌入式计算机 VXI 系统是通过直接寻址访问系统的，紧密耦合的结构可得到非常高的性能，充分发挥 VXIbus 数据传输速度高的优点。同时，可以减小系统体积和增加工作速度；需要配置键盘和显示、输出设备，人机交互不够方便。

3. VXI 总线电气特性

VXI 总线系统是在 VME 总线系统的基础上，增加了为适应仪器系统所需的总线而构成的。图 7－7 示出了 VXI 总线系统的结构。从功能上分，VXI 总线系统共有 8 种总线：VME 计算机总线、时钟和同步总线、模块识别总线、触发总线、相加总线、本地总线、星形总线及电源线。

下面介绍 VXI 总线系统各类总线具体组成。

(1) VME 计算机总线

这是 VXI 总线中直接采用 VME 总线标准的部分，它包含数据传输总线、仲裁总线、优先级中断总线和公用总线。VME 总线采用 P_1 和 P_2 两个针孔式连接器，每个连接器分 A、B、C 三列，每列 32 个引脚，共 96 个引脚。该总线标准只定义了 P_1 的全部引脚及 P_2 的 B 列引脚，A、C 列共 64 个引脚预留给用户定义。

(2) VXI 标准所增加的总线

1) VXI 总线 P_2 连接器

一个 VXI 总线机箱构成的子系统由一个定义为 0 号槽(简称 0 槽)的系统资源模块及插槽号依次增加的多达 12 个模块组成。VXI 总线 P_2 连接器把信息传送到仪器模块。VXI 总线增加：

① 10 MHz 时钟线 CLK10；

② 模块识别线 MODID；

③ 8 条平行 TTL 触发线 TTLTRG0～TTLTRG7；

④ 2 条平行 ECL 触发线 ECLTRG0～ECLTRG1；

⑤ 50 Ω 终端模拟相加总线 SUMBUS；

⑥ 12 条由生产厂家定义的、连接相邻模块的本地总线 LBUS；

⑦ －5.2 V、－2 V、±24 V 和附加的＋5 V 电源；

⑧ 0 槽模块的功能是作为一个系统资源模块。在提供这些公用资源的同时，0 槽模块中还可以包含其他器件和仪器。

2) VXI 总线 P_3 连接器(仅在 D 尺寸模块上有)

VXI 总线 P_3 连接器上定义了如下信号线及电源线：

① 与 P_2 连接器 10 MHz 时钟同步的 100 MHz 差分时钟输出线；

② 一个用于 100 MHz 时钟沿选择的同步信号线；

③ 用于模块间互相准确定时的“星形触发”线；

④ 4 根附加的 ECL 触发线；

⑤ 24 根附加的本地总线；

⑥ 保留线(RSV)。

还增加了＋5 V、－5.2 V、－2 V、±24 V 和±12 V 电源线。

3) VXI 电源总线

VXI 总线系统的电源总线可为每一个仪器模块提供 268 W 的功率，通过 VXI

背板总线可提供 7 种不同的电压。其中＋5 V,±12 V 是 VME 总线上就有的,±24 V 是为模拟电路提供的,－5.2 V 和－2 V 是为高速 ECL 电路提供的。如果仪器模块上需要±15 V 电压,则可通过±24 V 电压来得到。如果需要更高的电压,则可通过在仪器模块上安装 DC/DC 变换器来获得。若有更大的功率或特殊的电源要求,也可通过仪器模块的前面板直接由外部供给。

4. VXI 总线同步与触发支持

VXI 总线是第一种在计算机总线基础上增加专用的时钟、触发更好支持测试测量领域应用的仪器总线。如图 7－8 所示,通过 0 槽模块为每一个仪器模块提供精确的时钟线和星形触发线,同时 VXI 总线系统提供全局的 TTL 和 ECL 触发总线,支持 VXI 总线仪器模块实现高精度同步、触发和相互协同,提供测试测量所需要的高精度同步触发能力。

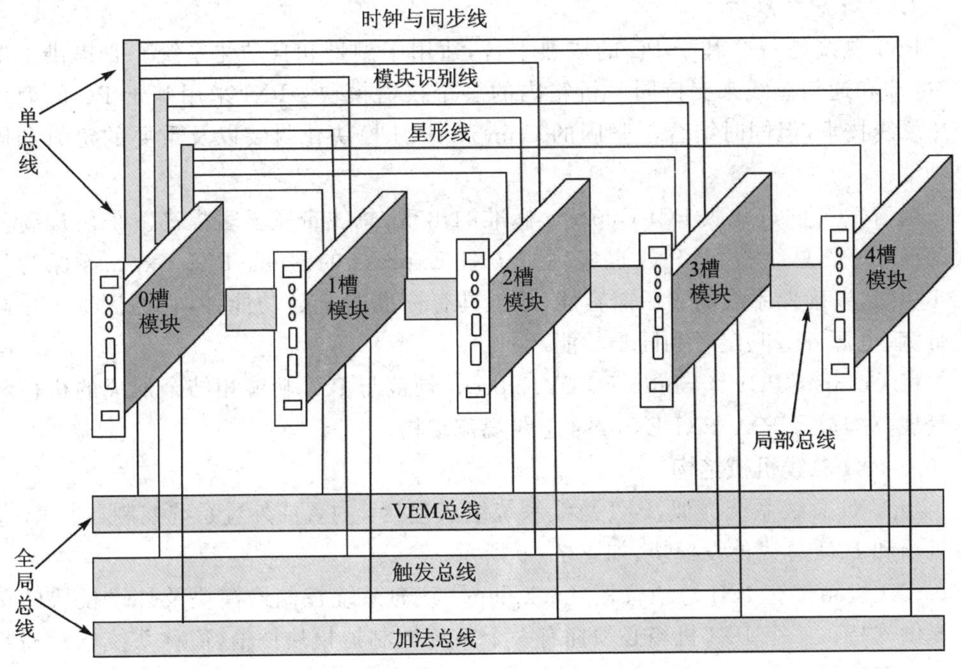

图 7－8　VXI 总线对同步和触发的支持

7.2.3　PXI 总线

1. PXI 总线的发展背景

用户将最新的台式 PC 技术用于工业环境,受到很大的限制,因为在工业环境中坚固性能获得最好的性能和价值,这是更重要的。而台式 PC 正趋于“封闭”(扩展插槽数不断减少),工业用户却因为应用的增长(从实验室转移到生产线)需要更多的 PCI 插槽。测试测量及自动化领域的工程应用,可能还需要更好的时钟和同步特性,而原来只有 VXI 总线这类模块化仪器总线才能提供这类测试测量高端特性，台式 PC 是不具备的。因此，在低成本的台式 PC 方案和高端的 VXI、GPIB 方案之间存在产品空白。通过将 CompactPCI 进行扩展——PXI(PCI eXtensions for Instrumentation，面向仪器系统的 PCI 总线扩展)，则填补了 PC 和高端测试平台(如 VXI)之间的空白，有效地为主流用户提供了模块化仪器。

PXI 总线是 PCI(Peripheral Component Interconnection，外设部件互连)总线的工业加固版本 CompactPCI 总线向仪器/测量领域的扩展，其数据传输速率为 132～264 MB/s。PXI 总线基于 PCI 总线，比 VXI 总线具有更快的总线传输速率(132 MB/s 对比 40 MB/s)、更小的体积以及更低廉的价格。与 PCI 总线相比，PXI 总线物理结构采用更加固、紧凑的欧卡结构的 CompactPCI 总线标准，并增加了仪器相关的同步与触发能力，数据传输速率与 PCI 保持一致。

2. PXI 总线规范

PXI 总线是一个基于 PC 的成熟平台，适用于测量和自动化系统。它提供了电源、冷却和通信总线来支持同一机箱内的多个仪器模块。PXI 采用基于 PC 的商用 PCI 总线技术，但同时结合了坚固的 CompactPCI 模块化封装以及重要的定时和同步功能。

随着 PCI 的进化版 PCI Express 标准的出现，总线带宽显著提高。采用最新一代的商用 PC 总线技术，PXI 也实现了 PXI Express 的演变。PXI Express 保持了 PXI 功能，以确保系统的向后兼容性，除了具有标准的 PXI 功能外，它还提供了更高的带宽、电源、冷却、定时和同步功能。

将 CompactPCI 与 CompactPCI Express 规范与 PXI 功能相结合形成的机械和电气规范构成了 PXI/PXI Express 总线规范结构。

3. PXI 总线机械结构

与 VXI 总线系统类似，PXI 总线系统组成包括：内置或外置系统控制器、PXI 总线机箱和 PXI 总线外设模块，如图 7-9 所示。

PXI 机箱带有 PXI 总线背板(backplane)并为系统控制器模块及外设模块的接入提供支持。一个 PXI 机箱必须拥有一个系统控制器模块插槽(简称系统槽)，通常位于机箱的最左侧。规范规定，如果需要，PXI 机箱也可以拥有一个或多个系统控制器扩展插槽，这些扩展插槽须位于系统插槽的左侧。如果系统使用了星形触发控制器选件，则该星形触发控制器必须在系统插槽右侧并紧邻系统控制器模块。在系统不使用星形触发控制器时，紧邻系统控制器右侧的插槽也可插放外设模块，系统所用的其余外设模块可插到系统控制器右侧的其他插槽。PXI 机箱背板带有接口连接器(P1，P2，…)并提供控制器与外设模块之间的互连。一个 33 MHz 的单 PXI 总线段最多可用 7 个外设模块，如图 7-10 所示，而一个 66 MHz 的单 PXI 总线段最多可用 4 个外设模块。PCI-PCI 桥能够用于增加总线段，以便增加扩展插槽。

PXI 总线规范沿用了 CompactPCI 和 CompactPCI Express 的高性能 IEC 连接

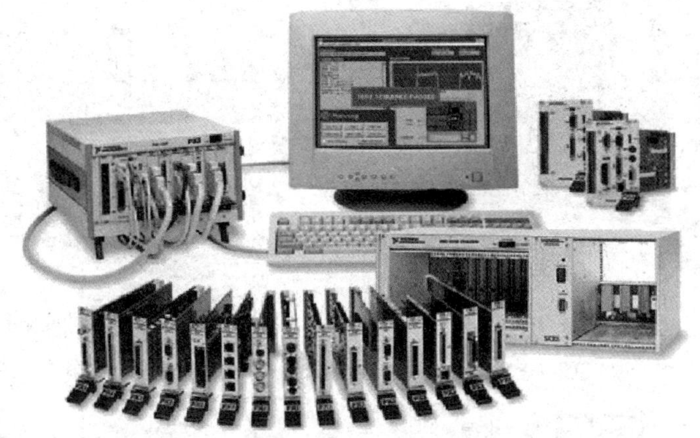

图 7-9　PXI 总线系统组成

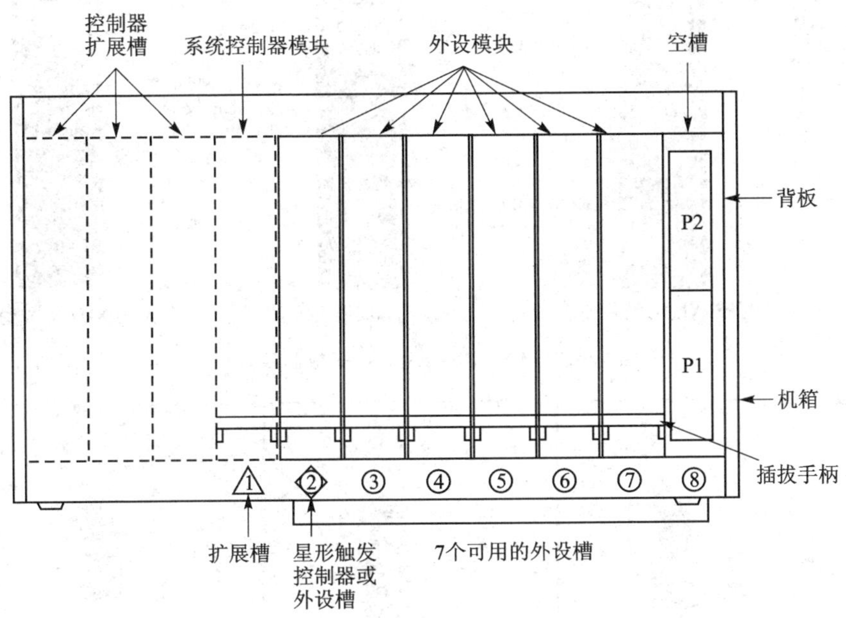

图 7-10　33 MHz 3U PXI 系统

器和坚固的 EuroCard 模块封装结构，如图 7-11 所示。

PXI/PXI Express 机箱中总线背板插槽的布局如图 7-12 和图 7-13 所示，包括：

① 电源、时钟、触发线部分；

② PCI Express 总线部分；

③ PCI 总线部分。

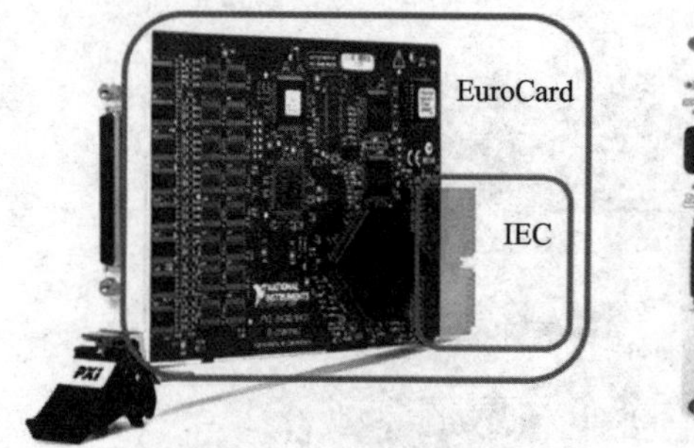

(a) PXI总线外设(仪器)模块

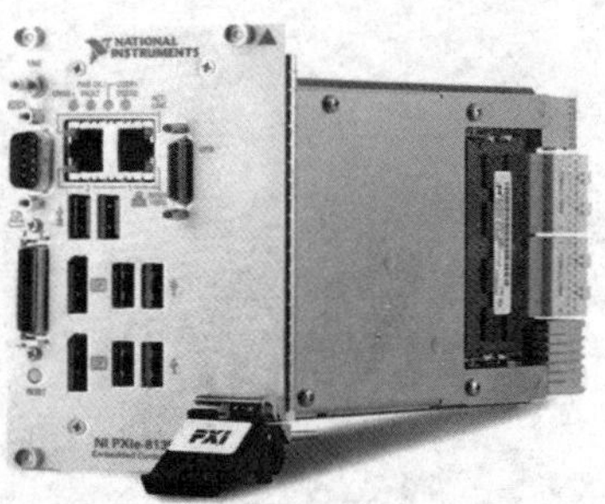

(b) PXI总线内置控制器模块

图 7－11　PXI 总线外设和内置控制器模块

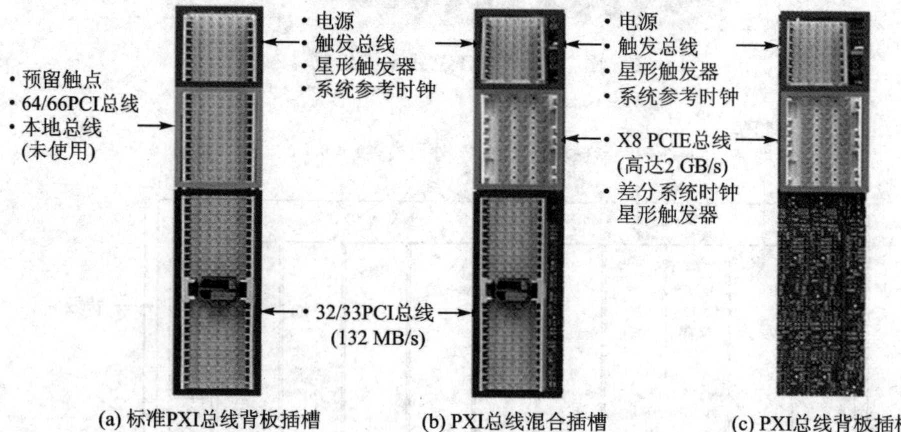

(a) 标准PXI总线背板插槽　(b) PXI总线混合插槽　(c) PXI总线背板插槽

图 7－12　PXI/PXI Express 背板总线插槽

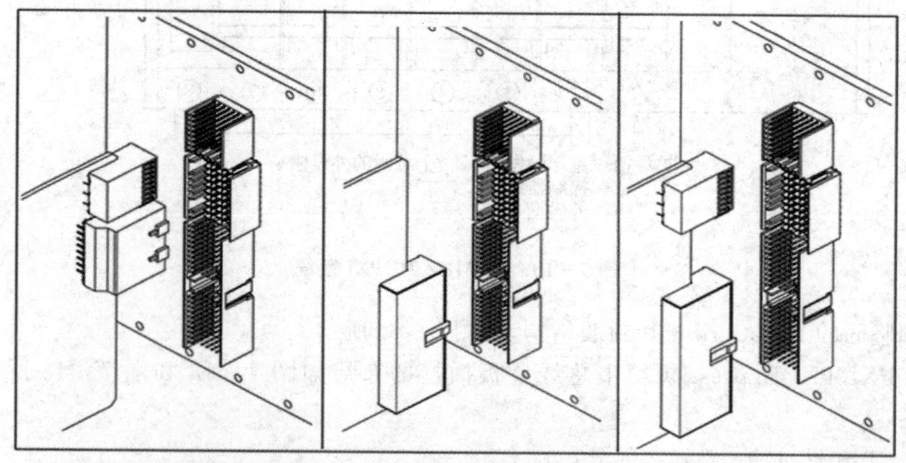

(a) PXIE总线外设模块背板插槽　(b) 32位CPCI总线模块背板插槽　(c) 混合PXI总线兼容背板插槽

图 7－13　PXI 机箱背板的混合插槽适合 CPCI、PXI、PXI Express 多种总线模块

实现了 PXI 机箱混合槽对 CPCI、PXI、PXI Express 三种总线模块的适应，确保了 PXI 总线发展的兼容性。

4. PXI 总线电气特性

由于现有计算机总线并不能满足测试测量应用中所需要的高精度同步和触发能力。借鉴 VXI 总线的设计，PXI/PXI Express 总线在标准的 PCI/PCI Express 总线上增加了同步与触发相关扩展信号线，包括：并行触发线、槽专用触发器、专用的系统时钟和槽对槽连接的局部总线，用于满足先进的定时、同步和边带通信方面的要求。

(1) PCI/PCI Express 总线特性

PXI 总线提供 PCI 总线规范定义的相同的性能和特性，但一个 33 MHz 单总线段的 PXI 系统可拥有 8 个插槽、1 个系统槽和 7 个外设槽，而一个相应的台式 PCI 系统只拥有 5 个槽(1 个母板或系统槽和 4 个外设槽)。类似地，对 66 MHz 总线段，一个 PXI 系统能有 5 个槽(1 个系统槽和 4 个外设槽)，而台式 PCI 总线只可以有 3 个槽(1 个母板或系统槽，2 个外设槽)。除以上区别外，PXI 拥有 PCI 的全部特性：

- 33 MHz/66 MHz 性能。
- 32 位及 64 位数据传输能力。
- 132 (32 位，33 MHz)～528 MB/s(64 位，66 MHz)的最高数据传输速率。
- 系统可用 PCI－PCI 桥接扩展。
- 可在电源电压 3.3 V 时运行。
- 即插即用能力。

PXI Express 提供 PCI Express 总线规范定义的相同的性能和特性，PCI Express 通过 PCIe 交换机实现模块之间串行专用通道双向数据传输，每通道的数据传输速率可达 250 MB/s。通过多条通道的组合，可以形成 x2、x4、x8、x16 和 x32 链路来提高带宽。这些链路为控制器和外设模块插槽之间提供高速大吞吐量数据连接。

(2) 本地总线

PXI 本地总线(local bus)是一种菊花链总线(daisy－chained bus)，它将每一个外设槽与其左右相邻的外设槽相连，一个外设槽的右边的本地总线连到与它相邻的插槽的左边的本地总线上，以此类推。每边的本地总线均为 13 根线，可用于在模块间传送模拟信号或进行高速边带数字通信。

本地总线信号可以是高速的 TTL 信号，也可以是低于 42 V 的模拟信号。相邻模块间的监控功能由初始化软件实现，该功能禁止不兼容的使用。初始化软件利用已赋给每个外设模块的配置信息在开启本地总线电路之前先评估模块兼容性，这种方法为定义本地总线功能提供了一个比硬件键控更加灵活的手段。

PXI 背板最左边的外设槽的本地总线由星形触发器使用。完整的 PXI 系统本地总线连接如图 7－14 所示。

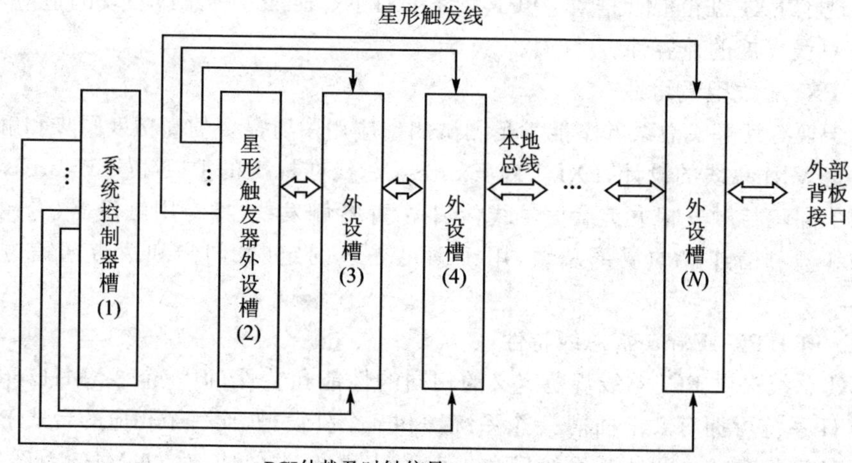

图 7-14 PXI 本地总线连接示意图

(3) 系统参考时钟

PXI 10 MHz 系统时钟(PXI-CLK10)连到系统中的外设模块。这个共用的参考时钟能在测量或控制系统中用于多个模块的精确同步。PXI 背板规范对如何实现 PXI-CLK10 做出了指导性说明。PXI Express 则提供 100 MHz 差分系统时钟,提高了精度和抗干扰能力。

(4) 触发总线

PXI 总线的 8 根触发线的使用是高度灵活的,可用于各种不同的场合。例如,触发线可用于同步几个不同的 PXI 外设模块的运行。在另外的应用中,利用触发线,一个模块能准确地控制系统中另外一些模块的运行时序。触发信号可以从一个模块加到另外的模块,允许对被监视或控制的局部外部事件做出精确的定时响应。对各种不同的应用场合,所使用的触发线数目是变化的。

(5) 星形触发器

PXI 星形触发器为 PXI 系统用户提供极好的同步性能。星形触发总线在第一个外设槽(与系统槽相邻)与其他的外设槽之间建立一组专用的触发线。星形触发控制器可安装于第一个外设槽内并用来给其他外设模块提供精确的触发信号。不要求这种先进触发方式的系统也可以在第一个外设槽装入任何标准的外设模块。星形触发线还可用来向星形触发控制器反馈信息,比如在需要报告某一外设槽的状态,或需对星形触发控制器提供的信息做出响应等这类应用上。

PXI 的星形触发结构在扩充触发线数目方面有着两方面的优点。第一个优点是保障系统中的每个模块都有一根性能相同的专门的触发线。对于大型系统,这将会使得将多个模块功能往单根触发线上组合的需求大大降低。第二个优点是这种触发连接具有低的时滞。PXI 背板规范对特殊的布局要求做出了说明,使得从星形触发控制器槽到其他的每一个模块槽的星形触发线拥有匹配的传输时间，保证各模块之间有精确的触发关系。

PXI Express 采用差分星形触发线，增强了抗干扰能力，可提供更高的触发精度。

(6) 采用 PCI - PCI 桥接技术的系统扩展

采用标准的 PCI - PCI 桥接技术可组成多于一个总线段的 PXI 系统。在互相连接的总线段中，每个总线段的桥接设备需占一个 PCI 负载位(即一个槽)，因此，一个 33 MHz 的具有两个总线段的系统允许扩展到具有 13 个 PXI 的外设槽。即

2(总线段)×8(每段 8 个槽)－1(系统槽)－2(桥接设备槽)＝13(可用的扩展槽)

类似地，一个三总线段的 33 MHz 系统可提供 19 个 PXI 外设插槽。

PXI 规范所定义的触发结构亦可用于多总线段的系统。但是，PXI 触发总线所提供的连接仅限于单总线段内，不允许物理连接到邻近的总线段，这样做的目的是为了保持触发总线的高性能。PXI 规范允许多总线系统将仪器合理分配到逻辑组中，多段系统在逻辑上可通过所提供的物理段间的缓冲器来进行连接。那些需要同步及定时控制的仪器数目很多的应用场合，星形触发器提供了一种手段，用来在二段系统中对所有 13 个外设槽进行独立存取。对于多于 2 段的系统，则推荐的连接是，星形触发线仅用于第一个二段系统。当然用于其他系统也还是允许的。图 7 - 15 所示为一个二总线段的 PXI 系统的触发结构。

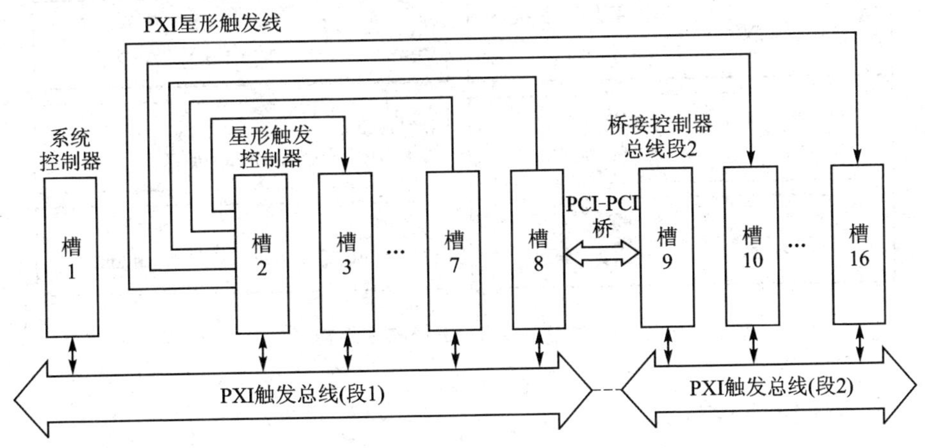

图 7 - 15　二总线段 PXI 系统触发结构

5. PXI 系统软件架构

PXI 软件规范定义了 PXI 系统的软件架构。由于 PXI 系统是基于软件定义的虚拟仪器架构，所以与 PXI 系统硬件的交互操作，如测试结果显示、仪器设置操作，都必须通过软件来实现。PXI 系统软件框架定义了系统控制器模块和 PXI 外设模块的软件要求。系统控制器模块和 PXI 外设模块必须满足特定的操作系统和工具

支持需求，才能被视为兼容给定的PXI软件架构。软件规范包括资源管理、操作系统、驱动软件三个部分，如图7-16所示。

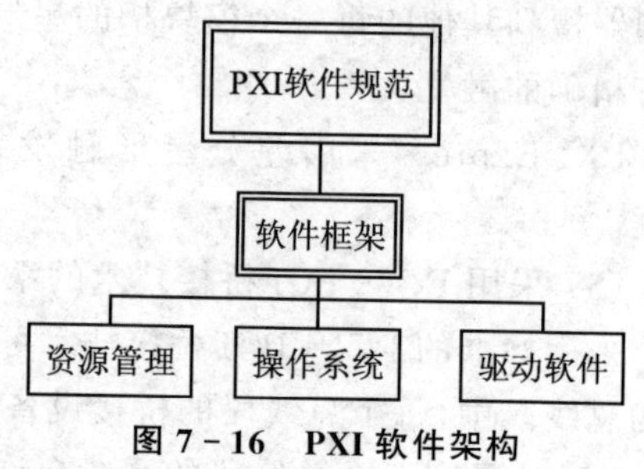

图7-16　PXI软件架构

PXI软件规范规定了基于Microsoft Windows操作系统的PXI系统的软件架构(见图7-17)。因此，控制器可以使用行业标准的应用程序编程接口，如NI LabVIEW、NI Measurement Studio、Visual Basic和Visual C/C++/C#。PXI还需要有模块和机箱供应商提供的特定驱动软件。规范还规定了PXI必须能够实现仪器行业广泛采用的仪器驱动规范VISA，以配置和控制VXI、GPIB、串口以及PXI仪器。由于NI公司是该规范的主导者，所以主要围绕NI的测试软件产品，如资源管理TestStand、开发工具LabVIEW、LabWindows/CVI等。

图7-17　PXI系统软件架构

7.2.4　LXI总线

1. LXI总线的发展背景

基于前面的介绍，可以看出，GPIB总线仪器成本高，需要昂贵的GPIB接口卡和线缆，速度太慢，一条总线只能最多接14台仪器；VXI总线仪器整个结构昂贵，起步成本太高，包括非标准的外置控制器扩展(如MXI总线)，模块数量受机箱的限制，射频和微波应用受到模块尺寸和功率的限制；而PXI总线仪器受尺寸、功率、电磁兼容等的限制，也同样存在机箱、控制器等起步费用高和非标准的外置控制器扩展的问题。

更为严重的问题是，已有的仪器总线均是以计算机内总线为基础发展而来的，随着计算机技术的飞速发展，就会面临更新周期过快、向下不兼容的问题，仪器与测试系统较长的生命周期与商用计算机总线较短的生命周期（通常 4～5 年）无法匹配。同样，复杂高成本被测对象的生命周期通常是 20～30 年甚至更长（如飞机系统），生命周期过短的仪器总线将造成大量测试设备过早淘汰，给最终用户的测试系统保障维护带来极大压力。具有更长生命周期则成为仪器总线的发展趋势。从图 7-18 中可以看出，与已有基于计算机内总线的仪器总线相比，以 TCP/IP 为基础的局域网通信技术是最具生命力的计算机总线，那么以此为基础构成的仪器总线，无疑在保持技术发展的同时，保证了技术的兼容和延续性，保护了用户的既有投资。因此在 2006 年由美国 Agilent Technologies 和 VXI Technology 两家公司联合推出了 LXI（LAN eXtensions for Instrumentation，面向仪器系统的局域网扩展）总线，在 LAN 的基础上，通过精确网络同步协议 IEEE 1588 或专用同步/触发线实现仪器模块的同步与触发要求，同时结合了 Web 技术的用户操作界面、基于 IVI（Interchangeable Virtual Instrument，可互换虚拟仪器）标准的可互换仪器驱动。

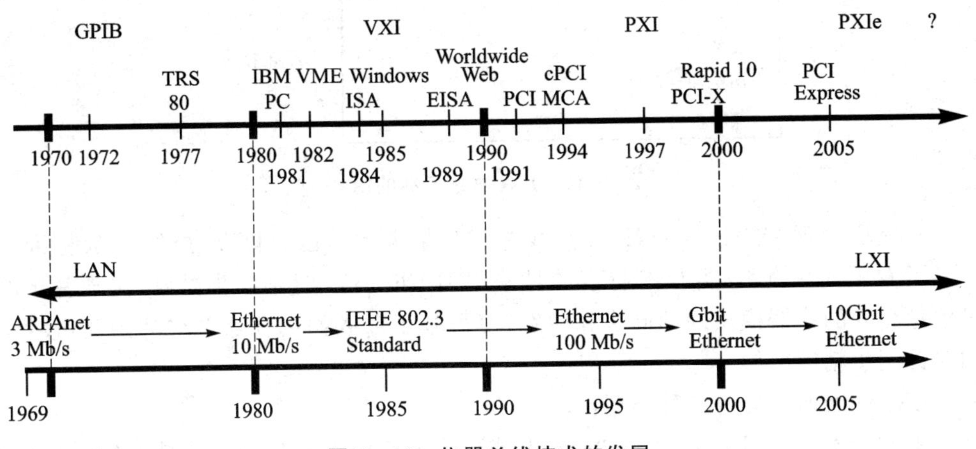

图 7-18　仪器总线技术的发展

基于以太网技术的局域网无处不在，PC 机的 LAN 接口成为标配，几乎所有的 PC 机都连入局域网，而新一代以 LAN 为基础的仪器总线标准 LXI 总线的出现，使得 LAN 接口正成为比 USB 更通用的仪器接口。基于以太网的 LAN 的数据传输速率普遍达到 100 Mb/s～1 Gb/s，并将向更快速度发展。与 USB 接口一样，LAN 接口也是串行通信接口，LAN 电缆线径细、连接器轻巧，并相对廉价。LAN 接口仪器可以通过交换机或路由器连接成测试系统，以太网交换机等网络连接设备廉价且应用普遍，并能提供仪器连接状态的 LED 指示，为通信故障定位提供了方便。

基于以太网的 LAN 仪器设备需要进行适当配置才能在网络上正常工作，如果仪器支持 DHCP（Dynamic Host Configuration Protocol，动态主机配置协议），那么可以在网络上自动自我配置，这样就简化了仪器配置工作。所以，LXI 总线仪器都要求支持 DHCP 协议。

2. LXI 总线标准定义

如图 7-19 所示，LXI 总线标准涉及的内容主要包括：LXI 总线模块的结构、LXI 总线的同步和触发方式、LXI 总线模块的仪器驱动、LXI 总线仪器模块的连接、基于 Web 的仪器软面板、LXI 总线模块兼容性要求等内容。

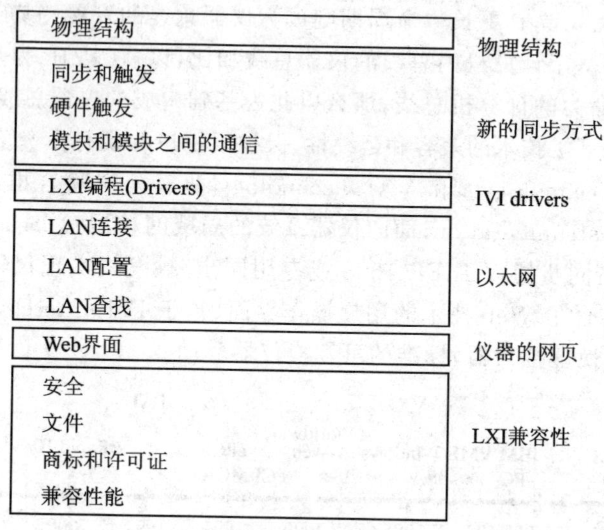

图 7-19　LXI 总线标准的内容

除模块物理结构标准外，LXI 总线标准大量继承了已有标准，虽然 LXI 标准也定义了专用的触发线，但最有特色的是采用 IEEE 1588 时钟同步协议，实现基于网络信息交互的仪器模块间的同步和触发，使得基于以太网的仪器总线达到亚微秒级的时钟同步精度。

LXI 仪器模块分为三种类型：

① C 类仪器：具有 LAN 100BaseT 或更高速度的 LAN 接口，支持 LAN 自动发现和 IVI 仪器驱动的各种独立仪器或模块。具备面板指示器和基于网页的仪器操作界面，提供独立的屏蔽、电源、冷却和复位键。现有 LAN 接口仪器大多能够很方便地扩展升级到 LXI C 类仪器。

② B 类仪器：适用于构建分布式测试系统，可以是独立仪器或没有操作前面板的仪器模块。B 类仪器实际上是在 C 类仪器基础上，支持 IEEE 1588 精确时钟同步协议，能够实现基于网络信息交互的精确时间同步和触发，实现亚微秒级同步和触发。

③ A 类仪器：适用于高端的合成仪器，多用于昂贵的高频仪器。典型的模块化结构为 1U 高、1/2 标准 19 英寸机架宽，是在 B 类仪器基础上增加专用的快速触发总线，可实现纳秒级的同步和触发。

3. LXI 总线模块物理结构

LXI 总线模块的尺寸特别定义为 1 U(1 U=1.75 in=44.45 mm)或 U 的整数倍高度,1/2 标准 19 英寸机架宽度,并配备上架配件。模块外部整体屏蔽,模块前侧是指示灯(Indicator lights)和信号(Signals)输入端口,指示灯用于标明 LAN 状态、供电状态和 IEEE 1588 状态是否正常,模块背板为触发总线接口(Trigger bus)、电源开关(Power switch)、供电接口(Power)、网线接口(Ethernet 802.3)等。标准 LXI 总线模块结构如图 7-20 所示。

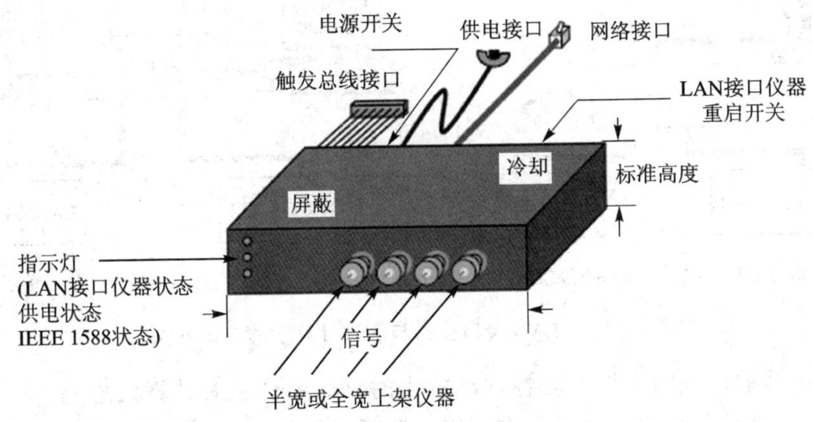

图 7-20 LXI 总线模块结构规范

4. LXI 总线模块互连

LAN 接口仪器与测试计算机的连接方式有多种:

① 简单直接的专用 LAN 连接,如图 7-21(a)所示,采用收发线彼此对接的简单交叉网线可实现单台仪器与测试计算机网络接口的直接相连;

② 通过工作场所的局域网互联,如图 7-21(b)所示,如工作场所已有布线完善的局域网,可将测试计算机、具有 LAN 接口的测试仪器直接接到工作场所的网络接口插座上,通过工作场所的 LAN 实现互连;

③ 通过交换机实现互连,如图 7-21(c)所示,通过交换机将计算机及多台仪器连接成专用 LAN,组成自动测试系统;

④ 通过路由器实现互连,如图 7-21(d)所示,通过路由器实现多台仪器与测试计算机的连接,并与工作场所 LAN 相连,可实现工作场所多台计算机对测试仪器的操控。

5. 基于 IEEE 1588 协议的时钟同步

LXI 总线的主要特色就是基于 IEEE 1588 精确时钟同步协议,实现基于网络信息交互的时钟同步。IEEE 1588 是一个精确的时间协议,用于以太网环境中的时钟同步,可以达到亚微秒级的精度。

IEEE 1588 精确时钟同步算法(PTP)通过 BMC(Best Master Clock,最佳主时

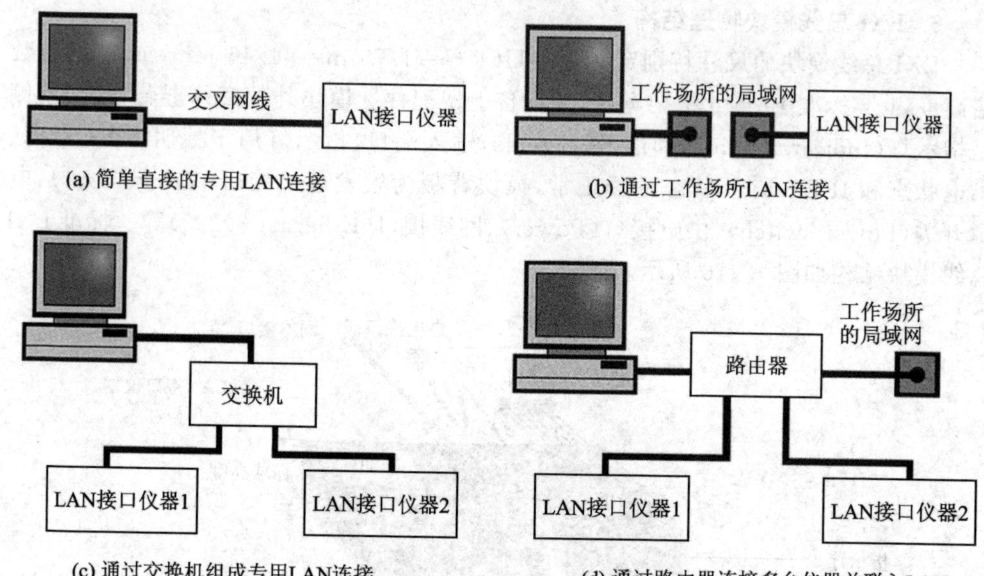

图 7－21　LAN 接口仪器与测试计算机的连接方式

钟)算法来选取局域网中作为时钟基准的主时钟。最佳主时钟算法思路：每一个支持 IEEE 1588 协议的网络设备都在网络中监听其他设备发布的时钟精度指标，只有当本机时钟精度超过当前精度最高的设备，则将本机指标在局域网发布，否则保持沉默、自动置为从时钟。经过最佳主时钟的竞选过程很快能够确定局域网中时钟精度最高的设备，即作为基准的最佳主时钟。

最高精度指标的主时钟通过定期发起时钟同步，可实现主－从时钟间亚微秒级的同步精度。具体时钟同步过程如图 7－22 所示。

时钟同步过程如下：

① 一旦被确定为主时钟，主时钟将定期(如 2 s 的周期)向所有的从时钟发出要求时钟同步信息(Sync message)；

② 主时钟向所有的从时钟发出第二条信息(跟随信息)，告诉它们刚才发出时钟同步消息时，本机的精确时间是 t_1(My sync time was t_1)；

③ 每一个从时钟在收到主时钟同步信息时标注收到时本机的时间为 t_2；

④ 在一个随机的间隔(如每 2～30 个同步周期)，每个从时钟发给主时钟一个延时请求信息(Delay_req message)，并记录发送信息时本机的时间为 t_3；

⑤ 主时钟在收到从时钟延时请求信息(Delay_req message)后，记录本机接收时间为 t_4；

⑥ 主时钟向每个从时钟发出接收到各自延时请求的时间为 t_4(My Delay_req time was t_4)；

⑦ 每个从时钟利用记录的时间 t_1、t_2、t_3、t_4，通过简单的加减运算，就可以计

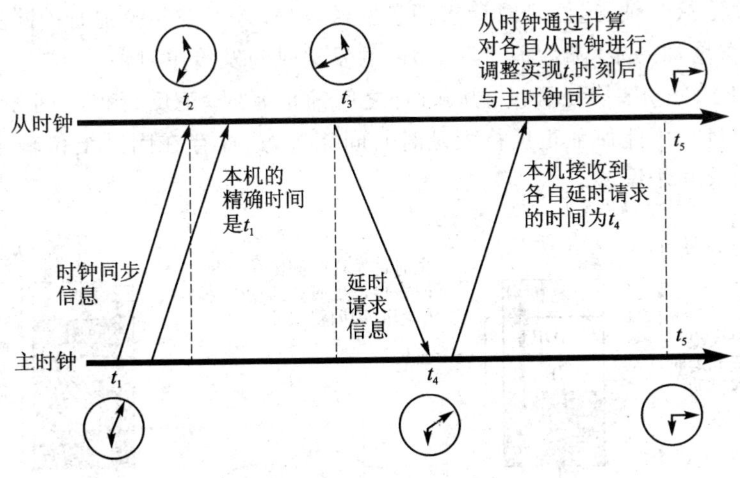

图 7-22 IEEE 1588 时钟同步过程

算出考虑网络传输延时、主从时钟之间的偏差，进而对各自从时钟进行调整，实现 t_5 时刻后与主时钟同步。

具体计算过程如下：

假设：O 代表从和主之间的时钟偏差，D 代表网络信息传输延时，则

$$t_2 - t_1 = D + O \tag{7-1}$$

$$t_4 - t_3 = D - O \tag{7-2}$$

由公式(7-1)和公式(7-2)可得到

$$D = [(t_2 - t_1) + (t_4 - t_3)]/2 \tag{7-3}$$

$$O = [(t_2 - t_1) - (t_4 - t_3)]/2 \tag{7-4}$$

每隔 2 s，全过程将重复进行，从时钟调整其时间在几个循环之后，网络将同步在亚微秒级的精度。

IEEE 1588 时钟同步过程误差分析：

如图 7-23 所示，IEEE 1588 时钟同步协议属于应用层协议，处于 TCP/IP 网络通信协议以上，通过操作系统调用网络通信协议并配合支持 IEEE 1588 协议的网卡实现。主时钟发起同步过程，从应用层开始调用网络传输协议到通过信息真正从网络传输出去，存在因为协议栈调用过程带来的不确定延时，称为协议栈造成的调用延时和抖动，因此精确的发送同步消息的时间以物理层以上的媒体访问层(MAC)为准，所以 IEEE 1588 协议定义的同步过程，主时钟向从时钟发送同步消息后，再把 MAC 层记录的精确的发出时间用另外一条消息(称为“随后消息”)发给从时钟。从时钟进行时钟偏置与网络延时计算都在应用层的时钟同步协议中完成，但记录收到主时钟的同步消息 t_2、本机发出延时请求消息 t_3 都是在本机 MAC 层记录，由于时钟调整计算在从时钟一侧进行，主时钟并不需要知道从时钟发出延时请求时从时钟精确的时间，只需在本机 MAC 层精确记录本机收到从时钟延时请求消息时间，并组

织消息包发给从时钟，这样延时请求消息发送过程，并不需要像主时钟同步消息发送过程那样，再增加一条“随后消息”把精确的发送时间发给主时钟。

由于 IEEE 1588 协议假设主从时钟之间通信延时，正反行程时间相等，而实际局域网通信过程不能保证正反行程延时时间相等，这样存在因网络传输延迟不确定和不一致引起同步误差。

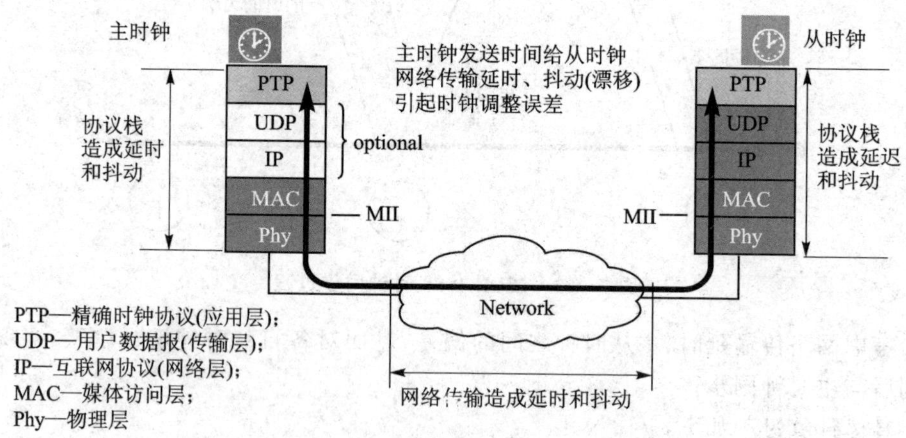

图 7－23　IEEE 1588 协议可能存在的误差来源

6. 基于 LAN 的混合总线测试系统

如图 7－24 所示，将以太网作为测试系统背板总线，通过网络交换机将 GPIB、VXI、PXI/PXI Express、LXI 等各类总线的测试仪器无缝集成，是一种扩展方便、廉

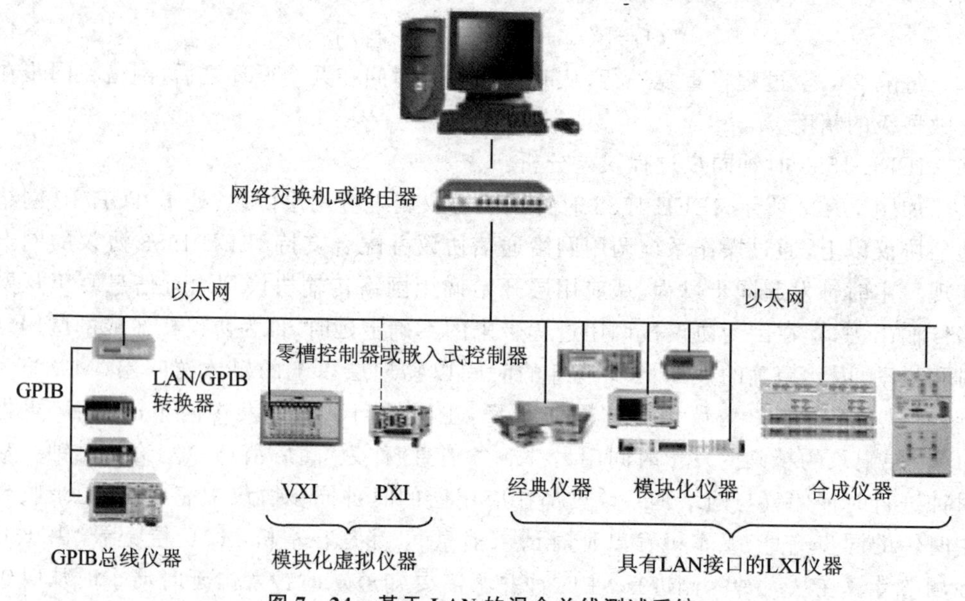

图 7－24　基于 LAN 的混合总线测试系统

价高效的测试系统集成选择，适合解决被测对象空间跨度大、测量/激励分散、需要以最佳的性价比配置仪器等测试开发的现实问题。通过 LAN/GPIB 转换器可实现 LAN 到 GPIB 总线独立台式堆叠仪器的互联，而通过具有 LAN 接口的零槽控制器或嵌入式控制器也可方便地与 VXI、PXI 模块化的虚拟仪器模块交联，而具有 LAN 接口的 LXI 仪器的连接和扩展就更快捷方便。

7.2.5 常用仪器总线模块的选择与比较

1. 各类仪器总线选择考虑的因素

(1) 带　宽

在考虑可选择的总线的技术特点时，带宽和时延是两个最重要的总线特性。带宽度量的是总线传送数据的速率，常用单位为 MB/s(10^6 字节/秒)。总线带宽越高，在给定时间内传送的数据就越多。总线带宽也影响测试仪器需要多大的板上内存。带宽对于一些应用(如复杂波形发生和采集以及 RF 和通信应用)非常重要。高速数据传输对于虚拟、合成仪器架构特别重要。一个虚拟或合成仪器的功能和特性是由软件定义的，在大多数情况下，这意味着数据必须被传送到主机进行处理和分析。

(2) 时　延

时延度量的是数据通过总线传输导致的延迟。如果把一个仪器总线比作一条高速公路，带宽就相当于车道数和车辆行驶速度，而时延就相当于由上下岔口引起的延迟。具有低(即较好)时延的总线，会在传送数据的一端和处理数据的另一端间引入较少的时间延迟。时延虽然不像带宽那样引人注意，但对于沿总线传送一连串较短的、双向命令时，例如数字万用表(DMM)与开关间的握手、仪器配置等一些应用，则直接影响仪器的响应能力。

(3) 基于消息与基于寄存器的通信

采用基于消息通信的总线一般较慢，因为这种通信模式增加了命令解释和在数据前后填充命令的开销。采用基于寄存器的通信，数据传送则是通过对设备上的硬件寄存器直接读出或写入二进制数据完成，因此传输速度较快。基于寄存器的通信协议在 PC 的内部总线中最为常见，在这里，互联的物理距离较短，而吞吐量要求最高。基于消息的通信协议，对于远距离传送数据较为有用，这种情况下，较高的开销成本也是可以接受的。应当指出的是，总线采用基于消息通信还是基于寄存器通信也直接影响着时延和带宽指标。

(4) 地域范围的考虑

对于远程监测应用和涉及大的地理范围的测量系统，地域范围变得非常重要。在这类应用中，广阔地域范围下的仪器性能需要在通信速率、可靠性及时延等性能上进行折中考虑，因为降低通信速率、检错和消息填充等能够克服通过较长距离线缆实现数据可靠传输，但也会增加发送和接收数据的时延。

(5) 仪器设置与软件性能

仪器配置和软件性能方面的易用性是最为主观的评价准则，但对用户来说却很重要。仪器配置时间、配置界面与接口影响用户体验，设置影响到仪器使用效果。软件性能不仅涉及用户如何通过交互式向导或标准编程接口API(如VISA)与仪器进行通信和控制，也直接影响到测试系统的性能。

(6) 连接器的鲁棒性

总线所用的物理连接器会影响该总线是否适合工业应用，是否需要额外的工作以“加固”仪器与系统控制器间的连接。

综上所述，以计算机内总线为基础发展起来的模块化仪器总线(VXI、PXI/PXI Express)组成的自动测试系统，具有数据传输速率高、数据吞吐量大、体积小、重量轻、系统组建灵活、扩展容易、资源复用性好、标准化程度高等众多优点，是当前先进的自动测试系统特别是军用自动测试系统的主流组建方案。随着VXI等模块化仪器的出现，VXI即插即用基金会(VXI Plug&Play Foundation)推出了模块化仪器软件开发标准——VISA(Virtual Instrument Software Architecture，虚拟仪器软件架构)，屏蔽了GPIB、VXI、PXI、USB、RS-232等多种仪器总线的物理差异，实现了输入/输出接口层软件的标准化，并规范了仪器驱动和仪器软面板的开发。软件成为了模块化虚拟仪器的核心，因此美国NI公司提出“软件就是仪器”的口号。同时，LabWindows/CVI、LabVIEW等虚拟仪器开发编程工具的出现，为模块化虚拟仪器的开发提供了便利条件。

从图7-25中可以看出，PCI、PXI、PCI Express和PXI Express具有最小的延时和很高的数据传输带宽，而1 000 Mb/s以太网虽然数据传输带宽较高，但受到网络传输协议的影响，具有非常大的传输延时，延时时间甚至大于低速的GPIB总线。

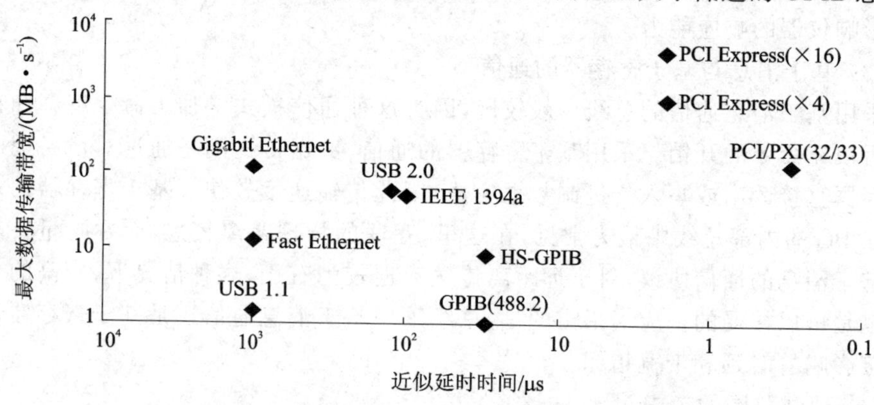

图7-25 各种常用仪器总线延时与吞吐量指标比较

2. 各类仪器总线性能比较

下面从费用、测量性能、I/O性能、兼容性、灵活性、持续性、易用性、体积几个方面对比分析各类仪器总线的优缺点。如表7-2所列，可以看出LXI总线仪器模块具有最低费用,而 VXI 和 PXI 总线仪器模块费用相对较高。GPIB 总线台式仪器和 LXI 总线仪器模块具有最佳测量性能,受体积限制,VXI 和 PXI 的功能和性能受限。从传输性能看,除 GPIB 总线的传输速度过慢外, VXI、PXI 和 LXI 的总线传输性能都很好。LXI 总线具有最佳兼容性,能够方便地实现交联互通,而 GPIB 总线能够兼容 90%以上既有测试系统。LXI 同样具有最佳的灵活性,具有智能化的自动发现能力,适合远距离操控,系统中仪器的数量没有限制,增加了灵活的基于精确时钟同步的能力。GPIB 总线受总线驱动能力的限制,只能连接 14 台仪器。VXI 总线也具有模块识别等有限智能,VXI 和 PXI 受机箱规模限制,可容纳模块数目有限。LXI 和 GPIB 都有大量供应商,具备较好的持续支持能力。LXI 和 GPIB 都具有前面板操作和编程操作,LXI 还具有网页操作能力,使用较为方便。LXI 体积大小比较灵活,PXI 总线体积最小,VXI 总线体积最大。

表 7-2　各类仪器总线性能比较

性　能	GPIB	VXI	PXI	LXI
费用	较多	最多	较多	很少
测量性能	最佳	有限的	有限的	最佳
I/O 性能	慢(1 MB/s)	很快	很快	最快
兼容性	兼容 90%以上既有测试系统	扩展接口为非标	扩展接口为非标	最佳
灵活性	较好	可容纳和扩展的模块数目有限	可容纳和扩展的模块数目有限	最佳
持续性	较好的支持能力	有限的支持能力	有限的支持能力	较好的支持能力
易用性	较好	一般	一般	较好
体积	较大	最大	最小	大小灵活

随着各大仪器厂商不再支持 VXI 总线产品,VXI 总线正逐步被淘汰。而 PXI/PXI Express 是近十年来最流行的仪器总线,LXI 则正逐步发展和壮大。

用户在实际系统中选择上述仪器总线主要考虑数据传输速率和费用因素,值得注意的是,各种总线的所定义的理论最大数据传输速率受测试控制计算机速度、测试应用软件及仪器驱动、总线接口硬件、特定仪器硬件及固件等因素的影响,可能使用户获得的实际数据传输率与理论最大传输速率存在较大的差异。

表 7-3 是采用 HP 800 MHz 主频、运行 Windows XP 的 PC 分别采用 GPIB、USB 和 LAN 接口操作 Agilent 33220A 函数和任意波发生器,得到的 I/O 操作响应时间统计。

可以看出在实际应用中,高速总线通常在大数据量传输上有优势,而在简单仪器功能操作响应方面,各种不同速率总线差别可以忽略。

表 7-3　外部总线实际数据传输速率比较

m/s

接口类型	仪器功能改变	信号频率改变	4 KB 任意波输出	64 KB 任意波输出
LAN(socket 编程)	100	3	8	110
USB 1.0	100	4	10	185
USB 2.0	99	3	8	100
GPIB	99	2	20	340

7.3　仪器驱动器模型与实现机制

所谓仪器驱动器就是一组用于控制可编程仪器的软件模块。传统的仪器驱动器是由仪器开发商根据特定的仪器开发的、用以控制相应仪器的配置、读写或触发的一组函数集。仪器驱动器的出现极大地减轻了测试应用开发的难度，开发人员不必去学习每一个仪器的编程协议，简化了仪器控制，减少了测试应用的开发周期。

在自动测试系统中，仪器驱动器的地位可以说是整个测试系统的中枢。从测试程序开发平台的层次结构中可以看到，仪器驱动器实际连接着硬件资源和最终的测试程序，从驱动器往下的各层对测试程序开发人员来说是透明的，只需了解驱动器外部接口特性，不必了解其具体的内部实现细节。

从驱动能力的角度，测试系统对仪器驱动器的驱动性能有以下几点要求：

① 实时性：仪器驱动涉及计算机与仪器设备之间控制命令和结果数据的传输，因此驱动器必须能够提供快速的响应能力，及时获取和解释仪器传送过来的数据以及向仪器发送相应的控制命令。

② 可靠性：测试过程要求仪器与控制计算机之间的通信完全可靠地进行。实际的硬件接口之间的通信过程可能会受各种干扰因素的影响而出错甚至发生中止，仪器驱动软件应该具有纠错和容错的能力，以保证发送正确的控制命令、接收合法的测试数据和进行出错处理。

③ 多线程安全性：在实际的测试运行过程中，可能会出现多个线程同时操作同一个仪器资源的现象，因此仪器驱动器应该提供完备的多线程保护机制，防止出现通信冲突、线程干扰的情况。

从测试应用开发的角度，还需要仪器驱动器具有以下的性能：

① 使用灵活性：作为测试系统测试程序开发平台的公共部件，仪器驱动器必须具有良好的接口定义、功能封装和系统集成的能力。传统的仪器驱动器一般以函数的形式存在于静态库、动态库或目标代码文件中，并提供常见语言环境下的头文件。这种方法一般具有实现语言的依赖性，比如用 C 语言开发的具有指针参数的驱动函数在 BASIC 这样不支持指针的语言环境中不易被使用。

② 开放的标准：随着测试系统的日趋复杂，测试系统中涉及各种功能的仪器设备和资源，这些设备可能来自于不同的供应厂商。不同的供应厂商提供的不同实现机制、不同结构的仪器设备驱动软件给测试应用带来极大的不便，因此，应该制定开发的、不同厂商的仪器都适用的通用结构和标准。

③ 互换能力：互换性是近几年才提出的，互换是指不同厂商相同功能仪器驱动器之间的互换，而不需要重新编写测试程序。互换性可以最终实现不同厂商仪器在系统集成上的一致性，因此可以建立通用驱动组件，真正实现软件平台和硬件平台的分离。

④ 仿真能力：在大型测试系统测试软件开发调试过程中，往往是许多的测试技术人员同时开发满足不同需求的测试软件。由于测试系统使用公共的测试硬件资源，这导致了共同开发和资源不足之间的矛盾。解决方案就是虚拟仪器仿真驱动技术，通过仿真驱动器提供测试开发过程中必需的测试数据，以便于验证测试流程设计和故障分析算法的正确性。

目前，已经有多个工业组织和团体相继建立了仪器设备的驱动器模型和实现机制，下面将分别讨论。

7.3.1 基于 VPP 模型的仪器驱动器

1995 年，VXI Plug&Play（VXI 即插即用，简称 VPP）系统联盟率先针对仪器驱动器的结构、仪器管理、仪器 I/O 以及错误报告颁布了一系列的标准。这些标准规定了仪器驱动器详细的外部接口模型和内部设计模型，该模型建立在底层一致的 I/O 编程接口 VISA 的基础之上，实现仪器资源的管理、I/O 控制、仪器控制以及应用程序接口等功能。

7.3.1.1 外部接口模型

VPP 仪器驱动器从宏观的接口上规定了仪器驱动器的外部接口模型，这些接口既包括底层实现通信的 I/O 控制服务，也包括向上层应用软件提供仪器驱动服务的各种开发接口服务。VPP 驱动器外部接口模型规定了仪器驱动器与仪器设备、上层应用软件和用户之间的通信方式，使得测试应用的开发独立于仪器之外。

从图 7 - 26 中可以看到，VPP 仪器驱动器分成三个层次：仪器功能服务层、仪器功能实现层和应用服务层。仪器功能服务层包括子函数接口和 VISA /VTL 接口库。子函数接口向仪器驱动器提供函数调用服务的接口，VISA /VTL 接口库则是与硬件接口通信的 I/O 函数库。VISA 的原理在后面介绍，VTL（VISA Transition Library，VISA 过渡库）是 VPP 定义的由非 VISA 标准向 VISA 过渡的接口库规范。仪器功能实现层是仪器驱动器的功能体，实现了仪器驱动器的功能代码，是仪器驱动器的核心。应用服务层则包括交互式程序开发接口和应用程序开发接口，这两个接口都是驱动器向应用程序开发者提供服务的接口，其中应用程序开发接口是直接的函数调用服务，交互式开发接口则是图形化的调用工具，比如像 CVI 中的驱动器函数面板。交互式开发接口一般使用代码自动生成的技术实现编程的自动化。

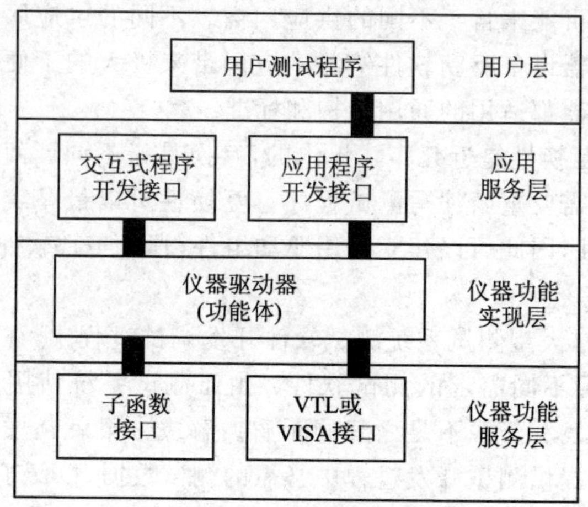

图 7-26　VPP 驱动器外部接口模型

7.3.1.2　VISA 接口库

VISA 是 VPP 系统联盟制定的标准的仪器设备 I/O 接口库，它是一个独立于硬件设备、接口、操作系统、编程语言和网络环境的 I/O 控制库，目的是处理计算机与仪器间的通信细节。VISA 实现了对硬件接口资源的统一管理、操作和使用，使得不同的硬件接口（如 RS-232/485、GPIB、VXI/PXI 等）的仪器设备可以用统一的方式集成到一个系统中。目前，VISA 已经成为自动测试系统中连接硬件设备和测试软件的标准层。

1. VISA 的结构

VISA 的内部结构如图 7-27 所示，在这个金字塔模型中，VISA 包含了资源管理层、I/O 资源层、仪器资源层、用户定义资源层和用户应用程序接口层五层。

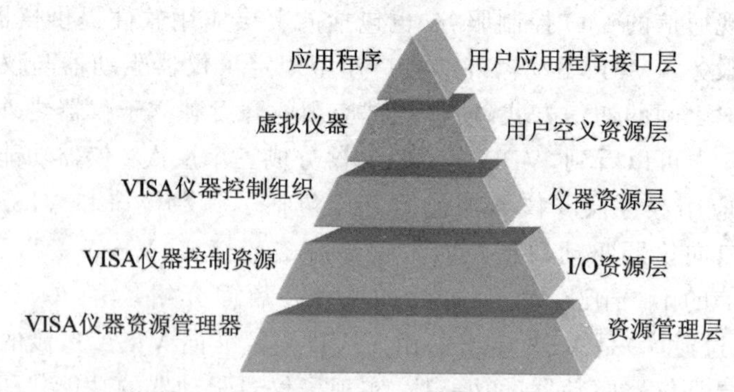

图 7-27　VISA 结构模型

处于模型最底层的资源管理层用来控制 VISA 中所有的资源分布，在实际的应用中，用户不需要了解资源管理的细节。I/O 控制层也称为 VISA 仪器控制资源，用来控制包括 RS—232/485、GPIB、VXI/PXI 在内的所有仪器接口的 I/O 底层操作。仪器资源层也称为 VISA 仪器控制组织，控制所有打开的仪器设备资源句柄。模型的最顶层是用户应用接口层，为 VISA 向应用开发提供的一般编程接口 API 服务。

2. VISA 的资源管理

VISA 通过资源管理器实现对资源的管理。VISA 提供了一个缺省的资源管理器，可以通过调用 viOpenDefaultRM()建立与缺省的资源器的连接。VISA 的资源管理包括资源查询、生命周期服务和访问控制等。

(1) 资源查询

VISA 提供了使用地址描述字符串查找资源的机制。使用通配符可以查找符合条件的设备，并将地址字符串信息保存到设备描述列表中(ViFindList)。VISA 提供了遍历设备描述列表的机制，可以建立与所查找到的任意设备的连接(用 viFind-Next()函数)。

VISA 资源查询描述字符串的语法如表 7-4 所列。

表 7-4　VISA 资源查询描述字符串的语法

接口类型	通配符语法	意　义
VXI	VXI?　*INSTR	查询所有的 VXI 资源
GPIB	GPIB[0-9]*::?　*INSTR	查询所有的 GPIB 资源
GPIB-VXI	GPIB-VXI?　*INSTR	查询所有的 VXI-GPIB 资源
GPIB&GPIB-VXI	GPIB?　*INSTR	查询所有的 GPIB 资源
All VXI	?　*VXI[0-9]*::?　*INSTR"	查询所有的 VXI 资源
ASRL	ASRL[0-9]*::?　*INSTR	查询所有的串口资源
ALL	?　*INSTR	查询所有的设备资源

关键字 VXI 用于内置的或通过 MXIbus 控制的 VXI 仪器；GPIB-VXI、GPIB 分别用于 GPIB-VXI、GPIB 控制器；ASRL 为 Asynchronous Serial 的缩写，用于异步串行通信(如 RS-232/422/485)的设备；方括号“[]”中为可选项。

地址描述字符串机制统一了不同接口的地址命名方法，使得用同一个操作建立与不同的接口的仪器通信成为可能。

(2) 生命周期服务

VISA 资源管理器提供了访问其他已注册 VISA 资源的能力。使用 viOpen()资源管理器可以建立与资源的通信连接句柄，使用 viClose()可以关闭与打开资源的连接。

同样，VISA 通过描述字符串标志仪器资源，与资源检索的通配符对应的是，这里是唯一地址描述。VISA 地址描述字符串的语法见表 7-5。

表 7-5 VISA 地址描述字符串的语法

接口类型	地址语法
VXI	VXI[board]::VXI logical address[::INSTR]
GPIB-VXI	GPIB-VXI[board]::VXI logical address[::INSTR]
GPIB	GPIB[board]::primary address [::secondary address][::INSTR]
ASRL	ASRL[board] [::INSTR]

(3) 访问控制

VISA 机制下,可以与相同的 VISA 资源建立多条通信,并通过不同的通信同时访问 VISA 资源。但是,在某些情况下,VISA 资源不允许被同时访问,比如对资源进行连续的写操作的过程必须禁止其他进程对资源的占用。VISA 提供了锁定机制以控制资源的独占和共享。VISA 的锁定机制包括完全锁定和共享锁定。

3. VISA 的 I/O 控制

针对不同的仪器,VISA 提供了消息基通信(Message-based)和寄存器基通信(Register-based)的两大类 I/O 控制函数。

消息基仪器具有独立的处理器来解释接收到的控制信息,并将信息翻译成控制命令和数据。VISA 为消息基通信方式的仪器提供了两类的 I/O 控制函数,一类是格式化 I/O,另一类是基本 I/O 函数。格式化 I/O 函数可以像一般格式化输入/输出一样接收或发送格式化的信息;基本 I/O 函数则可以支持同步和异步的数据传输,一次传送一定数量的无格式数据。

寄存器基仪器一般不具有处理器,也就无法对接收到的数据进行解释,用户只能直接对仪器寄存器进行直接存取,这就需要用户了解仪器寄存器的地址分配及数据格式。VISA 为寄存器基的仪器提供了高级存取和低级存取两类操作。

4. VISA 的事件机制

在仪器设备的编程中,通常会遇到突发的事件,这包括:

① 硬件设备中断请求,比如 GPIB 设备发出的设备服务请求 SRQ;

② 硬件设备发出的应急响应,比如 VXI 设备发出的 SYSFAIL;

③ 硬件设备进入非正常状态,要求终止程序执行;

④ 通信过程结束,比如异步传输结束;

⑤ 应用过程需要判定某个系统服务程序是否在线。

事件的处理过程为:捕获/通知、处理和确认。VISA 提供了两种事件的通知机制:队列机制和回调函数机制,这两种机制可以同时存在。下面分别给予说明。

(1) 队列机制

队列机制是指当事件发生时将该事件移到事件队列中进行排队,由 VISA 库的 viWaitOnEvent()在一定的时间内捕捉指定的事件,将之从队列中移出并进行处理。

队列机制一般适用于非关键的事件处理，图 7－28 为 VISA 事件队列处理机制的状态迁移图。

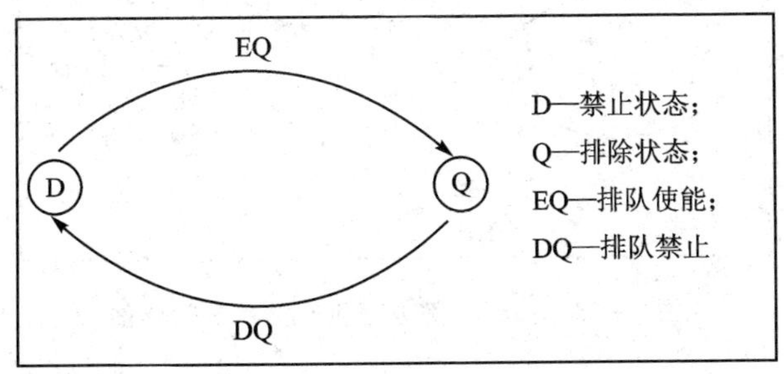

图 7－28 VISA 事件队列处理机制的状态转移图

队列机制提供了一种灵活的响应事件处理的方法：当需要进行消息处理时等待并查询事件队列，如果给定的事件发生，则立即返回事件信息以便处理，否则等待直到超时。在等待的过程中，应用线程被堵塞。队列机制有两种不同的状态：禁止状态和排队状态。应用可以在这两种状态中切换：当应用从禁止状态(D)转移为排队状态(Q)时，所有指定类型的发生事件将进入队列；当从排队状态(Q)转移为禁止状态(D)时，禁止指定类型的事件进入队列，但是队列中原有事件将被保留，除非应用强行清除队列中的事件。队列中的事件个数有一个上限，当队列满时，新的事件不再进入队列(由事件的时间戳决定)。

(2) 回调函数机制

回调函数机制是立即响应相应处理函数的机制，处理函数由 VISA 库的 viInstallHandle()装载，当相应事件发生时立即执行函数调用。回调函数机制适用于需要立即处理的事件。

回调函数必须在打开回调函数机制之前装载，否则打开回调函数机制时会给出出错信息。在多线程机制的操作系统(Windows、UNIX 等)中，回调函数运行于独立的线程中(与装载回调函数的线程不同的线程)。可以装/卸回调函数，禁止/使能回调函数机制。回调函数机制有三种不同的状态：禁止、使能和悬停状态。应用可以在不同的状态中切换(见图 7－29)。

当处于回调函数机制使能状态时，能够立即响应发生的事件；当状态转移为悬停时，不再响应发生的事件，所发生的事件保留在悬停队列中，直到回调机制使能时队列中的事件才被响应；当状态变为禁止回调时，不再响应新的事件，但是未及响应的悬停队列中的事件将被保留，除非强行清除队列中的事件。悬停队列的事件数有一个上限，当悬停队列满后新发生的事件将不再进入队列。

7.3.1.3 内部设计模型

VPP 仪器驱动器的内部设计模型如图 7－30 所示。仪器驱动器的内部设计模型描述了仪器驱动器功能体的内部结构。

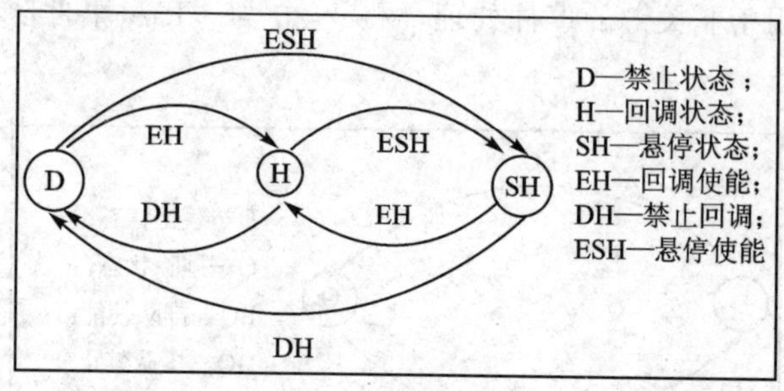

图 7-29　回调函数处理机制的状态转移图

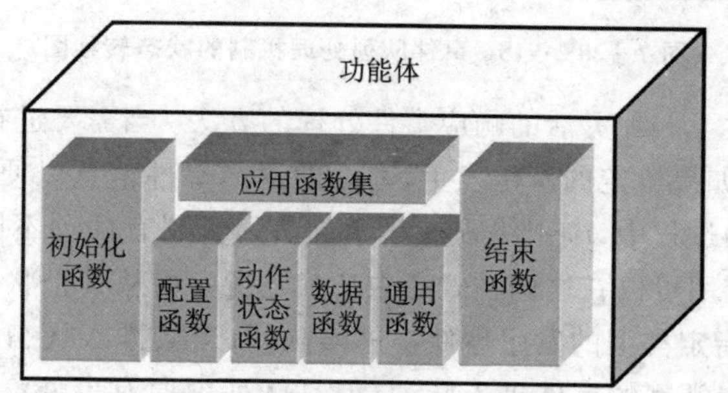

图 7-30　VPP 仪器驱动器内部设计模型

VPP 仪器驱动器的功能体可以分成两个部分：组件函数集和应用函数集。组件函数集是控制仪器特定功能的软件模块；应用函数集是面向测试任务和测试过程的功能模块，由组件函数综合而成。

1. 组件函数集

组件按功能不同分成初始化函数、配置函数、动作/状态函数、数据函数、通用函数和结束函数。除了初始化函数和结束函数，所有组件函数都由一些具体的模块化程序组成。这 6 类函数又可以划分为必备函数和定制函数。必备函数为大多数仪器都必须提供的通用函数，主要完成仪器的初始化、结束、复位、自检、错误查询、版本查询以及错误处理等的功能。VPP 规定了上述的 7 种功能的 7 个函数为必备函数，所有遵循 VPP 规范的仪器驱动器都必须提供这 7 个函数。定制函数则是开发者根据仪器的功能而定制的函数。由于不同的仪器具有不同的功能，因此定制函数一般具有不同的形式。

2. 应用函数集

应用函数是一组以源代码提供的面向测试任务的高级函数。应用函数是组件函数组装而成的，是直接针对特定测试目的和典型测试任务的。应用函数为测试应用开发提供了更为直接和便利的仪器控制方法，使用方便，但是缺少了灵活性。

7.3.2 基于 IVI 模型的仪器驱动器

自动测试系统通用性的实现涉及接口的标准化、硬件平台的模块化等许多方面的内容,其中测试程序集(TPS)与仪器资源无关性的实现是自动测试系统通用性设计的关键。近年来发展起来的 IVI(Interchangeable Virtual Instruments)规范为 TPS 的仪器无关性提供了实现途径。IVI 依据引擎技术和动态链接库的显式链接技术,实现了仪器的可互换性。

VPP 规范中定义了 VISA 接口软件,对各型总线仪器的操作提供了统一接口。为实现仪器的可互换性,提高测试程序的执行效率,1998 年 8 月由 9 个公司成立了 IVI 基金会。该基金会在 VPP 的基础上为仪器驱动程序制定了新的编程接口标准,在符合该标准驱动程序的基础上设计完成的测试程序实现了与仪器的无关性。另外,该标准的仪器驱动程序还增加了仪器仿真、状态缓存等机制,使测试程序的设计、调试及运行效率都有较大幅度的提高。

1. IVI 仪器驱动模型

IVI 建立在 VPP 仪器驱动器规范的基础之上,在结构模型上与 VPP 仪器驱动器模型存在相似之处。这里讲述 IVI 结构规范的过程中侧重于 IVI 结构与 VPP 仪器驱动器结构的区别。

IVI 规范同 VPP 仪器驱动器一样定义了驱动器的外部接口模型和内部设计模型。IVI 的外部接口模型完全采用了 VPP 定义的 4 层结构,只是在仪器功能实现层,IVI 增加了 IVI 引擎,以实现 IVI 的特殊功能。关于 IVI 引擎的机制在后面详细介绍。

IVI 驱动器的内部设计模型(见图 7-31)描述了实现仪器驱动器功能的内部结构。

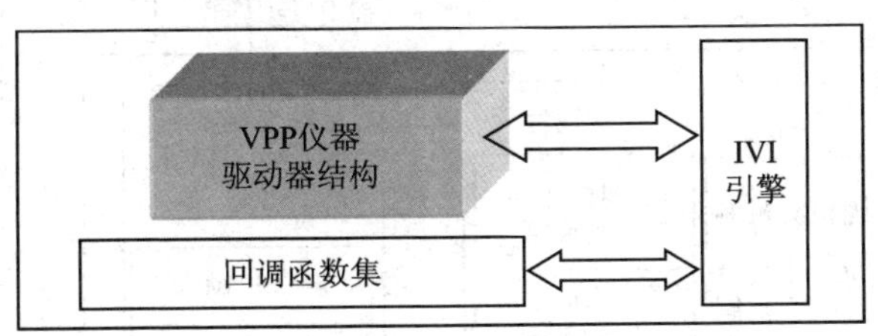

图 7-31 VPP 仪器驱动器内部结构

内部设计模型分为三个部分:回调函数集、VPP 功能体和 IVI 引擎。其中 VPP 功能体部分与 VPP 仪器驱动器内部设计模型相同,包括组件函数集和应用函数集两部分。回调函数是 IVI 引擎提供的读写仪器配置或获取仪器状态的操作机制,回调函数不能被用户直接调用。回调函数机制是在 IVI 引擎的驱动下实现的,与 IVI 引擎密切联系。

2. IVI 引擎技术

IVI 模型与 VPP 模型最大的区别就是 IVI 的引擎机制,IVI 引擎实现高性能的属性管理。IVI引入的面向对象的属性机制是实现IVI模型驱动器特殊功能的关键：基于IVI结构的驱动器每一项配置功能都被描述成仪器的一个属性，IVI引擎则包含如何去获取、确认和更新仪器属性的方法。建立在由IVI引擎驱动的属性机制的基础上，IVI实现了状态缓存、范围检测、状态检测及仪器仿真功能。

(1) 状态缓存机制

状态缓存机制是IVI引擎在内存中保存了仪器内部属性的状态。状态缓存的机制避免了向仪器发送冗余的命令。因为设置仪器属性时，IVI引擎自动比较缓存的属性值和待设置的属性值，只有不相等时才设置，减少了不必要的操作。研究表明状态缓存机制大幅提高了测试系统的性能。

(2) 范围检测机制

范围检测机制可以自动检测设置的属性值是否在正确的范围内，如果超出范围则自动赋以缺省值。用户可以禁止使用范围检测机制以提高测试速度。IVI引擎还提供了范围表的机制，强制选择合适的值。

(3) 状态检测机制

状态检测机制是在每次执行操作之后自动执行仪器状态检测，确保仪器属性设置及运行状态在正常的范围内，保证了仪器的正常运行。

(4) 仿真功能

仿真功能是实现脱离硬件设备的开发和调试手段。IVI仿真是通过范围检测机制为用户产生必需的测试数据，实现脱离硬件的开发和调试。

为了说明IVI引擎在驱动器模型中的作用，这里通过一个驱动器配置函数调用的例子来说明IVI引擎参与驱动器内部属性设置的过程(见图7-32)。

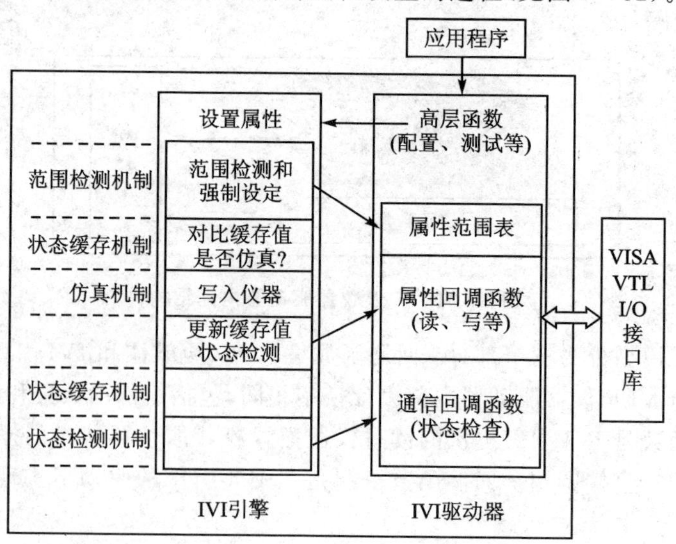

图7-32 IVI引擎参与属性设置的过程

这里选择 Fluke 45 DMM(富鲁克 45 型数字多用表),其配置函数为:

ViStatus FL45 _ Configure (ViSession vi, ViInt32 measFunction, ViReal64 range, ViReal64 resolution, ViReal64 acMinFreq, ViReal64 acMaxFreq)

该配置函数设定了数字多用表的功能、范围、精度、信号最小频率和最大频率,函数原型中参数与属性的对应关系见表 7-6。

配置函数中参数的数据类型都是 VISA 数据类型,此配置函数一共实现了五个属性的设置。当应用程序调用此函数时,IVI 引擎参与五个属性设置的全过程。

表 7-6 Fluke 45 DMM 配置函数的参数意义

配置参数	参数对应的属性	属性描述
measFunction	FL45_ATTR_FUNCTION	多用表功能
range	FL45_ATTR_RANGE	测试范围选择
resolution	FL45_ATTR_RESOLUTION	测试精度
acMinFreq	FL45_ATTR_AC_MIN_FREQ	信号最小频率
acMaxFreq	FL45_ATTR_AC_MAX_FREQ	信号最大频率

针对 Fluke 45 DMM 配置函数中对 FL45_ATTR_ FUNCTION 属性的设置,下面列出 IVI 引擎的操作步骤:

① 配置函数调用 IVI 引擎中的 Ivi_Set AttributeViInt32 函数设置 Fluke 45 DMM 的功能,假定设置为测量交流电压(FL45_VAL_AC _VOLTS)。

② 每个属性都定义了一个合法值的范围表,称为属性范围表。FL45_ATTR_FUNCTION 属性定义了一组常量(见表 7-7)分别代表测量交流电压、直流电压、交流电流、直流电流、电阻、频率、二极管等的功能。如果范围检测允许,则 IVI 引擎检查设置的功能值是否合法。如果检查结果错误,则返回错误信息。某些属性不管是否允许范围检查,IVI 引擎都将强制赋予一个合法的值。

表 7-7 Fluke 45 DMM 的属性常量

属性常量	命令字串	功能含义
FL45_VAL_DC_VOLTS	VDC	测直流电压
FL45_VAL_AC_VOLTS	VAC	测交流电压
FL45_VAL_DC_CURRENT	ADC	测直流电流
FL45_VAL_AC_CURRENT	AAC	测交流电流
FL45_VAL_2_WIRE_RES	OHMS	测电阻
FL45_VAL_DIODE	DIODE	测二极管
FL45_VAL_FREQ	FREQ	测频率

③ 如果状态缓存机制允许,则 IVI 引擎比较缓存中功能属性的值与新设定的

值。如果已经设置为测量交流电压,则不必再设置;否则继续执行。显然,这样可以减少大量的不必要的冗余操作,不仅能提高测试速度,而且可以提高测试性能。

④ 如果允许仿真,则属性设置立即成功返回,否则继续执行下一步操作。

⑤ IVI引擎调用写回调函数,将功能配置命令写入到仪器控制寄存器中。同时,IVI引擎更新缓存的状态值。

⑥ 如果允许状态检验,IVI引擎调用状态检测回调函数从仪器寄存器读取仪器状态,确认无错误发生。至此,完成了Fluke 45 DMM测试功能的设置,其他的属性操作过程与此相似。

由此可见,IVI引擎参与了属性操作的全过程,是实现属性管理的关键。通过IVI引擎提供的这些机制,可以保证仪器驱动的性能,并能够提供一定的仿真能力。

3. 类驱动器机制

为了实现不同厂商同类仪器的可互换性,IVI建立了仪器类驱动器的机制,将不同的仪器按功能分类,每类仪器驱动器对外提供一致的属性和接口函数。在开发测试程序的过程中,只是调用公共的类驱动器的接口;而实际测试应用过程中,则根据实际使用的仪器调用特定仪器的驱动代码。

(1) 仪器分类方法

IVI将不同的仪器按功能分为五大类,每类仪器驱动器对外提供一致的属性和接口函数。这五类仪器分别是数字多用表(IVI Digital Multimeter)、示波器(IVI Oscilloscope)、函数发生器(IVI Function Generator)、电源(IVI Power Supply)和开关(IVI Switch)。按照这种方法分类后,每一类的仪器都包括基本的功能和扩展功能。基本的功能是该类仪器同时具有的功能,符合IVI规范的该类仪器的驱动器必须提供相应功能的接口函数;扩展功能则是相对于一类仪器中不常见的功能而制定的,并不要求所有的仪器驱动器都必须提供扩展功能接口。

此外,IVI没有限制仪器类的扩展,新功能的仪器出现后可以添加新的仪器类,比如最新颁布的IVI规范中已经包含了频普分析仪(Spectrum Analyzer)类的仪器,最近也正在着手制定功率计(Power Meter)类的规范。

(2) 仪器互换的实现

在测试应用中,每个通用的仪器类驱动器通过调用同类仪器中某个具体的仪器驱动器功能来实现对仪器的控制。在这里,为了实现仪器可互换,IVI仪器驱动器分成两个层次:通用类驱动器层和特定仪器驱动器层。图7-33显示了使用数字多用表的IVI驱动器的层次结构。

需要注意的是,这两个层次都同时遵循IVI规范,类驱动器只给出了接口声明,特定仪器的具体功能(如命令读写、控制字符串解析、范围和精度检查等)则由特定仪器驱动器的相应函数实现。

从图7-33中可见,测试程序调用的是通用DMM类驱动器的接口函数,而类驱动器调用的是特定驱动器(如HP 34410或Fluke 45 IVI驱动器)的相应功能函数。

由于类驱动器提供同类仪器一致的接口函数，所以同类的不同仪器可以使用相同测试程序。IVI 使用 IVI. INI 配置文件实现了从类驱动器到特定驱动器的映射，使得更换仪器时只需改变驱动器的映射(即将类驱动器的映射从一个驱动器改变到同类仪器的另一个驱动器)，而不必改变测试程序。

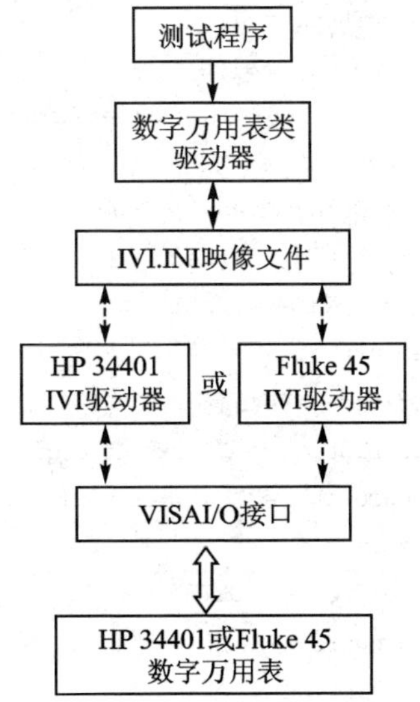

图 7-33　IVI 类驱动器映射特定驱动器示意图

IVI. INI 文件定义了设备逻辑名、类驱动器、虚拟设备、驱动器及硬件配置等字段。

① 设备逻辑名字段(IviLogicalName)定义了仪器设备标志符，并给出了该仪器驱动器虚拟设备字段在 IVI. INI 中的入口信息。

② 类驱动器字段(ClassDriver ->XXX)描述了当前使用的类驱动器的类别，XXX 代表驱动器类，比如数字多用表为 IviDMM。

③ 虚拟设备字段(Virtual Instrument，其入口由逻辑名字段中的“DMM=”给出)描述了特定仪器驱动器一些属性的配置(如范围检测、仿真功能等)。这些属性的值是在类驱动器初始化时作为参数传入的。该字段还给出了该仪器驱动器的驱动器字段和硬件配置字段在 IVI. INI 文件中的入口信息。

④ 驱动器字段(Driver，其入口由虚拟设备字段中的“Driver=”给出)描述了仪器驱动器的位置、接口形式、驱动器前缀等信息，以便类驱动器正确载入、调用特定的驱动器。

⑤ 硬件配置字段(Hardware，其入口由虚拟设备字段中的“Hardware=”给出)描述了特定仪器的地址信息、描述信息、ID 号等，以便类驱动器正确建立与仪器的通信连接。

下面将通过 Fluke 45 数字多用表的初始化过程来说明类驱动器到特定驱动器的映射机制的实现过程。IVI. INI 映像文件配置如下：

```
[IviLogicalName]
DMM = "VInstr->Fl45"
[ClassDriver->IviDmm]
Description = "IVI Digital Multimeter Class Driver"
SimulationVInstr = "Vistr->NISimDMM"
[VInstr->Fl45]
Description = "Fluke 45 Digital Multimeter"
Driver = "Driver->45"
Hardware = "Hardware->Fl45"
```

```
RangeCheck = True
Simulate = False
UseSpecificSimulation = False
Trace = True
InterChangeCheck = True
QureStatus = True
ChannelName = "ch1"
DefaultSetup = ""
[Driver->FL45]
Description = "Fluke 45 Digital Multimeter Instrument Driver"
ModulePath = "d:\program files \cvi\instr\FL45.dll"
Prefix = "FL45"
Interface = "GPIB"
[Hardware->FL45]
Description = ""
ResourceDesc = "GPIB::2::INSTR"
IDString = "FLUKE,45,4940191,1.6,D1.0"
DefaultDriver = "Driver->Fl45"
```

在应用程序中,调用数字多用表类驱动器的初始化函数来进行仪器初始化:

```
IviDmm_Initialize(&DMMhandle);
```

通过 IVI.INI 文件映射,类驱动器读入映像文件的配置信息,并动态地载入位于"d:\program files \cvi\instr\FL45.dll"的 FL45 驱动器组件。根据[Driver->FL45]字段中定义的驱动器前缀"FL45"找到对应的 Fluke 45 数字多用表的初始化函数(比如 FL45_InitWithOptions),并将映像文件中初始信息作为参数传入:

资源地址 GPIB::2::INSTR;

属性配置为 Simulate=0,RangeCheck=1,QueryInstrStatus=1,Cache=1;

从而完成 Fluke45 DMM 的初始化。

IVI.INI 文件可以存放在缺省的目录 VXIpnp\Win95\NIivi 下,也可以由 Ivi_SetIviIniDir 函数指定。

可以发现,使用类驱动器编写的代码与特定的仪器无关。对于同类的仪器、相同的测试,用类驱动器编写的测试代码是一样的,实际操作的过程则是调用 IVI.INI 中对应驱动器的功能函数。

7.4 测试应用软件开发工具

软件是虚拟仪器与自动测试系统的核心,围绕测试应用可以采用通用编程语言,如微软的 Visual C/C++/C#,也可以采用专用的测试软件开发工具,如美国 NI 公司的 LabVIEW、LabWindows/CVI 等。可以针对特定的测试应用开发专用的运行调度，也可以采用 NI 公司的通用测试调度软件 TestStand。下面对上述几种测试开发工具软件进行简单介绍。

7.4.1 LabVIEW

LabVIEW(Laboratory Virtual Instrument Engineering Workbench)是美国 NI 公司开发的图形化软件开发环境，与其他计算机编程语言的显著区别是：其他计算机编程语言大多采用基于文本的语言编写代码，而 LabVIEW 使用的是图形化编辑语言(G 语言)编写软件，产生的软件具有直观、形象的框图形式。

LabVIEW 软件是 NI 虚拟仪器设计平台的核心，也是开发测量或控制系统的理想选择。LabVIEW 开发环境集成了丰富的工程应用和科学计算所需要的各种工具模块，具有图形化专业的虚拟仪器界面开发支持，能够帮助工程师和科学家更专注于解决实际工程应用与科学问题，以便从虚拟界面设计和仪器编程控制等繁琐的专业化工作中解脱出来，提高测试开发效率和创新能力。

LabVIEW 是一种用图标代替文本行创建应用程序的图形化编程语言。传统文本编程语言根据语句和指令的先后顺序决定程序执行顺序，而 LabVIEW 则采用数据流编程方式，程序框图中节点之间的数据流向决定了 VI 及函数的执行顺序。VI 指虚拟仪器，是 LabVIEW 的程序模块。LabVIEW 提供了很多外观与传统仪器(如示波器、万用表)类似的控件，可便于创建用户界面。用户界面在 LabVIEW 中被称为前面板。使用图标和连线，可编程实现对前面板上的对象进行控制。这就是图形化源代码，又称 G 代码。LabVIEW 的图形化源代码在某种程度上类似于流程图，因此又被称作程序框图代码。

LabVIEW 的应用特点：

(1) 测试测量

LabVIEW 最初就是为测试测量而设计的，因而测试测量也是 LabVIEW 最广泛的应用领域。经过多年的发展，LabVIEW 在测试测量领域获得了广泛的承认。大多数主流的测试仪器、数据采集设备都拥有专门的 LabVIEW 驱动程序，使用 LabVIEW 可以非常便捷地控制这些硬件设备。同时，用户也可以十分方便地找到各种适用于测试测量领域的 LabVIEW 工具包。这些工具包几乎覆盖了用户所需的所有功能，用户在这些工具包的基础上再开发程序就更加便捷、容易，甚至只需简单地调用几个工具包中的函数，就可以组成一个完整的测试测量应用程序。

(2) 控　制

控制与测试是两个相关度非常高的领域，从测试领域起家的 LabVIEW 自然首先拓展至控制领域。LabVIEW 拥有专门用于控制设计与仿真的模块。工业控制领域常用的设备、数据线等通常也都带有相应的 LabVIEW 驱动程序。使用 LabVIEW 可以非常方便地编制各种控制程序。

(3) 仿　真

LabVIEW 包含了多种多样的数学运算函数,特别适合进行模拟、仿真、原型设计等工作。在设计机电设备之前,可以先在计算机上用 LabVIEW 搭建仿真原型,验证设计的合理性,找到潜在的问题。

(4) 快速开发

LabVIEW 便于实现产品设计与测试过程的统一,采用相同的开发工具进行设计和测试验证,实现设计知识在产品全生命周期测试验证过程中重用,提高开发效率、保证了一致性。LabVIEW 几乎覆盖各种应用领域的工具箱也极大地方便了产品设计与测试验证的开发。

(5) 跨平台

如果同一个程序需要运行于多个硬件设备之上,也可以优先考虑使用 LabVIEW。LabVIEW 具有良好的平台一致性。LabVIEW 的代码不需任何修改就可以运行在 Windows、Mac OS 及 Linux 常见的三大台式机操作系统上。除此之外,LabVIEW 还支持各种实时操作系统和嵌入式设备,比如常见的 PDA、FPGA 以及运行 VxWorks 和 PharLap 系统的 RT 设备。

7.4.2　LabWindows/CVI

LabWindows/CVI 是 NI 公司提供的一个基于 ANSI C 的用于测试、测量和控制的开发环境。它具有先进的 ActiveX 和多线程能力,内置的测量库支持多种形式的 I/O,具有分析、显示和交互式用户接口,以及仪器驱动和代码生成等功能。

1. 特　点

LabWindows/CVI 集成开发环境突出的特点:它是代码生成工具和快速进行易于 C 语言代码开发的原型工具。它提供了独特的、交互式 ANSI C 环境及充分发挥了 C 语言的强大功能,同时又具有 VB 的易用性。因为 LabWindows/CVI 是一种用于开发测量应用的编程环境,所以提供了大量的仪器控制、数据采集、分析和用户接口实时库。LabWindows/CVI 也提供了许多特性,使之在测量应用开发工作上易于在传统 C 语言环境进行开发。

LabWindows/CVI 提供了如下特性来满足创建高性能系统的设计要求:

- ANSI C 执行速度。
- 小型、快速可执行文件的创建和发行。
- 多线程应用的开发与调试。
- 快速、易用的 C 开发环境。
- 可拖放的用户接口开发。
- 自动代码生成工具。
- 快速应用开发过程。
- 使测试工程师易于使用。

- 内置仪器库(GPIB、DAQ、分析和更多其他库)。
- 交互执行。
- 仪器驱动。
- 代码可重用性。
- 与 ANSI C 兼容的开发环境。
- DLL、OBJ 和 LIB 集成生成工具。

2. 用　途

通过 LabWindows/CVI ActiveX 控制器向导可以从任何已注册服务器上获得功能面板。在自定义的用户接口中也可包含 ActiveX 控件,以创建先进的、结合其他公司经验的应用。向导还包括创建自定义 ActiveX 服务器的能力,可用来打包用户应用程序或一个完整测试模块中的测试模块,以便开发人员在许多不同的开发环境中容易找到并使用它。

在 LabWindows/CVI 下,用户可以用内置的包含大量简化多线程编程的应用库来创建、调试多线程应用。LabWindows/CVI 开发环境还提供了全套多线程调试能力,如在任意线程中设置断点,在程序挂起时查看每个线程的状态。LabWindows/CVI 包含的每个库都是多线程安全的。当用户结束应用开发时,可以单击鼠标创建可执行文件或动态链接库(DLL),然后将自己的仪器代码加入到外部开发工具或应用中,如 LabVIEW、VB 或其他 C/C++开发环境;也可使用创建发行包工具将代码打包,发送到目标机器上。

另外,NI 公司还提供了一些可添加(Add - On)软件扩展 LabWindows/CVI 的功能,如视觉与图像(Vision and Image)处理软件,包括 IMAQ Vision(一个视觉功能库)、IMAQ 视觉创建工具、一个用于视觉应用开发的交互式环境。

(1) 视觉与图像处理软件

NI 视觉与图像处理软件是为创建机构视觉和科学成像应用的科学家、自动化工程师和技术人员开发的。IMAQ 视觉创建包(IMAQ Vision Builder)是为无需编程且能快速创建视觉应用原型的开发人员使用的。视觉与图像处理软件与 LabWindows/CVI 是兼容的。

(2) IVI 驱动工具包

仪器驱动在测试系统中是重要的组成部分,在系统中执行实际的与仪器的通信与控制。仪器驱动提供高层的、易于使用的编程模型,通过直观的 API 来完成获取仪器复杂测量能力,如此,可以发行模块化、市场上买得到的控件,以应用在自己的测试系统中。IVI 驱动工具包与 LabWindows/CVI 是兼容的。

(3) PID 控制工具包

PID 控制工具包为 LabWindows/CVI 增加了科学的控制算法库。使用此工具包可快速地为自己的控制应用创建数据采集和控制系统。此工具包与 LabWindows/CVI 是兼容的。

3. 兼容性

由 LabWindows/CVI 编写的应用可与 LabVIEWRT 的应用进行通信，通信途径是把模块编译成动态链接库(DLL)的形式，然后再在 LabVIEWRT 应用中调用。

LabWindows/CVI 还支持与 VC/C++/C#之间彼此调用动态链接库。

7.4.3 其他测试开发工具

1. Measurement Studio(测量工作室)

Measurement Studio 是由 NI 公司在十几年的测量编程开发经验基础上开发的一组编程工具，包括 LabWindows/CVI 和 LabVIEW 等不同功能的软件开发平台。它主要以 LabWindows/CVI 为基础，结合专为微软 Visual Basic 及 Visual C++设计的各种测量工具组合而成。有了这些组合，Measurement Studio 大大提高了文本编程语言的工作效率。通过 Measurement Studio 这样一个集成开发工具，用户可以灵活地选择最适合自己的工业标准开发环境，进行多功能硬件集成。Measurement Studio 同时还提供了强大的数据采集、分析和显示功能，以及易用的网络架构，这样，用户可以很快实现自己的独立的测量系统或基于网络的分布式测量系统。

这一套软件工具主要适用于测试技术、控制技术、虚拟仪器技术以及信号分析处理和故障诊断技术，是测试领域的技术人员首选的软件开发工具。无论用户使用什么方式采集数据(GPIB 或串行仪器、插入式数采设备、PXI 测量模块、VXI 测量模块、图像采集或运动控制设备)，Measurement Studio 都能提供用户所熟悉的开发环境的高级界面，如为 Visual Basic 提供 ActiveX 界面，为 Visual C++提供基于 MFC 的 C++类库，为 LabWindows/CVI 的 ANSI C 开发环境提供功能面板库。用户可选择自己喜欢的开发环境创建脱离于硬件设备的高速测量和自动化系统，Measurement Studio 可以提供各种工具和专业技能，帮助您更高效地完成开发任务。

2. VC++和 C#

VC++和 C#是微软公司的 Visual Studio 中的两个被广大程序员采用的开发工具。Visual C++是面向 C/C++语言的开发平台，提供了面向对象的应用程序框架 MFC(Microsoft Foundation Class，微软基础类库)，提高了模块的可重用性。Visual C++还提供了基于 CASE 技术的可视化软件自动生成和维护工具 AppWizard、ClassWizard、VisualStudio、WizardBar 等，帮助用户直观、可视地设计程序的用户界面。但是，由于 C/C++本身的复杂性，所以对编程人员要求还是相当高的。它要求编程者具有丰富的 C/C++语言编程经验，了解面向对象编程的基本概念，同时还必须掌握复杂的 MFC 类库。

C#在结构和特性上很像 Java，但它的语法是 C++的演进。熟悉面向目标和异常处理的 C++程序员，能比较容易地转向 C#程序环境。

3. TestStand

NI 公司的 TestStand 是一个现成可用的测试执行管理软件，用于组织、控制并执行自动化原型创建、设计认证和生产测试程序。TestStand 的功能完全由客户定义。为满足特定需求，用户可自行对其进行功能修改和改进，例如定义操作界面，报告生成格式，或根据需要定义执行顺序等。建立在高速、多线程执行引擎基础上，TestStand 的性能可满足您最严格的测试流量要求。利用 TestStand，可让工程师将精力集中在更重要的任务上，如先为产品建立测试策略，再考虑如何利用这个策略开发出应用程序等；而相对简单的工作，如运行顺序、执行和报告生成等，均由 TestStand 替您完成。

TestStand 与所有主流测试编程环境兼容，如 NI 的 LabVIEW、LabWindows/CVI，微软的 Visual Basic 和 Visual C＋＋等；TestStand 能调用任何编译过的动态链接库(DLL)、ActiveX 自动化服务器、EXE 执行程序，甚至传统开发语言如 HP－VEE 等。利用 TestStand 特别强大的兼容性，您可以方便地在一个系统中将传统和现代测试编程序环境结合起来。由于 TestStand 与 LabVIEW、LabWindows/CVI 编程语言完全兼容，所以在 TestStand 中对程序进行调试、修改或设置断点等都很方便。

TestStand 的优势：

① 降低测试系统的整体成本。

② 提高开发效率。

③ 增加测试速度。

TestStand 的特性：

① 可立即运行，由用户自定义测试执行任务。

② 交互式开发环境建立测试顺序。

③ 用户选择 XML、HTML、ASCLL，及数据库输出。

④ 高速并行顺序执行。

⑤ 源代码控制应用程序集成。

⑥ 执行引擎可调用任何语言或格式的程序。

7.5 自动测试系统设计

7.5.1 自动测试系统的概念与组成

一般意义的自动测试系统 ATS(Automated Test System)是指那些采用计算机控制，能实现自动化测试的系统，也就是对那些能自动完成激励、测量、数据处理并显示或输出测试结果的一类系统的统称。这类系统通常是在标准的测控系统或仪器总线(CAMAC、GPIB、VXI、PXI 等)的基础上组建而成的。自动测试系统 ATS 具有高速度、高精度、多功能、多参数和宽测量范围等众多特点。工程上的 ATS 往往针对一定的应用领域和被测对象，并且通常按照应用对象命名，因此有飞机自动测试系统、导弹自动测试系统、发动机自动测试系统、雷达自动测试系统、印制电路板自动测试系统,及大规模集成电路自动测试系统等。对于飞机、导弹等大型装备的自动测试系统,又可以按照应用场合来划分,例如可分为生产过程用自动测试系统(面向功能、性能测试)及场站维护用自动测试系统(以返修测试及故障定位为目的)等。

自动测试系统 ATS 一般由 ATE(Automatic Test Equipment,自动测试设备)、TPS(Test Program Set,测试程序集)和 TPS 软件开发工具所组成,如图 7-34 所示。

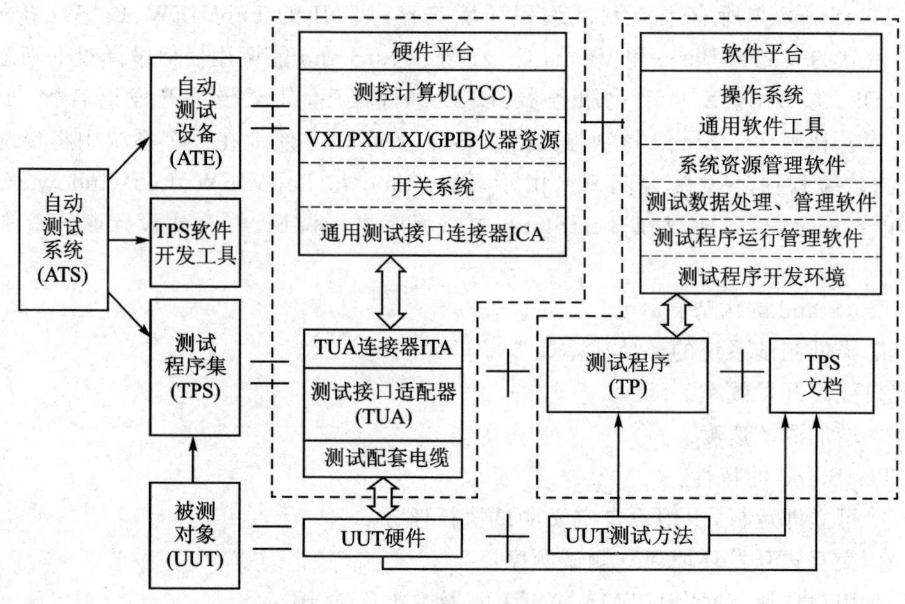

图 7-34 自动测试系统的组成

自动测试设备(ATE)是指用来完成测试任务的全部硬件和相应的操作系统软件。ATE 硬件本身可以像便携式设备那样小,也可以是由多个机柜组总重量达数千公斤的设备。为适应飞机、舰船或机动前线部队的应用,ATE 往往是一些加固了的商用设备。即使是非前线环境(如维修站或修理厂)应用的 ATE,也几乎完全由 COTS(Commercial Off-The-Shelf Equipment,货架设备)组成。ATE 的核心和关键是计算机,该计算机用来控制复杂的测试仪器,如数字多用表、波形分析仪、信号发生器及开关组件等。这些设备在测试软件的控制下工作,通常是提供被测对象中的电路或部件所要求的激励,然后在不同的引脚、端口或连接点上测量被测对象的响应,从而确定该被测对象是否具有规范中规定的功能或性能。ATE 有着自己的操作系统,以实现内部事务的管理(如自测试、自校准等)、跟踪维护要求及测试过程排序,并存储和检索相应的技术手册内容。ATE 的典型特征是它在功能上的灵活性,例如用一台 ATE 可以测试多种不同类型的电子设备。从部件检测角度,ATE 可用来实现对两类黑盒子的测试:① LRUs(Line Replaceable Units,现场可更换单元)或

WRAs（Weapons Replaceable Assemblies，武器可更换组件）；② SRUs（Shop Replaceable Units，车间可更换单元）。

测试程序集（TPS）是与被测对象及其测试要求密切相关的。典型的测试程序集由三部分组成：① 测试程序软件；② TUA（Test Unit Adapter，测试接口适配器），包括接口装置、保持/紧固件及电缆；③ 被测对象测试所需的各种文件。测试软件通常用标准测试语言（如 ATLAS）写成。对有些 ATE，其测试软件是直接用通用计算机语言（如 C、Ada）编写的。ATE 中的计算机运行测试软件，控制 ATE 中的激励设备、测量仪器、电源及开关组件等，将激励信号加到需要的地方，并且在合适的点测量被测对象的相应信号，然后再由测试软件来分析测量结果并确定可能是故障的事件，进而提示维修人员去掉或更换某一个或几个部件。由于每个 UUT（Unit Under Test，被测对象）有着不同的连接要求和输入/输出端口，因此 UUT 连到 ATE 通常要求有相应的接口设备，称为接口适配器，它完成 UUT 到 ATE 的正确、可靠的连接，并且为 ATE 中的各个信号点到 UUT 中的相应 I/O 引脚指定信号路径。

开发测试软件要求一系列的工具，这些工具统称为测试程序集开发工具，有时亦被称为 TPS 软件开发环境。它可包括：① ATE 和 UUT 仿真器；② ATE 和 UUT 描述语言；③ 编程工具，如各种编译器等。不同的自动测试系统所能提供的测试程序集开发工具有所不同。

7.5.2 自动测试系统的应用范围

由于受到各行业，特别是军事领域的强有力的需求牵引，近年来自动测试系统（ATS）和自动测试设备（ATE）技术发展十分迅速。概括起来，自动测试系统主要应用于如下场合：

① 高速、高效率的功能、性能测试。那些大批量生产并且测试项目多而且复杂的电子产品（如大规模集成电路、大批量生产的印制电路板或电路组件等），以往的人工手动检测已经不能适应，必须采用相应的自动测试系统。

② 快速检测、诊断/维护，提高装备的机动性。现代飞机、导弹、武器系统等都是十分复杂的系统。飞机在飞行前和飞行后，导弹、鱼雷等武器在发射前，都需要快速检测与诊断，遇有故障则迅速定位与排除。为达此目的，没有先进的自动测试系统支持是根本不行的。

③ 高档复杂设备的综合检测及过程监视。现代飞机，甚至它的子系统（如机械电子系统、火力控制系统、导航/飞行控制系统等）都是十分复杂的系统，在飞机设计过程中需要用一些自动测试系统来支持设计验证；在飞机生产/装配过程中，自动测试系统用来对并行作业的各个子系统的生产/装配过程进行测试和监视，实施协调和管理。军用高档设备研制过程中，环境试验（高、低温，湿度，振动，过载等）是一项困难、费时、费力的任务，其主要目的是分辨或替代那些不能承受恶劣环境条件的部件。由于处于环境试验中的被测对象复杂而贵重，测试项目多，而且要求在给定的很短时

间内完成，这类测试任务也必须采用相应的自动测试设备才能完成。

7.5.3 自动测试系统的发展概况

自动测试系统的发展经历了从专用型向通用型的转变过程。在早期，仅侧重于自动测试设备（ATE）本体的研制，近十年来，则围绕测试信息共享和重用为核心的通用自动测试系统体系结构研究，实现测试仪器的可互换、测试软件的可移植，并在自动测试系统中大量应用先进人工智能技术。目前，随着网络化、大规模可编程器件、多核处理器的应用，分布式、现场可重新配置、多核并行计算正成为自动测试系统发展研究的热点，同时测试信息的标准化描述，也为测试信息与知识的移植和重用提供了便利条件。

1. 专用型自动测试系统

早期的自动测试系统多为专用系统，是针对具体测试而研制的。它主要用于测试工作量很大的重复测试，或者用于高可靠性的复杂测试，或者用来提高测试速度，在短时间内完成规定的测试，或者用于人员难以进入的恶劣环境。

专用型自动测试系统至今仍在应用，各式各样的针对特定测试对象的智能检测仪就是其中的典型例子。近十余年来，随着计算机技术的发展，特别是随着单片机与嵌入式系统应用技术以及能支持自动测试系统快速组成的计算机总线（如 PC－104）技术的飞速发展，这类自动测试系统已具有新的测试思路、研制策略和技术支持。专用型自动测试系统是从人工测试向自动测试迈出的重要的一步，是本质上的进步，它在测试功能、性能、测试速度和效率，以及使用方便等方面明显优于人工测试，使用这类系统能够完成一些人工测试无法完成的任务。

专用型自动测试系统的缺点突出表现在接口及标准化方面。在组建这类系统时，设计者要自行解决系统中仪器与仪器，仪器与计算机之间的接口问题。当系统比较复杂时，研制工作量很大，组建系统的时间增长，研制费用增加。而且，由于这类系统是针对特定的被测对象而研制的，系统的适应性不强，改变测试内容往往需要重新设计电路，本质的原因是其接口不具备通用性。由于在这类系统的研制过程中，接口设计、仪器/设备选择等方面的工作都是由系统的研制者各自单独进行的，所以系统设计者并未充分考虑所选仪器/设备的复用性、通用性和互换性问题。带来的突出问题是：

① 若复杂的被测对象（如一架飞机）的所有功能、性能测试全部采用专用型自动测试系统，则所需要的自动测试系统数目巨大，费用十分高，更为严重的是，这会使该被测对象的保障设备的机动能力降低。

② 由于这类专用系统中，仪器/设备的可复用性差，一旦其被测对象退役，为其服务的大批专用自动测试系统也随之报废，因此测试设备方面的浪费是惊人的。

2. 独立仪器机架堆叠构成的自动测试系统

这类自动测试系统由独立台式仪器通过外置标准接口总线连接，为减少测试系统所占空间大小往往将程控仪器堆叠摆放在机柜的隔板上，所以称为机架堆叠式(rack and stack)测试仪器/测试系统。

从第一代仪器总线 GPIB，到目前流行的 USB 和 LAN，独立仪器组成的自动测试系统均采用外置总线实现计算机控制。系统中的各个设备(计算机、可程控仪器、可程控开关等)均为台式设备，每台设备都配有符合接口标准的接口电路。组装系统时，用标准的接口总线电缆将系统所含的各台设备连在一起构成系统。这种系统组建方便，组建者一般不需要自己设计接口电路。仪器在机柜中堆叠固定放置，使得这类系统配置修改、升级方便，而且设备资源的复用性好。系统中的通用仪器(如数字多用表、信号发生器、示波器等)既可作为自动测试系统中的设备来用，亦可作为独立的仪器使用。

目前，国际标准 IEEE 488(General Purpose interface bus，GPIB 总线接口)为各类程控仪器主要标准通信接口，廉价程控仪器也采用串行接口和 USB 接口，随着计算机网络技术的普及，LAN 接口也成为多数程控仪器的标准配置。由独立仪器构成自动测试系统，具有成本低、测试精度高、可靠性好、连接简单、配置灵活等优点。但同时也存在测试系统体积较大、功耗较大、数据传输速率较低、独立仪器操作面板利用率低、仪器间实现高精度触发/同步需要附加专门的硬件或采用精确时钟同步协议等缺点。

3. 模块化虚拟仪器构成的自动测试系统

这类自动测试系统是基于机箱插卡式仪器(cardcage instrument)，多个模块化插卡仪器共享仪器机箱的电源和背板总线。典型的模块化仪器总线包括 VXI、PXI/PXI Express 等测试总线。VXI 总线(VMEbus eXtensions for Instrumentation)是 VME 计算机总线向仪器/测试领域的扩展，具有高达 40 MB/s 的数据传输速率。PXI 总线是 PCI 总线的工业加固版本 Compact PCI 总线向仪器/测量领域的扩展，其数据传输速率为 132～264 MB/s。PXI Exprss 则以 PCI Express 总线为基础发展起来的仪器总线，可实现仪器模块间端到端的独占带宽数据传输，单方向一个通道的传输速率达 250 MB/s，多个通道组合可达到最高 4 GB/s 的数据传输速率。

以模块化插卡式仪器为基础，可组建高速、高数据吞吐量的自动测试系统。在 VXI(或 PXI/PXI Express)总线系统中，仪器、设备或嵌入计算机均以 VXI、PXI/PXI Express 总线的形式出现，系统中所采用的模块化仪器/设备均插入带有 VXI、PXI/PXI Express 总线插槽的机箱中，机箱为仪器模块提供统一的电源、时钟及触发总线，由测试主控计算机显示屏及鼠标来实现“虚拟”的仪器显示与操作面板，从而避免了系统中各仪器、设备在机箱、电源、面板、按键等方面的重复配置，大大降低了整个系统的体积、重量，并能在一定程度上节约成本。

以计算机内总线为基础发展起来的模块化仪器总线(VXI、PXI/PXI Express)组成的自动测试系统具有数据传输速率高、数据吞吐量大、体积小、重量轻、系统组建灵活、扩展容易、资源复用性好、标准化程度高等众多优点，是当前先进的自动测试系统特别是军用自动测试系统的主流组建方案。随着 VXI 等模块化仪器的出现，VXI 即插即用基金会（VXI Plug&Play Foundation）推出了模块化仪器软件开发标准——VISA（Virtual Instrument Software Architecture，虚拟仪器软件架构），屏蔽了 GPIB、VXI、PXI、USB、RS-232 等多种仪器总线的物理差异，实现了输入/输出接口层软件的标准化，并规范了仪器驱动和仪器软面板的开发。软件成为了模块化虚拟仪器的核心，因此美国 NI 公司提出“软件就是仪器”的口号。同时 LabWindows/CVI、LabView 等虚拟仪器开发编程工具的出现，为模块化虚拟仪器的开发提供了便利条件。

4. 基于局域网的分布自动测试系统

借助计算机网络实现自动测试系统的联网，以局域网为基础构成自动测试系统，是一类廉价互联、灵活扩展的自动测试系统，特别适合被测对象空间尺寸大、测点分布距离远而分散的应用场合。随着网络接口成为各类计算机系统的标准配置，局域网互联构成的自动测试系统变得简单、便捷。

7.5.4 自动测试系统总体设计

1. 自动测试系统的设计规划

虽然被测对象的种类繁多，自动测试系统最终用户的需求也千差万别，但自动测试系统的集成过程中存在一些共性的，需要测试系统集成承包方统筹考虑，并进行合理取舍的限定因素。在测试系统集成设计的初期就应该把以下这些关键的限定因素一一罗列出来，并同系统的最终用户就各项要求和解决方案达成一致。

(1) 测试系统的经费预算

测试系统硬件经费预算是在整个测试系统集成过程中首要考虑的因素。集成承包方往往要在总预算经费的限制下，进行测试系统资源的选型与配置，有时还需要与用户一起重新审定测试需求，做出合理的调整以满足经费预算。

(2) 测试系统运行环境

测试系统最终的运行环境决定了测试系统工作的温度、湿度、洁净度条件，如果需要经常机动运输的自动测试系统，还要考虑振动和冲击的影响。自动测试系统的集成承包方必须考虑硬件设备是否满足运行环境要求，或采取哪些防护和加固措施（如恒温包装、减震等）使硬件设备达到运行环境要求。

(3) 测试系统的测试吞吐量

当自动测试系统用于批量 UUT 的检测时，测试系统必须满足单位时间内 UUT 检测数量的要求。为提高测试吞吐量，可能需要选用高速的测控计算机以提高测试软件的运行速度，选用具有高速总线的仪器模块（如 VXI 总线仪器）来提高数据传输速率，或采用更快捷的 UUT 与测试系统的接口连接方式。

(4) 测试系统的安装空间与便携能力

运行场所为测试系统提供的安装空间，测试系统是否需要满足快捷运输的便携能力，也是决定测试仪器/测试控制器选型、测试系统机柜/机箱等包装设计的因素。

(5) 测试系统的应用范围

测试系统的设计目标可能是针对特定型号 UUT 的专用系统，也可能是覆盖多种型号的通用系统，测试系统的应用范围不仅影响测试系统与 UUT 的接口连接方式、测试仪器的选型，而且也决定开关系统的选择和规模。

(6) 测试系统的扩展能力

根据用户对测试系统未来扩展能力的需要，确定测试仪器的选型和开关系统的容量，VXI/PXI 等模块化仪器机箱通常应该保留 20%以上的空槽位以备未来扩展，机箱电源也应该保持相应的功率储备。采用机柜结构的测试系统同样应该考虑留有一定的扩展空间。但过度地强调扩展能力的超前配置，也将带来资源的闲置和浪费，所以需要统筹考虑。

(7) 测试系统交付周期

用户要求的测试系统交付周期也将直接影响测试系统硬件的设计与集成方案，诸如：测试仪器的选型、可以接受的外购件供货周期、对设备的熟悉和掌握所需要的时间、自研设备的数量和开发周期等都将受到测试系统交付周期的制约。

(8) 测试系统的软件运行环境

测试系统软件运行环境影响测试系统控制器的选型、控制器外设的配置，同时影响测试系统的实时性。通常测试实时性要求高的场合，采用实时操作系统软件(如 VxWorks)，测试控制器选用嵌入式控制器。

2. 自动测试系统主要性能指标

(1) 精度与分辨率

精度是任何测试系统的关键指标，该指标定义了测量值与标准值的接近程度。测试需求应定义精度指标及余量要求，测试设备的最低要求是其精度应高于被测对象两倍以上，同时需要操作环境温度、仪器计量校准周期符合规定。实际工程中常选用精度比测试需求高 10 倍以上的测试设备，这样即使降低维护保障及计量校准要求，测试精度也能满足需要，因此是费效比更高的方法。

除精度外，分辨率是测试需求中另一项重要指标，分辨率定义为可以测量的最小变化。有时，对于短时快变的信号测量，分辨率指标可能比较长测量周期中定义的精度指标更重要，因为开关、夹具、电缆等都会引入噪声和串扰，增加了测量的不确定性。

(2) 吞吐量

单位时间测试任务完成能力，可以用测试吞吐量指标定义。测试吞吐量指标对产品批生产中的测试更重要，将直接影响产品的产量。产品研发和验证阶段，测试吞吐量指标对特别复杂的测试任务可能有影响，影响研发、验证工作进展，进而影响产品面市时间。而影响测试吞吐量的一个重要因素是测试设备因故障的停机，为减少故障停机时间，测试设备完善有效的内置测试(BIT，Built In Test)设计非常重要，能够快速准确定位故障，减少维修时间。因此在完善的测试系统开发方案中，应该涉及测试设备自诊断能力的描述，对复杂的测试系统故障诊断方案，可以与维护、计量校准方案统一设计，通过预防测试系统故障来减少故障停机时间，从而确保测试吞吐量满足要求。

3. 测试系统控制方式选择

按照测试进程控制的自动化程度来区分测试系统的控制方式，通常可分为手动控制、半自动控制和全自动控制三种控制模式，而真正意义的自动测试系统通常采用半自动和全自动控制方式。测试系统三种控制方式的比较如表 7-8 所列。

表 7-8　测试系统控制方式的比较

性　能	手动控制	半自动控制	全自动控制
仪器费用	如用于研发阶段，精度要求高，比自动测试仪器价格高	取决于仪器配置，如果与研发阶段手动仪器相同，则价格较高，否则便宜	与测试需求有关，如果采用模块化仪器，可能费用更高，若要求低则便宜
开发费用	极低或无	取决于自动化水平	高
对操作者经验要求	非常高	如果手动部分需要有经验的工程师，则高	低
系统开发时间	低	低或高	高
测试系统的灵活性	高，可以随时改变	中，部分可以改变	较低，改变则费用高
测试吞吐量	低	中	高
测试结果重复性	随测试者经验变化	中	高
测试级校准	很少，通常仅独立仪器分别校准	有些系统可能采用系统级校准	系统级校准完全可以实现
自检与诊断能力	仅独立仪器自诊断，无系统级诊断	与系统接口配置有关，多数独立仪器自检/诊断	通过测试接口实现激励/检测仪器的交联，实现系统自检与诊断
仪器重用能力	很高	中	插卡仪器重用性较低，独立或模块化仪器重用性中
潜在人为差错	高	中	低

7.6　自动测试系统硬件设计

7.6.1　硬件组成

自动测试系统（ATS）的硬件组成主要包括测试控制器、激励资源、检测资源、开关系统与测试信号接口装置。测试控制器实现自动测试系统中各种激励资源、检测资源和开关系统的配置，并决定其工作方式、状态、功能和参数，控制测试信号的通道选择与切换。测试系统与被测单元的信号交联则是通过信号接口装置实现的，如图 7－35 所示。

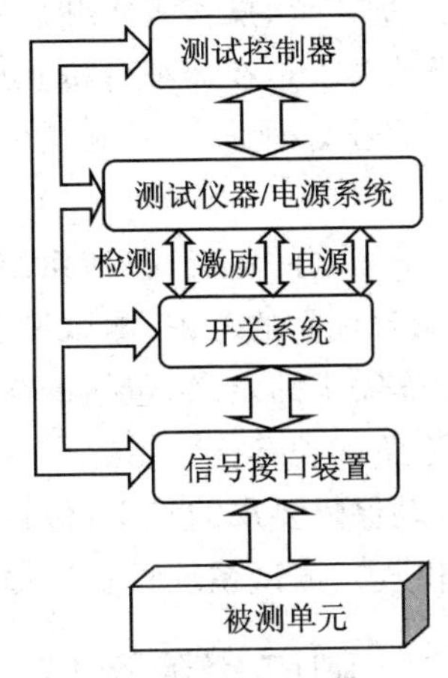

图 7－35　自动测试系统硬件组成

1. 测试控制器

测试控制器是自动测试系统的核心。测试软件在测试控制器上运行，实现对测试过程的控制。根据测试任务需要，测试控制器可选用通用微型/小型计算机、高性能工作站或专用计算机，同时配备必要的鼠标、显示器、键盘、打印机等外部设备。通常，测试控制器的工作还必须有相应的操作系统软件支持。

2. 测试仪器资源

测试仪器资源包括信号检测资源、激励资源、电源系统和模拟负载。信号检测资源由各种程控测试测量仪器组成，用于采集各种测试信号，如万用表、频率计、示波器、频谱分析仪等。激励资源为被测单元工作提供各种交/直流电源。随着被测单元中广泛采用高速数字电路，由多路可编程高速数字 I/O 模块组成的数字测试子系统也成为许多先进自动测试系统必备的测试资源。模拟负载是为被测单元提供相应的负载效应，模拟被测单元实际的运行环境。

3. 开关系统

开关系统在自动测试系统中实现被测单元接口和测试资源间的连接与通道切换。借助于开关系统，自动测试系统设计者可以充分利用有限的测试资源满足被测单元测试信号完备性需求，降低整个测试系统的成本。目前可选的程控开关种类繁多，可以适用于从直流信号、交流信号到射频信号，甚至光信号的通道路由需要。测试仪器通过开关系统的连接，可以方便地实现自动测试设备（ATE）自测试功能。经过开关系统的级联，还能够实现测试系统的扩展和重新配置。

4. 信号接口装置

由于被测设备的输入/输出接口类型和信号定义各式各样，要实现自动测试设备与被测单元间的规范、快速物理连接，必须经过信号接口装置。接口装置包括：ATE 中的信号接卡器（Receiver）及与被测单元配套的测试夹具（Fixture），如测试接口适配器、被测单元连接固定装置及各种测试电缆等。

7.6.2　硬件需求分析

自动测试系统硬件设计的首要任务是确定系统测试资源或硬件需求，包括测试需求、维护需求、操作需求和后勤保障需求。

测试需求是在详细分析和理解被测对象功能和工作原理的基础上，定义被测对象所需信号的种类、范围和精度要求，同时考虑某些信号参数的折中处理及可行的技术途径。

维护需求的定义，包括系统的结构、布局、布线，选用的测试仪器的技术支持能力、备份替代品的考虑、测试设备的自检/计量校准要求等。

操作需求的定义，包括最终操作人员基本素质、操作接口和界面布局、上电/断电顺序、应急保护等。

后勤保障要求的定义，包括测试系统的运行环境（温度、湿度、空气洁净度、通风、供电、供气）、测试系统移动运输能力（人工搬运、车载、航空运输）、体积大小等。

7.6.3 测试资源选型

当需求定义完成后，下一步就是仪器资源的选型工作，对比测试需求定义和各种仪器指标来决定最佳的测试资源选择方案。在满足测试信号指标的前提下，通常体积大小和费用因素决定测试仪器是选用 GPIB 总线、VXI 总线，还是选择 VXI/GPIB 混合总线、PCI/CPCI 总线、PXI 总线等。程控电源系统一般选成熟可靠的 GPIB 总线产品。高密度的检测、激励资源（如 A/D、D/A）和开关系统，选择 VXI 或 PXI 总线产品往往性价比更高。当某些测试需求无法采用现成的测试仪器实现时，可能需要调整相应的参数或变通实现的技术途径。但尽量不要研制专用测试仪器，否则会给测试系统未来的维护和升级带来麻烦。由于各仪器厂商定义的产品参数的规格并不统一，在挑选测试仪器时应该特别注意，例如多通道 A/D 转换器采用扫描方式和多个 A/D 并联方式实现，在性能和价格上的差距是很大的。所以了解仪器的工作原理和正确理解厂商的参数指标，是合理选择测试仪器的关键。总的来说，测试仪器资源选择应该遵循以下原则：

① 测试需求：测试仪器指标要以满足检测对象测试需求为主，在经费允许时，应适当提高测试仪器指标要求，以求适应范围更宽，或满足未来系统扩展的需要。

② 可靠性指标：可靠性是系统的关键，故首先考虑可靠性指标必须满足。

③ 通用产品或货架产品与专用资源或自研设备：尽量不要研制专用资源，采用成熟货架产品应是优先考虑因素。专用资源过多将带来研制周期长，可靠性、维修性差等弊病。

④ 总线方式：对需求特殊的测试仪器，可能只有 GPIB、VXI 或 PXI 等仪器，而多数仪器会有不同的总线控制方式，这时价格可能是主要影响因素。原则上微波（10 GHz 以上）类仪器以 GPIB 为主，数字类仪器以 VXI 或 PXI 总线仪器为主。

⑤ 供应商的选择：要考虑其是否为合格供货商，对其产品质量应进行考核，以及售后服务体系是否完善，供货渠道是否长期保障，供货周期是否满足要求等。应当选择那些知名厂商，虽然费用可能比较高，但其仪器的高可靠性、稳定性和完善的售

后服务将带来极大的保证。

7.6.4 控制器选型

测试控制器由 CPU 及其外设组成,通过执行系统软件、测试软件以及人机交互,测试控制器实现对各种测试资源的控制与配置。在许多测试系统中,TPS 开发环境往往也安装在测试控制器计算机上,用户利用测试控制器编辑、编译和调试测试软件。

测试控制器的选型,不仅决定了自动测试系统的性能,而且对系统未来的扩展性和维护性产生影响。因为测试控制器的改变,必将带来一系列技术和费用的额外投入,所以具有稳定和长期的供货商是测试控制器选型的一条重要原则。除 CPU 外,测试控制器选型时应该配置的主要外设包括:内存、硬盘/光盘存储器、显示器、打印机、标准仪器控制总线接口等。在参考硬件性能指标的同时,测试控制器选型还要特别关注供应商长期的技术支持能力,包括完备的文档资料、技术培训、零/部件的维修、更换保障及全球范围的快捷的技术支持等。

目前,以 VXI/PXI 总线仪器为主的自动测试系统,其测试控制器主要有两种类型:嵌入式控制器和外置控制器,其主要的性能指标依据包括字串传送、随机读/写和数据块传送。

嵌入式控制器是插入 VXI/PXI 机箱的控制计算机,占用 1～2 个槽位,集成了 CPU、内存、硬盘、光盘驱动器、显卡、USB 接口、串口、并口、10M/100M 以太(Ethernet)网卡接口、GPIB 接口等,构成一个完整的测试计算机系统。由于嵌入式控制器直接连接仪器总线,具有集成化程度高、体积小、数据传输速率高的优点,所以嵌入式控制器更适合于便携与要求实时测试的应用,其主要选择依据为可供选择的软件操作系统、控制器的数据吞吐量、成本价格和技术支持等。

当测试系统的外形尺寸无严格要求,也不强调激动运输的便携能力时,测试控制器可采用外置控制器。根据测试任务的需要和测试系统的成本预算,外置控制器一般采用通用工业控制计算机或台式计算机通过各种外部总线与 VXI/PXI 主机箱中的零槽控制器通信,实现外置控制器总线与 VXI/PXI 仪器总线的信息传输。外置控制器不受 VXI/PXI 主机箱物理结构的限制,选择灵活,系统互换性好,系统升级和维护都非常方便。

7.6.5 开关系统设计

7.6.5.1 开关系统的作用

在 ATS 中,开关系统的作用就是实现 ATE 与各种不同 UUT 的连接,具体如图 7-36 所示。

如图 7-36 所示,开关系统的作用可作如下表述:

① 将程控电源系统输出的电源加至 UUT 要求的接口插针上;

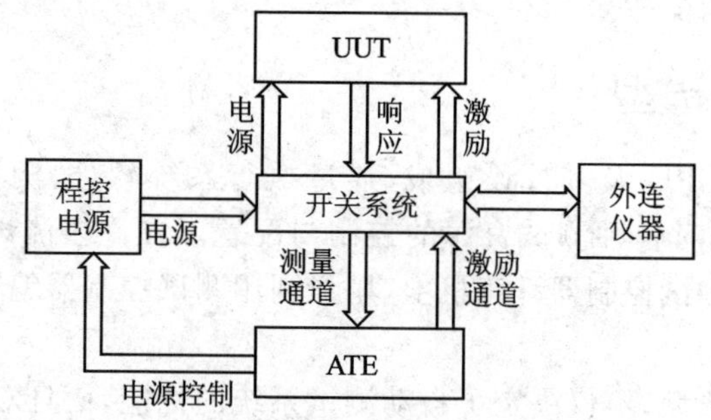

图 7-36 开关系统在 ATS 中的作用

② 将 ATE 信号源分系统激励通道输出的信号转接至 UUT 要求的接口插针上;

③ 将 UUT 输出的信号转接至 ATE 设备测量分系统中的适当测量通道;

④ 为 UUT 提供必要的外接仪器,如示波器等;

⑤ 完成 ATE 内部激励信号源和测量资源的通道转接,从而实现 ATE 内部仪器资源的自测试。

7.6.5.2 开关系统的设计原则

开关系统的设计应遵循以下原则:

① 选用具有开放商业标准的开关系统模块。具有开放标准的产品货源多元化,品种系列化,维护和升级方便,有利于开关系统选型和未来技术支持。

② 采用模块化可扩展的开关系统结构。模块化可扩展的开关系统结构,不仅可以方便地扩大开关系统规模,而且使开关系统向上兼容,有助于实现测试系统 TPS 的移植和互操作。

③ 在满足移植、配置方便的前提下,减少备用扩展开关端子的数量。在高频信号传输中,开路的开关通过杂散电容向附近的信号通道耦合噪声,所以应该减少不必要的开路开关数量。

④ 根据测试信号的参数决定开关的种类。不同类型开关具有不同的信号频带、耐压和电流/功率的承载能力,根据测试信号的参数选择合适的开关类型,这样才能实现安全、可靠和可信的测试信号路由。

7.6.5.3 开关系统的类型和拓扑结构

ATE 系统中,可以经过开关系统切换的信号种类繁多,包括模拟信号、串行数字信号、离散信号、功率信号、射频信号、高速数字信号及其他信号(视频信号、流体信号、光信号等等),信号的参数范围跨度大,信号频率从直流到几十吉赫兹,信号的幅度从毫伏到几百伏甚至上千伏,电流从毫安到几十安培。因此开关系统的设计和配置应在充分理解测试需求和测试方法的基础上,选择合适的开关类型和开关拓扑结构,才能形成性能价格比最优的开关系统设计方案,并且延长开关系统的使用寿命。

1. 开关系统的类型

(1) 干簧管继电器开关

干簧管继电器开关速度快(与电磁继电器相比),导通电阻小,开关处于密封结构中,但承载大电流和高电压的能力较差。当需要较快的开关速度时,可选择干簧管继电器开关。

(2) 水银继电器开关

水银继电器开关使用寿命长,导通电阻非常小,无触点抖动。但水银继电器开关安装位置敏感,必须正确安装才能正常工作,同时水银受到环境因素的影响较大,限制了此类继电器的应用范围。

(3) 电磁继电器开关

目前应用最广泛的是机电式电磁继电器开关,该类继电器开关既有适用于大功率信号切换的功率开关,也有适用于微波和射频信号切换的高频开关,还有用于光信号切换的光纤开关。该类继电器开关具有开路隔离电阻大、导通电阻小、工作电流大等优点,但缺点是体积较大、开关速度慢、使用寿命短、所需的驱动电流较大。

(4) 场效应管(FET)开关

场效应管开关为无触点的电子开关,它具有体积小、驱动电流低、可靠性高、抗干扰能力强、使用寿命长和开关速度快(可达微秒级)等优点,适用于高密度、大功率、频繁切换信号的应用场合,但场效应管开关导通电阻较大,断开时有漏电流,一般不具有双向导通能力,同时成本价格较高。

2. 开关系统的拓扑结构

在ATE系统中开关系统的基本拓扑结构分四种。

(1) 通用开关

通用开关是最基本的开关结构,在组成开关系统的模块单元中,每一个开关相互独立,共有三种连接方式:常开(A类)、常闭(B类)和单刀双掷(C类),如图7-37(a)所示。通用开关主要用于功率电源信号的切换,也可组合级联配置形成复杂开关结构用于测量/激励信号的切换。图7-37(b)为单刀双掷开关组成的多级开关阵列,保证一台仪器分时与多个测点相连,或一个测点分时与多台仪器相连。

(2) 树形开关

高频信号的测量多采用如图7-38所示的单线树形开关拓扑结构,树形结构开关同一时刻只能有一路信号导通。由于树形开关中开关数量减少,使得开关间并联杂散电容大大减小,所以适用于高频信号的传输。

(3) 多路开关

多路开关通常用于信号与测试仪器间的连接,实现多个通道与一个公共通道的连接,如图7-39所示的双线多路开关配置,可用于多个测试点与同一测试仪器的连接,实现信号的浮动测量,将有效地抑制共模干扰。

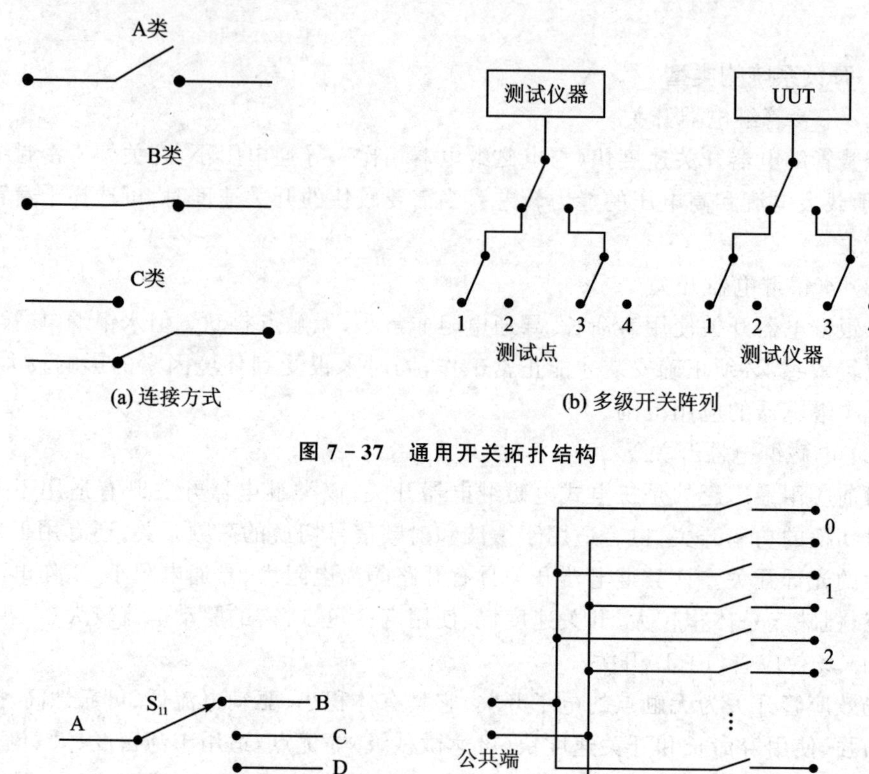

图 7－37　通用开关拓扑结构

图 7－38　树形开关

图 7－39　双线多路开关

(4) 矩阵开关

矩阵开关是一种最灵活的开关拓扑结构，可以通过矩阵开关将任意输入/输出端口相连。在测试应用中，矩阵开关的最小配置规模为输入通道数目与输出通道数目的乘积，所以矩阵开关的成本最高。矩阵开关的实现方式有两种。一种是如图 7－40(a)所示，通过行列间的交叉点开关实现任意行列线间的连接，可以通过矩阵开关的级联满足大规模测试信号切换的要求。但是随着开关规模的增大，通道间分布电容及开关杂散电容急剧增大，矩阵开关的带宽≈(单个交叉点开关的带宽)/(交叉点数)$^{1/2}$，所以此类结构的矩阵开关只限于低频信号的通道切换。对于射频信号的通道切换，可采用图 7－40(b)所示的树形单刀多掷多路开关组成的开关阵列。

7.6.5.4　开关系统选型依据

目前，典型开关产品性能参数如表 7－9 所列，可以作为开关系统选型的参考。

开关模块的选型是以制造商提供的性能参数为依据，一般包括以下主要性能指标：

① 最大开关电压：开关触点能够安全切换的最大开路电压，通常最大开关电压的直流和交流指标不相同。

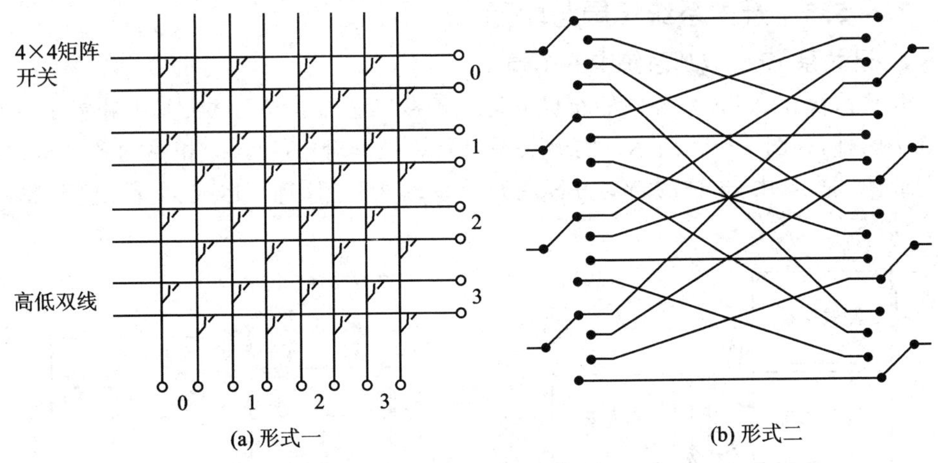

(a) 形式一

(b) 形式二

图 7-40 矩阵开关

表 7-9 典型开关性能参数比较

类　型	开关速度/ms	热漂移/μV	3 dB 带宽	额定电流/A	最大开关电压/V
通用开关	3～15	3～7	10 MHz	1～5	125～300
矩阵开关	3～7	3～7	10 MHz	1～2	200～300
射频多路开关	3～7	6	0.3～3 GHz	0.5～1	24～42
微波开关	15～30	—	18～20 GHz	—	—

② 最大开关电流：开关触点能够安全切换的最大电流，通常最大开关电流的直流和交流指标也不相同。

③ 最大开关功率：开关可以安全切换的功率值上限。

④ 最大承载电流：开关闭合后可以安全流过的最大电流。

⑤ 通道电阻：是开关触点电阻、引线电阻和开关模块接口电阻的总和，是信号通道上可能的最大电阻。

⑥ 击穿电压：开关不被损坏的最大允许电压。

⑦ 开关设置时间：开关闭合或断开所需要的时间。

⑧ 机械寿命：无负载和正常工作条件下，开关最少可操作的次数。

⑨电器寿命：在特定负载和正常工作条件下，开关最少可操作的次数。

⑩ 隔离能力：由于高频信号通过致开关间杂散电容发生泄漏，隔离能力表达了开关开路的信号由输入到输出间耦合，采用泄漏信号的分贝值表示。

⑪ 串扰：串扰表达了由杂散电容造成的相邻开关通道间的信号耦合，采用分贝值表示。

⑫ 接入损耗：由于开关通道电阻、电感及阻抗不匹配引起的反射造成高频信号干扰，这类信号损失统称为接入损耗，采用分贝值表示。

7.6.5.5 开关系统布局与配置

1. 开关系统在 ATE 系统中的布局

开关系统在 ATE 系统中的布局分为置于接口适配器或测试夹具中和置于 ATE 系统中两种，如图 7-41 所示。将开关系统置于被测对象(UUT)相关的各种接口适配器或测试夹具中，这样的布局方案使开关系统的利用率低，造成大量重复配置，增加了 TPS 的成本。

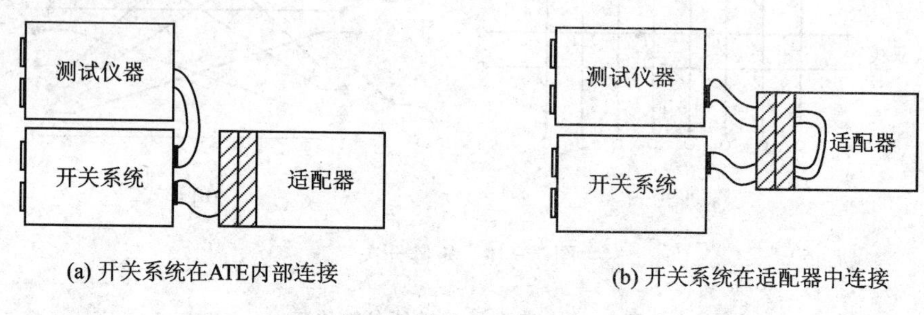

图 7-41 开关系统在 ATE 内部和在适配器中连接

将开关系统作为公共资源置于 ATE 系统中，测试系统管理软件可以控制开关系统。这样的开关系统布局，测试接口装置设计简单，连线规整方便。

在 ATE 中开关系统与仪器的连接方式分为 ATE 内部连接和 ATE 外部连接两种。在 ATE 内部直接连接时，信号接口装置的连线简单，但开关系统与测试资源间的连接无法重新配置。如果增加测试资源，需要考虑开关系统的规模限制，并且必须修改 ATE 内部连线，ATE 系统扩展不够灵活、方便。

测试资源和开关系统的连接在测试接口适配器中实现的方式克服了这些缺点，虽然外部连接方式使得接口适配器的连线相对复杂，但是可以根据 UUT 测试要求，在适配器中配置资源与开关之间的连接，这样就极大地提高了 TPS 开发的灵活性。但采用外部连接方式，由于适配器内部线缆的密集而有可能造成测试信号间的串扰，同时线缆的延长也可能增加信号损失，这些在适配器设计时都应予以考虑。

2. 开关系统的配置

由于在一个 ATS 中测试仪器资源是有限的，为了利用有限的资源组成高性能多通道的自动测试系统，开关系统的设计显得尤为重要。开关系统的配置应从多方面考虑。

① 分析 ATS 系统的资源结构与用户测试需求，使配置的仪器资源满足所有测试用户的需求，从而以最少的仪器资源覆盖从低频到高频，从微弱信号到高强度信号，达到最大的性价比；同时，开关系统的设计宜预留扩展空间，以备 ATS 系统资源的增加和用户测试需求的增加。

② 开关系统设计时宜采用高可靠性的模块化开关产品，一般宜结合开关类型的适用频率、耐电压/电流动态范围、开关导通/闭合速度、使用寿命、体积与成本等因素采用 COTS 产品组建开关系统；另外，为使信号在测试通道中损失较小，应尽量使测

试通道在测试带宽与阻抗匹配等方面满足测试需求。

③ 开关系统的组建不一定仅限于一种开关类型的选择，还可以是多种开关类型组成的混合开关系统，如选用一个4×4的双线矩阵开关与4个10选1的多路开关级联，可以组成一个规模为4×40的混合开关系统，从而可以有效地扩展矩阵开关的输入、输出通道数。

④ 当开关系统的设计采用模块化的开关类型时，开关系统一般都作为公共资源置于ATE中，此时在何处进行"ATE↔开关系统↔UUT"之间的信号/通道转接应把握两个原则。一是ATE内部连接。一般来说，一个通用ATS为了达到一定的测试规模，其内部选用的开关模块应不只一个，此时可以在ATE内部对开关模块进行级联设计。二是ATE外部连接。经过ATE内部连接后，在ATE外部，TUA内部实现仪器资源和UUT测点到开关系统的连接。

⑤ 设计开关系统时，应按功能进行模块化划分与配置，同时与ATS通用测试接口连接器ICA端的信号定义配置一致。另外，考虑到用户在测试过程中可能会有自行定义的测试需求，应开放部分开关给用户，避免用户重复配置，造成资源浪费和ATS系统庞杂。

7.6.6 测试系统信号接口的设计与实现

设计和实现测试资源与被测对象间的信号连接接口是测试系统设计的关键环节。通常可选择的接口方式有专用接口和通用接口两种。

1. 面向特定被测单元的专用测试连接

如图7-42所示，专用接口一般针对特定的被测对象或具有相同测试接口的被测对象系列。这种连接方式成本低廉、连接紧凑、信号损失小，但由于接口的专用性，

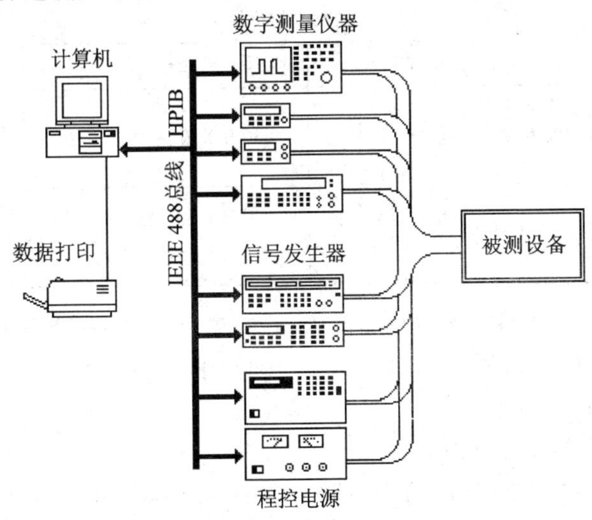

图7-42 专用测试连接接口举例

测试系统的适应面窄，测试资源的复用性、扩展性和可互换性差。

2. 针对多种被测单元的通用测试连接

如图 7－43 所示，ATE 系统上的测试接口是针对多种被测单元的通用接口，通过与被测单元对应的接口适配器实现通用接口到专用接口的转换，检测不同的测试对象只要更换相应的接口适配器。采用通用测试连接，ATE 适应面宽，便于用户二次开发，为 ATE 系统通用化奠定了基础，但相应的开发成本高、连接复杂，适配器中信号集中容易引入干扰。目前针对不同的测试对象系列，已出现了多种通用接口标准，如：民用航空领域的 ARINC 608A，军用测试领域的 CASS、IFTE 等。表 7－10 是民用航空测试领域占主导地位的 ARINC608A 接口定义。

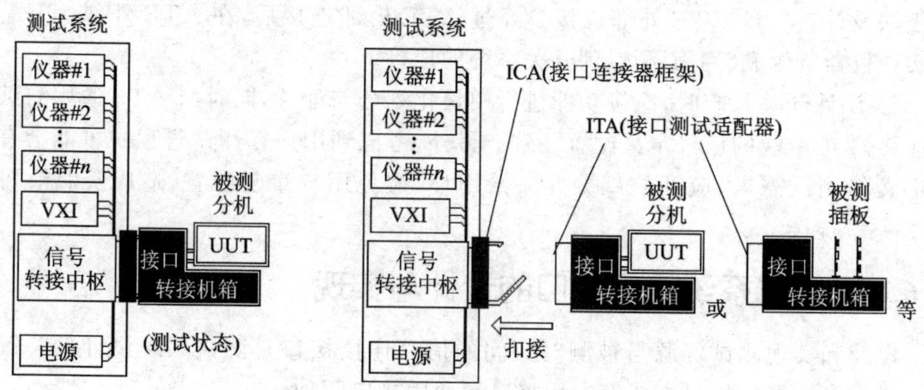

图 7－43　通用测试连接接口举例

表 7－10　ARINC608A 接口定义

模块编号与功能										
J1	J2	J3～J8	J9	J10	J11	J12～J17	J18	J19	J20	J21
同轴信号	高速总线信号	矩阵开关输入点	资源分配模块	资源分配模块	资源分配模块	通用开关模块(A 类开关)	离散逻辑信号模块	用户自定义模块	高功率模块	高功率模块
		UUT 测量点				通用开关及多路开关模块(A 类和 B 类)				

通用测试接口装置与适配器是连接 ATE 测试资源与 UUT 接口的枢纽装置，主要由接口固定结构、接口连接组件(ICA)、接口测试组件(ITA)、测试接口适配器(TUA)组成，如图 7－44 所示。

测试接口适配器设计方法如下：

根据 UUT 测试需要，适配器中可以实现 ATE 资源的配置，可以加入针对特定 UUT 测试所需的信号调理电路或专用开关单元。为满足 ATE 系统的自测试和计量校准需要，还可设计专用的自检与校准适配器，以实现 ATE 系统资源自测试及在

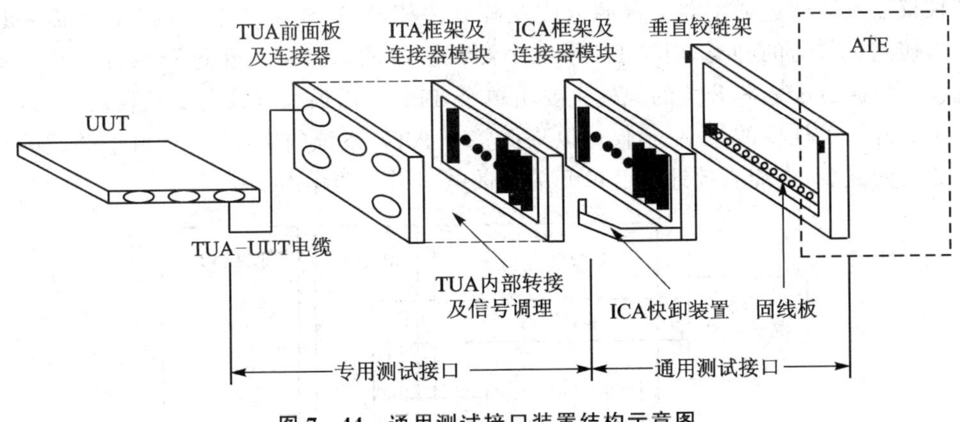

图 7-44 通用测试接口装置结构示意图

外部计量标准源支持下的校准标定。

由于接口适配器必须根据 UUT 测试需要进行专门设计，所以接口适配器是自动测试系统中唯一必须客户化设计的硬件单元。它与被测对象密切相关，因此接口适配器往往成为影响整个测试系统可靠性的一个薄弱环节，必须引起自动测试系统设计者的高度重视。

图 7-45 为在适配器中实现通用开关和多路开关与测试仪器资源的连接示意图。根据 UUT 测试需要，在 UUT 测点与 ATE 仪器资源间接入通用开关或多路开关来实现测试信号的自动路由分配。

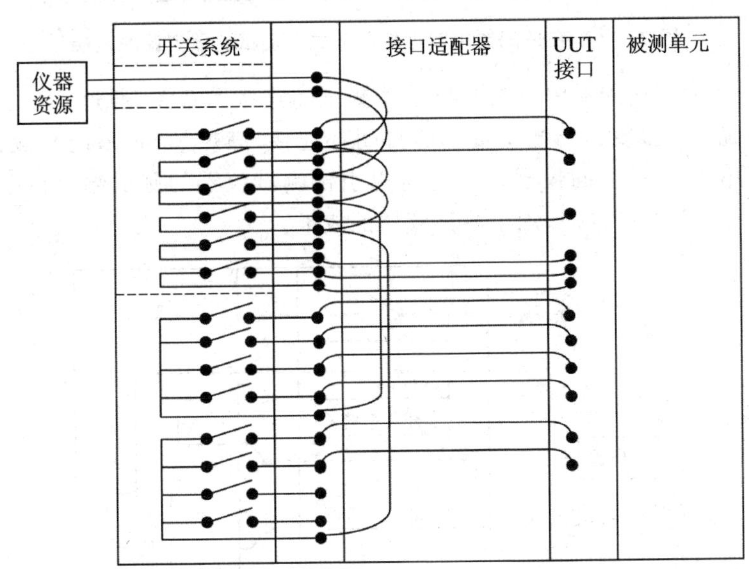

图 7-45 在适配器中实现测试仪器资源与开关系统的连接

图 7-46 为在适配器中实现矩阵开关与测试仪器资源的连接示意图。ATE 中

各种仪器资源通过适配器与资源分配矩阵开关相连，这样可根据 UUT 测试需要选择连接测试仪器的种类，而 ATE 系统中测试资源的数目可以超过资源分配矩阵的规模。资源分配矩阵开关的规模主要由单个 TPS 所需最大测试资源数目决定，这样由于矩阵开关规模的减小，不仅可以降低整个 ATE 系统的成本，而且由于并联的开关数目的减少，也能有效地降低由开关杂散电容引入的噪声干扰。

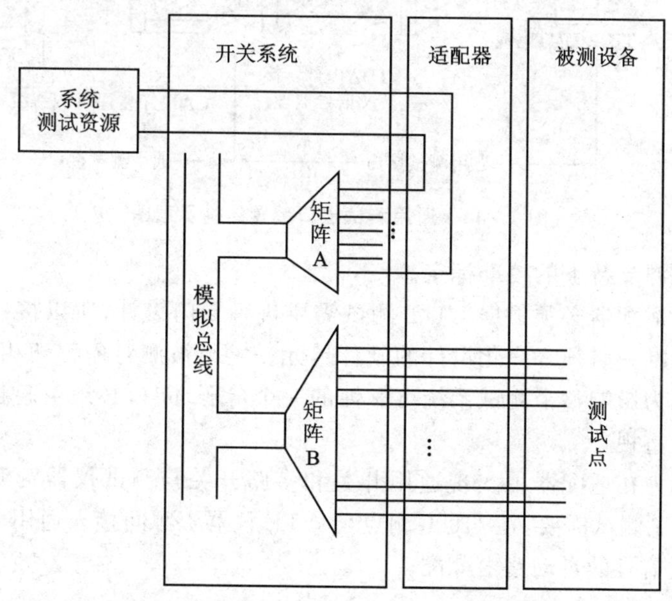

图 7－46　在适配器中实现矩阵开关与测试仪器资源的连接

图 7－47 为在适配器中自测试与手动测试的连接示意图，通过开关系统可以实现 ATE 系统的激励资源与测量资源的自闭环连接，满足 ATE 系统自测试的要求，同时通过适配器面板上的仪器端口还可以引出测试仪器的测试端口供手动测试使用，也可接入外部的基准源，用于测试仪器的校准。

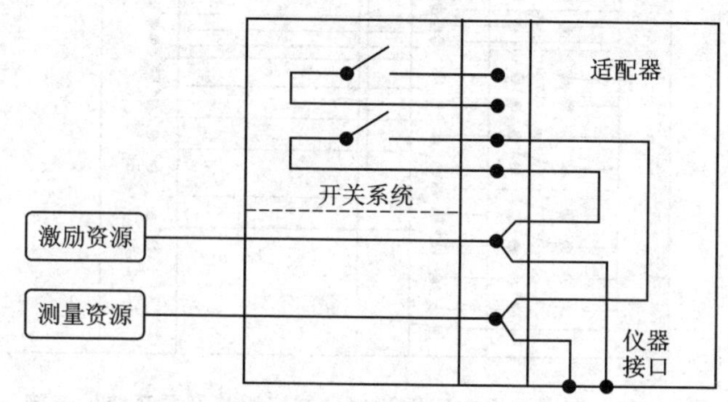

图 7－47　在适配器中实现自测试与手动测试的连接

7.7 自动测试系统软件设计

自动测试系统软件是整个测试系统的核心和关键，测试资源的管理与调度、UUT测试任务的实现、测试中的人机交互、测试/诊断信息的存储与利用等一系列功能的实现都依赖于测试系统软件，所以测试系统软件体系结构的合理性将直接影响到整个测试系统的性能。对于航空航天产品及军用武器装备，由于其可靠性要求高、使用寿命长，需要不断改型和升级，所以相应的测试系统设计、开发与维护难度大、费用高。国际上，虽然美国国防部(DoD)从20世纪80年代中后期就开始致力于测试系统的通用化，并已形成了各军种内部的通用测试系统，但目前的通用测试系统依然存在应用范围有限、开发和维护费用高、系统间缺乏互操作性等不足。

从20世纪90年代后期开始，以降低测试系统的维护和使用费用，提高测试系统间互操作能力为目的，DoD提出了下一代自动测试系统(NxTest ATS)的结构框架，奠定了未来通用自动测试系统发展的基础，当前围绕NxTest ATS的研究已成为测试领域的研究热点。从NxTest ATS确定的四个发展阶段，我们可以看出未来通用测试系统所涉及的关键技术和主要发展方向。

7.7.1 测试系统软件特征

测试系统软件根据特定的应用目标要求，依据用户不同的应用目的和环境而生成，应用程序的设计和开发具有很强的专用性。其基本功能包括实时数据采集、控制策略、闭环输出、报警监视、画面显示、报表输出、数据存储、系统保护、通信功能以及数据共享等。测试系统软件应具有以下主要特征：

① 开放性。开放性是测试系统和工程设计系统中一个至关重要的指标。开放性有助于各种系统的互连、兼容，有利于测试系统的设计、建立和实现。为了使系统具有良好的开放性，必须选择开放式的体系结构、工业软件和软件环境。

② 实时性。实时性是工业生产过程的主要特性之一。测试系统要求软件应具有较强的实时性。

③ 多任务性。测试系统软件所面临的应用对象是较复杂的多任务系统，有效地控制和管理测试系统是测试系统软件主要的研究内容之一。测试软件，特别是底层的测试系统软件，必须具有此特性，如多任务实时操作系统的研究和应用等。

④ 功能多样性。测试系统软件具有很强的数据采集与控制功能，不仅支持各种传统的模拟量、数字量的输入和输出，而且支持各类现场总线协议的智能传感器和仪表以及各种虚拟仪器，能够完成实时数据库、历史数据库、参数分析处理、数据挖掘、测试过程仿真、配方设计、系统运行优化和故障诊断等内容。

⑤ 智能化。测试软件智能化既为测试软件提供了智能决策，又为管理软件提供了有价值的数据。智能化是计算机工业的发展趋势。

⑥ 人机界面更加友好。人机界面包括设计和应用两个方面,有丰富的画面和报表形式,操作指导信息丰富。友好的人机界面方便操作者使用。

⑦ 网络化集成化。测试软件建立在实施数据库和关系数据库之上,其基本内容是分布式数据库系统,网络技术的引入增强系统的可靠性,实现系统管控一体化。

测试系统软件一般包括系统软件和应用软件。系统软件通常是用厂商提供的,而应用软件通常要用户自行开发设计。测试系统应用该程序设计具有以下特点:

① 实时性要求。实时性是计算机测试系统的主要特征之一。对于复杂的测试任务,测试系统应用软件设计必须考虑程序的执行时间。特别是注意采样周期、控制周期及中断周期在实时性方面能否满足系统设计要求。

② 可靠性和抗干扰要求。工业现场的环境一般比较复杂,干扰源比较多,对于测试系统可靠性,除了在系统硬件设计过程中要考虑外,在软件设计时也要考虑进行抗干扰。

③ 与硬件配置关联密切。测试系统应用该软件是针对某一具体测试问题而设计的,测试对象各不相同,选用给的硬件配置也不一样,响应的软件设计也应与之不同。测试系统过程通道的端口操作频繁,软件设计时必须保证I/O端口工作的实时性和可靠性。

7.7.2 测试系统软件架构

下面介绍几种常用的测试软件体系结构及其对测试软件互操作/测试仪器互换的支持。

1. 面向仪器的测试软件结构

面向仪器的测试软件结构是测试软件直接调用仪器厂家提供的仪器编程接口与特定仪器/开关进行交互,实现自动激励、测量与开关切换功能,如图 7-48 所示。随着仪器编程接口的标准化进程,目前测试仪器编程接口的标准规范包括:SCPI(程控仪器标准命令)、VPP(VXI 即插即用)和 IVI(可交换虚拟仪器)。上述标准规范属于仪器控制层标准,主要是针对仪器制造厂商或仪器驱动器开发商。

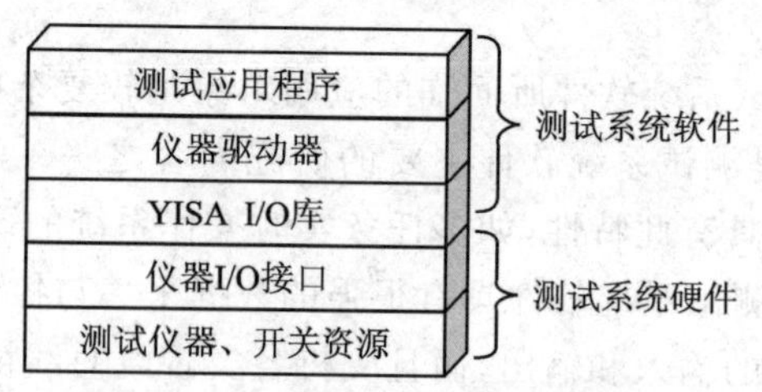

图 7-48 面向仪器的测试软件结构

2. 面向应用的测试软件结构

IVI-MSS(IVI-Measurement Stimulus Subsystem)是由 HP 公司 1999 年提出

的，现已纳入 IVI 基金会的 IVI 标准规范体系中的测试软件体系。IVI－MSS 的特点是：在仪器驱动器与测试应用之间加入隔离层，形成针对特定应用的新的编程接口。同时，该中间层也提供了插入特定代码的位置，用来补偿因仪器互换可能造成的测试结果间的差异，从而具有“鲁棒性”的仪器互换能力。IVI－MSS 标准的出现将规范测试系统集成商的开发工作，形成 ABBET 标准所规划的测试资源管理层新的标准规范。

IVI－MSS 体系除沿用了 IVI－COM 中的公共组件对象，如 IVI 会话厂、IVI 事件服务器、IVI 配置管理及 IVI 配置库等以外，还增加了 IVI－MSS 服务器和角色控制模块 RCM（Role Control Module）组件对象。

（1）IVI－MSS 服务器组件

如图 7－49 所示，在 IVI－MSS 结构中，IVI－MSS 测量/激励服务器的作用是：① 实现完全独立于测试资源的应用开发；② 实现多仪器聚合互换。测量/激励服务器接口可根据应用领域来规划，例如：针对飞行控制系统测试开发的 IVI－MSS 测量/激励服务器，其接口可以定义为：“角度传递系数测试”“角速度传递系数测试”“高度传递系数测试”等与应用领域相关的编程接口。开发 IVI－MSS 测量/激励服务器可形成与测试资源无关、针对特定应用领域的可重用组件。每个 IVI－MSS 测量/激励服务器通过一个或多个角色控制模块提供的角色（Role）接口服务实现对具体测试资源的控制。

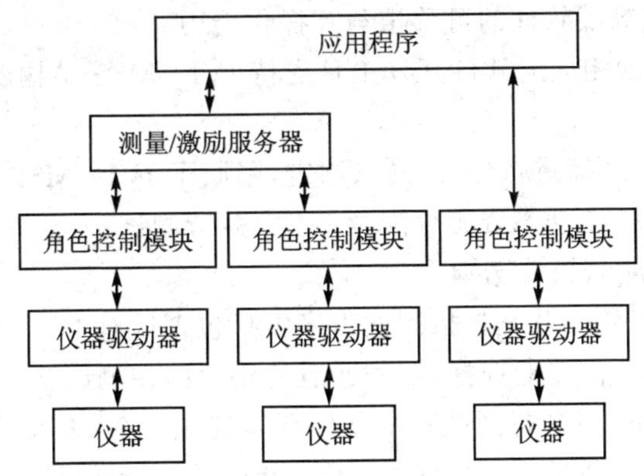

图 7－49　基于 IVI－MSS 的测试软件结构

（2）角色控制模块（RCM）组件

角色控制模块对仪器驱动器进行重新封装，只暴露测试应用所必需的编程接口——“角色”接口。这样与 IVI 仪器驱动器相比，角色控制模块提供的编程接口更简单，不仅降低测试软件的开发难度，也将减少今后因仪器替换所带来的接口功能验证工作。角色控制模块的引入可实现具有相同测试功能的不同类仪器间的互换，也为插入特定代码补偿仪器间的性能差异、实现仪器校准与通道补偿提供了位置，这样在进行仪器更换时可完全不修改相应的测试程序。角色控制模块中可以调用 IVI、

VPP、VISA 等各类仪器驱动器，而且采用 IVI 驱动器可减少因仪器互换而引发的额外工作，便于角色控制模块的重用。由于同一测试资源在不同 IVI－MSS 服务器中可能担当不同的“角色”，所以可以被多个角色控制模块调用。在不需要实现“角色”聚合的应用场合，应用程序可以直接调用角色控制模块的编程接口，角色控制模块的内部结构如图 7－50 所示。

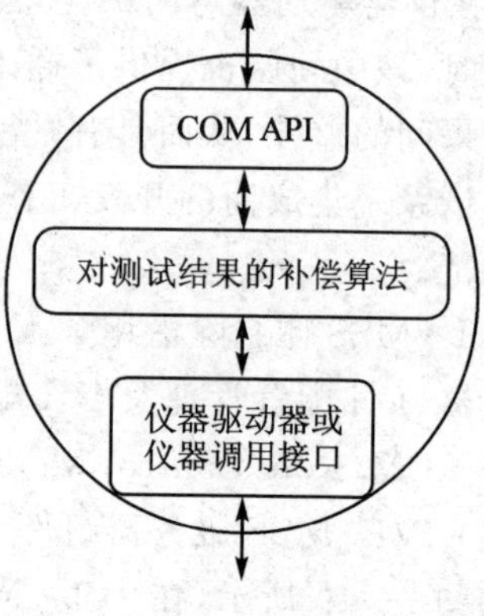

图 7－50 角色控制模块的内部结构

IVI－MSS 测试软件体系结构的优点：

① 可以实现不同类仪器间的互换；

② 支持多仪器合成互换；

③ 在软件结构上保留了插入补偿代码的位置，可以弥补由仪器互换所造成的测量结果的差异；

④ 提供了针对测试系统集成商的测试系统软件结构模型，可以确保更换仪器后得到相同的测试结果；

⑤ 支持应用领域相关的复杂测试/激励模型的重用。

IVI－MSS 结构存在的主要不足：

① IVI－MSS 服务器的编程接口完全根据应用领域需要由客户定制，无标准可依，这样将直接影响测试软件的可移植与互操作能力。

② 目前还未出现相应的软件开发工具支持 IVI－MSS 结构的测试开发，初始开发工作量较大。

③ 由于目前 IVI 资源锁定规范尚未制定，限制了 IVI－MSS 组件对象的多实例化运行，无法实现有效的动态资源分配及 UUT 并行测试。

3. 面向信号的测试软件结构

面向信号的测试软件开发是指测试程序中只包含针对 UUT 端口的信号检测与激励要求，而具体测试仪器的选择、信号通道的路由则在测试软件开发环境或运行环境中自动实现。这样，TPS 与测试系统硬件环境完全无关，从根本上保障了 TPS 的可移植与互操作。与面向仪器的测试软件结构不同，面向信号的测试软件结构中必须包含设备信号能力和连接状态信息、开关系统的信号能力和连接状态以及测试接口的连接状态信息，才能实现虚拟信号资源到仪器资源的映射及信号通道的自动切换。

目前，面向信号的 COTS 测试软件结构中比较著名有 ARINC 公司的 SMARTTM 和 TYX 公司的 PAWS。

(1) SMART 软件体系结构

SMART(Standard Modular Avionics Repair and Test)系统由美国 ARINC 设计，并由 ARINC、TYX 和 Aerospatiale 三个公司共同开发。SMART 是目前商用航空 ATE 的事实标准，测试开发语言为 ATLAS，执行 ARINC626 和 ARINC627 标

准，而测试接口设计执行 ARINC 608A 标准。

SMART 软件体系结构分为编译、配置和执行三部分，如图 7－51 所示。

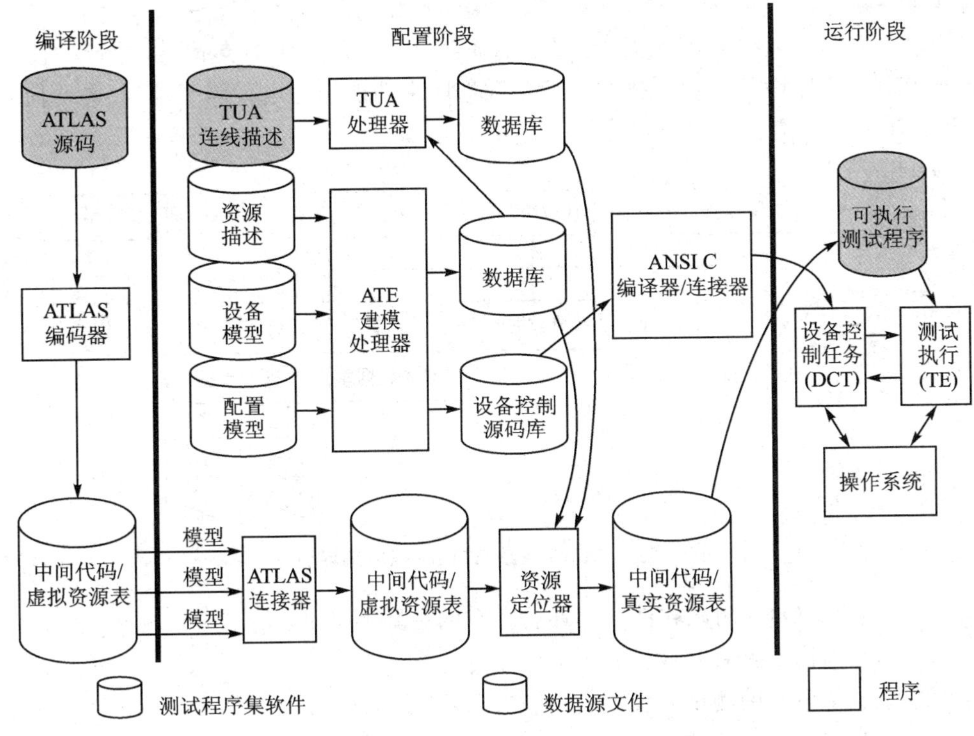

图 7－51　面向信号的软件体系结构举例——SMART 软件

TPS 开发商编写 ATLAS 语言测试源程序和 TUA 连线描述文件，测试系统集成商配置资源描述文件（RD）、设备模型(DM)和配置模型(CM)，由 SMART 软件完成 ATLAS 程序的编译、链接、资源分配和可执行代码的运行等工作。SMART 软件采用独立于 CPU 和操作系统的模块化结构，测试程序不直接调用操作系统的服务，而是通过 SMART 的测试执行（TE)和设备控制任务(DCT)模块实现与操作系统的交互，保证了测试程序的平台独立性。

(2) PAWS 软件

PAWS 软件是由美国 TYX 公司设计开发的集成测试开发环境，目前广泛用于美国军用测试系统中。PAWS 主要由 PAWS/TRD(测试需求文档管理)、PAWS/TPS(测试程序开发系统)和 PAWS/RTS(测试程序运行系统) 组成，支持多种版本的 ATLAS 语言进行测试开发。PAWS 采用组件技术实现系统中主要功能模块，具有层次化和模块化体系结构，能够实现从测试开发到测试执行的全过程，包括测试程序的编辑/编译、ATE 建模、ATE 驱动及测试程序解释执行。

PAWS 的编译过程如图 7－52 所示，步骤如下：

① 编译：对 ATLAS 源代码进行编译。

② 代码流分析：依次进行信号分析、功能描述分析、ATLAS 修饰词分析、信号端口连接分析、最大信号量需求分析、非法信号操作的分辨。

③ 资源分配：在字典数据库、设备数据库、开关数据库的支持下，进行功能匹配，ATLAS 程序中信号功能描述与设备数据库中功能描述进行匹配，同时进行信号通道分配。

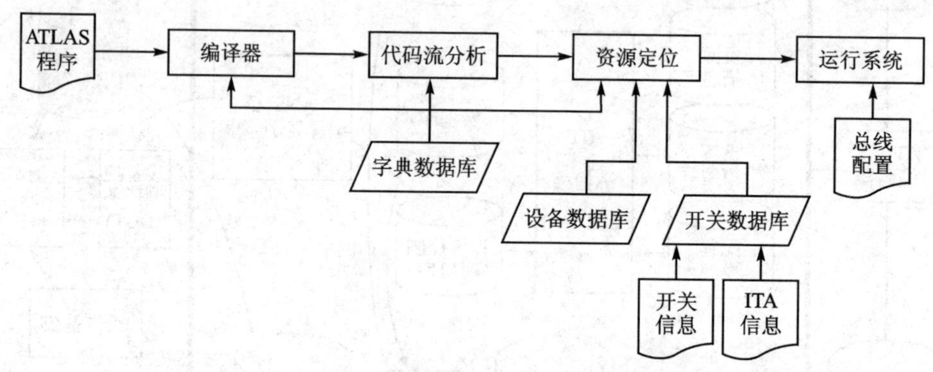

图 7－52　PAWS 系统 ATLAS 程序编译过程

上述两个 COTS 测试软件开发环境存在的主要不足是：

① 体系结构不具有开放性；

② 只支持单一的测试开发语言——ATLAS 语言；

③ 与智能诊断系统接口困难；

④ 虚拟与真实测试资源间的映射和绑定过程仅局限于测试执行前的静态配置。

7.7.3　测试软件开发技术

1. 应用程序设计步骤

测试系统的应用程序设计通常分为问题定义、程序设计、程序编写、程序调试、系统维护和再设计等步骤。图 7－54 所示为应用程序设计的流程图，它描述了应用软件设计的基本任务和设计过程。

(1) 问题定义

问题定义就是确定测试任务对自动测试系统的要求，也就是依据系统具体指标，如被测参数、执行时间、测试精度和响应时间等，定义输入和输出，选择测试算法，确定采样周期与测试周期及中断方式，确定显示与打印格式以及出错处理方法等。

(2) 程序设计

程序设计是指把所定义的问题用程序的方式对测试任务进行描述。这一步要用到流程图和模块化程序、结构化程序等程序设计方法。通常将完成某一单元功能的程序段设计成一个子程序，而主程序主要完成自动测试系统的初始化和各个子程序的调用。

(3) 手编程序

手编程序是把设计框图编写成计算机能接收的指令。通常是用汇编语言或高级语言编写源程序,也可以用汇编语言和高级语言混合编写源程序,然后汇编成机器语言。

(4) 查　错

查错也称程序验证,用来发现程序中的错误。在查错阶段,可以采用查错程序、断点、跟踪、模拟程序、逻辑分析器以及联机仿真器等手段。

(5) 调　试

调试也称程序正确性的确认,通过调试保证程序正确完成预定的任务。在调试过程中,注意选择正确的测试数据和测试方法。

(6) 文件编制

文件编制是用流程图、注释、存储器分配说明等方法来描述程序并形成文件,以便用户和操作人员了解。

(7) 维护和再设计

维护和再设计是指对程序进行维护、改进和扩充,以解决现场设备发生的问题。有时为了满足新的要求和处理任务,可能需要改进或扩充程序。

在进行测试系统软件设计时,应该注意以下几个方面的问题:

① 尽量用符号表示地址、I/O 设备、常数或数字参数,以增强程序的可读性,也便于程序的修改和扩充。

② 避免使用容易混淆的字符,尤其是和助记符相近的字符。

③ 程序模块不宜过大,以便于系统调试。尽量做到每一功能对应一个功能模块,在系统调试时可分模块体调试软件和硬件。

④ 程序模块尽量通用,这样程序的可移植性更强。

⑤ 重视程序的易读性,尽量多加注释语句,这样的程序易读性好、可维护性强,同时给后续程序编制带来方便。

这里说的程序设计是把问题定义转化为程序的准备阶段。如果程序量较少且简单,只需绘制流程图即可。所以习惯上把程序设计与流程图联系在一起。初学者应该先画出详细流程图,再根据流程图编写程序,流程图在描述程序的结构和读通程序这两方面是很有用的。

2. 应用程序设计方法

当程序量较大且复杂时,应用程序的设计往往采用模块化程序设计和结构化程序设计等技术。

(1) 模块化程序设计

模块化程序设计的出发点是把一个复杂的程序,分解为若干个功能模块,每个模块执行单一的功能,并且具有单入口、单出口结构,在分别进行独立设计、编程、查错和调试之后，最终装配在一起，连接成完整的大程序。模块化程序设计的方法有两种，即自底向上模块化设计和自顶向下模块化设计。

自底向上模块化设计是首先对最底层模块进行编码、测试和调试。当这些模块正常工作后，就可以用它们来开发较高层的模块。这种方法是汇编语言设计常用的方法。

自顶向下模块化设计是首先对最高层模块进行编码、测试和调试。为了测试这些最高层模块，可以用"结点"来代替还未编码的较低层模块，这些"结点"的输入和输出满足程序的说明部分要求，但功能少得多。该方法一般适合用高级语言来设计程序。

(2) 结构化程序设计

结构化程序设计采用自顶向下逐步求精的设计方法和单入口、单出口的控制结构。在总体设计阶段，采用自顶向下逐步求精的方法，可以把一个复杂问题的解法分解和细化成一个由许多模块组成的软件系统。在详细设计或编程阶段，采用自顶向下逐步求细的方法，可以把一个模块的功能逐步分解细化为一系列具体的处理步骤或某种高级语言的语句。

对于单入口、单出口的程序可以用 3 种基本的控制结构来实现。这 3 种基本的控制结构是"顺序""分支""循环"。

3. 自动测试系统数据库

数据库作为数据管理的重要组成部分，贯穿于整个管理系统的软、硬件设计的始终。通常，一个自动测试系统所采集的数据量是比较大的。如果采用传统的数据文件格式来保存这些数据，在数据的存储和访问方面将会显得非常困难。通常，所采用的数据库软件有 Oracle、SQLserver、Sybase、IBMDB2、MySQL、Access 等几种。每一种数据库都有自己的特点，用户根据需要选择不同的数据库软件。

(1) 数据库在自动测试系统中的作用

随着测试技术的发展，测试系统越来越趋向于通用化、模块化及专业化设计。自动测试系统要具备自动检测、故障诊断、维修向导、计量、校准、数据维护及设备配置等多项功能。而采用数据库技术则最大限度地降低了系统在管理、扩展、升级等操作时施加给系统的人为干预程度，使软件具有较好的通用性、可移植性、互换性、可维护性及可扩充性，使该项目的开发过程变得更加模块化、标准化，提高了系统的开发效率。

(2) 自动测试系统数据库的设计与实现

在自动测试系统中，从被测系统的测试规模和测试需求出发，对测试系统的数据库进行设计。大体说来，可以概括为以下几个方面的设计与实现。

① 测试设备模型。对测试设备进行建模，设计人员可以通过标准的测试设备模型对系统设备进行操作。在允许的范围内，用户更改测试设备，只需要更改相应的数据库设备模型参数，而不必更改测试程序。

② 配置模型。在一个测试系统中，在对不同的对象进行测试时，系统的硬件资源的配置方式是不同的，该模型提供了对应于不同的测试对象、系统的不同的配置模型。

③ 被测对象模型。每一个被检测的对象的标准模型，包含测试参数、标准数据及公差等。

④ 测试流程模型。被测对象的测试流程的模型；每个被测试的对象的完整的测试过程的模型；用于流程管理、软件调度、界面显示。

⑤ 测试数据模型。用户在测试中的所有的测试数据的模型和数据。用于管理被测故障档案，包括检测时间、被测对象、被测设备、测试数据、维修方法和步骤，以及维修结果等。

⑥ 故障模型。每一个被测设备的所有与故障有关的模型。用于管理每个被测对象的故障信息的原始模型，以便于软件判断、修改、增删等。

⑦ 后勤保障及维修模型。提供与故障有关的维修流程和备件有关信息。

⑧ 其他有关的模型。与测试、诊断、测试流程等有关的其他模型。

习题与思考题

7.1 什么是虚拟仪器？虚拟仪器与传统仪器的主要区别体现在哪些方面？

7.2 GPIB总线是同步传输总线还是异步传输总线？简述“三线挂钩”传输协议的实现原理。

7.3 VXI总线在VME总线基础上增加的部分是哪些？

7.4 为什么仪器总线比计算机总线更适合复杂测试测量任务实现？

7.5 比较PXI与VXI总线在性能方面的提高。PXI总线如何实现多机箱级联？

7.6 为什么预计LXI总线比已有仪器总线具生命力？

7.7 简述基于IEEE 1588精确时钟同步协议的网络时钟同步过程。

7.8 选择仪器总线考虑哪些方面的因素？

7.9 分析仪器的带宽和时延指标对测试任务实现的影响。

7.10 什么是仪器驱动器？

7.11 简述VPP仪器驱动器模型。为什么VPP仪器驱动器可以适用多种仪器总线？

7.12 IVI仪器驱动器性能为什么优于VPP仪器驱动器？IVI如何实现仪器可互换？

7.13 采用专用测试软件开发工具LabVIEW和LabWindows/CVI有哪些优势？

7.14 简述自动测试系统的概念和组成。

7.15　影响自动测试系统设计的主要因素有哪些？

7.16　自动测试系统中开关系统的设计原则是什么？

7.17　自动测试系统中开关的拓扑结构、布局与配置分别有哪几种？

7.18　接口适配器在自动测试系统中的作用是什么？说明专用和通用接口适配器的区别。

7.19　从测试程序开发角度分析不同测试系统软件架构的特点和优缺点。

参考文献

[1] 李行善,左毅,孙杰. 自动测试系统集成技术. 北京:电子工业出版社,2004.

[2] 于劲松,李行善. 下一代自动测试系统体系结构与关键技术. 计算机测量与控制,2005.

[3] 李行善. 计算机测试与控制. 北京:北京航空航天大学出版社,1990.

[4] 张世箕,杨安禄,陈长龄. 自动测试系统. 成都:电子科技大学出版社,1994.

[5] 陈光踽. VXI总线测试平台技术. 成都:电子科技大学出版社,1996.

[6] VXIbus Alliance. VXIbus System Specification VXI-1. Revision 2.0, August 24,1998.

[7] PXI Systens Alliance. PXI Specification. Revision 2.0, July 28,2000.

[8] PXI Systens Alliance. PXI Hardware Specification. Revision 2.1, February 4, 2003.

[9] PXI Systens Alliance. PXI Software Specification. Revision 2.1, February 4,2003.

[10] PXI Systens Alliance. PXI Module Description File Specification. Revision 1.0, September 25,2003.

[11] Andy Purcell. A Growing Computer Connectivity Standard For Automated Test. IEEE 1394 AUTOTESTCON, 2000.

[12] 潘爱民. COM原理与应用. 北京:清华大学出版社, 2000.

[13] National Instrument Corporation. LabWindows/CVI User Manual. National Instrument Corporation Press, 1998.

[14] 郑章. Visual C＋＋ 6.0数据库开发技术. 北京:机械工业出版社, 1999.

[15] StephensR K, Plew R R. 数据库设计. 北京:机械工业出版社,2001.

[16] 李宝安. 自动测试系统(ATS)软件体系结构及关键技术研究. 北京:北京航空航天大学, 2003.

[17] 于劲松. 通用自动测试系统关键技术研究. 北京:北京航空航天大学, 2004.

[18] 张凤均. 基于COM的可互换虚拟仪器驱动技术研究. 北京:北京航空航天大学,2002.

第8章

计算机测控系统抗干扰设计

实际测控系统受噪声干扰的影响可能造成测量误差，达不到额定性能指标，甚至无法正常工作。噪声是系统中出现的非期望电信号，噪声对测控系统产生的不良影响则称为干扰。干扰是影响测控系统长期可靠运行的主要因素，抗干扰设计是计算机测控系统设计中不可或缺且实践性很强的重要环节。计算机测控系统往往工作在恶劣的工业现场与复杂的电磁环境中，合理的抗干扰设计能保证测控系统对复杂恶劣噪声源免疫，确保安全可靠连续稳定运行，也能确保测控系统自身不成为干扰源，不影响其他系统的正常运行。本章从干扰源、传播/耦合途径以及对干扰敏感的对象入手分析干扰产生、影响的机理，并系统分析各种常用的软、硬件抗干扰技术的理论基础与技术方法。

8.1 干扰源及传播途径

噪声形成干扰必须同时具备的三个要素是噪声源、对噪声源敏感的接收电路以及噪声源到接收电路之间的耦合通道。噪声干扰三要素相互关系如图 8-1 所示。抗干扰设计就是围绕这三个要素，从抑制噪声源、切断噪声耦合通道、保护系统中噪声敏感电路等几个方面入手。

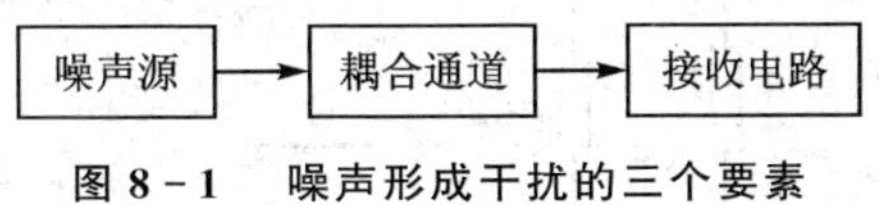

图 8-1　噪声形成干扰的三个要素

8.1.1 干扰源的分类

能够对测控系统产生干扰的噪声源就称为干扰源，根据其产生的位置、类型进行分类，可如下划分。

1. 按干扰源位置划分

(1) 内部干扰

① 电路元器件产生的固有噪声。电路或系统内部一般都包含有电阻、晶体管、运算放大器等元器件，这些元器件都会产生噪声。例如电阻的热噪声、晶体管闪烁噪声、散弹噪声等。

② 感性负载切换时产生的噪声干扰。在控制系统中通常包含许多感性负载，如交/直流继电器、接触器、电磁铁和电动机等。它们都具有较大的自感。当切换这些设备时，由于电磁感应的作用，线圈两端会出现很高的瞬态电压，由此会带来一系列的干扰问题。感性负载切换时产生的噪声干扰十分强烈，单从接收电路和耦合介质方面采取被动的防护措施难以取得切实的效果，必须在感性负载上或开关触点上安装适当的抑制网络，使产生的瞬态干扰尽可能减小。常用的干扰抑制网络如图 8-2 所示的几种。这些抑制电路不仅经常用在有触点开关控制的感性负载上，也可用在无触点开关（晶体管、可控硅等）控制的感性负载上。

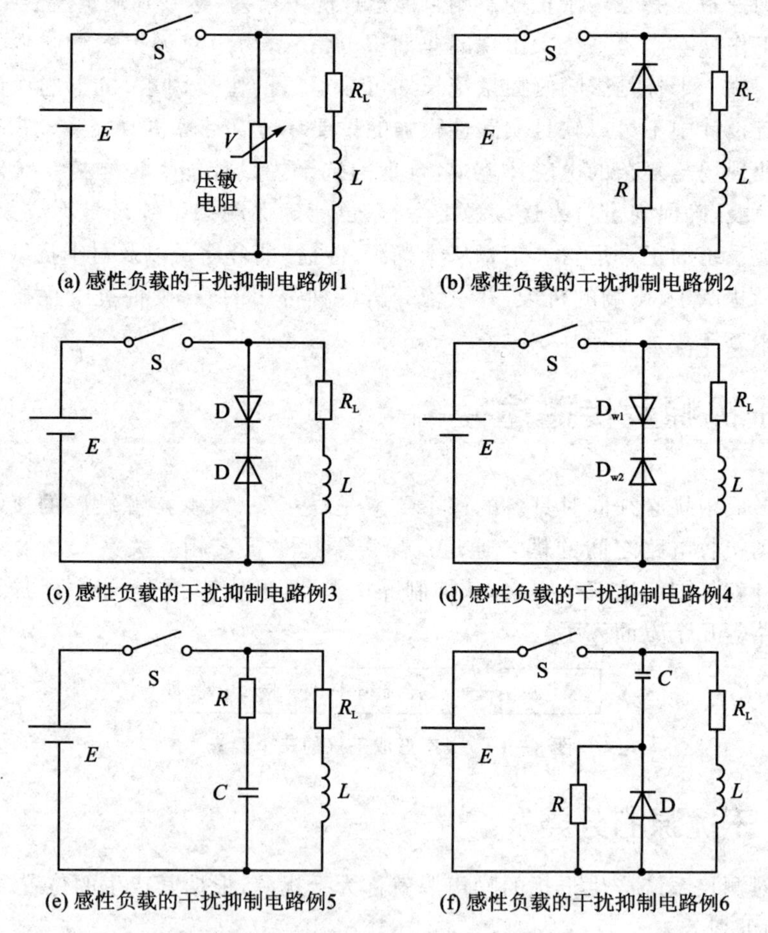

图 8-2　感性负载的干扰抑制电路

③ 接触噪声。接触噪声是由于两种材料之间的不完全接触而引起导电率起伏所产生的噪声。例如，晶体管焊接处接触不良（虚焊或漏焊），继电器触点之间、插头与插座之间、电位器滑臂与电阻丝之间的不良接触都会产生接触噪声。

(2) 外部干扰

① 天体和天电干扰。天体干扰是由太阳或其他恒星辐射电磁波所产生的干扰。天电干扰是由雷电、大气的电离作用、火山爆发及地震等自然现象所产生的电磁波和空间电位变化所引起的干扰。

② 放电干扰。电动机的电刷和整流子间的周期性瞬间放电,电焊、电火花加工机床、电气开关设备中的开关通断,电气机车和电车导电线与电刷间的放电等。

③ 射频干扰。电视广播、雷达及无线电收发机等,对邻近电子设备的干扰。

④ 工频干扰。大功率输、配电线与邻近测试系统的传输线通过耦合产生的干扰。

2. 按干扰源类型划分

① 直流干扰。以直流电压或直流电流的形式出现,一般由热电效应和电化学效应引起。如铜导线直接焊接在干簧继电器的磁铁片上就会产生热电动势,而铜线接到镀锌接地螺钉上时,在有腐蚀性气体的空气中,就会产生伏打电池效应。

② 交流干扰。这是最易出现的一种干扰,由交流电感应引起,因为过程通道往往处于杂散电场和磁场分布甚多的场所,当信号馈线与动力线在电缆槽中平行布线时,经耦合进入通道的干扰尤为明显。

③ 随机干扰。这种干扰一般是瞬变的,为尖峰或脉冲形式,多由电感负载的间断工作引起,如各种电源整流器和电动工具的电火花都是这种干扰的来源。这种干扰的时间短,幅度大,会给系统带来很大的危害。

8.1.2 干扰的耦合方式

1. 静电耦合(电容性耦合)

静电耦合是干扰电场通过电容耦合方式窜入其他回路中的。在测控系统中,互容现象是很普遍的。如两根导线之间构成电容;印制电路板的印制导线之间存在电容;变压器的线匝之间和绕组之间也都会构成电容。电容为信号的传输提供了一条通路,造成电场干扰信号。

电场耦合是由于两支电路(或元件)之间存在着寄生电容,使一条支路上的电荷通过寄生电容传送到另一条支路上去,因此又称为电容性耦合。

图 8-3 所示为仪表测量线路因受电场耦合而产生干扰的示意图及其等效电路。

图 8-3 中,M 为对地具有电压 U_{ng} 的干扰源;B 为电子线路中输入端裸露在机壳外的导体;C_m 为 M 与 B 之间的寄生电容;Z_i 为电子线路的输入阻抗;U_{ng} 为测量电路输出端的干扰电压。

设 $C_m=0.01\ \text{pF}$,$U_{ng}=5\ \text{V}$,$f=1\ \text{MHz}$,$Z_i=0.1\ \text{M}\Omega$,$K=100$。若 $Z_i \ll \dfrac{1}{\omega C_m}$,则 B 点的干扰电压为

$$U_{ni}=U_{ng}\omega C_m Z_i=(5\times 2\pi\times 10^6\times 0.01\times 10^{-12}\times 10^5)\ \text{V}=31.4\ \text{mV}$$

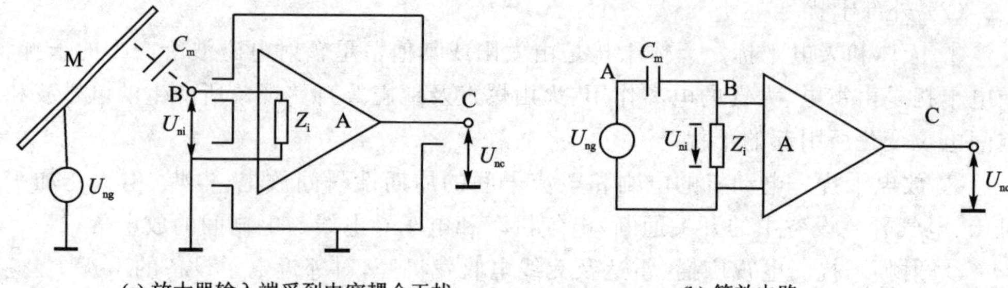

(a) 放大器输入端受到电容耦合干扰　　(b) 等效电路

图 8-3　电场耦合对测量线路的干扰

而放大器输出端的干扰电压为

$$U_{nc}=K\cdot U_{ni}=3.14\ \text{V}$$

显而易见,这么大的干扰电压是不能容忍的。

在一般情况下,通过电场耦合传输干扰电压可用图 8-4 来表示。图中 U_{ng} 是干扰源的电压;C_m 是寄生电容;Z_i 是被干扰电路的输入阻抗。

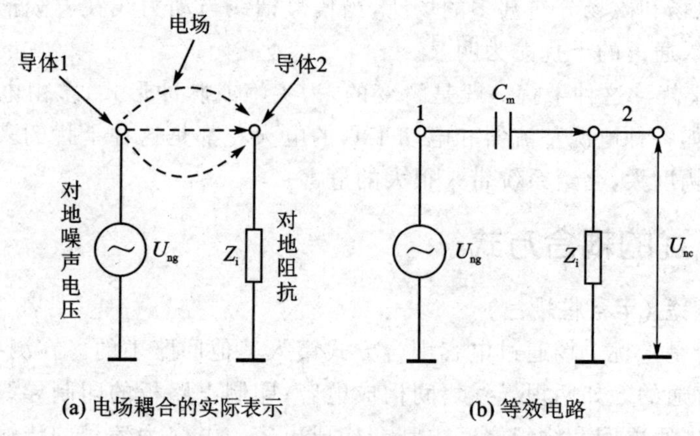

(a) 电场耦合的实际表示　　(b) 等效电路

图 8-4　电场耦合等效电路

由图 8-4 可得,被干扰电路输入端所产生的干扰电压为

$$U_n=\frac{j\omega C_m Z_i}{1+j\omega C_m Z_i}U_{ng} \tag{8-1}$$

若 $|j\omega C_m Z_i|\ll 1$,则上式可化简为

$$U_n\approx j\omega C_m Z_i U_{ng}$$

其幅值为

$$U_n\approx \omega C_m Z_i U_{ng}$$

由此可得出以下结论:

① 被干扰电路所接收到的干扰电压 U_n 与干扰源的电压幅值 U_{ng} 及干扰源的频率成正比,这说明干扰源强度越大,干扰的影响也越严重;而频率越高,因电场耦合而

引起的干扰也越严重。

② 干扰电压 U_n 的大小与被干扰电路的输入阻抗成正比。因此,降低电路的输入阻抗,可减小电场耦合引起的干扰。尤其是极低电平放大器的输入阻抗,如无特殊要求,都应该尽可能小些(一般在几百欧姆以下),以利于减小电场耦合在输入端引起的干扰。

③ 干扰电压 U_n 的大小正比于干扰源与被干扰电路之间的寄生电容 C_m。因此,合理的布线使寄生电容减小,会有利于减小电场耦合引起的干扰。

2. 电磁耦合(电感性耦合)

在任何通电导体周围空间都会产生磁场,而且电流的变化必然引起磁场的变化,变化的磁场就要在其周围闭合回路中产生感应电动势。在设备内部,线圈或变压器的漏磁会引起干扰;在设备外部,当两根导线在很长的一段区间架设时,也会产生干扰。

当两个电路之间有互感存在时,一个电路中电流的变化,就会通过磁场耦合到另一个电路。电气设备中的变压器及线圈的漏磁就是一种常见的通过磁场耦合的干扰源。另外,两根平行的导线也会产生这种干扰。

图 8-5 是两个电路之间的磁场耦合及其等效电路。图中 I_1 是电路导线 1 中的电流,就是干扰电流;M 是两支电路之间的互感;U_n 是电路导线 2 中所引起的感应干扰电压。由图中等效电路可得

$$U_n = \omega M I_1 \tag{8-2}$$

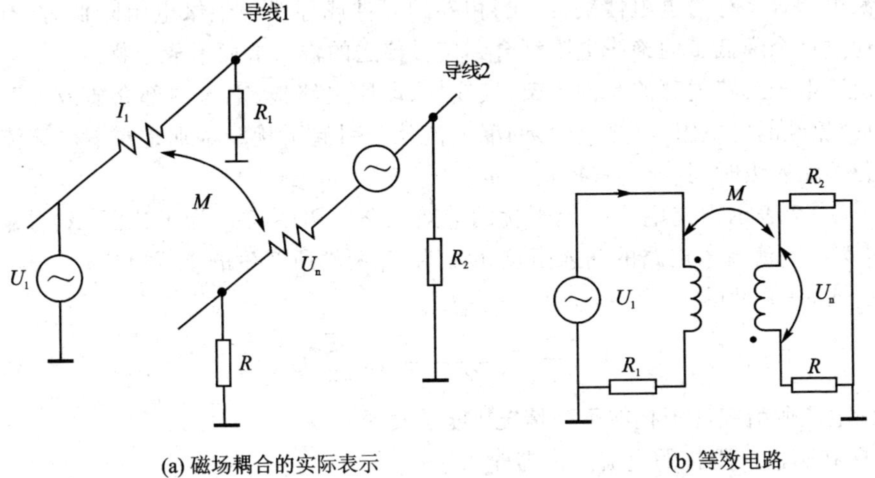

图 8-5 磁场耦合及其等效电路

由此可得下列结论:

① 被干扰电路所感应的干扰电压 U_n 与干扰源的电流成正比。

② 干扰电压 U_n 与干扰源的变化频率成正比。

③ 干扰电压 U_n 与互感系数成正比。

下面举一实例来说明耦合的影响。图 8-6 是一交流电桥测量电路受磁场耦合干扰的示意图。图中，U_x 为电桥输出的不平衡电压，导线 D 在电桥附近产生磁场，并耦合到电桥测量电路上。若 $I_1=10\ \mathrm{mA}$，$M=0.1\ \mu\mathrm{H}$，则干扰源的频率为 10 kHz（因交流供电电源频率相同）。

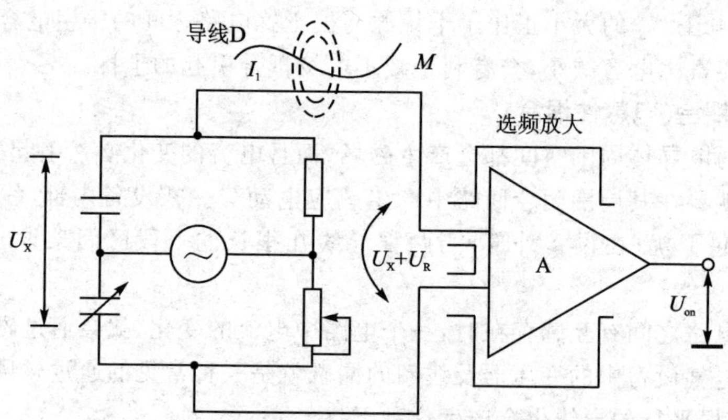

图 8-6　磁场耦合对交流电桥的干扰

由式(8-2)可得

$$U_{on}=\omega MI_1=(2\pi\times10^4\times0.1\times10^{-6}\times10\times10^{-3})\mathrm{V}=62.8\ \mu\mathrm{V}$$

3. 漏电耦合(电阻性耦合)

漏电耦合又称为电阻性耦合。当相邻的元件或导线间绝缘电阻降低时，有些信号便通过这个降低了的绝缘电阻耦合到信号传送的输入端而形成干扰。

由于电子线路内部的元件支架、接线柱、印刷电路板、电容内部介质或外壳等绝缘不良，流经漏电电阻(绝缘电阻)的漏电流就会引起干扰。特别是当漏电流流入测量电路的输入级时，其影响就特别严重。

图 8-7 表示由漏电流引起干扰的等效电路。图中，U_{ng} 为干扰源，R 为漏电电阻，Z_i 为漏电流流入电路的输入阻抗，U_{on} 为 Z_i 两端所产生的干扰电压。

由图 8-7 可得

$$U_{on}=U_{ng}\frac{Z_i}{R+Z_i}\approx\frac{Z_i}{R}U_{ng}\tag{8-3}$$

漏电流所引起的干扰在下列情况下更为严重：

① 在高输入阻抗的直流放大器输入端；

② 测量电路附近有高压直流电源；

③ 测量高压电压。

例如，设输入阻抗为 $Z_i=10\ \mathrm{M}\Omega$ 的高输入阻抗放大器附近有一直流电压源 $U_{ng}=10\ \mathrm{V}$，U_{ng} 对 Z_i 的漏电电阻 $R=10^{10}\ \Omega$，则在高输入阻抗放大器输入端所引起的漏电干扰电压为

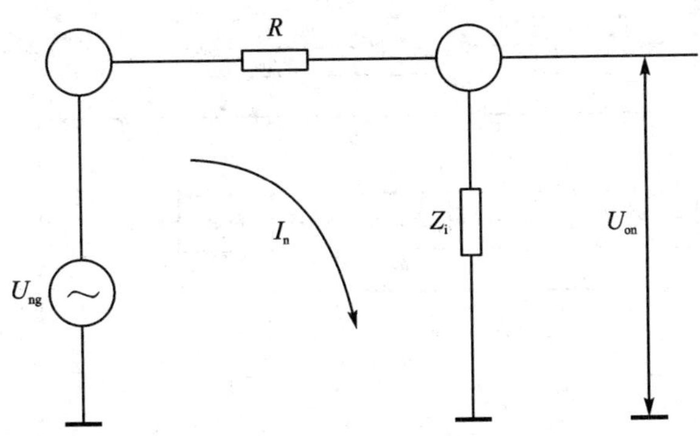

图 8－7 漏电流引起干扰的等效电路图

$$U_{on} \approx \frac{Z_i}{R} U_{ng} = \left(\frac{10^7}{10^{10}} \times 10\right) \text{V} = 10 \text{ mV}$$

由此可见，对于高输入阻抗放大器，在其输入端必须加强绝缘，其周围电路的安排若绝缘不变，则漏电流感应会产生严重的漏电干扰。

4. 共阻抗耦合

在测控系统的回路之间不可避免地存在公共耦合阻抗。例如电源引线、汇流排等都具有一定的阻抗，对于多回路来说就是一个公共阻抗，尽管数值很小，但当流过较大电流时，其作用就像一根天线，将干扰信号引入各回路。

共阻抗耦合干扰是由于两个以上的电路有共阻抗，当一个电路中的电流流经共阻抗产生压降时就成为其他电路的干扰电压，其大小与共阻抗的阻值及干扰源的电流大小成比例。

共阻抗耦合干扰在测量电路的电子放大器中是一种常见的干扰，对多级放大器来说，就是一种寄生反馈；当满足正反馈条件时，可能引起自激振荡，使仪器无法稳定工作。

(1) 电源内阻产生的共阻抗耦合干扰

多级放大器构成的多单元电子仪器，一般都共用一个直流稳压电源，但由于直流稳压电源的内阻不可能等于零，而且电源引线还有寄生电感和导线电阻，这就成为各部分电路的共阻抗。

图 8－8(a)表示两台三级电子放大器由同一直流电源 E 供电，在各级输入信号 U_{i1}、U_{i2} 激励下，上下两台放大器分别产生电流 i_1、i_2，当上面放大器输出电流 i_1 流经电源内阻 Z_c 上时，在 Z_c 上产生 $U_1 = i_1 Z_c$ 的电压。此电压 U_1 经电路传输到下级放大器，就成为下级放大器的干扰电压。

防止电源内阻引起的干扰，可采取以下措施：

① 减小电源的输出内阻；

② 接入去耦滤波电路，减小电源内阻上的干扰电压对放大器前级的影响，如图 8－8(b)所示。

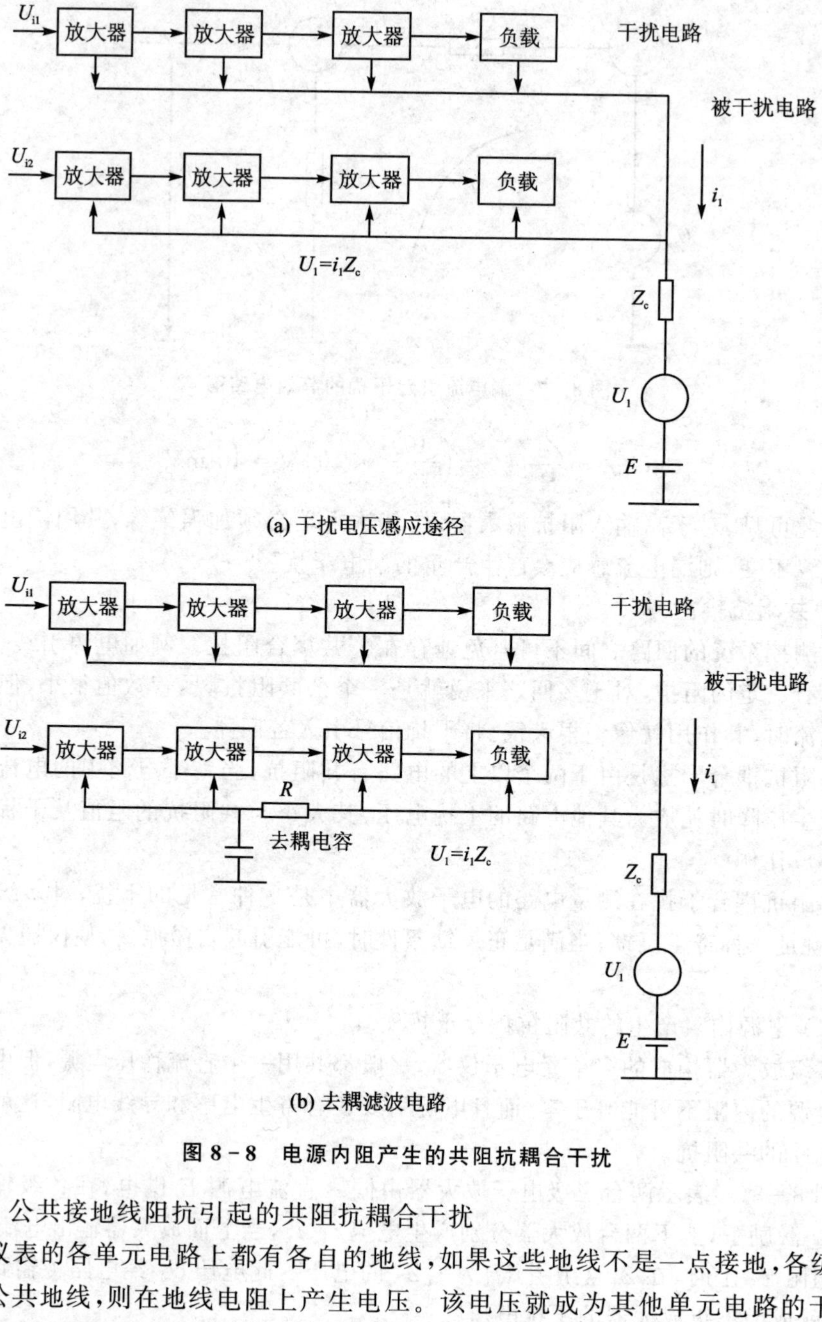

(a) 干扰电压感应途径

(b) 去耦滤波电路

图 8-8 电源内阻产生的共阻抗耦合干扰

(2) 公共接地线阻抗引起的共阻抗耦合干扰

在仪表的各单元电路上都有各自的地线,如果这些地线不是一点接地,各级电流就流经公共地线,则在地线电阻上产生电压。该电压就成为其他单元电路的干扰电压,如图 8-9 所示。

图 8-9 中 1[#]、2[#]、3[#] 三块插件板上安装了三块单元电路,其接地方式如图所示。其中 3[#] 板工作电流最大,通过公共地线 BA 接地,3[#] 板输出电流在 BA 线的阻抗上要产生电压降。由于 1[#] 板接地点在 A 点,A 点的电位将通过 R_1 耦合到 2[#] 板

的输入端。而 2# 板的接触点在 B 点，则 BA 上的电压降就成为它的干扰电压。干扰电压经放大后再输送给 3# 板。由于 3# 板受到干扰电压的影响，使电流又发生变化，于是在 BA 线上的电压降也发生变化。最后，又经 1# 板耦合到 2# 板输入端，形成一个闭环的寄生反馈。当满足了一定条件时，这个环路就会产生自激振荡，使仪器无法稳定工作。

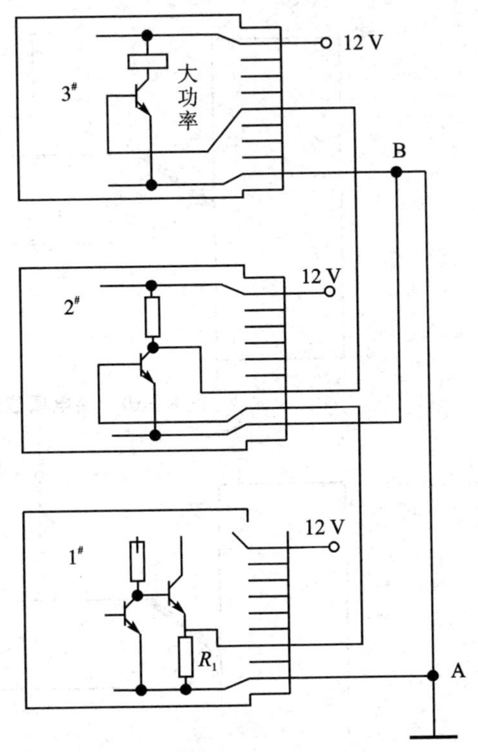

图 8－9　公共接地线阻抗引起的共阻抗耦合干扰

如果仪器在同一输出端有几路负载输出，则任一路负载的变化，都会通过输出阻抗合而影响其他输出电路。不过在一般条件下，输出阻抗对其他输出电路影响不大。

防止公共地线阻抗的共阻抗耦合干扰的最好措施是采用一点接地，在多级放大器中，应将每一级接地点汇在一点，然后再将各级接地点接到公共的地线上去。同时要注意禁止用金属底板本身做放大器的公共回路，以免引起阻抗耦合干扰。

8.1.3　干扰进入系统的模式

噪声源通过各种耦合方式进入系统内部造成干扰，根据噪声在系统输入端的作用方式及与有用信号电压的关系，可将干扰分为差模干扰和共模干扰两种形态。

(1) 差模干扰

干扰信号和有用信号按串联形式作用在输入端，差模干扰在接收电路的一个输入端相对于另一输入端产生电位差，并直接与有用信号叠加。差模干扰在工程上又称为串模干扰、常态干扰、横向干扰或正态干扰。例如在热电偶温度测量回路的一个臂上串联一个由交流电源激励的微型继电器时，在线路中就会引入交流与直流的差模噪声，如图 8－10 所示。

(2) 共模干扰

共模干扰是相对于公共的电位基准点，在系统的接收电路的两个输入端上同时出现的干扰。当接收电路具有较低的共模抑制比时，共模干扰往往因为输入两端的不平衡，以差模干扰的形式进入系统，影响系统测量结果。例如，用热电偶测量金属板的温度时，金属板可能对地有较高的电位差 U_c，如图 8－11 所示。

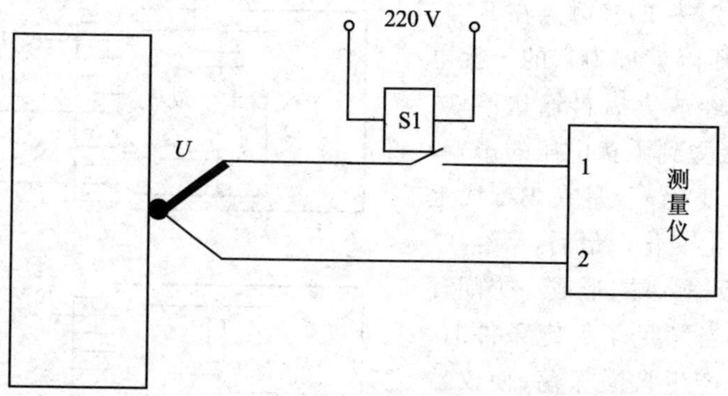

图 8-10　热电偶线路中的差模噪声

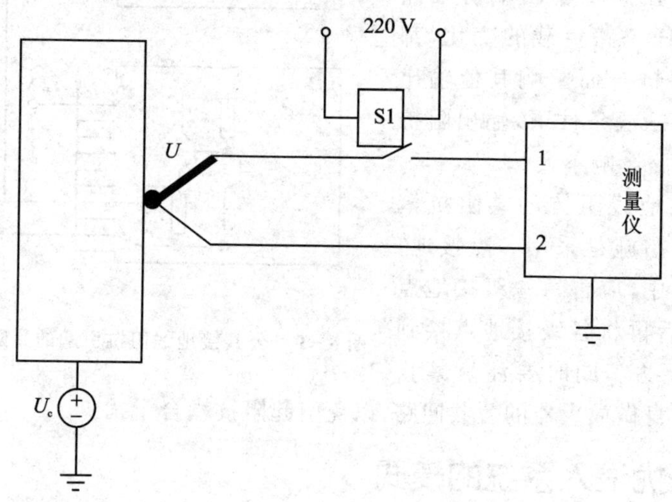

图 8-11　热电偶线路中的共模噪声

在电路两个输入端对地之间出现的共模噪声电压 U_{cm}，只是使两输入端相对于接地点的电位同时一起涨落，并不改变两输入端之间的电位差。因此，对存在于两输入端之间信号电压本来不会有什么影响，但在电路输出端情况就不一样了。由于双端输入电路总存在一定的不平衡性，输入端存在的共模噪声电压 U_{cm} 将在输出端形成一定的电压 U_{on}（见图 8-12），即

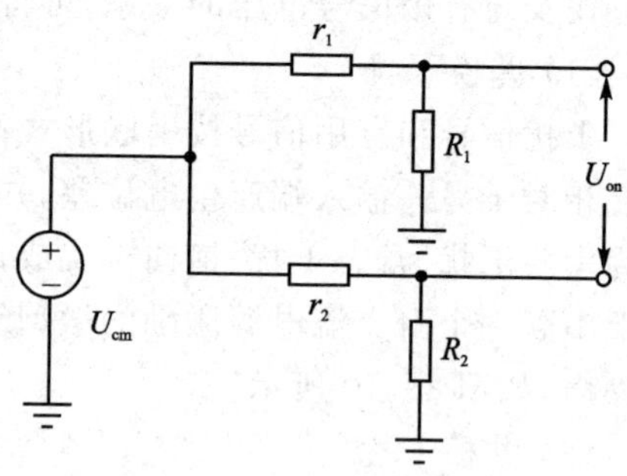

图 8-12　双线传输电路

$$U_{on}=U_{cm}K_c \tag{8-4}$$

式中，K_c 为电路的共模增益。

因为 U_{on} 与输出信号电压存在的形式相同，因此，就会对输出信号电压形成干扰，其干扰效果相当于在两输入端之间存在如下差模干扰电压：

$$U_{dm}=\frac{U_{on}}{K_d}=U_{cm}\frac{K_c}{K_d} \tag{8-5}$$

式中，K_d 为电路的差模增益。

从式(8-5)可以看出，抗共模干扰能力取决于共模干扰转换成差模干扰的大小，通常采用共模抑制比 CMRR 来衡量这种能力：

$$\text{CMRR}=20\lg\frac{K_d}{K_c} \tag{8-6}$$

或

$$\text{CMRR}=20\lg\frac{U_{cm}}{U_{dm}} \tag{8-7}$$

图 8-12 中 r_1、r_2 分别为两传输线的内阻，R_1、R_2 分别为两传输线输出端即后接电路的两输入端对地电阻。由图可见

$$U_{on}=U_{cm}\left(\frac{R_1}{r_1+R_1}-\frac{R_2}{r_2+R_2}\right) \tag{8-8}$$

当电路满足平衡条件，即满足

$$r_1=r_2 \tag{8-9}$$

$$R_1=R_2 \tag{8-10}$$

这时，$U_{on}=0$，即 U_{cm} 不在输出端对信号形成干扰；当不满足平衡条件时，$U_{on}\neq 0$，U_{cm} 将在输出端对信号形成干扰电压 U_{on}。

8.2 传输通道的抗干扰措施

由于测控现场条件、环境因素的影响，在实际测控应用中往往无法对干扰源实施抗干扰措施。因此对干扰的传输通道采取抗干扰措施通常是测控系统设计重点考虑的问题。

8.2.1 共模干扰的抑制

由式(8-4)可见，要抑制共模干扰，必须从两方面着手。一方面是要设法减少共模电压 U_{cm}，另一方面是要设法减少共模增益 K_c，或提高共模抑制比 CMRR。接地和屏蔽是减少 U_{cm} 的主要方法，下面介绍其他抑制共模干扰的措施。

1. 隔离技术

当信号源和系统地都接大地时，两者之间就构成了接地环路。两个接地点之间的电位差即地电压(等于大地电阻与大地电流的乘积)，随两者的距离增大而增大。尤其在高压电力设备附近，大地的电位梯度可以达到每米几伏甚至几十伏。地

电压 U_G 经过图中信号源 R_S、连线电阻 R_1 和负载电阻 R_L 产生地环流，并在 R_1 上形成干扰电压 U_N。如果把图 8－13(a)中的连线断开接入"隔离器"，如图 8－13(b)所示，那么该"隔离器"对差模信号是"畅通"的，而对"共模信号"却呈现很大的电阻；因此共模干扰电压降大大减少，同时流过信号源的漏电流也大大减少。

(1) 隔离变压器

图 8－13(a)表示在两根信号线上加进一只隔离变压器，由于变压器的次级输出电压只与初级绕组两输入端的电位差成正比，因此，它对差模信号是"畅通"的，对共模信号则是个"陷阱"。采取隔离变压器断开地环路适用于 50 Hz 以上的信号，在低频，特别是超低频时非常不适合。因为变压器为了能传输低频信号，必然要有很大电感和体积，初次级之间圈数很多就会有较大的寄生电容，共模信号就会通过变压器初次间的寄生电容而在负载上形成干扰。隔离变压器的初次级绕组间要设置静电屏蔽层，并且接地，这样就可减少初次级寄生电容，以达到抑制高频干扰的目的。当信号频率很低，或者共模电压很高，或者要求共模漏电流非常小时，常在信号源和检测系统输入通道之间(通常在输入通道前端)插入一个隔离放大器。

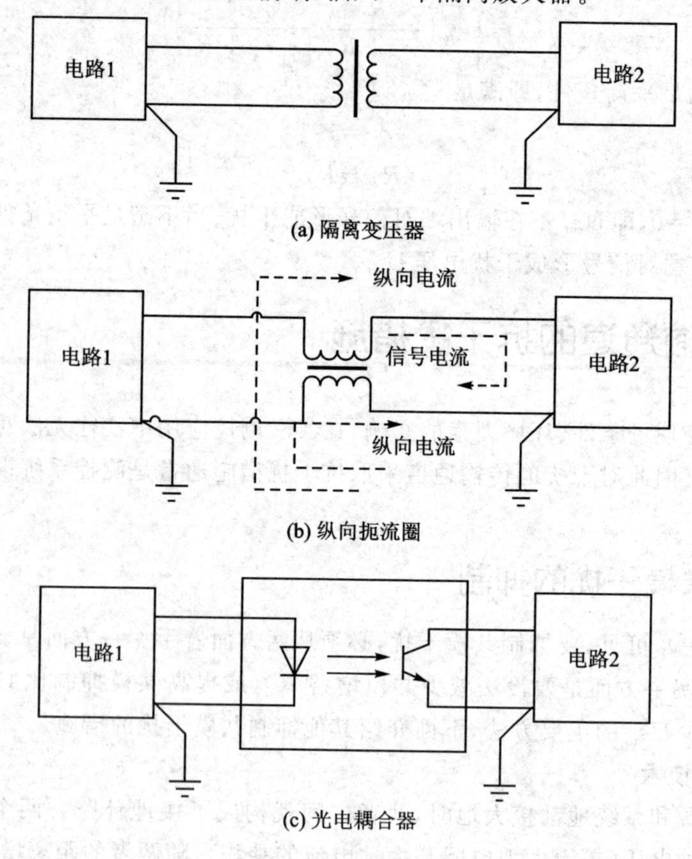

图 8－13 隔离原理

（2）纵向扼流圈

图 8－13(b)表示在两根信号线上接入一只纵向扼流圈（也称中和变压器）。由于扼流圈对低频信号电流阻抗很小，对纵向的噪声电流却呈现很高的阻抗。因此，这种做法特别适用于超低频。在两根导线上流过的信号电流是方向相反、大小相等。而流经两根导线的噪声电流则是方向相同、大小相等。这种噪声电流叫纵向电流，也叫共模电流。

图 8－14 是图 8－13(b)的等效电路、U_S 为信号电源电压，R_{C1}、R_{C2} 为连接线电阻，R_1 应该为 R_L，R_2 为电路 2 的输入电阻，纵向扼流圈由电感 L_1、L_2 和互感 M 表示。若扼流圈的两个线圈完全相同，而且并绕在同一铁芯上耦合紧密，则 $L_1=L_2=M$。U_G 为地线环路经磁耦合或者由电位差形成的共模电压。下面就电路对 U_S 和 U_G 的响应加以简单分析，若 $U_G=0$，则根据基尔霍夫定律，可得

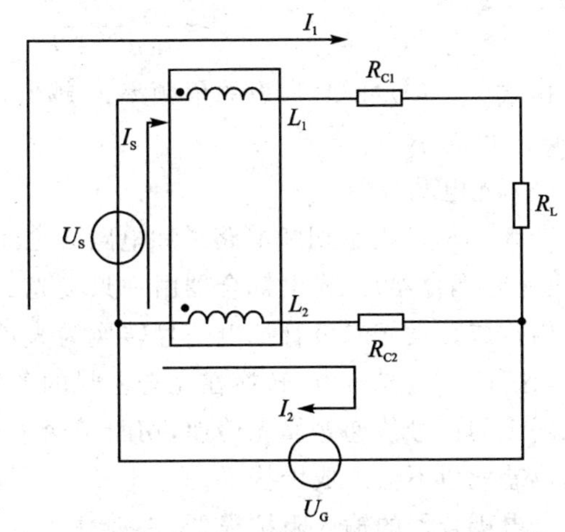

图 8－14　纵向扼流圈等效电路

$$U_S=j\omega L_1 I_1+j\omega M I_2+(R_L+R_{C1})I_1 \tag{8-11}$$

$$0=j\omega L_2 I_2+j\omega M I_1+R_{C2} I_2 \tag{8-12}$$

将式(8－11)与式(8－12)相减，并将 $L_1=L_2=M$ 代入，可得

$$U_S=I_1 R_L+I_1 R_{C1}-I_2 R_{C2} \tag{8-13}$$

因为 $R_{C1}=R_{C2}$，故有

$$U_S=I_1 R_L+R_{C1}(I_1-I_2) \tag{8-14}$$

因为 $I_1-I_2<I_1$ 且 $R_{C1}\ll R_L$，故有

$$U_S\approx I_1 R_L=I_S\cdot R_L \tag{8-15}$$

可见，扼流圈的加入对信号传输没有影响。

再来看扼流圈对共模噪声电压 U_G 的响应。令 $U_S=0$，由图 8－14 得

$$U_G=j\omega L_1 I_1+j\omega M I_2+I_1(R_L+R_{C1}) \tag{8-16}$$

$$U_G=j\omega L_2 I_2+j\omega M I_1+I_2 R_{C2} \tag{8-17}$$

将式(8－16)、式(8－17)相减，并将 $L_1=L_2=M$ 代入，可得

$$I_2=I_1\cdot\frac{R_L+R_{C1}}{R_{C2}}$$

将上式代入式（8－17)，得

$$U_G=I_1\left[\frac{R_L+R_{C1}}{R_{C2}}(j\omega L_2+R_{C2})+j\omega M\right]$$

I_1 在 R_L 上形成的干扰电压 U_N 为

$$U_N = I_1 \cdot R_L = \frac{U_G \cdot R_{C2}}{\frac{R_L + R_{C1}}{R_L}(j\omega L_2 + R_{C2}) + \frac{R_{C2}}{R_L} j\omega M} \tag{8-18}$$

因为 $L_2 = M, R_L \gg R_{C1}, R_L \gg R_{C2}$，故式(8-18)近似为

$$U_N \approx \frac{R_{C2}}{j\omega L_2 + R_{C2}} \cdot U_G \ll U_G \tag{8-19}$$

由式(8-19)可知，噪声的角频率 ω 越低，要求 R_{C2} 越小或要求 L 越大，干扰电压 U_N 才可能小。

(3) 光电耦合器

图 8-13(c)表示切断电路 1 和电路 2 之间地环路的第三个办法是采用光电耦合器(也称光耦合器)。光电耦合器由一只发光二极管和一只光电晶体管装在同一密封管壳内构成。发光二极管把电信号转换为光信号，光电晶体管把光信号再转换为电信号，这种“电—光—电”转换在完全密封的条件下进行，不会受到外界光的影响。由于电路 1 的信号传递是靠光传递，切断了两个电路之间电的联系，因此两电路之间的地电位差就再不会形成干扰了。

光电耦合器的输入阻抗很低，一般在 100～1 000 Ω 之间，而干扰源的内阻一般很大，通常为 10^3～10^6 Ω。根据分压原理可知，这时能馈送到光电耦合器输入端的噪声自然很小。即使有时干扰电压的幅度较大，但所能提供的能量很小，只能形成微弱的电流。而光电耦合器的发光二极管只有通过一定强度的电流才能发光，光电晶体管也只在一定光强下才能工作。因此，即使电压幅值很高的干扰，没有足够的能量便不能使二极管发光，从而被抑制掉。

光电耦合器的输入端与输出端的寄生电容极小，一般仅为 0.5～2 pF，而绝缘电阻又非常大，通常为 10^{11}～10^{13} Ω，因此光电耦合器一边的各种干扰噪声都很难通过光电耦合器馈送到另一边去。

由于光电耦合器的线性范围比较小，所以主要用于传送数字信号。

接入光电耦合器的数字电路如图 8-15 所示，其中 R_i 为限流电阻，D 为反向保护二极管。可以看出，输入电平 V_i 值并不要求一定得与 TTL 逻辑电平一致，只要经 R_i 限流之后符合发光二极管的要求即可。R_L 是光敏三极管的负载电阻(R_L 也可接在光敏三极管的射极端)。当 V_i 使光敏三极管导通时，V_o 为低电平(即逻辑 0)；反之为高电平(即逻辑 1)。

R_i 和 R_L 的选取说明如下：若光电耦合器选用 GO103，发光二极管在导通电流 $I_F = 10$ mA 时，正向压降 $V_F \leqslant 1.3$ V，光敏三极管导通时的压降 $V_{CE} = 0.4$ V，设输入信号的逻辑 1 电平为 V_i，即 12 V，并取光敏三极管导通电流 $I_C = 2$ mA 时，R_i 和 R_L 可由下式计算：

$$R_i = (V_i - V_F)/I_F = (12 - 1.3)\ \text{V}/10\ \text{mA} = 1.07\ \text{k}\Omega$$

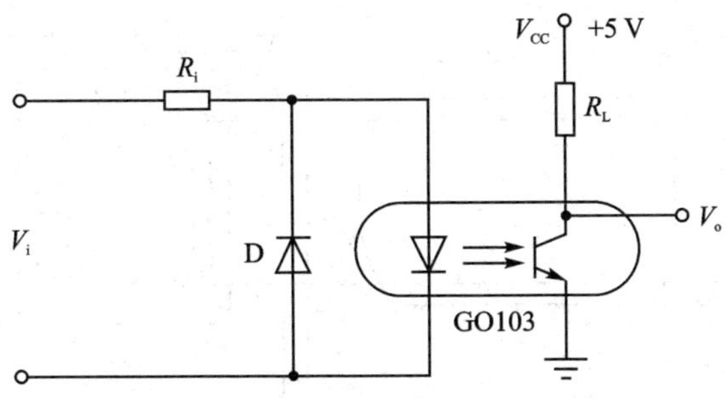

图 8-15 接入光电耦合器的数字电路

$$R_L = (V_{CC} - V_{CE})/I_C = (5 - 0.4)\ \text{V}/2\ \text{mA} = 2.3\ \text{k}\Omega$$

需要强调的是，在光电耦合器的输入部分和输出部分必须分别采用独立的电源，如果两端共用一个电源，则光电耦合器的隔离作用将失去意义。

2. 浮置技术

浮置是指把测控系统中的信号放大器的公共线不接外壳或大地的抑制干扰措施。

浮置与屏蔽接地相反，浮置是阻断干扰电流的通路，明显地加大了系统的信号放大器公共线与地(或外壳)之间的阻抗，减少了共模干扰电流。

图 8-16(a)方案将系统输入放大器进行双层屏蔽，使其浮地，这样流过信号回路的不平衡电阻上的共模电流便大大减少，从而可以取得优异的共模抑制能力。在需要高精度测量低电平信号时，或者已经采用各种措施，共模抑制仍不能满足要求时，可以采用这种方法。图中屏蔽罩 1、2 和放大器的模拟地之间是互相绝缘的，屏蔽罩 2 接大地。Z_1 是仪表模拟地和屏蔽罩 1 之间的杂散电容 C_1 和绝缘电阻 R_1 所构成的漏阻抗，Z_2 是屏蔽罩 1 和屏蔽罩 2 之间的杂散电容 C_2 和绝缘电阻 R_2 所构成的漏阻抗。具有内阻 R_i 的被测信号 U_i，用双芯屏蔽线与仪表连接，两芯线的电阻为 r_1、r_2，导线屏蔽层的电阻为 R_C，导线屏蔽层的两端分别与被测信号地及屏蔽罩 1 相接。仪表放大器两个输入端 A、B 对仪表模拟地的电阻分别为 R_{L1}、R_{L2}。在现场中，被测信号与测量仪器之间常常相距几十米甚至上百米。由于地电流等因素的影响，信号接地点和仪器接地点之间的电位差 U_G 可达几十伏甚至上百伏，它在仪表放大器两个输入端 A、B 间形成的电压将对信号产生干扰。

现在来分析图 8-16(a)方案是怎样消除 U_G 对信号产生干扰。图 8-16(a)的等效电路如图 8-16(b)所示，由图可见，U_G 在仪表放大器两个输入端 A、B 间形成的干扰电压 U_N 为

$$U_N = U_G \frac{R_C}{R_2 + R_C} \times \frac{(R_{L2} + r_2) \,/\!/\, (R_{L1} + r_1 + R_i)}{R_1 + (R_{L2} + r_2) \,/\!/\, (R_{L1} + r_1 + R_i)} \times \left(\frac{r_1 + R_i}{R_{L1} + r_1 + R_i} - \frac{r_2}{R_{L2} + r_2} \right) \tag{8-20}$$

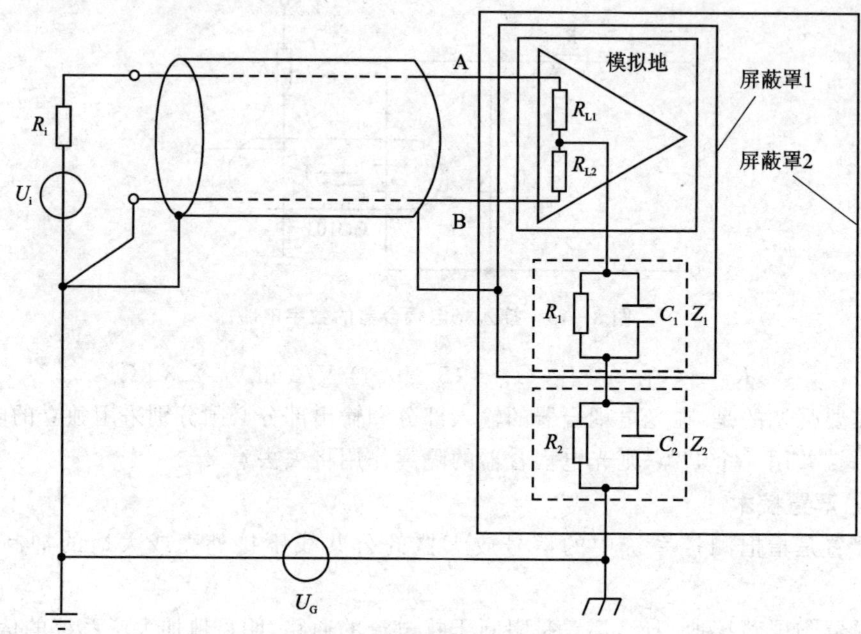

(a) 双层浮地屏蔽原理

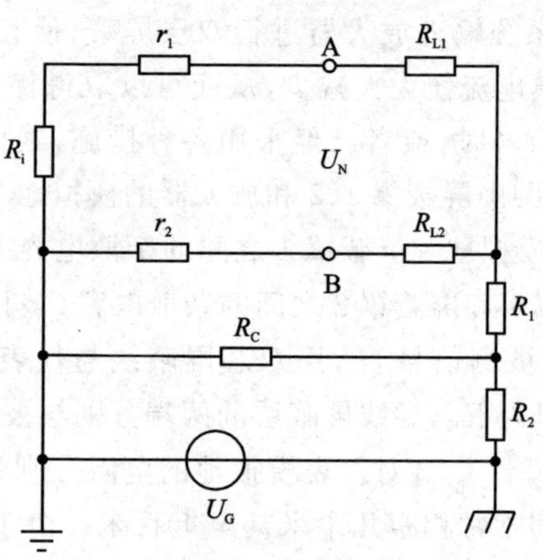

(b) 等效电路图

图 8-16　双层浮地屏蔽抑制干扰的原理

很显然，双芯屏蔽线的电阻 r_1、r_2、r_c 都远小于信号源内阻 R_i，而 R_i 又远小于输入端 A、B 对仪表模拟地的电阻 R_{L1} 和 R_{L2}，R_{L1}、R_{L2} 又远小于绝缘电阻 R_1、R_2，因此式(8-21)可简化为

$$U_N = U_G \frac{R_C}{R_2} \times \frac{R_{L1}}{2R_1} \times \frac{R_i}{R_{L1}} = U_G \frac{R_C R_i}{2R_1 R_2} \qquad (8-21)$$

如设 $R_i = 2\ \text{k}\Omega$，$R_{L1} = 100\ \text{k}\Omega$，$R_C = 10\ \Omega$，$R_1 = R_2 = 10^7\ \Omega$，代入式(8-21)计

算得

$$U_N = U_G \times 10^{-10} \ll U_G$$

双层浮地屏蔽的共模抑制效果主要取决于漏阻抗 Z_1 和 Z_2 的数值。而增大 Z_1 和 Z_2 的关键还在于减少杂散电容 C_1 和 C_2。为此须对放大器的电源变压器的结构进行必要的改进。通常采用超屏蔽变压器，即将变压器的原边绕组和副边绕组分别加以屏蔽，原边屏蔽接屏蔽罩 2(或机壳)，副边屏蔽接屏蔽罩 1。这样可使模拟地到机壳的杂散电容 C_3 减少到几个 pF。

因为 CMRR 与杂散电容 C_1 和 C_2 的容抗直接相关，所以系统的 CMRR 随着共模噪声频率的升高而降低。

在高精度数字仪表中广泛应用双层浮地屏蔽措施来抑制共模干扰。在这类仪表的面板上通常装有四个接收端子：信号高、低输入端，(内)屏蔽端和机壳(接地)端。在使用过程中，能否根据信号源接地情况正确连接这四个接线端，将直接关系到仪表的共模抑制能力能否充分发挥的问题。

3. 浮动电容切换法

在数据采集系统中，如果输入信号上叠加的共模电压较大，超过了 MUX 或 PGA(或 S/H)的额定输入电压值，则可以采用如图 8-17 所示的浮动电容多路切换器。它由两级模拟开关组成，通常可由干簧或湿簧继电器担任开关，触点耐压数值可根据实际需要来选择。其工作过程是：当开关 S_{1-i}(第 i 路的两个开关)导通时，S_2 是断开的，差动输入信号作用于存储电容 C 上。当 S_{1-i} 断开后，电容 C 只保留了差动输入电压，而共模输入由于自举效应而抵消。之后，开关 S_2 接通，电容 C 上的差动电压加到放大器(PGA)输入端。在某些模拟 I/O 系统中采用这种方法来克服共模电压的影响。

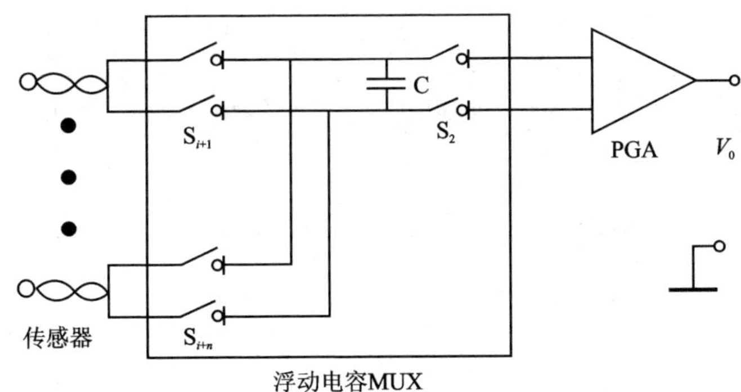

图 8-17 浮动电容切换法抵消共模电压

8.2.2 差模干扰的抑制

所谓差模噪声，可以简单地认为是与被测信号叠加在一起的噪声，它可能是信号源产生的，也可能是引线感应耦合来的。正因为差模噪声与被测信号叠加在一起，所以对信号就会形成干扰，即差模干扰。抑制差模干扰除了从源头上采取措施即切断噪声耦合途径(如将引线屏蔽等)外，另外就是利用干扰与信号的差别来把干扰消除掉或减到最小。这方面常用的措施有以下几种。

1. 频率滤波法

频率滤波法就是利用差模干扰与有用信号在频率上的差异，采用高通滤波器滤除比有用信号频率低的差模干扰，采用低通滤波器滤除比有用信号频率高的差模干扰，采用50 Hz陷波器滤除工频干扰。频率滤波是模拟信号调理中的一项重要内容，这里不再重复。

2. 积分法

双积分式A/D可以削弱周期性差模干扰。众所周知，双积分式A/D的工作原理是两次积分：第一次积分是对被测电压定时积分，积分时间为定值 $T_1=N_rT_c$(T_c为时钟周期)，第二次积分是对基准电压 U_r 定压积分，从第一次积分的终了值积分到零，这段时间 T_2 的计数值即为A/D转换结果 N_x，即

$$N_x=\frac{T_2}{T_C}=\frac{\overline{U}_x\cdot T_1}{U_r\cdot T_C}=\frac{\overline{U}_x}{U_r}\cdot N_r \tag{8-22}$$

式中，$\overline{U}_x$ 为被测电压 U_x 在 T_1 期间的积分平均值，即

$$\overline{U}_x=\frac{1}{T_1}\int_0^{T_1}U_x\mathrm{d}t \tag{8-23}$$

假设被测信号 U_s 上叠加有干扰电压 U_n，即 $U_x=U_s+U_n$，并假定 $U_n=U_{nm}\cdot\sin(\omega t-\varphi)$，则转换结果为

$$N_x=\frac{\overline{U}_S+\overline{U}_n}{U_r}\cdot N_r \tag{8-24}$$

误差项为

$$\varepsilon=\overline{U}_n=\frac{1}{T_1}\int_0^{T_1}U_{nm}\sin(\omega t-\varphi)\mathrm{d}t=-\frac{U_{nm}}{T_1\omega}2\sin\left(\frac{\omega T_1}{2}\right)\times\sin\left(\varphi-\frac{\omega T_1}{2}\right) \tag{8-25}$$

令 $T_1=k/f$，将式(8-25)及 $\omega=2\pi f$ 代入式(8-24)，得

$$\varepsilon=\overline{U}_n=-\frac{U_{nm}}{k\pi}\sin k\pi\sin(\varphi-k\pi) \tag{8-26}$$

显然

$$|\varepsilon|_{max}=\frac{U_{nm}}{k\pi}\sin k\pi \tag{8-27}$$

干扰抑制效果为

$$\mathrm{NMR}=-20\lg\left|\frac{U_{nm}}{\varepsilon_{max}}\right|=-20\lg\frac{k\pi}{\sin k\pi} \tag{8-28}$$

当定时积分时间 T_1 选定为干扰噪声周期的整数倍，即式(8-28)中 k 为整数

时，NMR＝∞，例如要抑制最常见的干扰为 50 Hz 工频，则应选双积分 A/D 的定时积分时间为

$$T_1 = k \times 20\ \text{ms} \tag{8-29}$$

3. 电平鉴别法

如果信号和噪声在幅值上有较大的差别，且信号幅值较大，噪声幅值较小，则可用电平鉴别法将噪声消除。

(1) 采用脉冲隔离门抑制干扰

利用硅二极管的正向压降可以对幅值小的干扰脉冲加以阻挡，而让幅值大的信号脉冲顺利通过。图 8－18 示出脉冲隔离门的原理电路。电路中的二极管最好选用开关管。

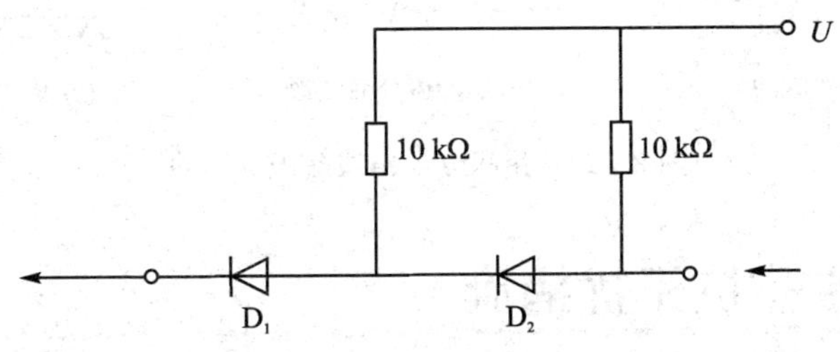

图 8－18　脉冲隔离门

(2) 采用削波器抑制干扰

当噪声电压低于脉冲信号波形的波峰值时，可以采用图 8－19 所示的削波器。该削波器只让高于电压 U 的脉冲信号通过，而低于电压 U 的噪声则被削掉。图 8－19(a)削波器为输入信号，包括幅值大的信号脉冲和不规则的幅值小的干扰脉冲；图 8－19 (b)为削波器输出信号，把干扰脉冲削掉了；图 8－19 (c)为经过放大后的信号脉冲。

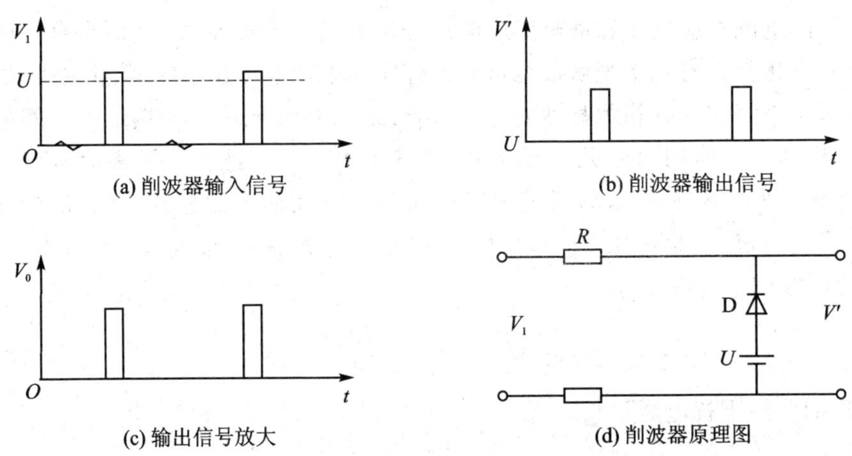

图 8－19　削波器

(3) 脉宽鉴别法

如果噪声幅值较高,但噪声波形的脉宽要比信号脉宽窄得多,则可利用 RC 积分电路来有效地消除脉宽较窄的噪声。一般要求 RC 积分电路的时间常数要大于噪声的脉宽而小于信号的脉宽。

图 8-20 以波形图的形式说明了用积分电路消除干扰脉冲的原理。在图 8-20(a)中,宽的为信号脉冲,窄的为干扰脉冲。图 8-20(b)为对信号和干扰脉冲进行微分后的波形。图 8-20(c)为对图 8-20(a)进行积分后的波形。信号脉冲宽,积分后信号幅度高;干扰脉冲窄,积分后信号幅度小。用一门坎电平将幅度小的干扰脉冲去掉,即可实现抑制干扰脉冲的作用。

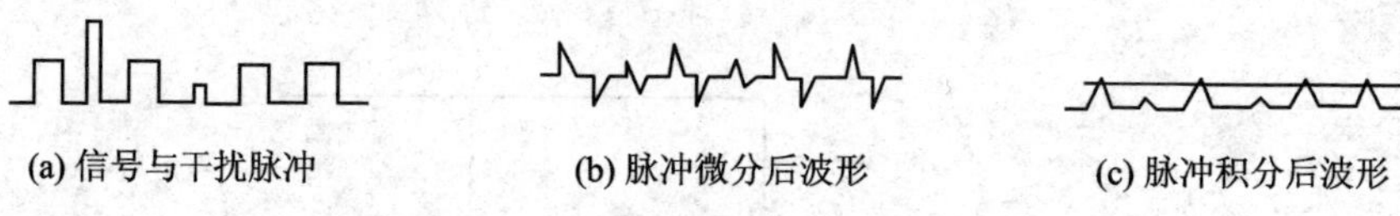

图 8-20　用积分电路消除干扰脉冲

8.3　长线传输抗干扰措施

8.3.1　长线传输引入的干扰

在进行测量或控制时,被测(或被控)对象与测控系统往往相距较远,可能是几十米、几百米甚至上千米,在这样长的距离上进行信号传输,抗干扰问题尤为突出。有必要研究长线传输中常见的干扰及其抑制措施。

由传感器来的信号线有时长达数百米甚至上千米,干扰源通过电磁或静电耦合在信号线上的感应电压数值是相当可观的。例如,一路输电线与信号线平行敷设时,信号线上的电磁感应电压和静电感应电压分别都可达到毫伏级,然而来自传感器的有效信号电压常仅有几十毫伏甚至可能比感应的干扰电压还小些;除此之外,同样由于被测对象与测控系统相距甚远的缘故,信号地与系统地这两个接地点之间的电位差(即地电压 U_m)有时可达几伏至十几伏,甚至更大。因此在远距离信号传输的情况下,如果采取如图 8-21(a)所示单线传输单端对地输入的方式,那么传输线上的感应干扰电压 U_n 和地电压 U_m 都会与被测信号 U_s 相串联,形成差模干扰电压,其中 U_n 形成的差模干扰电压为

$$U_{Nn}=U_n\cdot\frac{R}{r_s+r_m+r+R} \tag{8-30}$$

U_m 形成的差模干扰电压为

$$U_{Nm}=U_m\cdot\frac{R}{r_s+r_m+r+R} \tag{8-31}$$

式中，r_s、r_m、r、R 分别为信号源内阻、两地之间的地电阻、传输线电阻和系统输入电阻，一般有 $r_m \ll r \ll r_s \ll R$，代入式(8-30)和式(8-31)得，$U_{Nn} \approx U_n$，$U_{Nm} \approx U_m$。

由此可见，地电压和感应干扰电压几乎全都无抑制地成为对信号的干扰电压，二者之和可能会相当大，甚至可能超过信号电压，使信号电压被干扰电压淹没。为了避免这种后果，通常远距离信号传输不采用图8-21(a)所示的方式，而是采取图8-21(b)所示的方式。对比图8-21(a)和(b)可见，由于增设一条同样长度的传输线，两根传输线上拾取的感应干扰电压相等，即 $U_{n1}=U_{n2}=U_n$；同时又由于输入端采取双端差动输入方式，而且一般有 $r_m \ll r \ll r_s \ll R$，因此 U_m 形成的差模干扰电压减小为

$$U_{Nm}=U_m\left(\frac{R}{r+R}-\frac{R}{r_s+r+R}\right) \ll U_m \tag{8-32}$$

U_n 形成的差模干扰电压减少为

$$U_{Nn}=U_n\left(1-\frac{r_m}{r+R}\right)\left(\frac{R}{r_s+r_m+r+R}\right)-\frac{R}{r_m+r+R}\left(1-\frac{r_m}{r_s+r+R}\right) \approx 0 \tag{8-33}$$

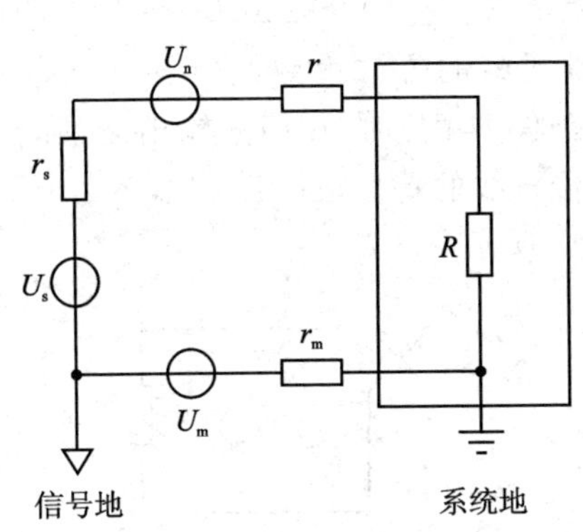

(a) 单线传输单端对地输入方式

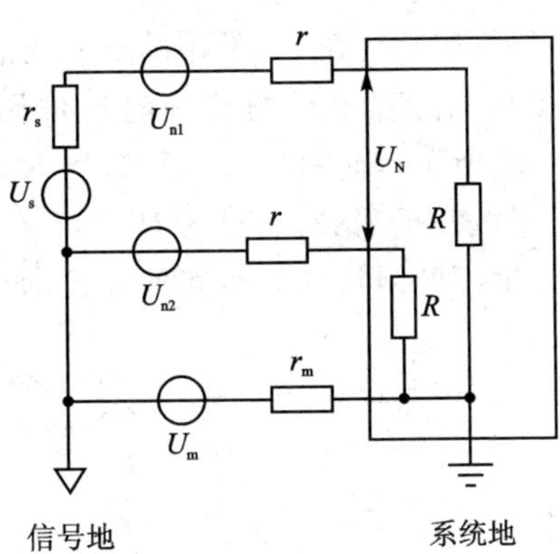

(b) 双线传输双端差动输入方式

图 8-21 被测信号传输与输入方式

在前面的讨论中，需要假定两根传输线完全处于相同的条件，即产生的感应干扰电压完全相同——纯共模电压；而且两根传输线内阻相同，对地分布电容和漏电阻也相同。满足这些条件的双线传输称为"平衡传输"。为了实现双线平衡传输，通常采用双绞线。双绞线由于双线绞合较紧，各方面处于基本相同的条件，因此有很好的平衡特性。而且双绞线对电感耦合噪声有很好的抑制作用。

同样是采用双线传输信号，但被传输信号的形式不同，抗干扰的效果是不一样的。一般来说，数字信号抗干扰能力比模拟信号抗干扰能力强。因此，数字信号传输优于模拟信号传输。

频率信号是一种准数字信号，抗干扰性能也很好，也适用于双绞线远距离传输。此外，长线传输时，用电流传输代替电压传输，也可获得较好的抗干扰效果。特别是

在过程控制系统中，常常采用变送器或电压/电流转换器产生 4～20 mA 的电流信号，经长线传送到接收端，再用一个精密电阻或电流/电压转换器转换成电压信号，然后送入 A/D 转换器。电流传送方式不会受到传输导线的压降、接触电阻、寄生热电偶和接触电势的影响，也不受各种电压性噪声的干扰。所以，它常被用作抑制噪声干扰的一种手段。

8.3.2 长线传输干扰的抑制

数字信号的长线传输不仅容易耦合外界噪声，而且还会因传输线两端阻抗不匹配而出现信号在传输线上反射的现象，使信号波形发生畸变。这种影响称为“非耦合性干扰”或“反射干扰”。抑制这种干扰的主要措施是解决好阻抗匹配和长线驱动两个问题。

1. 阻抗匹配

为了避免因阻抗不匹配产生反射干扰，就必须使传输线始端的源阻抗等于传输线的特性阻抗（称始端阻抗匹配），或使传输线终端的负载阻抗等于传输线的特性阻抗（称终端阻抗匹配）。常用的双绞线的特性阻抗 R_p 在 100～200 Ω 之间，绞距越小则阻抗越低。双绞线的特性阻抗可用示波器观察的方法大致测定。测试电路如图 8－22 所示，调节可变电阻 R，当 R 与 R_p 相等（匹配）时，A 门的输出波形畸变最小，反射波几乎消失，这时的 R 值可认为是该传输线的特性阻抗 R_p。

传输线的阻抗匹配有四种形式，如图 8－23 所示。

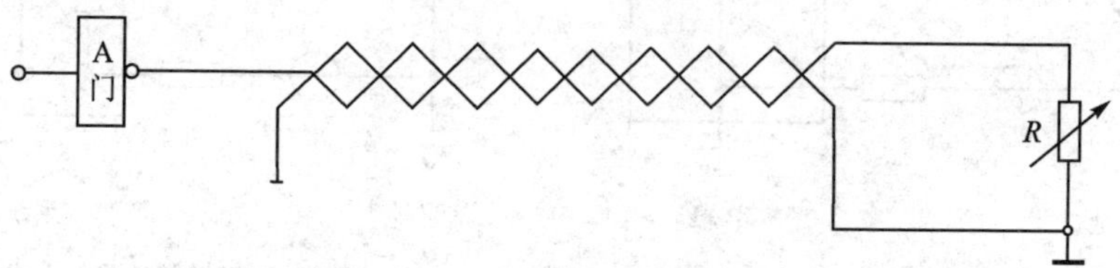

图 8－22 传输线特性阻抗测试

① 终端并联阻抗匹配如图 8－23(a)所示，终端匹配电阻 R_1、R_2 的值按 $R_p = R_1 /\!/ R_2$ 的要求选取。一般 R_1 的值取为 220～330 Ω，而 R_2 的值可在 270～390 Ω 范围内选取。这种匹配方法由于终端阻值低，相当于加重负载，使高电平有所下降，故高电平的抗干扰能力有所下降。

② 始端串联阻抗匹配如图 8－23(b)所示，匹配电阻 R 的取值为 R_p 与 A 门输出低电平时的阻抗 R_{SOL}（约 20 Ω）之差值。这种匹配方法会使终端的低电压抬高，相当于增加了输出阻抗，降低了低电平的抗干扰能力。

③ 终端并联隔直流匹配如图 8－23(c)所示，因电容 C 在较大时只起隔直流作用，并不影响阻抗匹配，所以只要求匹配电阻 R 与 R_p 相等即可。它不会引起输出高电平的降低，故增加了高电平的抗干扰能力。

④ 终端接箝位二极管匹配如图 8－23(d)所示，利用二极管 D 把 B 门端低电平

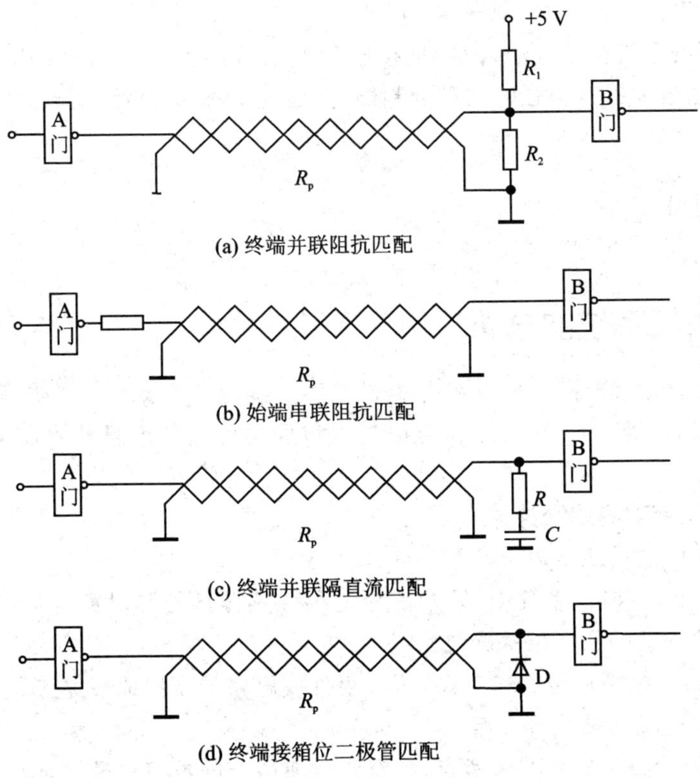

图 8-23　四种阻抗匹配方式

箝位在 0.3 V 以下,可以减小波的反射和振荡,提高动态抗干扰能力。

2. 长线驱动

长线如果用 TTL 直接驱动,有可能使电信号幅值不断减小,抗干扰能力下降及存在串扰和噪声,结果使电路传错信号。因此,在长线传输中,须采用驱动电路和接收电路。

图 8-24 为驱动电路和接收电路组成的信号传输线路的原理图。

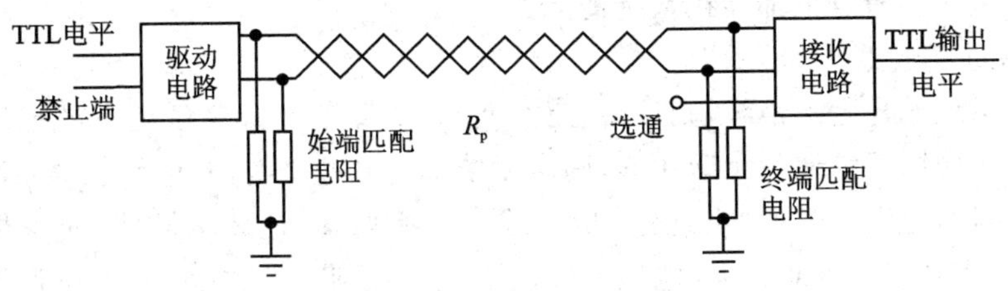

图 8-24　长线驱动示意图

驱动电路:它将 TTL 信号转换为差分信号,再经长线传至接收电路。为了使多个驱动电路共用一条传输线,一般驱动电路都附有禁止电路,以便在驱动电路不工作时,禁止其输出。

接收电路:它具有差分输入端,把接收到的信号放大后,再转换成 TTL 信号输出。由于差动放大器有很强的共模抑制能力,而且工作在线性区,所以很容易做到阻抗匹配。

8.4 接地技术

8.4.1 地线系统的分析

"地"是电路或系统中为各个信号提供参考点位的一个等电位点或等电位面。所谓"接地"就是将某点与一个等电位点或等电位面之间用低电阻导体连接起来,构成一个基准电位。

1. 测控系统中的地线种类

测控系统中的地线有以下几种:

① 信号地。在测试系统中,原始信号是用传感器从被测对象获取的,信号(源)地是指传感器本身的零电位基准线。

② 模拟地。模拟信号的参考点,所有组件或电路的模拟地最终都归结到供给模拟电路电流的直流电源的参考点上。

③ 数字地。数字信号的参考点,所有组件或电路的数字地最终都与供给数字电路电流的直流电源的参考点相连。

④ 负载地。负载地指大功率负载或感性负载的地线。当这类负载被切换时,它的地电流中会出现很大的瞬态分量,对低电平的模拟电路乃至数字电路都会产生严重干扰,通常把这类负载的地线称为噪声地。

⑤ 系统地。为避免地线公共阻抗的有害耦合,模拟地、数字地、负载地应严格分开,并且最后要汇合在一点,以建立整个系统的统一参考电位,该点称为系统地。系统或设备的机壳上的某一点通常与系统地相连接,供给系统各个环节的直流稳压或非稳压电源的参考点也都接在系统地上。

2. 共地和浮地

如果系统地与大地绝缘,则该系统称为浮地系统。浮地系统的系统地不一定是零电位。如果把系统地与大地相连,则该系统称为共地系统,共地系统的系统地与大地电位相同。这里所说的"大地"是指地球。众所周知,地球是导体,而且体积非常大,因而其静电容量也非常大,电位比较恒定,所以人们常常把它的电位作为绝对基准电位,也就是绝对零电位。为了连接大地,可以在地下埋设铜板或插入金属棒或利用金属排水管道作为连接大地的地线。

常用的工业电子控制装置宜采用共地系统,它有利于信号线的屏蔽处理,机壳接地可以免除操作人员的触电危险。如采用浮地系统,要么使机壳与大地完全绝缘,要么使系统地不接机壳。在前一种情况下，当机壳较大时，它与大地之间的分布电容和有限的漏电阻使得系统地与大地之间的可靠绝缘非常困难。而在后一种情况下，贴地布线的原则（系统内部的信号传输线、电源线和地线应贴近接地的机柜排列，机柜可起到屏蔽作用）难以实施。

在共地系统中有一个如何接大地的问题，需要注意的是，不能把系统地连接到交流电源的零线上，也不应连到大功率用电设备的安全地线上，因为它们与大地之间存在着随机变化的电位差，其幅值变化范围从几十毫伏至几十伏。因此共地系统必须另设一个接地线。为防止大功率交流电源地电流对系统地的干扰，建议系统地的接地点和交流电源接地点之间的最小距离不应小于 800 m，所用的接地棒应按常规的接地工艺深埋，且应与电力线垂直。

3. 接地方式——单点接地与多点接地

两个或两个以上的电路共用一段地线的接地方法称为串联单点接地，其等效电路如图 8-25 所示。图中 R_1、R_2、R_3 分别是各段地线的等效电阻值，I_1、I_2、I_3 分别是电路 1、2、3 的入地（返回）电流。因地电流在地线等效电阻上会产生压降，所以三个电路与地线的连接点的对地电位具有不同的数值，它们分别是

$$V_A = (I_1 + I_2 + I_3)R_1$$

$$V_B = V_A + (I_2 + I_3)R_2$$

$$V_C = V_B + I_3R_3$$

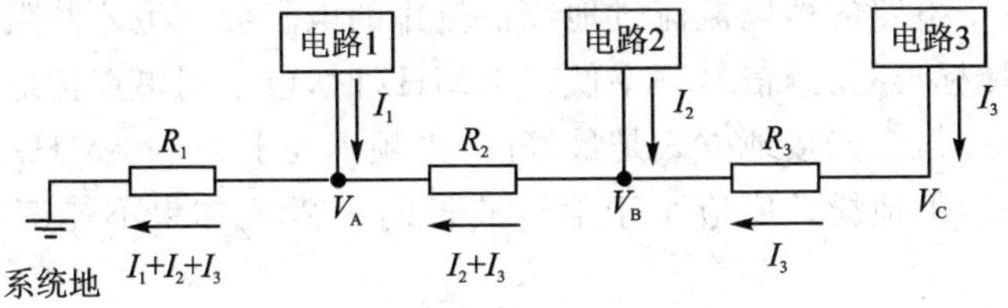

图 8-25 串联单点接地方式

显然，在串联接地方式中，任一电路的地电位都会受到别的电路地电流变化的调制，使电路的输出信号受到干扰。这种干扰是由地线公共阻抗耦合作用产生的。离接地点越远，电路中出现的噪声干扰就越大，这是串联接地方式的缺点。但是，与其他接地方式相比，串联接地方式布线最简单，费用最省。

串联接地通常用来连接地电流较小且相差不太大的电路。为使干扰最小，应把电平最低的电路安置在离接地点最近的地方与地线相接。

另一种接地方式是并联单点接地，即各个电路的地线只在一点（系统地）汇合（见图 8-26(a)），各电路的对地电位只与本电路的地电流和地线阻抗有关，因而没有公共阻抗耦合噪声。

这种接地方式的缺点在于所用地线太多。对于比较复杂的系统，这一矛盾更加突出。此外，这种方式不能用于高频信号系统。因为这种接地系统中地线一般都比

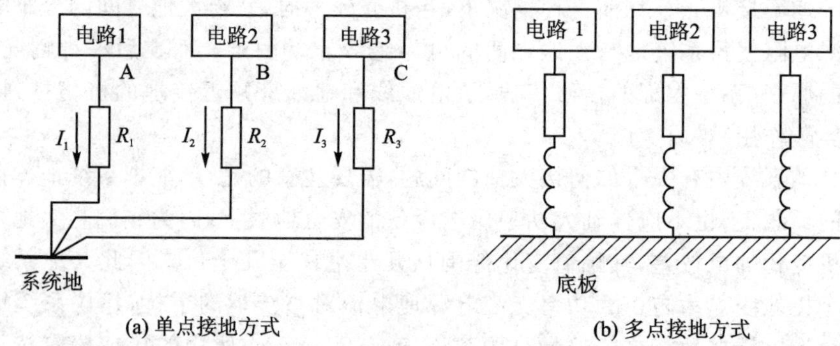

(a) 单点接地方式　　(b) 多点接地方式

图 8-26　单点接地方式和多点接地方式

较长，在高频情况下，地线的等效电感和各个地线之间杂散电容耦合的影响是不容忽视的。当地线的长度等于信号波长(光速与信号频率之比)的奇数倍时，地线呈现极高阻抗，变成一个发射天线，将对邻近电路产生严重的辐射干扰。一般应把地线长度控制在 1/20 信号波长之内。

上述两种接地方式都属于一点接地方式，主要用于低频系统。在高频系统中，通常采用多点接地方式，见图 8-26(b)。在这种系统中，各个电路或元件的地线以最短的距离就近连到地线汇流排(ground plane，通常是金属底板)上，因地线很短(通常远小于 25 mm)，底板表面镀银，所以它们的阻抗都很小。多点接地不能用在低频系统中，因为各个电路的地电流流过地线汇流排的电阻会产生公共阻抗耦合噪声。

一般的选择标准是，当信号频率低于 1 MHz 时，应采用单点接地方式；当信号频率高于 10 MHz 时，多点接地方式是最好的；当频率处于 1～10 MHz 范围时，可以采用单点接地方式，但地线长度应小于信号波长的 1/20。如果不能满足这一要求，应采用多点接地。

在实际的低频系统中，一般都采用串联和并联相结合的单点接地方式，这样既兼顾了抑制公共阻抗耦合噪声的需要，又不致系统布线过于复杂。为此，需把系统中所有地线根据电流变化的性质分成若干组，性质相近的电路共用一根地线(串联接地)，然后将各组地线汇集于系统地上(并联接地)。

8.4.2　输入通道的接地

在导线的屏蔽中，主要针对电场耦合和磁场耦合。而下面，将从如何克服地环流影响的角度来分析和解决接地问题。电路一点地基准：一个实际的模拟量输入通道，总可以简化成由信号源、输入馈线和输入放大器 3 部分组成。

直接将信号源与输入放大器分别接地的方式是不正确的。这种接地方式之所以错误，是因为它不仅会遭致磁场耦合的影响，而且还会因信号源与输入放大器接地端两点地电位不等而引起环流噪声干扰。忽略导线电阻，误认为信号源与输入放大器两点都是地球地电位应该相等，是造成这种接地错误的根本原因。

为了克服双端接地的缺点,应将输入回路改为单端接地方式。当单端接地点位于信号源端时,放大器电源不接地;当单端接地点位于放大器端时,信号源不接地。

低频电路电缆的屏蔽层接地:电缆的屏蔽层接地应采用单点接地的方式,屏蔽层接地点应当与电路的接地点一致。对于多层屏蔽电缆,每个屏蔽层应在一点接地,但各屏蔽层应相互绝缘。如欲将屏蔽一点接地,则应选择较好的接地点。当一个电路有一个不接地的信号源与一个接地的(即使不是接大地)放大器相连时,输入线的屏蔽应接至放大器的公共端;当接地信号源与不接地放大器相连时,即使信号源端接的不是大地,输入线的屏蔽层也应接到信号源的公共端。

高频电路电缆的屏蔽层接地:高频电路电缆的屏蔽层接地应采用多点接地的方式。高频电路的信号在传递中会产生严重的电磁辐射,数字信号的传输会严重地衰减,如果没有良好的屏蔽,会使数字信号产生错误。

8.4.3 主机系统的接地

主机系统的接地:50 Hz 电源零线应接到安全接地螺栓处,对于独立的设备,安全接地螺栓设在设备金属外壳上,并有良好的电气连接;为防止机壳带电,危及人身安全,绝对不允许用电源零线作地线代替机壳地线。

为了提高计算机的抗干扰能力,将主机外壳作为屏蔽罩接地,而把机内器件架与外壳绝缘,绝缘电阻大于 50 MΩ,即机内信号地浮空。这种方法安全可靠,抗干扰能力强,但制造工艺复杂,一旦绝缘电阻降低就会引入干扰。

在计算机网络系统中,多台计算机之间相互通信,资源共享。如果接地不合理,则将使整个网络系统无法正常工作。近距离的几台计算机安装在同一机房内,可采用多机一点接地方法。对于远距离的计算机网络,多台计算机之间的数据通信,可通过隔离的办法把地分开。例如:采用变压器隔离技术、光电隔离技术和无线电通信技术。

系统的屏蔽层接地:当整个系统需要抵抗外界电磁干扰,或需要防止系统对外界产生电磁干扰时,应将整个系统屏蔽,并将屏蔽体接到系统地上。例如电脑的机箱等。

8.4.4 交流地与信号地

1. 信号地

各种物理量的传感器和信号源零电位的公共基准地线,包括小信号回路、逻辑电路、控制电路等低电平电路的地,也称工作地。由于信号一般比较弱,容易受干扰,因此对信号地的要求较高。

2. 交流地

交流地是交流 50 Hz 电源的地线,也称为噪声地。

在一段电源地线的两点间会有数毫伏,甚至几伏电压。对低电平的信号电路来说，这是一个非常严重的干扰，必须加以隔离和防止，因此，交流地和信号地不能共用。

8.4.5 数字地与模拟地

1. 数字地

数字电路零电位的公共基准地线。由于数字电路工作在脉冲状态，特别是脉冲前后沿较抖或频率较高时，容易对模拟电路产生干扰，所以对数字地的接地点选择和接地线敷设也要充分考虑。

2. 模拟地

模拟电路零电位的公共基准地线。由于模拟电路既承担小信号的放大，又承担大信号的功率放大，既有低频的放大，又有高频放大；因此模拟电路既易接受干扰，又可能产生干扰，所以对模拟地的接地点的敷设更要充分考虑。

系统中各电路板上既有模拟电路，又有数字电路，它们应该分别接到系统中的模拟地和数字地上。因为数字信号波形具有陡峭的边缘，数字电路的地电流呈现脉冲变化。如果模拟电路和数字电路共用一根地线，数字电路地电流通过公共地阻抗的耦合将给模拟电路引入瞬态干扰，特别是电流大、频率高的脉冲信号，干扰更大。系统的模拟地和数字地最后汇集到一点上，即与系统地相连。正确的接地方法如图 8－27 所示，模拟地与数字地分开，仅在一点相连。

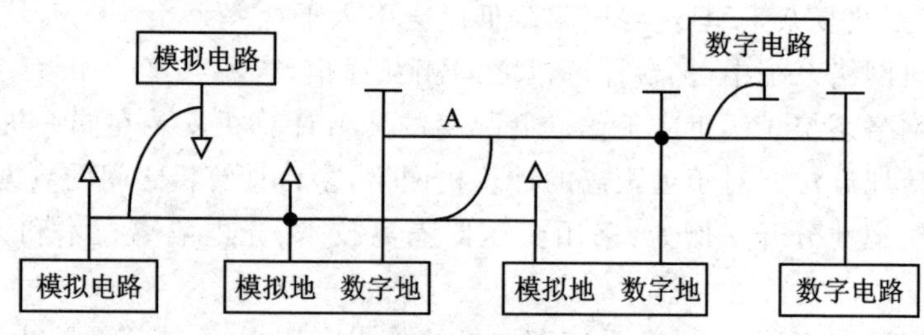

图 8－27 模拟地和数字地的正确接法

8.5 屏蔽技术

屏蔽技术是抑制电、磁场干扰的重要措施，正确的屏蔽可抑制干扰源（如变压器等干扰源），或阻止干扰进入仪表内部。

屏蔽可以分为以下几类：

① 静电屏蔽，即电场屏蔽，可防止电场耦合干扰。

② 电磁屏蔽，即利用导电性能良好的金属在磁场中产生的涡电流效应来防止高频磁场的干扰。

③ 磁屏蔽，即采用高导磁材料，防止低频磁场干扰。

1. 静电屏蔽

静电屏蔽是指在静电场的作用下,导体内部各点的电位是相等的,即在导体内无电力线。因此,若将金属屏蔽盒接地则屏蔽盒内的电力线不会传到外部,同时外部的电力线也不会穿透屏蔽盒进入内部。前者可抑制干扰源,后者可阻截干扰的传输途径,所以静电屏蔽可以抑制电场的干扰。

如果在两个导体 A、B 之间再设置一个接地的导体 G,则可使导体 A、B 之间的分布电容耦合大大减弱。例如,变压器初级绕组和次级绕组之间的静电屏蔽就是基于这一原理而设计的。

图 8-28 所示为静电屏蔽原理,而图 8-29 则表明了接地导体的静电屏蔽作用。

为了达到较好的静电屏蔽效果,应注意以下几个问题:

① 选用低电阻的金属材料(导电性好)做屏蔽盒,以铜和铝为宜;

② 屏蔽盒要良好接地;

③ 尽量缩短被屏蔽电路伸出屏蔽盒外的导线长度。

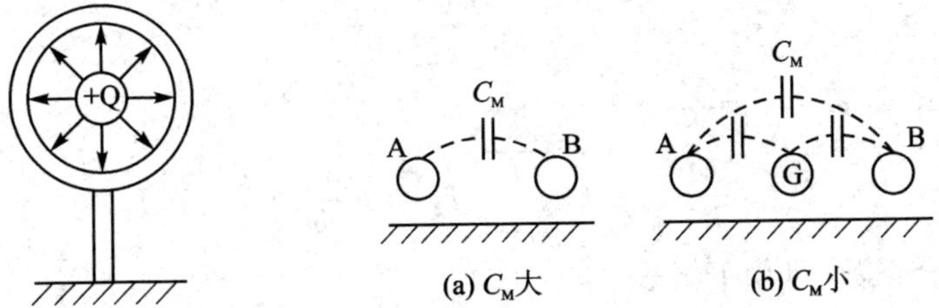

图 8-28 静电屏蔽原理 **图 8-29 接地导体的静电屏蔽作用**

2. 电磁屏蔽

(1) 电磁屏蔽原理

电磁屏蔽主要是抑制高频电磁场的干扰。它是采用导电性良好的低电阻金属材料,利用高频电磁场能在屏蔽导体内产生涡电流,再利用涡电流产生的反磁场来抵消高频干扰磁场,从而达到电磁屏蔽的效果。

根据电磁屏蔽的原理将屏蔽罩接地,其目的是兼顾静电屏蔽的作用。

电磁屏蔽罩的材料必须选择导电性良好的低电阻金属,如铜、铝或镀银铜板等。

当屏蔽罩上必须开孔或开槽时,应十分注意孔和槽的位置。如果所开的孔或槽与金属电磁屏蔽罩上的涡电流流动方向相垂直,则会阻碍涡电流的形成,影响电磁屏蔽的效果。如果所开的槽顺着涡电流流动的方向,则对电磁屏蔽影响较小。在静电屏蔽罩上由于没有电流流过,所以开槽的位置与静电屏蔽的效果无关。

必须注意:如果电磁线圈需要进行电磁屏蔽,则其屏蔽罩的直径必须比线圈的直径大 1 倍以上,否则将使线圈电感量大大减小,致使 Q 值也降低。

(2) 电磁屏蔽效果的计算

下面以图 8-30 所示电磁屏蔽的实例来估算其屏蔽效果。

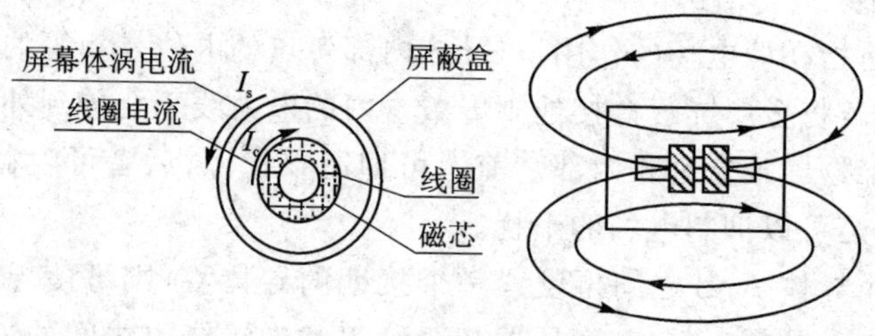

图 8-30　磁屏蔽原理

由于屏蔽导体中所产生涡电流的方向与被屏蔽线圈中的电流方向相反,因此,在屏蔽罩外部,屏蔽导体感应涡电流产生的磁场与线圈所产生的磁场相反,从而使线圈泄漏到屏蔽罩的磁力线很小,即起到了电磁屏蔽的作用。

图 8-30 中,若线圈匝数为 n_c、电流为 I_c、电感为 L_c,而屏蔽导体的电阻为 R_s、电感为 L_s、匝数 $n_s=1$、电流为 I_s、线圈与屏蔽导体的互感为 M,则

$$I_s=\frac{\mathrm{j}\omega M I_c}{R_s+\mathrm{j}\omega L_s}$$

高频时,$R_s \ll \omega L_s$,于是

$$I_s \approx \frac{M}{L_s}I_c=k\sqrt{\frac{L_c}{L_s}}I_c \approx k\frac{n_c}{n_s}I_c=kn_cI_c \tag{8-34}$$

式中,k 为耦合系数,可用下式表示

$$k=\frac{M}{\sqrt{L_cL_s}}$$

由式(8-34)可见,当频率很高时,I_s 和 I_c 成正比。当频率很低时,因 $R_s \gg \omega L_s$,所以

$$I_s \approx \frac{\gamma\omega M}{R_s}I_c \tag{8-35}$$

即低频时 I_s 与频率成正比。式(8-35)说明频率低时,在屏蔽导体上感生的涡电流小,即抑制线圈磁场的能力差,所以屏蔽效果不好。因此,这种电磁屏蔽仅适用于高频。

3. 磁屏蔽

由于电磁屏蔽对低频磁场干扰的屏蔽效果不好,因此,对低频磁场的屏蔽要用高磁导率材料做屏蔽罩,使干扰磁力线在屏蔽罩内构成回路,屏蔽罩外的漏磁通很少,从而抑制低频磁场的干扰作用。磁屏蔽的原理如图 8-31 所示。

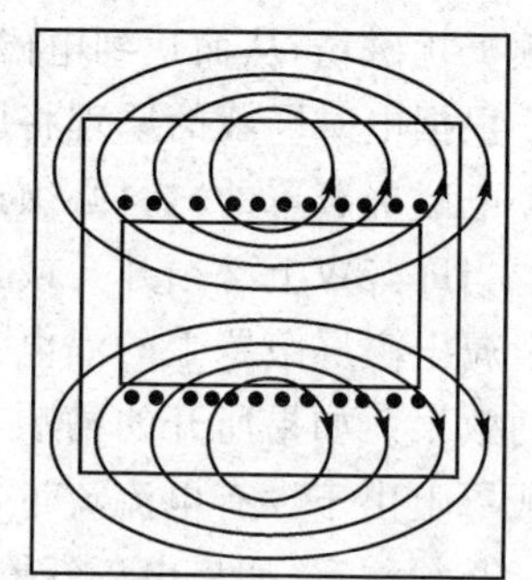

图 8-31　磁屏蔽原理示意图

磁屏蔽罩要选择高磁导率的铁磁材料,如坡莫合金等,并且要有一定厚度,以减

小磁阻。

设计磁屏蔽罩应注意以下问题：

① 频率升高时，高磁导率屏蔽罩的磁导率要下降，当如坡莫合金在频率超过500 Hz时，其磁导率就要急剧下降。

② 磁导率与磁场强度 H 有关。当 H 高到一定程度时，屏蔽体达到磁饱和，致使磁导率急剧下降。

③ 高磁导率磁材料（如坡莫合金）经机械加工后，导磁性能要降低，因此加工以后必须进行适当的热处理。

4. 驱动屏蔽

(1) 驱动屏蔽原理

驱动屏蔽是将被屏蔽导体的电位，经严格地用1∶1电压跟随器去驱动屏蔽层导体的电位，即可非常有效地抑制通过分布电容引起的静电耦合干扰，如图8－32所示。图中，E_n 是导体M的电场；而相对于导体B，E_n 是干扰源，C是导体B外地屏蔽导体。导体M对屏蔽层C的分布电容为 C_{1s}，导体B对屏蔽C的分布电容为 C_{2s}，Z_1 是导体B对地的阻抗。

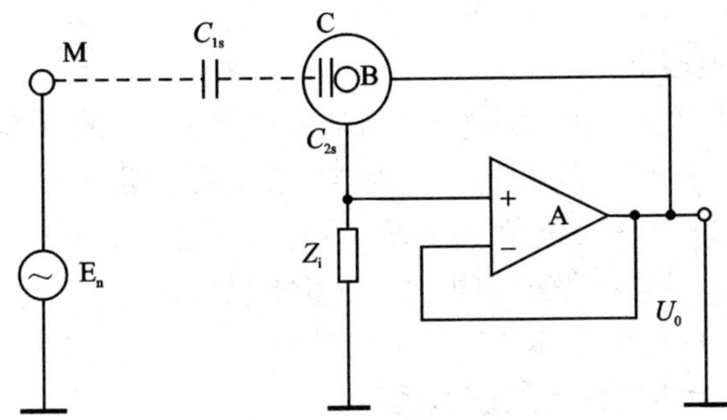

图8－32　驱动屏蔽原理

当屏蔽层C作为静电屏蔽时，只要将C接地即可。此时，只有在理想情况下，导体B才不受干扰源 E_n 的影响。但实际上，理想的静电屏蔽是不存在的。因而，干扰源经分布电容 C_{1s}、C_{2s} 的耦合对导体B产生干扰。如果 E_n 是交流干扰源，则通过 C_{1s} 经屏蔽导体C有交流电流流入地，而使屏蔽导体C上各点的电位不相同。因此通过分布电容 C_{2s} 的耦合对导体B还会产生干扰。

如果采用驱动屏蔽，即导体B的电位经1∶1电压跟随器后接到屏蔽导体C上，若1∶1跟随器是理想的，则导体B和C是等电位，即在导体B之外，屏蔽体C内侧的空间内没有电力线存在。因此，干扰源 E_n（M的电场）就不会再影响到导体B。虽然导体B与屏蔽体C之间的分布电容客观上还是存在的，但由于B和C之间等电位，因此，分布电容 C_{2s} 不起任何作用。这是驱动屏蔽的实质所在。

实际上，图8－32中的1∶1电压跟随器不可能是理想的。这是因为开环增益 A_d

不会无限大，即

$$U=\frac{A_d}{1+A_d}U_B \tag{8-36}$$

或表示为

$$U_B-U_C=\frac{1}{1+A_d}U_B \tag{8-37}$$

由式(8-37)可见，U_B 与 U_C 是不可能得到等电位的。

设不加驱动屏蔽时，B 和 C 的电位差为 U_B，通过 C_{2s}，感生的电荷为 $Q=C_{2s}U_B$。增加驱动屏蔽后，B 和 C 的电位差为 $U_B-U_C=\frac{1}{1+A_d}U_B$，则通过 C_{2s} 感生的电荷为 $q=C_{2s}U_B\frac{1}{1+A_d}$。由此可得

$$\frac{q}{Q}=\frac{1}{1+A_d} \tag{8-38}$$

由式(8-38)显而易见，加驱动屏蔽后，通过分布电容 C_{2s} 耦合干扰的影响减小了 $\frac{1}{1+A_d}$。

(2) 驱动屏蔽的应用

图 8-33 所示为高输入阻抗放大器，当输入信号源 U_s 的频率较高时，由于输入电缆的芯线与屏蔽层将受分布电容 C_s 的影响，故使输入阻抗下降。

如果采用如图 8-34 所示的驱动屏蔽，将电缆芯线电压经 1∶1电压跟随器后，接到电缆屏蔽层，此时，尽管电缆分布电容 C_s 可能较大，但由于电缆芯线与屏蔽层之间是等电位的，C_s 不再起耦合作用，C_s 上也就没有电流流过，从而保证了在频率较高时，高输入阻抗放大器的输入阻抗不致降低。

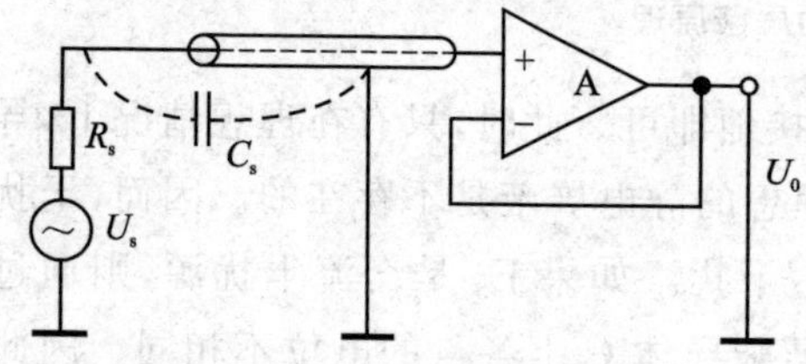

图 8-33 高输入阻抗放大器

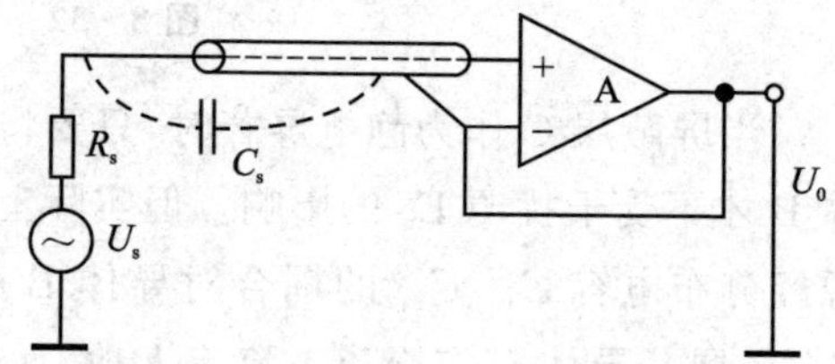

图 8-34 驱动屏蔽提高放大器输入阻抗

图 8-35 所示的驱动屏蔽用来提高差动输入测量电路的共模抑制比。由于电缆屏蔽层接到输入晶体管的发射极，屏蔽层的电位跟随共模干扰电压 U_{cm}，使共模干扰经电缆分布电容耦合而造成的干扰影响减小，从而提高了测量电路的共模抑制比。

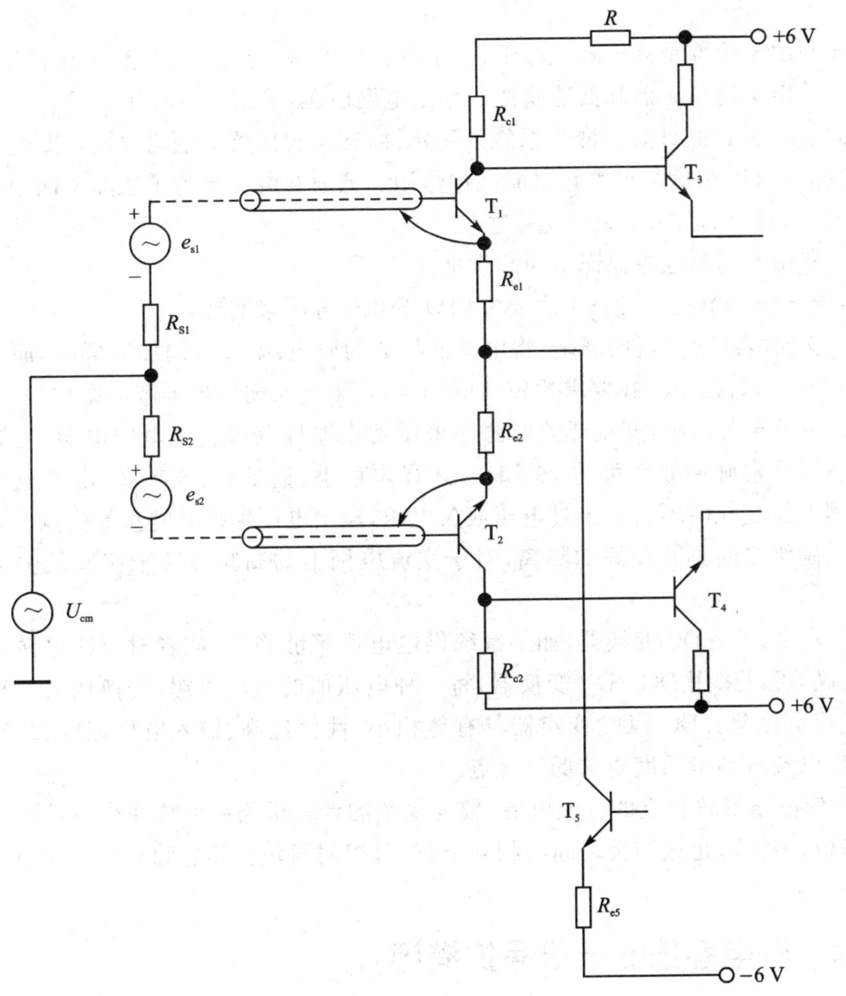

图 8－35　驱动屏蔽改善共模抑制比

8.6　供电系统抗干扰设计

8.6.1　电源的干扰及抑制

计算机测控系统常用的供电系统环节分为交流电源环节和直流电源环节，对电源环节的抗干扰及抑制是保证系统正常工作的前提条件。

交流电源环节抗干扰技术主要常用以下几种方法来实现：

① 选用供电较为稳定的交流电源，计算机测控系统的电源进线要尽量选用比较稳定的交流电源线，至少不要将测控系统接到负载变化大、功率器件多或者有高频设

备的电源上。

② 利用干扰抑制器消除尖峰干扰，干扰抑制器是一种四端网络，使用简单。

③ 采用交流稳压器和低通滤波器稳定电网电压，采用交流稳压器是为了抑制电网电压的波动，提高计算机测控系统的稳定性，交流稳压器能把输出波形畸变控制在5%以内，还可以对负载短路起限流保护作用。低通滤波器是为了滤除电网中混杂的高频干扰信号，保证50 Hz基波通过。

④ 利用不间断电源保证不间断供电。

直流电源环节抗干扰技术主要常用以下几种方法来实现：

① 交流电源变压器的屏蔽，将电源变压器的原级、副级分别加以屏蔽，原级的屏蔽层与铁芯同时接地。在要求比较高的场合，可采用层间也加屏蔽的结构。

② 采用开关电源，直流开关电源即采用功率器件获得直流电的电源，为脉宽调制型电源，通常脉冲频率可达20 kHz，具有体积小、重量轻、效率高、电网电压变化大，电网电压变化时不会输出过电压或欠电压，输出电压保持时间长等优点。开关电源原级、副级之间具有较好的隔离，对于交流电网上的高频脉冲干扰有较强的隔离能力。

③ 采用DC－DC变换器，如果系统供电电源不够稳定，或者对直流电源的质量要求较高，可以采用DC－DC变换器，将一种电压值的直流电源，变换成另一种电压值的直流电比源。DC－DC变换器具有体积小、性价比高、输入电压范围大、输出电压稳定，以及对环境温度要求低等优点。

④ 各电路设置独立的直流电源，较为复杂的计算机测控系统往往设计了多块功能电路板，为了防止板与板之间的相互干扰，可以对每块板设置独立的直流电源分别供电。

8.6.2 供电系统的一般保护措施

供电系统是测控系统的动力来源，其具有组成复杂、设备多样、管理困难的特点，但因供电系统是生产动力的核心，故对供电系统的保护就尤为重要了。供电系统常放置于配电室内，我们对供电系统的维护决不能只仅仅停留在系统表面，必须全面扩大至可能影响设备正常工作的各个方面。

1. 对变压器的保护

变压器是保证电压的重要处理装置，对于正常、稳定供电意义重大。对变压器的保护通常每半年一次，在停电状态下清理变压器外壳，并查看油封垫圈完整与否、接地是否正常、绝缘电阻是否低于上次检查数据等，并对变压器周边卫生进行保护，避免产生意外。

2. 对配电柜的保护

配电柜的保护与变压器的维护周期大致相似，所以需要对其进行分段保护。在对低压配电柜进行维护时，须事先做好保护准备，断开线路并查看确认无电以后进行。具体维护包括:查看母线接头有无放电情况、接头是否锈蚀或者清洁、元件是否固定等;查看配电柜中的各种开关是否损坏以及分合闸是否正常工作;确认电流互感器连线是否正确、正常,熔断器有无烧坏等情况。

3. 灵活运用互感器和监测装置

在供电系统的关键位置设置监测器,对于电压情况以及电子元件运行情况做到心中有数,在出现问题时能够快速地找到根源,以减小损失。对于平时所监测到的设备运行数据,要及时储存并传送至中心配电室,尤其是对变压器温度、电压情况、超温超负荷情况、失压情况等进行记录和比对,以预测可能发生的风险,提前做好补救措施。

供电系统对于现代社会来说意义重大,但是由于供电系统构造复杂、设备多样、涉及范围广泛等特点,致使在供电系统出现故障时,我们难以及时发现并解决,导致出现较大损失。因此,我们必须对供电系统的各个环节做好每日巡检,随时了解其运行情况,对供电设备做好日常维护与保养,把检查工作落到实处。

8.6.3 电源异常的保护措施

系统的电源有两个主要衡量指标:可靠性和稳定性。可靠性是指电源能够连续不间断的供电。因为电源中断可能造成数据丢失、无法报警等,所以智能建筑系统除正常电源外,一般都有备用电源。稳定性主要是指电源电压幅度波动范围窄,谐波分量、频率变化、波形失真等均很小。由于电源稳定性差,将会导致控制失灵、误动作,对其他设备造成干扰等,因此在必要的情况下应采取稳压措施。常见的电源异常与解决方法如下:

① 输入电压过高,轻则导致系统无法正常工作,重则烧毁电路。输入电压过高的原因包括输出端悬空或无负载;输出端负载过轻,低于10%的额定负载;输入电压偏高或存在干扰电压等情况。有些可以通过调整输出端的负载或者调整输入电压范围解决,如:确保输出端不小于10%的额定负载,若实际电路工作中会有空载现象,就在输出端并联一个额定功率10%的假负载;或者更换一个合理范围的输入电压,当存在干扰电压时要考虑在输入端并上TVS管或稳压管。

② 输出电压过低,可能会导致系统整体不能正常工作。例如微控制器系统中,负载突然增大,会拉低微控制器供电电压,造成复位;如果电源长时间低电压工作,则电路的寿命会出现极大的折损。有些可以通过调整供电或者更换相应的外围电路来改善,如调高电压或换用更大功率输入电源,调整布线,增大导线截面积或缩短导线长度,减小内阻,换用导通压降小的二极管,减小滤波电感值或降低电感的内阻。

③ 输出纹波噪声过大。可以通过将模块与噪声器件隔离或在主电路使用去耦电容等方案改善,如:将电源模块尽可能远离主电路噪声敏感元件,或将模块与主电路噪声敏感元件进行隔离,在主电路噪声敏感元件(如A/D、D/A或MCU等)的电源输入端处接0.1 μF去耦电容,使用一个多路输出的电源模块代替多个单路输出模

块以消除差频干扰，采用远端一点接地、减小地线环路面积。

④ 电源耐压不良。电源模块的耐压值一般高达几千伏，不过在应用或者测试中可能会出现达不到指标的情况。可以通过规范测试和规范使用两方面改善，如：耐压测试时电压逐步上调，选取耐压值较高的模块，焊接模块时要选取合适的温度，避免反复焊接，损坏模块。

⑤ 电源模块启动困难。可以通过调整输出端的电容以及负载或调整输入端的功率进行改善，如：外接电容过大，在电源模块启动时向其充电较长时间，难以启动，需要选择合适的容性负载；容性负载过大时可先串联一个合适的电感；输出负载过重时会造成启动时间延长，可选择合适负载，换用大功率电源。

⑥ 电源模块发热严重。可以通过外在环境的优化或调整负载来改善，如：使用线性电源时要加散热片；提高电源模块的负载，确保不小于 10% 的额定负载；降低环境温度，保持散热良好。

⑦ 电源模块通电后快速烧毁。这时需要重新检查一遍电路进行相应优化或者调整电压。如：接线前注意检查或加防反接保护电路，选择合适的输入电压，上电前检查电容极性，在电源模块输出端加短路保护。

8.7 印刷电路板的抗干扰设计

8.7.1 数字电路抗干扰设计

数字电路干扰主要来源于微处理器、静电的释放、发送器及瞬态的电源器件、交流电源及闪电等。常规而言，形成干扰的基本要素有三个：干扰源、传播路径及被干扰对象。数字电路的抗干扰解决方案包括硬件解决方案和软件解决方案，二者互相补充。

1. 硬件解决方案

(1) 抑制干扰源

抑制干扰源就是尽可能减小干扰源的突变电流和突变电压。减小干扰源的突变电压主要是通过在干扰源两端并联电容来实现的。减小干扰源的突变电流则是在干扰源回路串联电感或增加续流二极管来实现的。抑制干扰源的常用措施如下：

① 继电器线圈增加续流二极管，消除断开线圈时产生的反电动势干扰。

② 在继电器两端并接火花抑制电路，减小电火花影响。

③ 给电机加滤波电路，注意电容、电感引线要尽量短。

④ 电路板上每一个 IC 要并接一个高频电容，以减小对电源影响。

⑤ 布线时避免 90°折线，减少高频噪声发射。

(2) 切断干扰传播路径

按干扰传播路径可分为传导干扰和辐射干扰两类。所谓传导干扰是指通过导线传播到敏感器件的干扰。高频干扰噪声和有用信号的频带不同,可以通过在导线上增加滤波器的方法切断高频干扰噪声的传播。所谓辐射干扰是指通过空间辐射传播到敏感器件的干扰。一般的解决方法是增加干扰源与敏感器件的距离,用地线把它们隔离和在敏感器件上加屏蔽罩。

(3) 提高被干扰对象的抗干扰性能

提高敏感器件的抗干扰性能是指尽量减少对干扰噪声的拾取,以及从不正常状态尽快恢复的方法。常用措施如下:

① 布线时尽量减少回路环的面积,以降低感应噪声。

② 布线时,电源线和地线要尽量粗。

③ 对于单片机闲置的 I/O 口,不要悬空,要接地或接电源。

④ 对单片机使用电源监控及看门狗电路,可大幅提高整个电路的抗干扰性能。

⑤ 在速度能满足要求的前提下,尽量降低单片机的晶振和选用低速数字电路。

2. 软件解决方案

在数字电路中常见的软件抗干扰解决方案主要有以下几类:

① 数字滤波。干扰侵入数字电路前向通道时,叠加在信号上的干扰使数据采集的误差加大,干扰现象尤为严重,抑制干扰的方法采用硬件电路进行滤波。而获得更好的抑制效果,采用软件滤波是一个新思路。数字滤波的方法有程序判断滤波、中值滤波和比较滤波等。

② 设置自检程序。在软件中设置自检程序,在系统运行前和运行中不断检测系统内部特定部位的运行状态,对出现的问题及时处理,以保证系统运行的可靠性。

③ 设置监视定时器。这是一种使用定时器中断来监视程序运行状态的抗干扰措施,定时器定时时间稍大于主程序正常运行一个循环的时间,在主程序中加入定时器常数的刷新操作:主程序正常运行,定时器就不会出现定时中断;当程序不正常时,定时器不能得到刷新导致定时中断,利用中断产生信号将系统复位,使系统恢复正常运行。

④ 利用复位指令。利用数字电路的复位指令代码填满程序存储器中没有使用的区域,当程序指针受到干扰进入这些区域时系统执行复位指令,使系统回到复位状态。

8.7.2 模拟电路抗干扰设计

对于模拟电路干扰的抑制,由于电路中有要测量的电流、电压等模拟量,其输出信号都是微弱的模拟量信号,极易受干扰影响,在传输线附近有强磁场时,信号线将有较大的交流噪声。因此可以通过在放大器的输入、输出之间并联一个电容,在输入端接入有源低通滤波器来有效地抑制交流噪声。此外,在 A/D 转换时,数字地线和模拟电路地线分开,在输入端加入箝位二极管,防止异常过压信号。硬件方面,一般可以从以下几个方面采取措施:

① 对模拟信号的输入端要加装一接地的"屏蔽层"，以防止因集成电路引脚间的电位差所引起的漏电流。

② 在高精度的测量系统中，加装"屏蔽层"还不足以完全消除漏电流，应充分利用运算放大器的同相和反相输入端旁边的闲置引脚，将"屏蔽层"改为封闭的圆环，使输入端浮置起来。

③ 在电路板制作、焊接好以后，应将电路板用酒精清洗干净，并用压缩空气吹干，然后在保护层上涂环氧树脂或松香等材料，防止因纤维、灰尘等杂质引起的漏电流干扰。

④ 低频模拟信号一般采用单点接地，最后用粗导线连接到电源地；高频模拟信号应就近接地，即多点接地。

⑤ 连线引入干扰的抑制；多余的连接线路要尽量短，尽量用相互绞合的屏蔽线作输入线，以减少连线产生的杂散电容和电感；避免信号线与动力线、数据线与脉冲线接近。

⑥ 采用光电隔离技术，并且在隔离器件上加 RC 电路滤波。

⑦ 认真并妥善处理好接地问题，如模拟电路地与数字电路地要分开，印制板上模拟电路与数字电路应分开，大电流地应单独引至接地点，印制板地线形成网格要足够宽等。

除了硬件上要采取一系列的抗干扰措施外，在软件上也要采取数字滤波、设置软件陷阱、利用看门狗程序冗余设计等措施使系统稳定可靠地运行。

8.7.3 电路抗干扰设计的其他问题

1. 引线阻抗

设计装配密度很高的电路板应注意降低电源线和地线阻抗，对公共阻抗、串扰和反射等引起的波形畸变和振荡现象需采取必要措施。当电路板上有较多集成电路器件同时工作时，板上电源电压和地电位易产生波动，导致信号振荡，引起电路误动作。尤其当浪涌电流流过印制导线时，会出现瞬时电压降，形成电源尖峰噪声，其中以导线电感引起的干扰为主。在实际设计中，应尽量避免该电感对电路的影响：在各集成电路的电源和地线间分别接入旁路电容，以缩短开关电流的流通途径；将电源线和地线设计成格子形状，因为格子状能显著缩短线路环路，降低线路阻抗，减少干扰。应尽量缩短引线，将各集成电路的 GND 以最短距离连到电路板入口地线，减少印制导线产生的尖峰脉冲；让地线、电源线走向与数据传输方向一致，以提高电路板的噪声容限。

2. 地　线

应分别设置模拟地、数字地和电源地。在尽量增加地线宽度、减小地线电阻的原则下，根据地线中电流的大小，合理地设置地线的粗细。低频模拟信号一般采用单点接地，最后用粗导线连接到电源地；高频模拟信号应就近接地，即多点接地；数字信号也应就近接地。传感器输出的模拟信号要用尽量短的具有较好屏蔽性能的双绞线连接到电路板上，以消除交流电磁信号和静电场对系统的干扰。应根据共模干扰信号的存在与否将屏蔽层分别单端或双端接地，即当不存在共模干扰信号时，屏蔽层应在传感器侧和接收器侧双端接地；当存在共模干扰信号时，屏蔽层应在传感器侧或接收器侧单端接地。

3. 滤波技术

滤波是指从混有干扰或噪声的信号中获取有用信号的方法，能实现上述功能的部件叫滤波器。常见的滤波器有三种：无源滤波器、有源滤波器及数字滤波器。无源滤波器是由 R、L、C 元件构成的，根据干扰信号的特点，可选低通滤波器、高通滤波器和带通滤波器。有源滤波器是包含有源器件（例如晶体管、运算放大器）的各种滤波器，能省去体积庞大的电感元件，便于实现小型化、集成化，适用于较低频率的滤波。

4. 引线串扰

串扰是两条信号线之间的耦合，信号线之间的互感和互容引起线上的噪声。容性耦合引发耦合电流，而感性耦合引发耦合电压。PCB 板层的参数、信号线间距、驱动端和接收端的电气特性及线端连接方式对串扰都有一定的影响。

5. 反射干扰

任何信号的传输线，对一定频率的信号来说，都存在着一定的非纯电阻性的波阻抗，其数值与集成电路的输出阻抗和输入阻抗的数值各不相同。在它们相互连接时，势必存在着一些阻抗的不连续点。当信号通过这些不连续点时便发生"反射"现象，造成波形畸变，产生反射噪声。另外，较长的传输线必然存在着较大的分布电容和杂散电感，信号传输时将有一个延迟，信号频率越高，延迟越明显，造成的反射越严重，信号波形产生的畸变也就越厉害。这就是所谓的"长线传输的反射干扰"。

根据反射理论，当传输线的特性阻抗与负载电阻相等时，反射将不会发生。即阻抗不匹配是造成信号在传输线上反射的原因。反射信号遇到低阻抗时，它的反射能力大大减弱，所以可通过降低输入阻抗减弱反射干扰。此外，还可采用光电耦合，不仅可以有效抑制反射波干扰，还实现了信号地隔离。采用差分传输技术，使用差分信号进行长线传输有一个很重要的原因，就是噪声以共模的方式在一对差分线上耦合出现，并在接收器中相减，从而可消除噪声。

8.8 软件的抗干扰设计

8.8.1 数字滤波技术

1. 算术平均值滤波

在一个采样周期内，对被测信号 x 的 N 次采样值进行算术平均，作为采样时刻 k 的有效采样值 $x(k)$，即

$$x(k)=\frac{1}{N}\sum_{i=1}^{n}x_i \tag{8-39}$$

式中，N 为采样次数；x_i 为第 i 次的采样值。

算术平均值滤波流程图如图 8-36 所示。

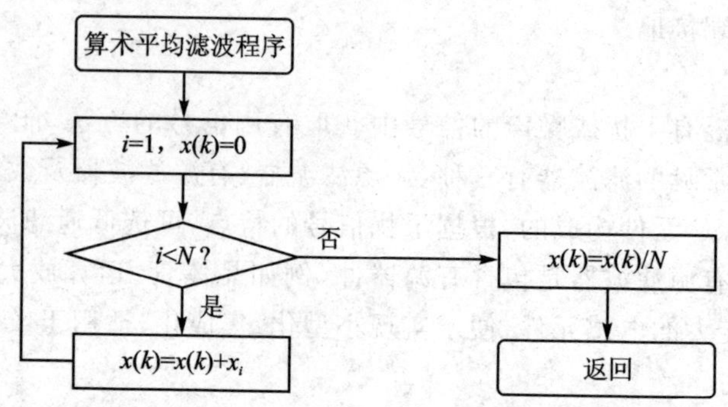

图 8-36　算术平均值滤波流程图

N 值决定了信号平滑度和灵敏度。随着 N 的增加，平滑度增高，灵敏度降低。应视具体情况选取 N，以便得到满意的滤波效果。为方便求平均值，N 值一般取 2 的整数幂，如 4,8,16 等，以便在实现时能使用移位法来代替除法。通常流量信号取 $N=12$，压力信号取 $N=6$，温度、等缓慢变化的信号取 $N=2$，甚至不滤波。

算术平均值滤波主要用于对压力、流量等周期性脉动的采样值进行平滑加工，但对偶然出现的脉冲性干扰的平滑作用尚不理想，因而它不适用于脉冲性干扰比较严重的场合。另外，该滤波方法比较浪费内存。

2. 中值滤波

对一个数字信号序列 $x_j(-\infty<j<\infty)$ 进行滤波处理时，首先要定义一个长度为奇数的采样次数 $L=2N+1$，N 为正整数。设在某一个时刻，采样次数内包含的信号样本为 $x(i-N),\cdots,x(i),\cdots,x(i+N)$，其中 $x(i)$ 为位于中心的信号样本值。对这 L 个信号样本值按从小到大的顺序排列后，其中值，在 i 处的样值，便定义为中值滤波的输出值。

中值滤波对去掉偶然因素引起的波动或采样器不稳定而造成的误差所引起的脉动干扰比较有效。若变量变化比较缓慢，采用中值滤波效果比较好，但对快速变化的参数，如流量，则不宜采用。一般 L 取 3～5 次。

以 $L=3$ 为例，若三次采样值中只有一次发生干扰，则不管干扰发生在什么位置，都将被滤掉；若三次采样中有两次发生干扰，但干扰方向是异向的，则也能将干扰过滤掉；但若两次干扰发生的方向为同向，则此时中值滤波便无能为力了。

3. 限幅滤波

限幅滤波的做法是把两次相邻的采样值相减，求出绝对差值，然后与两次采样允许的最大差值(由被控对象的实际情况决定)ΔY 进行比较。若小于或等于 ΔY，则取

本次采样值；若大于 ΔY，则仍取上次采样值作为本次采样值，即

- 若 $|Y(k)-Y(k-1)| \leqslant \Delta Y$，则 $Y(k)=Y(k)$；
- 若 $|Y(k)-Y(k-1)| > \Delta Y$，则 $Y(k)=Y(k-1)$。

其中，$Y(k)$ 是第 k 次采样值；$Y(k_1)$ 是第 $(k-1)$ 次采样值；ΔY 是相邻两次采样值可能的最大偏差，其大小取决于采样周期 T 及 Y 值的动态响应。该滤波方法能有效避免因偶然干扰而造成的误差。

4. 惯性滤波

一阶惯性滤波，也称为低通滤波。对于慢速随机变化的被测参数，采用在短时间内连续采样求平均值的方法，其滤波效果不够好，为了提高滤波效果，通常采用动态滤波方法。仿照模拟系统 RC 低通滤波器的方法，将普通硬件 RC 低通滤波器的微分方程用差分方程来表示，便可以用软件来模拟硬件滤波器的功能。一阶低通滤波器的传递函数为

$$G(s)=\frac{Y(s)}{X(s)}=\frac{1}{T_\tau s+1}, \tag{8-40}$$

离散化后，有

$$Y_n=(1-\alpha)X_n+aY_{n-1} \tag{8-41}$$

式中，X_n 为第 n 次采样值；Y_{n-1} 为上次滤波输出值；Y_n 为第 n 次采样后的滤波输出量；α 为滤波平滑系数，$\alpha\approx\dfrac{T_\tau}{T_\tau+T}$；$T_\tau$ 为滤波环节的时间常数；T 为采样周期。

通常，采样周期 T 远小于滤波环节的时间常数 T_τ，T_τ 和 T 的选择可根据具体情况确定，只要使被滤波的信号不产生明显的波纹即可。

惯性滤波方法能很好地消除周期性干扰，适用于波动频繁的被测参数滤波，但对高于采样频率 1/2 的干扰信号，此时应采用模拟滤波器。另外，它也带来了相位滞后，滞后相位角度的大小与 α 的选择有关。

8.8.2 开关量的软件抗干扰技术

开关量的软件抗干扰可以从输入和输出两点考虑进行设计。

① 开关量的输入抗干扰措施。开关量干扰信号多呈毛刺状，持续时间较短，利用这一特点，我们可以在采集某一开关量时，多次重复采集，直到连续两次或多次采集结果一致方为有效采样值。

② 开关量的输出抗干扰措施。输出设备是电位控制型还是同步锁存型，对干扰的敏感性相差较大。前者有良好的抗干扰能力，后者不耐干扰，当锁存线上出现干扰时，它就会盲目锁存当前的数据，也不管此时数据是否有效。在软件上，最为有效的方法就是不停地重复输出一个数据。只要有可能，其重复周期尽可能短。

8.8.3 看门狗技术

由硬件电路实现的"看门狗"（Watchdog）技术，可以有效地克服主程序或中断服

务程序由于陷入死循环而带来的不良后果。但在工业应用中,严重的干扰有时会破坏中断方式控制字,导致中断关闭,这时前述的硬件“看门狗”电路的功能将不能实现。依靠软件进行双重监视,可以弥补上述不足。

软件“看门狗”技术的基本思路是:在主程序中对 T0 中断服务程序进行监视;在 T1 中断服务程序中对主程序进行监视;T0 中断监视 T1 中断。从概率观点,这种相互依存、相互制约的抗干扰措施将使系统运行的可靠性大大提高。

系统软件包括主程序、高级中断子程序和低级中断子程序三部分。假设定时器 T0 设计成高级中断,定时器 T1 设计成低级中断,从而形成中断嵌套。现分析如下:

主程序流程图如图 8-37 所示。主程序完成系统测控功能的同时,还要监听 T0 中断因干扰而引起的中断关闭故障。A0 为 T0 中断服务程序运行状态观测单元,T0 中断运行时,每中断一次,A0 便自动加 1。在测控功能模块运行程序(主程序的主体入口处),先将 A0 之值暂存于 E0 单元。由于测控功能模块程序一般运行时间较长,设定在此期间 T0 产生定时中断(设 T0 定时溢出时间小于测控功能模块运行时间),从而引起 A0 变化。在测控功能模块的出口处,将 A0 的即时值与先前的暂存单元 E0 的值相比较,观察 A0 值是否发生变化。若 A0 之值发生了变化,说明 T0 中断运行正常;若 A0 之值没变化,说明 T0 中断关闭,则转到 0000H 处,进行出错处理。

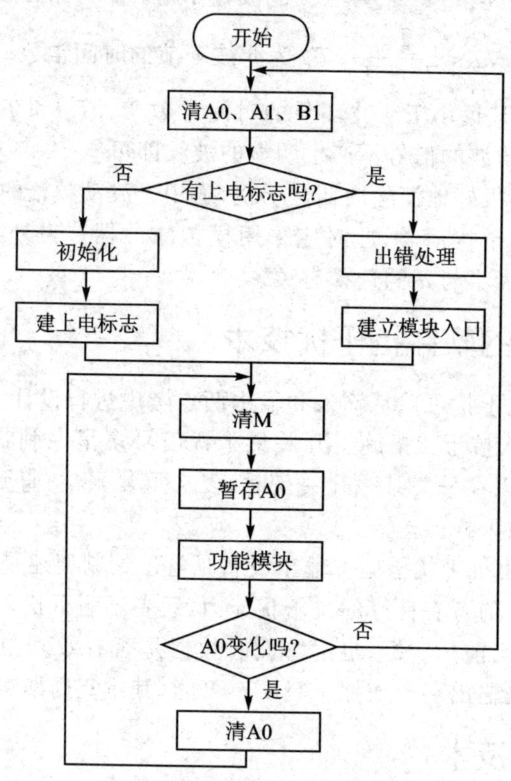

图 8-37　主程序流程图

T1 中断程序流程图如图 8－38 所示。T1 中断服务程序完成系统特定测控功能的同时，还监视主程序运行状态。在中断服务程序中设置一个主程序运行计时器 M，T1 每中断一次，M 便自动加 1。M 中的数值与 T1 定时溢出时间之积表示时间值。若 M 表示的时间值大于主程序运行时间 T（为可靠起见，T 留有一定余量），说明主程序陷入死循环，T1 中断服务程序便修改断点地址，返回 0000H，进行出错处理。若 M 表示的时间值小于主程序运行时间 T，则中断正常返回。M 在主程序入口处循环清 0，如图 8－38 所示。

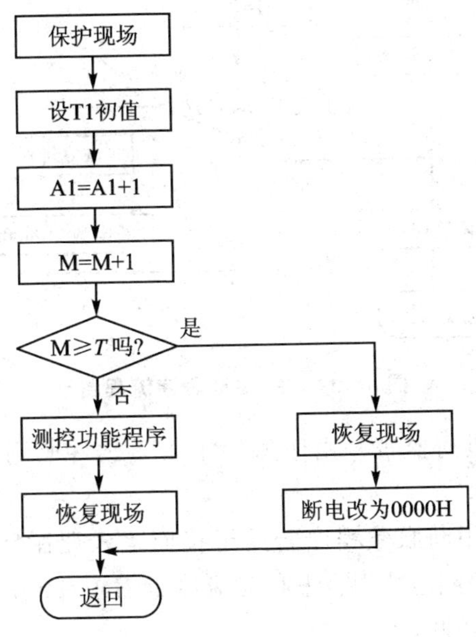

图 8－38　T1 中断程序流程图

T0 中断程序流程图如图 8－39 所示。T0 中断服务程序的功能是监视 T1 中断服务程序的运行状态。该程序较短，因而受干扰破坏的概率很小。A1、B1 为 T1 中断运行状态检测单元。A1 的初始值为 00H，T1 每发生一次中断，A1 便自动加 1。T0 中断服务程序中若检测到 A1＞0，说明 T1 中断正常；若 A1＝0，则 B1 单元加 1（B1 初始值为 00H），若 B1 的累加值大于 Q，说明 T1 中断失败，失效时间为 T0 溢出时间与 Q 值之积。Q 值的选取取决于 T1、T0 定时溢出时间。例如，T0 的溢出时间为 10 ms，T1 的溢出时间为 20 ms，当 $Q=4$ 时，说明 T1 的允许失效时间为 40 ms，在这么长的时间内，T1 没有发生中断，说明 T1 中断发生了故障。由于 T0 中断级别高于 T1 中断，所以 T1 的任何中断故障（死循环、故障关闭）都会因 T0 的中断而被检测出来。

当系统受到干扰后，主程序可能发生死循环，而中断服务程序也可能陷入死循环或因中断方式字的破坏而关闭中断。主程序的死循环可由 T1 中断服务程序进行监视；T0 中断的故障关闭可由主程序进行监视；T1 中断服务程序的死循环和故障关闭

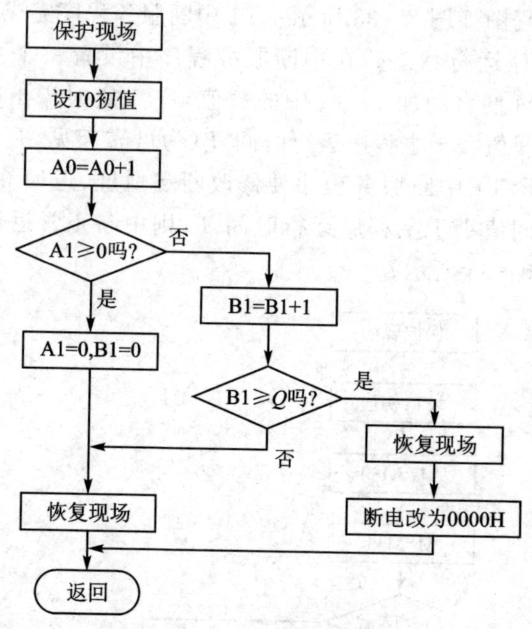

图 8-39　T0 中断程序流程图

可由 T0 中断服务程序进行监视。由于采用了多重软件监测方法，所以大大提高了系统运行的可靠性。

值得指出的是，T0 中断服务程序若因干扰而陷入死循环，应用主程序和 T1 中断服务程序则无法检测出来。因此，编程时应尽量缩短 T0 中断服务程序的长度，使发生死循环的概率大大降低。

8.8.4　指令冗余技术

MCS-51 所有指令均不超过 3 个字节，且多为单字节指令。指令由操作码和操作数两部分组成，操作码指明 CPU 完成什么样的操作(如传送、算术运算、转移等)，操作数是操作码的操作对象(如立即数、寄存器、存储器等)。单字节指令仅有操作码，隐含操作数；双字节指令第一个字节是操作码，第二个字节是操作数；3 字节指令第一个字节为操作码，后两个字节为操作数。CPU 取指令过程是先取操作码，后取操作数。如何区别某个数据是操作码还是操作数呢？这完全由取指令顺序决定。CPU 复位后，首先取指令的操作码，而后顺序取出操作数。当一条完整指令执行完成后，紧接着取下一条指令的操作码、操作数。这些操作时序完全由程序计数器 PC 控制。因此，一旦 PC 因干扰而出现错误，程序便脱离正常运行轨道，出现“乱飞”，出现操作数数值改变以及操作数当作操作码的错误。当程序“乱飞”到某个单字节指令上时，便自己自动纳入正轨；当“乱飞”到双字节指令上时，且恰恰在取指令时刻落到其操作数上，从而将操作数当作操作码，程序仍将出错；当程序“乱飞”到某个 3 字节指令上时，因为它们有两个操作数，误将其操作数当作操作码的概率更大。

为了使“乱飞”程序在程序区迅速纳入正轨，应该多用单字节指令，并在关键地方插入一些单字节指令 NOP，或者将有效单字节指令重写，称之为指令冗余。

1. NOP 的使用

可在双字节指令和 3 字节指令之后插入两个单字节 NOP 指令，这样可保证其后的指令不被拆散。因为“乱飞”程序即使落到操作数上，由于两个空操作指令 NOP 的存在，也不会将其后的指令当操作数执行，从而使程序纳入正轨。

对程序流向起决定作用的指令（如 RET、RET1、ACALL、LCALL、LJMP、JZ、JNZ、JC、JNC、DJNZ 等）和某些对系统工作状态起重要作用的指令（如 SETB、EA 等）之前插入两条 NOP 指令，可保证“乱飞”程序迅速纳入正轨，确保这些指令正确执行。

2. 重要指令冗余

对程序流向起决定作用的指令（如 RET、RET1、ACALL、LCALL、LJMP、JZ、JNZ、JC、JNC 等）和某些对系统工作状态起重要作用的指令（如 SETB、EA 等）的后面，可重复写上这些指令，以确保这些指令的正确执行。

由以上可看出，采用冗余技术使程序计数器纳入正确轨道的条件是，“跑飞”的程序计数器必须指向程序运行区，并且必须执行到冗余指令。

8.8.5 软件陷阱技术

软件陷阱，就是用引导指令强行将捕获到的“乱飞”程序引向复位入口地址 0000H，在此处将程序转向专门对程序出错进行处理的程序，使程序纳入正轨。软件陷阱可采用两种形式，如表 8－1 所列。

表 8－1 软件陷阱形式

形　式	软件陷阱形式	对应入口形式
形式之一	NOP NOP LJMP 0000H	0000H：LJMP MAIN　　;运行程序 ⋮
形式之二	LJMP 0200H LJMP 0000H	0000H：LJMP MAIN　　;运行主程序 ⋮ 020H：LJMP 0000H ⋮

形式之一的机器码为 0000020000；形式之二的机器码为 020202020000。

根据“乱飞”程序落入陷阱区的位置不同，可选择执行空操作，转到 0000H 和直转 0202H 单元的形式之一，使程序纳入正轨，指定运行到预定位置。

习题与思考题

8.1 噪声形成干扰的三要素是什么？它们是如何相互作用的？

8.2 干扰传播的耦合方式有哪几种？每种干扰耦合方式的工作机理是什么？

8.3 什么是差模干扰？什么是共模干扰？其基本抑制方法有哪些？

8.4 为什么差分测量系统抗共模干扰能力强？共模干扰如何引起差分测量系统误差？

8.5 针对电场、电磁场和磁场等不同干扰源应分别采取哪种屏蔽抗干扰措施？

8.6 浮置是针对共模干扰还是差模干扰的抑制措施？

8.7 正确接地对测控系统有何意义？

8.8 单点接地和多点接地两种接地方式分别应用在哪些场合？

8.9 为什么模拟地和数字地需要分别连接？

8.10 软件复位是否能代替硬件“看门狗”实现抗干扰？

参考文献

[1] 孙传友，孙晓斌. 测控系统原理与设计. 北京：北京航空航天大学出版社，2007.

[2] 李江全. 计算机测控系统设计与编程实现. 北京：电子工业出版社，2008.

[3] 齐永奇. 测控系统原理与设计. 北京：北京大学出版社，2014.

[4] 于微波，张德江. 计算机控制系统. 北京：高等教育出版社，2011.

[5] 刘君，邱宗明. 计算机测控技术. 西安：西安电子科技大学出版社，2009.

[6] 方彦军，程继红. 检测技术与系统设计. 北京：中国水利水电出版社，2007.

[7] 赵邦信. 计算机控制技术. 北京：科学出版社，2008.

[8] 吕俊芳，钱政，袁梅. 传感器调理电路设计理论及应用. 北京：北京航空航天大学出版社，2010.

[9] 杨世兴，郭秀才，杨洁. 测控系统原理与设计. 北京：人民邮电出版社，2008.

[10] 周明光，马海潮. 计算机测试系统原理与应用. 北京：电子工业出版社，2005.

[11] 吕俊芳，钱政，袁梅. 传感器接口与检测仪器电路. 北京：国防工业出版社，2008.

第9章

计算机测控系统的设计与实现

9.1 概　述

计算机测控系统是以计算机为核心的测控系统。计算机测控系统的设计不仅要求设计者熟悉系统的工作原理、技术性能和工艺结构，而且要掌握计算机硬件和软件设计原理。为了保证产品质量，提高研制效率，设计人员应该在正确的设计思想指导下，按照合理的步骤进行开发。由于计算机测控系统种类繁多，设计所涉及的问题各式各样，本章就一些常见的共同问题加以讨论。

9.1.1 计算机测控系统的一般构成和设计原则

1. 达到或超过技术指标

设计任务书是设计和研制测控系统应达到的要求。设计任务书除了定性地提出要求实现的功能之外，还常常提出一些定量的技术指标，例如测量范围、测量精度、分辨率、灵敏度、线性度、稳定度、响应(时间)、滞后时间、驱动功率和耗电量等。任务书中所规定的这些“功能”和“指标”是设计和研制应达到的目标。为了达到规定的目标，必须把这些指标层层分解，逐级落实到研制过程的各个阶段和各个方面。只有各个阶段各个方面的分项指标都达到了，测控系统整机的技术指标才能达到。

2. 尽可能提高性能价格比

为了获得尽可能高的性能价格比，应该在满足性能指标的前提下，追求最小成本。因此，要尽可能选用简单的设计方案和廉价的元器件。

有些功能的子任务既可以用硬件(不用或很少用的软件)实现，也可以用软件(不用或用很少的硬件)来实现，应比较硬件价格和软件研制成本来决定取舍。

3. 适应环境，安全可靠

任何设备无论在原理上如何先进，功能上如何全面，精度上如何高级，如果其可靠性差，故障频繁，不能在所使用的环境和条件下正常运行，则该设备就没有使用价值，更谈不上经济效益。因此，在计算机测控系统的设计过程中，要充分考虑到该系统所使用的环境和条件，特别是恶劣和极限的情况，同时要采取各种措施提高可靠性。

就硬件而言，系统所用器件质量的优劣和结构工艺是影响可靠性的重要因素，故应合理地选择元器件和采用极限情况下试验的方法。所谓合理地选择元器件，是指在设计时对元器件的负载、速度、功耗、工作环境等技术参数应留有一定的安全量，并对元器件进行老化和筛选；极限情况下的试验是指在研制过程中，一台样机要承受低温、高温、冲击、振动、干扰、盐雾和其他试验，以证实其对环境的适应性。为了提高测控系统的可靠性，还可采用“冗余结构”的方法，即在设计时安排双重结构（主件和备用件）的硬件电路，这样当某部件发生故障时，备用件自动切入，从而保证了测控系统的长期连续运行。

对软件来说，应尽可能地减少故障。采用模块化设计方法，易于编程和调试，可减小故障率和提高软件的可靠性。同时，对软件进行全面测试也是检验错误排除故障的重要手段。与硬件类似，也要对软件进行各种“应力”试验。例如，提高时钟速度，增加中断请求率，子程序的反复、重复调用等，一切可能的参量都必须通过可能有害于测控系统的运行来进行考验。虽然这要付出一定代价，但必须经过这些试验才能证明所设计的测控系统是否合适。

4. 便于操作和维护

在进行测控系统硬件和软件设计时，应当考虑操作方便，尽量降低对操作人员的专业知识的要求，以便产品的推广应用。控制开关或按钮不能太多、太复杂，操作程序应简单明了，输入/输出数字应用十进制表示。操作者无须专门训练，便能掌握测控系统的使用方法。

计算机测控系统还应有很好的可维护性。为此，测控系统结构要规范化、模块化，并配有现场故障诊断程序，一旦发生故障时，能保证有效地对故障进行定位，以便调换相应的模块，使测控系统尽快地恢复正常运行。

9.1.2 计算机测控系统的研制过程

设计、研制一个计算机测控系统大致可以分为三个阶段：确定任务、拟制设计方案阶段，硬件和软件研制阶段，系统集成、联机总调、性能测定阶段（见图 9-1）。以下对各阶段的工作内容和设计原则做一简要的叙述。

1. 确定任务、拟制设计方案

（1）确定设计任务和整机功能

首先确定测控系统所要完成的任务和应具备的功能，以此作为测控系统硬、软件的设计依据。另外，对测控系统的内部结构、外形尺寸、面板布置、使用环境情况以及制造维修的方便性也须给予充分的注意。设计人员在对测控系统的功能、可靠性、可维护性及性能价格比进行综合考虑的基础上，提出测控系统设计的初步方案，并将其写成“测控系统功能说明书或设计任务书”的书面形式，其主要有以下三个作用：

①可作为用户和研制单位之间的合约，或研制单位设计测控系统的依据；

②反映测控系统的功能和结构，作为研制人员设计硬件、编制软件的基础；

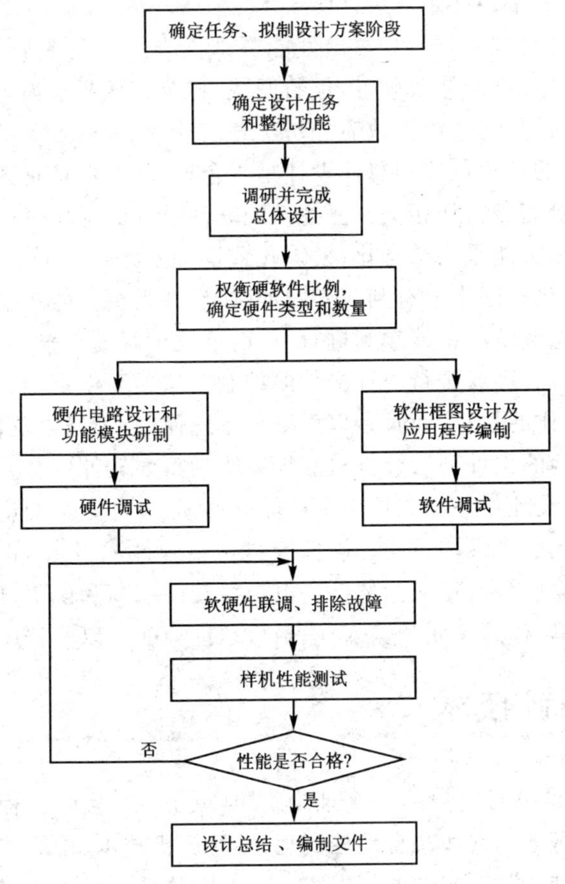

图 9-1　开发研制的一般过程

③可作为将来验收时的依据。

(2) 完成总体设计

通过调查研究对方案进行论证，完成计算机测控系统的总体设计工作。在此期间应绘制测控系统总体结构图和软件功能框图，拟定详细的工作计划，完成了总体设计之后，便可将测控系统的研制任务分解成若干个课题(子任务)，去做具体的设计。

2. 硬件和软件的研制

在开发过程中，硬件和软件工作应该同时进行(见图 9-1)，在设计硬件、研制功能模块的同时，完成软件设计和应用程序的编制。两者同时并进，能使硬件、软件工作相互配合，充分发挥微机功能，缩短研制周期。

3. 联机总调、性能测定

研制阶段只是对硬件和软件分别进行了初步调试和模拟试验。系统集成和样机装配好后，还必须进行联机试验，识别和排除样机中硬件和软件两方面的故障，使其能正常运行。待工作正常后，便可投入现场试验，使系统处于实际应用环境中，以考验其可靠性。在总调中还必须对设计所要求的全部功能进行测试和评价,以确定测控系统是否符合预定性能指标,并写出性能测试报告。若发现某一项功能或指标达不到要求,则应变动硬件或修改软件,重新调试,直至满足要求为止。

研制一套计算机测控系统大致需经历上述三个阶段。经验表明,测控系统性能的优劣和研制周期的长短往往同总体设计是否合理、硬件选择是否得当、程序结构的好坏、开发工具是否完备密切相关。测控系统软件设计的工作量往往比较大,而且容易发生差错,应当尽可能采用结构化、模块化或面向对象的设计方法编制应用程序,这对排错、调试、增删程序十分有利。实践证明,设计人员如能在研制阶段把住硬件、软件的质量关,则总调阶段将能顺利进行,从而可及早制成符合设计要求的样机。

在完成样机之后,还要进行设计文件的编制。这项工作是十分重要的,因为不仅是测控系统研制工作的总结,而且是以后测控系统使用、维修以及再设计的需要。因此,人们通常把该项的文件列入计算机测控系统的重要软件资料。

设计文件包括设计任务和测控系统功能的描述、设计方案的论证、性能测定和现场测试报告、使用者操作维护说明。硬件资料包括硬件逻辑图、电路原理图、系统布局、接线图、输入/输出接口定义。软件资料包括软件框图和说明、标号和子程序名称清单、参量定义清单、存储单元和输入/输出口地址分配表以及程序源代码等。

9.2 系统设计技术

计算机测控系统的设计既是一个理论问题,也是一个实际工程问题;既有技术性问题,还有经济性问题。它涉及自动控制理论、计算机技术、检测技术及仪表、通信技术、电气电工、电子技术、工艺设备等内容。对不同的被控对象和控制要求,相应的设计和开发方法都不会完全一样。例如,对小型系统,可能无论是硬件还是软件均由用户自己设计和开发;而对大中型系统,用户可以选择市场上已有的各种硬件和软件产品,经过相对简单的二次开发后,组装成一个计算机测控系统;有时,用户也可以委托第三方进行设计和开发。

计算机测控系统从设计到实施的整个过程包括了系统总体方案的设计,测控系统的研究、开发,仪器设备和器件的选型、订货、验收,测控系统的安装、调试,工程验收和投入使用等。

9.2.1 规范化的设计技术

随着计算机测控系统的规模和复杂程度不断地提高,必须依靠许多人共同完成复杂的测控系统工程。这时就必须依靠一系列的规范化技术文件来协调彼此之间的关系,保证多人参与的开发项目能顺利进行。

首先,规范化设计要实现设计文件的规范化。设计文件的规范化不仅指硬件开发的设计结果是一系列的电气和机械图纸,而且也指软件设计中的一系列文档、数据和代码。对设计文件的基本要求是描述的正确性。应强调描述过程严密性和易读性,不能使人产生误解和歧义。

其次,规范化设计要体现标准化。现在,开放式系统结构已成为国际上新产品设计的主流。不同公司的产品都按国际标准进行设计生产,使不同系统的产品能互连或兼容。国际标准组织 ISO、IEC、IEEE 等已在电气标准方面颁布了很多相应的标准供各国的工程技术人员参考执行。因此,在设计计算机测控系统时,应尽量选用主流和先进的国际标准,如总线标准、通信接口协议等,使设计出来的系统能符合相关的国际标准,增强产品的竞争能力。

规范化设计过程将以前无章可循的无序的设计过程,变成有依有据、便于协同配合、条理清晰的设计过程,才能保证测控系统的设计质量。规范化设计文件是实施时的指导性文件,也是系统维护和升级的依据,未来对测控系统的测试和验收也是一个纲领性文件。

规范化、标准化的设计开发过程是保证测控系统产品质量、提高系统开发效率的重要手段。只有采用了规范化的设计方法后,才有可能产生规范化、标准化的相关技术文件。这些文件将是设计阶段结束后的有形成果(严格来说,每一阶段设计都要产生相应的阶段性规范化技术文件)。据此可以检查系统各部分(如软硬件子系统)的进度,也是促进不同子系统研制人员合作交流,消除系统设计对具体人员的依附性的一个重要工具。

随着大规模集成电路技术的迅速发展,计算机测控系统硬件设计逐步趋向标准化、模块化和商用货架产品化,使得硬件设计工作量逐步减少,而软件系统的设计工作量却在不断地加大,系统的复杂性也不断提高。软件设计曾经在很大程度上依靠设计人员的经验,设计过程又多集中在头脑中进行,旁人难以介入。因此,规范化、标准化设计强调的重点逐渐移往软件设计方面。

在规范化的设计文件中,根据系统的特点和不同要求,可以采用文字、表格和图形等描述方式。一般情况下,计算机测控系统的体系结构、机械结构等内容采用图形方式来表达;系统流程图、信息流图、控制回路图等内容采用图形及表格来表达;系统的数据名称、采样点、输出点则通常汇总后采用表格形式列出;通用技术要求采用文字加以表达。表达的形式随读者对象的不同也有所不同。内部交流的技术性文件可使用专业性术语,与用户交流的文件则尽量采用通俗文字加以表达。

9.2.2 结构化的设计技术

计算机测控系统概念设计阶段通过去系统的定义,明确了系统的任务和要求。系统定义的基础是对系统的全面了解和正确的工程判断。它对计算机测控系统选用何种类型和速度的微处理器,以及软件和硬件如何折中等问题提供必要的指导。

软件设计方法,就是指导软件设计的某种规程和准则。结构化设计和模块化编程相结合是目前广泛采用的一种软件设计方法。

9.2.2.1 模块化编程

所谓“模块”，就是指一个具有一定功能、相对独立的程序段，这样一个程序段可以看作一个可调的子程序。所谓“模块化”编程，就是把整个程序按照“自顶向下”的设计原则，从整体到局部再到细节，一层一层分解下去，一直分解到最下层的每一模块能容易编码时为止。模块化编程也就是积木式编程法，这种编程方法的主要优点是：

① 单个模块比一个完整的程序容易编写、排错和测试；

② 有利于程序设计任务的划分，可以让具有不同经验的程序员承担不同功能模块的编写；

③ 模块可以共享，一个模块可被多个任务在不同的条件下进行调用；

④ 便于对程序进行排错和修改。

从上述说明可以看出，模块程序设计的优点是很突出的。但如何划分模块，至今尚无公认的准则，大多数人是凭直觉，凭经验，凭借一些特殊的方法来构成模块，下面给出一些原则，对编程将会有所帮助。

① 模块不宜分得过大或过小。过大的模块往往缺乏一般性，且编写和链接时可能会遇到麻烦；过小的程序模块会增加工作量。通常认为 20～50 行的程序段是长度比较合适的模块。

② 模块必须保证独立性，即一个模块内部的更改不应影响其他模块。

③ 对每个模块做出具体定义，定义应包括解决某问题的算法、允许的输入/输出范围以及副作用。

④ 对一些简单的任务，不必企求模块化，因为在这种情况下，编写和修改整个程序，比起装配和修改模块可能更加容易一些。

⑤ 当系统需要进行多种判定时，最好在一个模块中集中这些判定。这样当某些判定条件改变时，只需修改这个模块即可。

9.2.2.2 结构化设计

结构化程序设计的方法给程序设计施加了一定的约束，它限制采用规定的结构类型和操作顺序。因此，能够编写出操作顺序分明、便于排错和纠正错误的程序。图 9－2 所示为基本程序结构。

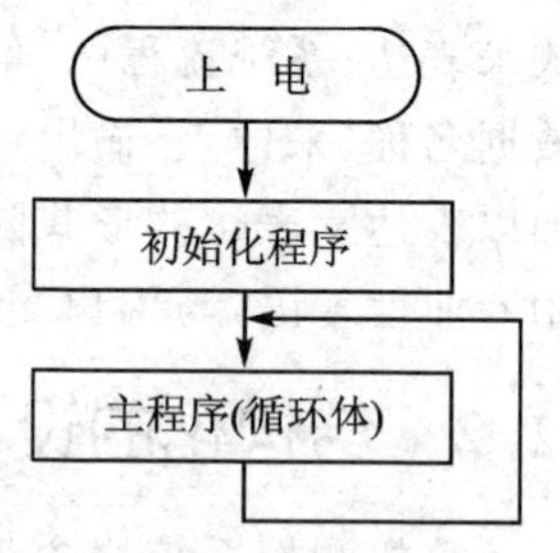

图 9－2 基本程序结构

1. 初始化程序

测控系统上电复位后，从复位入口处开始运行程序，首先对系统进行自检和初始化操作，系统初始化操作包括对 I/O 口、RAM(变量)堆栈、定时器、中断、显示、ADC 及其他功能模块的初始化，通常初始化一般只需要执行一遍，工程系统通常对初始化程序建立分支结构，需要根据系统复位类型、系统自检结果或其他不同的初始化条件，选择执行不同的初始化操作。

2. 主程序循环体

初始化程序结束后，测控系统的工作环境就建立起来了，程序将进入系统功能的主体——主程序，主程序通常设计成一个无限循环的循环体结构。在主程序循环体中实现测控系统的具体功能，如输入/输出、软件滤波、测控算法、人机界面等。根据测控系统软件的复杂程度，可以直接将功能语句写在主程序里，也可以写成模块化功能子程序的形式供主程序调用。

3. 顺序模块化的程序结构

在最基本测控软件基础上，实际工程系统通常采用模块化的软件结构，在模块化程序结构(见图 9-3)的主程序循环中，可轮流调用子程序模块实现预定测控系统功能。采用模块化软件结构，各模块间相互独立，便于软件的开发、调试、维护与升级。图 9-4 所示为功能模块的程序结构。

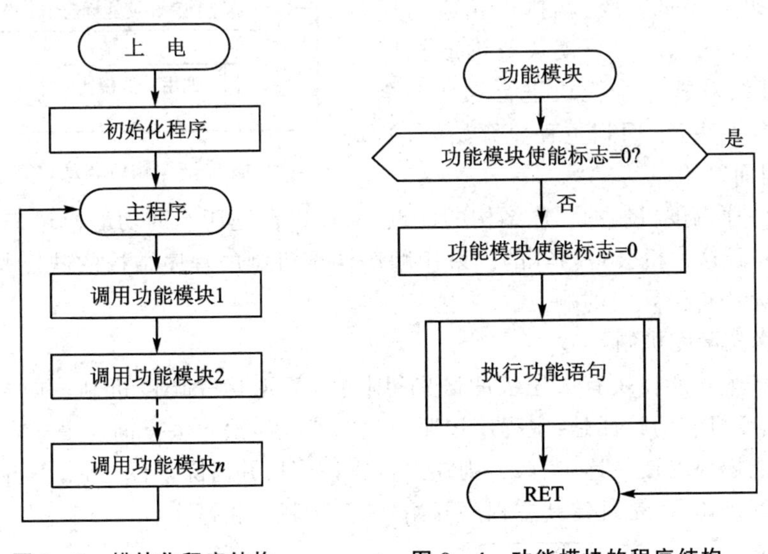

图 9-3　模块化程序结构　　　图 9-4　功能模块的程序结构

4. 事件驱动的模块化程序结构

如果在主程序循环中采用事件调度机制，根据实际测控系统需要来调用子程序模块，与顺序模块化结构相比具有更高的灵活性，并提高测控系统处理的实时性。

所谓事件驱动机制，是指给每个模块安排"使能标志"，通过使能标志来触发该模块代表的事件。如图 9-5 所示，在每次进入功能模块(子程序)时，先判断该模块是否满足执行条件(功能模块使能标志＝1)，如果满足则执行(同时将使能标志清零)；否则直接返回即可。

使能标志就是一个刷新该模块代表事件的触发条件，同时也相当于其他程序对该模块的控制条件。在整个系统的任何其他程序模块中，当有必要触发一次该模块时，都可以通过这个标志去通知。有时，可能一个标志不足以传递所有的控制信息，可以用更多的标志或寄存器来实现命令和参数的传递。

5. 顺序调度机制与优先调度机制

事件驱动方法是在进入功能模块时，先查询该功能模块的使能标志，但也可以把这种查询动作放在主程序中，因此延伸出以下两种不同的主程序调度机制。

(1) 顺序调度机制

如果各个模块之间没有优先级的区别，则可以采取顺序调度机制。如图 9－5 所示，这种调度机制的特征是：主程序按照一定的顺序，轮流查询各个功能模块的使能标志。如果标志有效，就执行相应的模块，并清除该标志。一个模块查询或执行结束后，继续对下一个模块进行操作。全部模块操作结束后，回到主程序开始处，如此循环，周而复始。

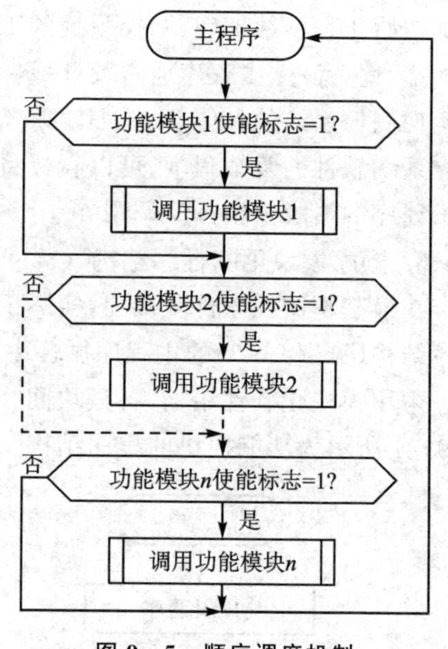

图 9－5　顺序调度机制

采取顺序调度机制的程序结构的优点是，可以保证所有的功能模块都得到执行的机会，并且这种机会是均等的。采用顺序调度机制的程序结构的缺点是，某些重要的模块无法得到及时的响应。

(2) 优先调度机制

如果各个功能模块有优先级的区别，则可以采取优先调度机制。如图 9－6 所示，这种调度机制的特征是：主程序按照一定的优先级次序去查询各个标志。如果高优先级功能模块的使能标志有效，则在执行完该模块并清除该标志后，不再执行后续模块的查询操作，而是跳转到主程序开始处，开始新一轮操作。

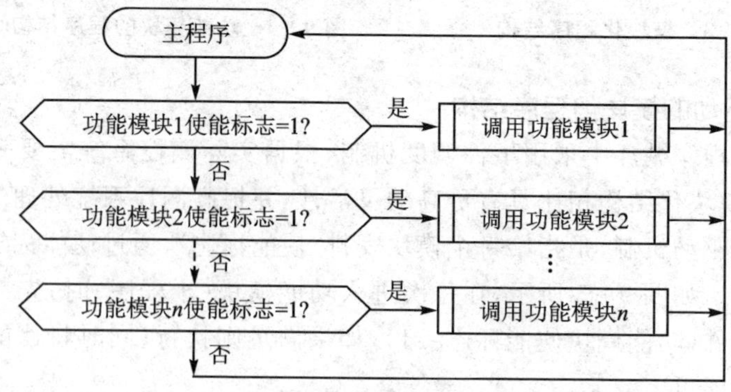

图 9－6　优先调度机制

采取优先调度机制的程序结构的特点是，可以让排在前面的优先级高的功能模块获得更多、更及时的执行机会。采用优先调度机制的程序结构的缺点是，那些排在末位的模块有可能被堵塞。

6. 中断与前/后台的程序结构

上述调度机制在遇到紧急突发事件时，还是无法保证即时响应。因此，程序结构中引入了中断的概念，把实时性要求更高的事件(比如:外部触发信号或者通信)放在中断中(前台)响应，把实时性要求较低的任务(比如:按键扫描、显示刷新)交给主程序(后台)去调度。这样，就形成了前/后台的程序结构模型，如图 9-7 所示。

为了避免前台程序和后台程序互相抢夺 CPU 的控制权而发生竞争，应尽可能减少中断的执行时间。可以在中断服务程序中设置一些标志，然后回到主程序中来查询这些标志并做进一步处理。

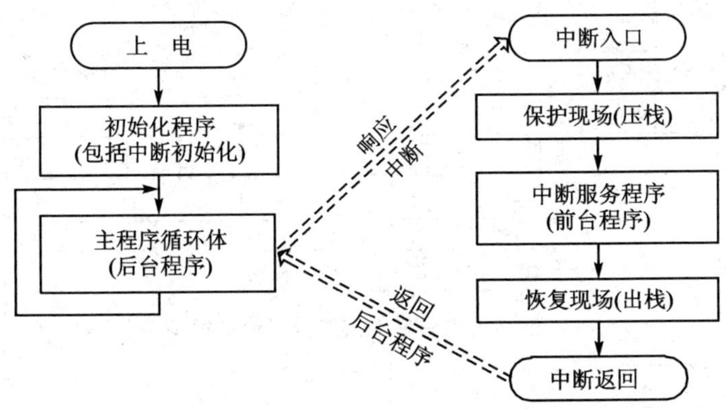

图 9-7 前/后台程序结构

7. 时间片与分时调度机制

在任务较多的时候，为了保证每个任务都能得到系统时间，可以采用分时调度机制。将整个系统运行时间分成若干份时间片，并用 ID 进行标识。每个时间片内执行一个功能模块。

可以把整个程序中的所有任务都纳入分时调度机制中。这种情况下，分时调度的执行者就是主程序，如图 9-8 所示。也可以仅对部分任务采取分时调度，而其他任务仍然采取事件轮询调度。在这种情况下，分时调度的执行者可能就是一个子程序，如图 9-9 所示。分时调度这项工作也可以交给定时中断去完成。

8. 多进程并行运行机制

从微观角度来看，任何一个时刻里，CPU 只能执行一个任务，每个任务执行时间有长有短，当一个耗时较长的任务在运行时，如果又发生一个紧急事件，需要响应，可以采用:

① 顺序调度或优先调度机制，等待当前任务结束后，再处理下一个任务，这种方法的实时性较差;

② 前/后台程序结构，把紧急事件放在中断服务程序中处理，但可能会出现抢夺 CPU 系统时间和资源的问题;

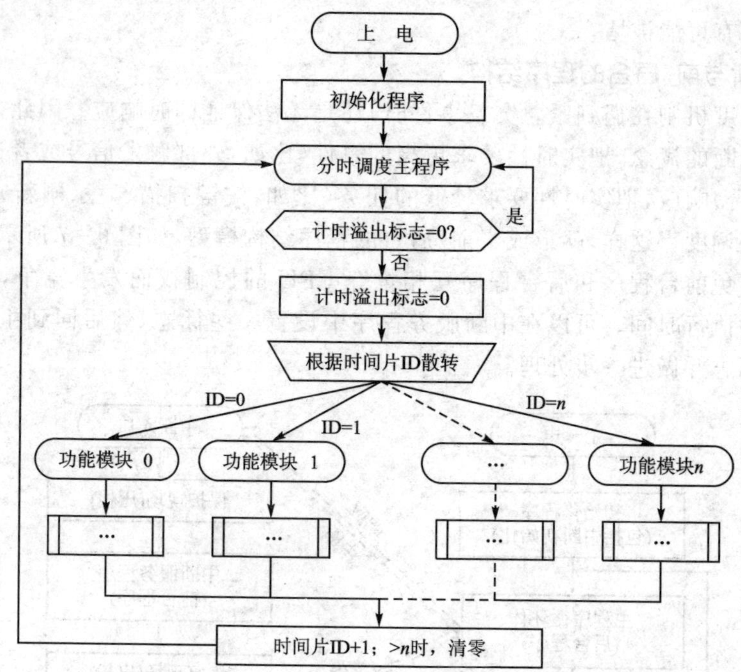

图 9-8 主程序中采取分时调度结构

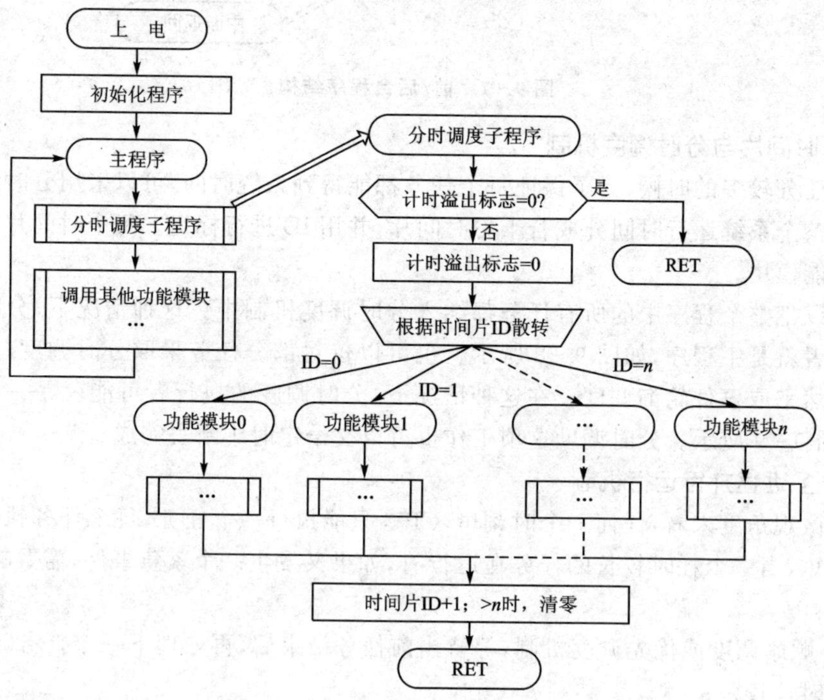

图 9-9 子程序中采取分时调度结构

③ 分时调度机制,但若单个任务的执行时间较长,无法在单个时间片内结束,则无法保证系统的实时性。这时可以采用多进程并行机制。

多进程并行机制把每个任务都看作一个进程。该进程可以被分成多个阶段,每个阶段的执行时间较短。当该进程获得系统的控制权后,每次只执行一个阶段,然后将控制权交还给上级调度程序。待到下次重新获取系统控制权时,再执行一个阶段,如图 9-10 所示。合理调度,系统可以让多个进程交替执行,从而达到宏观上多任务并行运行的效果,如图 9-11 所示。

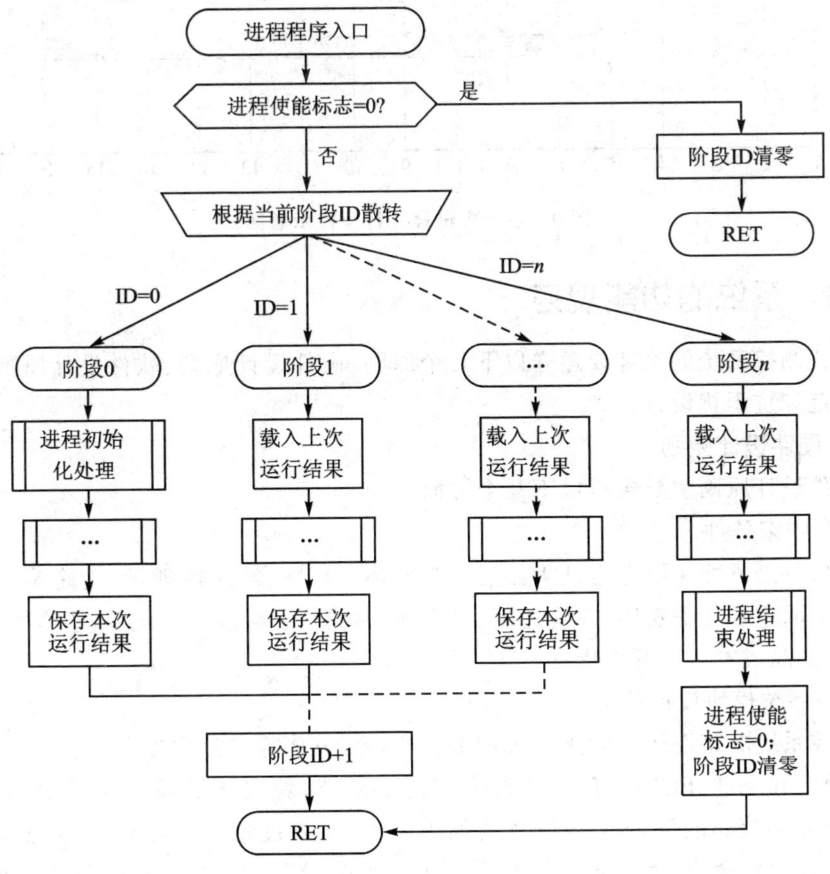

图 9-10　进程的分阶段运行结构

多进程并行运行机制的应用机会还是很多的。例如,在 LED 数码管动态扫描显示方面,假如要定期扫描多个 LED 数码管,并且每个 LED 点亮后,需要延时 1 ms。1 ms 如果直接用延时子程序去实现,就浪费了系统的时间资源。可以将这个显示程序当成一个进程,分多个阶段来执行,每个阶段切换显示一个 LED 管。在当中的 1 ms 延时期间,可以将系统控制权交还给调度程序,去执行其他程序。

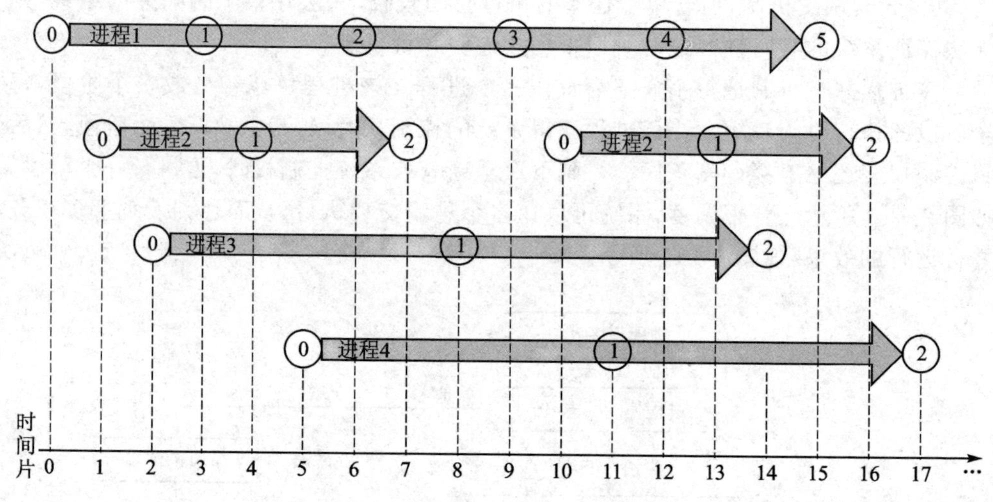

图 9－11　多进程并行运行示意图

9.2.3　系统的功能规范

现代测控系统的设计要遵守以下几个原则：硬件设计原则、软件设计原则、网络互联规范和抗干扰设计。

1. 硬件设计原则

硬件设计原则主要包括以下几个方面。

(1) 约束条件

对象特点方面主要考虑其大小、形状、距离 、环境、被测物理量、用途等；测控系统需求方面主要考虑功能、反应速度、可靠性、测控精度等因素。此外，还需要考虑研制成本、产品成本以及开发周期。

(2) 系统模块设计技术

测控系统电路设计一般采用 CPLD、FPGA、DSP 等高集成度器件技术，主要以 PC 商用机和基于 PC104 工控机为主。近年来，随着嵌入式系统的高速发展，以 ARM 技术为核心的测控仪器与系统如雨后春笋，发展迅速。此外，采用低功耗器件，进行低功耗设计，对降低功耗与抗干扰有积极意义；采用通用化、标准化硬件电路，有利于模块的商品化生产和现场安装、调试、维护，也有利于降低模块的生产成本，缩短加工周期；使用软测量技术，以软件代替硬件，可以降低成本，减小体积；最后，在设备驱动程序开发方面，可采用动态链接库等技术进行不同层次程序链接。

(3) 系统设计技术

硬件采用系统组态技术，选用标准总线和通用模块单元，有利于降低研制成本，缩短开发周期，尽可能进行通用化、标准化、组件化设计；采用软件组态开发平台进行开发，如可视化开发工具、通用软件包（LabVIEW、LabWindows/CVI、Intouch、

HPVEE、组态王等),有利于缩短开发周期和建立友好的系统界面;设计组建时要结合系统应用的发展,充分考虑系统的可扩展性,为系统的升级和扩展奠定基础,采用开放性技术实现可扩展性设计。

2. 软件设计原则

应用软件主要包括检测程序、控制程序、数据处理程序、数据库管理程序、系统界面程序等。无论是测控系统还是虚拟仪器,设计时都应在程序运行速度和存储容量许可的情况下,尽量用软件实现传统仪器系统的硬件功能,简化硬件配置;信号处理和数据处理主要包括量程转换、误差分析、插值、数字滤波、FFT 变换、数据融合等技术。此外,界面是测控系统和虚拟仪器的“窗口”,是系统显示功能信息的主要途径。软件设计不仅要实现功能,而且要界面美观,达到虚拟现实的效果。界面设计不仅要熟练掌握软件开发工具和程序设计技术,还应考虑人机交互的友好。

3. 网络互联规范

应遵循的网络互联规范如下:

① 统一的电气标准。各网络设备的输入/输出信号应符合统一的电气标准,包括输入/输出信号线的定义、信号的传输方式、信号的传输速度、信号的逻辑电平、信号线的输入阻抗与驱动能力等。

② 统一的机械特性。各网络设备的机械连接应符合统一的规定,包括接插件的结构形式、尺寸大小、引脚定义、数目等。

③ 统一的指令系统。各网络设备应具有统一或兼容的指令系统(如台式仪器的公用程控命令)。

④ 统一的编码格式和协议。各网络设备的输入/输出数据应符合统一的编码格式和协议(总线协议)。

4. 抗干扰设计

现代测控系统主要应用于生产、科研和军事现场,受电源电网干扰、雷电等自然干扰和其他电器设备的放电干扰。因此,需要高度重视现代测控系统的抗干扰设计。目前主要有 3 种抗干扰措施。

(1) 误差修正(包括修正、滤波、补偿)

现代测控系统的信号和干扰有时是随机的,其特性往往只能从统计的意义上来描述。此时,经典滤波方法就不可能把有用的信号从测量结果中分离出来,而数字滤波具有较强的自适应性。例如,对 N 次等精度数据采集存在着系统误差和因干扰引起的粗大误差,使采集的数据偏离真实值,此时,可用剔除 m 个粗大误差后的 $N-m$ 个测量数据的算术平均值作为测量结果示值。

(2) 数据处理技术

采用现代数据处理技术、小波变换、神经网络等各种智能先进算法进行数据补偿技术。详见本书第 8 章。

(3) 电路抗干扰技术

电路抗干扰主要考虑电磁兼容问题、屏蔽、隔离、接地、滤波、布线策略等方法。详见本书第八章。

现代测控系统的使用环境各有不同,干扰源也都有所区别。在工业生产现场使用的现代测控系统,除系统自身的干扰外,应着重考虑电器设备放电干扰和设备接通与断开引起电压或电流急变带来的干扰。而在野外使用的现代测控系统,抗干扰设计的重点是大气放电、大气辐射和宇宙干扰等自然干扰。抗干扰设计应根据产品的具体使用环境进行具体分析,找出主要干扰因素,选择有针对性的抗干扰措施。特别是对基于计算机视觉的测控系统,抗干扰的重点在于遏制自然光源干扰,也就是在CCD图像采集处设置前光源和背景光源,注意光源的范围、强弱等。特别要注意被测物是否存在高光反射因素。

9.2.4 系统的总体方案设计

测控系统集成通常采用顶层设计的思想,顶层设计就是在最高层面上进行系统总体规划设计,就是站在被测系统过去的、现在的和将来的需求层面上,从技术发展的高度进行总体规划设计。顶层设计应解决以下主要问题:

① 为设备同步研制维护保障用的综合检测设备,实施分层次、分阶段的综合测控;

② 根据各种装备的功能和技术指标要求,制定出严密的测控方案,列出全部待测信号及信号特征;

③ 选定测控系统的体系结构,包括硬件平台和软件平台。

测控系统集成顶层设计的特点是:

① 充分进行需求分析是基础;

② 综合考虑的因素众多,包括技术因素、环境因素、经济因素等,而且需要对这些因素进行优化匹配;

③ 综合分析的原则有先进性、实用性、开放性、实时性、通用性(兼容性)、可靠性、可维护性等。

确定测控系统的体系结构、选择恰当的硬件平台和软件平台、制定相应的测控方案是测控系统集成顶层设计的基本流程。测控系统集成的三大步骤依次为:系统的需求分析、确定系统的体系结构、配置系统的测控设备。

测控系统集成顶层设计的基本流程如图 9-12 所示。

1. 测控系统需求分析

测控系统需求分析是测控系统集成的第一步,也是顶层设计的基础。测控系统需求分析就是把实际需要完成的测控内容、测控过程用测量和计算机有关的术语、参数和指标予以描述,从而确定测控内容和技术指标。测控系统需求分析主要包括测控目标的功能要求、测控参数、测控对象、测控方法和测控系统规划五个方面的内容。

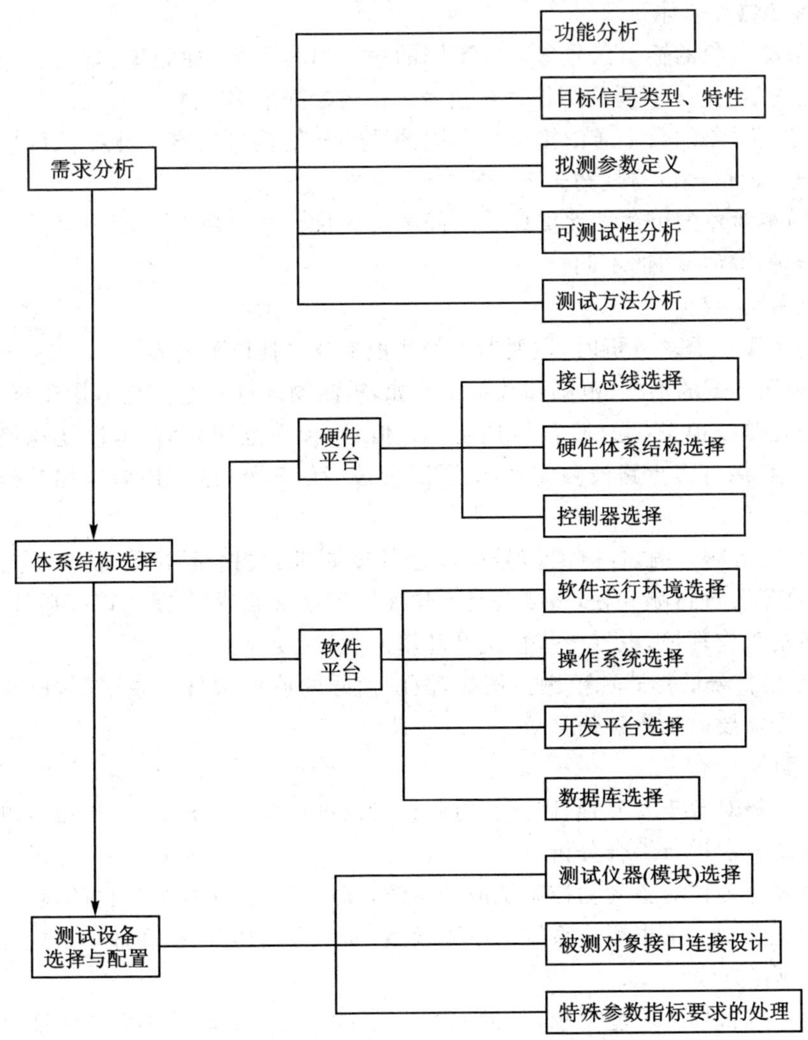

图 9-12　测控系统集成顶层设计的基本流程

(1) 测控目标的功能要求

只有准确理解测控目标的基本功能要求,才能制定出合适的测控方案。测控目标的功能要求主要有以下方面:

① 被测对象的工作平台。不同的被测对象工作平台决定了不同的测控速度要求,也决定了不同的在线/离线测控要求。

② 被测对象工作的主要控制方式与逻辑。被测对象工作的主要控制方式与逻辑的不同,决定了不同的测控流程与方法。

③ 被测对象的输入信号参数。不同的输入信号系数,如频率、幅度、调制方式等,决定了不同的测控系统的参数,如模拟信号源的工作频段、小信号电平(最小泄

漏)、波形参数等总体要求。

④ 被测对象的输出信号参数。不同的输出信号参数,如频率、幅度、调制方式、显示信息等,决定了不同的测控系统信号采样与数据采集方式。

⑤ 被测对象的数字通信接口。不同的数字通信接口决定了测控系统应备有的不同的数字通信接口与规约。

⑥ 被测对象的可测试性接口。不同的可测试性接口决定了测控系统最终测控能力与故障诊断能力的不同。

(2) 测控参数

当进行系统需求分析时,主要考虑的测控参数包括以下内容:

① 被测参数的形式、范围和数量。例如,被测物理量的性质是电量还是非电量,是数字量还是模拟量,是 DC 信号还是 AC 信号;频率范围如何,是慢变化信号还是快速变化信号;有多少路被测信号,除了测量被测信号外,是否还要监控其他重要的物理量。

② 性能指标。例如,被测信号的测量精度要求、数据量要求、数据输入速率要求,测量结果要进行哪些处理,哪些是要快速算出结果的,哪些是可以事后处理的,被测控设备的工作环境,电气干扰情况及环境温度、湿度等。

③ 激励信号的形式和范围。例如,激励信号的波形、幅值、频率等,以及为了进行测量是否需要外加激励信号等。

(3) 测控对象

由于测控对象千差万别,因此在对测控对象进行需求分析时,必须结合测控对象的测控系统需求进行综合分析。

面对具体测控对象的测控系统或子系统,其描述可以用各种各样的表达方式,在不同的简化级别上给出测控系统的不同模型,如语言描述、图形和数学公式。

(4) 测控方法

根据测控目标的功能要求,针对“面向参数的测控系统”或“面向对象的测控系统”,制定相应的测控方法。

(5) 测控系统规划

测试系统规划可以建立顺畅的文件流和数据流,对选择测控路线、执行设置、测量和其他所要求的后处理功能极为重要。

测控系统的规划如图 9 - 13 所示。

2. 确定系统的体系结构

根据任务书要求,结合测试对象的实际情况,系统规划功能目标如下。

(1) 信号激励和数据测试功能

完成电路板的功能测试、性能测试,提供电路板正常工作和故障诊断所需的激励信号、模拟负载等,具有信号采集、分析和处理的能力。

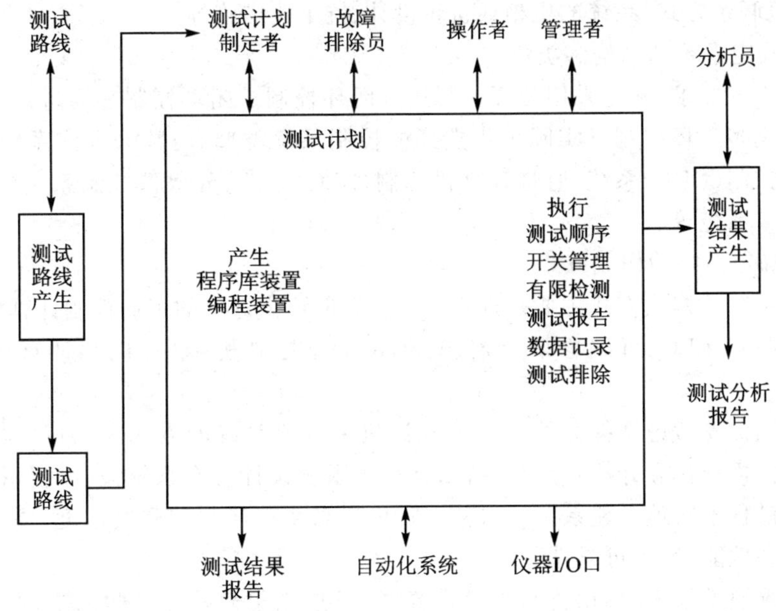

图 9-13　测控系统的规划

(2) 故障诊断和故障定位功能

实现对被测电路板进行故障分析、故障诊断和故障隔离定位，故障定位到具体元件(芯片、电阻或电容等)，故障定位率在 80%以上。

(3) 程序化自动测试和辅助测试功能

按程序进行自动测试、自动记录和存储，自动完成数据分析和故障诊断，测试结果与故障诊断过程可以报表形式显示、打印、保存，能自动显示电路原理图、印制板图及电路板的功能结构等相关信息，测试软件具有帮助功能，实现辅助学习、辅助检测和辅助故障诊断。

(4) 手动测试功能

当进行自动测试程序以外的测试时，设置人工干预接口，可以手动配置信号激励参数和位置及信号采集点，实现半自动和人工测试。

(5) 自检自校功能

通过自检和自校准接口适配器，产生系统模拟运行的信号或基准信号，形成闭环回路测试，实现对系统内部仪器及输入/输出通道的自检、互检和校准功能。

(6) 系统的扩展功能

系统的硬件结构和软件设计都是开放的，既方便用户修改和调整，又可以增加测试仪模块和配置相应的自动测试程序集，包括接口适配器及测试应用程序，将其扩展为可对其他对象系统进行测控。

3. 硬件总体方案设计

硬件总体设计主要包括：确定系统的结构和类型、系统的构成方式、现场设备的选择、人机联系方式、系统的机柜或机箱设计、抗干扰措施等。

(1) 确定系统的结构和类型

根据系统要求,确定采用开环控制还是闭环控制。闭环控制还需进一步确定是单闭环还是多闭环控制。实际可供选择的控制系统类型有:数据采集系统(DAS)、直接数字控制(DDC)系统、监督计算机控制(SCC)系统、分散型控制系统(DCS)、工业控制网络系统等。

(2) 确定系统的构成方式

确定系统的构成方式主要是选择机型。目前可供选择的工业控制计算机产品有可编程控制器 PLC、可编程调节器、总线式工业控制机、单片机和计算机控制系统等。

一般应优先考虑选择总线式工业控制机来构成系统的方式。工控机具有系列化、模块化、标准化和开放式系统结构,有利于系统设计者在系统设计时根据要求任意选择像搭积木般地组建系统。这种方式可提高系统研制和开发速度,提高系统的技术水平和性能,增加可靠性。

当系统规模较大,自动化水平要求高时,可选用集散控制、现场总线控制、高档 PLC 等工控网络构成。如果被控量中数字量较多,模拟量较少或没有,则可以考虑选用普通 PLC。如果是小型控制系统或智能仪器仪表,可采用单片机系列。

(3) 现场设备选择

现场设备主要包括传感器、变送器和执行机构。传感器是影响系统控制精度的重要因素之一,所以要从信号量程范围、精度、对环境及安装要求等方面综合考虑,正确选择。

执行机构是计算机控制系统的重要组成部分之一。常用的执行机构有电动执行机构、气动调节阀、液压伺服机构、步进电动机等,比较各种方案,择优选用。

(4) 其他方面的考虑

总体方案中还应考虑人机联系方式、系统的机柜或机箱的结构设计、抗干扰等方面的问题。

对选用标准微机系统的设计人员来说,主要的开发工作集中在输入/输出接口设计上,而这类设计又往往与测控程序设计交织在一起。为了加快研制过程,可尽量选购市场上已有批量供应的工业化制成的模板产品。这些符合工业化标准的模板产品一般都经过严格测试,并可提供各种软件和硬件接口,包括相应的驱动程序等。模板产品只要同主机系统总线标准一致,购回后插入主机的相应空槽即可运行,且构成系统极为方便。所以,除非无法买到满足自己要求的产品,否则不要随意决定自行研制。总之,通道产品一般尽量考虑选用厂家可提供的现成通道产品,以同标准的微机系统配套使用。

4. 软件总体方案设计

软件总体方案设计的内容主要是确定软件平台、软件结构,进行任务分解,建立系统的数学模型、控制策略和控制算法等。在软件设计中也应采用结构化、模块化、通用化的设计方法,自上而下或自下而上地画出软件结构方框图,逐级细化,直到能清楚地表达出控制系统所要解决的问题为止。

在软件总体方案设计中,控制算法的选择直接影响到控制系统的调节品质,是系统设计的关键问题之一。由于被控制对象多种多样,相应控制模型也各异,所以控制算法也是多种多样。选择哪一种控制算法主要取决于系统的特性和要求达到的控制性能指标,同时还要考虑控制速度、控制精度和系统稳定性的要求。

在确定系统总体方案时,对系统的软件、硬件功能的划分要做统一的综合考虑,因为一些控制功能既能由硬件实现,也可用软件实现,如计数、逻辑控制等。

采用何种方式比较合适,应根据实时性要求及整个系统的性能价格比综合比较后确定。

一般的原则是:在机时允许的情况下或对成本要求较高时,尽量采用软件实现;如果系统要求实时性比较强,控制回路比较多,某些软件设计比较困难,而用硬件实现比较简单,且系统的批量又不大,则可考虑用硬件完成。

用硬件实现一些功能的好处是可以改善性能,加快工作速度,但系统硬件电路比较复杂,要增加部件成本,而用软件实现可降低成本,增加灵活性,但要占用主机更多的时间。一般的考虑原则是视测控系统的应用环境与今后的生产数量而定。

对今后能批量生产的系统,为了降低成本,提高产品竞争力,在满足指定功能的前提下,应尽量减少硬件,多用软件来完成相应的功能。虽然在研制时可能要花费较多的时间或经费,但大批量生产后就可降低成本。由于整个系统的部件数减少,相应系统的可靠性也能得以提高。

硬件与软件密切配合,相互间是不可分割的。在选购或研制硬件时要有软件设计的总体构思,在具体设计软件时要了解清楚硬件的性能和特点。

5. 系统总体方案文档

系统总体方案是硬件总体方案和软件总体方案的组合体。在确定总体方案时,应在工艺技术人员的配合下,从合理性、经济性及可行性等方面反复论证,仔细斟酌。经论证可行的总体方案,要形成文档,并建立完整的总体方案文档资料,它是系统具体设计的依据。总体方案文档应包括以下内容:

① 系统的主要功能、技术指标、原理性框图及文字说明;

② 控制策略与算法;

③ 系统的硬件结构与配置;

④ 主要软件平台,软件结构及功能、软件结构框图;

⑤ 方案的比较与选择;

⑥ 抗干扰措施与可靠性设计;

⑦ 机柜或机箱的结构与外形设计;

⑧ 经费和进度计划的安排;

⑨ 对现场条件的要求等。

总之,系统的总体方案反映了整个系统的综合情况,要从正确性、可行性、先进性、可用性和经济性等角度来评价系统的总体方案。只有当拟定的总体方案能满足上述基本要求后,设计好的目标系统才有可能符合这样的基本要求。总体方案通过之后,才能为各子系统的设计与开发提供一个指导性的文件。

作为总体方案的一部分,设计者还应提供对各子系统功能检测的一些测试依据或标准。对较大的系统,还要编制专门的测试规范。我们知道,当各子系统完成设计后还要进行系统综合测试,所以需要编制一些专门的测试程序和测试数据生成程序。这些程序的编制依据,很大一部分是取自于总体设计书中提供的测试标准。测试标准也为系统的测试和验收提供了依据。在进行系统测试之前,设计单位和使用单位要根据合同和功能规范要求制定系统测试验收方案,便于在验收时双方能据此逐项测试考核,决定系统是否最终予以接受和交付使用。在完成系统总体设计的同时,也应制定完备的功能检测规范,既有利于系统的集成、测试和联调,也有利于系统交付使用前的验收测试。

9.3 系统硬件设计技术

在硬件总体方案的基础上,进行硬件的细化设计。它主要包括:主机机型和系统总线选择、输入/输出通道设计、人机联系设计、现场设备选择等。

9.3.1 选择系统的总线和主机机型

1. 选择系统总线

采用总线式工业控制机进行系统的硬件设计,可以解决工业控制中的众多问题。由于总线式工业控制机的高度模块化和插板结构,因此,可以采用组合方式来大大简化计算机控制系统的设计。采用总线式工业控制机,只需要简单地更换几块模板,就可以很方便地变成另外一种功能的控制系统。

(1) 内总线选择

内总线是计算机系统各组成部分之间进行通信的总线,按功能分为数据总线、地址总线、控制总线和电源总线四部分,每种型号的计算机都有自身的内部总线。在工业控制机中,常用的内总线有两种,即 PC 总线和 PCI/PCI Express 总线。

(2) 外总线选择

外总线是计算机与计算机之间、计算机与其他智能设备之间或智能外设之间进行通信的连线集合,它包括 IEEE 488 并行通信总线和 RS－232C 串行通信总线;对于远距离通信、多站点互联通信,还有 RS－422 和 RS－485 通信总线。在系统设计中,具体选择哪一种,要根据通信距离、速率、系统拓扑结构、通信协议等要求来综合分析确定。有些主机没有现成的接口装置,必须选择相应的通信接口电路或通信接口板。

2. 选择主机

如果测控现场环境比较好，对可靠性的要求又不是特别高，可以选择普通的个人计算机；否则还是选择工控机为宜。在主机的配置上，以留有余地、满足需要为原则，不一定要选择最高档的配置。

在总线式工控机中，根据采用的 CPU 不同而有多种不同的机型。以 PC 总线工业控制机为例，其 CPU 有多种型号，内存硬盘、主频、显示卡、CRT 显示器也有多种规格。设计人员可根据要求进行合理选择。

在微机控制系统中，可供选择的微机有许多系列和种类。选择微机应从以下几个方面考虑：

(1) 字　长

字长直接影响数据的精度、寻址的能力、指令的数目和执行操作的时间。一般来说，字长越长，处理的数据值的范围越宽、精度也越高，对数据处理越有利，但同时增加了辅助电路的复杂性和成本，因此应根据设计的测控系统精度要求来确定字长，不宜一味选择字长长的微机。对于计算精度、处理速度要求不高，数据处理简单的测控系统，可选用 4 位微机；对于要求计算精度较高、处理速度较快，具有较复杂数据运算及处理的测控系统，可选用 8 位微机；对于要求计算精度高、处理速度快，处理十分复杂的测控系统，可选用 16 位或 32 位微机。

(2) 速　度

微机的速度，应与被控对象的要求相适应。一般说来，微机的时钟频率（即 CPU 的时钟频率）越高，CPU 执行指令的速度也就越快。所以，对于处理速度要求高的系统，应选择时钟频率较高的微机；若系统本身响应慢，就不必追求过高的速度。

(3) 中断系统

对于微机测控系统来说，为实现实时测控功能，要求微机有较完善的中断系统。中断是各种输入设备和微机外设与微机传送信息的主要方式，是微机实现实时控制的重要保证。中断能力反映了实时控制性能。微机中断功能的强弱主要反映在 CPU 配置的中断源的种类多少、中断优先级判断能力高低、中断嵌套的层次和中断响应的速度快慢等方面。所选择微机的中断系统应保证测控系统能满足生产中提出的各种控制要求。

(4) 输入/输出通道

输入/输出通道是外部设备和主机交换信息的通道。因测控系统不同，有的要求有开关量输入/输出通道，有的要求有模拟量输入/输出通道，有的则要求同时有开关量输入/输出通道和模拟量输入/输出通道。若要实现外部设备和内存之间快速、批量交换信息，还应有直接数据通道。所选择的微机应具有完备的输入/输出通道，能满足测控系统的要求。

在实际应用中，应根据应用规模、控制目的和控制需要等选用性能价格比高的计算机,如:对于小型测控系统、智能仪表及智能化接口,尽量采用单片机模式;对于新产品开发或用量较大,为降低成本,也可采用单片机模式;对于中等规模的测控系统,为加快系统的开发速度,可以选用 PLC 或工控机,应用软件可自行开发;对于大型的生产过程测控系统,最好选用工控机、专用 DCS 或 FCS,软件可自行开发或购买现成的组态软件。

9.3.2 选择输入/输出通道模板

对于采用工业控制计算机的测控系统,输入/输出通道硬件设计非常简单,只需根据测控要求选择合适的输入/输出板卡,这包括数字量 I/O(即 DI/DO)板卡、模拟量 I/O(即 AI/AO)板卡、实时时钟板、步进电机控制板、可控硅控制板等。

1. 选择模拟量输入/输出板卡

AI/AO 板卡包括 A/D、D/A 板及信号调理电路等。AI 板卡输入可能是 0～±5 V、1～5 V、0～10 mA、4～20 mA 以及热电偶、热电阻和各种变送器的信号。AO 板卡输出可能是 0～5 V、1～5 V、0～10 mA、4～20 mA 等信号。选择 AI/AO 板卡应根据 AI/AO 路数、分辨率、转换速度、量程范围等。

对与模拟量输入板卡,一般都有单端输入与双端输入两种选择,最好采用双端输入,以提高抗干扰能力。

对模拟输入通道的设计应满足两个要求:

① 能满足生产工艺需要的转换精度,这主要体现在 A/D 转换器的位数和精度上;

② 要有较强的抗干扰能力。

2. 选择数字量(开关量)输入/输出板卡

PCI 总线 I/O 接口板卡多种多样,通常可以分为 TTL 电平的开入开出和带光电隔离的开入开出。通常和工业控制机共地装置的接口采用 TTL 电平,而其他装置与工业控制机之间则采用光电隔离。对于大容量的开入开出系统,往往选用大容量的 TTL 电平的电子开入开出板卡,而将光电隔离及驱动功能安排在工业控制机总线之外的非总线板卡上。

在采用工业控制计算机的测控系统中,输入/输出板卡可根据需要组合,不管哪种类型的系统,其板卡的选择与组合均由生产过程的输入参数和输出控制通道的种类和数量来确定。

对于自行开发设计的微机测控系统,需要根据系统的实际需要,选用合适的芯片进行硬件电路设计。

9.3.3 选择传感器和执行机构

1. 选择传感器和变送器

计算机测控系统要实现自动控制,首先要实现过程数据的自动检测,这个任务是由检测仪表来完成的，因此系统设计者必须根据现场的具体要求、工艺过程信号的检测原理、安装环境等诸多因素选择合适的检测仪表。

传感器和变送器均属于检测仪表。传感器是将被测的物理量（如温度、压力、流量、电压、电流、功率、频率等）转换为电量的装置；变送器是将被测的物理量或传感器输出的微弱电量转换为可以远距离传送且标准的电信号（一般为 4～20 mA 或 1～5 V 等），其输出信号被送至计算机进行处理，实现数据采集。变送器的输出信号与被测变量有一定连续关系，反映了被测变量。

EJA 由单晶硅谐振式传感器上的两上 H 形的振动梁分别将差压、压力信号转换成频率信号，送到脉冲计数器，再将两频率之差直接传递到 CPU 进行数据处理，经 D/A 转换器转换为与输入信号相对应的 4～20 mA DC 的输出信号，并在模拟信号上叠加一个 BRAIN/HART 数字信号进行通信。MV2000T 智能变送器系列产品包括 2010TD 差压变送器、2010TA，2020TA 绝对压力变送器、2020TG 压力变送器、2010TC 多参数变送器（可同时测量差压、压力、温度并作流量测量温度压力补偿）、2020TG 远传压力变送器、2020TA 远传绝对压力变送器、STT04/HHT275 手操器及 SMARTVISION 通信管理软件。近年来，出现了以微处理器为基础的智能型变送器，以及现场总线仪表的推广使用，为设计者的选择提供更大的空间。对交流电气量的采集，如交流电压、交流电流、有功功率、无功功率、频率等，目前更多地采取交流采样法，这种方法不需要电量变送器，而是根据采集的交流量，在计算机中利用程序算法计算得到所需的电气变量和参数。

常用的变送器有温度变送器、压力变送器、流量变送器、液位变送器、差压变送器、各种电量变送器等。

系统设计人员可根据被测参数的种类、量程、被测对象的介质类型和环境来选择变送器的具体型号。

2. 选择执行机构

执行机构的作用是接受计算机发出的控制信号，并把它转换成机械动作，对生产过程实施控制。执行机构根据工作原理可分为气动、电动和液压三种类型。气动执行机构具有结构简单、操作方便、使用可靠、维护容易、防火防爆等优点；电动执行机构具有体积小、种类多、使用方便、响应速度快，与计算机接口容易等优点；液压执行机构的特点是输出功率大，能传送大扭矩和较大推力，控制和调节简单，方便省力等。

电动执行机构可直接接受来自工业控制机的输出信号 4～20 mA 或 0～10 mA，实现控制作用。4～20 mA 或 0～10 mA 电信号经电气转换成标准的 0.02～0.1 MPa 气压信号之后，可与气动执行机构配套使用。

常用的执行机构有：电动机、电机启动器、变频器、调节阀、电磁阀、可控硅整流器或者继电器线圈等。另外，还有各种有触点和无触点开关，也是执行机构，实现开关动作。

在系统设计中，需根据系统的要求来选择执行机构，例如对要实现连续的精确的控制，必须用气动或电动调节阀，而对要求不高的测控系统可选用电磁阀。执行机构是自动控制的最后一道环节，必须考虑环境要求、行程范围、驱动方式、调节介质、防爆等级等方面的因素。

9.3.4 输入/输出通道的信号调理

1. 设计模拟量输入通道的信号调理电路

来自现场的模拟量检测信号一般要经过信号传输、放大、变换、校正、隔离和滤波等信号调理电路才能送入 A/D 转换器。信号调理的任务比较复杂，除了小信号放大、滤波外，还有诸如零点校正、线性化处理、温度补偿、误差修正和量程切换等。在当下的计算机测控系统中，许多依赖硬件实现的信号调理任务现在都可以通过软件来实现，这样就大大简化了模拟量输入通道的结构。目前，小信号放大、信号滤波、信号变换和整形是信号调理的重点任务。具体介绍可以参考第 3 章和第 5 章的内容。

2. 设计模拟量输出通道信号调理电路

模拟量输出通道中的调理电路有滤波、电压/电流转换和放大等几种形式，但并不是必不可少的，这取决于输出通道负载的要求。

滤波器是常用的模拟量输出通道信号调理电路。如果输出通道负载要求有较为平滑的电压输出，例如，要显示连续光滑的信号波形，则 DAC 输出端不仅要接采样/保持器，而且采样/保持器之后还要接平滑滤波器。有些测控系统为了更多地保留信号信息，其模拟输入通道中设置的滤波器通频带往往很宽，这样就难免混入各种干扰。但是当把记录信号放出来形成监视波形时，为了突出有效信号压制干扰信号，通常在模拟输出通道中设置通频带很窄的滤波器，以滤除低频干扰和高频干扰。有些微机化测控系统因模拟输入通道中已有高、低通滤波器（滤除干扰），所以模拟输出通道中只有平滑滤波器而无其他滤波器。有些并不要求平滑电压输出的场合，平滑滤波也可以省去。

微机化测控系统常常要以电流方式输出，因为电流输出有利于远距离传输，且不易引入干扰，工业上的许多仪表也是以电流配接的。因此在微机化测控系统的输出通道中通常设置了电压/电流（V/I）转换电路，以便将 D/A 电路输出的电压信号转换成电流信号。另一方面，由于频率信号输出占用总线数量少，易于远距离传送，抗干扰能力强，因此，在有些微机化测控系统中，采用频率量输入通道和频率量输出通道。频率量输入通道中使用 V/F 转换器，频率量输出通道中使用 F/V 转换器。通常没有专门用于 F/V 转换的集成器件，而是使用 V/F 转换器在特定的外接电路下构成 F/V 转换电路。

9.4 系统软件设计技术

测控系统的硬件电路确定之后，测控系统的主要功能将依赖于软件来实现。对同一个硬件电路，配以不同的软件，它所实现的功能也就不同，而且有些硬件电路功能常用软件来实现。研制一个复杂的微机化测控系统，软件研制的工作量往往大于硬件，可以认为，微机化测控系统设计，很大程度上是软件设计。因此，设计人员必须掌握软件设计的基本方法和编程技术。

9.4.1 测控系统应用软件的研制过程

软件研制过程如图 9－14 所示。它包括下列几个步骤。

1. 进行系统定义

在着手软件设计之前，设计者必须先进行系统定义（或说明）。所谓系统定义，就是清楚地列出微机化测控系统各个部件与软件设计的有关特点，并进行定义和说明，以作为软件设计的依据。

2. 绘制流程图

程序设计的任务是制定微机化测控系统程序的纲要，而微机化测控系统的程序将执行系统定义所规定的任务。程序设计的通常方法是绘制流程图。这种方法以非常直观的方式对任务做出描述，因此，很容易从流程图转变为程序。

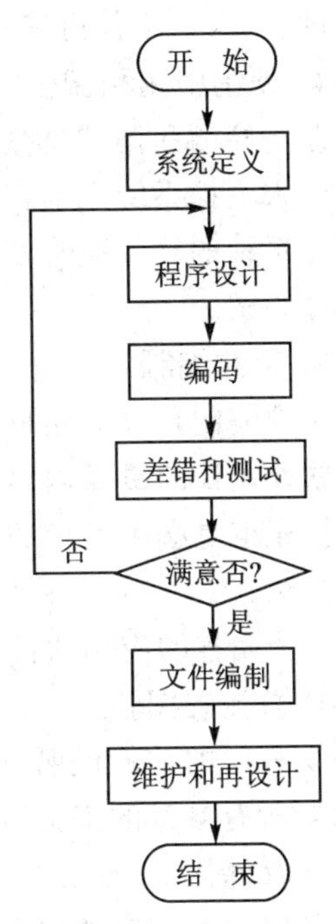

图 9－14 软件研制过程

在设计中，可以把测控系统整个软件分解为若干部分。这些软件部分各自代表了不同的分立操作，把这些不同的分立操作用方框表示，并按一定的顺序用连线连接起来，表示它们的操作顺序。这种相互联系的表示图，称为功能流程图。

功能流程图中的模块，只表示所要完成的功能或操作，并不表示具体的程序。在实际工作中，设计者总是先画出一张非常简单的流程图，然后随着对系统各细节认识的加深，逐步对流程图进行补充和修改，使其逐渐趋于完善。

程序流程图是功能流程图的扩充和具体化。例如，功能流程图中所列的“初始化”模块，如果写成程序流程图，就应写明清除哪些累加器、寄存器和内存单元等。程序流程图所列举的说明，都针对微机化测控系统的机器结构，很接近机器指令的语句格式。因此，有了程序流程图，就可以比较方便地写出程序。在大多数情况下，程序流程图的一行说明，只用一条汇编指令并不能完成，而往往需要一条以上的指令 。

3. 编写程序

编写程序可用机器语言、汇编语言或各种高级语言。究竟采用何种语言则由程序长度、测控系统的实时性要求及所具备的研制工具而定。在复杂的系统软件中，一般采用高级语言。对于规模不大的应用软件，大多采用汇编语言来编写，因为从减少存储容量、降低器件成本和节省机器时间的观点来看，这样做比较合适。程序编制后，再通过具有汇编能力的计算机或开发装置生成目标程序，经模拟试验通过后，可直接写入可编程只读存储器(EPROM)中。

在程序设计过程中，还必须进行优化工作，即仔细推敲、合理安排，利用各种程序设计技巧使编写出的程序所占内存空间较小，而执行时间又短。

目前已广泛使用微机开发装置来研制应用软件。利用开发装置丰富的硬件和软件系统来编程和调试，可大大减轻设计人员的工作强度，并帮助设计者积累研制各种软件的经验，这不仅可缩短研制周期，而且有助于提高应用软件的质量。

4. 差错检测和调试

差错检测和调试是微机化测控系统软件设计中很关键的一步，其目的是为了在软件引入测控系统之前，找出并改正逻辑错误或与硬件有关的程序错误。由于微机化测控系统的软件通常都存放在只读存储器中，所以，程序在注入只读存储器之前必须充分测试。

5. 文件编制

文件编制是以对用户和维护人员最为合适的形式来描述程序。适当的文件编制也是软件设计的重要内容。它不仅有助于设计者进行差错和测试，而且对程序的使用和扩充也是必不可少的。文件如果编得不好，不能说明问题，程序就难以维护、使用和扩充。

一个完整的应用软件，一般涉及下列内容：

① 总流程图；

② 程序的功能说明；

③ 所有参量的定义清单；

④ 存储器的分配图；

⑤ 完整的程序清单和注释；

⑥ 测试计划和测试结果说明。

实际上，文件编制工作贯穿于软件研制的全过程。各个阶段都应注意收集和整理有关的资料，最后的编制工作只是把各个阶段的文件连贯起来，并加以完善而已。

6. 维护和再设计

软件的维护和再设计是软件的修复、改进和扩充。当软件投入现场运行后，一方面可能会发生各种现场问题，因而必须利用特殊的诊断方式和其他的维护手段，像维护硬件那样修复各种故障；另一方面，用户往往会由于环境或技术业务的变化，提出比原计划更多的要求，因而需要对原来的应用软件进行改进或扩充，并注入新的EPROM，以适应情况变化的需要。

因此，一个好的应用软件，不仅要能够执行规定的任务，而且在开始设计时，就应该考虑到方便维护和再设计，使它具有足够的灵活性、可扩充性和可移植性。

9.4.2 软件设计技术

系统定义(或说明)是软件设计的依据,应包括下列各项内容。

1. 输入/输出说明

每种 I/O 设备都有自己特定的操作方式和编码结构。详细说明这些特点,对程序设计是非常必要的。I/O 设备要考虑的另一个因素是微处理器和外部设备之间的时间关系。外部设备、传感器和控制装置的操作速度,不仅在选择微处理器时,而且在软件设计中都是十分重要的问题。对那些传输速度比微处理器运行速度低得多的外部设备来说,一般不会存在太大的问题。但是若采用的外部设备比较复杂,操作速度又比较快(如 CRT 显示器等),就必须着重考虑如何使外部设备的数据传输速度与微处理器的运行速度相匹配。

对具有多个外部设备的微机化测控系统,必须保证它们的中断服务请求得到及时响应,而不致丢失数据。设计者应根据各个外部设备的操作速度及重要性,确定这些外部设备的中断优先等级,并精确计算它们可能等待的时间及微处理器分时处理这些中断的能力。必要时,还必须适当调整硬件结构,以提高中断响应速度。

为了满足上述要求,在系统定义时,必须对每个输入提出下列问题:

① 输入字节是何种信息,是数字还是状态字?

② 输入何时准备好?CPU 如何知道输入已准备好?是采用中断请求方式、程序查询方式,还是 DMA 传送方式?

③ 该输入是否有自己的时钟信号?是否需要 CPU 提供软件定时?

④ 输入信号是否被接口锁存?如果没有锁存,该信号能保持多长时间供 CPU 读取?

⑤ 输入信号多长时间变化一次?CPU 如何知道这种变化,并及时响应?

⑥ 输入数据是否是一个数据序列(数据块),是否需要校验?如果校验出错误,应该如何处理?

⑦ 该输入是否同其他输入或输出有关系?如果有关系,应根据什么条件或算式产生相应的反映?

对每个输出,也应提出类似的问题。

2. 系统存储器说明

存储器是存放系统程序和数据的器件,软件设计者必须考虑下列问题:

① 是否采取存储器掉电保护技术?

② 如何管理存储器资源?对其工作区域如何划分?

③ 采用何种软件结构能使系统软件的功能只需要改换一两片 ROM 即可改变?

对上述问题的考虑和规划,就构成了系统存储器的说明。

3. 处理阶段的说明

从读入数据到送出结果之间的阶段称为处理阶段。根据微机化测控系统的功能不同，这个阶段的任务也不同；但总的来说，这个阶段需要涉及精确的算术逻辑运算和监督控制功能。

微机化测控系统的算术逻辑运算一般是通过微处理器的指令系统来实现的。设计者必须细心地考虑系统中算术逻辑运算的比重、运算的基本算法、结果精确程度、处理时间的限制等问题。根据这些情况，就可以确定是否需要建立相应的功能程序块。

除一般的算术逻辑运算操作外，微处理器还必须完成某些监督或控制功能。这些功能应包括：

① 操作装置的管理，主要指外部设备的操作管理，如设置外部设备的初始状态，判定它们的工作状态，并做出相应的反映等。

② 系统管理，是指对系统资源，包括存储器、微处理器、总线和 I/O 设备的控制调度。

③ 程序和作业控制，是指 CPU 管理程序作业流程和实现程序监督与控制的能力。

④ 数据管理，是指数据结构和文件格式的形成和组织。

上述这些功能是微机化测控系统的基本控制功能。不同的微机化测控系统对监督、控制功能的要求，各有其不同的重点，软件设计者需要根据应用的特点加以考虑。

4. 出错处理和操作因素的说明

出错处理是许多微机化测控系统功能的一个重要方面。因此，在系统定义阶段，设计者必须对出错处理提出下列问题：

① 可能发生什么类型的错误？哪些错误是最经常出现的？

② 系统如何才能以最低限度的时间和数据损失来排除错误？对错误处理的结果以何种形式记录在案或显示？

③ 哪些错误或故障会引起相同的不正常现象？如何区分这些错误或故障？

④ 为了方便查到故障源，是否需要研制专用的测试程序或诊断程序？

此外，由于许多微机化测控系统涉及人和机器的相互作用，因此，在软件设计过程中，还必须考虑到人的因素。例如，采用何种输入过程最适合操作人员的习惯；操作步骤是否简单易懂；当操作出错时，如何提醒操作人员；显示方式是否使操作人员容易阅读和理解等。

9.4.3 软件开发工具

编写应用程序首先面临的一个问题是选用什么语言。可以选用机器语言、高级语言以及组态软件来编写程序。

1. 机器语言

机器语言是一种 CPU 指令系统，也称为 CPU 的机器语言，它是 CPU 可以识别的一组 0 和 1 的序列构成的指令码。用机器语言编程序，就是从所使用的 CPU 的指令系统中挑选合适的指令,组成一个指令序列。这种程序可以被机器直接理解并执行,速度很快,但由于它们不直观、难记、难以理解、不易查错、开发周期长,所以,只有专业人员在编制对执行速度有很高要求的程序时才使用。

2. 高级语言

常用的面向过程语言有 C、C++、C#、Java、Paython 等。使用这类编程语言,程序设计者可以不关心机器的内部结构甚至工作原理,把精力集中在解决问题的思路和方法上即可。这类摆脱了硬件束缚的程序设计语言统称为高级语言。高级语言的出现是计算机技术发展的里程碑,它大大提高了编程效率,使人们能够开发出越来越大、功能越来越强的程序。

随着计算机技术的进一步发展,特别是像 Windows 这样具有图形用户界面的操作系统的广泛应用,人们又形成了一种面向对象的程序设计思想。这种思想把整个现实世界或者一部分看作是由不同种类对象组成的有机整体。同一类型的对象既有共同点,又有各自不同的特性。各种类型的对象之间通过发送消息进行联系,消息能够激发对象做出相应的反应,从而构成一个运动的整体。采用了面向对象思想的程序设计语言就是面向对象的程序设计语言,当前使用较多的面向对象的语言有 Visual Basic、Visual C++、Java、Object Pascal 等。

高级语言通用性好,编程容易,功能多,数据运算和处理能力强,但实时性相对差些。在计算机发展过程中,早期的应用软件开发大多采用汇编语言。在工业过程控制系统中,目前仍大量应用汇编语言编制应用软件。由于计算机技术的发展,工业控制计算机的基本系统逐渐与广泛使用的个人计算机相兼容,而各种高级语言也都有各种 I/O 口操作语句,并具有对内存直接存取的功能。这样,就有了用高级语言来编写需要进行许多 I/O 操作的工业控制系统的应用程序。从许多成功的应用来看,用高级语言开发工业控制和检测系统的应用程序,其速度快,可靠性高,质量好。

汇编语言和高级语言各有其优点和局限性。在程序设计中,应发挥汇编语言实时功能强、高级语言运算能力强的优点,所以在应用软件设计中,一般采用高级语言与汇编语言混合编程的方法,即用高级语言编写数据处理、数据管理、图形绘制、显示、打印、网络管理等程序,用汇编语言编写时钟管理、中断管理、输入/输出、数据通信程序等实时性强的程序。

3. 组态软件

组态软件是一种针对控制系统而设计的面向问题的开发软件,它为用户提供了众多的功能模块,比如控制算法模块(如 PID)、运算模块(四则运算、开方、最大值/最小值选择、一阶惯性、超前滞后、工程变换、上下限报警等数十种)、计数/计时模块、逻辑运算模块、输入模块、输出模块、打印模块、CRT 显示模块等。系统设计者只需根据控制要求,选择所需的模块就能十分方便地生成系统控制软件。

监控组态软件是标准化、规模化、商品化的通用开发软件,只需进行标准功能模块的软件组态和简单的编程,就可设计出标准化、专业化、通用性强、可靠性高的上位机人机界面监控程序(HMI 系统),且工作量较小,开发调试周期较短,对程序设计员要求也低一些。因此,监控组态软件是性能优良的软件产品,是开发上位机监控程序的主流开发工具。

工业控制软件包是由专业公司开发的现成控制软件产品,它具有标准化、模块组合化、组态生成化等特点,并且通用性强,实时性和可靠性高。利用工业控制软件包和用户组态软件,设计者可根据控制系统的需求来组态生成各种实际的应用软件。这种开发方式极大地方便了设计者,他们不必过多地了解和掌握如何编制程序的技术细节,只需要掌握工业控制软件包和组态软件的操作规程和步骤,就能开发、设计出符合需要的控制系统应用软件,从而大大缩短研制时间,也提高了软件的可靠性。

在软件技术飞速发展的今天,各种软件开发工具琳琅满目,每种开发语言都有其各自的长处和短处。在设计控制系统的应用程序时,究竟选择哪种开发工具,还是几种软件混合使用,这要根据被控对象的特点、控制任务的要求以及所具备的条件而定。

9.4.4 软件调试技术

为了验证编制出来的软件无错,需要花费大量的时间测试,有时测试工作量比编制软件本身所花费的时间还长。测试是"为了发现错误而执行程序"。

测试的关键是如何设计测试用例,常用的方法有功能测试法和程序逻辑结构测试法两种。

功能测试法并不关心程序的内部逻辑结构,只检查软件是否符合预定的功能要求。因此,用这种方法来设计测试用例,是完全根据软件的功能来设计的。例如,要想用功能测试法来发现一个微机系统的软件中可能存在的全部错误,则必须设想出系统输入的一切可能情况,从而来判断软件是否都能做出正确的响应。比如,将可能遇到的情况都输入系统,且都证明系统的处理是正确的,则认为系统的软件无错,但事实上,由于疏忽或手段不具备,可能无法列出系统面临的各种输入情况。即使能够全部罗列出来,要全部测试一遍,在时间上也是不允许的,因此使用功能测试法测试过的软件仍有可能存在错误。

程序逻辑结构测试法是根据程序的内部结构来设计测试用例的。用这种方法来发现程序中可能存在的所有错误,必须使程序中每种可能的路径至少都被执行过一次。

既然"彻底测试"几乎是不可能的,就要考虑怎样来组织测试和设计测试用例以提高测试的结果。下面是一些应注意的基本原则:

① 由编程者以外的人进行测试会获得较好的结果;

② 测试用例应由输入信息与预期处理结果两部分组成,即在程序执行前,应清楚地知道输入什么后会有什么输出;

③ 不仅要选用合理的正常的可能情况作为测试用例,更应选用那些不合理的输

入情况作为输入，以观察系统的输出响应；

④ 测试时除了检查系统的软件是否做了它该做的工作之外，还应检查它是否做了不该做的事；

⑤ 长期保留测试用例，以便下次需要时再用，直到系统的软件被彻底更新为止。

经过测试的软件仍然可能隐含着错误。同时，用户的需求也经常会发生变化。实际上，用户在整个系统未正式运行前，往往不可能把所有的要求都提完全。当投入运行后，用户常常会改变原来的要求或提出新的要求。此外，系统运行的环境也会发生变化，所以，在运行阶段需要对软件进行维护，即继续排错、修改和扩充。

另外，软件在运行中，设计者常常会发现某些程序模块虽然能实现预期功能，但在算法上不是最优的，或者在运行时间占用内存等方面还有改进的必要，因此也需要修改程序，使其更完善。

9.5 系统可靠性设计

9.5.1 可靠性的基本概念

可靠度是系统(部件)在时间 t 内正常工作的概率。为了用数学语言表示这个关系，可以定义连续随机变量 T 表示系统(部件)的故障前时间，$T\geqslant 0$。可靠度可以写成

$$R(t)=\Pr\{T\geqslant t\} \tag{9-1}$$

式中，$R(t)\geqslant 0$，$R(0)=0$，并且$\lim\limits_{t\to\infty}R(t)=0$。给定时间 t，$R(t)$是故障前时间大于或等于 t 的概率。如果定义

$$F(t)=1-R(t)=\Pr\{T<t\} \tag{9-2}$$

式中

$$F(t)=0,\quad \lim_{t\to\infty}F(t)=1$$

那么 $F(t)$就是在 t 时刻之前系统(部件)发生故障的概率。

定义 $R(t)$为故障分布的可靠度函数，$F(t)$是故障分布的累计分布函数(CDF)，第三个函数的定义为

$$f(t)=\frac{\mathrm{d}F(t)}{\mathrm{d}t}=-\frac{\mathrm{d}R(t)}{\mathrm{d}t} \tag{9-3}$$

称其为概率密度函数(PDF)，此函数描述故障分布的形态。上述 3 个函数如图 9-15 所示。

平均故障前时间 MTTF 的定义为

$$\mathrm{MTTF}=E(T)=\int_0^{\infty}tf(t)\mathrm{d}t \tag{9-4}$$

这就是由 $f(t)$定义的概率分布函数的均值或期望。

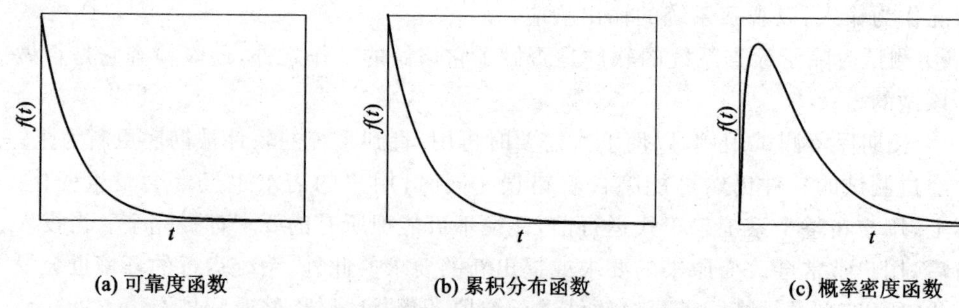

(a) 可靠度函数　　(b) 累积分布函数　　(c) 概率密度函数

图 9-15　可靠度函数、累积分布函数和概率密度函数

$$\mathrm{MTTF}=\int_0^{\infty} R(t)\,\mathrm{d}t \tag{9-5}$$

该公式更便于使用。

除了前面介绍的概率函数,另一个被称为故障率或危险率的函数也经常在可靠度计算中使用,此函数提供了计算即时(t 时刻)故障率的方法。从下式可知

$$\Pr\{t \leqslant T \leqslant t+\Delta t\}=R(t)-R(t+\Delta t)$$

系统持续工作到 t 时刻尚未发生故障而在 $t \sim t+\Delta t$ 时间段内发生故障的概率为

$$\Pr\{t \leqslant T \leqslant t+\Delta t \mid T \geqslant t\}=\frac{R(t)-R(t+\Delta t)}{R(t)}$$

因此

$$\frac{R(t)-R(t+\Delta t)}{R(t)\Delta t} \tag{9-6}$$

是单位时间内故障的条件概率(故障率)。

9.5.2　故障来源

影响计算机测控系统可靠性的因素有内部与外部两方面。针对内外因素的特点,采取有效的软硬件措施,是可靠性设计的根本任务。

1. 内部因素

导致系统运行不稳定的内部因素主要有以下三点:

① 器件本身的性能与可靠性。元器件是组成系统的基本单元,其特性好坏与稳定性直接影响整个系统性能与可靠性。因此,在可靠性设计当中,首要的工作是精选元器件,使其在长期稳定性、精度等级方面满足要求。

② 系统结构设计。包括硬件电路结构设计和运行软件设计。元器件选定之后,根据系统运行原理与生产工艺要求将其连成整体,并编制相应软件。电路设计中要求元器件或线路布局合理,以消除元器件之间的电磁耦合相互干扰;优化的电路设计也可以消除或削弱外部干扰对整个系统的影响,如去耦电路、平衡电路等;也可以采

用冗余结构，当某些元器件发生故障时，也不影响整个系统的运行。软件是计算机测控系统区别于其他通用电子设备的独特之处，合理编制软件可以进一步提高系统运行的可靠性。

③ 安装与调试。元器件与整个系统的安装与调试，是保证系统运行和可靠性的重要措施。尽管元件选择严格，系统整体设计合理，但安装工艺粗糙，调试不严格，仍然达不到预期的效果。

2. 外部因素

外因是指计算机所处工作环境中的外部设备或空间条件导致系统运行的不可靠因素，主要包括以下几点：

① 外部电气条件，如电源电压的稳定性、强电场与磁场等的影响；

② 外部空间条件，如温度、湿度、空气清洁度等；

③ 外部机械条件，如振动、冲击等。

为了保证计算机系统可靠工作，必须创造一个良好的外部环境。如采取屏蔽措施、远离产生强电磁场干扰的设备，加强通风以降低环境温度，安装紧固以防止振动，等等。

元器件的选择是根本，合理安装调试是基础，系统设计是手段，外部环境是保证，这是可靠性设计遵循的基本准则，并贯穿于系统设计、安装、调试、运行的全过程。为了遵守这些准则，必须采取相应的硬件或软件方面的措施，这是可靠性设计的根本任务。

9.5.3 硬件可靠性设计

由于系统是由硬件和软件组成的，因而系统的可靠性也分硬件可靠性和软件可靠性两个方面。

1. 元器件级

元器件是计算机系统的基本部件，元器件的性能与可靠性是整体性能与可靠性的基础。因此，元器件的选用要遵循以下原则：

(1) 严格管理元器件的购置、储运

元器件的质量主要是由制造商的技术、工艺及质量管理体系保证的，应选择有质量保证的元器件。采购元器件之前，应首先对制造商的质量信誉有所了解。比如，可以从制造商提供的有关数据资料中获得，也可以从用户调查资料中了解，必要时可亲自做试验加以检验。制造商一旦选定，就不应轻易更换，尽量避免在一台设备中使用不同厂家的同一型号的元器件。

(2) 老化、筛选和测试

元器件在装机前应经过老化筛选，淘汰那些质量不佳的元件。老化处理的时间长短与所用的元件数量、型号、可靠性要求有关，一般为 24 h 或 48 h。老化处理时所施用的电气应力（电压或电流等）应等于或略高于额定值，常为额定值的 110%～

120%。老化后测试应注意淘汰那些功耗偏大、性能指标明显变化或不稳定的元器件。老化前后性能指标保持稳定的，是优选的元器件。

(3) 降额使用

所谓降额使用，就是在低于额定电压和电流条件下使用元器件，这将能提高元器件的可靠性。降额使用多用于无源元件(电阻、电容等)、大功率器件、电源模块或大电流高压开关器件等。降额使用不适用于 TTL 器件，因为 TTL 电路对工作电压范围要求严格，不能降额使用。MOS 型电路因其工作电流十分微小，失效主要不是功耗发热引起的，故降额使用对 MOS 集成电路效果不大。

(4) 选用集成度高的元器件

近年来，电子元器件的集成化程度越来越高。系统选用集成度高的芯片可减少元器件的数量，使印刷电路板布局简单，可减少焊接和连线，从而降低故障率和受干扰的概率。

2. 部件及系统级

部件及系统级的可靠性技术是指功能部件或整个系统在设计、制造、检验等环节所采取的可靠性措施。元器件的可靠性主要取决于元器件制造商，部件及系统的可靠性则取决于设计者的精心设计。可靠性研究资料表明，影响计算机可靠性的因素，有 40%来自电路及系统设计。

(1) 采用高质量的主机

计算机尽可能采用工业控制用计算机或工作站，而不是采用普通的商用计算机。因为工业控制用计算机在整机的机械、防振动、耐冲击、防尘、抗高温、抗电磁干扰等方面往往针对生产现场的特点，采取了特殊的处理措施，以保证系统在恶劣的工业环境下仍能正常工作。所采用的各种硬件和软件，尽可能不要自行开发。比如，采用高质量的电源；一般来说，PLC 的 I/O 模块的可靠性比 PC 总线 I/O 板卡的可靠性高，如果成本和空间允许，应尽可能采用 PLC 的 I/O 模块。

(2) 采用模块化、标准化、积木化结构

目前各大公司推出的 IPC 工控机及过程通道板卡都实现了模块化和标准化，设计者只需保证自行开发的板卡或设备实现模块化和标准化。

① 板卡的布线要合理：一般要做到电源线尽可能粗；多条平行信号线不能过长；两面的信号尽可能垂直走线；模拟器件和数字器件分开走线；连接孔不能过多；小信号线有地线屏蔽等。

② 选择优质电源：模拟量输入所用的电源最好是线性电源，其他部分尽可能采用纹波较小的电源。电源的选择必须留有充分的余量，电源最好是密封结构和大散热器结构，如国产的朝阳电源系列。

③ 散热措施：如果板卡使用了功耗性器件，控制柜顶部一般应安装风扇；如果板卡器件全为 CMOS，也可以不装风扇。

④ 机械结构：控制柜和板卡插箱一般要使用全钢结构或铝合金结构。器件过重

时，控制柜和器件底板必须设计加强筋。表面必须喷漆或喷塑，以防止锈蚀。

(3) 采用冗余技术

对关键的检测点、控制点可以进行双重或多重冗余设计。冗余技术也称容错技术，是通过增加完成同一功能的并联或备用单元数目来提高可靠性的一种设计方法。如一点模拟量信号可以输入到两个控制站的模拟量输入板卡，当其中一个站出现故障时，在另一个站同样可以监测该信号的变化。也可以给计算机控制系统配备手操器，当计算机系统出现故障时，利用手操器可以进行显示和手动控制。对重要的控制回路，选用常规控制仪表作为备用。一旦计算机出现故障，就把备用装置切换到控制回路中，维持生产过程的正常运行。冗余技术包括硬件冗余、软件冗余、信息冗余、时间冗余等。

① 硬件冗余：是用增加硬件设备的方法，当系统发生故障时，将备份硬件顶替上去，使系统仍能正常工作，硬件冗余结构主要用在高可靠性场合。如采用双机系统，即采用两台计算机，互为备用地执行任务。

② 信息冗余：对计算机控制系统而言，保护信号信息和重要数据是提高可靠性的重要方面。为了防止系统因故障等而丢失信息，常将重要数据或文件多重化，备一份或多份并存于不同的空间。一旦某一区间或某一备份被破坏，则自动从其他部分重新复制，使信息得以恢复。

③ 时间冗余：为了提高计算机控制系统的可靠性，可以重复执行某一操作或某一程序，并将执行结果与前一次的结果进行比较、对照来确认系统工作是否正常。

(4) 电磁兼容性设计

电磁兼容性是指计算机系统在电磁环境中的适应性，即能否保持完成规定功能的能力。电磁兼容性设计的目的是使系统既不受外部电磁干扰的影响，也不对其他电子设备产生影响。

(5) 故障自动检测与诊断技术

对复杂系统，为了保证能及时检验出故障装置或单元模块，以便及时替换，就需要对系统进行在线的测试与诊断。这样做的目的有两个：一是为了判定动作或功能的正常性；二是为了及时指出故障部位，缩短维修时间。

对一些智能设备，可采用故障预测、故障报警等措施。出现故障时将执行机构的输出置于安全位置，或将自动运行状态转为手动状态。

(6) 其他措施

采用可靠的控制方案，使系统具有各种安全保护措施，如异常报警、事故预测、安全连锁、不间断电源等功能。

采用集散控制系统。对规模较大的系统，应采用集散控制系统。它是一种分散控制、集中操作的计算机控制系统，具有将危险分散的特点，并且整个控制系统的安全可靠性高。

采取各种抗干扰措施，包括滤波、屏蔽、隔离和避免模拟信号的长线传输等。

9.5.4 软件可靠性设计

由于计算机测控系统是由硬件和软件组成的,因而系统的可靠性也分硬件可靠性和软件可靠性两个方面。提高元器件的质量、采用冗余设计、进行预防性维护、增设抗干扰装置等措施,能够提高硬件的可靠性,但是要想得到理想的可靠度,这些是不够的。通常还要利用软件来进一步提高系统的可靠性。

计算机运行软件是系统欲实行的各项功能的具体反映。软件的可靠性主要标志是,软件是否能真实而准确地描述了欲实现的各种功能。因此,对生产工艺的了解、熟悉程度直接关系到软件的编写质量。提高软件可靠性的前提是设计人员要对生产工艺过程深入了解,并且使软件易读、易测和易修改。

为了提高软件的可靠性,应尽量将软件规范化、标准化和模块化,尽可能把复杂的问题化成若干较为简单明确的小任务。把一个大程序分成若干独立的小模块,这有助于及时发现设计中的不合理部分,而且检查和测试几个小模块要比检查和测试大程序方便得多。

软件可靠性技术主要包括两个方面的内容:利用软件提高系统的可靠性;提高软件自身的可靠性。

1. 利用软件提高系统的可靠性

具体措施包括:

① 利用软件冗余,防止信息在输入/输出及传送过程中出错。如对关键数据采用重复校验的方式,对信息采用重复传送并进行校验,设置错误陷阱,自动捕捉错误,自动报告和排错提示等。

② 逻辑闭锁和限值闭锁。闭锁是防止误操作、过操作的有效方法。如为调节阀的开度设置闭锁,为各种温度值设置上下限闭锁,以保证系统安全可靠运行。在控制输出、修改重要参数处,设置操作口令、操作确认等多重闭锁,防止误操作。

③ 编制自动诊断检测程序。自动检测设备的运行情况,及时发现故障,找出故障的部位并排除,以便缩短修理时间。

④ 数据保护处理。针对系统突然停机、冷热启动或时间改动对数据库造成的破坏、遗失等情况,应采取实时数据备份、安全性检查等保护措施。一旦系统重新运行,系统首先自动读取保护信息,修补数据库,以便系统可靠运行。

⑤ 采用系统信息管理的软件。它与硬件配合,对信息进行保护,包括防止信息被破坏,在出现故障时保护信息,并迅速启动备用装置代替故障装置;在故障排除后,能恢复信息,并使系统迅速恢复正常运行。

2. 提高软件自身的可靠性

尽管在前面介绍了用软件提高系统可靠性的措施,但应该指出,软件本身也会发生故障。为了减少出错和使用户能得到一个满足要求的软件,还应该采取以下措施,以提高软件自身的可靠性。

① 采取措施减少软件设计中的错误。如包括采用模块化、结构化设计,采用组态软件形式,进行软件评审等。

② 采用能提高可测试性的设计。在系统设计时就充分考虑到测试的要求,使得软件的可维护性较高、故障的诊断及时迅速。

9.6 系统集成、调试与投入运行

9.6.1 调试工具介绍

系统调试工具种类繁多,本小节对某些常用的调试工具进行介绍。

1. 万用表

万用表又称为复用表、多用表、三用表、繁用表等,是电力电子等部门不可缺少的测量仪表,一般以测量电压、电流和电阻为主要目的。万用表按显示方式分为指针万用表和数字万用表,是一种多功能、多量程的测量仪表。一般万用表可测量直流电流、直流电压、交流电流、交流电压、电阻和音频电平等,有的还可以测电容量、电感量及半导体的一些参数(如 β)等。

数字万用表是目前最常用的一种数字仪表。数字万用表的显示位数通常为 3½ 位~8½位。判定数字仪表的显示位数有两条原则:其一是,能显示 0~9 中所有数字的位数是整位数;其二,分数位的数值是以最大显示值中最高位数字为分子,用满量程时计数值为 2 000,这表明该仪表有 3 个整数位,而分数位的分子是 1,分母是 2,故称之为 3½位,读作“三位半”,其最高位只能显示 0 或 1(0 通常不显示)。3⅔位(读作“三又三分之二位”)数字万用表的最高位只能显示 0~2 的数字,故最大显示值为±2 999。在同样情况下,它要比三位半的数字万用表的量限高 50%,尤其在测量 380 V 的交流电压时很有价值。

2. 逻辑测试笔

逻辑测试笔是一种新颖的测试工具,它能代替示波器、万用表等测试工具,通过转换开关,对 TTL、CMOS、DTL 等数字集成电路构成的各种电子仪器设备(电子计算机、程序控制、数字控制、群控装置)进行检测、调试与维修使用。

它具有质量轻、体积小、使用灵活,清晰直观,判别迅速、正确,携带方便,能 TTL 与 CMOS 兼容使用等优点。特点:① 具备检测低、高、脉冲电平,脉冲状态及脉冲计数等功能,它们分别对低(L)、高(H)、脉冲(п)用灯显示。测试笔上还能显示循环计数,其顺序为 00,01,10,11。响应频率大于或等于 1 MHz。② 输入阻抗大于或等于 100 kΩ,阈值准确,不影响被测点电平的逻辑状态。③ 特别适用于示波器不易捕捉观察的长周期窄脉冲信号及速度较高的暂态信号。④ 使用熟练后可根据经验估计基电平的高低及脉冲占空比,并可查询干扰信号及其来源。

3. 示波器

示波器是一种用途十分广泛的电子测量仪器。它能把肉眼看不见的电信号变换成看得见的图像,便于人们研究各种电现象的变化过程。示波器利用狭窄的、由高速电子组成的电子束,打在涂有荧光物质的屏面上,就可产生细小的光点(这是传统的模拟示波器的工作原理)。在被测信号的作用下,电子束就像一支笔的笔尖,可以在屏面上描绘出被测信号的瞬时值的变化曲线。利用示波器能观察各种不同信号幅度随时间变化的波形曲线,还可以用它测试各种不同的电量,如电压、电流、频率、相位差、调幅度等。

模拟示波器采用的是模拟电路(示波管,其基础是电子枪)电子枪向屏幕发射电子,发射的电子经聚焦形成电子束,并打到屏幕上。屏幕的内表面涂有荧光物质,这样电子束打中的点就会发出光来。

数字示波器则是数据采集、A/D 转换、软件编程等一系列的技术制造出来的高性能示波器。数字示波器的工作方式是通过 A/D 转换器把被测电压转换为数字信息。数字示波器捕获的是波形的一系列样值,并对样值进行存储,存储限度是判断累计的样值是否能描绘出波形为止,随后,数字示波器重构波形。数字示波器可以分为数字存储示波器(DSO),数字荧光示波器(DPO)和采样示波器。

模拟示波器要提高带宽,需要示波管、垂直放大和水平扫描全面推进。数字示波器要改善带宽,只需要提高前端的 A/D 转换器的性能,对示波管和扫描电路没有特殊要求。另外,数字示波器不仅具有记忆、存储和处理功能,还具有多种触发甚至超前触发的能力。20 世纪 80 年,数字示波器全面取代模拟示波器,模拟示波器逐渐被淘汰。

4. 仿真软件

MATLAB:MATLAB 是 matrix&laboratory 两个词的组合,意为矩阵工厂(矩阵实验室),是由美国 mathworks 公司发布的主要面对科学计算、可视化以及交互式程序设计的高科技计算环境。它将数值分析、矩阵计算、科学数据可视化以及非线性动态系统的建模和仿真等诸多强大功能集成在一个易于使用的视窗环境中,为科学研究、工程设计以及必须进行有效数值计算的众多科学领域提供了一种全面的解决方案,并在很大程度上摆脱了传统非交互式程序设计语言(如 C、Fortran)的编辑模式,代表了当今国际科学计算软件的先进水平。

MATLAB 具有高效的数值计算及符号计算功能,能使用户从繁杂的数学运算分析中解脱出来;具有完备的图形处理功能,实现计算结果和编程的可视化;具有友好的用户界面及接近数学表达式的自然化语言,使学习者易于学习和掌握;具有功能丰富的应用工具箱(如信号处理工具箱、通信工具箱等),为用户提供了大量方便实用的处理工具。MATLAB 对许多专门的领域都开发了功能强大的模块集和工具箱。一般来说,它们都是由特定领域的专家开发的,用户可以直接使用工具箱学习、应用和评估不同的方法而不需要自己编写代码。领域,诸如数据采集、数据库接口、概率统计、样条拟合、优化算法、偏微分方程求解、神经网络、小波分析、信号处理、图像处理、系统辨识、控制系统设计、LMI控制、鲁棒控制、模型预测、模糊逻辑、金融分析、地图工具、非线性控制设计、实时快速原型及半物理仿真、嵌入式系统开发、定点仿真、DSP与通信、电力系统仿真等，都在工具箱（Toolbox）家族中有了自己的一席之地。

Multisim：Multisim是美国NI公司推出的以Windows为基础的仿真工具，适用于板级的模拟/数字电路板的设计工作。它包含了电路原理图的图形输入、电路硬件描述语言输入方式，具有丰富的仿真分析能力。Multisim操作界面就像一个电子实验工作台，绘制电路所需的元器件和仿真所需的测试仪器均可直接拖放到屏幕上，轻点鼠标即可用导线将它们连接起来，软件仪器的控制面板和操作方式都与实物相似，测量数据、波形和特性曲线如同在真实仪器上看到的；Multisim提供了世界主流元件提供商的超过17 000多种元件，同时能方便地对元件各种参数进行编辑修改，能利用模型生成器以及代码模式创建模型等功能，创建自己的元器件。Multisim提供了22种虚拟仪器进行电路动作的测量。这些仪器的设置和使用与真实的一样，可动态互交显示。除了Multisim提供的默认的仪器外，还可以创建LabVIEW的自定义仪器，使得在图形环境中可以灵活地、可升级地测试、测量及控制应用程序的仪器。Multisim提供了许多分析功能，可利用仿真产生的数据执行分析，分析范围很广，从基本的、极端的到不常见的都有，还可以将一个分析作为另一个分析的一部分的自动执行。集成LabVIEW和Signalexpress可快速进行原型开发和测试设计，具有符合行业标准的交互式测量和分析功能。

9.6.2 测控系统的调试

1. 硬件调试

对自行开发的硬件电路板，首先需要用万用表或逻辑测试笔逐步按照逻辑图检查电路板中各器件的电源及各引脚的连接是否正确，检查数据总线、地址总线和控制总线是否有短路等故障。有时为了保护集成芯片，先对各管座电位（或电源）进行检查，确定其无误后再插入芯片。再根据设计说明、设计要求和预定技术指标对电路板功能进行功能性检查，测试其是否满足要求。

对各种标准功能模板，应按照说明书要求检查主要功能。在检查过程中，最好利用仿真器或开发系统，有时需要编制一些短小有针对性的测试程序对各功能电路进行分别测试，以检测这些电路的正确性或存在的问题。

对A/D和D/A模板，首先检查信号的零点和满量程，然后再分栏检查。比如满量程的10%、25%、50%、75%、100%，并且上行和下行来回调试，以便检查线性度是否合乎要求。如有多路开关板（或电路），还应测试各通路是否能正确切换。

检查开关量输入和开关量输出模板，需利用开关量输入和输出程序来进行。对开关量的输入，可在各输入端加开关量信号，并读入，以检查读入状态的正确性。对开关量的输出，可运行开关量输出测试程序，在输出端检查(用万用表或在输出端接测试信号器件电路)输出状态的正确性。

对现场仪表和执行机构，如温度变送器、流量变送器、压力变送器、差压变送器、电压变送器、电流变送器、功率变送器以及电动或气动调节阀等，必须在安装前按说明书要求进行校验。

分级计算机控制系统和分布式计算机控制系统，需要测试其通信功能，检查数据传输的正确性。

实际硬件调试中，并非在硬件总装后才进行硬件系统调试，而是边装边调试。

2. 软件调试

软件测试一般安排在硬件调试之后。有了正确的硬件作保证，就很容易发现软件的错误。在软件测试过程中，有时也会发现硬件故障。一般情况下，软件测试后，硬件中的隐藏问题大部分能被发现和纠正。

软件一般有主程序、功能模块和子程序。一般测试顺序为子程序、功能模块和主程序。有些程序的测试比较简单，利用仿真器或开发系统提供的测试程序就可以进行测试。近年来出现一种“仿真软件”，可以不用硬件直接在微机上测试汇编语言程序，待基本测试好以后，再移到硬件系统中去测试。这种软件、硬件并行测试方法，可大大加快系统的开发速度。

一般，与过程输入/输出通道无关的程序，如运算模块，都可用开发装置或仿真器的调试程序进行测试，有时为了测试某些程序，可能还要编写临时性的辅助程序。

一旦所有的子程序和功能模块测试完毕，就可以通过主程序将它们连接在一起，进行整体测试。整体测试的方法是自底向上逐步扩大，首先按分支将模块组合起来，以形成模块子集，测试完各模块子集，再将部分模块子集连接起来进行局部测试，最后进行全局测试。这样经过子集、局部和全局三步测试，便完成了整体测试工作。通过整体测试，能够把设计中存在的问题和隐含的缺陷暴露出来，从而基本上消除了编程上的错误，为以后的系统仿真测试和在线测试及运行打下良好的基础。

测试的基本方法是：给软件一个典型的输入，观测输出是否符合要求，如果发现结果有错，应设法将可能产生错误的区域逐步缩小，经过修改后再次进行调试，直到消除所有错误为止。

为了验证软件，需要花费大量的时间进行测试，有时测试工作量比编制软件本身所花费的时间还长。测试就是“为了发现错误而执行程序”。测试的关键是如何设计测试用例，常用的方法有功能测试法和程序逻辑结构测试法两种。

需要注意的是，经过测试的软件仍然可能隐含着错误。同时，用户的需求也经常会发生变化。实际上，用户在整个系统未正式运行前，往往不可能把所有的要求都提完全。当投运后，用户常常会改变原来的要求或提出新的要求。况且，系统运行的环境也会发生变化，所以，在运行阶段需要对软件进行维护，即继续排错、修改和扩充。另外，软件在运行中，设计者常常会发现某些程序模块虽然能实现预期功能，但在算法上不是最优的，或在运行时占用内存等方面还有改进的必要，也需要修改程序，使其更完善。

3. 系统仿真

在硬件和软件分别调试后，需要再进行全系统的硬件、软件统调，以进一步在实验室条件下把存在的问题充分暴露，并加以解决。硬、软件统调试验，就是通常所说的"系统仿真"。

所谓系统仿真就是应用相似原理和类比关系来研究事物，也就是用模型来代替实际系统来进行试验和研究。系统仿真有以下三种类型：数字仿真（或称计算机仿真）、全物理仿真（或称在模拟环境条件下的全实物仿真）、半物理仿真（或称硬件闭路动态试验）。

系统仿真应该尽量采用全物理仿真或半物理仿真。试验条件或工作状态越接近真实，其效果也就越好。对纯数据采集系统，一般可做到全物理仿真；而对控制系统，全物理仿真几乎不可能。因此，控制系统一般采用半物理仿真进行试验。被控对象用实验模型（数学模型）来代替。

不经过系统仿真和各种试验，试图在现场调试中一举成功是不实际的，往往会被现场调试工作的现实所否定。

4. 考　机

在系统仿真结束后，还要进行考机运行试验。测控系统中有些问题和缺陷在短时间内运行，可能不会暴露，只有长时间运行才能出现。因此，考机的目的是要在连续不停机的运行过程中，暴露问题并解决掉，同时也是检验整个系统的可靠性。在考机过程中，可根据现场可能出现的运行条件和周围环境，设计一些特殊运行条件和外部干扰，以考验系统的运行情况和抗干扰能力。例如，可设计高温和低温剧变运行试验；振动和抗电磁干扰试验；电源电压波动、剧变，甚至掉电试验等。

9.6.3　系统故障的检测与调试

为了切实保证测控系统的质量符合规定要求，订购方要按验收的基本依据对测控系统进行检验和试验，判定是否合格。

验收测试除起着为测控系统的质量把关的作用外，根据验收测试的结果和验收测试中所发现的质量问题及其分析，可为承制方改进设计提供依据和参考，可为新的测控系统的研制积累经验、提供信息，还可为用户的正确使用、维护、修理提出指导或建议。

目前还没有专用的测控系统验收规范和标准，通常按下列要求进行验收试验：

① 双方签订的已生效的订货（或研制）合同；

② 双方业务主管部门的指令或批复文件；

③ 双方协商同意的有关协议；

④ 经审批的技术条件及图纸资料；

⑤ 有关国家标准、厂家使用标准、双方共同贯彻执行的专业标准；

⑥ 双方协商选定的标准样件。

测控系统提交验收试验时，应符合下列要求：

① 出具承制方质量部门的检验合格证书；

② 提交完整的文件资料，包括提交验收通知单、随机文件、承制方质量部门对产品检验的完整记录和质量状况分析报告；

③ 提供验收用的仪器、设备、工具等；

④ 提供验收场地；

⑤ 进行验收记录。

验收的方法分为常规测试验收方法、定期测试验收方法、性能指标验收试验方法，下面分别进行介绍。

1. 常规测试验收方法

常规测试验收按产品技术条件的规定确定检验和试验项目，检验产品是否达到验收的标准，以保证产品具有合格的性能，它是为判明测控系统产品是否符合规定的质量要求而进行的逐台逐项检测和试验。常规测试验收包括以下内容。

(1) 环境应力筛选

所谓环境应力筛选就是选择若干典型环境因素，将适量的环境应力作用于组件或整机，把元器件的工艺缺陷，即生产和装配过程中的缺陷激发出来，给予修正或更换。

环境应力筛选时，产品通电工作在选定的工作状态，按照规定的试验剖面进行试验。试验中检查和监视产品的工作情况，目的是发现和剔除产品的早期失效，保证产品在以后的检测和试验中能稳定工作。

试验过程中，产品发生故障，还允许修理排除或更换部件、组件，且不作为产品合格的依据。在故障排除后重新开始计时试验，一直到满足规定的时间为止。

对单独试验的组件，试验中须检查和监视其输出参数不应超差。

对整机，试验中须检查、监视系统的工作状态，所有测试资源的功能检查和性能检查应为正常，不能出现不能控制的测试资源、不能通过的检测项目和超差参数。

(2) 外观检验

外观检验的过程不需要任何仪器设备，仅凭目视直观和手感对产品的外形质量进行检验。检验的内容主要有：

① 机柜、机箱或方舱的外表漆层、机械固定部件是否完好无损；

② 标记板是否清晰完整；

③ 开关、旋钮、按钮、把手等是否操作灵活，是否有卡滞现象。

(3) 性能试验

性能试验的目的是考核评定产品在标准大气条件下的质量符合性。试验过程就是在标准大气条件下，按技术条件要求进行产品功能、性能、精度检验。试验项目主要包括：

① 测试资源搜索与注册；

② 系统自检、校准的过程及结果；

③ 测试程序启动、控制和退出，测试结果记录；

④ 故障诊断性能；

⑤ 机械电气接口的正确性。

(4) 其他试验

根据技术条件，常规测试验收试验中的试验项目可能包括：

① 搭接电阻试验；

② 绝缘电阻试验：

③ 功能振动试验；

④ 高/低温工作试验；

⑤ 温度-湿度试验；

⑥ 复检。

2. 定期测试验收方法

定期测试验收通常是进行抽样试验，通常每 5 套测控系统进行一次抽样试验，试验的主要内容如下：

① 外观方面的试验，如外形尺寸检验、质量检验、运输试验及互换性试验等；

② 电气方面的试验，如介质绝缘强度试验、输入功率测试、电源电压及频率变化试验等；

③ 机械振动方面的试验，如功能振动试验和耐久振动试验等；

④ 低温工作、存储试验；

⑤ 高温工作、存储试验等。

定期试验后，根据其结果进行判定是否能够验收。定期试验过程中，如果样机符合全部检测和试验项目规定的要求，没检查出任何缺陷，或检查出的轻微缺陷不超过 3 个，而且这些缺陷是孤立的，则需要经过修复排除后重新进行试验。重新试验后如果达到规定要求，则判定产品的定期试验合格；否则，判定产品的定期试验不合格。

3. 性能指标验收试验方法

性能指标验收试验方法是为了考核评定产品是否达到技术条件中规定的指标(如可靠性、维修性指标)而进行的抽样试验。

测控系统的性能指标验收试验的方法和步骤与一般产品的相同，此处不再赘述。

9.7 计算机测控系统设计举例

微机化测控系统是以微型机为核心的测控系统。微机化测控系统的设计不仅要求设计者熟悉该系统的工作原理、技术性能和工艺结构，而且要掌握微机化硬件和软件设计原理。为了保证产品质量,提高研制效率,设计人员应该在正确的设计思想指导下,按照合理的步骤进行开发。由于微机化测控系统种类繁多,设计所涉及的问题是各式各样的,不能一概而论。本节就以无人机系统中气压高度表的研制为例展示一个测控系统的设计与开发过程。

9.7.1 需求分析

根据国际标准化组织制定的 ISO 2553 标准大气,可以得到在$-2\,000 \sim 80\,000$ m 高度范围内重力势高度 H 和相应高度上的大气压力 p_H 间的关系式,由于重力势高度常称为标准气压高度,所以将相应的公式称为标准气压高度公式,即

$$H = \frac{T_b}{\beta}\left[\left(\frac{p_H}{p_b}\right)^{-\beta R/g} - 1\right] + H_b \tag{9-7}$$

式中,R 为空气专用气体常数,$R = 287.052\,87\ \mathrm{m^2/(K \cdot s^2)}$;$g$ 为自由落体重力加速度,$g = 9.806\,65\ \mathrm{m/s^2}$;$\beta$ 为温度垂直变化率,$\beta = \frac{\mathrm{d}T}{\mathrm{d}H}$;$T_b$、$H_b$、$p_b$ 为国际标准大气采用的高度分层中相应层的大气温度、标准气压高度和大气压力的下限值。表 9-1 给出了大气温度、温度梯度、大气压力与标准气压高度的关系。有关更详细的测高原理请读者自行查阅相关书籍。

表 9-1 大气温度、温度梯度、大气压力与标准气压高度的关系

标准气压高度 H_b/km	大气温度 T_b/K	温度垂直变化率 $\beta/(\mathrm{K \cdot km^{-1}})$	大气压力 p_b/Pa
−2.00	301.15	−6.50	127 774
0.00	288.15	−6.50	101 325
11.00	216.65	0.00	22 632

9.7.2 总体方案

该气压测量系统主要由压力传感器、温度传感器、A/D 转换电路、单片机采样处理电路、串口转换电路等组成。系统原理图如图 9-16 所示。

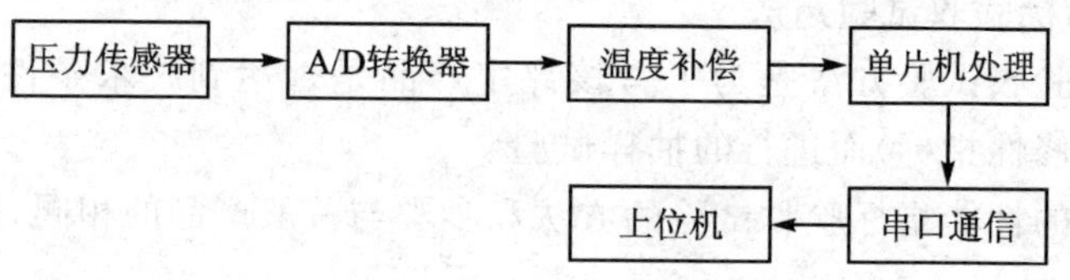

图 9-16 系统原理图

压力传感器将其所测量的模拟信号经 A/D 转换处理后产生满足单片机 A/D 采样的信号,单片机对所测量的压力信号进行温度补偿、数据处理,转换成高度信号和温度信号显示,并通过 RS-232 串口把数据显示保存在上位机上。

9.7.3 硬件设计

9.7.3.1 选择系统的总线和主机机型

1. 单片机

数据处理要求体积小、功耗低，该模块选用 C8051F005 作为核心处理芯片。C8051F005 是完全集成的混合信号系统级芯片，片内集成了 ADC、DAC、温度传感器、SPI、定时器等模拟和数字外设，这些功能部件的高度集成为系统减小体积、降低功耗、提高可靠性提供了方便。同时 C8051F005 摆脱了 5 V 供电标准，供电电压范围低至 2.7～3.6 V，根据功耗与电源电压平方成正比的关系，采用较低的工作电压也能大大降低功耗。

2. 串口通信模块

为了接收大量的数据并且能在计算机上显示，另外还要对采集的数据进行研究，因此，在单片机和上位机之间增加了连接电路，单片机内部集成了一个全双工通用异步收发器(UART)，可方便地实现串行通信。UART 使用的是 CMOS 电平，要进行电平转换才能实现 RS-232 通信。本系统使用 MAX232CSE 电平转换芯片，进行 CMOS 电平与 RS-232 电平之间的电平转换。

9.7.3.2 选择传感器和执行机构

在高度测量系统中，气压对高度的影响最为直接，气压高度表所用的压力传感器为机载传感器，除了性能指标要满足要求外，一般要求其体积、质量和功耗都尽可能小，并能承受飞机上的恶劣环境。实现气压测量的器件选用了 Honeywell SX15 绝压传感器，SX15 为压阻式压力传感器，利用单晶硅的压阻效应制成。其压敏元件为分布在硅膜片特定方向上的四个半导体电阻，这四个电阻构成惠斯通电桥。当膜片受到外界压力时，电桥失去平衡，如果对电桥加以恒流源或恒压源激励，便可得到与被测压力成比例的输出电压，间接测出压力值。

9.7.3.3 选择输入/输出通道模板

1. A/D 转换器的选择

在选择过程中，A/D 转换器的输出精度是一个重点考虑参数。虽然 C8051F005 内部含有 A/D 转换器，但由于其精度(12 位)达不到要求，需增加高精度 A/D 转换器。

这里选用 AD7705 模/数转换器。AD7705 为可用于低频测量的双通道差分模/数转换器，利用 Σ-Δ 转换技术，分辨力可达 16 位。AD7705 片内具有可编程增益放大器(PGA)，因此可以直接接收来自传感器的低电平输入信号，当 AD7705 供电电源为 3 V，基准电压为 1.225 V 时，可以处理 0～10 mV 或 0～1.225 V 的单极性输入信号和±10 mV～±1.225 V 的双极性输入信号。AD7705 片内含有一个低通数字滤波器，它处理片内 Σ-Δ 调制器的输出信号，因此 AD7705 不仅具有模/数转换功能，而且还具备一定的滤波能力，减少了外围滤波电路的搭建。

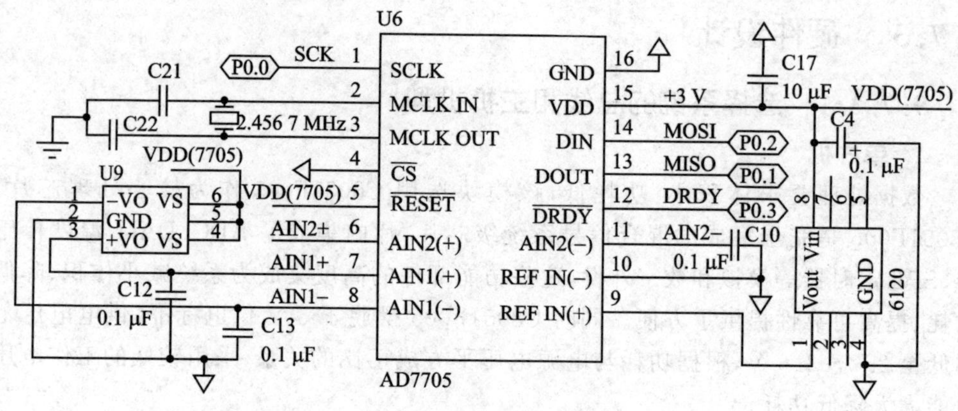

图 9－17　数据采集电路图

2. 片内测温模块

修正由温度引起的高度误差需要测量环境温度，这里利用 C8051F005 片内的温度传感器和 12 位 A/D 转换器进行温度测量。

片内温度传感器产生一个与器件内部绝对温度成正比的电压，此电压与器件内部温度之间的关系如下：

$$V_{\text{temp}} = 2.86\ \text{mV/C} \times T_{\text{temp}} + 0.776\ \text{mV}$$

式中，V_{temp} 为温度传感器输出电压，mV；T_{temp} 为器件内部的温度值，℃。

ADC 使用 C8051F005 内部基准电压 $V_{\text{REF}}=2.43$ V，此电压即为 ADC 所能接受的最大直流输入电压。温度传感器的最大电压值稍大于 1 V，因此可将 ADC 的增益设置为 2，以提高温度分辨率。因为温度变化较慢，所以 ADC 转换速率不要求太快。为了使 ADC 的输出结果代码与 ADC 的位数无关，设置 ADC 为左对齐方式，即 ADC 数据字的 MSB 位于高字节的 MSB 位置。

压力传感器输出一个与大气静压成正比的电压信号，并受环境温度的影响。进行误差补偿后，电压与大气静压的关系如下：

$$V_{\text{A}} = 4.5P_{\text{S}} - 20\ \text{mV} + 0.012T$$

$$T = T_{\text{temp}} - 1.4\ \text{mV}$$

式中，V_{A} 为传感器输出电压，mV；P_{S} 为大气静压，psi；T 为环境温度，℃；T_{temp} 为温度传感器的测量温度，℃。

压力传感器采集静压数据，输出电压在 30～50 mV 之间，满足 AD7705 单极性模拟输入电压范围，因此可直接送入 AD7705 的差分输入端（AIN＋/AIN－），经模/数转换后传送给单片机。

9.7.3.4　输入/输出通道的信号调理

合理完善的电源供电系统是系统正常工作的重要保证，同时也是系统抗干扰的重要组成部分。本气压高度表的电源供电系统如图 9－18 所示，主要包括两大部分：

电源管理单元和电压变换电路。

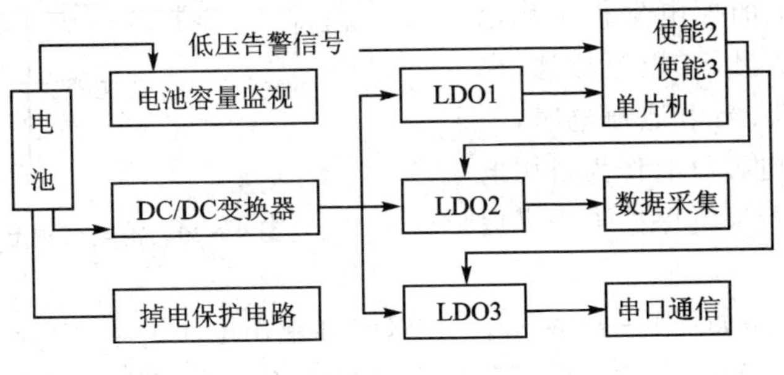

图 9-18　供电系统

1. 电源管理单元

电源管理单元由电池、供电控制电路、电池容量监控电路、掉电保护电路组成。

供电控制电路由低压差线性稳压器组成。气压高度表为小型精密电子仪表，有时电池或者其他直流供电方式的工作电压会有一定的波动，为了保证恒定的工作电压，抑制电源输出电压纹波，在 DC-DC 变换器输出端接入低压差线性稳压器(LDO)，可提高输出电压的稳压精度。所用的低压差线性稳压器为 Micrel 公司的 MIC5213，它功耗低，体积小，输入电压范围为 2.5～16 V，输出电压精度为±3%。升压变换器的 3.3 V 输出电压作为低压差线性稳压器的输入，低压差线性稳压器的输出电压为 3.0 V，与输入电压接近，因此在电池快要放电结束时，仍可保证输出电压的稳定，从而延长了电池的使用寿命。

如图 9-18 所示，单片机、数据采集单元、串口通信单元分别由 LDO1、LDO2 和 LDO3 供电，这样可以防止各部分电路之间的干扰，保证各组件稳定工作。同时为了节省电池的能量，由单片机控制 LDO2 和 LDO3 的使能引脚，在不需要采集数据、串口通信或检测到电池告警时，关断相应的低压差稳压器，停止对不工作电路的供电，实现选择性控制供电。

电池容量监控电路用 MAX1674 的低电压检测功能实现，可以检测电池电压、监测电池容量。如图 9-19 所示，在 MAX1674 片内部有一个电压比较器，当 LBI 端的电压低于参考电压(1.30 V)时，LBO 端输出低电平。

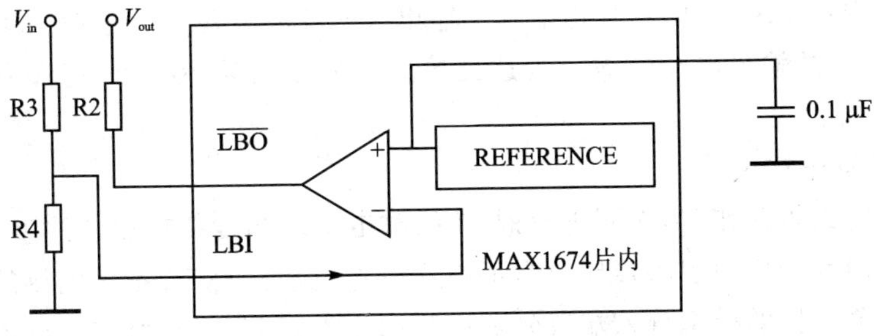

图 9-19　电池容量监测电路

掉电保护电路如图 9－20 所示，电容作为单片机的掉电保护工作电源。当电池供电时，二极管导通，电容充电储存电荷；当电池掉电时，隔离二极管截止，电容放电作为备用电源，为单片机执行掉电保护子程序提供电能。

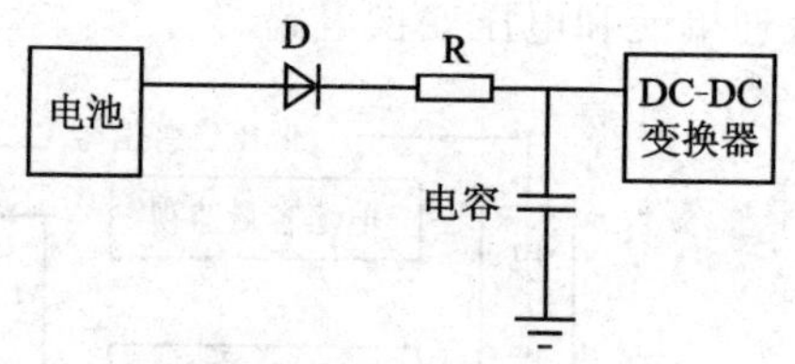

图 9－20　掉电保护电路

电源变换电路如图 9－21 所示。MAX1674 输出电压 V_{OUT} 为 2～5.5 V，输入电压 V_{IN} 为 0.7 V～V_{OUT}。输入电压的最小值 0.7 V 远低于市场上可购买的大部分单节电池电压，对本系统而言，当输入电压在 0.7～3 V 之间浮动时，通过变换器及相应的辅助电路，均可以稳定输出 3.3 V 电压。

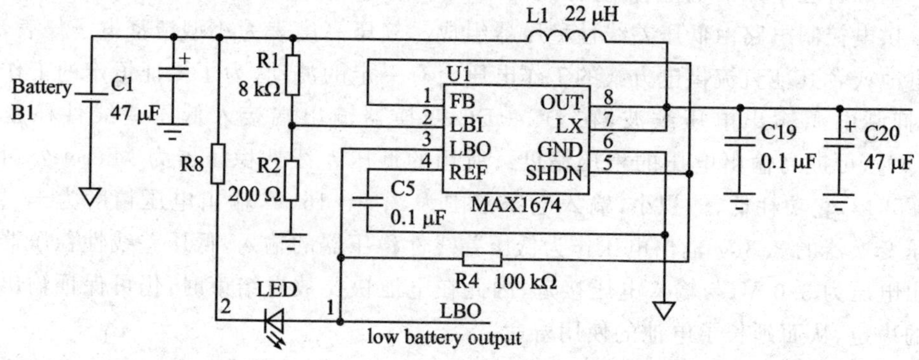

图 9－21　电源变换电路

在外围辅助电路中，输入端的电感 L_1 的最大饱和电流应大于 MAX1674 的允许开关电流峰值(1 A)。电感取值对电源的转换效率和输出电流的大小有较大影响；电感越大，输出电流和负载能力越大，但电源的转换效率会略有下降。一般电感值取 10～47 μH，这里取 22 μH。

DC－DC 变换电路的输出电压会有纹波，这是由于电感的峰值电流和输出端滤波电容的等效串联电阻(ESR)共同作用的。因此为了减少输出电压纹波，滤波电容和旁路电容选用 ESR 小的贴片钽电容。输出端的滤波电容 C20 取值为 47 μF，它可以消除 80 mV 的输出电压纹波。为达到更好的滤波效果，在 C20 旁又并联了一个 0.1 μF 的电容。

2. 硬件抗干扰设计

在印制电路板制作时，大面积覆铜；布线时电源线与地线加粗；将 C8051F005 微控制器没有用到的模拟引脚接地。为了确保参考电压的稳定，参考电压的引脚接去耦电容。在单片机的模拟输入端口分别加装两个肖特基二极管，防止窜入大电压损坏单片机。地线方面，模拟地和数字地要分开布线，然后在一点(磁珠)连接。

9.7.4 软件设计

系统软件主要由系统初始化、读取A/D转换子程序、数据处理子程序、高度计算子程序、通信子程序等部分组成。用到的中断处理程序主要有5种中断，即INT0中断(低电压告警)、INT1中断(AD7705的$\overline{\text{DRDY}}$)、UART串行通信中断、定时器3中断、片内ADC0中断。系统工作流程图如图9-22所示。

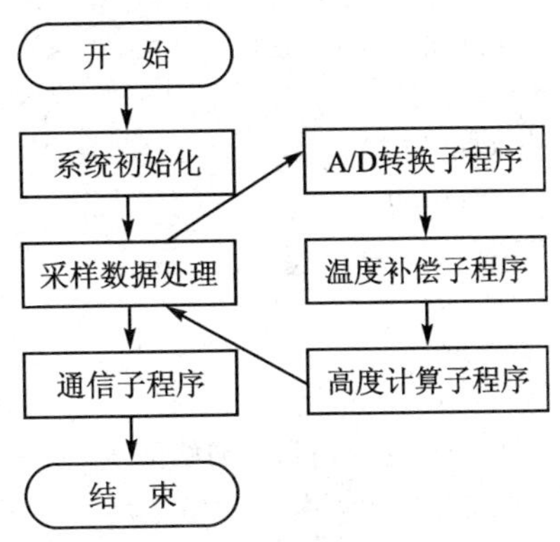

图 9-22 系统工作流程图

9.7.4.1 系统初始化

初始化程序是决定芯片的工作方式以及程序能否正常运行的关键，初始化编程要与硬件电路设计相匹配。初始化程序包括C8051F005初始化、AD7705初始化等。

```
//****内部 ADC0 初始化****//
void ADC0_cfg(void)
{
ADC0CN = 0x05;
REF0CN = 0x07;                    //允许温度传感器、片内偏置发生器和偏置输出缓冲器
AMX0SL = 0x0f;                    //选择温度传感器作为 ADC 多路开关的输出
ADC0CF = 0x81;                    //转换时钟 8 分频,增益 2
ADC0CN = 0x45;                    //定时器 3 溢出启动,数据左对齐
EIE2 |= 0x02;
}
/****** 定时器 3 初始化,自动重载方式 ******/
void T3_cfg (void)
{
TMR3CN = 0x02;                            //以 SYSCLK 为时基
TMR3RL = -(SYSCLK1/SAMPLE_RATE);//初始化重载值
TMR3 = 0xffff;                            //立即重装载
EIE2 &= ~0x01;                            //禁止定时器 3 中断
TMR3CN |= 0x04;                           //启动定时器 3
}
/***** 串行外设接口 SPI 初始化 *****/
void SPI_cfg (void)
{
SPI0CFG = 0xC7;                           //SCK 高电平空闲,帧长度为 8
SPI0CKR = 0x2B;
SPI0CN = 0x02;                            //主机模式
```

```
EIE1 |= 0x01;                    //禁止 SPI 中断
}
//****** 串行口 UART 初始化 *****//
void UART_cfg(void)
{
SYSCLK_OUT();
SCON = 0x50;                     //scon:方式 1,8 位 UART,允许接收或发送
SCON& = 0xfc;                    //将 TI、RI 清 0
PCON = 0x80;                     //电源控制寄存器:SMOD = 1 波特率加倍
T1_cfg();
}
//****** 定时器 1 初始化 ******//
void T1_cfg(void)                //定时器 1 作为发送时钟
{
TMOD = 0x20;                     //TMOD:定时器 1,方式 2,8 位重装载定时器
TH1 = -(SYSCLK1/BAUDRATE/16);    //设定定时器 1 重载值
CKCON = 0x10;                    // 定时器 1 使用 SYSCLK1 作为时基
PCON = 0x80;                     //电源控制寄存器:SMOD = 1,波特率加倍
TR1 = 1;                         //启动定时器 1
}
/***********************************************
AD7705 初始化函数
初始化为:单极,非缓冲,增益为 16,非滤波同步
        外部时钟频率为 2.4576 MHz,输出更新频率为 50 Hz
参数:ff = 0,为 1 通道;ff = 1,为 2 通道
**************************************************/
void AD7705_cfg(bit ff)
{
SPIEN = 1;                       //允许 SPI
writetoAD7705(0xFF);
writetoAD7705(0xFF);
writetoAD7705(0xFF);
writetoAD7705(0xFF);
writetoAD7705(0xFF);
writetoAD7705(0xFF);
writetoAD7705(0xFF);
if(! ff)                         //选通道 1
{writetoAD7705(0x20);            //写通信寄存器,下一个写时钟寄存器
writetoAD7705(0x04);             //设置时钟寄存器,数据更新频率为 50 Hz
writetoAD7705(0x10);             //写通信寄存器,下一个写设置寄存器
writetoAD7705(0x66);             //写设置寄存器为单极,增益为 16,自校准,非滤波同步
writetoAD7705(0x00);             //延时
```

```
writetoAD7705(0x00);
}
else
{writetoAD7705(0x21);              //写通信寄存器,选通道 2,其余同通道 1
writetoAD7705(0x40);
writetoAD7705(0x11);
writetoAD7705(0x64);
writetoAD7705(0x00);
writetoAD7705(0x00);
//***** 端口初始化 ******//
voidIO_config(void)
{
//看门狗禁止
WDTCN = 0x07;
WDTCN = 0xDE;
WDTCN = 0xAD;
//交叉开关配置,SPI 为三线制,SCK 为 P0.0,推挽输出;MISO 为 P0.1,开漏输出;
//MOSI 为 P0.2,推挽输出;NSS 为 P0.3 且直接接高电平,主机方式;
//UART 的发送引脚 TX 为 P0.4,推挽;接收引脚 RX 为 P0.5,开漏
XBR0 = 0x06;                       //允许 UART 和 SPI 总线
XBR1 = 0x14;                       //允许 INT1、INT0 中断
XBR2 = 0x40;                       //允许交叉开关,端口 I/O 允许弱上拉
                                   //引脚输出配置
PRT0CF = 0x1D;                     // P0.0 = SPI Bus SCK (Push - Pull Output)
PRT1CF = 0x00;                     // P0.1 = SPI Bus MISO (Open - Drain Output)
PRT2CF = 0x00;                     // P0.2 = SPI Bus MOSI (Push - Pull Output)
PRT3CF = 0x00;                     // P0.3 = SPI Bus NSS (Open - Drain Output/Input)
}
```

9.7.4.2 AD7705 读写程序流程

AD7705 读写程序流程如图 9-23 所示,系统上电后,先向 AD7705 写入 32 位"1"进行软件复位,然后进行 AD7705 的初始化,初始化参数已在硬件设计中设置,完成初始化后 AD7705 进行一次自校准,$\overline{DRDY}$ 位指示校准是否完成。

自校准时 $\overline{DRDY}$ 为高电平,校准结束 $\overline{DRDY}$ 变为低电平,产生 INT0 中断信号,CPU 响应中断,从数据寄存器中读出数据。

当 AD7705 有新数据产生时,单片机读取 AD7705 数据的中断处理程序如下:

```
void Drdy_ISR() interrupt 2
{ EX1 = 0;
  read7705 = readfromAD7705(ch_flag);
  EX1 = 1;
}
```

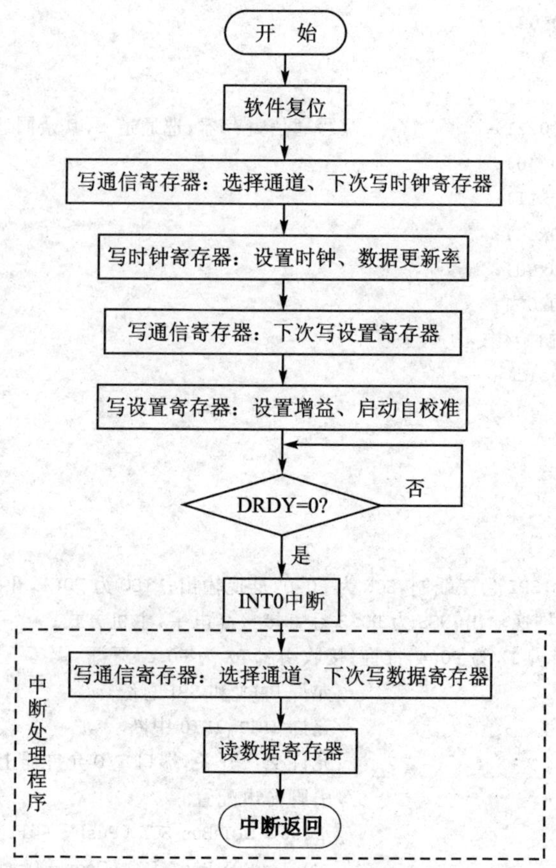

图 9－23　AD7705 读写流程图

其中 CPU 读取 AD7705 数据函数 readfromAD7705()的程序如下：

```
int readfromAD7705(bit ff)        //ff 为通道选择位
{ if(!ff)
{ writetoAD7705(0x38);            //写通信寄存器,下一次为读数据寄存器
  writetoAD7705(0xff);            //延时
  ADH_1 = SPI0DAT;                //高字节送存相应通道相应单元
  writetoAD7705(0xff);            //延时
  ADL_1 = SPI0DAT;                //低字节送存相应通道相应单元
  AD_1 = (((uint)ADH_1)<<8) + ADL_1;
  return AD_1;}
}
```

CPU 写 AD7705 函数 writetoAD7705()主要根据 SPI 中断标志位 SPIF 判断数据传输是否结束。具体程序如下：

```
void writetoAD7705(uchar cc)
{ SPI0DAT = cc;                   //启动数据传送
```

```
    while(!SPIF);                    //等待数据传输完毕
    SPIF = 0;
}
```

9.7.4.3 ADC0 中断处理程序

为了使温度转换结果中的噪声效应降到最低,在软件设计中采取了“过采样”处理,即使得 ADC 采样频率大于输出更新频率。在 ADC0 中断处理程序中,每采样 256 个值,求和取平均后输出 1 个平均值,这样可使得输出分辨率增加 1 倍。

ADC 在采集数据时采用低功耗跟踪保持方式,由定时器 3 溢出中断触发跟踪,持续 3 个 SAR 时钟,在定时器没有溢出时,ADC 的跟踪保持电路处于低功耗状态。

```
/****** ADC 中断服务程序 ******/
void ADC0_ISR (void) interrupt 15 using 1
{
    static uint int_dec = INT_DEC;
    static long accumulator = 0L;
    ADCINT = 0;
    accumulator += ADC0;              //装入 16 位 ADC 结果
    int_dec-- ;
    if (int_dec == 0)
    {
        int_dec = INT_DEC;
        result = accumulator >> 8;  //求得平均值
        temperature = result - 41857;
        temperature = (temperature * 100L)/154;
        accumulator = 0L;
    }
}
```

9.7.4.4 低电池电压保护程序

INT0 设置为电平触发,低电池电压保护程序流程如图 9-24 所示,当电池电压低于警戒值时,INT0=0 产生中断,进入中断处理程序,使单片机进入等待方式。在此方式下,所有内部寄存器和存储器都保持原来的数据不变,系统电源由电容短时间供电。换上新电池后,INT0=1,进入正常工作方式。

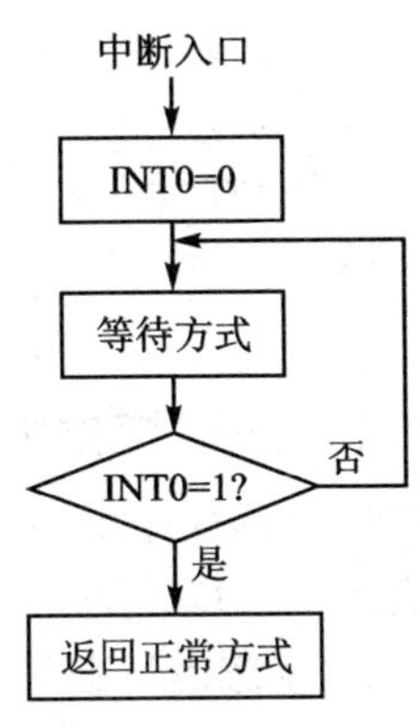

图 9-24 低电池电压保护程序流程图

9.7.4.5 串口通信程序

气压高度表通过串口与外部设备通信,定时器 1 工作在自动重装载方式产生波特率。气压高度表主要用于向外部设备发送高度、压力等数据,由于数据发送期间收发器的功耗增加，因此为了节省功耗，在数据发送时应尽量采用短码发送，以提高发送速率，缩短发送占空比。

表 9-2 所列为发送数据帧格式，表 9-3 所列为接收数据帧格式。

表 9-2 发送数据帧格式

1	2	3	4	5	6	7	8
A1	高度（MSB）	高度（LSB）	温度（MSB）	温度（LSB）	静压（MSB）	静压（LSB）	SBM

表 9-3 接收数据帧格式

1	2	3	4	5	6	7	8
A1	高度预警（MSB）	高度预警（LSB）	参考高度（MSB）	参考高度（LSB）	海平面气压（MSB）	海平面气压（LSB）	SBM

其中 A1 为数据帧头，SBM 为校验和。

```
/ *** UART 口通信程序 ***/
voidSendString (unsigned char xdata * str,unsigned int strlen) //向串口发送一个字符串
{ unsigned int k = 0;
  SYSCLK_IN();
  do
  {
    SendChar( * (str + k));
    k ++ ;
  }while (k<strlen);
  send_flag = 1;
}
voidSendChar (uchar ch)                              //向串口发送一个字符程序
{ SBUF = ch;
  while (TI == 0);
  TI = 0;
}
```

9.7.4.6 数据解算程序

数据解算程序主要完成高度计算和高度误差修正。高度按照气压高公式进行计算。高度误差修正为修正温度传感器的误差。

1. 气压高度计算

大气压力在数值上等于所在海拔高度往上直到大气上界整个空气柱的质量，因此理想情况下，大气压力与海拔高度具有一一对应的关系。由于该无人机气压高度测量系统所设计的高度测量范围是－300～5 700 m，可以建立相应高度分层中的气

压高度与大气压力之间的关系式如下：

① 当$-2\ 000\ \text{m} \leqslant H < 0\ \text{m}$时，把表9-1中的分层参数$H_b = -2.00\ \text{km}$，$P_b = 127.774\ \text{kPa}$，$T_b = 301.15\ \text{K}$，$\beta = -6.50\ \text{K/km}$代入式(9-7)，得到此高度范围内的气压高度公式：

$$H = -46\ 330.8\left[\left(\frac{p_H}{127\ 774}\right)^{0.190\ 263\ 102} - 1\right] - 2\ 000 \qquad (9-8)$$

式中，p_H为大气压力，Pa；H为相应的气压高度，m。

② 当$0\ \text{m} \leqslant H < 11\ 000\ \text{m}$时，把表9-1中的分层参数$H_b = 0$，$P_b = 101.325\ \text{kPa}$，$T_b = 288.15\ \text{K}$，$\beta = -6.50\ \text{K/km}$代入式(9-7)中，得到此高度范围内的气压高度公式：

$$H = -44\ 330.8\left[\left(\frac{p_H}{101\ 315}\right)^{0.190\ 263\ 102} - 1\right] \qquad (9-9)$$

可以看出，气压高度公式(9-8)和式(9-9)均为大气压力和气压高度的单值函数，所以只要测出飞机所在处的大气压力值p_H(常称大气静压)，就可以间接测出飞机相对于标准海平面的重力势高度或标准气压高度H。

2. 数据处理算法实现

由式(9-7)得到的气压高度H与大气静压p_H之间的单值函数，函数关系比较复杂，虽然可以由单片机直接处理，但程序比较繁琐、运算量较大，会占用较多的内存资源，从而降低计算速度。因此，设计在系统允许的误差范围内对原函数采用线性插值法进行近似处理，用一个简单易实现的线性函数代替原来的复杂函数，即

$$y = y_i + k_i(x - x_i) \qquad (9-10)$$

式中，y_i、x_i、k_i分别为第i个插值点的气压高度值、大气压力值和插值线段的斜率。插值点的个数可由线性插值法的误差公式确定，即

$$|R(x)| = \left|\frac{f''(\xi)}{2!}(x - x_i)(x - x_{i+1})\right| \leqslant \delta_i \quad (x < \xi < x_{i+1}) \qquad (9-11)$$

本测量系统要求数据运算的最大误差为0.5 m，根据式(5)可计算出插值点的个数为60。将这60个插值点相应的压力值、高度值和线段斜率预先计算出来，存放在单片机的内存中，当数据输入时，先与x_i进行比较找出数据所在的分段，然后将该分段相应的y_i、x_i、k_i值代入式(9-10)中计算，便可得到测量的气压高度值。

3. 温度补偿算法实现

系统线性补偿主要是对零位和灵敏度的补偿，设被测量值为p，系统的零位为a，灵敏度为b，则系统在室温下的输出为

$$U_0 = a_0 + b_0 p \qquad (9-12)$$

在温度为t，无补偿时，系统的输出为

$$U_t = a_t + b_t p \qquad (9-13)$$

其中

$$a_t = a_0 + \alpha(t - t_0)Y(\text{FS}) \tag{9-14a}$$

$$b_t = b_0 + \beta(t - t_0)Y(\text{FS}) \tag{9-14b}$$

式中,α 为零位温度系数,它表示零位值随温度的漂移量,在数值上等于温度改变1 ℃,零位值的改变量与量程 $Y(\text{FS})$之比的百分数:

$$\alpha = \frac{\Delta\alpha}{\Delta T \times Y(\text{FS})} \times 100\% \tag{9-15}$$

式中,$\Delta\alpha$ 为在温度变化范围内,零位值改变的最大量;ΔT 为系统工作温度的变化范围。灵敏度温度系数 β 为灵敏度随温度的漂移量,在数值上等于温度改变1 ℃时,灵敏度的相对改变的量。

综合式(9-13)、式(9-14),可知

$$p = \frac{U_t - [a_0 + \alpha(t - t_0) \times Y(\text{FS})]}{b_0 + \beta(t - t_0)Y(\text{FS})} \tag{9-16}$$

把式(9-16)代入式(9-12),可得到在温度为 t 时,经温度补偿后的输出为

$$U_t' = a_0 + \frac{U_t - [a_0 + \alpha(t - t_0) \times Y(\text{FS})]}{b_0 + \beta(t - t_0)Y(\text{FS})} b_0 \tag{9-17}$$

无人机气压高度表的例子展示了一个典型测控系统的设计过程,从硬件电路设计到软件设计思路方法。最后应强调指出,在硬件电路设计时有时还需要考虑产品的可维修性设计,即在电路中加入若干故障检查手段。这样做虽然会增加产品的成本,但可节省今后产品的维修费用,因为在软件运行阶段可能会经常维护,即继续排错、修改和补充。

习题与思考题

9.1 计算机测控系统设计原则主要考虑哪些内容?

9.2 计算机测控系统研制过程三个阶段的工作重点和内容主要有哪些?

9.3 什么是计算机测控系统规范化设计?规范化设计主要依据有哪些?

9.4 从测控任务的实时性和优先级差异角度考虑如何设计合理的测控系统软件结构。

9.5 计算机测控系统总体方案设计的依据是什么?哪些因素影响总体方案设计?

9.6 在测控系统总体方案设计中,需求分析考虑哪些内容?

9.7 计算机测控系统硬件设计应完成哪些主要硬件资源的选型和配置?

9.8 计算机测控系统可靠性计算的目的是什么?可靠性计算是否能够提高可靠性?

9.9 计算机测控系统硬件可靠性设计的主要措施有哪些?

9.10 计算机测控系统软件可靠性设计的主要措施有哪些?

参考文献

[1] 孙传友,孙晓斌. 测控系统原理与设计. 北京:北京航空航天大学出版社,2007.

[2] 李江全. 计算机测控系统设计与编程实现. 北京:电子工业出版社,2008.

[3] 韩九强,张新曼,刘瑞玲. 现代测控技术与系统. 北京:清华大学出版社,2007.

[4] Ebeling Charles E. 可靠性与维修性工程概论. 北京:清华大学出版社,2010.

[5] 吴国庆,王格芳,郭阳宽. 现代测控技术及应用. 北京:电子工业出版社,2007.

[6] 张俊. 匠人手记:一个单片机工作者的实践与思考. 北京:北京航空航天大学出版社,2014.

[7] 于微波,张德江. 计算机控制系统. 北京:高等教育出版社,2011.

[8] 刘君,邱宗明. 计算机测控技术. 西安:西安电子科技大学出版社,2009.

[9] 周明光,马海潮. 计算机测试系统原理与应用. 北京:电子工业出版社,2005.

[10] 杨世兴,郭秀才,杨洁. 测控系统原理与设计. 北京:人民邮电出版社,2008.

[11] 齐永奇. 测控系统原理与设计. 北京:北京大学出版社,2014.

[12] 方彦军,程继红. 检测技术与系统设计. 北京:中国水利水电出版社,2007.

[13] 吕亚强, 毛瑞娟, 严家明. 基于单片机的无人机气压高度测量系统的设计. 测控技术,2009,28(2):8-11.